AF661699

बागवानी फसलों में

समेकित रोग-कीट प्रबन्धन

बागवानी फसलों में
समेकित रोग-कीट प्रबन्धन

डॉ. एस.के. सिंह

पौधा रोग विभाग, राजेन्द्र कृषि विश्वविद्यालय, पूसा, समस्तीपुर, बिहार

SCIENTIFIC
PUBLISHERS (INDIA)

Published by:

Scientific Publishers (India)
5 A, New Pali Road, P.O. Box 91
Jodhpur 342 001 (India)

E-mail: info@scientificpub.com
Website: www.scientificpub.com

Branch Office
Scientific Publishers (India)
4806/24, Ansari Road, Daryaganj
New Delhi - 110 002 (India)

© Dr. S.K. Singh, 2013
E-mail: sksraupusa@gmail.com

All rights reserved. No part of this publication or the information contained herein may be reproduced, adapted, abridged, translated, stored in a retrieval system, computer system, photographic or other systems or transmitted in any form or by any means, electronic, mechanical, by photocopying, recording or otherwise, without written prior permission from the authors/editors and the publishers.

Disclaimer: Whereas every effort has been made to avoid errors and omissions, this publication is being sold on the understanding that neither the editors (or authors of chapters in edited volumes) nor the publishers nor the printers would be liable in any manner to any person either for an error or for an omission in this publication, or for any action to be taken on the basis of this work. Any inadvertent discrepancy noted may be brought to the attention of the publishers, for rectifying it in future editions, if published.

ISBN: 978-81-7233-815-2

Laser typeset : Rajesh Ojha
Printed in India

माता-पिता

के

चरणों में

सादर समर्पित

प्राक्कथन

इक्कीसवीं सदी में भारत ने हर क्षेत्र में बहुत ज्यादा विकास किया है, जिसकी वजह से हमारी क्रय क्षमता में भी वृद्धि हुई है। इसके बावजूद आज हमारा समाज दो हिस्सों में बंटा हुआ है। एक हिस्सा जो केवल पेट भरने के बारे में ही नहीं सोचता है, बल्कि विश्व स्वास्थ्य संगठन एवं राष्ट्रीय पोषण अनुसंधान संस्थान के मापदण्डों के अनुसार पौष्टिक आहार, उत्तम स्वास्थ्य एवं उच्चतर जीवन स्तर के लिए चिन्तित रहता है। इसकी पूर्ति हेतु उसे प्रचुर मात्रा में फल एवं सब्जी, सजावट के लिए फूल, स्वाद हेतु मसाला, सौन्दर्य एवं स्वास्थ्य हेतु औषधीय एवं सगन्ध फसलों की आवश्यकता होगी। विश्व स्तर पर भारत फल एवं सब्जी उत्पादन के क्षेत्र में द्वितीय स्थान पर है। इसके बावजूद हम राष्ट्रीय पोषण अनुसंधान संस्थान, हैदराबाद की संस्तुति के अनुसार 300 ग्राम सब्जी एवं 100–120 ग्राम फल/दिन/व्यक्ति उपलब्ध कराने की स्थिति में नहीं हैं।

वहीं दूसरा वर्ग है जिसे केवल पेट भरने की चिन्ता रहती है। बढ़ती जनसंख्या वृद्धि के दौर में यह और मुश्किल हो रहा है। खेती करने योग्य जमीन प्रतिवर्ष घट रही है। खाद्यान्न फसलों की उपज, हरितक्रान्ति के बाद या तो स्थिर हो गयी है या घट रही है, जिसकी वजह से खाद्यान्नों के दामों में बेतहाशा वृद्धि हो रही है। प्रतिवर्ष अपने देश के लोगों को भोजन उपलब्ध कराने के लिए खाद्यान्न आयात करना पड़ रहा है। जिस किसी खाद्यान्न को खरीदने के लिए हम अन्तरराष्ट्रीय बाजार में जाते हैं उसके दाम अचानक कई गुना बढ़ जाते हैं। खाद्यान्न आयात करके अपने देश की इतनी बड़ी जनसंख्या को भोजन उपलब्ध करा पाना सम्भव नहीं है। इसका उपाय ढूंढ़ना ही पड़ेगा। आज कृषि वैज्ञानिक एवं रणनीतिकार सभी द्वितीय हरितक्रान्ति की आवश्यकता को महसूस कर रहे हैं, लेकिन यह भी सत्य है कि क्रान्ति रातों–रात नहीं आती है।

उपरोक्त दोनों समस्याओं के स्थाई हल के लिए आवश्यक है कि हम बागवानी फसलों की खेती को अधिक से अधिक बढ़ावा दें, क्योंकि इन फसलों में भोजन को संतुलित एवं पौष्टिक बनाने की क्षमता के साथ–साथ बढ़ती जनसंख्या का पेट भरने का भी सामर्थ्य है। खाद्यान्न फसलों की तुलना में बागवानी फसलों की उपज क्षमता कई गुना ज्यादा होती है।

इन विशेषताओं को देखते हुए भारत सरकार ने बागवानी फसलों की खेती को बढ़ावा देने का संकल्प लिया है। जिसके लिए राष्ट्रीय बागवानी मिशन नामक योजना पूरे देश में चल रही है, जिसमें लगभग 25,000 करोड़ रुपया खर्च करने का

निर्णय लिया गया है। इसका मूल उद्देश्य है कि उद्यानिक फसलों की उपज बढ़े, उत्पादन गुणवत्तायुक्त हो, उत्पाद का उचित प्रसंस्करण एवं संरक्षण हो तथा अन्ततः उत्पादक को उसके उत्पाद का लाभकारी मूल्य मिलें। इसके लिए आवश्यक है कि बागवानी फसलों को नाशकजीवों द्वारा होने वाली हानि से बचाया जाय। बागवानी फसलों में नाशकजीवों द्वारा 30% से लेकर कभी–कभी शत–प्रतिशत तक हानि हो जाती है, जिसकी वजह से लाभ की बजाय हानि हो जाती है। इस हानि को बचाया जा सकता है, क्योंकि पिछले दशक में देश में राज्य कृषि विश्वविद्यालयों तथा भारतीय कृषि अनुसंधान परिषद् के विभिन्न संस्थानों द्वारा बागवानी फसलों की फसल सुरक्षा तकनीक के क्षेत्र में अति सराहनीय एवं रेखांकित करने योग्य कार्य किया गया है। आवश्यकता केवल इस बात की है कि उसे किसानों तक उनकी भाषा में पहुँचाया जाय।

डॉ. एस.के. सिंह द्वारा लिखित **''बागवानी फसलों में समेकित रोग कीट प्रबन्धन''** नामक पुस्तक में फसल–सुरक्षा तकनीक को राष्ट्रभाषा हिन्दी में सरलता एवं सुगमतापूर्वक प्रस्तुत किया गया है।

मुझे पूर्ण विश्वास है कि यह किताब भावी कृषि वैज्ञानिकों, छात्रों, कृषि प्रसार कार्यकर्ताओं, उत्पादकों और उपभोक्ताओं तथा बागवानी में रूचि रखने वालों के लिए अति उपयोगी व लाभदायक सिद्ध होगी तथा उद्यानिक फसलों में नाशकजीवों द्वारा होने वाली हानि को कम करने में सार्थक सिद्ध होगी।

अंत में मैं डॉ. एस.के. सिंह को उनके इस अमूल्य योगदान के लिए बधाई देता हूँ।

डॉ. वी.पी. सिंह
कुलपति
राजेन्द्र कृषि विश्वविद्यालय,
पूसा, समस्तीपुर, बिहार

प्रस्तावना

दुनिया कुपोषण और भुखमरी की समस्या से जूझ रही है। दुनिया की 17 प्रतिशत आबादी भारत में है। विश्व के 4.2 प्रतिशत जल और 2.3 प्रतिशत धरती से उसका पेट भरना है। इस समस्या से निकलने का एकमात्र रास्ता है कि बागवानी फसलों की खेती को अधिक से अधिक बढ़ावा दिया जाय।

हमारे देश में अनाज पैदा करने वाला कुल रकबा 12 करोड़ हेक्टेयर बचा है, जिसमें से 7.5 लाख हेक्टेयर कृषि योग्य जमीन का हर साल कृषि से इतर–इस्तेमाल हो रहा है। सन् 1950 में प्रति व्यक्ति उपलब्ध खेती योग्य भूमि 0.38 हेक्टेयर थी जो घट कर सन् 2005–06 में 0.15 हेक्टेयर रह गयी तथा अनुमान है कि यह 2025 तक 0.08 हेक्टेयर रह जायेगी। ऐसा बढ़ती हुई जनसंख्या एवं अन्धाधुन्ध शहरीकरण एवं औद्योगीकरण के कारण हो रहा है। हरितक्रान्ति और उसकी वजह से खाद्यान्न के मामले में आत्मनिर्भरता के दिन खत्म होते जा रहे हैं तथा द्वितीय हरितक्रान्ति की आवश्यकता महसूस हो रही है। सन् 1995 में जहाँ 19.15 करोड़ टन अनाज पैदा होता था वहीं 2005 में मात्रा 20.46 करोड़ टन अनाज पैदा हो रहा है। सन् 1991 में जहाँ 1205.86 करोड़ रुपये का अनाज आयात होता था, वहीं 2005 में 22057.46 करोड़ रुपये के अनाज का आयात हो रहा है। उपरोक्त सभी आंकड़े भयावह स्थिति की ओर संकेत कर रहे हैं क्योंकि जनसंख्या की वृद्धि दर, कृषि विकास की दर से कहीं ज्यादा है। भारत में प्रति वर्ष हजारों किसान कर्ज एवं फसलों के असफल होने की वजह से आत्महत्या कर रहे हैं।

उपरोक्त भयावह स्थिति को देखते हुए भारत सरकार ने 25,000 करोड़ रुपये की विशाल सहायता योजना का ऐलान किया, इसी के साथ कृषि विकास की दर जो 1.8 प्रतिशत है, उसे बढ़ाकर 4 प्रतिशत करने का संकल्प लिया गया है, लेकिन उपरोक्त लक्ष्य को प्राप्त करना आसान नहीं है। कृषि वैज्ञानिकों एवं कृषि योजनाओं को अमली जामा पहनाने वाले रणनीतिकार द्वितीय हरित क्रांति की तरफ आशा भरी निगाहों से देख रहे हैं। खाद्यान्न उत्पादन को दुगुना करने की रणनीति पर कार्य कर रहे हैं, लेकिन साथ ही साथ यह भी सत्य है कि क्रान्ति रातों–रात नहीं आती है।

उपरोक्त समस्या का तात्कालिक समाधान, बागवानी फसलों की उपज को बढ़ाकर बहुत हद तक निकाला जा सकता है, क्योंकि बागवानी फसलों में खाद्यान्न फसलों की तुलना में कई गुना ज्यादा उपज क्षमता होती है।

बागवानी फसलों के महत्व को पहचानते हुए भारत सरकार ने 25,000 करोड़ रुपये से एक महायोजना की शुरूआत की है, जिसे राष्ट्रीय बागवानी मिशन के नाम से जानते हैं। इस योजना का मूल उद्देश्य है कि बागवानी फसलों की उपज बढ़े, गुणवत्तायुक्त उत्पादन मिले, उत्पाद का उचित प्रसंस्करण एवं संरक्षण हो तथा उत्पादक को उसके उत्पाद का लाभकारी मूल्य मिलें।

किसान को उसके उत्पाद का लाभकारी मूल्य मिले, इसके लिए आवश्यक है कि रोग, कीड़ों, सूत्रकृमि एवं खरपतवार द्वारा होने वाली हानि से बागवानी फसलों को बचाया जाय। जीवनाशकों द्वारा हानि 30 प्रतिशत से लेकर शत–प्रतिशत तक होती है। उपरोक्त हानि को आसानी से रोका जा सकता है, जिसके लिए फसल सुरक्षा तकनीक उपलब्ध है। इस किताब में बागवानी की सभी महत्त्वपूर्ण समस्याओं के समाधान पर प्रकाश डाला गया है ताकि किसान बागवानी से सम्बन्धित अधिकांश समस्याओं का निराकरण स्वयं कर सकें, इसी आवश्यकता को ध्यान में रखते हुए प्रस्तुत पुस्तक में नाशकजीवों के नियंत्रण हेतु समेकित (एकीकृत) प्रबन्धन पर विशेष महत्व दिया गया है। इस पुस्तक में कुल 50 से ज्यादा आलेख सम्मिलत किये गये।

बागवानी फसलों में नाशकजीवों (रोग, कीट, सूत्रकृमि एवं खरपतवार) द्वारा होने वाली हानि को यदि कम कर दिया जाये तो उपज के साथ–साथ गुणवत्ता में भारी वृद्धि की जा सकता है, जिसकी वजह से हमारा भोजन संतुलित एवं गुणवत्तायुक्त होगा। बढ़ती जनसंख्या को भोजन उपलब्ध कराने की दिशा में तत्काल यही किया जा सकता है। इस आवश्यकता को दृष्टिगत रखते हुए इस किताब को लिखने का विचार आया। इस क्रम में लेखक ने बागवानी फसलों में आने वाली प्रमुख समस्याओं को पहचानकर, विभिन्न विषय विशेषज्ञों से उनके आलेख आमंत्रित किये तथा उन आलेखों को सम्पादित कर एक किताब के रूप में आपके सम्मुख प्रस्तुत किया गया है। आलेखों की भाषा सरल, सुबोध, बोधगम्य प्रवाहयुक्त बनाने का प्रयास किया गया है। उपरोक्त विशेषताओं से परिपूर्ण प्रस्तुत रचना को हम भावी कृषि वैज्ञानिकों, प्रसार कार्यकर्त्ताओं एवं बागवानी में संलग्न कृषकों के हाथों में इस विश्वास के साथ सौंप रहे हैं कि उन्हें, बागवानी में फसल सुरक्षा के विषय में और अधिक जिज्ञासा उत्पन्न हो और आने वाले वर्षों में बागवानी फसलों में होने वाले नुकसान को कम करके अपने प्रदेश, देश एवं विश्व की विकराल खाद्य समस्या को हल करने में अपना पूर्ण योगदान दे सकें।

मैं श्री तनय शर्मा प्रकाशक साइन्टिफिक पब्लिशर्स (इंडिया), जोधपुर, राजस्थान का विशेष आभारी हूँ जिन्होंने इस पाण्डुलिपि को किताब के रूप में प्रकाशन हेतु अपनी सहमती दी। हमें यह कहने में कोई संकोच नहीं है कि बिना इनके सहयोग के इस किताब को पाठकों के सामने इस साज–सज्जा में प्रस्तुत कर पाना हमारे लिए सम्भव नहीं था। मैं श्री राकेश रामावत का भी आभारी हूँ जिन्होंने इस पुस्तक के भाषा सुधार में अमूल्य योगदान दिया। जिसकी वजह से इस किताब में भाषा सम्बन्धी त्रुटियों में कमी आयी है।

इन सबके बावजूद हम कह सकते हैं कि कोई भी प्रयास सम्पूर्ण नहीं होता है, कुछ न कुछ कमी रह ही जाती है। इस क्रम में आपके सुझाव का हमें इंतजार रहेगा जिसे हम आगामी संस्करण में अवश्य शामिल करेंगे तथा इस किताब को आपकी रूचि के अनुसार संशोधित, परिमार्जित एवं परिष्कृत किया जायेगा। लेखक

उन सभी वैज्ञानिकों के आभारी हैं, जिन्होंने इस किताब के लिए अपने आलेख दिये या अपने सुझावों से इस किताब की गुणवत्ता सुधार में सहयोग दिया। लेखक माननीय कुलपति, राजेन्द्र कृषि विश्वविद्यालय, पूसा, बिहार के विशेष आभारी हैं, जिन्होंने बागवानी में फसल सुरक्षा की महत्ता को उजागर करने में नेतृत्व प्रदान किया एवं हमारे प्रेरणास्त्रोत रहे। हमारा पूर्ण प्रयास रहा है कि इस किताब में भाषा संबंधी कोई दोष न रहे, लेकिन इसके बावजूद कमियों का रह जाना स्वाभाविक है। आप सभी पाठकों से सादर अनुरोध है कि कृपया हमारी कमियों से आप हमें अवगत करायें जिससे कि आगामी संस्करण को और अधिक उपयोगी बनाया जा सकें।

मैं डॉ. मदन सिंह, अधिष्ठाता (कृषि) के प्रति अपनी कृतज्ञता प्रकट करना चाहता हूँ जो सदैव हमें कृषि के विविध विषयों पर लेखन हेतु प्रोत्साहित करते रहे हैं।

हम अपने कुलपति के विशेष आभारी हैं जिन्होंने इस किताब के लिए प्राक्कथन लिखा।

(एस॰के॰ सिंह)

विषय - सूची

पंचम खण्ड

षष्ट खण्ड

तालिकाओं की सूची

चित्रों की सूची

प्रथम खण्ड

बागवानी फसलों में रोग प्रबन्धन के सामान्य सिद्धान्त, कृषि रसायनों एवं कृषि यंत्रों का रख-रखाव

- बागवानी फसलों में रोग प्रबन्धन
- पोषण प्रबन्धन द्वारा उद्यानिक फसलों में रोग प्रबन्धन
- बागवानी रोगों का रासायनिक प्रबन्धन
- बोर्डो मिश्रण एवं बोर्डो पेस्ट उद्यानिक फसलों के लिए वरदान
- कृषि (शस्य) क्रियाओं द्वारा उद्यानिक रोगों का प्रबन्धन
- बागवानी रोगों का जैविक विधियों द्वारा प्रबन्धन
- ट्राइकोडर्मा मित्र फफूँद : रोगों के प्रबन्धन हेतु प्रकृति का अनुपम उपहार
- एकीकृत (समेकित) नाशकजीव प्रबन्धन (इंटीग्रेटेड पेस्ट मैनेजमेंट)
- कृषि रसायन के सम्बन्ध में आवश्यक जानकारी
- कृषि रसायनों के छिड़काव एवं भुरकाव के समय ध्यान देने योग्य बातें

1

बागवानी फसलों में रोग प्रबन्धन

डॉ. एस.के. सिंह

पौधा रोग विभाग, राजेन्द्र कृषि विश्वविद्यालय, पूसा, समस्तीपुर, बिहार

उद्यानिक फसलों में या किसी पादप रोग नियंत्रण का मुख्य ध्येय आर्थिक हानि को कम करके फसलों के मूल्य को बढ़ाना होता है। रोग नियंत्रण के उपाय तभी अच्छे माने जा सकते हैं, जबकि इनमें खर्च हुआ मूल्य, रोग द्वारा होने वाली हानि से बहुत ही कम हो। चूँकि रोग नियंत्रण का अर्थ फसल की उपज को बढ़ाना है, अतः वनस्पति संरक्षण के कार्यक्रम को इस प्रकार निर्धारित करना चाहिये कि एक ही नियंत्रण उपाय के द्वारा अनेक रोगों की रोकथाम सुगमता से की जा सके। इन नियंत्रण उपायों की सफलता उस समय ही प्राप्त हो सकती है, जब इनको अधिक से अधिक किसानों द्वारा सहकारिता के आधार पर बहुत बड़े क्षेत्र में प्रयोग किया जाये। यदि ऐसा नहीं किया जायेगा तो ऐसे खेतों में जहाँ पर नियंत्रण उपाय नहीं किये गये हैं, रोग पनपता रहेगा और बाद में उन स्थानों पर भी फैल जायेगा, जहाँ पर नियंत्रण उपायों को कर लिया गया है। पौधों में रोग विभिन्न प्रकार के रोगजनकों द्वारा उत्पन्न होते हैं। एक नियंत्रण उपाय केवल एक रोगजनक से उत्पन्न रोग को रोकने के लिये ठीक हो सकता है, जबकि किसी दूसरे के लिये यह उपयुक्त नहीं हो सकता। अतः किसी फसल के रोग नियंत्रण उपायों का कार्यक्रम उसके रोगजनक की प्रकृति, प्रसार विधि और उत्तरजीवी रहने की प्रवृत्ति इत्यादि बातों को ध्यान में रखकर ही बनाना चाहिये।

मनुष्यों एवं जन्तुओं की भाँति रोगी पौधों की चिकित्सा केवल कुछ अवस्थाओं में ही सम्भव हो सकती है। क्योंकि पौधों में रोग के लक्षण उस समय प्रकट होते हैं, जब उनसे पौधों को बहुत अधिक हानि हो जाती है। अतः पौधों को रोगों के आक्रमण से बचाने तथा हानि को कम करने के लिये रक्षात्मक अथवा निरोधी उपाय ही सर्वोत्तम है :–

सभी पादप रोग नियंत्रण उपायों को निम्न दो मुख्य समूहों में विभक्त किया जा सकता है–

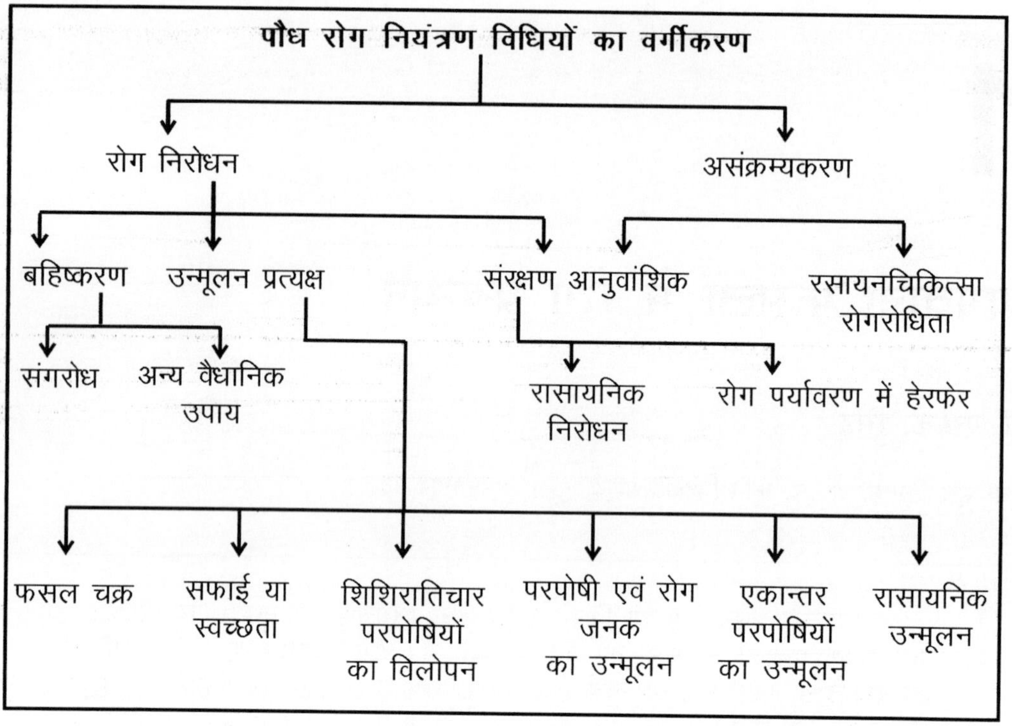

1. रोग निरोधन – रोग निरोधन के अन्तर्गत पादप–रोग नियंत्रण की वह विधियाँ आती है, जिनके द्वारा परपोषी पौधे की रोगजनक के आक्रमण एवं संक्रमण से अथवा रोग के विकास में सहायक पर्यावरण कारकों से रक्षा प्रदान की जाती है। रोग निरोधन को निम्न तीन उप–समूहों में विभक्त किया गया है–

क. बहिष्करण

ख. उन्मूलन

ग. प्रत्यक्ष संरक्षण

क. बहिष्करण– बहिष्करण के अन्तर्गत वह उपाय आते हैं, जिनके द्वारा किसी बाह्य रोग को नये क्षेत्र में प्रवेश होने से रोका जाता है जैसे – अनिवार्य संगरोध एवं निरीक्षण, निषेध, प्रमाणीकरण इत्यादि।

ख. उन्मूलन–उन्मूलन में रोगों की रोकथाम के वह उपाय आते हैं, जिनको किसी क्षेत्र में रोगजनक के फसल पर स्थापित हो जाने के पश्चात् उसके विलोपन के लिये प्रयोग किया जाता है जैसे – फसल चक्र, स्वच्छता, एकान्तर एवं शिशिरातिचार परपोषियों का उन्मूलन, परपोषी पौधों के बीज, शल्ककंद इत्यादि से रोगजनक का उन्मूलन, परपोषी पौधों के वृद्धि वाले भागों में संक्रमण हो जाने के पश्चात् कवकनाशी द्वारा उन्मूलन इत्यादि।

ग. प्रत्यक्ष संरक्षण–प्रत्यक्ष संरक्षण में वह उपाय आते हैं जिनमें यह मान लिया जाता है कि जब तक इन उपायों को आरम्भ किया जायेगा तब तक परपोषी पौधे आरक्षित रहेंगे और उन पर रोग का आक्रमण नहीं होगा। पौधों की पत्तियों पर

कवकनाशी का छिड़काव एवं बुरकन प्रत्यक्ष संरक्षण के अन्तर्गत ही आती है। इसी प्रकार कवकनाशी द्वारा कुछ बीजोपचार विधियाँ उन्मूलक होती है, जबकि अन्य संरक्षात्मक होती हैं। प्रत्यक्ष संरक्षण उपायों के अन्य उदाहरण – पादप गृहों एवं भंडारण गृहों में पर्यावरण का नियंत्रण करना, रोपण, बुवाई एवं कटाई के समय में परिवर्तन करके परपोषी के अनुकूल एवं रोगजनक के प्रतिकूल करना, निराई–गुड़ाई एवं कटाई की क्रियाओं में परिवर्तन करना, पाला, गर्मी, सर्दी से पौधों की रक्षा करना तथा पोषक न्यूनताओं को ठीक करना इत्यादि।

2. असंक्राम्यकरण–असंक्राम्यकरण से तात्पर्य पौधों में रोग के संक्रमण एवं विकास के विरूद्ध रोगरोधिता उत्पन्न करना होता है। पादप–रोग विज्ञान में इसको रोग प्रतिरोधकता और रोगरोधिता के नाम से पुकारा जाता है। इसके अन्तर्गत परपोषी को दृढ़ बनाकर उसमें ऐसे गुण उत्पन्न करना होता है, जिससे कि वह स्वयं अपने प्रयासों द्वारा रोगजनक के आक्रमण से अपनी रक्षा कर सकें। इसका प्रयोग पादप रोग नियंत्रण के एक साधन के रूप में किया जाता है तथा इसको परपोषी पौधों के संकरण अथवा चयन द्वारा ऐसे विभेद विकसित करके किया जाता है, जो एक या एक से अधिक रोगजनकों के प्रतिरोधी हों। उपार्जित असंक्राम्यता का प्रयोग जन्तुओं में व्यापक रूप से होता है, तथा पौधों में यह केवल वाइरस रोगों में ही संभव होती है। पौधों में अस्थाई एवं अवंशागत रोगरोधिता को कभी–कभी पूर्ववृतिक एवं पश्च संक्रमण कारकों जैसे – तापमान, मृदा आर्द्रता एवं परपोषी पोषण इत्यादि के नियमन द्वारा प्रदान किया जाता है। अस्थाई असंक्राम्यता को रसायन चिकित्सा द्वारा भी उत्पन्न किया जाता है। रसायन चिकित्सा में वह रसायन प्रयोग होते हैं जो पौधों द्वारा अवशोषित कर लिये जाते हैं तथा सम्पूर्ण पौधे में सर्वांगी रूप से फैल जाते हैं, यह रसायन चिकित्सीयक कहलाते हैं।

समस्त पादप रोग नियंत्रण विधियों के अन्तर्गत निम्न तीन मुख्य बातें आती है–

1. रोगजनक के विरूद्ध सीधी कार्यवाही अथवा रोगजनक पर आक्रमण या बहिष्करण।
2. रोगरोधिता हेतु परपोषी का आनुवांशिक रुपान्तरण अथवा परपोषी को दृढ़ बनाना।
3. रोग विकास के लिये सहायक पर्यावरण में परिवर्तन करके इसको प्रतिकूल बनाना अथवा पर्यावरण का परिवर्तन करना।

पौध रोग नियंत्रण के सामान्य सिद्धान्त

पादप रोग नियंत्रण निम्न छः सामान्य सिद्धान्तों पर आधारित होता है–

1. रोगजनक का वर्जन
2. निवेश–द्रव्य का बहिष्करण
3. रोगजनक का उन्मूलन
4. रक्षक या संरक्षणशील उपाय
5. परपोषी में रोगरोधिता का विकास
6. रोगी पौधे की चिकित्सा

उपरोक्त सिद्धान्तों में से प्रथम पाँच मुख्य रूप से निरोधी उपाय हैं और पादप रोग नियंत्रण की मुख्य विधियाँ हैं। इनका प्रयोग सामूहिक पौधों अथवा फसलों पर किया जाता है, जबकि अन्तिम सिद्धान्त, रोगी पौधों की चिकित्सा, रोगहर विधि है और इसको केवल व्यक्तिगत पौधों पर ही प्रयेाग किया जाता है।

1. रोगजनक का वर्जन

इस समूह के अन्तर्गत निम्न मुख्य सिद्धान्त आते हैं–

क. भौगोलिक क्षेत्र का चुनाव–किसी फसल के लिए भौगोलिक क्षेत्र का चुनाव उस क्षेत्र में फसल के लिये उपस्थित तापमान एवं आर्द्रता की अनुकूलता पर आधारित होता हैं। इन कारकों के द्वारा पौधों में उत्पन्न होने वाले रोग भी प्रभावित होते हैं। अनेक कवकों एवं जीवाणुओं से उत्पन्न रोग शुष्क क्षेत्रों की अपेक्षा आर्द्र क्षेत्रों में अधिक उग्र रूप से उत्पन्न होते हैं। अतः यदि इन फसलों को शुष्क क्षेत्रों में सिंचाई के साधन बढ़ाकर उगाया जाये तो इनका रोगों से बचाव किया जा सकता हैं।

ख. खेत का चयन–अनेक मृदोढ़ रोगों का नियंत्रण उपयुक्त खेत का चयन करके भी किया जा सकता है। यदि एक खेत में किसी फसल के मृदोढ़ रोग का रोगजनक उपस्थित होता है तब यह उपयुक्त होगा कि उस खेत में कुछ वर्षो के लिये उस फसल को न बोया जाये। मृदा में कुछ महीनों से लेकर 20 वर्ष तक के लिये रोगजनक जीवित रह सकता है। अतः यदि रोगी फसल काटने के पश्चात दुबारा उसी खेत में बोया जाता है, तब रोग के उग्रता से उत्पन्न होने के अवसर बढ़ जाते हैं, अतः रोगग्रस्त फसलों के लिये इस प्रकार के खेतों का चुनाव नहीं करना चाहिये। खेतों के चयन में जल निकास का प्रबन्ध भी एक मुख्य स्थान रखता है, अनेक रोग उन खेतों में अधिक उत्पन्न होते हैं, जहाँ भूमि जलाक्रांत होती हैं। फलोद्यानों को लगाते समय भी स्थान का चयन एक महत्वपूर्ण स्थान रखता है।

ग. बोने के समय का चुनाव– कुछ रोग उस समय अधिक उग्र रूप में उत्पन्न होते हैं, जब पादप वृद्धि की रोगग्राही अवस्था एवं रोगजनक के लिये अनुकूल अवस्थायें एक ही समय में एक साथ मिल जाती है। बोने के समय में परिवर्तन करके रोगजनक के लिये अनुकूल अवस्था से फसल को बचाया जा सकता है।

घ. रोग अवरोधी किस्में–विभिन्न फसलों की कुछ किस्में अपने वृद्धि गुणों के कारण रोग उत्पन्न होने वाली हानि से बचाव करती है। इन किस्मों में रोग से बचाव का गुण उनकी आनुवांशिक रोगरोधिता के कारण नहीं होता अपितु यह उनके वृद्धि गुणों एवं पकने के समय के कारण होता है। उदाहरण के लिये मटर की शीघ्र पकने वाली किस्में (जनवरी में) चूर्णिल आसिता एवं किट्ट रोगों से बचाव करती हैं, क्योंकि इन रोगों से हानि जनवरी माह अथवा उसके बाद में बहुत अधिक होती है। यदि रोग के उग्र रूप में उत्पन्न होने से पहले ही फलियाँ पूर्णरूप से विकसित हो जाती है, तब हानि बहुत घट जाती है।

ड. बीज का चयन–फसलों में अनेक रोग केवल बीज अथवा दूसरे रोपण पदार्थों जैसे – कलमों, कंदों, शल्ककंदों इत्यादि द्वारा उत्पन्न होते हैं। इस प्रकार के रोगों का नियंत्रण केवल रोगमुक्त बीजों एवं रोपण पदार्थों का उचित चयन करके किया जा सकता है।

च. कर्षण क्रियाओं का परिवर्तन– विभिन्न कर्षण क्रियायें जैसे–पौधों के बीच की दूरी, सिंचाई का समय एवं संख्या, रोपण का समय एवं विधि, मिश्रित फसल, उर्वरकों अथवा जैव खादों की मात्रा एवं बोते समय बीज की गहराई इत्यादि भी अनेक रोगों के उत्पन्न होने एवं उनकी उग्रता पर प्रभाव डालती हैं। इन क्रियाओं में आवश्यक परिवर्तन करके फसलों में रोगों द्वारा होने वाली हानि को कम किया जा सकता है।

2. निवेश द्रव्य का बहिष्करण

निवेश द्रव्य का बहिष्करण निम्न विधियों द्वारा किया जा सकता है–

क. बीज उपचार–फसलों के बीजों, कंदों, शल्ककंदों, कलमों एवं अन्य रोपण पदार्थों के भीतर अथवा उसकी सतह पर उपस्थित रोगजनक का ऊष्मा, गैस अथवा रसायनों द्वारा उपचारित करके बहिष्करण किया जा सकता है। इस विधि को रोगजनक के उन्मूलन द्वारा बहिष्करण के लिये किया जाता है तथा इन उपचारों द्वारा रोगजनकों को नये क्षेत्र में प्रवेश करने से रोका जा सकता है।

ख. निरीक्षण और प्रमाणीकरण–जिन फसलों को केवल बीज के लिये उगाया जाता है, उनका समय–समय पर बीज द्वारा फैलने वाले रोगों के लिये निरीक्षण किया जाता है और रोगी पौधों को खेत में से अलग कर दिया जाता है। इस प्रकार जो बीज प्राप्त होते हैं, वह प्रमाणित होते हैं तथा इस विधि द्वारा बीजोढ़ रोगों के अंतःक्षेत्रीय एवं अंतराक्षेत्रीय प्रसार को रोका जा सकता है।

ग. पादप या पौध संगरोध– पादप नाशकजीवों एवं रोगों का ऐसे नये क्षेत्रों में जहाँ वह नहीं पाये जाते हैं, बहिष्करण, निरोध अथवा स्थापित होने में विलम्ब के उद्देश्य से कृषि वस्तुओं के लाने ले जाने पर कानूनी प्रतिबंध लगाना पादप संगरोध कहलाता है। पादप संगरोध का उद्देश्य रोगग्रस्त क्षेत्रों से रोगरहित क्षेत्रों में रोगजनकों के प्रवेश को रोकना होता है। यदि किसी विशेष क्षेत्र में फसल का कोई रोग प्रचंड रूप से उत्पन्न होता है और उसके रोपण पदार्थों द्वारा फैलने की सम्भावना रहती है, तब किसी देश या राज्य की सरकार द्वारा आवश्यक अधिनियमों को पारित करके रोगग्रस्त क्षेत्रों से इन पदार्थों के प्रवेश पर रोक लगा दी जाती है। संगरोध विनियम केवल उस समय में ही प्रभावी हो सकते हैं, जबकि भयंकर रोग का प्रसार आयात किये परपोषी पदार्थों द्वारा होता है। परन्तु यदि निवेशद्रव्य का प्रकीर्णन प्राकृतिक साधनों जैसे–वायु, जल इत्यादि द्वारा होता है, तब यह प्रभावी नहीं होते हैं। इस प्रकार के विनियम उस समय भी आवश्यक होते हैं, जब किसी रोगजनक के प्रसुप्त अंगों की निष्क्रिय पदार्थों जैसे–बोरे, टोकरी, लकड़ी की पेटियाँ या पैकिंग सामग्री इत्यादि द्वारा नये क्षेत्र में प्रवेश करने की सम्भावना रहती है।

भारत में सर्वप्रथम 3 फरवरी, 1914 को भारत के गवर्नर जनरल द्वारा परिषद में विनाशकारी कीट एवं नाशकजीव अधिनियम पारित किया गया। इसके पश्चात् सन् 1946 में खाद्य एवं कृषि मंत्रालय के अन्तर्गत केन्द्रीय वनस्पति संरक्षण संगरोध एवं संग्रह निदेशालय की स्थापना की गई। इस निदेशालय के अन्तर्गत मुख्य बन्दरगाहों एवं हवाई अड्डों पर पादप संगरोध स्टेशनों को खोला गया और इन स्टेशनों पर पौधों एवं उनके पदार्थों के निरीक्षण एवं उपचार की सुविधायें प्रदान की गई। यह कार्य छः मुख्य बन्दरगाहों – बम्बई (1949), मद्रास (1950), कोचीन (1955), कोलकाता (1956),

विशाखापत्तनम (1957), कांडला (1961), और पाँच हवाई अड्डों – नई दिल्ली, मुम्बई, मद्रास, कलकत्ता, अमृतसर इत्यादि पर आरम्भ किया गया। कुछ छोटे बन्दरगाहों जैसे – धनुषकोड़ी, नागापत्तनम, तूत्तिकोरिन और हवाई अड्डों जैसे – त्रिचनापली आदि पर भी संगरोध कार्यालयों को स्थापित किया गया है। विनाशकारी कीट एवं नाशकजीव अधिनियम राष्ट्रीय समुद्री सीमाकर अधिनियम के अन्तर्गत कार्य करता है।

घ. रोग वाहक कीटों का उन्मूलन– अनेक रोगों को कीटों द्वारा फैलाया जाता है। यह कीट निवेशद्रव्य को एक क्षेत्र से दूसरे क्षेत्र में फैला देते हैं। अतः किसी नये रोगजनक के प्रवेश को रोकने के लिये इन कीटों का उन्मूलन आवश्यक होता है।

3. रोगजनक का उन्मूलन

रोगजनक के उन्मूलन के अन्तर्गत निम्न सिद्धान्त आते हैं –

क. पादप रोगजनकों का जैव नियंत्रण – जैव नियंत्रण का मुख्य ध्येय अन्य दूसरे सूक्ष्मजीवों की क्रियाओं द्वारा रोगजनकों का उन्मूलन और नियंत्रण करना है। इन विधि के अन्तर्गत वह उपाय आते हैं, जो मृदा में अथवा संक्रमण के स्थान पर सूक्ष्मजीवों की क्रिया को बढ़ा देते हैं। कार्बनिक पदार्थों से मृदा सुधार इस विधि के अन्तर्गत ही आता है। मृदा में कार्बनिक पदार्थों के विघटन से सूक्ष्मजीवी क्रियाओं को बढ़ावा मिलता है, जिससे कि इन सूक्ष्मजीवों के कुछ सदस्य रोगजनक जीवों का दमन करते हैं अथवा उनको मार देते हैं। भारत में मृदा के कार्बनिक सुधारक पदार्थों द्वारा मूल ग्रंथि निमाटोड और आलू के काली पपड़ी रोग को नियंत्रित करने में सफलता मिली है। इसी प्रकार कार्बनिक मृदा सुधारकों द्वारा अनेक मृदोढ़ रोगों का नियंत्रण किया गया है।

ख. फसल चक्र–फसलों की खेती करने में भूमि विकार एक मुख्य समस्या रही हैं। जब एक खेत में निरन्तर एक ही फसल ली जाती है, तब उस फसल के मृदोढ़ रोगजनक भूमि में सुगमता से चिरकालिक बने रहते हैं और उनकी संख्या में अधिक वृद्धि होती रहती है। कुछ समय पश्चात् भूमि इतनी अधिक ग्रस्त या बाधित हो जाती है कि उसमें उस विशेष फसल की खेती करना कठिन हो जाता है। अतः रोगग्रस्त खेत में फसलों को हेर–फेर कर बोने से अनेक मृदोढ़ रोगों को नियंत्रित किया जा सकता है।

ग. रोगी पौधों या पादप अंगों को हटाना एवं नष्ट करना–रोगी पौधों या उनके अंगों को निम्न विधियों द्वारा हटाकर एवं नष्ट करके रोगजनक का उन्मूलन किया जा सकता है–

अ. अवांछित का निष्कासन– इस विधि में खेत से रोगी पौधों को उखाड़ कर अथवा उनके रोगग्रस्त भागों को काट कर नष्ट कर दिया जाता है। ऐसा करने से रोगी पौधों से स्वस्थ पौधों में रोग का प्रसार रूक जाता है तथा रोगमुक्त बीजों को उत्पन्न करने में सहायता मिलती है।

ब. एकान्तर एवं सांपार्श्विक परपोषियों का उन्मूलन – अनेक पादप रोग जो विशेष रूप से निरन्तर संक्रमण श्रृंखला वाले होते हैं, अपने रोगजनकों के एकान्तर या सांपार्श्विक परपोषियों द्वारा चिरस्थायी रहते हैं। इन परपोषियों पर प्राथमिक निवेशद्रव्य का उत्पादन होता है तथा इन्हीं से उसका प्रकीर्णन फसल पर होता है। यदि रोगजनकों के इन जंगली अथवा अलाभकर परपोषियों को नष्ट कर दिया जाये तो प्राथमिक निवेशद्रव्य का साधन दूर हो जाता है तथा फसल पर रोग लगने के अवसर कम हो जाते हैं। इन

परपोषियों को नष्ट करके रोगजनकों के जीवनचक्र अथवा संक्रमण श्रृंखला को तोड़ा जा सकता है। खेतों के आस–पास उगने वाले खरपतवारों पर भी अनेक रोगजनक चिरकालिक बने रहते हैं। इन खरपतवारों में से रोगजनक के सम्भव परपोषी को खोजना और नष्ट करना भी पादप–रोग नियंत्रण में एक महत्त्वपूर्ण कदम होता है।

स. सफाई–पौधे की सफाई के समान ही खेत की सफाई भी अनेक मृदोढ़ एवं विकल्पी और मृतजीवी रोगजनकों को नियंत्रित करने में बहुत आवश्यक होती है। अनेक अविकल्पी परजीवी भी मृदा में पड़े पौधे के भाग में प्रसुप्त संरचनाओं द्वारा चिरकालिक बने रहते हैं। खेत में पड़े रोगी फसल के मलबे को जलाकर नष्ट करने से इस प्रकार जीवित रहने वाले रोगजनकों को समाप्त किया जा सकता है। मिट्टी पलटने वाले हल से मलबे को अधिक गहराई में दबाना भी इसमें सहायक हो सकता है। इस विधि के द्वारा मटर की चूर्णिल आसिता, मटर की मृदुरोमिल आसिता इत्यादि रोगों की रोकथाम में सहायता मिल सकती है।

घ. रोगी पौधों का ऊष्मा एवं रासायनिक उपचार–पौधे अथवा इसके विशिष्ट अंगों में उपस्थित रोगजनक को ऊष्मा अथवा रासायनिक उपचारों के द्वारा निष्क्रिय किया जा सकता है अथवा मारा जा सकता है। यह विधि मुख्य रूप से फल वृक्षों के रोगों में अधिक उपयोगी पाई गई है। इसका प्रयोग परपोषी पर उपस्थित रोगजनक की सुप्त संरचनाओं अथवा उसकी वृद्धि को नष्ट करने के लिये भी किया जा सकता है।

ड. भूमि उपचार–भूमि उपचार का मुख्य उद्देश्य मृदा में उपस्थित रोगजनकों को निष्क्रिय करना अथवा उनका उन्मूलन करना है। इसके लिये विभिन्न रसायन, उष्मा, अधिसिंचन एवं पड़ती छोड़ना इत्यादि विधियों का प्रयोग किया जाता है। आजकल भूमि के रासायनिक उपचार के लिए अनेक प्रकार के रसायनों का प्रयोग किया जाता है, जो धूलि या दानेदार रूप में मिलते हैं। भूमि में इन रसायनों का प्रयोग खेत में बीज बोते समय अथवा खड़ी फसल में किया जाता है और यह जल में घुल कर मृदा धूमक के रूप में प्रभाव डालते हैं। भूमि में उपस्थित मृदोढ़ रोगजनकों का उन्मूलन ऊष्मा उपचार द्वारा भी किया जाता है। इस विधि का प्रयोग गमलों, नर्सरी एवं पादप गृहों की मृदा को उपचारित करने के लिये किया जाता है।

4. रक्षक या संरक्षणशील उपाय

क. रासायनिक उपचार – रासायनिक छिड़काव, बुरकन एवं बीज उपचारों का मुख्य उद्देश्य परपोषी सतह पर एक रक्षक विषैली परत बनाना होता है, जिससे कि रोगजनक के परपोषी सतह के सम्पर्क में आने पर वह मर जाये अथवा उसकी वृद्धि रूक जाये। इस प्रकार का रक्षक आवरण बनाने के लिये जिन रसायनों को प्रयोग में लाया जाता है, वह रक्षक रसायन कहलाते हैं। परन्तु जब यह रसायन परपोषी सतह पर पहले से स्थापित कवक अथवा दूसरे परजीवी को नष्ट करते हैं, उस समय यह उन्मूलक रसायन कहलाते हैं। एक ही रसायन रक्षक के साथ–साथ उन्मूलक भी हो सकता है।

ख. रोगवाहक कीटों का रासायनिक नियंत्रण – अधिकांश विषाणुजनित रोग संवाहक कीटों को नियंत्रित करते हैं।

ग. पर्यावरण में परिवर्तन–फसलों में रोगकारकों के लिए अलग–अलग वातावरण की आवश्यकता होती है। सदैव इस बात का ध्यान रखा जाता है कि वातावरण फसल के

अनुकूल एवं रोग कारकों के लिए प्रतिकूल हो। ऐसा करने से रोग नियंत्रित होता है। वातावरण के प्रबन्धन में सिंचाई, पौधों से पौधों के मध्य की दूरी, पंक्ति से पंक्ति के मध्य की दूरी, मिश्रित खेती इत्यादि द्वारा प्रबन्धित किया जा सकता है। फलों एवं सब्जियों में कटाई के पश्चात होने वाली विगलन इनको ठंडे एवं शुष्क कमरों में संग्रह करके कम की जा सकती है क्योंकि विगलन के उत्तरदायी रोगकारक के लिए गरम एवं नम अवस्थाएँ अनुकूल होती है जबकि आलू को शीतगृह में रखने से यह वातावरण रोग कारकों के लिए प्रतिकूल हो जाता है।

घ. परपोषी पोषण का रूपान्तरण – परपोषी का पोषण भी रोग की उग्रता के निर्धारण में महत्त्वपूर्ण भूमिका अदा करता है। पौधे में नत्रजन का अधिक अवशोषण अधिकांश रोगों को बढ़ाने में सहायक होता है जबकि पोटाश पौधों में रोगरोधिता उत्पन्न करता है। इसी प्रकार सूक्ष्म पोषक तत्वों की मात्रा भी रोग की उग्रता में महत्त्वपूर्ण भूमिका अदा करती है। (विस्तार से आगे देखें)।

5. परपोषी में रोगरोधिता का विकास

परपोषी में रोगरोधिता का विकास निम्न विधियों द्वारा किया जा सकता है।

क. रोगरोधिता के लिए चयन एवं संकरण– परपोषी में रोगरोधिता हेतु चयन एवं संकरण की विभिन्न विधियों को उपयोग में लाया जाता है।

ख. रसायन चिकित्सा द्वारा रोगरोधिता – पौधों में अस्थाई शरीर क्रियात्मक रोगरोधिता को रसायन चिकित्सा द्वारा विकसित किया जा सकता है। सर्वांगी कवकनाशी एवं प्रतिजैविक पदार्थों का पौधे पर पर्णीय छिड़काव करने अथवा जड़ों द्वारा देने पर यह जीव–द्रव्य में कुछ समय के लिये बने रहते हैं और जब तक इनका विषैला प्रभाव रहता है तब तक रोगजनक ऊतकों पर आक्रमण नहीं कर सकता है।

ग. परपोषी पोषण द्वारा रोगरोधिता – पौधों में मुख्य एवं सूक्ष्म पोषक तत्वों का छिड़काव करके अथवा भूमि द्वारा देकर रोगरोधिता विकसित की जा सकती है। यद्यपि ऐसे उपायों का प्रभाव अभी तक संदिग्ध है। जबकि पौधों की प्रबल वृद्धि सदैव वांछनीय होती है। प्रबल पौधों में क्षतिग्रस्त जड़ों एवं प्ररोहों के स्थान पर नयी जड़ों एवं प्ररोह को बनाने की क्षमता होती है अतः वह अनेक रोगों के आक्रमण को सहन करने योग्य होते हैं।

6. रोगी पौधे की चिकित्सा

रोगी पौधों की चिकित्सा निम्न विधियों द्वारा की जाती है –

क. रसायन चिकित्सा–रसायन चिकित्सा में रोगी पौधों के ऊतकों से रासायनिक उपचारों द्वारा रोगजनक का उन्मूलन करके पौधे को ठीक करना सम्मिलित है। इस कार्य के लिये मुख्य रूप में सर्वांगी कवकनाशी एवं प्रतिजैविक पदार्थों का प्रयोग किया जाता है। इन रसायनों को पौधे की पत्तियों एवं जड़ों द्वारा अवशोषित कर लिया जाता है और यह कोशिका के जीव–द्रव्य मे पहुँचकर रोगजनक को नष्ट करके एक रासायनिक प्रतिरक्षा क्रिया–विधि व्यवस्था के रूप में कार्य करते हैं तथा पौधों में अस्थाई रोगरोधिता उत्पन्न कर देते हैं। यह रोगजनक द्वारा उत्पन्न किये गये जीव–विषों का निराविषिकरण

करने का कार्य भी करते हैं और इस प्रकार पौधे के ऊतकों पर रोगजनक द्वारा आक्रमण नहीं हो पाता है।

ख. ऊष्मा चिकित्सा – वह पौधे जो रोगजनक के तापी–निष्क्रियण मृत्यु बिन्दु को सहन कर सकते हैं, उनके रोगजनकों को नष्ट करने के लिये उन्हें ऊष्मा द्वारा उपचारित किया जाता है। इन उपचारों का प्रयेाग मुख्य रूप से बीजों, कंदों, शल्ककंदो, कलमों इत्यादि के लिये किया जाता है। फल वृक्षों के अनेक वाइरसों का निष्क्रियण करने के लिये उनकी कलमों को उच्च तापमान द्वारा उपचारित किया जाता है। कलमों की जड़ों से नेमाटोड का उन्मूलन करने के लिये ऊष्मा चिकित्सा का सुझाव दिया गया है।

ग. वृक्ष–शल्य–चिकित्सा–बड़े फल वृक्षों की रोगी शाखाओं को काट कर अथवा रोगी भागों को खुरच कर उनके घावों पर कवकनाशी पेस्ट का लेप करके संक्रमण को समाप्त किया जाता है। संक्रमित भागों के हट जाने से वृक्ष संक्रमण मुक्त हो जाता है। मुख्य रोगों जैसे – काला तना, भूरा तना एवं गुलाबी रोग इत्यादि को वृक्षों की शल्य चिकित्सा करके नियंत्रित किया जाता है।

2

पोषण-प्रबंधन द्वारा बागवानी फसलों में रोग प्रबन्धन

डॉ. पी.के. झा एवं डॉ. एस.के. सिंह

पौधा रोग विभाग, राजेन्द्र कृषि विश्वविद्यालय, पूसा, समस्तीपुर – 848 125 बिहार

अन्य जीवों की भाँति पौधों को भी भोजन की आवश्यकता पड़ती है। पौधों के शरीर में 60 से भी अधिक पोषक तत्व पाये जाते हैं, परन्तु इनमें 17 तत्व ऐसे हैं जिनके बिना पौधे अपना विकास नहीं कर सकते, स्वस्थ नहीं रह सकते और अपना जीवनचक्र पूरा नहीं कर सकते।

अतः सामान्य वृद्धि एवं विकास के लिए अनिवार्य पोषक तत्वों की समुचित मात्रा एवं समुचित अनुपात में पौधों को प्राप्त होना आवश्यक है। इनमें से किसी एक या अधिक तत्वों की कमी या अधिकता से पौधों का सामान्य विकास बाधित होता है। पौधों के लिए अनिवार्य पोषक तत्वों में से अधिकतर किसान उर्वरक के माध्यम से केवल तीन ही तत्वों का प्रयोग करते हैं। ये तत्व हैं–नत्रजन, स्फुर और पोटाशियम। लेकिन अधिक उपजशील किस्मों की गहन खेती के परिणामस्वरूप मिट्टी से सभी पोषक तत्वों का उद्ग्रहण बढ़ा है, जिसके कारण मिट्टी में उनकी कमी हुई है और फसलें प्रभावित हो रही हैं। चूँकि हरेक तत्व के प्रकार्य विशेष हैं अतः उपरोक्त उपयुक्त तत्वों की पर्याप्तता के बावजूद द्वितीयक (यथा कैल्शियम) या सूक्ष्म पोषक तत्वों (जस्ता, लोहा, ताँबा, मैंगनीज, बोरोन, मालिब्डेनम) की कमी से पौधे प्रतिकूल प्रभावित होते हैं। तत्व–विशेष के अनुसार ऐसी अवस्था में विशेष लक्षण प्रकट होते हैं और कुछ पौधे विशेष विकारों के शिकार हो जाते हैं। इस प्रकार की कमी, अधिकता या असंतुलन की अवस्था में न केवल विकार पैदा होते हैं, बल्कि कुछ दशाओं में पौधे की रोगरोधी क्षमता में कमी आ जाती है और रोगाणुओं से ऐसे पौधे शीघ्रता तथा तीव्रता से आक्रान्त होते हैं। पोषक तत्वों के असंतुलन से उत्पन्न विकारों एवं असामान्यताओं को पोषणात्मक रोग कहा जाता है। इसमें रोगाणुओं की भूमिका कम–से–कम प्रारंभिक अवस्थाओं में नहीं होती है। हालाँकि पौधों के कुपोषण से उत्पन्न कमजोरी और अस्वस्थता रोगाणुओं के आक्रमण के लिए अनुकूल परिस्थिति भी उत्पन्न करती हैं।

पोषणात्मक रोगों से प्रत्यक्ष और परोक्ष दोनों प्रकार की हानियाँ होती हैं। प्रत्यक्ष इन (पोषणात्मक) रोगों के द्वारा और परोक्षतः परजीवी (रोगाणुजनित) रोगों के प्रोत्साहन द्वारा। पोषणात्मक रोगों का स्पष्ट प्रभाव फलों और सब्जियों में देखा जाता है, जबकि अन्य फसलों में भी पोषक तत्वों (सूक्ष्म पोषक तत्वों) की कमी से होने वाली हानि दिन–ब–दिन बढ़ती जा रही है। इसके प्रति किसानों एवं प्रसार कार्यकर्ताओं की जागरूकता की आवश्यकता है। अतः इस आलेख में विभिन्न प्रकार की फसलों के उपरोक्त प्रकार के रोगों का उल्लेख किया गया है, ताकि इनके वास्तविक कारणों की ओर लोगों का ध्यान जाय। प्रतिकूल मौसम की दशाओं और उनमें अकस्मात् परिवर्तन भी कुछ–कुछ पोषणात्मक विकारों और रोगों की समस्याओं को बढ़ाते हैं। ऐसी परिस्थिति में अधिक सतर्कता की आवश्यकता है।

तालिका 2.1. सब्जियों एवं फलों के प्रमुख पोषणात्मक (अपरजीवी) रोग एवं विकार

रोग एवं विकार	कारण
प्याज का रिक्त तना, फूल गोभी का भूरा पड़ना, मूली का चक्रपाश, चुकन्दर का अन्तर्विगलन।	बोरान की कमी
शलजम का आन्तरिक भूरापन, टमाटर का पुष्पान्त सड़न, गाजर का कोटर चित्ती।	कैल्शियम की कमी
नींबू की शीर्षारंभी क्षय, प्याज का कंदगलन।	ताम्बे की कमी
चुकन्दर का चित्तीदार पीतक, मटर की गलित चित्ती, प्याज की पीली धारी।	मैंगनीज की कमी
गोभी की लम्बी पूँछ, नींबू का पीला धब्बा, सेम का सप्तदाह।	मोलिब्डेनम की कमी
नींबू की चित्तीदार पत्ती, टमाटर का दागदार परिपक्वन।	जस्ता की कमी
टमाटर का दागदार परिपक्वन	मालिब्डेनम की कमी एवं पोटाशियम/नत्रजन असंतुलन

किसी विशेष पोषक तत्व की कमी या अधिकता से असामान्य क्रियात्मक अवस्थाएँ (विकार के रूप में) पैदा होती हैं, जो पौधों पर विशेष लक्षण के रूप में दृष्टिगोचर होती हैं। यद्यपि कभी–कभी कई तत्वों की कमी या अधिकता के लक्षणों के मिलने से ऐसे लक्षणों की पहचान कठिन हो सकती है (ऐसी हालत में केवल मृदा एवं पादप उत्तक–विश्लेषण ही सहायक हो सकते हैं) फिर भी इनकी जानकारी पोषण–प्रबन्ध में काफी सहायक होती है। पोषणात्मक रोगों से फसलों की उपज में पर्याप्त कमी आ जाती है। कुछ विकारों से उपज में तो कमी नहीं आती, परन्तु उत्पादों की गुणवत्ता प्रतिकूल प्रभावित होती है और इनका बाजार भाव गिर जाता है। यह बात फलों एवं सब्जियों के लिए अधिक सही है जिनमें विकारों (तालिका 2.1) के कारण उनकी कीमत गिर जाती है और उनकी खेती अलाभकारी हो जाती है।

जैसा ऊपर कहा जा चुका है कि पोषण की समस्याएँ परजीवी रोगों को भी प्रोत्साहित करती हैं। ऐसे पोषक तत्व मुख्यतः सूक्ष्म पोषक तत्व हैं। अतः सुरक्षा पोषक तत्वों से प्रभावित रोगों की तालिका 2.2 दी जा रही है।

तालिका 2.2. सूक्ष्मपोषक तत्वों के असंतुलन द्वारा प्रोत्साहित फसल रोग

रोग एवं विकार	कारण
परजीवी (रोगाणुजनित रोग)	सूक्ष्म पोषक तत्व जिनके प्रयोग से रोग में कमी पायी गई है
टमाटर का पर्ण अंगमारी, मूली का म्लानि रोग	लोहा
गोभी का क्लब रूट, आलू का पिछात अंगमारी, स्टेम कैंकर, स्केब एवं म्लानि रोग	मैंगनीज
खीरा एवं कद्दू का चूर्णिल आसिता, टमाटर का म्लानि एवं मोजैक वाइरस रोग, शकरकन्द का जड़सड़न। मटर एवं टमाटर वाइरस रोग	मोलिब्डेनम
टमाटर का पिछात अंगमारी	जस्ता

तालिका 2.3. द्वितीयक एवं सूक्ष्म पोषक तत्वों की कमी दूर करने के लिए व्यवहृत मात्रा

तत्व	उर्वरक पदार्थ	मिट्टी में प्रयोग (किग्रा/हे.)	फसल पर छिड़काव (घोल की सान्द्रता)
लोहा	फेरस सल्फेट	10	0.27 चूने के साथ या साइट्रिक एसिड के साथ
जिंक	जिंक सल्फेट	10-15	0.5% जिंक सल्फेट + 0.25% चूना का घोल
मैंगनीज	मैंगनीज सल्फेट	10-15	0.6% मैंगनीज सल्फेट
ताम्बा	कॉपर सल्फेट	5-10	0.2% कॉपर सल्फेट + 0.5% चूना घोल
बोरॉन	बोरैक्स	5-20	0.2% बोरेक्स का घोल
मालिब्डेनम	सोडियम मोलिब्डेट	0.5	0.01%–0.02% का घोल

ये तथ्य फसलों में संतुलित पोषण के महत्व को रेखांकित करते हैं। यह भी द्रष्टव्य है कि अधिकतर रोगों एवं विकारों का सम्बन्ध सूक्ष्म पोषक तत्वों के पोषण से है, यद्यपि अन्य पोषक तत्वों की भूमिका भी कम महत्त्वपूर्ण नहीं है। उदाहरणार्थ नत्रजन की अधिकता फसलों में रोग के प्रति सुग्राहिता बढ़ाती है, जबकि पोटेशियम पौधों की रोगरोधी क्षमता को बढ़ाती है तथा नत्रजन एवं स्फुर की अधिकता के कुप्रभावों को कम करता है लेकिन सूक्ष्म पोषक तत्वों के व्यवहार में सावधानी बरतना आवश्यक है क्योंकि उनमें कमी एवं विषाक्तता की सीमाएँ नजदीक है।

उपर्युक्त वर्णित द्वितीयक एवं सूक्ष्म पोषक तत्वों की कमी दूर करने के लिए उनके यौगिकों (उर्वरकों) का प्रयोग मिट्टी में या घोल के छिड़काव के रूप में किया जाता है। मिट्टी में प्रयोग फसल की बुआई के समय ही करना चाहिए। इसका लाभ कई आगामी (3-6) फसलों तक भी मिलता है लेकिन खड़ी फसल में कमी के लक्षण प्रकट हाने पर छिड़काव किया जाता है। छिड़काव लक्षण की तीव्रता के अनुसार 1 से 3 हो सकते हैं और इनसे तात्कालिक लाभ मिलता है। इन उर्वरक पदार्थों की प्रयुक्त मात्रा ऊपरलिखित है (तालिका 2.3)।

3

बागवानी रोगों का रासायनिक प्रबन्धन

डॉ. एस.के. सिंह

पौधा रोग विभाग, राजेन्द्र कृषि विश्वविद्यालय, पूसा, समस्तीपुर – 848 125 बिहार

पौधों में रोगों को उत्पन्न होने से रोकने की विभिन्न सामान्य विधियों में से एक सामान्य विधि परपोषी पौधों की रोगजनकों के आक्रमण से रक्षा करना है। इस विधि का मुख्य ध्येय परपोषी पौधे का उपचार करके रोगजनक और पौधे के बीच एक अवरोध उत्पन्न किया जा सकता है। यह रसायन रोगजनकों के लिये विषैले होते हैं तथा उनके अंकुरण, बहुगुणन एवं वृद्धि को रोक देते हैं अथवा रोगजनक पर घातक प्रभाव डाल कर उसे मार देते हैं। जिस रोगजनक के विरूद्ध इन रसायनों को प्रयोग किया जाता है उनकी प्रकृति के आधार पर इनको कवकनाशी, जीवाणुनाशी, सूत्रकृमिनाशी, विषाणुनाशी इत्यादि नामों से पुकारा जाता है। जिन रसायनों को उच्च पुष्पी परजीवी पौधों के उन्मूलन के लिये प्रयोग किया जाता है, वह शाकनाशी या खरपतवारनाशी कहलाते हैं। इनमें से कुछ रसायन सभी प्रकार के या कुछ रोगजनकों पर अपना विषैला प्रभाव डालते हैं, जबकि कुछ का प्रभाव केवल एक ही प्रकार के विशिष्ट रोगजनक पर होता है। यह रसायन विभिन्न संरूपों जैसे–जल मिश्रणीय चूर्ण, धूल या बुरकनी, दाने या कणी, पायस या इमल्शन योग्य सांद्र, विलयन, निलंबन या स्लरी इत्यादि में मिलते हैं।

रसायनों से पादप–रोग नियंत्रण की विधियाँ

रसायनों के प्रयोग द्वारा पादप रोगों के नियंत्रण की विभिन्न विधियाँ निम्नलिखित है–

1. छिड़काव या बुरकना

क. छिड़काव या फुहारन – रसायनों के पौधों पर पर्णीय छिड़काव द्वारा जीवाणुज रोगों की अपेक्षा कवक रोगों का नियंत्रण अधिक प्रचलित है। पौधों पर छिड़काव के लिये विलयन, पायस रूप अथवा निलंबनशील या जल मिश्रणीय चूर्ण के रूप में उपलब्ध कवकनाशी अथवा रसायनों को प्रयोग में लाया जाता है। इनको छिड़कने का मुख्य ध्येय रोगजनक के पौधे की सतह पर पहुँचने से पूर्व ही एक रक्षक आवरण प्रदान करना है।

ख. बुरकना – पौधों के पर्णीय भागों पर बुरकने के लिये अविलेय या अनिलंबनशील रसायनों का प्रयोग किया जाता है। कवकनाशी एवं जीवाणुनाशी बुरकनी की अपेक्षा छिड़काव के रूप में अधिक प्रभावी होते हैं। इनको बुरकने की सिफारिश केवल बहुत नम मौसम में ही की जाती है, क्योंकि उस समय रसायन परपोषी की सतह पर सरलता से चिपक जाता है।

पौधों के पर्णीय भागों पर छिड़काव अथवा बुरकनी के रूप में प्रयोग किये जाने वाले रसायनों का मुख्य ध्येय कवक रोगों और जीवाणु रोगों को रोकना होता है। अधिकांश कवकनाशी एवं जीवाणुनाशी रक्षक होते हैं। अतः इनको पौधे की सतह पर पहले से ही उपस्थित होना चाहिये, जिससे कि यह रोगजनक द्वारा होने वाले संक्रमण को रोक सकें। पौधों की सतह पर पहले से ही इनकी उपस्थिति के कारण कवक बीजाणु अंकुरित नहीं हो पाते अथवा इनके द्वारा अंकुरण के समय इन्हें मार दिया जाता है। इसी प्रकार जीवाणुनाशी की उपस्थिति से जीवाणुओं मे बहुगुणन रूक जाता है अथवा उनकी मृत्यु हो जाती है।

रक्षक छिड़काव या बुरकन में प्रयोग होने वाले कवकनाशी और जीवाणुनाशी की सफलता के लिये इनमें कुछ विशेष गुणों का होना अत्यन्त आवश्यक है। क्योंकि इनका प्रयोग पौधों के पर्णीय भागों की रक्षा के लिये किया जाता है और यह पर्याप्त समय तक पौधों की सतह पर वर्षा एवं ओस में बने रहते हैं। इसका अर्थ यह हुआ कि यह जल में लगभग अघुलनशील होने चाहिये, परन्तु जब यह एक कवकनाशी या जीवाणुनाशी के रूप में कार्य करते हैं, तब इनकी पर्याप्त मात्रा में घुलनशील होना चाहिये। इनका दूसरा मुख्य गुण तन्यता अथवा आसंजकता होता है। यह केवल पौधे की सतह पर चिपकने वाले ही नहीं होने चाहिये अपितु भलीभाँति फैल कर पौधे के अधिक से अधिक भागों को ढ़कने वाले होने चाहिये, जिससे कि इनका प्रभाव अधिक लम्बे समय तक बना रहे और यह पौधे के खुले भागों की रक्षा कर सकें। इनमें यह भी विशेषता होनी चाहिये कि यह रोगजनक के लिये विषैले हो परन्तु पादप विषाक्त न हो अर्थात् इनके द्वारा पौधों को कोई क्षति नहीं पहुँचनी चाहिये। इस बात को ध्यान में रखते हुए कि अधिकांश कवकनाशी और जीवाणुनाशी केवल सम्पर्क द्वारा ही रोगजनक को प्रभावित करते हैं, तब उस समय यह महत्त्वपूर्ण है कि पौधे की, सतह को पूर्ण रूप से रसायन द्वारा ढ़क दिया जाये। पौधों पर छिड़काव के बीच का अन्तर 7 से 14 दिन अथवा इससे अधिक हो सकता है। यह किसी विशेष रोग, वर्षा की अवधि और आवृत्ति एवं वर्ष के मौसम इत्यादि बातों पर निर्भर करता है और इनकी संख्या एक मौसम में 2 या 3 से 12 अथवा इससे अधिक हो सकती है।

पर्णीय छिड़काव एवं बुरकनी के रूप में प्रयोग किये जाने वाले रसायनों की संख्या और किस्में बहुत अधिक हैं और इनके अन्तर्गत ताम्र, गंधक, पारद या जिंक रखने वाले अकार्बनिक यौगिक और अनेक कार्बनिक यौगिक जैसे – डाईथायोकार्बेमेट, पारद कार्बनिक प्रतिजैविक पदार्थ, सर्वांगी कवकनाशी इत्यादि आते हैं। इन पदार्थों के छिड़काव में यौगिक की मात्रा 0.5 से 2 ग्राम प्रति लीटर जल में रखी जाती है, जबकि कुछ यौगिक जैसे – गंधक आदि की मात्रा 2-3 ग्राम प्रति लीटर जल में रखते हैं।

छिड़कने एवं बुरकने के गुण और दोष

रसायनों को छिड़कने एवं बुरकने में गुण और दोष दोनों होते हैं। छिड़काव के गुण बुरकन के दोष होते हैं, इसके विपरीत छिड़काव के दोष बुरकन के गुण होते हैं। छिड़काव के गुण एवं दोष निम्न होते हैं –

गुण

क. छिड़काव में सामान्यतः प्रति इकाई क्षेत्र में सक्रिय अवयव का मूल्य कम होता है।

ख. इसमें निक्षेपण एक समान होता है और कवकनाशी पौधे के समस्त भागों को अधिक से अधिक ढ़क कर भली प्रकार से चिपक जाता है।

ग. छिड़के गये रसायनों का अवशिष्ट प्रभाव अधिक समय तक बना रहता है।

घ. छिड़काव की क्रिया अधिक वायु वेग (10 मील प्रति घंटा तक) होने पर भी की जा सकती है।

ड. इस क्रिया में बुरकने की अपेक्षा संचालक को कष्ट कम होता है।

च. छिड़काव करने में एक इकाई क्षेत्र में प्रयोग की दर को बूँदों के आकार को छिड़काव यंत्र में घटा–बढ़ाकर नियंत्रित किया जा सकता है।

छ. छिड़काव में रसायनों का उपयोग भली–भाँति हो जाता है और अपवहन द्वारा हानि कम होती है।

अवगुण या दोष

क. छिड़काव करने में उपचार की कीमत अधिक आती है।

ख. इसमें प्रयोग होने वाले यंत्र बुरकनों की अपेक्षा अधिक भारी होते हैं और इनका मूल्य भी अधिक होता है।

ग. छिड़काव में जल का प्रयोग होने के कारण संचालन में बुरकन की अपेक्षा अधिक कठिनाई होती है और इसको प्रयोग करने से पहले जल में घोलकर तैयार करना पड़ता है।

घ. इसमें प्रयोग किये जाने वाले पदार्थों को संग्रह के समय खराब होने से बचाने के लिये सावधानी की आवश्यकता होती है।

2. बीज उपचार

रसायनों के द्वारा बीजों का उपचार बहुत आवश्यक है क्योंकि अनेक रोग उत्पन्न करने वाले कवक एवं जीवाणु बीज की सतह पर अथवा इसके भीतर उपस्थित होते हैं और जब इन बीजों को बोया जाता हैं, तब यह बीज के अंकुरण के समय क्रियाशील हो जाते हैं और बीज एवं बीजांकुर को मार देते हैं अथवा बाद की अवस्था में रोग उत्पन्न करते हैं। कवकनाशी अथवा जीवाणुनाशी द्वारा बीजों का उपचार करने का मुख्य उद्देश्य बीजोढ़ कवकों एवं जीवाणुओं को नष्ट करना होता है, जो बीजांकुर या पौध अंगमारी, बीज सड़न एवं कंड इत्यादि को उत्पन्न करते हैं। बीज उपचार का दूसरा मुख्य उद्देश्य बीजों के अंकुरण के समय मृदा में रहने वाले अनेक मृदोढ़ रोगजनकों से रक्षा करना है।

बीज उपचार के प्रकार – बीज उपचार को उसकी प्रकृति एवं उद्देश्य के आधार पर तीन वर्गो में विभक्त किया जा सकता है –

क. बीज रोगाणुनाशन या संक्रमणहरण

ख. बीज निर्बाधन या पीड़ाहरण या विग्रसन

ग. बीज रक्षण

क. बीज रोगाणुनाशन या संक्रमणहरण – यह बीज उपचार उन रोगजनकों के उन्मूलन के लिये किया जाता है जो बीजों को संक्रमित करके बीजावरण में अथवा बीज के अधिक गहरे ऊतकों के भीतर स्थापित हो जाते हैं। अतः बीजोढ़ रोग जैसे–टमाटर का राइजोक्टोनिया रोग इत्यादि में बीज रोगाणुनाशक की आवश्यकता होती है।

बीज संक्रमण में रोगजनक बीज के गहरे ऊतकों अथवा उसके भ्रूण में उपस्थित होता है। अतः बीज रोगाणुनाशन के रूप में वही रसायन कार्य कर सकते हैं, जिनको बीज द्वारा अवशोषित कर लिया जाये तथा यह बीज को हानि पहुँचाये बिना रोगजनक को नष्ट कर दें। लगभग एक दशक पूर्व बीज रोगाणुनाशन के लिये केवल भौतिक विधियाँ जैसे–ऊष्ण जल उपचार, आतप उपचार इत्यादि को ही प्रयोग किया जाता था। परन्तु आजकल कुछ सर्वांगी कवकनाशी जैसे प्लान्टवैक्स, विटावैक्स, बेनलेट या बेनोमाइल, बाविस्टिन, कैप्टान, थाइरम इत्यादि को बीज रोगाणुनाशन के लिये प्रयोग किया जाता है।

ख. बीज निर्बाधन या पीड़ाहरण अथवा विग्रसन – बीज निर्बाधन या पीड़ाहरण का ध्येय बीज की सतह पर उपस्थित कवकों या जीवाणुओं को नष्ट करना है। जो कवकनाशी इसके लिये प्रयोग किये जाते हैं वह बुरकनी एवं जलमिश्रणीय या निलंबनशील रूप में होती है। अनेक बाह्य बीजोढ़ रोगों को बीज विग्रसनकारियों के द्वारा रोका जा सकता है। बीज पीड़ाहरण के लिये विभिन्न कवकनाशी जैसे – सेरेसान, पेनोजर, कॉपर सल्फेट, कॉपर कार्बोनेट इत्यादि का प्रयोग किया जाता है। बीज को मृदा में बोने के पश्चात् इन कवकनाशियों का प्रभाव अधिक समय तक नहीं रहता है, अतः यह अच्छे बीज रक्षक नहीं होते हैं।

ग. बीज रक्षण–बीज रक्षण इस सिद्धांत पर आधारित होता है कि बीज की सम्पूर्ण सतह को कवकनाशी के द्वारा भली प्रकार ढ़क दिया जाये जिससे कि यह मृदा में उपस्थित रोगजनकों से बीजों के अंकुरण के समय रक्षा कर सकें। अनेक सब्जियों में पूर्वोद्भेद आर्द्रपतन उत्पन्न होते हैं। अतः यदि बीजों को उपयुक्त कवकनाशी द्वारा उपचारित करके बोया जाये तो इनको मरने अथवा सड़ने से बचाया जा सकता है। बीज विग्रसनकारी के रूप में प्रयोग किये जाने वाले अनेक कार्बनिक पारायुक्त कवकनाशी रक्षण के रूप में कार्य करते हैं। रक्षण के रूप में अनेक कवकनाशी जैसे – कैप्टान, थाइरम, ऐरासान, सेरेसान, ऐग्रोसान – जीएन, टिलेक्स, ऐगैलोल, ऐरिटान, ऐबेविट, हर्वेसान, हेक्जासान, ल्यूनेसान, फोलपेट इत्यादि का प्रयोग किया जाता है। इसके अतिरिक्त सर्वांगी कवकनाशी, बीज रोगाणुनाशी, विग्रसनकारी एवं रक्षक तीनों ही रूपों में कार्य कर सकते हैं।

3. मृदोपचार

मृदा अनेक पादप रोगजनकों को आश्रय देती है, जहाँ पर मृत कार्बनिक पदार्थ इन रोगजनकों की सक्रिय या प्रसुप्त अवस्थाओं को सहारा प्रदान करते हैं और इन मृदोढ़ रोगजनकों द्वारा अनेक पादप रोग उत्पन्न हो जाते हैं। अतः यदि मृदा से इन रोगजनकों को समाप्त कर दिया जाये तो अनेक रोगों को नियंत्रित करने में सफलता प्राप्त हो

सकती है। मृदोपचार विधियों को दो भागों—भौतिक एवं रासायनिक विधियों में विभक्त किया जाता है। भौतिक विधियों में मृदा का उपचार ऊष्मा द्वारा किया जाता है, जबकि रासायनिक विधि में वाष्पशील एवं अवाष्पशील दोनों प्रकार के रसायनों का प्रयोग होता है। मृदोपचार में प्रयोग होने वाले अधिकांश कवकनाशी रसायनों में मृदा कणों के बीच में ही विसरित होने की योग्यता होती है। मुख्य रूप से नेमाटोड के नियंत्रण के लिये वाष्पशील मृदा धूमकों को ही प्रयोग किया जाता है। रासायनिक मृदोपचार निम्न विधियों में से किसी एक के द्वारा किया जा सकता है।

क. घोल अथवा निलंबन से मृदा को गीला करना— इस विधि में कवकनाशी रसायन का जल में घोल या निलंबन बनाकर मृदा में भलीभाँति फैला दिया जाता है। कवकनाशी निलंबन की सान्द्रता वही रखी जाती है, जो छिड़काव के लिये रहती है और इनकी आवश्यक मात्रा को भूमि में प्रति इकाई क्षेत्र में एक छिड़काव यंत्र द्वारा छिड़क दिया जाता है, जिससे कि कवकनाशी साधारणतः मृदा के भीतर लगभग 10-15 से.मी. की गहराई तक पहुँच जाता है। इस विधि का प्रयोग 'आर्द्रपतन', मूल विगलन इत्यादि रोगों को नियंत्रित करने के लिये किया जाता है तथा इसको बीज बोने से पहले अथवा बाद में किया जा सकता हैं।

ख. बुरकनी, चूर्ण अथवा दानों का बिखेरना – कभी–कभी अवाष्पशील कवकनाशियों को मिट्टी अथवा उर्वरकों के साथ मिलाकर हाथ से बिखेर दिया जाता है और उसके बाद हल्की जुताई करके या हैरो चलाकर उपयुक्त गहराई तक मृदा में मिला दिया जाता है। इस विधि में कवकनाशी की मात्रा अन्य विधियों की अपेक्षा अधिक खर्च होती है, अतः इसका प्रयोग केवल उन स्थानों पर ही किया जाता है, जहाँ कवकनाशी को प्रयोग करने के लिये उपयुक्त यंत्र उपलब्ध नहीं होते हैं।

ग. खूड़ में डालना – इस विधि में कवकनाशी का प्रयोग–रोपण के समय बुरकनी या दानों के रूप में अथवा जल में घोलकर खूड़ में किया जाता है। मृदा उपचार की इस विधि द्वारा उन रोगों को नियंत्रित किया जाता है, जो पौधे के आधार पर उत्पन्न होते हैं। इस विधि में बिखेरना विधि की अपेक्षा कवकनाशी का बहुत कम मात्रा प्रति एकड़ खर्च होती है।

घ. मृदा धूमन – सामान्य रूप से मृदा धूमन की क्रिया पादप परजीवी मृदोढ़ नेमाटोड एवं कवकों का नियंत्रण करने के लिये की जाती है। इस कार्य के लिये जो रसायन प्रयोग में लाये जाते हैं, वह सामान्य रूप से वाष्पशील होते हैं तथा मृदा आर्द्रता के सम्पर्क में आने पर गैस छोड़ते हैं, जो मृदा में विसरित होकर नेमोटोड के डिंभकों को मार देती है। इन उच्च वाष्पशील मृदा धूमकों से मृदोपचार रोपण अथवा बीज बोने के कई दिन पहले अथवा हफ्तों पहले किया जाता है। रसायनों से निकली गैस को मृदा में एक सीमित समय तक बनाये रखने के लिये इसको कुछ अप्रवेश्य आवरणों जैसे– पॉलीथीन चादर से ढंकने की आवश्यकता होती है। मृदा में गैस का विसरण एक सीमित दूरी तक ही होता है, अतः रसायन को खेत की मृदा में समान दूरी (12-15 इंच) पर 6 से 9 इंच की गहराई पर अन्तर्वेशन किया जाता है। यह विधि केवल छोटे खेतों और अधिक मूल्यवान फसलों के लिये ही लाभकारी होती है।

मृदोपचार के लिये अनेक मृदा धूमकों जैसे – क्लोरोपिक्रिन, मेथाइल ब्रोमाइड, डाइक्लोरोप्रोपीन–डाइक्लोरोप्रोप्रोपन, एथाइलिन डाइब्रोमाइड, माइलोन, वेपम, जीनोफॉस, बोरलेक्स, डासानिट (फेनसल्फोथियोन) इत्यादि का प्रयोग नेमाटोड के नियंत्रण के लिये

किया जाता है। अनेक कवकनाशी भी जैसे–कैप्टान, सेमेसान, डेक्सर, चैशन्ट यौगिक, पेंटाक्लोरो– नाइट्रोबेन्जीन इत्यादि तथा सर्वांगी कवकनाशी जैसे–बेनोमाइल या बेनलेट इत्यादि द्वारा मृदोपचार करके आर्द्रपतन, बीजांकुर पौध अंगमारी, शिखर एवं मूल विगलन, म्लानि एवं अन्य रोगों का नियंत्रण किया जा सकता है।

4. कंद, शल्ककंद एवं पौधों के अन्य भागों का उपचार

आलू के स्कैब एवं काली रूसी रोगों के रोगजनक कंद की बाहरी सतह पर उपस्थित होते हैं। इन रोगों की रोकथाम के लिये कुछ रसायन जैसे – मरक्यूरिक क्लोराइड, फॉर्मेल्डिहाइड, सेमिसान इत्यादि द्वारा कंद का नम उपचार किया जाता है। इसके अतिरिक्त कंदों को 6% कार्बनिक पारायुक्त कवकनाशी जैसे – ऐरिटान–6, टेफासान, ऐगौलोल–6 इत्यादि के 0.2% घोल में एक मिनट डुबोकर भी इन रोगों को नियंत्रित किया जा सकता है। ग्लेडिओलस शल्ककंदों को फ्यूजेरियम के आक्रमण से बचाने के लिये सेरेसान से शल्ककंदों का नम उपचार अथवा बुरकनी के रूप में उपचार किया जाता है। अदरक के प्रकंद विगलन की रोकथाम 0.25% सेरेसान के घोल में अदरक के प्रकंद को आधे घंटे तक उपचारित करके की जा सकती है।

5. फलों एवं सब्जियों के भंडारगत रोगों का नियंत्रण

फलों एवं सब्जियों में रोगजनक का संक्रमण कटाई से पहले अथवा बाद में हो सकता है, जिन रोगों का संक्रमण कटाई से पहले हो जाता है उनकी रोकथाम सरल नहीं होती है। परन्तु आजकल की खोजों से यह संभावना हो गई है कि इन रोगों का नियंत्रण भी किया जा सकता है। कुछ कवकनाशी जैसे – थायोबेन्डाजोल और बेनोमाइल इत्यादि द्वारा सेब एवं नारंगी के कटाई से पूर्व होने वाले संक्रमणों का नियंत्रण सफलतापूर्वक हो सकता है। फलों एवं सब्जियों के भंडारगत रोगों की रोकथाम में इनका प्रयोग किया जाता है। अंगूर एवं नींबू की संचयी क्षय का नियंत्रण नाइट्रोजन और सल्फर डाइऑक्साइड के प्रयोग द्वारा किया जा सकता है। नींबू जाति के फलों के क्षय को रोकने के लिये बाइफिनाइल भी मुख्य है और इनमें पैनिसिलियम से उत्पन्न विगलन की रोकथाम फलों को लपेटने वाले कागजों को डाइफिनाइल में तर करके की जाती है। नींबू के पैनिसिलियम क्षय को बोरेक्स नम और सोडियम पेन्टाबोरेट के प्रयोग से रोका जा सकता है। परन्तु आजकल इनके स्थान पर सोडियम–ओ–फिनाइलफिनेट को अधिक प्रयोग किया जाता है। नींबू जाति के एवं अन्य दूसरे फलों के भंडारगत रोगों का नियंत्रण विभिन्न यौगिकों जैसे – बोरेक्स, सोडियम कार्बोनेट, नाईट्रोजन ट्राइक्लोराइड, बाइफिनाइल, सेलिसाइलेनिलाइड, थायोबेन्डाजोल इत्यादि के प्रयोग द्वारा किया जाता है। कुछ अन्य रसायन जैसे – तत्वीय गंधक, हाइपोक्लोरस अम्ल के घोल और इसके हाइपोक्लोराइट लवण, डाइब्रोमोंटेट्राक्लोरोइथेन, 2,6-डाइक्लोरो–4- नाइट्रोएनिलाइन, कैप्टान, बेन्जोइक अम्ल इत्यादि का प्रयोग अंगूर, केला, गुठलीदार और बिना गुठली स्ट्राबेरी, तरबूज इत्यादि की संचयी विगलनों के नियंत्रण के लिये किया जाता है। इन रसायनों का प्रयोग करते समय यह सदैव ध्यान रखना चाहिये कि इनके फलों एवं सब्जियों के ऊपर सुरक्षित सीमा से अधिक अवशेष उपभोक्ताओं के स्वास्थ्य के लिये हानिकारक हो सकते हैं।

6. वृक्ष घावों या क्षतों का उपचार अथवा वृक्ष–शल्य चिकित्सा

वृक्षों के स्तम्भों एवं शाखाओं की छाल पर काट–छाँट करते समय अथवा तेज वायु या तूफान से दुर्घटनावश बने क्षतों अथवा कवकों, जीवाणुओं इत्यादि के संक्रमणों को हटाने के लिये की गई काट–छाँट द्वारा बने क्षतों को सूखने एवं दुबारा रोगजनकों के आक्रमण से बचाने की आवश्यकता होती है। वृक्षों के बड़े क्षतों के किनारों को सूखने से रोकने के लिये उनके ऊपर चपड़ा अथवा किसी क्षत ड्रैसिंग का लेप कर दिया जाता है। पहले लकड़ी के खुले भाग को 0.5 से 1.0 प्रतिशत सोडियम हाइपोक्लोराइड अथवा 70 प्रतिशत एथाइल एल्कोहॉल अथवा 1 : 1000 मरक्यूरिक क्लोराइड घोल से फूरेरी लगाकर निर्जर्मित किया जाता है। अन्त में सम्पूर्ण क्षत पर किसी स्थाई वृक्ष क्षत ड्रैसिंग जैसे–लेनोलिन, बिरोजा एवं गोंद का मिश्रण, सिरानो, बोर्डो पेस्ट, चौबटिया पेस्ट, सन्तार इत्यादि का लेप कर दिया जाता है।

7. गोदामों का निर्बाधन या पीड़ाहरण या विग्रसन

संग्रह किये जाने वाले पदार्थों को गोदामों में पिछले वर्ष छूटे हुये रोगजनकों से संक्रमण से बचाने के लिये सर्वप्रथम गोदामों को भली प्रकार साफ करके मलबे को हटाकर जला दिया जाता है। उसके पश्चात् गोदाम की दीवारों एवं फर्श को फॉर्मेल्डिहाइड के 1 : 240 घोल का छिड़काव किया जाता है। गोदामों को क्लोरोपिक्रिन अश्रुगैस अथवा गंधक को जलाकर धूमित किया जा सकता है।

8. रोगवाहक कीटों का नियंत्रण

जब किसी रोग के रोगजनक का प्रसार एक रोगवाहक कीट द्वारा होता है, तब उस अवस्था में उनका नियंत्रण रोगजनक की अपेक्षा अधिक सरल होता है। अनेक कवक बीजाणुओं एवं जीवाणुओं को फैलाने वाले कीट वाहकों के नियंत्रण के लिए कीटनाशी का प्रयोग पूर्ण रूप से सफल हुआ है। पौधों के अधिकांश वाइरस जनित रोगों का प्रसार मुख्य रूप से कीटों द्वारा ही होता है। अतः कीटनाशी के द्वारा वाइरस रोगों के प्रसार को रोकने में सहायता प्राप्त हो सकती है। कीटनाशी का प्रयोग उन क्षेत्रों के पौधों पर करना चाहिये जहाँ पर कीट शिशिरातिचार करते हैं। रोगवाहक कीटों के फसल पर आ जाने के पश्चात् उनको कीटनाशी द्वारा मारकर वाइरस रोगों का नियंत्रण कदाचित पर्याप्त नहीं होता है क्योंकि कीटों का भलीभाँति नियंत्रण करने के बाद भी अधिकांश कीट जीवित रह सकते हैं, जो बाद में वाइरस फैला सकते हैं। परन्तु फिर भी कुछ वाइरस रोगों के रोगवाहक कीटों को समाप्त करके हानि को बहुत कम किया जा सकता है।

कवकनाशी क्या है ?

वह रसायन जो कवकों के लिये विषैले होते हैं और उनसे उत्पन्न पादप रोगों के नियंत्रण के लिये प्रयोग में लाये जाते हैं, कवकनाशी कहलाता है। फंजीसाइड शब्द का उद्गम दो लैटिन शब्दों से हुआ है, जिसका शाब्दिक अर्थ उस एजेंसी से होता है, जिसमें कवक को मारने की योग्यता होती है। इस अर्थ के अनुसार कुछ अन्य भौतिक साधन जैसे – ऊष्मा, पराबैंगनी प्रकाश इत्यादि को भी कवकनाशी के नाम से ही पुकारना चाहिये। परन्तु सामान्य व्यवहार में यह शब्द केवल उस रासायनिक यौगिक के लिये ही

प्रयोग किया जाता है, जो कवकों के लिये विषैला होता है और उनको मारने की क्षमता रखता है। कुछ रसायन कवकों की वृद्धि को अस्थाई रूप से रोक देते हैं और उनको मारते नहीं है। यह कवकरोधी के नाम से पुकारे जाते हैं। इसी प्रकार कुछ रसायनों में यह गुण होता है कि वह केवल कवकों में बीजाणु उत्पत्ति को रोक देते हैं, इन रसायनों को बीजाणुक जननरोधी कहते हैं। यद्यपि कवकरोधी एवं बीजाणुक जननरोधी रसायन कवकों को मारते नहीं हैं, परन्तु फिर भी इनको कवकनाशी के अन्तर्गत रखा जाता है। अतः वास्तव में कवकनाशी शब्द का प्रयोग उन समस्त रासायनिक यौगिकों के लिये किया जाता है, जो पौधों एवं उनके पदार्थों को कवकों द्वारा होने वाली हानि से रक्षा करते हैं।

एक आदर्श या उत्तम कवकनाशी के गुण या विशेषतायें

एक आदर्श कवकनाशी में निम्नलिखित गुण होने चाहिये–

क. एक आदर्श कवकनाशी में निम्न सांद्रण पर भी रोगजनक के लिये उच्च विषैलापन उपस्थित होना चाहिये।

ख. यह पादप विषाक्त अर्थात् पौधों के लिये विषैला नहीं होना चाहिये।

ग. पौधों पर इसका अवशिष्ट प्रभाव अधिक लम्बे समय तक रहना चाहिये।

घ. कवकनाशी को कभी–कभी कई माह अथवा एक वर्ष से भी अधिक समय तक संग्रह करके रखना पड़ सकता है। अतः एक अच्छे कवकनाशी के विषैले गुणों का ह्रास विभिन्न संग्रह अवस्थाओं में बहुत कम या बिल्कुल नहीं होना चहिये अर्थात् इसके सक्रिय अवयवों की संग्रह के समय स्थिरता होनी चाहिये।

ड. एक अच्छे कवकनाशी को तनुकरण करने पर भी विषैलापन धारण किये रहना चाहिये।

च. यह उच्च संसक्ति वाला अर्थात् पौधे की सतह पर भली–भाँति चिपकने वाला होना चाहिये, जिससे कि इसका प्रभाव अधिक लम्बे समय तक पौधे पर बना रहे।

छ. इसमें यह भी गुण होना चाहिये कि यह पौधे के भागों पर भली–भाँति फैलकर अधिक से अधिक क्षेत्र को ढ़क लें।

झ. एक आदर्श कवकनाशी का मनुष्यों एवं पशुओं पर भी विषैला प्रभाव नहीं होना चाहिये।

ञ. अच्छे कवकनाशी में यह भी गुण होना चाहिये कि इसको सरलता से तैयार किया जा सके और प्रयोग करते समय संचालक को भी कोई कठिनाई नहीं होनी चाहिये।

ट. यह सस्ता एवं सुगमता से उपलब्ध होना चाहिये।

ठ. एक आदर्श कवकनाशी की दूसरे नाशकमार रसायनों जैसे – कीटनाशी, नेमोटोडनाशी, खरपतवारनाशी इत्यादि तथा उर्वरकों के साथ संगतता होनी चाहिये जिससे कि यह इनके साथ मिलाकर प्रयोग किया जा सके।

कवकनाशियों का वर्गीकरण

पादप रोगों के नियंत्रण में प्रयोग होने वाले कवकनाशी भिन्न–भिन्न रासायनिक समूहों से संबंध होते हैं तथा यह कार्य भी विभिन्न विधियों में करते हैं। अतः इनको वर्गीकृत करने की विविध विधियाँ हैं, तथापि इनका वर्गीकरण निम्न तीन प्रमुख आधारों पर किया जा सकता है–

1. क्रिया की विधि 2. प्रयोग की विधि 3. रासायनिक प्रकृति

1. क्रिया की विधि के आधार पर कवकनाशियों का वर्गीकरण–क्रिया विधि के आधार पर वनस्पति रक्षण में प्रयोग किये जाने वाले समस्त कवकनाशी निम्न तीन मुख्य वर्गों में विभक्त किये जा सकते हैं–

क. उन्मूलक ख. रक्षक ग. चिकित्सीयक

क. उन्मूलक–जो रसायन निवेशद्रव्य को उसके मूल स्रोत से कम कर देते हैं, वह उन्मूलक कहलाते हैं। यह रसायन परपोषी से प्रस्तुत अथवा सक्रिय रोगजनक का उन्मूलन करते हैं। इनका प्रभाव परपोषी के भीतर अथवा बाहर प्रयोग करने के बहुत समय बाद रह सकता है और इस प्रकार यह एक रक्षक के रूप में भी कार्य करते हैं। अतः एक ही रसायन उन्मूलक के साथ–साथ रक्षक भी हो सकता है।

ख. रक्षक–वह रसायन जो परपोषी एवं रोगजनक के बीज में एक रासायनिक अवरोध के निर्माण द्वारा वेधन या प्रवेश एवं संक्रमण से बचाव करके पौधे की रक्षा करते हैं, रक्षक रसायन कहलाते हैं। यह रसायन केवल उस समय प्रभावकारी होते हैं, जब इनको संक्रमण से पहले ही प्रयोग किया जाता है। आर्द्रपतन के विरूद्ध बीज उपचार के लिये तथा पर्णचित्तियों, अंगमारी इत्यादि रोगों के निरोध के लिये फसलों पर छिड़काव में प्रयोग होने वाले कवकनाशी इसी वर्ग के अन्तर्गत आते हैं। यह रक्षक, रसायन, संस्पर्श रक्षक कवकनाशी अथवा अवशिष्ट रक्षक कवकनाशी हो सकते हैं। संस्पर्श रक्षक रसायन परपोषी की सतह पर पहले से ही स्थापित रोगजनक को मार देते हैं अथवा जब यह परपोषी के सम्पर्क में आता है तब इसको मारते हैं। अवशिष्ट रक्षक रसायन छिड़काव, बुरकन या लेप के रूप में प्रयोग करने से परपोषी की सतह पर एक स्थिर परत के रूप में स्थापित हो जाते हैं तथा जब सक्रिय रोगजनक परपोषी पर गिरता है, तब उसको नष्ट कर देते हैं। अतः संस्पर्श रक्षक रसायन उन्मूलक के रूप में भी कार्य करते हैं।

ग. चिकित्सीयक– जब कोई रसायन पौधे के भीतर घुसकर उसके शरीर मे उपस्थित रोगजनक को मार देता है, तब यह क्रिया चिकित्सा कहलाती है तथा रसायन एक चिकित्सीयक कहलाता है। इस समूह के अन्तर्गत आने वाले रसायन परपोषी में रोगजनक का उन्मूलन उसके संक्रमण करने के बाद में कर सकते हैं, इस प्रकार यह पौधे को आरोग्य देने में समर्थ होते हैं। प्रायः समस्त रसायन चिकित्सीयक क्रिया में सर्वांगी होते हैं अर्थात यह परपोषी के भीतर प्रवेश करते हैं और गहराई में स्थापित रोगजनक पर प्रभाव डालते हैं। इसलिये अधिकांश चिकित्सीयक सर्वांगी कवकनाशी ही होते हैं।

2. प्रयोग विधि के आधार पर कवकनाशियों का वर्गीकरण – कवकनाशी को प्रयोग करने की विधि या उनके सामान्य प्रयोग अथवा उनके द्वारा पौधे के भागों को उपचारित करने के आधार पर निम्न समूहों में वर्गीकृत किया जा सकता है–

क. **बीज रक्षक** – इनका प्रयोग बीज उपचार के लिये किया जाता है जैसे – कैप्टान, थाइराम, कार्बनिक पारायुक्त कवकनाशी आदि।

ख. **मृदोपचारक** – यह रसायन मृदोपचार के लिये प्रयोग किये जाते हैं जैसे – क्लोरोपिक्रिन, मेथिल ब्रोमाइड, वेपास, कैप्टान, थाइराम इत्यादि।

ग. **पर्णीय एवं पुष्पपुंज रक्षक** – इनको पौधों के वायव भागों पर छिड़काव अथवा बुरकन के लिये प्रयोग किया जाता है जैसे – जिनेब, फरबाम, फाइटोलान इत्यादि।

घ. **फल रक्षक** – इन रसायनों को फलों पर प्रयोग किया जाता है जैसे – कैप्टान, मेनेब इत्यादि।

ङ. **वृक्ष घाव ड्रेसिंग कवकनाशी** – यह कवकनाशी वृक्षों के घाव उपचार या वृक्ष शल्य चिकित्सा में प्रयोग किये जाते हैं जैसे–बोर्डो पेस्ट, चौबटिया पेस्ट, सन्तार इत्यादि।

क्योंकि एक ही रसायन अनेक विधियों द्वारा एवं पौधे के विभिन्न भागों पर प्रभावकारी हो सकता है, अतः कवकनाशी के वर्गीकरण की यह विधि अन्य दो विधियों की अपेक्षा कम महत्वपूर्ण होती है।

3. रासायनिक प्रकृति के आधार पर कवकनाशियों का वर्गीकरण– रासायनिक प्रकृति के आधार पर कवकनाशी का वर्गीकरण अग्र प्रकार से किया जा सकता है–

उद्यानिक रोग नियंत्रण के लिये प्रयुक्त होने वाले कृषि रसायनों का विवरण

पादप–रोग–नियंत्रण के लिये अनेक प्रकार के रसायनों को खोज लिया गया है और इनको फसलों पर छिड़काव, बुकनी, धूमक, सर्वांगी, पेस्ट या लेप इत्यादि के रूप में प्रयोग किया जाता है। विषैले धातुओं अथवा कार्बनिक अम्लों के लवण, गंधक, कार्बनिक पारद, क्यूनोन एवं विषमचक्रीय नाइट्रोजन यौगिक इत्यादि मुख्य कवकनाशी हैं। कॉपर, पारा, जिंक के यौगिकों का भी इसके लिये प्रयोग किया जाता है।

गंधक यौगिक

प्राचीन समय से ही तत्वीय गंधक को कवकनाशी के रूप में प्रयोग किया जाता रहा है और आज भी यह चूर्णिल आसिताओं के नियंत्रण के लिये प्रयोग किया जाता है।

अकार्बनिक गंधक कवकनाशी

तत्वीय गंधक – प्रकृति में तत्वीय गंधक बहुतायत से मिलता है। पृथ्वी की गहराई में यह तत्वीय अवस्था में सल्फाइड्स और सल्फेट्स के रूप में प्राप्त होता है। भारत में इसका आयात कवकनाशी को बनाने के लिये विदेशों से किया जाता है। यहाँ पर तत्वीय गंधक कवकनाशी दो प्रकार के सूत्रों या रूपों (i) गंधक धूलि या बुकनी (ii) जलमिश्रणीय गंधक में मिलते हैं।

रासायनिक प्रकृति के आधार पर कवकनाशियों का वर्गीकरण

कवकनाशी

- गंधक यौगिक
  - अकार्बनिक: (i) गंधक चूर्ण, (ii) जल मिश्रणीय गंधक, (iii) चूना गंधक इत्यादि
  - कार्बनिक: (i) जाइराम, (ii) फरबाम, (iii) थाइराम, (iv) मैनेज (v) जिनेब, (vi) नेबाम, (vii) वेपाम इत्यादि
- ताम्र यौगिक
  - कॉपर सल्फेट से निर्मित: (i) बोर्डो मिश्रण (ii) बोर्डो पेस्ट (iii) बर्गंडी मिश्रण (iv) चैशन्त यौगिक इत्यादि
  - कॉपर कॉर्बोनेट से निर्मित: (i) चौबटिया पेस्ट इत्यादि
  - कॉपर ऑक्सीक्लोराइड से निर्मित: (i) ब्लॉइटोक्स–50 (ii) फाइटोलान (iii) फाइटोमिक्स इत्यादि
  - क्यूप्रस ऑक्साइड से निर्मित: (i) क्यूप्रस–50 (ii) पेरेनाक्स (iii) फंजीमार इत्यादि
- पारद यौगिक
  - अकार्बनिक: (i) मर्क्यूरिक क्लोराइड (ii) मर्क्यूरस क्लोराइड इत्यादि
  - कार्बनिक: (i) एथाइल मर्करी क्लोराइड (ii) फिनाइल मर्करी एसिटेट (iii) मेथोक्सीएथाइल मर्करी क्लोराइड इत्यादि
- क्यूनोनस: (i) क्लोरेनिल (ii) डाइक्लोन इत्यादि
- बेन्जीन यौगिक: (i) डेक्सॉन (ii) पी.सी.एन.बी. (iii) डाइक्लोरान इत्यादि
- विषमचक्रीय यौगिक: (i) कैप्टान (ii) फॉलफेट (iii) डाइफोलाटान इत्यादि
- ऑक्सेंथीन यौगिक: (i) विटावैकस (ii) प्लांटवैकस (iii) बेनलेट या बेनोमॉयल
- अन्य: (i) डोडीन (ii) प्रतिजैविक पदार्थ इत्यादि

(i) गंधक धूलि या बुकनी – भारत में उपलब्ध विभिन्न प्रकार के गंधक बुकनी रूपों में 'गंधक चूर्ण' अधिक प्रचलित है। गंधक बुकनी की कवकनाशी क्षमता इसके कणों की महीनता पर निर्भर करती है। प्रायः 200 या 325 मेश गंधक बुकनी अथवा इससे भी महीन उत्तम होती है। इसको भारत में चूर्णिल आसिता रोगों के नियंत्रण के लिये व्यापक रूप से बुरकन के रूप में प्रयोग किया जाता है।

(ii) जल मिश्रणीय गंधक – भारत में इसका आयात भी बाहर से किया जाता है और जब कभी अन्य कवकनाशी अथवा कीटनाशी के साथ मिलाकर छिड़काव करने की आवश्यकता होती है तब इसको ही वरीयता दी जाती है। भारत में बिकने वाले अनेक स्वाम्य यौगिकों में 80 प्रतिशत गंधक होता है और यह विभिन्न व्यवसाय संघों द्वारा अनेक व्यापार नामों जैसे – इलोसाल, स्पर्सल, सल्टाफ, सोलबार, थायोविट, अल्ट्रासल्फर, हेक्सामार, वेटेबल सल्फर, कोसान इत्यादि से बेचे जाते हैं। इनके कणों की नाप 'गंधक चूर्ण के कण की अपेक्षा 1/2 से 3/4 तक होती है। खेत में प्रयोग करने के लिये इसकी 2-3 ग्राम मात्रा को प्रति लीटर जल में घोलकर इनका प्रयोग फसलों एवं फल वृक्षों के चूर्णिल आसिता एवं किट्ट रोगों के नियंत्रण के लिये किया जाता है।

कोलॉइडी गंधक–भारत में इसको भी बाहर से ही मँगाया जाता है और इसको अन्य नाशकजीवनाशियों के साथ मिश्रण बनाकर बेचा जाता है। यह अस्थिर होता है और तत्वीय गंधक के अन्य समस्त रूपों से सबसे अधिक प्रभावी होता है, क्योंकि इसके कण की नाप बहुत सूक्ष्म होती है।

चूना गंधक मिश्रण–चूना, गंधक मिश्रण अथवा कैल्सियम पॉलीसल्फाइड वह पदार्थ है जो चूना और गंधक के संयोग से प्राप्त होता है। इसका प्रयोग 50 वर्षों से भी अधिक समय तक व्यापक रूप से होता रहा है और आज भी यह फलों के साधारण रोगों को नियंत्रित करने के लिये प्रयोग किया जाता है। चूना, गंधक को मुख्य रूप से विकसन – पूर्व छिड़काव के रूप में प्रयोग किया जाता है। इसको बनाने के लिये चूना एवं गंधक को विभिन्न अनुपातों में जल में मिलाकर उबाला जाता है। इसको तैयार करने के दो सूत्रों को नीचे दिया गया हैं–

शैल चूना	–	10 किग्रा.
गंधक	–	7 किग्रा.
जल	–	250 लीटर

अथवा

बिना बुझा चूना	–	25 किग्रा.
गंधक	–	45 किग्रा.
जल	–	250 लीटर

चूने की उपरोक्त मात्रा को एक खुले धातु के पात्र में (केवल लोहे अथवा जस्ते का बर्तन ही प्रयोग करना चाहिये, ताँबे का नहीं) लेकर इसमें लगभग 25 लीटर जल मिलाया जाता है। उसके पश्चात् गंधक की आवश्यक मात्रा को इसमें मिला दिया जाता है। इस मिश्रण को एक घंटे तक उबाला जाता है और उबालते समय इसको लगातार चलाते रहना चाहिये। मिश्रण को एक घंटे से अधिक समय तक नहीं उबालना चाहिये। उबालने के फलस्वरूप एक स्वच्छ नारंगी–लाल द्रव कुछ तलछट के साथ प्राप्त होता है। इसको

कई घंटों तक स्थिर होने के लिये छोड़ दिया जाता है और बाद में स्वच्छ अधिपुष्ठ द्रव को छान कर कसी हुई डाट वाले पात्र में संग्रह कर लिया जाता है। इस प्रकार तैयार किये गये चूना गंधक घोल में तुलनात्मक रूप से निम्न पॉलीसल्फाइड अंश एवं अपेक्षाकृत उच्च थायोसल्फेट अंश होता है। प्रयोग करने से पहले इसमें 25 से 30 भाग जल मिला कर हल्का कर लिया जाता है। सामान्य रूप से 10-15 लीटर चूना गंधक मिश्रण में 500 लीटर जल मिलाया जाता है। व्यापारिक रूप से निर्मित चूना गंधक अधिक प्रबल होता हैं, अतः इसको 40 से 60 भाग जल मिला कर हल्का कर लेना चाहिये। जब वृक्ष प्रसुप्त अवस्था में होते हैं (जैसे – शीतोष्ण फल) तो उस अवस्था में कवकनाशी को 19 भाग जल से हल्का कर लिया जाता है।

सही तनुकरण जिस पर कि चूना–गंधक मिश्रण को प्रयोग किया जाता है, एक विशेष यंत्र 'बोम हाइग्रोमीटर' द्वारा ज्ञात किया जा सकता है। यदि इस कवकनाशी का प्रयोग सही तनुकरण पर नहीं किया जाता है तो पौधों को यह भारी क्षति पहुँचा सकता है। एक मानक द्रव चूना गंधक का बोम घनत्व 60° एफ पर $31\text{-}33^o$ होना चाहिये। इसको उद्यानों में फल वृक्षों के अनेक रोगों जैसे – पर्ण–कुंचन, चूर्णिल आसिता, श्यामव्रण या ऐन्थ्रेक्नोज एवं भूरा विगलन इत्यादि को नियंत्रित करने के लिये प्रयोग किया जाता है।

अकार्बनिक गंधक की कवकनाशक क्रियाविधि

तत्वीय गंधक की कवकनाशक क्रिया या प्रक्रम अनेक वर्षों से रूचि का विषय बना हुआ है। प्रारम्भ में इसके विषय में अनेक सिद्धान्तों को दिया गया और बाद में उनका खंडन कर दिया गया, जिनमें से निम्न मुख्य है–

(i) ऑक्सीकृत गंधक सिद्धान्त–गंधक की कवकनाशी क्रिया के लिये सल्फर डाइऑक्साइड उत्तरदायी है तथा गंधक आगे भी वायु में ऑक्सीकृत होकर सल्फर ट्राइ ऑक्साइड में बदल जाती है। पेंटाथायोनिक अम्ल जो गंधक का ही एक ऑक्सीकृत संजात है, कवकनाशी क्रिया में मुख्य है। परन्तु इस सिद्धान्त का मूल आधार उस समय समाप्त हो गया जब पेंटाथायोनिक अम्ल, सल्फर डाइ ऑक्साइड और सल्फर ट्राइऑक्साइड जल में अपने घोलों की हाइड्रोजन आयन सान्द्रता द्वारा अधिक विषैले नहीं रहते हैं।

(ii) हाइड्रोजन सल्फाइड सिद्धान्त – कवकनाशी क्रिया में हाइड्रोजन सल्फाइड मुख्य क्रियाशील यौगिक है जो बीजाणुओं के लिये विषैली पाई गई। बाद में इस अन्वेषण की भिन्न–भिन्न कार्यकर्ताओं द्वारा पुष्टि की गई और उनको समर्थन प्राप्त हुआ, परन्तु सन् 1953 में उनके प्रयोगों से यह स्पष्ट हो गया कि तत्वीय गंधक से बनी हाइड्रोजन सल्फाइड बीजाणुओं के अंकुरण के लिये उस समय तक हानिकारक नहीं होती, जब तक कि बीजाणुओं के भार के आधार पर अपेक्षाकृत अधिक मात्रा में गंधक प्रस्तुत न की जाये।

(iii) **प्रत्यक्ष क्रिया सिद्धान्त** – इस सिद्धान्त के अनुसार गंधक कवक कोशिका के उपापचय तंत्र में हाइड्रोजन प्रतिग्राहक के रूप में कार्य करता है और इसके ऐसा करने से कोशिका की सामान्य हाइड्रोजनीकरण एवं विहाइड्रोजनीकरण क्रियाओं में बाधा उत्पन्न हो जाती है। यह सिद्धान्त इस अनुमान पर आधारित है कि गंधक ठीक ऑक्सीजन के

समान कार्य करता है और जब तक कवक कोशिकायें ऑक्सीजन द्वारा पारगमन करने के लिये अभ्यस्त होती है तब तक उन्हें गंधक के लिये भी पारगम्य हो जाना चाहिये (आवर्त्त सारणी में गंधक, ऑक्सीजन के बाद स्थित है)। फ्यूजेरियम किण्वन क्रिया में ऑक्सीजन एवं गंधक में गड़बड़ा जाता है और जल बनने के स्थान पर हाइड्रोजन सल्फाइड बन जाती है। अतः कुछ ऐसा प्रतीत होता है कि गंधक क्रेब्स चक्र के यौगिकों में पूर्ण रूप से मिलकर उपापचय क्रिया में विघ्न डाल देता है।

उपरोक्त सिद्धान्तों को देखने से प्रतीत होता है कि अभी तक कोशिका के ऊपर गंधक की विषाक्त क्रिया का ज्ञान पूर्ण रूप से नहीं हो पाया है और आज भी यह कवकनाशक प्रक्रम में बिना हल हुई समस्या रह गई है। परन्तु गंधक कवकनाशी के प्रयोग से एक लाभ यह है कि इससे पत्ती के ऊपर कई मि.मी. तक वाष्प निकलती है जो कवक बीजाणुओं की वृद्धि में रूकावट डालती है।

पादप विषाक्तता–गंधक द्वारा शीतोष्ण जलवायु में क्षति कम होती है, परन्तु गरम जलवायु में गंधक का प्रयोग खीरा वर्ग की चूर्णिल आसिता को रोकने के लिये किया जाता है तो तीव्र जलन हो जाती है। फलों की कुछ किस्में गंधक के प्रति संवेदनशील भी होती है। गंधक कवकनाशी द्वारा फलों पर पुष्पन के समय भी विषैला प्रभाव पड़ता है। जब चूना गंधक को हरी पत्तियों के ऊपर प्रयोग किया जाता है तो इनकी प्रकाश–संश्लेषण की क्रिया भी कम हो जाती है।

रोग नियंत्रण–अकार्बनिक गंधक कवक नाशी द्वारा अनेक रोगों जैसे–मटर, सेम, नींबू, आम, अंगूर की चूर्णिल आसिता, आलू एवं आडू स्कैब इत्यादि का नियंत्रण किया जा सकता हैं।

कार्बनिक गंधक कवकनाशी

कार्बनिक गंधक यौगिक कवकनाशी का एक बहुत मुख्य समूह है और आजकल इनका प्रयोग अनेक रोगों के नियंत्रण के लिय व्यापक रूप से किया जाता है। इनके अन्तर्गत जाइराम, फरबाम, थाइराम, मैनेब, जिनेब, नेबाम इत्यादि आते हैं जो डाइथोकार्बेमिक अम्ल के संजात होते हैं। डाइथायोकार्बेमिक अम्ल अस्थिर होता है और मुक्त अवस्था में प्राप्त नहीं होता है, परन्तु यह अम्ल के दूसरे अणु अथवा एक धातु से क्रिया करके स्थिर हो जाता है और उच्च कवक विषैले यौगिकों को बनाता है, जो डाइथायोकार्बेमेट्स, थायोकार्बेमेट्स अथवा कार्बेमेट्स के नाम से पुकारे जाते हैं।

(i) जाइराम–यह जिंक डाइमिथाइलडाइ – थायोकार्बेमेट का एक कल्पित नाम है। बाजार में यह विभिन्न व्यापार नामों जैसे – जरलेट, करबाम व्हाइट, कोरोजेट इत्यादि से बिकता है। भारत में यह क्यूमान, वैजफ्रू जाइराम 75 प्रतिशत, ऐस्सो फंजीसाइड जाइराम, हेक्साजिर 80 प्रतिशत डब्ल्यू. पी. इत्यादि नाम से बिकता है। इसका प्रयोग सब्जियों एवं शोभाकारी पौधों के अनेक पर्णीय रोगों के नियंत्रण के लिये रक्षक छिड़काव के रूप में 0.15 से 0.25 प्रतिशत की दर से किया जाता है।

- **फरबाम** – यह कल्पित नाम फेरिक डाइमिथाइल – डाइथायोकार्बेमेट के लिये प्रयोग किया जाता है। बाजार में यह फरमेट, फरबाम, फरबाम ब्लैक, कॉरोमेट इत्यादि व्यापार नामों से बिकता है। भारत में यह हेक्साफर्ब 75 प्रतिशत डब्ल्यू. पी. नाम से बिकता है। यह छिड़काव अथवा बुकनी के रूप में सब्जियों, फलों एवं शोभाकारी पौधों

के अनेक रोगों के नियंत्रण के लिये रक्षक कवकनाशी के रूप में प्रयोग होता है। कभी–कभी इसको बीज उपचार एवं मृदोपचार के लिये भी प्रयोग किया जाता है।

- **थाइराम**–थाइराम नाम टेट्रामिथाइल थायरम – डाइसल्फाइड का कल्पित नाम है। यह बाजार में अनेक व्यापारिक नामों जैसे – एरासान, टेटसान 75, थाइराम, थाइलेट इत्यादि में बिकता है। भारत में यह ऐस्सो फंजीसाइड थाइरा, थाइराम 75 डब्लू.पी., वैजफ्रू थाइराम 75 प्रतिशत डब्ल्यू. पी., हेक्साथिर 75 प्रतिशत नाम से बिकता है। यह मुख्य रूप से बीज उपचार के लिये प्रयोग होता है तथा बीज रक्षक के रूप में एक बहुत प्रभावकारी कवकनाशी है। इसके द्वारा मटर, चुकन्दर, टमाटर, बैंगन इत्यादि के बीजों को उपचारित किया जाता है। शुष्क बीज उपचार में इसकी 250 ग्राम मात्रा को 100 किलो बीजों में मिलाया जाता है। इसके द्वारा मृदोपचार (15-25 किलो/हेक्टर) करके कुछ मृदोढ रोगों जैसे, आर्द्रपतन, पौध अंगमारी इत्यादि को भी नियंत्रित किया जाता है।

- **मैनेब**–यह नाम मैंगनीज एथाईलिनबिस – डाइथायोकार्बेमेट के लिये दिया गया है। यह बाजार में डाइथेन एम–22, मेनजेट, एम.ई.बी. इत्यादि व्यापार नामों से बिकता है। भारत के बाजारों में यह शुद्ध रूप में नहीं मिलता है, यहाँ पर यह डाइथेन एम– 45 नाम से बिकता है जो जिंक आयन और मैनेब का मिश्रण होता है। यह छिड़काव के रूप में टमाटर, सेम, पालक, कुकरबिटस इत्यादि के श्यामव्रण या ऐन्थ्रेक्नोज, सेम, मटर, पालक, सलाद, कुकरबिटस इत्यादि की मृदुरोमिल आसिता, मटर एवं टमाटर, आलू, गोभी, गाजर, चुकन्दर, कुकरबिटस इत्यादि की पर्ण चित्ती एवं अंगमारी इत्यादि रोगों को नियंत्रित करने के लिये प्रयोग किया जाता है।

- **जिनेब या डाइथेन जेड–78**-जिनेब नाम जिंक एथाइलिल बिसडाइथायोकार्बेमेट के लिये दिया गया है। इसको बाजार में विभिन्न व्यापार नामों जैसे – डाइथेन जेड–78, पारजेट इत्यादि से बेचा जाता है। भारत में यह डाइथेन जेड – 78, लोनाकोल, हेक्साथेन 75 प्रतिशत डब्ल्यू. पी., ऐस्सो फंजीसाइड जिनेब इत्यादि के नाम से मिलता है। इसमें 75 प्रतिशत क्रियाशील अवयव होता है। यह आलू एवं टमाटर की अगेती एव पछेती अंगमारी, मिर्च का फल विगलन, पूर्ण अंगमारी एवं मृदुरोमिल आसिता तथा अनेक किट्ट इत्यादि रोगों के नियंत्रण के लिये बहुत उत्तम कवकनाशी है।

- **नेबाम**–यह डाइसोडियम एथाइलीनबिस – डाइथायोकार्बेमेट का एक कल्पित नाम है। बाजार में यह विभिन्न व्यापार नामों जैसे – डाइथेन ए–40, डाइथेन डी–14, पारजेट लिक्विड इत्यादि में बिकता है। यह द्रव रूप में होता है और इसको पर्णीय छिड़काव के रूप में फूलों एवं सब्जियों के अनेक रोगों के नियंत्रण के लिये प्रयोग किया जाता है।

अधिकांश डाइथायोकार्बेमेट्स का छिड़काव (0.2%) के हिसाब से किया जाता है, परन्तु जिनेब एवं थाइराम को (0.1 – 0.15%) के हिसाब से भी प्रयोग किया जाता है।

कार्बनिक गंधक की क्रियाविधि – डाइथायोकार्बेमेट्स की क्रियाविधि दो भिन्न–भिन्न क्रिया के प्रक्रमों के आधार पर निम्न दो समूहों में विभक्त किया गया है–

1. डाइऐलकाइलडाइथायोकार्बेमेट्स
2. मॉनोऐलकाइलडाइथायोकार्बेमेट्स

1. डाइऐलकाइलडाइथायोकार्बेमेट्स – इस समूह के अन्तर्गत थाइराम, जाइराम, फरबास इत्यादि आते हैं। यह दृढ कीलेटीकरण कारक होते हैं और कुछ समय तक इनकी क्रिया के विषय में ऐसा सोचा जाता था कि यह कवक कोशिकाओं को आवश्यक धातुओं से वंचित कर देते हैं। परन्तु अभी हाल की सूचनाओं के अनुसार इन कवकनाशियों की उच्च विषाक्तता के लिये एक भारी धात्विक आयन की आवश्यकता होती है। उदाहरण के लिये कॉपर आयन और डाइमिथाइल – डाइथायोकार्बेमेट आयन की पारस्परिक क्रिया पर दो जटिल आयन समूह बनते हैं। (अ) 'असंतृप्त' धनावेश 1 : 1 जटिल और (ब) 'संतृप्त' अनावेशित 1 : 2 जटिल।

यह 1 : 1 जटिल कोशिका के महत्त्वपूर्ण घटकों से जुड़ जाता है और वृद्धि में रूकावट डालता है।

डाइऐलकाइल–डाइथायोकार्बेमेट्स का कोशिका में विषैलापन निम्न बातों में से एक अथवा अधिक के ऊपर निर्भर कर सकता है –

- आवश्यक भारी धातुओं का कीलेटीकरण।
- धातु और डाइथायोकार्बेमेट आयनों के एक 1 : 1 जटिल का एन्जाइम्स के साथ जुड़ना।
- डाइथायोकार्बेमेट आयनों का धातुओं से सम्बन्धित प्रोटीन के साथ जुड़ जाना।

अतः डाइऐलकाइलडाइथायोकार्बेमेट्स की कवक कोशिकाओं में कवकनाशी क्रिया अभी तक अस्पष्ट है।

2. मोनोएल्काइलडाइथायोकार्बेमेट्स–डाइथायोकार्बेमेट्स से सम्बन्धित नाइट्रोजन पर उपस्थित मुक्त हाइड्रोजन आइसोथायोसाइनेट समूहों के बनाने के साथ–साथ हाइड्रोजन सल्फाइड अथवा हाइड्रोसल्फाइड (-) आयनमें विभक्त हो सकती है। इन दो प्रकार के अपघटन उत्पादों में से केवल आइसोथायो– साइनेटस ही कवकविरोधी क्रियायें दिखाती हैं। डाइथायोकार्बेमेट्स की विषाक्तता एक आइसोथायोसाइनेट द्वारा मध्यस्थ की जाती है जो मुक्त हाइड्रोसल्फर समूह से निम्न ढंग से क्रिया करती है।

नेबाम के अपघटन उत्पाद के रूप में एथाइलिनथायुरम – मोनोसल्फाइड को पाया और यह नेबाम घोलों की विषाक्तता के लिये उत्तरदायी हो सकता है। वेपास से उत्पन्न वाष्पशील मिथाइलआइसोथायोइनेट के कारण भी आइसोथायोसाइनेट सिद्धान्त को समर्थन प्राप्त होता है, परन्तु प्रमाणों से सिद्ध होता है कि आइसोथायोसाइनेट ही पूर्ण रूप से मोनोऐल्काइलडाइथायो – कार्बेमेट्स की विषाक्तता के लिये उत्तरदायी नहीं हो सकते हैं। अनेक आइसोथायोसाइनेट्स की कवक विषाक्तता पर प्रयोग किये गये हैं जो आइसोथायोसाइनेट सिद्धान्त के विपरीत ही सिद्ध होते हैं। अतः मोनोऐल्काइलडाइथायोकार्बेमेट्स की क्रिया के प्रक्रम को स्पष्ट जानने के लिये अभी और अधिक शोध कार्य की आवश्यकता होगी।

ताम्र यौगिक

नीले थोथे को कवकनाशी के रूप में सन् 1885 से पहले प्रयोग नहीं किया जाता था। उसके पश्चात् पादप–रोगों के नियंत्रण के लिये ताम्रयुक्त कवकनाशियों का प्रयोग

निरन्तर 124 वर्षों तक किया जाता रहा और आज भी भारत एवं अन्य देशों में इनका प्रयोग किया जाता है।

नीला थोथा या कॉपर सल्फेट से निर्मित कवकनाशी

- **बोर्डो मिश्रण**—सन् 1882 में फ्राँस के मिलार्डेट ने संयोगवश नीले थोथे को अंगूर के मृदुरोमिल आसिता रोग के नियंत्रण के लिये अनुकूल पाया। उन्होंने देखा कि फ्राँस के मेडॉक नामक स्थान पर सड़क के किनारे अंगूर की बेलों की पत्तियाँ मृदु, रोमिल आसिता रोग के कारण झड़ जाती हैं। उनके सहयोगी डेविड ने बताया कि यहाँ पर अंगूरों को चोरी से तोड़ने वालों से बचाने के लिये सड़कों के किनारे वाली बेलों पर नीले थोथे और चूने के घोल को छिड़क देने की प्रथा है। मिलार्डेट एवं डेविड ने उस वर्ष ही इस मिश्रण द्वारा अंगूर के मृदुरोमिल आसिता रोग के नियंत्रण की पुष्टि कर दी। इसके पश्चात् मिलार्डेट एवं गेयोन की देख–रेख में परीक्षण किये गये, यह दोनों ही उस समय बोर्डो विश्वविद्यालय में प्रोफेसर थे। इन्होंने अक्टूबर 1885 में उपचारित एवं बिना उपचारित बेलों के विश्लेषणात्मक आँकड़ों को प्रकाशित किया और सन् 1887 में इस मिश्रण द्वारा मृदुरोमिल आसिता रोग के रोकने में सफलता प्राप्त की।

उस समय नीला थोथा एवं चूने के इस मिश्रण को बोर्डो मिश्रण के नाम से व्यापक रूप से मान्यता मिली और इसको सन् 1885 में आलू की पछेती अंगमारी के नियंत्रण के लिये प्रयोग किया गया। आरम्भ में बोर्डो मिश्रण को पेस्ट या लेप के रूप में पौधों पर ब्रुश द्वारा प्रयोग किया जाता था। प्रो० मिलार्डेट ने सबसे पहले इसको बनाने के लिये 8-15-100 के सूत्र का प्रयोग किया था, जिसमें 8 किलो नीला थोथा एवं 15 किलो चूने को 100 लीटर पानी में घोला जाता था, परन्तु शीघ्र ही यह सूत्र अधिक शक्तिशाली सिद्ध हुआ और इससे पर्णीय क्षति भी हो जाती थी। उसके पश्चात अनेक सूत्रों पर परीक्षण किये गये और आजकल विभिन्न सूत्रों द्वारा बनाया गया बोर्डो मिश्रण प्रयोग किया जाता है (आगे विस्तार से देखें)।

कॉपर ऑक्सीक्लोराइड द्वारा निर्मित कवकनाशी

भारत में कुछ कवकनाशी में 50 प्रतिशत तक धात्विक कॉपर, कॉपर ऑक्सीक्लोराइड के रूप में मिलता है। जिन कवकनाशी में धात्विक कॉपर 4 से 12 प्रतिशत तक कॉपर ऑक्सीक्लोराइड के रूप में होता है वह बुरकन के लिये और जिनमें 50 प्रतिशत धात्विक कॉपर होता है वह छिड़काव के लिये प्रयोग किये जाते हैं। भारत के बाजारों में मिलने वाले कॉपर ऑक्सीक्लोराइड कवकनाशी विभिन्न व्यापार नामों से बिकते हैं जो निम्नलिखित है–

- **जलमिश्रणीय चूर्ण**—ब्लाइटॉक्स–50, बोर्डो फिक्स, कॉपेसान, काक्सिसान, क्यूप्रामार, क्यूप्राविट, फाइटोलान, माइकॉप डब्लू 50, शैल कॉपर, किर्ति कॉपर डब्लू × पी. 50, ब्ल्यू कॉपर 50, वैजफ्रू ताम्रघोल इत्यादि।
- **बुकनी चूर्ण**—ब्लिमिक्स 4 एवं 6 प्रतिशत, फाइटोमिक्स 6 एवं 12 प्रतिशत, माईकॉप 4, 6, 12 एवं 25 प्रतिशत, किर्ति कॉपर डब्लू × पी. 4, 6, 12 एवं 20 प्रतिशत, कॉपर डस्ट 4 प्रतिशत आदि।

क्यूप्रस ऑक्साइड द्वारा निर्मित कवकनाशी

इन कवकनाशी में सक्रिय अवयव क्यूप्रस ऑक्साइड होता है और यह जल मिश्रणीय चूर्ण के रूप में छिड़काव के लिये अथवा बुकनी के रूप में प्रयोग किये जाते हैं। भारत में यह कवकनाशी अनेक व्यापारिक नामों से बेचे जाते हैं जिनमें से निम्न मुख्य हैं –

(i) **जलमिश्रणीय चूर्ण**–कॉपर सैन्डोज 53 एवं 53 एन, क्यूप्रस–50, फंजीकॉपर, फंजीमार, पैरेमक, पेरेनॉक्स, वैटकॉल, पीला क्यूप्रोसाइड, पेराईकॉप, किर्तिकॉपर डब्लू. पी. 50 इत्यादि।

(ii) **बुकनी चूर्ण**–कॉपरसैन्डोज 3,4,5 एवं 6 प्रतिशत, क्यूप्रोसान 4,6,12 एवं 25 प्रतिशत, किर्तिकॉपर 4,6,12 एवं 25 प्रतिशत इत्यादि।

उपरोक्त सभी जलमिश्रणीय चूर्णों को केवल सिफारिश किये गये अनुपातों में छिड़काव द्रव तैयार करने के लिये जल में मिलाया जाता है। सामान्य रूप से भारत में 50 प्रतिशत जलमिश्रणीय चूर्ण का 0.3 से 0.5 प्रतिशत घोल प्रयोग किया जाता है। बुकनी चूर्ण प्रयोग के लिये तैयार रूप में ही बिकते हैं, अतः इनमें दुबारा किसी वस्तु के घटाने बढ़ाने की आवश्यकता नहीं होती है।

ताम्रयुक्त कवकनाशी की क्रियाविधि– ताम्रयुक्त कवकनाशी को कवकनाशक क्रिया विलेय कॉपर के बनने के कारण होती है। यह विलेय कॉपर वायुमंडलीय जल की बूँद में कवक बीजाणुओं एवं उनकी जनन नलिकाओं के लिये विषैला होता है। अभी तक उन मुख्य कारकों का पूर्ण ज्ञान नहीं हो पाया है जिनके द्वारा विषैले आयन विलेयता के रूप में आते हैं। परन्तु कुछ संभव प्रक्रम जिनके द्वारा कॉपर विलयशील रूप में आता है निम्नलिखित है –

(i) वायुमंडलीय कार्बन डाइऑक्साइड और अमोनियम लवणों का वर्षा के जल अथवा ओस में घुलना जो विषैले कॉपर आयन की विलेयता में सहायक हो सकते हैं।

(ii) कवक जीवाणुओं के अंकुरण से पहले अथवा बाद में निकले हुये स्राव ताम्रयुक्त पदार्थों की विलेयता में वृद्धि कर देते हैं।

(iii) परपोषी पौधों की स्वस्थ अथवा घायल सतह से निकले स्राव भी कॉपर की विलेयता में सहायक होते हैं।

जो कार्यकर्त्ता विलेयशीलन परिकल्पना में विश्वास करते हैं, वह ऐसा मानते हैं कि कवक कोशिकाऐं जल में विलेय कॉपर जटिल का संचय करती है (बीजाणु स्रावों में एमीनोहाइड्रोक्सी– या डाइकार्बोक्सीलिक अम्लों के साथ), जो बाद में विघटित होकर मुक्त क्यूप्रिक आयन देता है। परन्तु दूसरी ओर कुछ कार्यकर्त्ता प्रमाण सहित सुझाव देते हैं कि कवक कोशिकायें बोर्डो मिश्रण के मुक्त आयनिक कॉपर का संचय करती है। अतः विलेयशीलन की आवश्यकता ही नहीं पड़ती है। इसी प्रकार के व्यवहार की मन्द विलेय ताम्रयुक्त कवकनाशियों से भी आशा की जा सकती है।

अब प्रश्न उठता है कि मुक्त आयनिक कॉपर क्या करता है? इसका सामान्य विवरण यह है कि भारी धातुओं की विषैली क्रिया इन आयनों की प्रोटीन के अवक्षेपण या विकृतीकरण के गुणों पर आधारित है। एन्जाइम, प्रोटीन होते हैं और यह अनुमान लगाया जा सकता है कि भारी धातुऐं इन उत्प्रेरकों को अक्रियाशील कर देती हैं। परन्तु समस्त एन्जाइम भारी धातु आयनों की कम सान्द्रता द्वारा समान रूप से अक्रियाशील नहीं होते

हैं। जिन एन्जाइमों को क्रियाशील होने के लिये मुक्त सल्फाइड्रिल समूहों की आवश्यकता होती है। वह भारी धातुओं के आयनों द्वारा अक्रियाशील होने के लिये विशेष रूप से ग्रहणशील होते हैं। अतः यह पूर्ण रूप से सम्भव है कि कॉपर, बीजाणुओं को कुछ एन्जाइम के सल्फाइड्रिल समूहों के संयोग से मारता है।

पादप विषाक्तता—कभी–कभी बोर्डो मिश्रण एवं अन्य कवकनाशी में उपस्थित कॉपर पौधों के ऊपर हानिकारक प्रभाव डालता है। पौधों पर हानिकारक प्रभाव की विशेषता यह होती है कि पहले पत्तियों एवं फलों पर हरिमाहीनता होने लगती है जो बाद में भूरी अथवा नील–लोहित चित्तियों में बदल जाती है। शिराओं में लालिमा हो जाती है और पत्ती शीघ्र गिर जाती है। सेब की कुछ किस्में कॉपर संवेदनशील होती है और उनके ऊपर इन कवकनाशी के प्रयोग से रूक्षशल्क दिखाई दे सकते हैं। अतः इस कारण से ही सेब के वृक्षों पर उच्च क्षारीय बोर्डो–मिश्रण (2½ - 2½ - 50) का छिड़काव किया जाता है।

पारा अथवा पारद यौगिक

पारद के दो अकार्बनिक यौगिक (अ) मर्क्यूरिक क्लोराइड (ब) मर्क्यूरस क्लोराइड का प्रयोग 1 : 1000 के तनुकरण में अनेक सब्जियों, फूलों के बीजों, प्रकंदों एवं कन्दों इत्यादि को कुछ जीवाणुज एवं कवक रोगों को नियंत्रित करने में उपचारित करने के लिये किया जाता है। भारत में मर्क्यूरिक क्लोराइड द्वारा आलू के कंद और अन्य मूल फसलों के प्रचारण पदार्थ का उपचार अंकुरण के समय क्षय को रोकने के लिये किया जाता है। इसका प्रयोग रोगी पादप पदार्थों से जीव को शुद्ध संवर्धन के रूप में पृथक करने के लिये सतह रोगाणुनाशन के लिये व्यापक रूप से किया जाता है।

(i) एथाइल मर्करी क्लोराइड

(ii) फिनाइल मर्करी ऐसिटेट

(iii) मेथोक्सिएथाइल मर्करी क्लोराइड

भारत के बाजारों में मिलने वाले कार्बनिक पारद कवकनाशी विभिन्न व्यापारिक नामों से बिकते हैं, जिनमें से निम्नलिखित प्रमुख है।

1. ऐग्रोसन जीएन—यह एक गुलाबी रंग का चूर्ण होता है। इसमें 1 प्रतिशत धात्विक पारद फिनाइल मर्करी ऐसिटेट एवं एथाइल मर्करी क्लोराइड के रूप में होता है। इसका प्रयोग शुष्क बीज उपचार के रूप में सब्जियों के बीजों को उपचारित करने के लिए किया जाता है।

2. एगेलॉल—यह एक लाल रंग का कार्बनिक पारद यौगिक है। इसका लाल रंग इसमें एक सूक्ष्ममात्रिक रंजक की उपस्थिति के कारण होता है। बाजार में यह ऐगलॉल 3 एवं एगेलॉल 6 नाम से बिकता है तथा इसमें 3 या 6 प्रतिशत धात्विक पारद मिथोलिएथाइल मर्करी क्लोराइड के रूप में होता है। इसका प्रयोग गीले या वेट उपचार के रूप में विभिन्न सब्जियों एवं आलू के कंदों इत्यादि को उपचारित करने के लिये किया जाता है।

3. सेरेसान—यह कवकनाशी बाजार में दो नामों (i) सेरेसान शुष्क (ii) सेरेसाल वेट से बिकता है। सेरेसान शुष्क में 1 प्रतिशत धात्विक पारद, फिनाइल मर्करी ऐसिटेट के

रूप में होता है तथा इसके द्वारा विभिन्न सब्जियों के बीजों का शुष्क बीज उपचार किया जाता है। जबकि सेरेसान वेट में 2.5% धात्विक पारद, मिथोक्सिएथाइल मर्करी क्लोराइड के रूप में होता है तथा इसका प्रयोग वेट उपचार के रूप में दाने वाली फसलों एवं सब्जियों के बीजों, आलू के कंदों को उपचारित करने के लिये किया जाता है।

4. ऐरिटान–बाजार में यह कवकनाशी ऐरिटान 6 नाम से बिकता है तथा इसमें 6 प्रतिशत धात्विक पारद, मिथोक्सिएथाइल मर्करी क्लोराइड के रूप में होता है। एगेलॉल की भाँति इसका प्रयोग भी वेट उपचार के रूप में सब्जियों एवं दाने वाली फसलों के बीजों, आलू के कंदों इत्यादि को उपचारित करने के लिये किया जाता है।

उपरोक्त कार्बनिक पारद यौगिकों के अतिरिक्त भी इनको भारत के बाजारों में विभिन्न व्यापार नामों जैसे–टिलेक्स पॉउडर एक प्रतिशत, पारद फिनाइल मर्करी एसिटेट के रूप में, हेक्सासान 1 प्रतिशत पारद फिनाइल मर्करी एसिटेट के रूप में, हेक्सासान 6 एचजी, छः प्रतिशत पारद मिथोक्सिएथाइल मर्करी क्लोराइड के रूप में, टेफासान 6 डब्ल्यू छः प्रतिशत पारद मिथोक्सिएथाइल मर्करी क्लोराइड के रूप में बेचे जाते हैं।

कार्बनिक पारदों का प्रयोग बाह्य बीजोढ़ कंड रोगों और बीज एवं बीजांकुरों के अनेक रोगों को नियंत्रित करने के लिये बीज उपचार के रूप में किया जाता है। बीज उपचार के लिये यह शुष्क, घोल अथवा निलंबन या स्लरी के रूप में प्रयोग किये जाते हैं। सामान्य रूप से शुष्क बीज उपचार के रूप में प्रयोग किये जाने, वाले व्यापारिक कार्बनिक पारद कवकनाशियों में 1 प्रतिशत धात्विक पारद होता है और इनको बीज के भार के अनुसार 0.25 प्रतिशत की दर के हिसाब से प्रयोग किया जाता है। परन्तु यदि बाह्य बीजोढ़ कंड का प्रकोप अधिक हो तो उस समय 1.8 प्रतिशत की दर से प्रयोग किये जा सकते हैं। वेट बीज उपचार में प्रयोग किये जाने वाले कवकनाशियों में 3 से 6 प्रतिशत तक धात्विक पारद होता है और इनके 0.25 से 0.5 प्रतिशत घोल में बीज, कंद एवं पोरी इत्यादि को उपचारित किया जाता है। इनके द्वारा टमाटर, गोभी और मटर का आर्द्रपतन आदि को बीज उपचार करके नियंत्रित किया जा सकता है।

पारायुक्त कवकनाशी की क्रियाविधि

सामान्य रूप से यह स्वीकार कर लिया गया है कि पारद की कवकनाशक क्रिया का स्थान वाष्प अथवा आयन के रूप में सुग्राहक एन्जाइम्स के सल्फाइड्रिल समूहों पर होता है। साधारणतः अकार्बनिक पारदों की अपेक्षा कार्बनिक पारद अधिक विषैले होते हैं। इसका सम्बन्ध कार्बनिक पारदों को अधिक स्नेहाभ विलेयता से बताया गया है कि बीजाणु के अन्दर क्रिया के स्थान पर बीजाणु झिल्ली द्वारा विसरण को सरल करती हैं।

कार्बनिक पारद अपनी वाष्पीशीलता के कारण भी एक अच्छे सम्पर्क कवकनाशी के रूप में कार्य करते हैं। यद्यपि यह धूमकों के रूप में भी कार्य करते हैं और इनके वाष्प दाब भी बहुत कम होते हैं, अतः समान वितरण कठिन हो जाता है। इनके द्वारा बीजों को ढकने की क्रिया दो क्रमों में होती हैं। (i) बीज उपचार यंत्र में बीज के ऊपर वितरण (ii) यौगिक का वाष्पीकरण एवं अवशोषण द्वारा पुनर्वितरण। दूसरी क्रिया में कवकनाशी की प्रवृति उन स्थानों से हटने की होती है, जहाँ पर यह अधिकता में होता है और जहाँ पर इसकी कमी होती है, वहाँ पर पुनः इसे अवशोषित कर लिया जाता है, जिससे कि कुछ समय में ही समान वितरण हो सके। पारदों की गति में दो गतिज क्रियायें सम्मिलित

होती हैं (अ) वाष्पीकरण दर (ब) विसरण दर। इनमें से वह विसरण को कम मानता है, क्योंकि उसने बीजों में पैनॉजन को मिलाने के दो घंटे पश्चात् इसका वितरण अधिक संतोषजनक पाया।

बीजों पर विषैला प्रभाव

कार्बनिक पारद कवकनाशी के प्रयोग से बीजों में क्षति भी हो जाती है। ऐसा उस समय ही होता है जब इनको उच्च दर पर प्रयोग किया जाता है।

क्यूनोन कवकनाशी

क्यूनोन समूह के केवल दो कवकनाशी 1. क्लोरेनिल 2. डाइक्लोन का ही विकास अभी तक हो पाया है। यह दोनों ही बीज उपचार के लिये उचित सिद्ध हुये हैं और भारत में यह उपलब्ध नहीं हैं।

1. क्लोरेनिल–यह 2,3,5,6 टेट्राक्लोरी–1,4 बेन्जोक्यूनोन का कल्पित नाम है। यह सन् 1940 में अमेरिका में बीज उपचार कवकनाशी के रूप में बाजार में आया। इसका व्यापार नाम स्पर्गान है। यह मुख्य रूप से बीज रक्षक के रूप में प्रयोग किया जाता है। इसको शुष्क बीज उपचार के लिये प्रयोग करते हैं। यह पर्णीय छिड़काव के रूप में अधिक सफल नहीं हो पाया है, परन्तु बन्द गोभी, प्याज एवं तम्बाकू की मृदुरोमिल आसिता में इसको पर्णीय छिड़काव के रूप में प्रयोग किया जाता है। इसके द्वारा अनेक रोगों को नियंत्रित किया जा सकता है।

2. डाइक्लोन–यह 2,3–डाइक्लोरो 1,4-नेफ्थोक्यूनोन का कल्पित नाम है। क्लोरेनिल की सफलता के पश्चात् बीज रक्षक कवकनाशी के रूप में इसका विकास हुआ। बाजार में यह फाइगॉ, फाइगॉन एक्सएल व्यापार नामों से बिकता है। इसका प्रयोग बीजरक्षक के रूप में शुष्क बीज उपचार विधि द्वारा किया जाता है। क्लोरेनिल की भाँति इसे भी पर्णीय छिड़काव के रूप में सेब के स्कैब को नियंत्रित करने के लिये प्रयोग किया जाता है। इसके द्वारा आड़ू का पर्णकुंचन, टमाटर का पर्ण चित्ती, मटर का आर्द्रपतन इत्यादि रोगों को नियंत्रित किया जाता है।

क्यूनोन कवकनाशियों की क्रियाविधि

क्लोरेनिल और डाइक्लोन के लिये निम्न दो प्रक्रमों की सम्भावना अधिक प्रतीत होती है।

(i) कवक कोशिका में क्यूनोन केन्द्रक का SH NH_2 समूहों से जुड़ना।

(ii) इलेक्ट्रॉन परिवहन तंत्रों में विघ्न उत्पन्न होना।

डाइक्लोन न्यूरोस्पोरा साइटोफिला के उपापचय को कई स्थानों पर प्रभावित करता है। यह फॉस्फोरिल निवेशन एवं कुछ डीहाइड्रोजिनेजेज और कार्बोक्सीलेजेज को रोकता है तथा सहएन्जाइम ए की अक्रियाशीलता अपरिवर्तनीय होती है और यह प्रतीत होता है कि सहएन्जाइम एक क्लोरीन परमाणु के बदले डाइक्लोन केन्द्रक से बंध जाता है। जिस कारण से अन्तर्जात श्वसन उत्तेजित हो जाता है और फॉस्फारिल निवेशन से ऑक्सीकरण

स्पष्ट रूप से पृथक हो जाता है। यह सम्भव है कि सामान्य इलैक्ट्रॉन परिवहन तंत्र में डाइक्लोन, फॉस्फोरिल निवेशन में रूकावट डालता है।

बेन्जीन यौगिक

अनेक बेन्जीन यौगिकों की सूक्ष्मजीवरोधी क्रिया के कारण इनको कवकनाशी के रूप में विकसित किया गया। आजकल पादप रोग नियंत्रण के लिये व्यावसायिक रूप में प्रयोग किये जाने वाले कुछ बेन्जीन कवकनाशी निम्नलिखित हैं–

(i) **डेक्सॉन** – डेक्सॉन का रासायनिक नाम पी–(डाइमिथाइलऐमिनो) बेन्जडाइजोसोडियम सल्फेट है। इसकी आर्द्रपतन एवं मूल विगलन इत्यादि की रोकथाम के लिये बीज एवं मृदोपचार के रूप में प्रयोग किया जाता है।

(ii) **डाइक्लोरा**–इसका रासायनिक नाम 2, 6-डाइक्लोरो–4-नाइट्रोऐनिलाइन है। यह बोट्रान एवं डी.सी.एन.ए. इत्यादि नामों से भी जाना जाता है। इसके द्वारा फसलों पर छिड़काव करके अथवा मृदोपचार के रूप में प्रयोग करके सब्जियों एवं फलों के अनेक रोगों को नियंत्रित किया जाता है।

(iii) **डाइनोकैप**–डाइनोकैप का रासायनिक नाम 2- (1 मिथाइलहेप्टाइल)–4-6-डाइनाइट्रोफिनाइल क्रॉटोनेट है। इसको बाजार में कैराथेन, ऐरेथे, इस्कॉथेन, मिल्डेक्स इत्यादि व्यापार नामों से बेचा जाता है। भारत में यह कैराथेन व्यापार नाम से मिलती है तथा इसका प्रयोग चूर्णिल आसिता को नियंत्रित करने के लिये किया जाता है।

(iv) **पेंटाक्लोरोनाइट्रोबेन्जीन अथवा पी.सी.एन.बी.** – इस कवकनाशी को भारत में बहुतायत से प्रयोग किया जाता है। बाजार में यह ब्रेसिकाल, क्विन्टोजीन एवं टेराक्लोर नाम से उपलब्ध है। ब्रेसिकाल अथवा पी.सी.एन.बी. एक मृदा कवकनाशी है तथा यह राइजोक्टोनिया, स्क्लेरोटिनिया, स्क्लेरोटियम इत्यादि से उत्पन्न अनेक मृदोढ रोगों को नियंत्रित करने में बहुत लाभदायक सिद्ध हुआ है। इसके द्वारा सेम, पपीता इत्यादि के आर्द्रपतन, स्कैब इत्यादि रोगों को मृदोपचार या बीज उपचार करके नियंत्रित किया जा सकता है।

विषमक्रीय यौगिक

अनेक विषमचक्रीय नाइट्रोजनी यौगिक अत्यधिक कवक विषाक्त होते हैं। इनमें से (i) कैप्टान (ii) फॉलपेट (iii) डाइफोलाटान इत्यादि कवकनाशी मुख्य है।

(i) **कैप्टान**–कैप्टान एक सामान्य नाम है जो एन–ट्राइक्लोरी मिथाइलथायो–4-साइक्लो हेक्सीन–1,2-डाइकार्बोक्सिमाइड के लिये अपनाया गया है। बाजार में यह विभिन्न व्यापार नामों जैसे – कैप्टान 50 डब्ल्यू या कैप्टान 75 डब्ल्यू. ऐस्सो फंजीसाइड 406, आर्थोसाइड 406, बानसाइड 89 इत्यादि में बिकता है। भारत में यह एस्सों फंजीसाइड 406 के नाम से उपलब्ध है जिसमें 83 प्रतिशत कैप्टान जलमिश्रणीय रूप में होता है। यह पर्णीय छिड़काव के रूप में फलों, सब्जियों एवं शोभाकारी पौधों की पर्ण चित्तियाँ, अंगमारी, फल विगलन इत्यादि रोगों को नियंत्रित करने के लिये एक अति उत्तम और सुरक्षित कवकनाशी है, परन्तु भारत में इसको सामान्य रूप से बीज उपचार के लिये प्रयोग किया जाता है। कैप्टान बीज उपचार एवं मृदोपचार के रूप में पिथियम जातियों से

उत्पन्न आर्द्रपतन रोग को नियंत्रित करने में अधिक प्रभावशाली सिद्ध हुआ है। इसको आम के श्यामव्रण, टमाटर एवं आलू की अगेती एवं पछेती अंगमारी की रोकथाम के लिये भी प्रयोग किया जाता है। यद्यपि यह मुख्य रूप से एक रक्षक कवकनाशी है, परन्तु इसके सर्वांगी होने की भी सूचना है।

(ii) **फॉलपेट**–यह कैप्टान का ही एक अनुरूप है। इसका रासायनिक नाम एन–ट्राइक्लोरोमिथाइलथायोफ्थेलिमाइड है तथा बाजार में यह फॉलपेट, फॉलटान आर्थोफालटान इत्यादि नामों से बिकता है। यह कैप्टान की भाँति ही प्रयोग किया जाता है और इसके द्वारा कैप्टान से नियंत्रित होने वाले रोगों के साथ–साथ अनेक चूर्णिल आसिताओं को भी नियंत्रित किया जा सकता है।

(iii) **डाइफोलाटान**–इसका रासायनिक नाम एन–(1,1,2,2-टेट्राक्लोरोइथाइल सल्फोनिल) – सिस–4-साइक्लोहेक्सीन 1,2- डाइकार्बोक्सिमाइड है तथा यह कैप्टान एवं फॉलपेट के समान ही गुण रखता है। डाइफोलाटान टमाटर एवं आलू की अगेती अंगमारी के नियंत्रण के लिये अधिक उपयुक्त सिद्ध हुआ है।

विषमचक्रीय नाइट्रोजनी कवकनाशी की क्रियाविधि

कैप्टान की कवक को मारने वाली क्रिया में यौगिक के गंधक अथवा क्लोरीन संबन्ध हो सकते हैं। उदाहरण के लिये गंधक जल से क्रिया करके पॉलिसल्फाइड्स बना सकता है। सल्फाइड्रिल समूहों को रखने वाले कुछ यौगिक जैसे–सिस्टीन, ग्लूटाथियोन आदि यीस्ट कवक के ऊपर कैप्टान के विषैलेपन को कम करके प्रभावित करते हैं। यह विषैलापन सल्फाइड्रिल समूहों के साथ एक क्रिया से हो सकता है अथवा कवक कोशिका में कैप्टान द्वारा क्रिया करने से कुछ विषैले पदार्थ निकल सकते हैं। ल्यूकन्स का मत कैप्टान की क्रियाविधि के सम्बन्ध में महत्वपूर्ण हैं। सेकेरोमाइसीज पास्चुरियनस को कैप्टान से उपचारित करने के पश्चात् कार्बन डाइसल्फाइड का गंधक यीस्ट कोशिका द्वारा अलग कर दिया जाता है, जो अल्प भाग में कोशिकाओं के गंधक से उत्पन्न होता है। ल्यूकन्स ने इन कोशिकाओं को एस^{35} से लेबल किया और पाया कि 14 प्रतिशत गंधक कोशिकाओं से एवं 86 प्रतिशत गंधक खो दिया और केवल 1.1 प्रतिशत गंधक ही कार्बनडाइसल्फाइड को दिया गया है। अतः कोशिकाओं के थायोल्स से उत्पन्न गंधक और इसका ह्रास ही कैप्टान की विषैली क्रिया के लिये मुख्य हो सकते हैं।

मृदा धूमक

मृदा धूमकों का प्रयोग मुख्य रूप से मृदा में उपस्थित पादप परजीवी नेमाटोड के नियंत्रण के लिये किया जाता है। आजकल अनेक वाष्पशील कार्बनिक यौगिक सूत्रकृमिनाशी के रूप में उपलब्ध है, जिनका प्रयोग धूमन के लिये किया जाता है। इन सूत्रकृमिनाशियों की वाष्पशीलता एवं उच्च विषैलेपन के कारण ही इनका मृदा में बीज बोने से लगभग 1 से 3 सप्ताह पूर्व प्रयोग किया जाता है, जिससे कि फसल पर इनका कोई हानिकारक प्रभाव न पड़े। ऐसा केवल उच्च वाष्पशीलता वाले सूत्रकृमिनाशी के साथ ही किया जाता है, परन्तु निम्न वाष्पशीलता वाले सूत्रकृमिनाशी को बीज बोने से पहले अथवा बाद में भी प्रयोग किया जा सकता है। दाने के रूप में मिलने वाले सूत्रकृमिनाशी बहुत कम वाष्पशील होते हैं तथा यह वास्तविक मृदा धूमक नहीं होते हैं। यह दाने मृदा

जल में घुल जाते हैं और नेमाटोड पर विपरीत प्रभाव डालते हैं। आजकल प्रयोग होने वाले सूत्रकृमिनाशी सामान्य रूप से डिंभकनाशक होते हैं और इनका अंडों एवं सिस्ट पर बहुत कम प्रभाव होता है। मृदा धूमक नेमाटोड के अतिरिक्त अनेक पादप रोगजनकों जैसे – कवक जीवाणु इत्यादि को भी मृदा में हानि पहुँचाते हैं।

अधिकांश धूमक तरल रूप में होते हैं जिनको प्रयोग करने की अनेक विधियाँ है। इनका मृदा में 6 से 9 इंच गहराई एवं 12 से 15 इंच की दूरी पर हस्तचालित अथवा ट्रैक्टर चालित यंत्रों से अंतर्वेशन कर दिया जाता है। दाने वाले रसायनों को खेत में बिखेर कर अथवा खूड़ में डाल कर हल्का हैरो चला कर मृदा में मिला दिया जाता है और उसके पश्चात हल्की सिंचाई कर दी जाती है। इसके अतिरिक्त इनको सिंचाई के साथ जल में मिलाकर भी खेत में दिया जा सकता है।

आजकल मृदा धूमक के रूप में प्रयोग होने वाले मुख्य सूत्रकृमिनाशियों को नीचे तालिका 3.1 में दिया गया है।

तालिका 3.1. मृदा धूमक के तौर पर उपयोग किये जाने वाले मुख्य रसायन

	रसायन	व्यापार नाम	रूप
(i)	ट्राइक्लोरोनाइट्रोमीथेन (क्लोरोपिक्रिन)	लार्वासाइड 100 पिकफ्यूम	तरल या गैस
(ii)	मिथाइल ब्रोमाइड	डाउफ्यूम एम.पी.–2, डाउफ्यूम एम.सी–33,	तरल या गैस
(iii)	इथाइलिन डाइब्रोमाइड (इ.डी.बी.)	डाउफ्यूम डब्ल्यू 85	तरल
(iv)	सोडियम मिथाइल डाइथायोकार्बेमेट (एस.एम.डी.सी.)	वेपाम, वी.पी.एम.	तरल
(v)	मिथाइल आइसोथायोसायानेट– डाइक्लोरोप्रोपीन (एम.आई.टी.सी.)	बारलैक्स	तरल
(vi)	डाइक्लोरोप्रोपेन–डाइक्लोरोप्रोपीन	डी.डी., विडेन डी.	तरल
(vii)	डाइब्रोमोक्लोरोप्रोपेन (डी.बी.सी.सी.)	नेमाफ्यूम, नेमागोन, फ्यूमाजोन	तरल या दाना
(viii)	डाइएथाइलपाइरोजिनाइल फास्फोरोथायोएट	जीनोफोस, साइनेम	तरल या दाना
(ix)	डाइमिथाइल टैट्राहाइड्रोथायोडायाजिनेथियोन (डी.एम.टी.सी.)	माइलान	जल मिश्रणीय चूर्ण या तरल

सर्वांगी कवकनाशी

यह वह रसायन होते हैं जो पौधों पर प्रयोग करने से उनके तंत्र में प्रवेश कर जाते हैं और जीव–द्रव्य में चिरस्थाई रहकर पौधों की परजीवी संक्रमणों से रक्षा करते हैं। यद्यपि इस प्रकार के रसायन बहुत कम हैं, परन्तु पौधों में रोगों के विरूद्ध कृत्रिम असंक्राम्यता या रोधक्षमता उत्पन्न करने के लिये यह बहुत अधिक प्रभावी होते हैं। अनेक कीटनाशी, शाकनाशी एवं प्रतिजैविक पदार्थों की सर्वांगी क्रिया के विषय में बहुत पहले ही ज्ञान हो गया था। परन्तु सर्वांगी यौगिकों का कवकनाशी के रूप में प्रयोग सन् 1966 में ही सम्भव हो पाया था।

जैसा कि पहले भी बताया जा चुका है कि इन सर्वांगी यौगिकों को बीजों एवं मूलों द्वारा अवशोषित कर लिया जाता है और दारू वाहिकाओं द्वारा पौधों के वायवीय भागों में स्थानान्तरित कर दिया जाता है। परन्तु अभी तक पौधों में सर्वांगी कवकनाशी के फ्लोएम द्वारा नीचे की ओर स्थानान्तरण के विषय में ज्ञान नहीं हो पाया है। अतः जब पौधे की पत्तियों पर इनका छिड़काव किया जाता है तब यह तना एवं मूलों तक पहुँचने में असफल रहते हैं। मूलों द्वारा अवशोषण के लिये इनको मृदा में प्रयोग करना आवश्यक है, जिसका अर्थ यह होगा कि इनकी बहुत अधिक मात्रा को मृदा में डाला जाये। परन्तु यह रसायन अन्य सामान्य कवकनाशी की अपेक्षा बहुत अधिक कीमती होते हैं, अतः इनके द्वारा मृदोपचार व्यावहारिक रूप से सम्भव नहीं है। इन कवकनाशी को बीज उपचार एवं कुछ सीमा तक छिड़काव के रूप में प्रयोग करने से अपेक्षाकृत लागत बहुत कम आती हे। बाह्य अथवा अन्तः बीजोढ़ निवेश द्रव्य का उन्मूलन करने के लिये यह कवकनाशी बहुत प्रभावकारी होते हैं।

आजकल भारत में उपलब्ध निम्न सर्वांगी कवकनाशियों को अनेक पादपरोगों के नियंत्रण के लिये प्रयोग किया जाता है–

(i) **विटावैक्स या डी.एम.ओ.सी.**–इसका रासायनिक नाम 5,6 डाइहाइड्रो –2-मिथाइल 1,4-ऑक्जेथिन–3-कार्बोक्सेनिलाइड है। इसको पहले डी 735 कोड नाम से जाना जाता था परन्तु अब इसे विटावैक्स व्यापार नाम दिया गया है। इसको फसलों के कंड रोगों को नियंत्रित करने के लिये बीज उपचार के रूप में प्रयोग किया जाता है।

(ii) **प्लान्टवैक्स या डी.सी.एम.ओ.डी.**– प्लान्टवैक्स का रासायनिक नाम 2,3-डाइहाइड्री – 5 – कार्बोक्सेनिलिडो – 6 – मिथाइल 1,4-ऑक्जेथिन–4, 4-डाइऑक्साइड है तथा यह भी पहले एफ 461 के नाम से पुकारा जाता था। आजकल भारत में यह प्लान्टवैक्स व्यापार नाम से उपलब्ध है। इसका प्रयोग अनेक फसलों के कंड एवं कीट रोगों की रोकथाम के लिये किया जाता है। शुष्क उपचार में विटावैक्स अथवा प्लान्टवैक्स की 2.5 ग्राम मात्रा 1 किलो बीज में मिलाई जाती हैं।

(iii) **बेनलेट**–बेनोमॉयल का व्यापार नाम ही बेनलेट है। रासायनिक रूप से यह मिथाइल 1-(ब्यूटाइलकार्बोमॉयल)–2-बेन्जिमिडाजोन कार्बेमेट है। यह विटावैक्स एवं प्लान्टवैक्स की अपेक्षा अधिक रोगों के विरूद्ध प्रभावकारी सिद्ध हुआ है। इसके द्वारा विभिन्न कंड, चूर्णिल आसिता राइजोक्टोनिया, कोलेटोट्राइकम, फ्यूजेरियम, सर्कोस्पोरा, सिफैलोस्पोरियम आदि का नियंत्रण किया जाता है। बीज उपचार के लिये इसकी 2 ग्राम मात्रा प्रति किलो बीज में तथा छिड़काव के लिये 0.02 से 0.1 प्रतिशत का घोल प्रयोग किया जाता है। मृदोपचार के लिये 6-10 किलो प्रति हैक्टर बेनलेट की आवश्यकता होती है।

सर्वांगी कवकनाशी की क्रियाविधि

सर्वांगी कवकनाशी रोगजनक को उसके परपोषी पौधे में प्रवेश करने से पहले अथवा बाद में प्रभावित करते हैं। यह रोगजनक के ऊपर अनेक प्रकार के प्रतिकूल प्रभाव डालते हैं, जो यौगिक की रासायनिक प्रकृति पर निर्भर करते हैं। इनके द्वारा रोगजनक की कोशिका भित्ति का विकास रोका जा सकता है अथवा इसे नष्ट किया जा सकता है। परपोषी में ऐसे प्रकिण्विक परिवर्तनों को उत्पन्न कर सकता है जो रोगजनक के उपापचय

में विघ्न डालते हैं और इसकी सक्रियता को नष्ट कर देते हैं। विटावैक्स एवं प्लान्टवैक्स रोगजनक के नाइट्रोजन उपापचय पर विपरीत प्रभाव डालते हैं।

प्रतिजैविक पदार्थ

यह वह रासायनिक पदार्थ होते हैं, जो सूक्ष्मजीवों या अणुजीवों के उपापचय द्वारा उत्पन्न होते हैं तथा यह दूसरे अन्य सूक्ष्मजीवों के ऊपर विषैला प्रभाव डालते हैं। प्रतिजैविक पदार्थों की जैविक उत्पति ही इनको सर्वांगी कवकनाशी से अलग करती है। यह उपापचयज दूसरे सूक्ष्मजीवों की शरीर क्रियात्मक क्रियाओं में विघ्न पैदा करके अथवा दूसरी विकृतियों द्वारा उनकी वृद्धि को रोकते हैं अथवा उनको नष्ट कर देते हैं। अब तक पृथक किये गये अधिकांश प्रतिजैविक पदार्थ ऐक्टिनोमाइसिटीज से प्राप्त किये गये है। परन्तु कुछ प्रतिजैविक पदार्थ जैसे – पैनिसिलिन आदि कवकों से उत्पन्न होते हैं। अधिकांश प्रतिजैविक पदार्थ जीवाणुरोधी ही होते हैं तथा कुछ कवकरोधी भी होते हैं।

प्रतिजैविक पदार्थों को पौधे के विभिन्न अंग अवशोषित करके जाइलम एवं फ्लोएम द्वारा निम्न या उच्च माशओं में स्थानान्तरित कर देते हैं। सर्वांगी कवकनाशी एवं प्रतिजैविक पदार्थों के बीच यह दूसरा मुख्य अन्तर होता है। परपोषी जीव द्रव्य में प्रवेश करने के पश्चात् या तो यह रोगजनक को तुरन्त मार देते हैं अथवा परपोषी को कार्यिकी में परिवर्तन करके उसके विकास को रोक देते हैं। पौधे के शरीर में इनका प्रभाव कुछ समय के लिये स्थिर बना रहता है और इस प्रकार यह सर्वांगी कवकनाशी की भाँति केवल उन्मूलक के रूप में ही कार्य नहीं करते अपितु पौधे को रोगजनकों के आक्रमण के विरूद्ध रोगरोधिता भी प्रदान करते हैं। इस प्रकार यह रक्षक भी होते हैं। सर्वांगी कवकनाशी की तुलना में यह अधिक पादप विषाक्त होते हैं, अतः इनका प्रयोग बहुत सावधानी से किया जाता है। आजकल पादप रोग नियंत्रण के लिये निम्न प्रतिजैविक पदार्थों का प्रयोग किया जाता है–

(i) **स्ट्रेप्टोमाइसिन**–यह *स्ट्रैप्टोमाइसिज ग्रिसियस* का एक उपापचयज है। एक पादप रक्षक रसायन के रूप में स्ट्रैप्टोमाइसिन विभिन्न व्यापार नामों जैसे – ऐग्रिगाइसिन, फाइटोमाइसिन, ऑथेस्ट्रैप्टोमाइसिन दोनों को मिलाकर तैयार किया जाता है। इसका प्रयोग उद्यानों में फल वृक्षों के अनेक जीवाणुज रोगों जैसे – सेब की अंगमारी, सिट्रस कैंकर इत्यादि की रोकथाम के लिये किया जाता है। यह मुख्य रूप से छिड़काव के रूप में ही प्रयोग किया जाता है। इसको आलू, फूलगोभी आदि के बीजोढ़ जीवाणुज संक्रमणों का उन्मूलन करने के लिये भी प्रयोग किया जाता है। यद्यपि स्ट्रैप्टोमाइसिन एक जीवाणुरोधी प्रतिजैविक पदार्थ है परन्तु इसके प्रयोग द्वारा कुछ ऊमाइसिटीय कवकों से उत्पन्न रोगों को रोका जाता है। स्ट्रैप्टोमाइसिन की क्षमता को बढ़ाने के लिये इसमें ग्लिसरीन, कॉपर ऑक्सि – क्लोराइड इत्यादि को भी मिलाया जाता है।

(ii) **टैट्रासाइक्लिन्स** – इन प्रतिजैविक पदार्थों को स्ट्रैप्टोमाइसीज की अनेक जातियों से प्राप्त किया जाता हैं। इस सतह के अन्तर्गत आने वाले प्रतिजैविक पदार्थ जैसे– टेरामाइसिन, आरियोमाइसिन एवं ऐकरोमाइसिन इत्यादि है। जिनका प्रयोग पादप रोगों के विरूद्ध किया जाता है। इनमें से ऑक्सीटेट्रासाइक्लिन अधिक प्रमुख है। यह सभी प्रतिजैविक पदार्थ जीवाणुरोधी होते हैं और इनके द्वारा माइकोप्लाज्मा जैसे जीवों का दमन किया जाता है।

(iii) **साइक्लोहेक्सिमाइड** – इसको भी *स्ट्रैप्टोमाइसीज ग्रिसियस* द्वारा उत्पन्न किया जाता है तथा यह स्ट्रैप्टोमाइसिन के उत्पादन से उपोत्पाद के रूप में प्राप्त होता है। यह बाजार में ऐक्टिडीयोन, ऐक्टिस्प्रे, ऐक्टिडीयोन आरजेड इत्यादि व्यापार नामों से मिलता है। ऐक्डिीयोन एक कवकरोधी प्रतिजैविक पदार्थ है जो विभिन्न फसलों के किट्ट एवं कंड, चूर्णिल आसिता रोगों के साथ–साथ अनेक कवक रोगों के नियंत्रण में प्रभावकारी सिद्ध हुआ है। यह उच्च पादप विषाक्त भी होता है तथा पौधों में इनके प्रयोग से उत्परिवर्तन की प्रकृति उत्पन्न हो जाती है। अनेक खोजकर्त्ताओं ने इसकी क्रियाविधि का अध्ययन भी किया है, उनका कथन है कि इसके द्वारा सूक्ष्मजीवों की श्वसन क्रिया प्रभावित होती है और यह भी प्रमाण मिले हैं कि इसके द्वारा कवकों के प्रोटीन संश्लेषण में बाधा उत्पन्न की जाती है।

स्ट्रैप्टोमाइसीज की जातियों से उत्पन्न दूसरे अन्य कवकरोधी प्रतिजैविक पदार्थ– आरियोफन्जिन, पिमारिसिन, निस्टेटिन इत्यादि है। भारत में सामान्य रूप से आरियोफन्जिन का प्रयोग पादप रोग नियंत्रण के लिये किया जाता है। अनेक कार्यकर्त्ताओं ने इसके द्वारा फाइटोफ्थोरा, पेरोनोस्पोरा एवं प्लाज्मोपारा इत्यादि से उत्पन्न रोगों को नियंत्रित करने का दावा किया है।

(iv) **ग्रिसिओफुलविन** – इसको *पैनिसिलियम ग्रिसिओफुलवम* कवक से प्राप्त किया जाता है तथा यह अनेक पादप रोगजनक कवकों के लिये विषैला होता है। इसके द्वारा अनेक रोग जैसे – गुलाब एवं सेम की चूर्णिल आसिता, टमाटर की अगेती अंगमारी इत्यादि को पर्णीय छिड़काव करके नियंत्रित किया जाता है।

वाइरस निरोधक अथवा विषाणुनाशी

वाइरस–जनित पादप रोगों के नियंत्रण के लिये अभी तक कोई भी रासायनिक पदार्थ अथवा विषाणुनाशी उपलब्ध नहीं हुआ है। यद्यपि अनेक रासायनिक पदार्थों को पौधों पर पर्णीय छिड़काव के रूप में अथवा घोलों के रूप में सिंचाई करके या निर्मज्जन के रूप में प्रयोग करके अनेक वाइरस जनित रोगों के लक्षणों को उत्पन्न होने से रोकने एवं पौधों में वाइरस की सान्द्रता को कम करने में सहायता प्राप्त हुई है। साइटोविरिन, 2-थायोयूरेसिल, 8- ऐजोगुआनाइन, 2,4-डाइक्लोरोफेना–क्सिऐसिटिक ऐसिड, जिंक सल्फेट, मैलाकाइट ग्रीन एवं क्विनहाइड्रोन इत्यादि रसायनों का प्रयोग वाइरस निरोधकों के रूप में किया गया है। परन्तु इनके द्वारा उपचारित रोगी पौधे उपचार को बन्द करने के पश्चात अपनी पूर्व अवस्था में ही लौट आते हैं। अभी तक इनमें से किसी पदार्थ को खेतों में पौधों के वाइरस रोगों के नियंत्रण के लिये व्यावसायिक रूप से भी प्रयोग नहीं किया गया है। इसके अतिरिक्त कुछ वृद्धि–नियामक पदार्थों जैसे–जिबरैलिक अम्ल इत्यादि को पौधों के पर्णीय भागों पर प्रयोग करने से कुछ पीत रोगों जैसे– खट्टा चेरी पीत रोग में वाइरस अवरूद्ध कक्षस्थ कलिकाओं की वृद्धि उद्दीपन से बढ़ जाती है। पौधे की पत्तियों में किसी वाइरस का निवेशन करने से पहले अथवा शीघ्र बाद में एक दूसरे वृद्धि नियामक पदार्थ काइनेटिन द्वारा उपचार करने से भी वाइरस का बहुगुणन कम हो जाता है तथा स्थानीय विक्षत परपोषी पर विक्षतों की संख्या एवं उनकी नाप कम हो जाती है।

कुछ दिन पहले हुई खोजों से पता चलता है कि कुछ पीत रोगों जैसे–एस्टर पीत रोग एवं वामन शहतूत इत्यादि का नियंत्रण संक्रमित पौधों पर टैट्रासाइक्लिन वर्ग के कुछ प्रतिजैविक पदार्थों जैसे – आरियोमाइसिन एवं अेक्रोमाइसिन इत्यादि का छिड़काव करके अथवा इनके घोलों में रोगी पौधों की मूलों का निर्मज्जन करके किया जा सकता है।

प्रसारक एवं स्थिरक पदार्थ

प्रसारक–यह वह पदार्थ होते हैं जिनको छिड़काव मिश्रण में मिलाया जाता है। इनके मिश्रण में मिलाने से कवकनाशी को पौधों के भागों पर फैलने में सहायता मिलती है और वह उनको भली भाँति ढ़क लेता है। इसके अतिरिक्त छिड़काव की गई पौधे की सतह एवं कवकनाशी में अधिक से अधिक सम्पर्क स्थापित हो जाता है। यह जल में विलयशील एवं अविलयशील, दोनों ही प्रकार के होते हैं। जल में अविलयशील प्रसारक खनिज तेल, ग्लिसराइड तेल, तारपीन तेल इत्यादि तथा जल में विलयशील प्रसारक जैसे – साबुन, केसीन, सल्फेटेड एल्कोहल, रेजिनेट्स, सापामिन्स इत्यादि होते हैं। जल में अविलयशील प्रसारकों का प्रयोग केवल उन मिश्रणों तक ही सीमित होता है, जिनके विषैले अवयव तेल में विलयशील होते हैं। जल में विलयशील प्रसारकों में यह विशेषता होती है कि यह अपने गुण के कारण जल के पृष्ठ तनाव को कम कर देते हैं।

स्थिरक–स्थिरक शब्द उस पदार्थ के लिये प्रयोग किया जाता है, जिसको छिड़काव मिश्रण अथवा बुकनी में मिलाने से उसके पौधों की सतह पर चिपकने की क्षमता में वृद्धि हो जाती है। स्थिरक द्रव्यों के रूप में आटा, स्टार्च, अरबी गोंद एवं डेक्सट्रिन इत्यादि को प्रयोग किया जाता है। बेन्टोनाइट क्ले को बुकनी में मिलाने से उसके चिपकने के गुणों में वृद्धि हो जाती है। स्थिरक द्रव्यों के रूप में तेलों एवं तेल पायसों को भी प्रयोग में लाया जाता है। जब बोर्डो मिश्रण एवं लेड आर्सिनेट का बिनौले के साथ पायस बनाया जाता है तो उसमें आसंजक गुण अत्यधिक बढ़ जाता है। आजकल भारत में विभिन्न संयोज्य जैसे – ऐल्बोलिनीयम नं.–3, सैडोविट स्थिरक, ट्रिटान एक्स–100, लिसोपॉल एन.एक्स. (–एल.एस.) (–सी) इत्यादि बाजार में सुगमता से उपलब्ध हैं जो प्रसारक एवं स्थिरक द्रव्यों के रूप मे अधिक गुणकारी सिद्ध हुआ हैं।

कवकनाशियों एवं दूसरे कृषि रसायनों की आपसी संगतता अथवा अनुकूलता

प्रायः पादप रक्षण कार्यक्रम में विभिन्न कृषि रसायनों जैसे – कवकनाशियों, जीवाणु नाशियों, कीटनाशियों, सूत्रकृमिनाशियों, खरपतवारनाशियों एवं उर्वरकों इत्यादि को एक साथ मिलाकर प्रयोग करना अनेक महत्वों के कारण आवश्यक हो जाता है। संगीय रसायनों को मिलाकर प्रयोग करने से व्यय कम होता है तथा समय की भी बचत हो जाती है। कभी–कभी अलग–अलग रसायनों का छिड़काव करने के लिये बहुत कम समय मिलता है। ऐसा किसी रोग या नाशकजीव के आक्रमण की आपात स्थिति में अथवा मानसून के मौसम में वर्षा के बीच कम अन्तर होने के कारण हो सकता है। यद्यपि कृषि रसायनों को मिलाकर प्रयोग करना लाभदायक होता है परन्तु यदि इनको मिलाने में सावधानी न रखी जाये तो इससे कुछ समस्यायें भी उत्पन्न हो सकती है। नाशकजीवनाशी एवं उर्वरक दोनों ही रसायन होने के फलस्वरूप ऐसे यौगिक बन सकते हैं जिनका कोई नाशकजीवनाशी मूल्य नहीं होता है। अतः इन रसायनों को मिलाने से पहले इनके बीच हुई पारस्परिक क्रियाओं को जानना बहुत आवश्यक है।

फफूँदनाशक अवरोध का प्रबन्धन

आजकल फफूँदों में फफूँदनाशक रसायनों के प्रति अवरोध बढ़ता जा रहा है, जिसकी वजह से हमारी फसलों तथा कृषि रसायन उद्योग को बहुत ही नुकसान पहुँच रहा है। रसायनों के प्रति बढ़ती अवरोध का रोकथाम हेतु निम्नलिखित उपाय करना चाहिए।

1. फफूँदनाशकों का प्रयोग तभी करना चाहिए जब उसका प्रयोग करना अनिवार्य हों। फफूँदनाशकों के प्रयोग हेतु रोग पूर्वानुमान पद्धति का उपयोग करना चाहिए।
2. समेकित रोग प्रबन्धन का एक हिस्सा मात्र फफूँदनाशकों को समझना चाहिए। इसका उपयोग अन्तिम विकल्प के रूप में करना चाहिए। सर्वप्रथम रोग अवरोधी किस्मों के चुनाव पर तथा कर्षण क्रियाओं के माध्यम से रोग नियंत्रण करना चाहिए।
3. ऐसे फफूँदनाशकों का चुनाव करना चाहिए जो रोग पर कई तरफ से आक्रमण करने में सक्षम हो।
4. एक ही फफूँदनाशक का प्रयोग बार–बार तथा एक ही तरफ से नहीं करना चाहिए।
5. फफूँदनाशकों के मिश्रण का प्रयोग करना चाहिए।
6. फफूँदनाशकों को अदल–बदल कर प्रयोग करना चाहिए।

4

बोर्डो मिश्रण एवं बोर्डो पेस्ट बागवानी फसलों के लिए वरदान

डॉ. एस.के. सिंह

पौधा रोग विभाग, राजेन्द्र कृषि विश्वविद्यालय, पूसा, समस्तीपुर, बिहार

नीले थोथे की कवकनाशी क्रिया को प्रिवोस्ट ने सन् 1807 में ही बता दिया था, परन्तु सन् 1885 से पहले इसको कवकनाशी के रूप में प्रयोग नहीं किया गया। उसके पश्चात् पादप–रोगों के नियंत्रण के लिये ताम्रयुक्त कवकनाशियों का प्रयोग निरन्तर वर्षों तक किया जाता रहा और आज भी भारत एवं अन्य देशों में इसका प्रयोग किया जाता है।

फल वृक्षों में बोर्डो पेस्ट एवं बोर्डो मिश्रण का अपना विशेष महत्व है क्योंकि यदि बागवान वर्ष में दो बार यदि बोर्डो पेस्ट का लेपन कर दें तो फल वृक्षों में लगने वाली अधिकांश बिमारियों से अपने पेड़ों को बचा सकते हैं। इसके अन्दर फफूँदनाशक एवं जीवाणुनाशक दोनों गुण होते हैं तथा इसका प्रयोग बहुत ही सस्ता होता है। बागों में रोग नियंत्रण के लिए जब बागवान बाजार से फफूँदनाशक या जीवाणुनाशक खरीद कर प्रयोग करते हैं तो खेती की लागत बढ़ जाती है। जिसकी वजह से मुनाफे में भारी कमी आती है। जब हम जैविक खेती की बात करते हैं उसमें भी रोग नियंत्रण के लिए इसे संस्तुति किया जाता हैं, इसे बनाने की सही विधि एवं अनुपात का सही ज्ञान न होने की वजह से आशातीत लाभ नहीं मिल पाता है। कभी–कभी देखा गया है कि किसान केवल चूना का ही लेपन वृक्षों के मुख्य तने पर करते हैं ऐसा करने से कोई लाभ नहीं होता है। बोर्डो मिश्रण से पर्णीय छिड़काव तथा मृदा का शोधन किया जाता है जबकि पेड़ों के मुख्य तने पर बोर्डो पेस्ट की पुताई करने से गमोसिस जैसी अधिकांश बिमारियों से बचाव होता है।

बोर्डो मिश्रण – सन् 1882 में फ्राँस के मिलार्डेट ने संयोगवश नीले थोथे को अंगूर के मृदुरोमिल आसिता रोग के नियंत्रण के लिये अनुकूल पाया। उन्होनें देखा कि फ्राँस के मेडॉक नामक स्थान पर सड़क के किनारे अंगूर की बेलों की पत्तियाँ मृदु, रोमिल आसिता रोग के कारण झड़ जाती हैं। उनके सहयोगी डेविड ने बताया कि यहाँ पर अंगूरों को चोरी से तोड़ने वालों से बचाने के लिये सड़कों के किनारे वाली बेलों पर नीले थोथे और

चूने के घोल को छिड़क देने की प्रथा है। मिलार्डेट एवं डेविड ने उस वर्ष ही इस मिश्रण द्वारा अंगूर के मृदुरोमिल आसिता रोग के नियंत्रण की पुष्टि कर दी। इसके पश्चात् मिलार्डेट एवं गेयोन की देख–रेख में परीक्षण किये गये, यह दोनों ही उस समय बोर्डो विश्वविद्यालय में प्रोफेसर थे। इन्होंने अक्टूबर 1885 में उपचारित एवं बिना उपचारित बेलों के विश्लेषणात्मक आँकड़ों को प्रकाशित किया और सन् 1887 में इस मिश्रण द्वारा मृदुरोमिल आसिता रोग को रोकने में सफलता प्राप्त की।

उस समय नीला थोथा एवं चूने के इस मिश्रण को बोर्डो मिश्रण के नाम से व्यापक रूप से मान्यता मिली और इसको सन् 1885 में आलू की पछेती अंगमारी के नियंत्रण के लिये प्रयोग किया गया। आरम्भ में बोर्डो मिश्रण को पेस्ट या लेप के रूप में पौधों पर ब्रुश द्वारा प्रयोग किया जाता था। प्रो० मिलार्डेट ने सबसे पहले इसको बनाने के लिये 8-15-100 के सूत्र का प्रयोग किया था, जिसमें 8 किलो नीला थोथा एवं 15 किलो चूने को 100 लीटर पानी में घोला जाता था, परन्तु शीघ्र ही यह सूत्र अधिक शक्तिशाली सिद्ध हुआ और इससे पर्णीय क्षति भी हो जाती थी। उसके पश्चात अनेक सूत्रों पर परीक्षण किये गये और आजकल विभिन्न सूत्रों द्वारा बनाया गया बोर्डो मिश्रण प्रयोग किया जाता है।

बोर्डो मिश्रण को विभिन्न सान्द्रताओं में प्रयोग किया जाता है, अतः इसको बनाने के लिये अनेक सूत्रों का प्रयोग किया जाता है, जिनमें से मुख्य निम्न है–

(i) 4-4-50 = 0.8% (4 किलो नीला थोथा + 4 किलो चूना + 500 लीटर जल)

(ii) 5-5-50 = 1.0% (5 किलो नीला थोथा + 5 किलो चूना + 500 लीटर जल)

(iii) 6-6-50 = 1.2% (6 किलो नीला थोथा + 6 किलो चूना + 500 लीटर जल)

(iv) 1-3-50 = 0.2% (1 किलो नीला थोथा + 3 किलो चूना + 500 लीटर जल)

आजकल 4-4-50 (0.8%) सूत्र के बोर्डो मिश्रण का प्रयोग बहुतायत से किया जाता है। चित्र 4.1 से ही बोर्डो मिश्रण तैयार करने की विधि को दिया गया है–

बोर्डो मिश्रण को बनाने की विधि

(1) नीले थोथे की 4 किलो मात्रा को एक प्लास्टिक, मिट्टी अथवा लकड़ी की नाँद या बर्तन में लगभग 250 लीटर जल में घोल लिया जाता है। इसके लिये कभी भी लोहे अथवा जस्ता के बर्तनों का प्रयोग नहीं करना चाहिये। नीला थोथा जल में कठिनाई से घुलता है अतः इसे एक कपड़े के थैले में भर कर रात भर के लिये जल में भिगोने से यह सुबह तक घुल जाता है।

(2) एक दूसरे बर्तन में 4 किलो बुझे चूने में पहले थोड़ा जल मिला लिया जाता है तथा एक पतले पेस्ट या लेई के रूप में कर लिया जाता है, अब इस पेस्ट में और जल मिलाकर 250 लीटर पतला घोल बना लिया जाता है। इसमें उपस्थित कंकरीले पदार्थों को हटाने के लिये इसे एक पतले कपड़े द्वारा छान लिया जाता है।

(iii) इन दोनों घोलों को एक तीसरे बड़े बर्तन में एक साथ डालते हुये मिलाते हैं और लकड़ी की छड़ी से मिश्रण को भली–भाँति चलाते रहते हैं अथवा नीले थोथे के घोल को चूने के घोल में भी मिलाया जा सकता है।

(3) मिश्रण को तैयार करने के पश्चात् इसमें मुक्त कॉपर अथवा अम्लता का परीक्षण करना अत्यन्त आवश्यक होता है, क्योंकि बोर्डो मिश्रण में उपस्थित मुक्त कॉपर पौधों के ऊपर हानिकारक प्रभाव डालता है अर्थात यह पादप विषाक्त होता है। इसका परीक्षण करने के लिये बोर्डो मिश्रण की थोड़ी सी मात्रा टेस्ट टयूब में लेकर उसमें कुछ बूँदें 10% पोटेशियम फेरोसायनाइड घोल की मिलाते हैं। यदि इसको मिलाने से तुरन्त एक लाल भूरा निक्षेप प्राप्त होता है तो मिश्रण में चूने की थोड़ी और मात्रा मिलानी चाहिये। यदि पोटेशियम फेरोसायनाइड उपलब्ध न हो तो उस अवस्था में एक स्वच्छ लोहे की कील अथवा चाकू के फलक को मिश्रण में कुछ देर डुबोकर देखना चाहिये। यदि उसके ऊपर एक लाल निक्षेप उपस्थित हो तो समझना चाहिये कि मिश्रण में मुक्त कॉपर की मात्रा अधिक है तथा इसमें चूने की मात्रा और मिलानी चाहिये।

बोर्डो मिश्रण को तैयार करने के तुरन्त पश्चात ही प्रयोग करना चाहिये, क्योंकि अधिक समय तक रखा रहने से इसके कवकनाशक गुणों का ह्रास होने लगता है। अतः आजकल बाजार में बेंगलोर की 'एग्रोमोर लिमिटेड' द्वारा निर्मित इन्सटैंट बोर्डो उपलब्ध हैं, जिसको संग्रह करके भी रखा जा सकता है। यदि इसकी 2 किलो मात्रा को 400 लीटर पानी में घोल लिया जाये तो 1% का बोर्डो मिश्रण तैयार हो जाता है।

बोर्डो मिश्रण में गुण एवं अवगुण दोनों ही होते हैं। इसके गुण एवं दोष निम्न है।

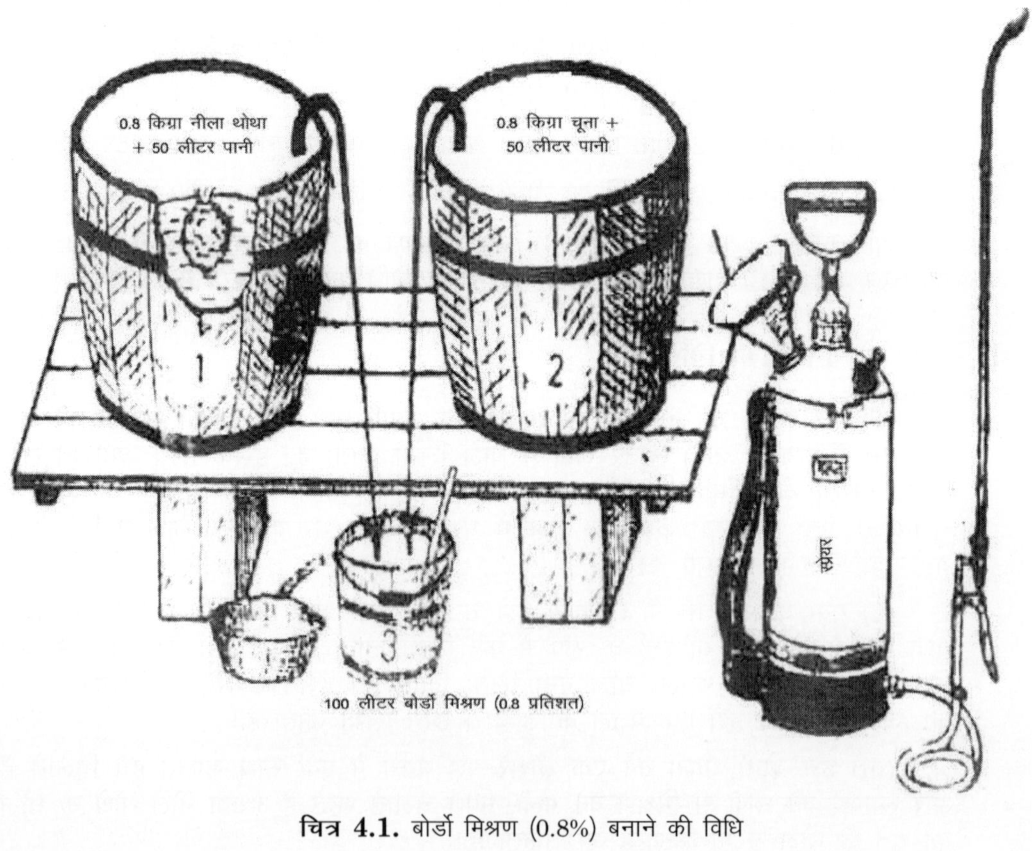

चित्र 4.1. बोर्डो मिश्रण (0.8%) बनाने की विधि

गुण

- इसमें प्राकृतिक आसंजकता अथवा संसक्ति अन्य कवकनाशी की अपेक्षा अधिक होती है।
- यह अन्य कवकनाशी से बहुत सस्ता होता है।
- जैविक खेती में रोग नियंत्रण हेतु इसे संस्तुति किया जाता है।
- इसके प्रयोग से कई सूक्ष्म पोषक तत्व भी प्राप्त हो जाते हैं।
- इसके द्वारा अनेक प्रकार के रोगों की रोकथाम की जा सकती है।
- इसका प्रयोग करते समय सुरक्षा रहती है।

दोष या अवगुण

- असावधानी हो जाने पर लाभ के स्थान पर हानि हो जाती है। अतः निपुण व्यक्ति द्वारा ही उपयोग किया जा सकता है।
- कुछ फसलों पर इसका पादप–विषाक्त प्रभाव होता है। विशेष रूप से कद्दूवर्गीय सब्जियाँ इत्यादि पर।
- अधिक समय तक नहीं रखा जा सकता इसलिए विषम परिस्थिति में नुकसान हो सकता है।
- इन मिश्रण की प्रवृत्ति कुछ ऐसी होती है कि इसके प्रयोग से फसल देर से पकती है।
- इसको तैयार करने में कठिनाई आती है।
- छिड़काव यंत्रों के धात्विक पात्रों पर इसके कारण जंग लगने की क्रिया होती है। हमेशा ताजा बनाने की झंझट और हमेशा उपयोग के बाद पौध संरक्षण यंत्र के खराब हो जाने की संभावना (यदि भूलवश तुरन्त न धो सकने पर) रहती है।

बोर्डो मिश्रण बनाने में सावधानियाँ

1. कोई भी धातु का बर्तन उपयोग न करें, केवल सीमेंट, मिट्टी या प्लास्टिक का बर्तन उपयोग करें।
2. नीला थोथा व चूना तौलकर और पानी नाप कर लेवें।
3. तैयार मिश्रण को टेस्ट करने के पश्चात् ही उपयोग करें।
4. मिश्रण हमेशा ताजा ही बनायें और उपयोग करें।
5. यदि मिश्रण को 2-3 दिन तक रखना पड़े तो उसमें 0.1 प्रतिशत गुड़ डाल देवें या 500 लीटर बोर्डो मिश्रण में यदि 60 ग्राम गुड या शक्कर डाल दिया जाय तो इसकी गुणवत्ता को खराब होने से 2-3 दिन के लिए रोका जा सकता है।
6. बोर्डो मिश्रण उपयोग करने के पश्चात् पौध संरक्षण यंत्र को अवश्य ही धोकर रखें वरना उनके नोजल आदि अगले दिन ही पूरी तरह से खराब हो जायेंगे।

7. मिट्टी उपचार के लिये तैयार मिश्रण को टेस्ट करने की आवश्यकता नहीं होती है।
8. 250 लीटर के स्थान पर 25 लीटर या इससे भी आधी मात्रा पानी की लेकर तदनुपात में नीला थोथा की मात्रा तौलकर लेने से मिश्रण सहूलियत से तैयार किया जा सकता है।

विशेष सुझाव

उद्यान व कृषि अधिकारियों एवं किसानों को एक बार में 25 लीटर बोर्डो मिश्रण (4 : 4 : 50) बनाने के लिए 200 ग्राम नीला थोथा और 200 ग्राम बिना बुझा चूने की आवश्यकता होगी जिसे 12.5 लीटर पानी में अलग–अलग घोलना है। यदि 5 : 5 : 50 के अनुपात का बोर्डो मिश्रण बनाना है तो चूना व नीला थोथा 250 ग्राम लेना होगा, जिसे सरलता से तौला जा सकता है और 25-30 लीटर वाले सीमेंट या मिट्टी के बर्तन में तैयार किया जा सकता है।

बोर्डो मिश्रण के उपयोग

यह दवा लगभग सभी अंगमारी रोग (फफूँद व जीवाणु जनित) पत्ती धब्बा रोग, श्याम व्रण रोग, श्वेत गेरूआ रोग, मृदुरोमिल आसिता या डाऊनी मिल्ड्यू रोग एवं जीवाणु केंकर रोगों के नियंत्रण के लिए उपयुक्त है। इसे सभी फसलों, पेड़ों, सब्जियों में उपयोग किया जा सकता है। मिट्टी जनित पदगलन एवं विगलन रोग के निदान के लिए मिट्टी उपचार के लिए उपयुक्त होती है। बोर्डो मिश्रण से उपचारित पौधों पर दवा 15 दिनों तक अच्छी तरह चिपकी रहती है जो तेज बारिश से भी नहीं घुलती है। इन उपचारित पत्तियों पर कीड़े प्रकोप करना पसंद नहीं करते हैं। ताँबा, गंधक व कैल्शियम सूक्ष्म तत्व (सूक्ष्म मात्रा में) भी बोर्डो मिश्रण से फसल प्राप्त कर लेते हैं, जो अतिरिक्त लाभ है। नर्सरी की भूमि को उपचारित करने के लिए भी इसका प्रयोग करना चाहिए।

विशेष टिप्पणी

संकर मक्का, लौकी (कद्दूवर्गीय सब्जियाँ) एवं धान की बौनी जातियों पर बोर्डो मिश्रण दवा का कुप्रभाव हो सकता है इसलिए इन पर इसे उपयोग न करें। कभी–कभी सेव पर भी कुप्रभाव देखा गया है अतः आशंका होने पर उपयोग न करें। पर्णीय छिड़काव हेतु इसका प्रयोग सदैव सांयः 4 बजे के बाद करें।

(2) बोर्डो पेस्ट

बोर्डो मिश्रण के समान बोर्डो पेस्ट भी तैयार किया जा सकता है जिसके मिश्रण का अनुपात 1 : 1 : 10 होता है अर्थात् एक किलो नीला थोथा, एक किलो बिना बुझा चूना और 10 लीटर पानी अलग–अलग नीला थोथा और चूने का घोल 5-5 लीटर पानी में तैयार करें फिर उन्हें मिला देवें। गाढ़ा मिश्रण तैयार हो जावेगा, जिसे पेड़ों की कटाई–छँटाई के बाद घावों पर लगाने के काम में लाया जाता है जिससे सूखी लकड़ी सड़न के रोगजनक पनप नहीं पाते और पेड़ों की सुरक्षा दो बार के लेप से एक वर्ष तक हो जाती है। नारियल के रस स्रवण रोग के नियंत्रण के लिए भी इसे उपयोग किया जाता है।

इसका लेपन वर्ष में दो बार पहला जून से अक्टूबर के मध्य कभी भी तथा दूसरा, फरवरी में करने से बाग में लगने वाले रोगों में भारी कमी आती है।

(3) बोर्डो पेन्ट

एक किलो मोनोहाइड्रेटेड कॉपर सल्फेट + 2 किलो चूना + 3 लीटर उबला हुआ अलसी के तेल से तैयार किया जाता है। मोनोहाइड्रेटेड कॉपर सल्फेट एक अक्रिस्टलीय सफेद चूर्ण होता है जिसे नीले शीशे के स्टिनों को शुष्क तापन (गरम) करके प्राप्त किया जाता है। इसका प्रयोग वृक्ष क्षतों को काष्ठ विगलन कवकों के आक्रमण से बचाने के लिए बुरूश द्वारा किया जाता है।

(4) बर्गंडी मिश्रण

यह मिश्रण भी बोर्डो मिश्रण की तरह ही बनाया जाता है जिसमें चूने के स्थान पर सोडियम कार्बेनेट के रवे डाले जाते हैं। इस मिश्रण का भी 1 : 4 : 50 अनुपात उपयुक्त होता है। यह मिश्रण बोर्डो मिश्रण की तुलना में कम प्रभावशील होता है।

(5) चैशनेट यौगिक

इसे बनाने के लिए 2 भाग कॉपर सल्फेट या नीला थोथा एवं 11 भाग अमोनियम कार्बोनेट को अच्छी तरह पीस कर मिलाया जाता है और सूखे मिश्रण को उपयोग के 24 घंटे पहले वायुरोधी पात्र में भण्डारित किया जाता है। इस मिश्रण का 25 ग्राम थोड़े से गरम पानी में घोला जाता है और इसे 10 लीटर ठंडे पानी में मिला दिया जाता है। इस तरह तैयार घोल छिड़काव के लिए उपयोग किया जा सकता है। इस यौगिक को आर्द्रपतन रोग के नियंत्रण के लिए नर्सरी में भूमि के शोधन हेतु उपयोग किया जाता है।

(6) चौबतिया पेस्ट

इस दवा को उत्तरप्रदेश के राजकीय फल अनुसंधान केन्द्र चौबतिया, जिला अल्मोड़ा में विकसित किया गया था। इसे 1 लीटर अलसी के तेल में 800 ग्राम कॉपर कार्बोनेट और 800 ग्राम लाल सीसा मिश्रित कर तैयार किया जाता है। किसी काँच या चीनी मिट्टी के बर्तन में मिलाया जाता है। इस पेस्ट की विशेषता यह है कि यह वर्षा ठंडी हवाओं से धुलता नहीं है। इसे सेब, नाशपाती और आडू के वृक्षों के कटे भागों पर लगाने के लिए उपयोग किया जाता है। इससे सेब और नाशपाती के काला तना, भूरा तना एवं गुलाबी रोगों से बचाव हो जाता है।

जून–जुलाई में फल वृक्षों से फल की तुड़ाई के उपरान्त यह आवश्यक है कि बाग की हल्की सिंचाई करके जुताई–गुड़ाई की जाय। इसके बाद बाग में पेड़ की उम्र के अनुसार खाद एवं उर्वरकों का निर्धारण किया जाय। खाद एवं उर्वरकों का भूमि में प्रयोग करने के बाद पाटा लगाकर बाग की मिट्टी को समतल कर लेते हैं। इसके बाद पेड़ के मुख्य तने को जमीन की सतह से $5\frac{1}{2}$ फीट ऊपर तक बोर्डो पेस्ट से अच्छी प्रकार से पुताई कर दी जाय। यह कार्य वर्ष में दो बार करना चाहिए। ऐसे करने से बाग में अधिकांश बीमारियों का नियंत्रण हो जाता है।

5

कृषि (शस्य) क्रियाओं द्वारा बागवानी रोगों का प्रबन्धन

डॉ. एस.के. सिंह

पौधा रोग विभाग, राजेन्द्र कृषि विश्वविद्यालय, पूसा, समस्तीपुर, बिहार

विभिन्न कृषि कर्षण क्रियायें अनेक पादप रोगों की तीव्रता एवं उनके विकास को प्रभावित करती हैं। इन क्रियाओं का मुख्य ध्येय परपोषी पौधे की वर्धन अवस्थाओं में सुधार करना है, जिससे कि वह रोगजनक के प्रतिकूल हों। अनेक पादप रोगों के उत्पन्न होने एवं उनकी उग्रता पर निम्नलिखित परिवर्तित कृषि या कर्षण क्रियाऐं प्रभाव डालती है–

1. फसल चक्र – यह विधि मृदोढ़ रोगजनकों से उत्पन्न रोगों के नियंत्रण के लिये अत्यन्त महत्वपूर्ण है। एक खेत में निरंतर एक ही फसल लेते रहने से रोगजनक की संख्या में बहुत अधिक वृद्धि हो जाती है। अतः यदि इस खेत में तीन या चार वर्षों तक ऐसी फसलों को बोया जायें, जिन पर रोगजनक का कोई प्रभाव न होता हो तो भूमि से रोगजनक निष्कासन में सहायता मिल सकती है। यह परपोषी फसलों को अपरपोषी फसलों के साथ हेर–फेर कर बोने की क्रिया ही फसल चक्र कहलाती है। फसल चक्र मूल–रोगों को नियंत्रित करने की एक प्रभावी विधि है। इसके द्वारा उन रोगों की रोकथाम पूर्णतः सम्भव है जिनके रोगजनक केवल जीवित पौधों पर बचे रहते हैं अथवा मृदा में छूटे परपोषी अवशेषों को अधः स्तर के रूप में प्रयोग करके मृतजीवी की भाँति जीवनयापन करते हैं। परन्तु जिन रोगों के रोगजनक अधिक लम्बे समय तक जीवित रहने वाले बीजाणु उत्पन्न करते हैं अथवा अधिक समय मृदा में मृतजीवी के रूप में रहते हैं, उनको फसल चक्र द्वारा नियंत्रित करना कठिन है। अनेक मृदोढ़ रोगों जैसे–मटर का म्लानि रोग, आलू का भूरा विगलन अथवा म्लानि रोग, सब्जियों का मूल–ग्रन्थि रोग इत्यादि को चार अथवा पाँच वर्ष का फसल–चक्र अपनाकर रोका जा सकता है।

2. सफाई–सफाई एक सरल रोग निरोधी विधि है, जिसका मुख्य ध्येय खेतों या गोदामों में अथवा पौधों पर उपस्थित निवेश–द्रव्य नष्ट करना अथवा उसकी मात्रा को कम करना है, जिससे कि रोगजनक को अन्य स्वस्थ पौधों या उनके पदार्थों में फैलने से रोका जा सकें।

सफाई के अनेक उपाय हो सकते हैं, जिनमें से निम्न मुख्य है–

(i) **फसल अवशेष नष्ट करना**–मटर की मृदुरोमिल आसिता और चूर्णिल आसिता इत्यादि को उत्पन्न करने वाले कवक लैंगिक जनन के परिणाम स्वरूप बने निषिक्तांड अथवा पेरीथीसियमों द्वारा रोगी पौधों के मलबे में जीवित रहते हैं। कुछ क्षेत्रों में आलू की अगेती अंगमारी इत्यादि रोगों को उत्पन्न करने वाले कवक भी रोगी फसल के अवशेषों में प्रसुप्त अवस्थाओं द्वारा चिरस्थाई रहते हैं। अतः यदि फसल की कटाई के तुरन्त पश्चात् रोगी फसल के मलबे को जला कर नष्ट कर दिया जाये तो इसके द्वारा जीवित रहने वाले निवेशद्रव्य की मात्रा भी बहुत घट जाती है।

(ii) **परपोषी एवं रोगजनक का उन्मूलन** – इस विधि में रोगी पौधों को खेतों से रोग की प्रारम्भिक अवस्था में ही उखाड़कर अथवा पौधे के रोगी भागों को काटकर नष्ट कर दिया जाता है, जिससे कि रोगजनक के संक्रमण केन्द्रों को हटाकर उसको आगे फैलने से रोका जा सके। फसलों के वाइरस जनित रोगों के नियंत्रण के लिये यह अति उत्तम विधि मानी गई है। यदि खेतों में सम्पूर्ण रोगग्रस्त पौधों को स्वस्थ पौधों के बीच से उखाड़ कर जला दिया जायें तो फसल में उपस्थित निवेशद्रव्य समाप्त किया जा सकता है। अमेरिका में सिट्रस कैंकर के विरूद्ध उन्मूलन का कार्य व्यापक रूप से करके इसे वहाँ से पूर्णतः समाप्त कर दिया गया है।

(iii) **खरपतवारों का नियंत्रण** – खेतों को खरपतवार से मुक्त रखना भी सफाई के अन्तर्गत आता है। जब परपोषी पौधा एकवर्षीय होता है और रोगजनक रोगी पौधों के मलबे अथवा मृदा में शिशिरातिचार अथवा ग्रीष्मातिचार नहीं करता है तब उस अवस्था में यह अनेक जंगली पौधों अथवा खरपतवारों पर रहते हैं। इनको सांपार्श्विक परपोषी कहते हैं। यदि जंगली परपोषियों अथवा खरपतवारों को पूर्ण रूप से नष्ट कर दिया जाये तो रोगजनक के जीवनचक्र का क्रम टूट जाता है और रोग भी नियंत्रित किया जा सकता है। टमाटर, बैंगन, मिर्च आदि सब्जियों के मूलग्रंथि नेमाटोड और मोजेक वाइरस सोलेनेसी कुल के अनेक खरपतवारों पर जीवित बने रहते हैं। इसी प्रकार कुकरबिटस पर रोग उत्पन्न करने वाले वाइरस भी जंगली कुकरबिटस (कद्दूवर्गीय) पर पनपते रहते हैं, अतः यदि खेतों के आस–पास इन खरपतवारों को नष्ट कर दिया जाये तो रोगों को नियंत्रित किया जा सकता है।

3. मिश्रित खेती – कुछ फसलों को मिलाकर बोने से रोगों द्वारा होने वाली आर्थिक हानि कम हो जाती है क्योंकि एक ही रोगजनक द्वारा एक साथ मिलाकर बोई गई दोनों फसलों पर आक्रमण नहीं किया जाता है। इस प्रकार यदि किसी रोग द्वारा एक फसल नष्ट भी हो जाती है तो दूसरी फसल बच जाती है। इसके अतिरिक्त एक रोगग्राही फसल को अरोगग्राही फसल के साथ मिलाकर बोने से रोग का प्रभाव कम होता है और संक्रामक रोगों के फैलाव को रोकने में भी सहायता मिलती है। अरहर एवं ज्वार को मिलाकर बोने से ज्वार की जड़ों से निकले स्राव में हाइड्रोसायेनिक अम्ल होता है, जो अरहर का म्लानि रोग उत्पन्न करने वाले कवक फ्यूजेरियम ऑक्सीस्पोरम फा. स्पि. उडम पर विषैला प्रभाव डालता है। उचित फसलों को मिलाकर बोने से रोगजनक के लिये प्रतिकूल भूमि पर्यावरण बनाने में भी सहायता मिल सकती है।

4. उचित अंतराल पर बोना–जहाँ तक सम्भव हो पौधों को अति संकुलता में नहीं बोना चाहिये क्योंकि पौधों के बीच में उचित स्थान न होने पर आर्द्रता सदैव बढ़ जाती है, तापमान कम हो जाता है और वातन एवं प्रकाश की भी कमी हो जाती है। इन अवस्थाओं

में अनेक रोगजनकों की वृद्धि शीघ्रता से होती है। आलू की पछेती अंगमारी, अंगूर की मृदुरोमिल आसिता, बीजांकुरों का आर्द्रपतन इत्यादि रोग पौधों के बीच में अन्तराल कम होने पर अधिक तीव्रता से फैलते हैं। पौधों के बीच अंतरालन से रोगी एवं स्वस्थ पौधों के पर्णीय भागों अथवा जड़ों के बीच सम्पर्क कम होने पर वर्षा की बौछारों द्वारा कवक बीजाणुओं अथवा जीवाणु कोशिकाओं का प्रकीर्णन अधिक नहीं हो पाता है।

5. बोने के समय में परिवर्तन–कुछ रोग का समय अधिक विनाशकारी सिद्ध होते हैं, जब परपोषी की रोगग्राही अवस्था एवं रोगजनक की आक्रामकता के लिये अनुकूल पर्यावरण अवस्थायें जैसे–तापमान, आर्द्रता, प्रकाश, भूमि अभिक्रिया, पर्यावरण भी वही हो जो रोगजनक के लिये होता है तो उस समय रोग उत्पन्न होने की सम्भावना बहुत अधिक बढ़ जाती है। परन्तु परपोषी को रोगजनक के प्रतिकूल तापमान एवं आर्द्रता पर उगाना सम्भव हो सकता है तथा परपोषी एवं रोगजनक के लिये अनुकूल पर्यावरण में यह असमानता रोग नियंत्रण के लिये उपयोगी हो सकती है। अतः यदि रोपण अथवा बोने के समय में इस प्रकार परिवर्तन किया जाये कि पौधे की रोगग्राही अवस्था का मेल रोगजनक के अनुकूल पर्यावरण से न हो पाये, जिससे कि पौधा इनके आक्रमण से बच जाये और अधिक हानि न हो।

मटर को अक्टूबर में बोने से मूल विगलन एवं म्लानि रोगों द्वारा हानि अधिक होती है। जब इन फसलों को देर से बोया जाता है तो इन रोगों का आक्रमण कम होता है। वर्षा ऋतु के समाप्त होने के पश्चात मृदा तापमान उच्च एवं आर्द्रता अधिक होते हैं, जो मूल विगलन कवकों की क्रियाशीलता को बढ़ाते हैं। अतः जब इनकी पछेती (नवम्बर – दिसम्बर) बुवाई की जाती है तो मृदा का तापमान एवं आर्द्रता कम हो जाते हैं तथा यह रोग भी घट जाते हैं।

6. उचित सिंचाई–फसलों में सामान्य सिंचाई का उद्देश्य केवल मृदा को इस सीमा तक गीला करना है कि पौधों में जड़ें, जल एवं पोषणों को सुगमता से ग्रहण कर लें। यदि मृदा में जल अधिक मात्रा में दिया जाता है तो जड़ों की श्वसन क्रिया रूक जाती हैं तथा जड़ों एवं तने के आधार के चारों ओर अनेक विलयकारी लवणों का संचय विषैली मात्रा में हो जाता है। इस कारण से जड़ों में रोग उत्पन्न होने के अवसर बढ़ जाते हैं। अधिक जल की उपस्थिति से जीवाणु कोशिकाओं एवं कवक बीजाणुओं का प्रकीर्णन भी सुगमता से हो जाता है। पिथिएसी कुल के रोगजनकों का प्रकीर्णन, मुख्य रूप से मृदा में अधिक आर्द्रता या नमी पर ही निर्भर होता है। फसल में आर्द्रता अधिक होने से किट्ट के यूरीडिनियो बीजाणुओं के अंकुरण के लिये अनुकूल अवस्था उत्पन्न हो जाती है। इसके विपरीत आलू का चारकोल विगलन रोग अधिक एवं शुष्क मृदा में कंदों के पकने के समय अधिक उत्पन्न होता है। अतः इन सभी रोगों का नियंत्रण उचित समय पर सही मात्रा में सिंचाई करके किया जा सकता है।

7. ग्रीष्म कालीन गहरी जुताई–गर्मी के दिनों में खेत की गहरी जुताई करके खुला छोड़ देने से मृदा में उपस्थित कवकों के सुप्तबीजाणु, कवकजाल एवं नेमाटोड के अंडे, डिंभक इत्यादि कड़ी धूप में नष्ट हो जाते हैं। ऐसा करने से अनेक मृदोढ़ रोगों के उत्पन्न होने की सम्भावना कम हो जाती है। आलू की खुदाई करने के पश्चात खेत की गहरी जुताई करके मिट्टी में उपस्थित ठूँठों को खुला छोड़ देने से रोग कम हो जाता है।

8. बोने की विधि—कुछ रोग बीजों को अधिक गहराई में बोने से उत्पन्न होते हैं। अतः ऐसे रोगों के आक्रमण से तरूण पौधों को बचाने के लिये बीज को उपयुक्त गहराई में ही बोना चाहिये।

9. ऊँची मेड़ बाँधना—आलू के पौधों की जड़ों पर 10 से 15 सेंटीमीटर ऊँची मिट्टी चढ़ानी चाहिये, क्योंकि ऐसा करने से कंदों पर पछेती अंगमारी रोग के संक्रमण की सम्भावना कम हो जाती है।

10. स्वस्थ बीज का चयन—रोगों के नियंत्रण का यह एक शुद्ध निरोधी उपाय है। फसलों में अनेक रोग केवल बीज अथवा दूसरे प्रवर्धन अंगों जैसे– कंद, प्रकंद, शल्क, कलम इत्यादि द्वारा उत्पन्न होते हैं। बीजोढ़ रोगों का नियंत्रण रोगमुक्त बीजों का उचित चयन करके सरलता से किया जा सकता है। स्वस्थ बीजों को बोने से सड़न या विगलन एवं आलू की पछेती अंगमारी, जीवाणुज वलय एवं काली रूसी रोग, अदरक का तना विगलन, केले का गुच्छा शीर्ष एवं पनामा रोग इत्यादि का नियंत्रण किया जा सकता है। इस प्रकार के रोग रहित बीजों का चयन ऐसे खेतों अथवा क्षेत्रों से किया जा सकता है, जहाँ पर यह रोग उत्पन्न न हुये हो।

11. उचित उर्वरीकरण अथवा खाद देना – विभिन्न पादप पोषकों में से नाइट्रोजन के द्वारा फसलों में अनेक कवकों के संक्रमण के लिये रोगग्राहिता को बढ़ा दिया जाता है। नाइट्रोजन उर्वरकों के अधिक प्रयोग से आलू की पछेती अंगमारी रोग का फसल पर अधिक प्रकोप होता है। जबकि पोटाश की पर्याप्त मात्रा के साथ संतुलित उर्वरकों के प्रयोग से पौधों में रोगरोधिता बढ़ जाती है। टमाटर में कैल्शियम की न्यूनता से म्लानि रोग को बढ़ावा मिलता है। अतः पौधों का उचित पोषणिक प्रबन्ध करके इन रोगों को कुछ सीमा तक रोका जा सकता है। इसी प्रकार न्यून पोषक मृदा में विभिन्न रसायनों के प्रयोग से पौधों के कुछ आवश्यक तत्वों जैसे – कॉपर, जिंक, मैंगनीज, लोहा, बोरॉन आदि से उत्पन्न न्यूनता रोगों जैसे – नींबू का चितकबरा पत्ती–रोग, चुकन्दर का तना विगलन रोग इत्यादि को नियंत्रित किया जा सकता है।

12. मृदा का कार्बनिक संशोधन– कार्बनिक पदार्थों से मृदा के संशोधन द्वारा मृदा पर्यावरण का परिवर्तन करना एक सस्ता एवं प्रभावी ढ़ंग है। मृदा संशोधन के रूप में विभिन्न पदार्थ जैसे–हरी खाद, शुष्क अथवा हरे शस्यावशेष, बुरादा, लकड़ी की छीलन इत्यादि को प्रयोग किया जाता है। मृदा में इन कार्बनिक पदार्थों के अपघटन से मृदा की भौतिक रासायनिक एवं जलीय अवस्थाओं के परिवर्तन में सहायता मिलती है। मृदा की यह परिवर्तित अवस्थायें रोगजनक के निवेशद्रव्य या निवेशद्रव्य सघनता एवं निवेशद्रव्य क्षमता को घटाने में सहायता करती हैं। इसके अतिरिक्त इन पदार्थों के अपघटन से मृदा गठन में सुधार होता है और मृदा में जल ग्रहण करने की क्षमता एवं उर्वरता बढ़ती है, जिस कारण से पौधों की जड़ें अधिक विकसित होती हैं तथा रोगी मृत जड़ों के स्थान पर नई जड़ें निकलने में सहायता मिलती है। अपघटन के समय विभिन्न जीव रसायनों जैसे – लिग्निन युक्त पदार्थों के अपघटन द्वारा फिनोल एवं प्रतिजैविक पदार्थों का निकलना, जो पौधों द्वारा अवशोषित किये जाने पर उनकी मूल सतह के साथ–साथ ऊतकों में रोगरोधिता उत्पन्न करते हैं। अन्त में सम्पूर्ण अपघटित पदार्थ पौधों के लिये पोषण के रूप में कार्य करते हैं, जिसका उपज पर अनुकूल प्रभाव पड़ता है।

13. बिचली फसल अथवा पाश–शस्यन – पाश–शस्यन से अर्थ है कि एक खेत में आर्थिक दृष्टि से महत्वपूर्ण, परन्तु रोगजनक के लिये ग्राही फसल को बोने से पहले

एक दूसरी बिचली फसल को बोना जो रोगजनक को भ्रमित करने में सहायक हो। यह बिचली फसल रोगजनक का कूट या झूठा परपोषी कहलाती है। उदाहरण–हेटेरोडेरा शैक्टाई नेमाटोड के लिये रोगग्राही फसल को बोने से पहले खेत में एक तोरिया फसल को अधिक बीज की मात्रा से बोया जाता है। इस बिचली फसल के कारण मृदा में उपस्थित नेमाटोड के अंडों से जैसे ही डिंभक बाहर निकल कर अंडे देना आरम्भ करते हैं फसल को काट लिया जाता है। इसी प्रकार मकोय का प्रयोग करके आलू के भयंकर शत्रु सुनहरे नेमाटोड–हेटेरोडेरा रोस्टोचिएन्सिस की संख्या में भी कमी की जा सकती है।

14. भूमि अभिक्रिया का समायोजन– इस विधि के अन्तर्गत मृदा में चूना अथवा गंधक का प्रयोग किया जाता है। जिससे कि मृदा पी.एच मान का परिवर्तन हो जाता है और इसका रोगजनकों की वृद्धि पर प्रतिकूल प्रभाव पड़ता है। बन्दगोभी के मुद्‌गर मूल रोग को मृदा में 120 पौंड प्रति एकड़ चूना और आलू के चूर्णी स्कैब रोग को 900 पौंड प्रति एकड़ गंधक प्रयोग करके नियंत्रित किया जाता है।

15. फसल की कटाई के समय का समायोजन–फसल की कटाई का प्रभाव बीजों की स्वच्छता पर पड़ता है। शीतोष्ण जलवायु में दाने वाली फसलों की देर से कटाई करने पर रोगजनकों द्वारा बीजों में संदूषण करने के लिये पर्याप्त समय मिल जाता है। जब आलू के कंदों की खुदाई पौधों के ऊपरी भागों के हरे रहने पर ही की जाती है तो पत्तियों पर उपस्थित पछेती अंगमारी के कवक द्वारा कंदों में सुगमता से संक्रमण किया जा सकता है। कंद संक्रमण अथवा संदूषण को रोकने के लिये कंदों की खुदाई से पहले पौधों के ऊपरी भागों को काट कर सुखा देना चाहिये। ऐसा करने से पछेती अंगमारी कवक की बीजाणुधानियाँ मर जाती है और कंद भी संदूषण से बच जाते हैं।

6

बागवानी रोगों का जैविक विधियों द्वारा प्रबन्धन

डॉ. एस.के. सिंह

पौधा रोग विभाग, राजेन्द्र कृषि विश्वविद्यालय, पूसा, समस्तीपुर, बिहार

जैविक नियंत्रण का अर्थ एक जीव की क्रियाशीलता द्वारा दूसरे जीव को नियंत्रित करना होता है। पादप–रोग–विज्ञानियों ने रोगजनकों के इस प्राकृतिक विरोध की संभावना को बहुत देर से पहचाना है और इस क्रिया का प्रयोग जैविक नियंत्रण के रूप में किया है। जैविक नियंत्रण की परिभाषा इस प्रकार है–कोई भी अवस्था जिसके अन्तर्गत अथवा जिसका प्रयोग करने से एक रोगजनक के जीवित बने रहने अथवा उसकी क्रियाशीलता को किसी दूसरे जीव द्वारा कम कर दिया जाता है, जिसके परिणामस्वरूप उस रोगजनक से उत्पन्न रोग में कमी हो जाती है। पादप रोगों का जैविक नियंत्रण रोगजनक के विरोधी अथवा उस पर परजीवी रूप में रहने वाले दूसरे सूक्ष्मजीवों के प्रयोग द्वारा किया जा सकता है। पौधों के रोगों की जैविक नियंत्रण विधियाँ निम्नलिखित हैं–

1. परात्परजीविता द्वारा जैविक नियंत्रण

परात्परजीविता से अर्थ, उस क्रिया से है जिसमें एक जीव दूसरे रोगजनक जीव के ऊपर परजीवी रूप में रहता है। अभी तक रोगजनक सूक्ष्मजीवों को दूसरे अन्य इनके विरोधी या परजीवी सूक्ष्मजीवों अथवा वाइरसों के प्रयोग द्वारा नियंत्रित करने में अधिक सफलता प्राप्त नहीं हुयी है। परन्तु अभी गत वर्षों में हुई प्रयोगात्मक खोजों के परिणामों एवं बढ़ती रूचि को देखते हुये भविष्य में इनके विकसित होने की संभावना बहुत अधिक बढ़ गयी है। परात्परजीविता के अन्तर्गत निम्न तीन मुख्य स्थितियाँ आती है–

अ. जीवाणुभोजी अथवा जीवाणुज वाइरस

ब. कवकपरजीविता

स. नेमाटोड के परजीवी

अ. जीवाणुभोजी अथवा जीवाणुज वाइरस – प्रकृति में अनेक जीवाणुभोजी बहुत से पादप रोगजनक जीवाणुओं को समाप्त करने लिये उपस्थित होते हैं। अनेक जीवाणुज

रोगों जैसे – *एग्रोबैक्टीरियम ट्यूमीफेशिएन्स* द्वारा उत्पन्न सेब का शिखिर पिटिका रोग, *स्यूडोमोनास सोलेनेसिएरम* द्वारा उत्पन्न नाशपाती की दुग्ध अंगमारी इत्यादि को जीवाणु भोजी द्वारा सफलतापूर्वक नियंत्रित किया गया है। परन्तु अभी तक कोई भी जीवाणुज पादप– रोग, पौधे में पूर्ण विकसित हो जाने के पश्चात् इनके द्वारा नियंत्रित नहीं किया जा सका है। इसके कारणों का अभी स्पष्ट ज्ञान नहीं हो पाया है, परन्तु प्रत्यक्ष रूप से इसका प्रथम कारण यह है कि परपोषी के भीतर जीवाणु कोशिकाओं के गहन पिण्डों को श्लेष्मा और अन्य पदार्थ घेरे रहते हैं, जिससे कि जीवाणुभोजी प्रत्येक जीवाणु कोशिका तक नहीं पहुँच पाता है। दूसरा कारण यह भी है कि आजकल जीवाणुभोजी द्वारा रोगी पौधों को उपचारित करने की प्रविधियाँ अपर्याप्त है और प्रकृति में जीवाणुभोजी का जीवाणु से सम्बन्ध के विषय में हमारा ज्ञान अधूरा है।

कवकपरजीविता – पौधों में अनेक रोग उत्पन्न करने वाले कवक जैसे – *पिथियम, फ्यूजेरियम* एवं *हेलमिन्थोस्पोरियम* इत्यादि के कवकजाल एवं बीजाणुओं के ऊपर संवर्धनों में तथा सम्भवतः मृदा में भी ऐसे अनेक कवक परजीवी रूप में रहते हैं, जो पादप रोगजनक नहीं होते हैं। प्रकृति में कुछ रोगों जैसे – चूर्णिल आसिता, किट्ट एवं अर्गट इत्यादि को उत्पन्न करने वाले कवकों पर कुछ दूसरे अरोगजनक कवक जैसे – एम्पेलोमाइसेज, डारल्यूक, सेरेबैला इत्यादि आक्रमण करते हैं। परन्तु इन कवकों के द्वारा इन रोगों का व्यावहारिक नियंत्रण सम्भव नहीं हो सका है। कवकों के दूसरे कवकों पर परजीवी या परभक्षी के रूप में रहने के अन्य मुख्य उदाहरण निम्न है –

(i) *पेनिसिलियम रोजियम* कवक, *राइजोक्टोनिया सोलेनाई* कवक के ऊपर परजीवी रूप में रहता हैं।

(ii) *ग्लिओक्लैडियम रोजियम* कवक अनेक कवकों के कोनिडियमों के ऊपर परजीवी रूप में मिलता है।

(iii) *माइरोथीसियम वेरूकेरिया* कवक *हेलमिन्थोस्पोरियम सटाइवम* के कोनिडियमों पर, *एपीकोकम पर्पुरेसेन्स* के कवकजाल एवं कोनिडियम पर तथा *फोमा ह्यूमिकोला* के कवकतन्तुओं पर परजीवी रूप में रहता है।

अभी तक जीवाणुओं के कवकों पर परजीवी रूप में रहने के कोई प्रमाण नहीं मिले है, परन्तु कुछ जीवाणु जैसे–*बैसिलस, सूडोमोनास फ्लोरिसेंस* एवं कुछ अन्य जीवाणु मृदा निवासी पादप रोगजनक कवकों के विरोधी होते हैं तथा इनसे निकले एन्जाइम या विषैले स्रावों द्वारा कवक का अपघटन होता है, जिनके परिणामस्वरूप इनकी मृत्यु हो जाती है। मृदा में कार्बनिक संशोधन पदार्थों के प्रयोग से पादप रोगजनक कवकों के विरोधी अथवा उन पर परजीवी कवकों की मात्रा बढ़ जाती है। चाय के मूल विगलन रोग को *लासिडिप्लोडिया* नामक कवक के प्रयोग द्वारा नियंत्रित करने का प्रयास किया गया है। इसी प्रकार अमेरिका के चुकन्दर के *राइजोक्टोनिया* आर्द्रपतन रोग का नियंत्रण, *बैसिलस सब्टिलिस* जीवाणु के जीवित संवर्धनों को प्रयोग करके किया गया है।

ट्राइकोडर्मा की विभिन्न प्रजातियों को विविध मृदाजनित बिमारियों के नियंत्रण के लिए खूब प्रयोग किया जा रहा है। इस कवक का विपणन भी विश्वभर में विविध नामों से हो रहा है। भारतवर्ष में भी कई कम्पनियां इसकी मार्केटिंग कर रही है। (विस्तार से आगे देखें)। इसके अन्दर मृदाजनित बिमारियों के नियंत्रण के साथ–साथ पौधों में वृद्धि

नियामक पदार्थ भी प्रदान करता है। जिसकी वजह से इसका प्रयोग जैव उर्वरक के रूप में भी किया जा रहा है।

स. नेमाटोड के परजीवी–पादप परजीवी नेमाटोड पर अनेक मृदा निवासी कवक, प्रोटोजोआ और सम्भवतः जीवाणु एवं वाइरस, परजीवी रूप में रहते हैं। मृदा में अनेक परभक्षी जैसे–कुछ प्रोटोजोआ, कवक, दूसरे नेमाटोड इत्यादि पादप परजीवी नेमाटोड पर आक्रमण करके उनको नष्ट कर देते हैं। कवकों के नेमाटोड के ऊपर परजीवी या परभक्षी रूप में रहने के मुख्य उदाहरण निम्न है –

(i) कैटिनेरिया जातियाँ नेमाटोड की अनेक जातियों के ऊपर परजीवी रूप में मिलती है।

(ii) *कर्वुलेरिया पैलेसैन्स* नामक कवक, *मेलॉइडोगाइन आवानिका* नामक नेमाटोड की मादा के ऊपर परजीवी रूप में रहता है।

(iii) डयूबोस्क्या पेनिट्रान्स कवक अनेक नेमाटोड के डिंभकों पर परजीवी रहता है।

ऊपर दिये गये कवकों के अतिरिक्त भी अन्य कवक जैसे–*आर्थ्रोबोट्राइस, डेक्टाइलैल्ला, डैक्टाइलेरिया, नेमाटोक्टोनम, हार्पोस्पोरियम* इत्यादि की जातियाँ स्वतंत्र रहने वाले अथवा पादप परजीवी नेमाटोड के परभक्षी रूप में रहती है। अब यह सिद्ध हो गया है कि इन कवकों की मात्रा को कार्बनिक संशोधन पदार्थों के प्रयोग द्वारा मृदा में बढ़ाया जा सकता है। हवाई में मूल–ग्रन्थि नेमाटोड का नियंत्रण रोग ग्रसित मृदा में 100-150 टन प्रति एकड़ अनान्नास कचरे के प्रयोग द्वारा सफलतापूर्वक किया गया है। इस कार्बनिक पदार्थ को मृदा में प्रयोग करने से परभक्षी कवक डैक्टाइलैल्ला बेम्बीकोयडस की वृद्धि में बहुत सहायता मिलती है, जिसके परिणामस्वरूप मूल–ग्रन्थि नेमाटोड समाप्त हो जाता है।

कवकों की भाँति ही अनेक स्वतंत्रतापूर्वक रहने वाले नेमाटोड भी अन्य दूसरे पादप परजीवी नेमाटोडों पर परभक्षी रूप में रहते हैं। परभक्षी नेमाटोड के मुख्य वंश मोनोन्कस, डिस्कोलाइमिय, डिस्कोलाइन्स एवं सेइनूरा इत्यादि है। मृदा में इन नेमाटोड की संख्या को भी कार्बनिक संशोधनों एवं पलवारना द्वारा बढ़ाया जा सकता है।

2. अन्योन्य प्रतिरोध एवं अवरोध द्वारा जैविक नियंत्रण

अन्योन्य प्रतिरोध वह प्रक्रिया है जिसमें किसी एक वाइरस के मंद विभेद से संक्रमित पौधों के ऊतक उसी वाइरस के अन्य दूसरे विभेदों द्वारा संक्रमित होने से सुरक्षित बच जाते हैं। यद्यपि वाइरस विभेदों के बीच में यह एक सामान्य प्राकृतिक प्रक्रिया होती है, परन्तु इसके प्रयोग द्वारा रोगों को नियंत्रित करने में बहुत कम सफलता प्राप्त हुई है। आलू वाइरस एक्स पर किये प्रयोगों में पाया कि यदि इन वाइरसों से संक्रमित पौधों को इन वाइरसों से संबंधित विभेदों से निवेशित कर दिया जाता है तो उनमें पुनः संक्रमण नहीं होता है। इसी प्रकार यह सिद्ध किया है कि अन्योन्य प्रतिरोध वहीं सफल होता है, जहाँ वाइरस विभेदों के बीच निकट सम्बन्ध पाया जाता है। यदि एक ही वाइरस के दो सम्बन्धित विभेद एक फसल के पौधे पर रोग उत्पन्न करते हैं तथा इन विभेदों में एक मंद है और धीरे–धीरे अथवा अप्रचंड रोग उत्पन्न करता है, तब इस विभेद का फसल पर टीका लगाने के लिये प्रयोग किया जा सकता है। यह टीका फसल के पौधों की उसी

वाइरस के सामान्य एवं तीव्र विभेदों से अन्योन्य प्रतिरोध प्रदान करता है। पौधों में वाइरसों के ऐसे टीके लगा कर अन्योन्य प्रतिरोध पैदा करने के लिये निम्न दो बातें महत्वपूर्ण है–

(i) जिस वाइरस का प्रयोग टीका लगाने के लिये किया जाता है उसके प्रकृति में एक से अधिक विभेद मिलने चाहिये।

(ii) इन अनेक विभेदों में से एक विभेद का मन्द होना आवश्यक है जो पौधे में केवल मन्द, हानिरहित रोग उत्पन्न करने की क्षमता रखता हो।

वाइरस से निवेशित कुछ पौधे जैसे–सेम आदि वाइरस मुक्त पौधों की अपेक्षा, किट्ट एवं चूर्णिल आसिता रोगों को उत्पन्न करने वाले अविकल्पों परजीवी कवकों के विरूद्ध अधिक रोगरोधिता दिखाते हैं। इसके विपरीत कुछ वाइरस संक्रमित पौधे, स्वस्थ पौधों की अपेक्षा, कवक संक्रमणों के लिये कम रोगरोधी होते हैं। अन्योन्य प्रतिरोध का दूसरा मुख्य उदाहरण– नाशपाती की दुग्ध अंगमारी में देखने को मिलता है। यदि नाशपाती के वृक्ष में एक अ–रोगजनक जीवाणु को निवेशित किया जाता है तो इस रोग को उत्पन्न करने वाला जीवाणु *एर्विनिया एमीलोवोरा* का संक्रमण रूक जाता है।

3. पाश या बिचली फसलों द्वारा रोग नियंत्रण

कुछ पौधे जो स्वयं पादप परजीवी नेमाटोड के लिये रोगग्राही नहीं होते हैं, ऐसे स्राव निकालते हैं जो नेमाटोड के अण्डे फूटने की क्रिया की उत्तेजित कर देते हैं। नेमाटोड के अण्डे फूटने पर जो डिंभक निकलते हैं वह इन पौधों में प्रवेश करते हैं, परन्तु यह प्रौढ़ के रूप में विकसित नहीं हो पाते और अण्डे देने में भी असमर्थ रहते हैं तथा अन्त में मर जाते हैं। इस प्रकार के अरोगग्राही पौधों को पाश या बिचली फसल के नाम से पुकारा जाता है। उदाहरण– *हेटेरोडेरा शैक्टाई* नेमाटोड के लिये रोगग्राही फसल को खेत में बोने से पहले एक तोरिया फसल को अधिक बीज की दर से बोया जाता है। इस फसल के कारण नेमाटोड अंडों से बाहर निकलना आरम्भ करते हैं तब इस फसल को काट लिया जाता है तथा उसके पश्चात मुख्य फसल को बोया जाता है। इसी प्रकार मकोय का प्रयोग करके आलू के भयंकर शत्रु सुनहरे नेमाटोड *हेटेरोडेरा रोस्टोचिन्सिस* की संख्या में भी कमी की जा सकती है।

पाश शस्यन द्वारा पुष्पी पादप परजीवी पौधों जैसे – गंठवा या ओरबेन्की रूखरी या स्ट्राइगा इत्यादि को भी नियंत्रित किया जाता है। खेत की मृदा में उपस्थित इनके बीजों को समाप्त करने के लिये पाश या बिचली फसलों का प्रयोग किया जाता है, जिन्हें इनके कूट या झूठे परपोषी कहा जाता है। ओरोबेन्की के लिये मिर्च, ट्रीडेक्स, विडेन्स इत्यादि तथा स्ट्राइगा के लिये कपास, सोयाबीन, लोबिया, सूर्यमूखी, सेम, अलसी, अंडी इत्यादि पौधों को पाश शस्यन में प्रयोग किया जाता है। खेत में मुख्य फसल बोने से पहले इन कूट परपोषियों को बोया जाता है, ऐसा करने से परजीवी पौधों के बीज अंकुरित होते हैं और ज्योंही इनके तने भूमि के बाहर आते हैं तब उसी समय पूरे खेत को हल से जोत दिया जाता है। इसके पश्चात खेत में उस मुख्य फसल को बोया जाता है जिसे कि वास्तव में उगाना होता है।

4. विरोधी पौधों द्वारा रोग नियंत्रण

कुछ पौधे जैसे–शतावर या ऐस्पेरागस एवं गैंदा इत्यादि नेमाटोड विरोधी होते हैं। क्योंकि इन पौधों की जड़ें मृदा में कुछ विषैले पदार्थों को बाहर निकालती हैं, जो अनेक पादप परजीवी नेमाटोड पर विषैला प्रभाव डालते हैं। इस प्रकार जब इन पौधों को नेमाटोड की रोगग्राही फसलों के साथ मिलाकर बोया जाता है तो यह मृदा में नेमाटोड की संख्या को बहुत कम कर देते हैं। इसी प्रकार ज्वार की जड़ों से निकले स्राव में हाइड्रोसायेनिक अम्ल होता है, जो म्लानि रोग उत्पन्न करने वाले कवक *फ्यूजेरियम ऑक्सीस्पोरस* फा. *स्पि.* उडम पर विषैला प्रभाव डालता है।

तालिका 6.1. बाजार में उपलब्ध जैविक रोग नियंत्रकों के नाम एवं उनका लक्ष्य

	जैविक रोग नियंत्रक	व्यापारिक नाम	लक्ष्य
अ.	**कवक**		
1.	*ट्राइकोडरमा हारजीयानम*	एफ–स्टाप	विभिन्न मृदाजनित रोग
2.	*ट्राइकोडरमा हारजीयानम/ ट्राइकोडरमा पालीस्पोरम*	बाईनाब–टी	तना गलन
3.	*ग्लियोक्लैडियम वाइरेन्स*	सियोगार्ड	नवजात अलंकृत पौधों की बीमारी
4.	*पेनिओफोरा गिगैन्टीया*	पीजी सस्पेंसन	हेटेरोबेसीडियम राट
5.	*ट्राइकोडरमा विरीडी*	निप्रोट, निसर्गी मोनिटर, डिफेंस, डेनिस, टाइको एक्स–पी	गलन, आर्द्रगलन, विल्ट
ब.	**जीवाणु**		
1.	*एग्रोबेक्टेरियम रेडीओबैक्टर* के 84	गैलेक्स, गालट्रोल, नोगाल	क्राउन गाल रोग
2.	*सुडोमोनास फ्लोरिसेन्स*	डैगर जी	राइजोक्टोनिया, पिथीयम, आर्द्रपतन
3.	*बैसीलस सबटीलिस*	कोडियाक, क्वानटम–4000	नवजात पौधों के रोग
4.	*स्ट्रेप्टोमाइसीज ग्रीसिओवीरीडीस*	माइको स्टाप	नवजात पौधों के रोग

5. कीटजीवी कवक

कवकों की अनेक जातियाँ कीटों के शरीर पर परजीवी रूप में रहती है। यह कीटों के अंडे, डिंभक एवं प्रौढ़ आदि पर वृद्धि करने एवं उन्हें मारने की क्षमता रखते हैं। प्रारम्भ से ही वैज्ञानिकों ने कीटों से फसलों की सुरक्षा करने के प्रयास किये है। जब सन् 1940 में कीटनाशी डी.डी.टी. का आविष्कार हुआ तब यह महसूस किया गया था कि अब फसलों को नष्ट करने वाले कीटों पर विजय प्राप्त कर ली जायेगी। परन्तु डी.डी.टी. तथा बाद में विकसित किये गये दूसरे कीटनाशी रसायनों के फसलों पर निरंतर प्रयोग करते रहने से ज्ञात हुआ कि यह कीटनाशी कीट नियंत्रण में चूर्ण रूप से सफल नहीं हैं। फसलों पर इन कीटनाशी का प्रयोग करने से सबसे बड़ी हानि यह हुई कि इनके द्वारा कीटों को नष्ट करने के साथ–साथ कीटों के शत्रु को भी समाप्त कर दिया। जिसके परिणामस्वरूप कीटनाशी के प्रयोग से लाभ के स्थान पर हानि अधिक हुई है। अतः पादप रोग विज्ञानियों ने कीटों के जैविक नियंत्रण के लिये ऐसे सूक्ष्मजीवों का प्रयोग किया जिन पर नाशकमारों का प्रभाव नहीं होता है। इस कार्य के लिये कवक ऐन्टोमोफ्थोरा को

प्रयोग में लाया गया है। इस कवक की लगभग 100 जातियाँ फसलों के विभिन्न कीटों पर परजीवी रूप में रहती है। इन कवकों का संवर्धन तैयार करके कीटों के जैविक नियंत्रण में प्रयोग किया जाता है। इस कवक की एक मुख्य जाति ऐन्टोमोफ्थोरा कोरोनेटा है जिसकी सहायता से ऐफिड्स एवं दीमकों का सफलतापूर्वक जैविक नियंत्रण किया गया है।

तालिका 6.2. व्यावसायिक रूप से उपलब्ध जैव कीट नियंत्रक

	जैव नियंत्रक का नाम	नियंत्रित होने वाले रोग/कीट का नाम	जैव नियंत्रक का व्यापारिक नाम	प्रयोग विधि	उत्पादक का नाम
फफूँद					
(i)	*बीबेरिया बेसीयाना*	थ्रीप्स, दहिया कीट, एफिड	बायोसाफ्ट	@ 4 ग्राम/लीटर	एग्री लैण्ड बायोटेक लिमिटेड बड़ोदरा, गुजरात, एक्सेल इण्डस्ट्रीज लिमिटेड,
		सफेद मक्खी, हापर, फलीछेदक	लार्वोसेल		सन एग्रो केमिकल्स,
			बीबीगार्ड, बाबा		कर्नाटका एग्रो केमिकल्स लिमिटेड
(ii)	*बर्ट्रीसिलियम लिकेनाई*	दहिया कीट, स्केल कीट, सफेद मक्खी	वर्षा	@ 4 ग्राम/लीटर पानी	कर्नाटका एग्रो केमिकल्स लिमिटेड बड़ोदरा, गुजरात
		जैसीड, एफिड, माइट	वर्टी साफ्ट		
(iii)	*पीसीलोभाइसीज लीलासीनस*	नेमाटोड की विभिन्न प्रजातियाँ	यारकर	@ 30-40 ग्राम/पौधा	एग्री लैण्ड बायोटेक लिमिटेड बड़ोदरा, गुजरात
(iv)	जीवाणु	श्वेत मक्खी, एफिड, जैसीड, हापर	हाल्ट		बायोस्टेट इण्डिया लिमिटेड
	वैसीलस थुरीनजीनेंसीज	थ्रीप्स, रेड माइट	डेल्फीन, डाइपेल		सण्डोज इण्डिया
(v)	वेनगार्ड	श्वेत मक्खी, एफिड	वेनगार्ड (0.15%)	@ 4 मिली/लीटर 6 मिली/ लीटर	एग्री लैण्डबायोटेक लिमिटेड, बड़ोदरा, गुजरात
	एजाडीरेक्डा इण्डिका	जैसीड, हापर, थ्रीप्स लीफ माइनर, लीफ रोलर, कैटरपिलर बीटल्स, बग, फ्लाइज, वीविल, रेड माइट	वेनगार्ड (0.03)		
(vi)	वी टीन–एच (एन.पी.वी.)	फली छेदक कीट	वीरीन–एच	@ 100-150 मिली/150-200 लीटर पानी घोलकर एक एकड़ में छिड़कें	एग्रीलैण्ड बायोटेक लिमिटेड, बड़ोदरा, गुजरात

7

ट्राइकोडर्मा मित्र फफूँद रोगों के प्रबन्धन हेतु प्रकृति का अनुपम उपहार

डॉ. एस.के. सिंह

पौधा रोग विभाग, राजेन्द्र कृषि विश्वविद्यालय, पूसा, समस्तीपुर, बिहार

मिट्टी में कवक (फफूँद) की अनेक प्रजातियाँ पायी जाती है जो फसलों के लिए अत्यन्त महत्वपूर्ण हैं। इनमें से एक ओर जहां कुछ प्रजातियाँ फसलों को हानि (शत्रु फफूँदी) पहुँचाती है वहीं दूसरी ओर कुछ प्रजातियाँ लाभदायक (मित्र फफूँदी) भी है जैसे – ट्राइकोडर्मा। प्रकृति ने स्वयं जीवों के मध्य सामंजस्य स्थापित किया है जिससे कि किसी भी जीव की संख्या में अकारण वृद्धि न होने पाये और यह प्रत्यक्ष या अप्रत्यक्ष रूप से किसी भी समस्या का कारण न बनें।

ट्राइकोडर्मा एक प्रकार का फफूँदी है जो विभिन्न प्रकार की दालों, तिलहनी फसलों, सब्जियों, तरबूज, फूल के कार्म (प्रकन्द) आदि की फसलों में पाये जाने वाले भूमि जनित रोग– उकठा, जड़गलन, कॉलर राट, आर्द्रपतन, कार्म (प्रकन्द) सड़न को नियंत्रण करने में एक महत्वपूर्ण योगदान करती है। ये रोग मिट्टी में पाये जाने वाले फफूँदी जैसे– *फ्यूजेरियम, पिथियम, राईजोक्टीनिया, स्क्लैरौटिनिया, फाइटोफ्थोरा, मैक्रोफोमिना, अर्मीलीरिया* आदि की कुछ प्रजातियाँ से होते हैं। जो बीजों के अंकुरण को प्रभावित करती है एवं अंकुरण के बाद या पौधों के अन्य विकास स्तर पर भी रोग उत्पन्न करती है। इन रोगों को नियंत्रण करने के लिये रसायन आर्थिक दृष्टि से प्रभावी नहीं है। सामान्यतः फफूँदनाशक रासायनिक दवाओं का असर 10 से 20 दिन तक रहता है। यदि फिर इनका प्रकोप होता है तो हमें फिर से रासायनिक दवाओं का प्रयोग करना पड़ता है। इस तरह रोग का प्रकोप फसल में लगभग 45 दिन तक रहता है। लगातार रसायनों के छिड़काव तथा बीज उपचारण से मिट्टी में रहने वाले लाभदायक सूक्ष्म जीवाणुओं पर विपरीत प्रभाव पड़ता है तथा इसके अवशेष मिट्टी में रह जाते हैं। रोगजनित फफूँदी में प्रतिरोधक क्षमता उत्पन्न होती है तथा अवशेष स्वास्थ्य की दृष्टि से हानिकारक होता है।

ट्राइकोडर्मा, जो एक प्रकार का मित्र फफूँदी है जो नुकसानदायक फफूँदों को खत्म करती है। इसलिए मिट्टी में फफूँदों के द्वारा उत्पन्न होने वाले कई प्रकार की फसल के

रोगों के प्रबंधन के लिए यह एक महत्त्वपूर्ण फफूँद है। यह मृदा में पनपता एवं वृद्धि करता है तथा जड़ क्षेत्रों के पास पौधों की तथा फसल वृद्धि की नर्सरी अवस्था से ही रक्षा करता है।

ट्राईकोडर्मा की लगभग 6 स्पीसीज ज्ञात है लेकिन केवल दो ही *ट्राइकोडर्मा विरिडी* व *ट्राइकोडर्मा हर्जीयानम* मिट्टी में बहुतायत से मिलता है तथा जिसका प्रयोग भारी मात्रा में हो रहा है।

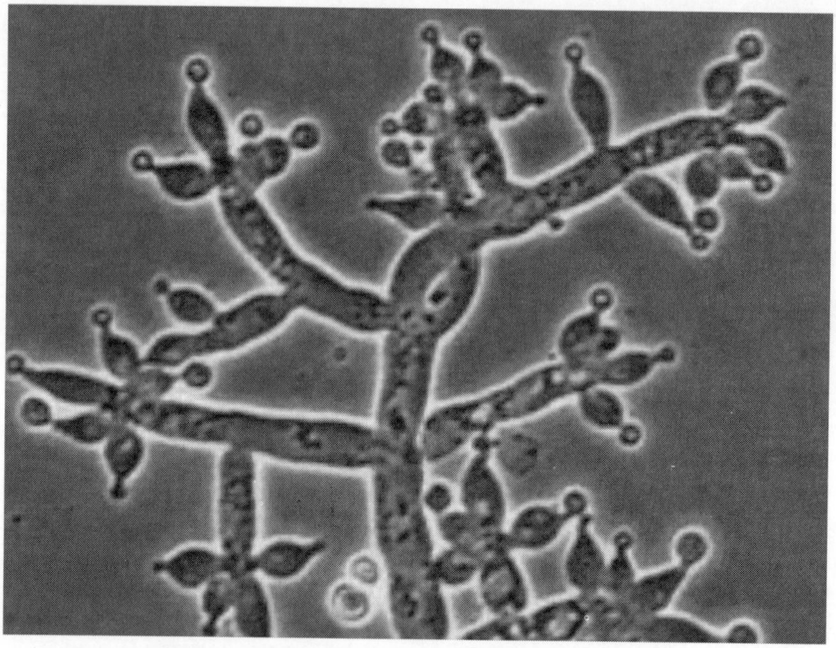

चित्र 7.1 ट्राइकोडर्मा : एक आदर्श जैविक फफूँदीनाशक

कुछ मुख्य रोगों का प्रबन्धन जो इसके प्रयोग से किया जा सकता है–

1. दलहनी व तिलहनी फसलों के उकठा रोग।
2. अदरक का प्रकंद विगलन।
3. चुकन्दर का आर्द्रपतन।
4. फूलों में कार्न सड़न।
5. सब्जियाँ में आर्द्रपतन, उकठा, जड़, सड़न, कॉलर राट।

उपयोग

1. बीज का उपचार

बीज के उपचार के लिये 5 ग्राम ट्राइकोडर्मा पाउडर प्रति किलो बीज में मिलाते हैं। यह पाउडर बीज में चिपक जाता है, बीज को भिगोने की जरूरत नहीं है क्योंकि पाउडर में कार्बाक्सी मिथाइल सेल्यूलोज मिला होता है। बीज के जमने के साथ–साथ ट्राइकोडर्मा

भी मिट्टी में चारों तरफ बढ़ता है और जड़ को चारों तरफ से घेरे रहता है जिससे कि उपरोक्त कोई भी कवक आसपास बढ़ने नहीं पाता। जिससे फसल की अच्छी बढ़त होती है तथा बीमारी भी नहीं होने पाती। इसका असर फसल में अन्तिम अवस्था तक बना रहता है।

2. मिट्टी का उपचार

एक किग्रा ट्राइकोडर्मा पाउडर को 25 किग्रा कम्पोस्ट या वर्मी कम्पोस्ट में मिलाकर एक हफ्ते के लिये छायादार स्थान पर रख देते हैं, जिससे कि ट्राइकोडर्मा पूरे कम्पोस्ट में अच्छी प्रकार से अपने कवकजाल एवं बीजाणु को फैला सकें फिर इसे 1 एकड़ खेत की मिट्टी में फैला देते हैं, इसके उपरान्त बुवाई कर सकते हैं।

बोने के 5 दिन पहले 150 ग्राम पाउडर को 1 घनमीटर मिट्टी में 4-5 सेमी. गहराई तक अच्छी तरह मिला लें फिर बुवाई करें। बाद में यदि समस्या आवे तो मेड़ों के चारों ओर गड्ढा या नाली बनाकर पाउडर को डाला जा सकता है जिससे कि पौधों के जड़ तक यह पहुँच जाय।

3. कन्द (कार्म या राईजोम) का उपचार

1 लीटर से बने स्पोर को 10 लीटर पानी में घोलकर राईजोम, कन्द, बल्ब या कार्म को 30 मिनट तक डुबो देते हैं, छाया में सुखा लेते हैं और तुरन्त बो देते हैं।

4. बहुवर्षीय पेड़ों के लिये आधे किलो से 1 किग्रा. पाउडर जड़ के चारों ओर गड्ढा खोद कर मिट्टी में मिलाने से उकठा रोग दूर हो सकता है।

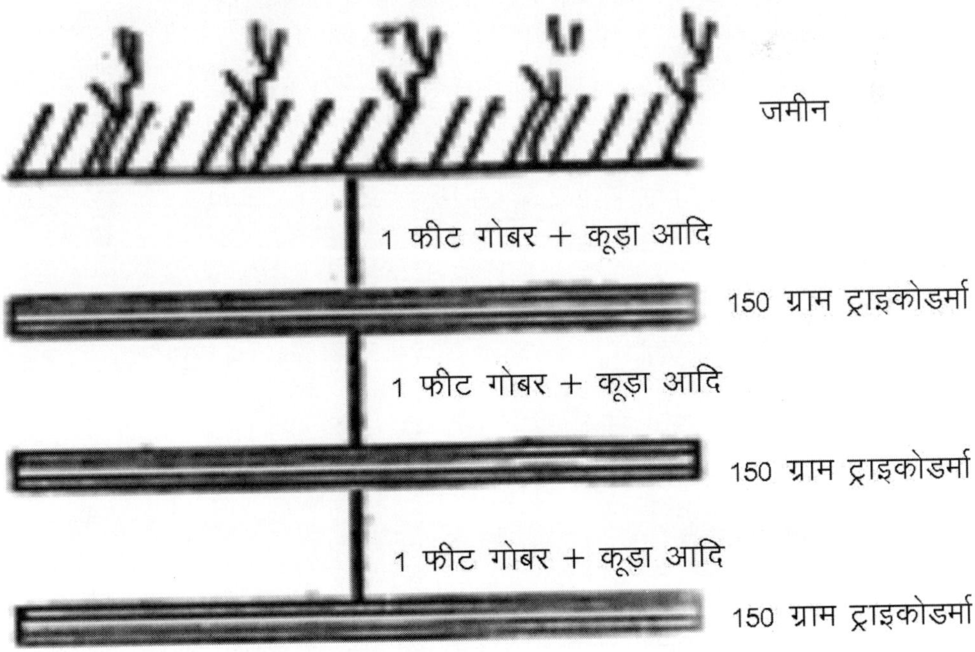

चित्र 7.2. ट्राइकोडर्मा से युक्त कम्पोस्ट खाद बनाना

ट्राइकोडर्मा युक्त कम्पोस्ट खाद बनाने के लिए 8 x 2 x 1 मीटर का गड्ढा खोदना चाहिए। इस गड्ढे में गोबर मिश्रित कूड़ा भरते हैं। प्रत्येक 1 फीट कूड़े के ढेर पर 150 ग्राम ट्राइकोडर्मा पाउडर डालते हैं। इस प्रकार से ढाई महीने में कम्पोस्ट तैयार हो जाता है। इस तरह समय आधा हो जाता है तथा कार्बन तथा नाइट्रोजन की मात्रा ज्यादा होती है तथा इसमें ट्राइकोडर्मा के बीजाणु होने के कारण जिस खेत में डालेंगे वहां मृदाजनित बीमारी भी कम होगी।

कार्य करने का तरीका

ट्राइकोडर्मा मिट्टी में पाये जाने वाली फफूँदी है जो दूसरे पौधों के नुकसान पहुँचाने वाले फफूँदी के बढ़ने का विरोध करती है। यह विरोध परजीवी के रूप में, भोजन की स्पर्धा या एन्टीबायोसिस के रूप में करता है। ट्राइकोडर्मा रोगजनित फफूँद की कोशिकाओं को नष्ट करने वाले एन्जाइम जैसे, सेल्यूलेज एवं काइटिनेज का स्राव करता है जो दूसरे रोगजनित फफूँदी के कोशिकाओं को नष्ट कर देती है। इसके अलावा विरिडिन, ट्राइकोडर्मिन नामक जहरीला स्राव भी होता है जो दूसरे फफूँदी को नष्ट कर देता है इससे उनकी बढ़त रूक जाती है। इस तरह ट्राइकोडर्मा मित्र फफूँदी के रूप में कार्य करता है।

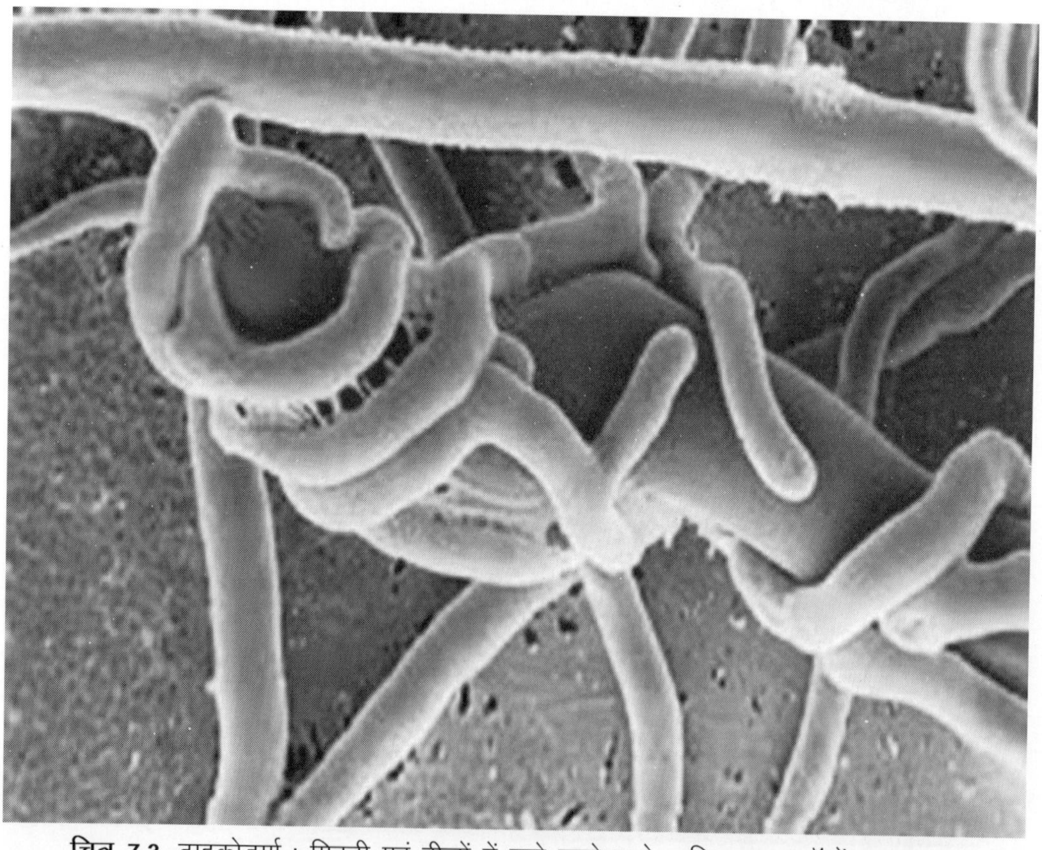

चित्र 7.3. ट्राइकोडर्मा : मिट्टी एवं बीजों में पाये जाने वाले हानिकारक फफूँदों का नाशक

लाभ

ट्राइकोडर्मा वातावरण के लिये नुकसान रहित, पौधों को जहरीला न बनाने वाला, जीवों के लिये हानिरहित, जैविक खादों के साथ अच्छा काम करने वाली, पूर्ण फसल अवधि तक प्रभावकारी एवं रासायनिक फफूँदीनाशकों से सस्ती होती है।

प्रयोग में सावधानियाँ

ट्राइकोडर्मा श्वसनतंत्र, आँखों एवं खुले घावों के लिये नुकसानदायक है, इसलिये प्रयोग के समय इन अंगों की सुरक्षा हेतु आंखों में चश्मा, खुले घावों को पट्टी से बांधना तथा नाक व मुँह को मास्क या कपड़े से ढ़कना चाहिये ताकि इसके बीजाणु (स्पोर) अन्दर न जाए।

भंडारण : इसको अनिवार्य रूप से पाउडर के रूप में बनाये रखना चाहिये। भंडारण ठंडे, सूखे एवं वायु के आवागमन वाले स्थान में पालीथिन में पैक करके रखना चाहिये। ट्राइकोडर्मा को हमेशा उच्च ताप से सुरक्षित रखें। ढुलाई के समय छाया एवं वायु के आवागमन का ध्यान रखें एवं सीधी सूर्य की रोशनी पड़ने से रोकें। इसे बन्द जगह/गाड़ी में न रखें।

ट्राइकोडर्मा क्या है?

ट्राइकोडर्मा एक भिन्न मित्र फफूँद है, जो मिट्टी में पाया जाता है। यह जैविक फफूँदीनाशक है जो मिट्टी एवं बीजों में पाये जाने वाले हानिकारक फफूँदों का नाश कर पौधे को स्वस्थ एवं निरोग बनाता है।

ट्राइकोडर्मा से क्या करते हैं?

- बीज का शोधन ट्राइकोडर्मा से करें।
- पौधशाला की मिट्टी का शोधन ट्राइकोडर्मा से करें।
- पौध के जड़ को ट्राइकोडर्मा के घोल में डुबोकर लगायें।
- पौध रोपण के समय खेत में पर्याप्त मात्रा में ट्राइकोडर्मा का प्रयोग कार्बनिक खादों जैसे कम्पोस्ट, खल्ली, केंचुआ की खाद के साथ मिलाकर करें।
- खड़ी फसल में पौधों के जड़ क्षेत्र के पास ट्राइकोडर्मा का घोल डालें।
- खेत में हरी खाद का अधिक से अधिक प्रयोग करें।
- खेत में पर्याप्त नमी बनाये रखें।

ट्राइकोडर्मा से क्यों करते हैं?

- मृदा जनित रोगों की रोकथाम का सफल एवं प्रभावकारी तरीका है।
- इससे आर्द्रगलन, उकठा, जड़–सड़न, तना सड़न, कालर राट, फल–सड़न जैसी बीमारियाँ नियंत्रित होती है।

- जैविक विधि में ट्राइकोडर्मा सबसे प्रभावकारी एवं सफल प्रयोग होनेवाला रोग नियंत्रक है।
- बीज के अंकुरण के समय ट्राइकोडर्मा बीज में हानिकारक फफूँद के आक्रमण तथा प्रभाव को रोक देता है और बीजों को मरने से बचाता है।
- मृदा जनित बीमारियों की रोकथाम फफूँदनाशक से पूर्णतया संभव नहीं है।
- यह भूमि में उपलब्ध पौधों, घासों एवं अन्य फसल अवशेषों को सड़ा–गलाकर जैविक खाद में परिवर्तित करने में सहायक होता है।
- ट्राइकोडर्मा केंचुआ की खाद या किसी भी कार्बनिक खाद तथा हल्की नमी में बहुत अच्छा काम करता है।
- यह पौधे की अच्छी बढ़वार हेतु वृद्धि नियामक की तरह भी काम करता है।
- इसका प्रभाव मिट्टी में सालों साल तक बना रहता है, तथा रोग को रोकता है।
- यह पर्यावरण को कोई हानि नहीं पहुँचाता है।

ट्राइकोडर्मा से कैसे करते हैं?

- ट्राइकोडर्मा का 6-10 ग्राम पाउडर प्रति किलो बीज की दर से मिलाकर बीजों को शोधित करें।
- पौधशाला में नीम की खली, केंचुआ की खाद या पर्याप्त सड़ी गोबर की खाद मिलाकर ट्राइकोडर्मा 10-25 ग्राम प्रति वर्ग मीटर के हिसाब से मिट्टी शोधित करें।
- खेत में सनई या ढ़ैंचा पलटने के बाद कम से कम 5 किग्रा प्रति हेक्टेयर की दर से ट्राइकोडर्मा पाउडर का बुरकाव करें।
- खेत में वर्मी कम्पोस्ट या खली या गोबर की खाद डालने के समय उसमें ट्राइकोडर्मा अच्छी तरह मिलाकर डालें।
- ट्राइकोडर्मा 10 ग्राम एवं 100 ग्राम सड़ी हुई गोबर की खाद प्रति लीटर पानी में घोलकर पौध के जड़ को डुबोकर रोपाई करें।
- खड़ी फसल में ट्राइकोडर्मा 10 ग्राम प्रति लीटर पानी के हिसाब से घोल कर जड़ के पास डालें।

ट्राइकोडर्मा से क्या न करें ?

- ट्राइकोडर्मा एवं फफूँदनाशकों का प्रयोग एक साथ न करें।
- सूखी मिट्टी में ट्राइकोडर्मा का प्रयोग न करें।
- तेज धूप में शोधित बीज न रखें।
- ट्राइकोडर्मा मिश्रित कार्बनिक खाद को न रखें।

ट्राइकोडर्मा से क्यों न करें?

- मिट्टी में रासायनिक दवाओं का प्रयोग तात्कालिक तथा किसी एक फफूँद विशेष के लिए होता है।
- ये दवायें मिट्टी में पहले से विद्यमान ट्राइकोडर्मा एवं अन्य फायदेमंद जैविक कारकों को मार देती हैं।
- खेत में नमी एवं पर्याप्त कार्बनिक खाद की कमी से ट्राइकोडर्मा का विकास नहीं होता और मर जाता है।
- ट्राइकोडर्मा तेज धूप में मरने लगता है।

8

एकीकृत (समेकित) नाशकजीव प्रबन्धन (इंटीग्रेटेड पेस्ट मैनेजमेंट)

डॉ. एस.के. सिंह

पौधा रोग विभाग, राजेन्द्र कृषि विश्वविद्यालय, पूसा, समस्तीपुर, बिहार

कृषि के प्रति वांछित आकर्षण पैदा करने एवं उसको कम खर्चीला और अधिक लाभकारी बनाने के लिए जिन उपायों पर गौर किया जा रहा है, उनमें प्रमाणित बीजों की उपलब्धि, उर्वरकों को सही ढ़ंग से उपयोग, अच्छा जल प्रबन्ध एवं इन्टीग्रेटेड पेस्ट मैनेजमेंट मुख्य हैं। हर वर्ष अनेक कीटों, रोगों, चूहों एवं खरपतवारों से फसलों की उपज पर बहुत प्रतिकूल प्रभाव पड़ता है। इन उद्यानिक समस्याओं में आम का फुदका, आलू का पछेती झुलसा, मटर का बुकनी रोग, टमाटर एवं भिण्डी का मोजैक आदि कुछ प्रमुख समस्यायें हैं।

नाशकजीव प्रबन्धन (आई.पी.एम.) क्या है?

अभी तक नाशकजीव समस्याओं से निपटने के लिए आमतौर पर केवल रसायनों का ही सहारा लिया जाता रहा है। यह रसायन खर्चीले होने के साथ–साथ वातावरण को दूषित करते हैं एवं कई प्रकार की दुर्घटनाओं का भय भी बना रहता है। इन रसायनों के अवशेष अक्सर फूलों एवं सब्जियों आदि में रह जाते हैं तथा उपभोक्ता के स्वास्थ्य पर बहुत बुरा प्रभाव छोड़ सकते हैं। रसायनों के निरन्तर उपयोग से कई कीटों में उनके विरूद्ध अवरोध पैदा हुआ है और बहुत से कम महत्वपूर्ण कीट बड़ी समस्या बने हैं साथ ही साथ खेत में या वातावरण में उपस्थित परजीवी कीट समाप्त हो जाते हैं और पर्यावरण का संतुलन बिगड़ जाता है। समस्याओं के प्रभावी निदान एवं उपरोक्त खतरों से बचने के लिए अब जिस प्रक्रिया पर जोर दिया जा सकता है उसको इंटीग्रेटेड पेस्ट मैनेजमेन्ट या एकीकृत नाशकजीव प्रबन्धन कहा जाता है। इस पद्धति में कीटों, रोगों और खरपतवारों आदि के उन्मूलन या नियंत्रण के बजाय उनके प्रबन्ध की बात की जाती है। वास्तव में हमारा ध्येय किसी जीव को हमेशा के लिए नष्ट करना नहीं है बल्कि ऐसे

उपाय करने से है जिससे संख्या/घनत्व सीमित रहे और उनसे आर्थिक क्षति न पहुँच सके।

समेकित नाशकजीव प्रबन्धन कैसे करें?

इस पद्धति की मुख्य बातें निम्नलिखित है–

1. गर्मी में गहरी जुताई करके फसलों एवं खरपतवारों के अवशेष को नष्ट कर देना जिससे कीट/रोग के अवशेष उन्हीं के साथ नष्ट हो जाये और उनकी वृद्धि पर नियंत्रण पाया जा सकें।
2. समुचित फसल–चक्र अपनाया जाना।
3. फसल के प्रतिरोधी प्रजातियों के मानक बीजों की बुआई करना।
4. हमेशा बीज को शोधित करके बोना।
5. बुआई समय से व एकसार की जाय तथा पौधों से पौधों की वाँछित दूरी बनाये रखी जाये।
6. उर्वरकों का संतुलित उपयोग किया जाय।
7. समुचित जल प्रबन्ध अपनाया जाय।
8. निराई–गुड़ाई करके समय से खरपतवारों को नष्ट करते रहें।
9. सर्वेक्षण द्वारा नाशीजीव एवं उनके प्राकृतिक शत्रुओं पर बराबर निगाह रखी जाय और यदि नाशीजीव प्राकृतिक शत्रु के बराबर से अधिक मात्रा में हो तभी रासायनिक उपचार अपनाया जाय।
10. नाशीजीव के अण्ड समूह एवं इल्लियों को प्रारम्भिक अवस्था में नष्ट करते रहें।
11. प्रकाश/फेरोमोन ट्रैप का उपयोग करके नाशीजीव के प्रौढ़ को नष्ट किया जाय।
12. नाशीजीव के प्राकृतिक शत्रुओं की संख्या में वृद्धि करने के लिये उन्हें बाहर से लाकर खेतों में छोड़ा जाय।

इंटीग्रेटेड पेस्ट मैनेजमेन्ट में पहली आवश्यकता यह है कि फसलों का बराबर सर्वेक्षण किया जाता रहे, ताकि किसानों एवं कार्यकर्त्ताओं को विभिन्न कीटों और रोगों आदि की स्थिति के बारे में ज्ञान होता रहे। यह भी आवश्यक है कि कार्यकर्त्ताओं और किसानों के प्रशिक्षण का उचित प्रबन्ध किया जाये, ताकि वह समस्याओं को पहचानने और उससे सम्बन्धित उस बिन्दु अथवा अवस्था को जानने की क्षमता ला सकें, जिन पर रसायनों का प्रयोग या दूसरे कार्य करने आवश्यक हो।

इंटीग्रेटेड पेस्ट मैनेजमेन्ट में जैविक साधनों का बहुत महत्व है जिसमें विभिन्न प्रकार के परजीवी/परभक्षी कीट फफूँदी, बैक्टीरिया, विषाणु और अन्य जीव–जन्तु हैं, जिनके द्वारा फसलों के हानिकारक कीटों एवं रोगों आदि का निदान किया जाता है। सामान्य पर्यावरण में यह सारे जीव अपना कार्य करते रहते हैं और समस्याओं को काफी हद तक सीमा में रखते हैं। परन्तु आज की सघन खेती में इनकी सामान्य कार्यशीलता पर प्रतिकूल प्रभाव पड़ता है, जिसमें रसायनों का अन्धाधुंध प्रयोग सबसे बड़ी बाधा है।

जलकुम्भी जो जलाशयों की बड़ी समस्या है, दो प्रजातियों के कीटों (बीविल) द्वारा प्रभावी ढ़ंग से नियंत्रण में आ सकता है। जैविक नियंत्रण को बढ़ाने के लिये ऐसी प्रयोगशालाओं की स्थापना की आवश्यकता है, जहाँ परजीवियों आदि को पालकर बढ़ाया जा सके और उनका सफल परीक्षण किया जा सके। डायपेल–8 एल नामक विषाणुयुक्त जैविक रसायन का उपयोग लेपीडापेटरस कीट के नियंत्रण के लिये किया जा रहा है।

समेकित नाशकजीव प्रबन्धन
(प्रवाह चित्र)

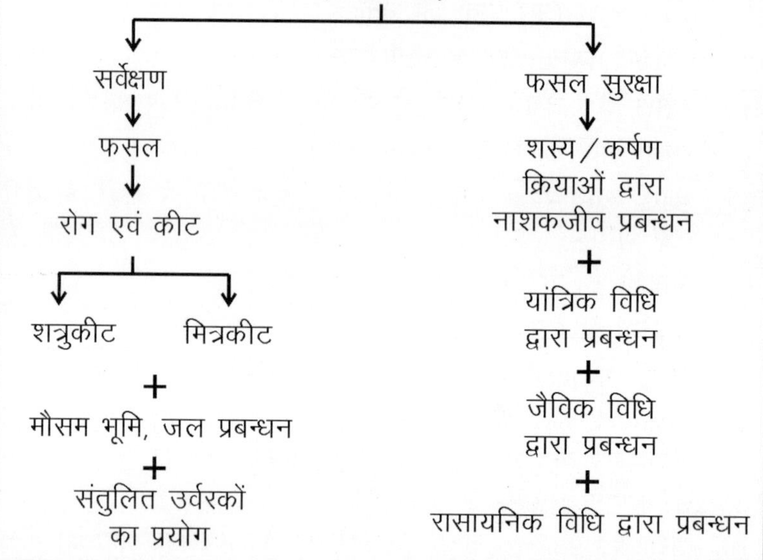

अनेक प्रमुख फसलों के मुख्य कीट समस्याओं की उप संख्या / घनत्व का ज्ञान प्राप्त हो चुका है, जिन पर रसायनों का प्रयोग किया जाता है। कीटों और रोगों के लिए इस प्रकार के अध्ययन की अवश्यकता है, ताकि उनके बारे में भी इस प्रकार का ज्ञान हो सके। कृषि विश्वविद्यालयों एवं अन्य संस्थानों में इन विषयों पर शोधकार्य चल रहा है और जैसे–जैसे ज्ञान मिलता जायेगा, वैसे–वैसे इंटीग्रेटेड पेस्ट मैनेजमेन्ट की पद्धति को प्रभावी ढ़ंग से अपनाने में सफलता मिलेगी। इंटीग्रेटेड पेस्ट मैनेजमेन्ट की पद्धति को अपनाने से कृषि रक्षा रसायनों पर खर्च कम आयेगा, किसान को राहत मिलेगी और पर्यावरण सुरक्षित रहेगा।

सर्वेक्षण क्या है?

1. सर्वेक्षण नाशीजीव प्रबन्धन की रणनीति का एक प्रभावशाली अस्त्र है, यद्यपि कि यह स्वयं में कोई नाशीजीवों का नियंत्रण करने की विधि नहीं है।
2. फसलों में सर्वेक्षण फसल की बुआई से कटाई तक की अवधि में कृषि वातावरण में कीट, रोग एवं खरपतवारों के बढ़ने एवं विकसित होने की गतिविधियों की बहुत ही गंभीरता एवं सावधानी से देखते रहने की प्रक्रिया है।

3. फसलों में सर्वेक्षण द्वारा एकत्रित सूचनाएँ सफल एकीकृत नाशीजीव प्रबन्धन कार्यक्रम की एक पूर्व आवश्यकता है।
4. यद्यपि कि फसलों में सर्वेक्षण नाशीजीवों को नियंत्रित करने की स्वयं कोई विधि नहीं है, फिर भी शस्य/कर्षण, यांत्रिक, जैविक एवं रासायनिक नियंत्रण विधियों की प्रभावशीलता की पुष्टि करता है।
5. फसलों में सर्वेक्षण एकीकृत नाशीजीव प्रबन्धन की कुँजी है।

सर्वेक्षण के उद्देश्य

- तत्काल एवं लघु अवधि हेतु फसल सर्वेक्षण का उद्देश्य नाशीजीव एवं रोगों को वंशवृद्धि पर नजर रखना ताकि उनकी प्रबन्धित करने के लिए सही एवं उचित समय पर नियंत्रण किया जा सके।
- नाशीजीवों के तात्कालिक आर्थिक स्तर के अतिरिक्त वर्तमान कृषि वातावरण में नाशीजीवों एवं रोगों की संख्या के वृद्धि के रूझान एवं क्रम को पहचानना तथा पुनर्वंशवृद्धि का क्षमता एवं समस्या को जानना।
- पूर्व चेतावनी हेतु महत्वपूर्ण नाशीजीवों एवं रोगों की परिस्थितियों की तथा महामारी विज्ञान की स्थितियों का फसल व मौसम के सन्दर्भ में आँकड़े एकत्र करना तथा दीर्घकालिक भविष्यवाणी करने के लिए वैज्ञानिक तंत्र का विकास करना।
- एक विशेष फसल क्षेत्र में फसल की क्षति का अनुमानित आकलन तथा कीट एवं रोगों की नई जातियों तथा मिलती–जुलती जातियों तथा रोगाणुओं की तीव्रता की जानकारी फसल की प्रजातियों के आधार पर मालूम करना।
- जैविक नियंत्रण हेतु जैविकीय जीवों की जनसंख्या का स्तर व क्षमता की संभावनाओं की जानकारी देना।

शत्रु एवं मित्र कीट की पहचान

शत्रु कीट का चरित्र

1. ये शाकाहारी होते हैं।
2. इनकी गति धीमी होती है।
3. ये फसलों को हानि पहुँचाते हैं।
4. इनके अन्दर प्रजनन क्षमता अधिक होती है।
5. ये मटमैले या भद्दे रंग के होते हैं।
6. इनकी आँखें छोटी और सिर से छुपी रहती हैं।
7. ये डंक वाले नहीं होते हैं।
8. ये पतंगा रूप में होते हैं।
10. ये फसल में पौधों के तना, पत्ती, जड़ और फलों के भीतर मिलते हैं।

मित्र कीट का चरित्र

1. ये मांसाहारी हाते हैं।
2. ये बहुत तीव्र गति से भागते या उड़ते हैं।
3. ये फसलों को हानि पहुँचाने वाले कीटों को खाकर या अप्रत्यक्ष रूप से शत्रु कीट को नष्ट करते हैं या उनमें रोग उत्पन्न करके उन्हें मार डालते हैं।
4. इनका जीवन चक्र छोटा और अधिक होता है।
5. ये चमकीले, भड़कीले रंग एवं चंचल स्वभाव वाले होते हैं।
6. इनकी आँखें बड़ी और सिर के हिस्से पर उभरी दिखाई देती है।
7. ज्यादातर डंक वाले होते हैं।
8. ये चींटी, ततैया एवं मक्खी के रूप में होते हैं।
9. ये भूमि व पौधों के ऊपरी भाग में मिलते हैं।

समेकित नाशीजीव प्रबन्धन के लाभ

- फसल लागत को कम करता है।
- नाशीजीव नाशकों के उत्पादन, भंडारण, परिवहन, वितरण एवं फसलों पर प्रयोग के द्वारा मानव स्वास्थ्य पर हानिकारक प्रभाव पड़ने की सम्भावनाओं को कम करता है।
- पर्यावरण शुद्धता बनाए रखता है (पानी, हवा व मिट्टी को प्रदूषित होने से रोकता है)।
- किसानों के पारम्परिक एवं स्थानीय ज्ञान को बढ़ाता है।
- नाशीजीव नाशकरहित फसल उगाने से, विश्वस्तर पर फसलों का मूल्य बहुत ऊँचा मिलता है एवं विदेशी मुद्रा की भारी कमाई देश को हो सकती है।

अ. एक वर्षीय फसलों में नाशीजीव प्रबन्धन

मटर

क. तना मक्खी

1. फोरेट–10 प्रतिशत ग्रेन्यूल 5 किलो अथवा कार्बोफ्यूरान 3 प्रतिशत ग्रेन्यूल 15 किलो प्रति हेक्टेयर की दर से भूमि शोधन। इस विधि से सेमीलूपर कीट का भी नियंत्रण हो जायेगा।
2. यदि भूमि शोधन सम्भव न हो तो जमाव के तुरन्त बाद फास्फेमिडान 85 ई.सी. 250 मिलीलीटर प्रति हेक्टेयर अथवा डाइमेथोएट 30 ई.सी. 1 लीटर प्रति हेक्टेयर की दर से छिड़काव करें।

ख. बुकनी रोग

1. अवरोधी प्रजातियाँ जैसे रचना, पंत वी–5, एच.वी.पी.–9, तथा एच.वी.पी.-2 आदि का प्रयोग।
2. रोग के लक्षण दिखाई पड़ते ही डाइनोकैप 48 ई.सी. 600 मिलीलीटर अथवा कार्बेन्डाजिम 50 डब्लू.पी. 500 ग्राम अथवा ट्रायडोमार्फ 80 ई.सी. 500 मिलीलीटर की दर से 10-12 दिन के अन्तराल पर तीन छिड़काव करें।

टमाटर में समेकित रोग प्रबन्धन

टमाटर में बहुत सी बिमारियाँ लगती है जैसे आर्द्र पतन, आल्टरनेरिया अंगमारी, पछेती अंगमारी, कालर राट, जीवाणु पर्णचित्ती, पर्णकुचंन इत्यादि। इन बिमारियों से टमाटर की फसल को कम नुकसान हो इसके लिए निम्नलिखित समेकित रोग प्रबन्धन को ध्यान में रखना चाहिए।

1. मई के प्रथम सप्ताह में गर्मी की गहरी जुताई करने बाद ही खेत की तैयार करना चाहिए।
2. जून–जुलाई में हरी खाद खेत में तैयार करना चाहिए।
3. नर्सरी में नीम की खल्ली 100 ग्राम/वर्ग मीटर की दर से मिलाना चाहिए।
4. जहाँ टमाटर में पर्ण कुंचन रोग की उग्रता हो वहाँ पर इसकी खेती पछेती खरीफ एवं रबी के रूप में लेना चाहिए।
5. टमाटर के बीज का शोधन ट्राइकोडरमा (1 प्रतिशत) + इमिडाक्लोप्रीड (2.5 ग्राम/कि.ग्रा. बीज) से करना चाहिए।
6. रोपण से पूर्व टमाटर के पौध को 0.25 प्रतिशत इमिडाक्लोप्रीड के घोल में आधा घंटा रखने के बाद 1 प्रतिशत ट्राइकोडरमा के घोल में 10 मिनट रखना चाहिए।
7. पौध का रोपण सितम्बर के दूसरे सप्ताह से लेकर तीसरे सप्ताह तक अवश्य कर लेना चाहिए।
8. रोपण के 15-20 दिन बाद 1 प्रतिशत ट्राइकोडरमा से भूमि को सिंचित करना चाहिए, इस क्रिया को पुनः 15-20 दिन के बाद दोहरा देना चाहिए।
9. जीवाणु संक्रमण को रोकने के लिए दो पक्तियों के मध्य की मृदा को प्लास्टिक की काली पन्नी से ढ़ंक देना चाहिए।
10. टमाटर के पूरे क्षेत्र को छोटी–छोटी क्यारियों में बांटना चाहिए एवं मेड़ों पर मक्का, ज्वार बाजरा जैसी लम्बी फसलों को लगाना चाहिए जिसकी वजह से रोग संवाहक कीट एक क्षेत्र से दूसरे क्षेत्र में आसानी से न पहुँच सकें।
11. एन पी वी @ 300 लार्वा/हेक्टेयर की दर से 3 छिड़काव करना चाहिए तथा एक छिड़काव इण्डोसल्फान @ 1.5 मि.ली. प्रति लीटर की दर से फूल आने के समय देना चाहिए।
12. खरीफ की फसल मे कॉपर ऑक्सीक्लोराइड (0.3) तथा जाड़े की फसल में मैंकोजेब (0.25 प्रतिशत) का छिड़काव फल लगते समय करना चाहिए।

13. फरवरी से लेकर आगे तक आल्टरनेरिया से आक्रान्त फल एवं पौधे के हिस्सों को एकत्र कर जला देना चाहिए।

गोभी वर्गीय फसलों में समेकित रोग प्रबन्धन

गोभी वर्गीय फसलों में मुख्यतः पर्णचित्ती, डाउनी मिल्ड्यू, जड़गलन, कालागलन इत्यादि रोग लगते हैं। इन रोगों से फसल को बचाने के लिए निम्नलिखित समेकित रोग प्रबन्धन को प्रयोग में लाना चाहिए।

1. मई के प्रथम सप्ताह में सिंचाई करके गर्मी की गहरी जुताई करते हैं। इसके बाद कई जुताई करके खेत को तैयार करते हैं।
2. जून–जुलाई में हरी खाद खेत मे तैयार करते हैं।
3. बीज का गर्म जल शोधन (50° सेल्सियस तापक्रम पर) आधा घंटा दें या स्ट्रेप्टोसाइक्लीन (100 पी.पी.एम.) के घोल में आधा घंटा डुबो दें।
4. नर्सरी में पौधों को घना नही रहने देना चाहिए। पौधों पर 0.05 प्रतिशत साइपरमेथ्रीन का छिड़काव करना चाहिए।
5. रोपण से पूर्व पौधों को 1 प्रतिशत ट्राइकोडरमा के घोल में 10 मिनट डुबा लेने के बाद ही रोपण करना चाहिए।
6. फूलगोभी को सितम्बर के दूसरे सप्ताह एवं पत्तागोभी को अक्टूबर के दूसरे सप्ताह से पूर्व नहीं रोपाई करनी चाहिए।
7. ट्रैप फसल को लेना चाहिए।
8. रोपण के 15-20 दिन के बाद भूमि का शोधन 1 प्रतिशत ट्राइकोडरमा से करना चाहिए।
9. निचली पत्तियों को तोड़कर मैंकोजेब (0.25 प्रतिशत) या क्लोरोथैलोनील (0.2 प्रतिशत) का छिड़काव करना चाहिए।

बहुवर्षीय फसलों में समेकित रोग प्रबन्धन

बागवानी में रोग प्रबन्धन का ध्यान नर्सरी से शुरू कर देना चाहिए। नर्सरी के पौधों का स्वस्थ रहना अत्यावश्यक है, अन्यथा बाग भी रोगग्रस्त होगा। नर्सरी के पौधे स्वस्थ है इसके लिए वैज्ञानिक विधि से निरीक्षण कर लेना आवश्यक है। नर्सरी से पौधे लेते समय उसका धूम्रण करना चाहिए क्योंकि उसे सूत्रकृमिमुक्त करने के लिए ऐसा करना आवश्यक है। बाग संस्थापन के लिए, भूमि का चुनाव करते समय उस क्षेत्र विशेष के इतिहास एवं स्थानीय लोगों के अनुभव को भी ध्यान में रखना चाहिए। बाग में पेड़ लगाने से पूर्व यदि भूमि का शोधन कर लिया जाय तो अच्छा रहता है। बाग के जल निकास व्यवस्था को भी ध्यान में रखना चाहिए। रोगग्रस्त पुराने पेड़ों के पास या मध्य में नया पेड़ नहीं लगाना चाहिए। बाग संस्थापन के उपरान्त पेड़ों के क्रमिक विकास के क्रम में पेड़ों का प्रमुख रोग एवं कीड़ों से बचाना चाहिए तथा खाद एवं उर्वरक सिंचाई, कटाई–छंटाई इत्यादि की भी उचित व्यवस्था होनी चाहिए अन्यथा पौधे कमजोर एवं रोगग्रस्त होकर मर जायेंगे। यदि पौधों में विषाणु एवं जीवाणु रोगों के लक्षण दिखाई दें तो पौधों को उखाड़ कर जला देना चाहिए।

बाद में जब पेड़ पर फल लगे तब उसकी देखभाल उच्चस्तर की होनी चाहिए जिससे कि हमें स्वस्थ फल प्राप्त हो सकें। पेड़ तथा फल दोनों के स्वास्थ्य के लिए निम्न बिन्दुओं पर ध्यान देने की आवश्यकता है।

1. कटाई–छंटाई के द्वारा पेड़ की रोगग्रस्त टहनी एवं सूखी शाखाओं एवं फलों को बाग से निकालते रहना चाहिए। ऐसा करने से बाग में रोग के निवेशद्रव्य की सान्द्रता में कमी बनी रहती है तथा रोग उत्पन्न नहीं होता है।
2. कटाई–छंटाई के यंत्रों को अच्छी प्रकार से साफ कर निर्जर्मीकृत कर लेना चाहिए क्योंकि ये रोग के फैलाने में सहायक होते हैं।
3. बाग में पेड़ स्वस्थ रहे इसके लिए आवश्यक है कि बाग में पेड़ों पर बोर्डो पेस्ट वर्ष में दो बार (जून से लेकर सितम्बर तक कभी भी एवं जनवरी–फरवरी) जमीन से ऊपर 5 फीट तक अवश्य पुताई करें।
4. नवजात कलिका, फूल एवं पत्तियों को रोगों से बचाने हेतु कवकनाशक/जीवाणुनाशक दवाओं का प्रयोग करना चाहिए।
5. जब फल छोटे हो और उसमें रोग लग जाय तब उपयुक्त दवा का प्रयोग करना चाहिए।
6. पेड़ को घाव से बचाना चाहिए क्योंकि यह रोग के प्रसार में सहायक होता है।
7. फलों की तुड़ाई के समय घावग्रस्त एवं रोगग्रस्त फलों को छाँट कर अलग रखना चाहिए।
8. फलों की तुड़ाई के उपरान्त स्वच्छ पानी से धोना चाहिए तथा संस्तुति मात्रा में पानी में कृषि रसायनों का भी प्रयोग करना चाहिए। ऐसा करने से पैकिंग एवं यातायात के समय फलों में गलन नहीं होगा।
9. पेड़ों से फलों की तुड़ाई के उपरान्त बाग में पेड़ की उम्र के हिसाब से उर्वरक एवं खाद का प्रयोग वैज्ञानिक विधि से रिंग बनाकर दें तथा सिंचाई करें।
10. मध्य अक्टूबर के पश्चात आम एवं लीची में किसी भी प्रकार की शस्य क्रिया न करें।
11. फल वृक्षों में एक बार फूल के खिल जाने के बाद से लेकर अच्छी प्रकार से उसमें फल लगने तक किसी भी प्रकार का कृषि रसायन का प्रयोग करने से बचना चाहिए। ऐसा न करने पर कृषि रसायनों की वजह से फूल पर घाव बन जाने की सम्भावना बनी रहती है।
12. पेड़ पर अच्छी प्रकार से फल लग जाने के उपरान्त आवश्यकतानुसार हल्की सिंचाई करते रहना चाहिए।
13. फलों की तुड़ाई सही अवस्था एवं सही समय पर ही करना चाहिए। ऐसा न करने पर रोग लगने की सम्भावना बनी रहती है।
14. फल तुड़ाई के 15 दिन पूर्व किसी भी प्रकार का कीटनाशक/फफूँदनाशक दवा का छिड़काव नहीं करना चाहिए।
15. तुड़ाई के समय फलों पर घाव न लगे ऐसी व्यवस्था करनी चाहिए।

9

कृषि रसायन के सम्बन्ध में आवश्यक जानकारी

डॉ. एस.के. सिंह

पौधा रोग विभाग, राजेन्द्र कृषि विश्वविद्यालय, पूसा, समस्तीपुर, बिहार

उद्यानिक फसलों की खेती के क्रम में विभिन्न प्रकार के कृषि रसायन प्रयुक्त होते हैं। भिन्न–भिन्न प्रकार के कृषि रसायनों (कीटनाशक एवं फफूँदनाशक रसायनों) का घोल बनाना पड़ता है। उर्वरकों की मात्रा का निर्धारण करना पड़ता है। इन सब विषयों के सम्बन्ध में आवश्यक जानकारी दी जा रही है।

कृषि रसायनों का घोल बनाने की विधि

पादप सुरक्षा अधिकारी या पादप विज्ञानी द्वारा किसानों को कवकनाशी/कीटनाशी रसायनों की मात्रा के छिड़काव का सुझाव अक्सर प्रतिशत में (जैसे, 0.05, 0.1, 0.2 और 0.3) दिया जाता है जिसके कारण उपयोगकर्त्ता को बड़ी दुविधा का सामना करना पड़ता है कि वे दवा की कितनी मात्रा, कितने लीटर जल में डालें। इस दशा में सारणी के माध्यम से 100 लीटर घोल बनाने हेतु दवा के उपलब्ध प्रतिशत के आधार पर वांछित सान्द्रता का घोल बना सकते हैं।

कृषि रसायनों का उपयोग करते समय सावधानियाँ

1. पौध विशेषज्ञ से रसायन की मात्रा और उसके उपयोग के सम्बन्ध में पूरी जानकारी लें।
2. असली दवा ही खरीदें। दवा के प्रयोग से पूर्व उनके डिब्बे, बोतल या थैलों पर लगे हुए लेबिल को ध्यानपूर्वक पढ़ें। इसके लेबिल पर दवा की पूर्ण जानकारी लिखी रहती है।
3. बन्द कमरे में दवा तैयार नहीं करनी चाहिए। बीज का उपचार खुली हवा में करें।
4. दवा तैयार करते समय हमेशा हाथों में रबड़ के दस्ताने पहन कर घोल बनाएं। यदि शरीर पर दवा का चूर्ण या फुहार की बूँद पड़ी हो तो उसे तुरन्त साबुन से धो लें।
5. यदि दुर्घटनावश आंख में दवा की बूँद चली जाये तो तुरन्त आँख को पानी से धोएं और डाक्टर की सलाह लें।

6. दवा के प्रतिविष (जो दवा के विषैले प्रभाव को कम करें) का ज्ञान होना चाहिए।
7. मास्क तथा दस्ताने पहनकर हवा की दिशा में दवा का छिड़काव तड़के सवेरे या शाम के बाद नहीं करना चाहिए।
8. छिड़काव के झोंकों से बचें और छिड़काव के बाद तुरन्त साबुन से हाथ साफ कर लें।
9. दवा को बच्चों, खाद्य पदार्थों व घरेलू पालतू जानवरों से दूर रखें।
10. दवा के खाली डिब्बों और उपचारित बीज यदि बुआई के बाद बच जायें तो उन्हें नष्ट कर देना चाहिए।

तालिका 9.1. वांछित सान्द्रता (कन्सन्ट्रेशन) का 100 लीटर घोल बनाना

वांछित घोल का प्रतिशत	उपलब्ध दवा में सक्रिय तत्व का प्रतिशत						
	100	75	50	40	30	25	20
0.01	10*	13.30	20	25.00	34	40	50
0.02	20	26.50	40	50.00	68	80	100
0.03	30	39.90	60	75.00	102	120	150
0.04	40	53.00	80	100.00	136	160	200
0.05	50	66.40	100	125.00	167	200	250
0.1	100	133.30	200	250.00	334	400	500
0.2	200	266.60	400	500.00	668	800	1000
0.25	250	333.10	500	625.00	835	1000	1250
0.3	300	399.90	600	750.00	1002	1200	1500

*ग्राम अथवा मिली लीटर

तालिका 9.2. कृषि रक्षा रसायनों का वैज्ञानिक एवं व्यापारिक नाम

क्र.सं.	रसायन का वैज्ञानिक कीटनाशक नाम	व्यापारिक नाम
अ.		
1.	**धूल**	
1.	आल्ड्रिन 5 प्रतिशत धूल	आल्ड्रेक्स, आल्ड्रिन
2.	बी.एच.सी. 10 प्रतिशत धूल	गैमेक्सीन
3.	कार्बराइल 10 प्रतिशत धूल	कार्बराइल
4.	हेप्टाक्लोर 5 प्रतिशत धूल	हेप्टाक्लोर
5.	मैलाथियान 5 प्रतिशत धूल	मैलामार
6.	मिथाइल पैराथियान 2 प्रतिशत धूल	फालीडाल, पैराडाक्स
7.	फेन्थोएट 2 प्रतिशत धूल	एल्सान

क्र.सं.	रसायन का वैज्ञानिक कीटनाशक नाम	व्यापारिक नाम
8.	इण्डोसल्फान 4 प्रतिशत धूल	थायोडान
9.	क्यूनालफास 1.5 प्रतिशत धूल	इकालक्स
2.	**तैलीय घोल**	
10.	आल्ड्रिन 30 ई.सी.	आल्ड्रेक्स
11.	बी.एच.सी. 20 ई.सी.	ग्रामा बी.एच.सी. लिन्डेन
12.	हेप्टाक्लोर 20 ई.सी.	हेप्टाक्लोर
13.	मैलाथियान 50 ई.सी.	मैलामार
14.	मिथाइल पैराथियान 50 ई.सी.	मेटासिड
15.	क्लोर पाइरीफास 20 ई.सी.	इर्सवान
16.	डायकतनान 20 ई.सी.	वासुडीन, डाइटाफ
17.	डाइक्लोरोफास 70 ई.सी.	न्यूवान
18.	डाइमिथोएट 30 ई.सी.	श्रोगोर
19.	इण्डोसल्फान 35 ई.सी.	थायोडान, हिल्डान
20.	फारमोथियान 50 ई.सी.	एन्थियो
21.	फेनिट्रोथियान 50 ई.सी.	फालीथियान, सुमिथियान
22.	फेन्थियान 80 ई.सी.	लेवासिड
23.	मोनौक्रोटोफास 36 ई.सी.	न्यूवाक्रान
24.	आक्सीडिमेटान मिथाइल 25 प्रतिशत ई.सी.	मेटासिसटाक्स
25.	फेन्थोएट 50 ई.सी.	एलसान
26.	फासफेमिडान 85 ई.सी.	डाइमेक्रान
27.	क्यूनालफास 25 ई.सी.	इकालक्स
28.	थायोमेटान 25 ई.सी.	इकाटिन, हेक्साटिन
29.	डेकामेथरिन 2.8 ई.सी.	डेसिस
30.	साइपरमेथरिन 10 ई.सी.	साइपर मेथरिन
31.	साइपरमेथरिन 10 ई.सी.	साइपर मेथरिन
32.	फेनवेलरेट 20 ई.सी.	फेनवेलरेट
3.	**घुलनशील धूल**	
33.	बी.एच.सी. 50 प्रतिशत डब्लू पी.	गैमेक्सीन
34.	कार्बराइल 50 प्रतिशत डब्लू पी.	सैविन
4.	**दानेदार**	
35.	कार्बोफ्यूरान 3 जी	फ्यूराडान
36.	फोरेट 10 जी	थिमेट
37.	सेवीडाल 4.4 जी	सेवीडाल
38.	डाइजिनान 5 प्रतिशत जी	डाइजिनान

क्र.सं.	रसायन का वैज्ञानिक कीटनाशक नाम	व्यापारिक नाम
39.	डाइजिनान 10 प्रतिशत जी	डाइजिनान
40.	लिन्डेन 6 प्रतिशत जी	लिन्डेन
ब.	**फफूँदीनाशक**	
41.	कार्बेन्डाजिम 50 डब्लू. पी.	वावस्टीन, जेकेन्टीन
42.	जिनेब 75 डब्लू पी.	डाइथेन जेड–78
43.	मैंकोजेब 75 डब्लू. पी.	डाइथेन एम.–45
44.	कॉपरआक्सी क्लोराइड 50% डब्लू.पी.	ब्लाइटाक्स
45.	जीरम 80 प्रतिशत डब्लू. पी.	जाइराइड
46.	जीरम 27 प्रतिशत ई.सी.	क्यूमान एल.
47.	थीरम 75 प्रतिशत डब्लू. पी.	थिरम
48.	थीरम 75 प्रतिशत डब्लू. पी.	थिरम
49.	आरगैनो मरक्यूरियल 1 प्रतिशत धूल	एग्रोसान जी.एन.
50.	एम.ई.एम.सी. 3 प्रतिशत	एगलाल एराटान
51.	एम.ई.एम.सी. 6 प्रतिशत	एमिसान
52.	कार्बाक्सिन 75 प्रतिशत डब्लू. पी.	विटावैक्स
53.	घुलनशील गंधक 80 प्रतिशत डब्लू.पी.	सलफेक्स
54.	डाइनोकैप 48 ई.सी.	कैराथेन
55.	ट्राइडेमार्फ 80 ई.सी.	कैलक्सीन
56.	इडीफेनफास 50 ई.सी.	थहनोसान
57.	थायोफिनेट मिथाइल 70 डब्लू. पी.	टापसिन एम.
स.	**तृणनाशक**	
58.	2,4डी (सोडियम साल्ट) 8% डब्लू.पी.	फारनोक्सोन, ब्लेडेक्स
59.	ब्यूटाक्लोर 50 ई.सी.	चेटी
60.	एट्राजीन 50 प्रतिशत डब्लू. पी.	एट्राजीन, एट्राजीन, एट्राटाफ
61.	एलाक्लोर 50 ई.सी.	लसो
62.	वेन्थियोकार्व 50 ई.सी.	सैटर्न
63.	पेन्डीमेथलिन 30 ई.सी.	पेन्डीमेथलिन
64.	आइसोप्रोट्यूरान 50 प्रतिशत डब्लू. पी.	टोलकान, टोरस
65.	आइसोप्रोट्यूरान 75 प्रतिशत डब्लू. पी.	एरिलान, डेलरान
द.	**धूमक एवं चूहानाशक**	
66.	अल्युमिनियम फास्फाइड (टेबलेट)	सेल्फास प्रति–30
67.	जिंक फास्फाइड	जिन्टाक्स
68.	ई.डी.बी. एम्पुल	ई.डी.बी. एम्पुल

क्र.सं.	रसायन का वैज्ञानिक कीटनाशक नाम	व्यापारिक नाम
य.	**शाकाणुनाशक**	
69.	स्ट्रेप्ट्रोसाइक्लीन	स्ट्रेप्ट्रोसाइक्लीन
फ.	**अन्य**	
70.	नैपथिल एसिटिक एसिड 4.5 प्रतिशत	वर्धक, प्लैनोफिक्स

तालिका 9.3. भारत में निषेधित जीवनाशी दवाएँ

1.	एल्ड्रीन
2.	बी.एच.सी.
3.	कैल्शियम सायनाइड
4.	क्लोरडेन
5.	कॉपर एसिटोआरसीनाइट
6.	डाइब्रोमोक्लोरोप्रोपेन
7.	ईथाइल मरकरी क्लोराइड
8.	ईथाइल पेराथियॉन
9.	एनड्रीन
10.	हेप्टाक्लोर
11.	मेनाजोन
12.	नाइट्रोफेन
13.	पेराक्वाट डाईमिथाइल सल्फेट
14.	पेंटाक्लोरो नाइट्रोबेन्जीन
15.	पेंटाक्लोरो फीनाल
16.	सोडियम मीथेनआरसीनेट
17.	टेट्राडिफान
18.	टोक्साफेन
19.	एल्डीकार्ब
20.	क्लोरोबेन्जीलेट
21.	डाईएल्ड्रीन
22.	मेलिक हाईड्राजाइड
23.	ईथीलीन डाइब्रोमाइड
24.	ट्राइक्लोरो एसीटिक एसिड (टी.सी.ए.)
25.	फिनाइल मर्करी–एसीटेट
26.	फिनाइल मर्करी, एसिटेट

27.	कैपटाफोल 80% चूर्ण
28.	मेघोमिल 24% एल.
29.	मेघोमिल 12.5% एल.
30.	फॉसफामिडान 85% एस.एल.
31.	कार्बोफ्यूरान 50% एस.पी.

तालिका 9.4. भारत मे प्रतिबंधित जीवनाशी दवाएँ

1. एल्युमिनियम फॉस्फाइड
2. डी.डी.टी.
3. लिंडेन
4. मिथाइल ब्रोमाइड
5. मिथाइल पैराथियान
6. सोडियम सायनाइड
7. मिथोक्सी ईथाइल मरक्यूरिक क्लोराइड (एम.ई.एम.सी.)
8. मोनोक्रोटोफॉस

तालिका 9.5. प्रमुख रासायनिक उर्वरक एवं उनमें पाये जाने वाले तत्वों का प्रतिशत

क्र.सं.	उर्वरक का नाम	तत्व प्रतिशत			
		नत्रजन	फास्फोरस	पोटाश	जिंक
1.	यूरिया	46	–	–	–
2.	कैल्सियम अमोनियम नाइट्रेट	25	–	–	–
3.	अमोनियम सल्फेट	20	–	–	–
4.	सिंगिल सुपर फास्फेट	–	16	–	–
5.	म्यूरिट आफ पोटाश	–	–	60	–
6.	डाइअमोनियम फास्फेट	18	46	–	–
7.	एन.पी.के.	15	15	15	–
8.	एन.पी.के.	12	32	16	–
9.	एन.पी.के.	20	20	–	–
10.	राक फास्फेट	–	16	–	–
11.	जिंक सल्फेट	–	–	–	21
12.	चिलेटेट जिंक	–	–	–	12

तालिका 9.6. प्रमुख उर्वरक का एक किलो तत्व के लिये गुणांक (एक किलो तत्व के लिये उर्वरक की मात्रा किलोग्राम में)

क्र.सं.	उर्वरक का नाम	नत्रजन	फास्फोरस	पोटाश	जिंक
1.	यूरिया	2.2	–	–	–
2.	कैल्सियम अमोनियम नाइट्रेट	4.0	–	–	–
3.	अमोनियम सल्फेट	5.0	–	–	–
4.	सिंगिल सुपर फास्फेट	–	6.25	–	–
5.	म्यूरिट आफ पोटाश	–	–	1.7	–
6.	डाइअमोनियम फास्फेट	5.5	2.2	–	–
7.	एन.पी.के.	6.7	6.7	6.7	–
8.	एन.पी.के.	8.3	3.1	6.25	–
9.	एन.पी.के.	5.0	5.0	–	–
10.	राक फास्फेट	–	6.0	–	–
11.	जिंक सल्फेट	–	–	–	5.0
12.	चिलेटेट जिंक	–	–	–	8.0

10

कृषि रसायनों के छिड़काव एवं भुरकाव के समय ध्यान देने योग्य बातें

डॉ. एस.के. सिंह

पौधा रोग विभाग, राजेन्द्र कृषि विश्वविद्यालय, पूसा, समस्तीपुर – 848125

फसलों में रोगों, कीटों एवं खरपतवारों का प्रकोप काफी होता है, जिसके कारण से फसलों की उपज में भारी कमी आती है तथा गुणवत्ता में भी अत्यधिक ह्रास होता है। उपरोक्त जीवनाशकों के प्रबन्धन हेतु विभिन्न उपाय किये जाते हैं जिसमें कृषि रसायनों का प्रयोग जैसे — फफूँदनाशी, जीवाणुनाशी, कीटनाशी एवं खरपतवारनाशी इत्यादि का प्रयोग प्रमुख है। ये कृषि रसायन अत्यधिक प्रभावी होते हैं जिसकी वजह से इनके प्रयोग में अप्रत्याशित वृद्धि हुई है। अतः यह आवश्यक हो गया है कि इन रसायनों को खरीदते समय, भण्डारण के समय, रख–रखाव के समय, इनका घोल बनाते समय, इनके छिड़काव के समय, छिड़काव के बाद यदि उचित ध्यान नहीं दिया गया तो फायदा होने की जगह भारी नुकसान होने की संभावना प्रबल हो जाती है। इसके साथ–साथ जिन यंत्रों के द्वारा इन रसायनों का छिड़काव या बुरकाव किया जाता है उनके रख–रखाव, चयन पर भी ध्यान देने की आवश्यकता है। इन्हीं बातों को मद्देनजर रखते हुए इस लेख में जानकारी दी जा रही है जिन्हें अपनाकर इन रसायनों के प्रयोग से अत्यधिक लाभ प्राप्त किया जा सकता है तथा हानि से बचा जा सकता है।

(क) जीवनाशी रसायन खरीदते समय क्या करें?

1. इन रसायनों को हमेशा पंजीकृत डीलर के यहाँ से ही खरीदना चाहिए जिसके पास वैध लाइसेंस हो।
2. इन रसायनों की जितनी मात्रा की आवश्यकता हो किसी क्षेत्र विशेष में एक बार प्रयोग हेतु उतना ही खरीदना चाहिए।
3. पैकेट के ऊपर लगे लेबल को ध्यानपूर्वक देखें एवं पढ़ें।
4. पैकेट/कन्टेनर पर लिखे बैच नम्बर, पंजीकरण संख्या निर्माण की तिथि तथा दवा का असर समाप्त होने की तिथि अवश्य देखें।
5. अच्छी प्रकार से सील पैकेट/कन्टेनर को ही खरीदें।

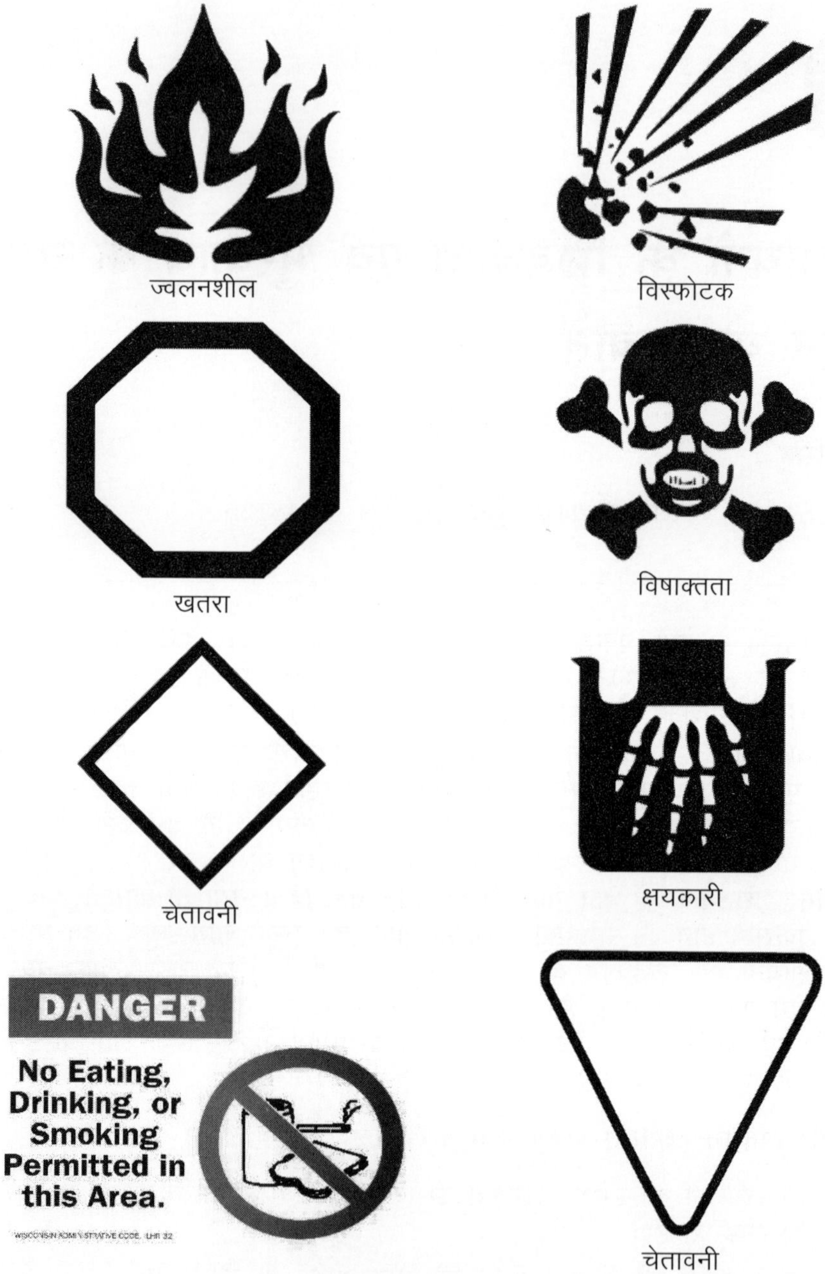

चित्र 10.1. पैकेट के ऊपर लगे लेबल को ध्यानपूर्वक देखें एवं पढ़ें

क्या न करें ?

1. कृषि रसायनों को कभी भी ऐसे डीलर/दुकान से न खरीदें जिसके पास वैध लाइसेंस न हों।

2. पूरे फसल अवधि हेतु इकट्ठा सभी जीवनाशी एक साथ न खरीदें।
3. बिना लेबल लगे जीवनाशी दवा को न खरीदें।
4. कभी भी दवा का असर समाप्त होने की तिथि के बाद न खरीदें।
5. खुला हुआ पैकेट/कन्टेनर की दवा न खरीदें।

(ख) भण्डारण के समय, क्या करें?

1. घर के बाहर दवा का भण्डारण करना चाहिए।
2. दवा सदैव अपने वास्तविक पैकेट/कन्टेनर में ही रहने देना चाहिए।
3. जीवनाशी एवं खरपतवारनाशी दवा अलग–अलग भण्डारित करें।
4. जहाँ पर दवा को भण्डारित किया गया हो उस स्थान को चिन्ह द्वारा चिन्हित कर देना चाहिए।
5. बच्चों एवं जानवरों की पहुँच से दूर इन दवाओं को भण्डारित करना चाहिए।
6. भण्डारगृह अच्छी प्रकार से सुरक्षित अवस्था में रखना चाहिए।
7. भण्डार में सूर्य की सीधी किरणें तथा वर्षा जल नहीं पहुँचना चाहिए।

क्या न करें?

1. दवा कभी भी घर में नहीं रखनी चाहिए।
2. वास्तविक डिब्बा/पैकेट से दवा निकालकर दूसरी जगह नहीं रखनी चाहिए।
3. जीवनाशी एवं खरपतवारनाशी को कभी भी एक साथ नहीं भण्डारित करना चाहिए।
4. जहाँ दवा को भण्डारित किया गया हो वहाँ बच्चों की पहुँच नहीं होनी चाहिए।
5. कृषि रसायनों को कभी भी सूर्य की सीधी रोशनी में नहीं रखना चाहिए।

(ग) रख–रखाव के समय, क्या करें?

1. यातायात के समय जीवनाशी रसायनों को अलग रखना चाहिए।
2. कृषि रसायनों की भारी मात्रा को एक स्थान से गन्तव्य तक पहुँचाने के क्रम में अत्यधिक सावधानी की आवश्यकता पड़ती है।

क्या न करें?

1. इन रसायनों को कभी भी खाद्य सामग्री/चारा/अन्य खाद्य सामग्री के साथ एक स्थान से दूसरे स्थान पर नहीं ले जाना चाहिए।
2. इन रसायनों की भारी मात्रा को सिर पर या कन्धे पर रखकर एक स्थान से दूसरे स्थान पर नहीं ले जाना चाहिए।

(घ) छिड़काव हेतु घोल बनाते समय, क्या करें?

1. सदैव साफ पानी प्रयोग में लिया जाना चाहिए।
2. सुरक्षात्मक कपड़े जैसे दस्ताना, चेहरे का ढँकना, टोपी, एप्रान, पाजामा इत्यादि से पूरे शरीर को ढँकना चाहिए।
3. आँख, कान, नाक, हाथ को सदैव जीवनाशी रसायनों से बचाकर रखें।
4. प्रयोग करने से पूर्व कन्टेनर पैकेट के ऊपर लिखे निर्देश को सावधानीपूर्वक पढ़ें तत्पश्चात् प्रयोग में लायें।
5. आवश्यकता के अनुसार ही घोल बनाएँ।
6. दानेदार जीवनाशी रसायनों को उसी तरह से प्रयोग करें।
7. स्प्रेयर के टैंक में दवा का घोल भरते समय अत्यधिक सावधानी बरतना चाहिए।
8. जीवनाशी रसायनों की संस्तुति मात्रा का ही प्रयोग करें।
9. छिड़काव के समय अन्य कोई कार्य नहीं करना चाहिए।

चित्र 10.2. दस्ताना, टोपी, एप्रान, पाजामा इत्यादि से पूरे शरीर को ढँके

क्या न करें?

1. गंदा पानी घोल बनाने के लिए कभी भी नहीं प्रयोग में लाना चाहिये।
2. बिना सुरक्षात्मक वस्त्र पहने घोल नहीं बनाना चाहिए।
3. जीवनाशी रसायन/रसायन का घोल शरीर पर नहीं पड़ना चाहिए।
4. कन्टेनर/पैकेट पर लिखे निर्देश की अवहेलना नहीं करना चाहिए।
5. घोल बनाने के 24 घंटे बाद इस घोल को प्रयोग में नहीं लाना चाहिए।
6. दानेदार दवा को पानी के साथ मिलाकर नहीं प्रयोग करना चाहिए।
7. कभी भी स्प्रेयर के टैंक को नहीं सूंघना चाहिए।
8. कभी भी दवा की अधिक मात्रा का प्रयोग नहीं करना चाहिए।
9. कभी भी दवा का प्रयोग करते समय खाना, पीना, धूम्रपान, तम्बाकू इत्यादि का सेवन नहीं करना चाहिए

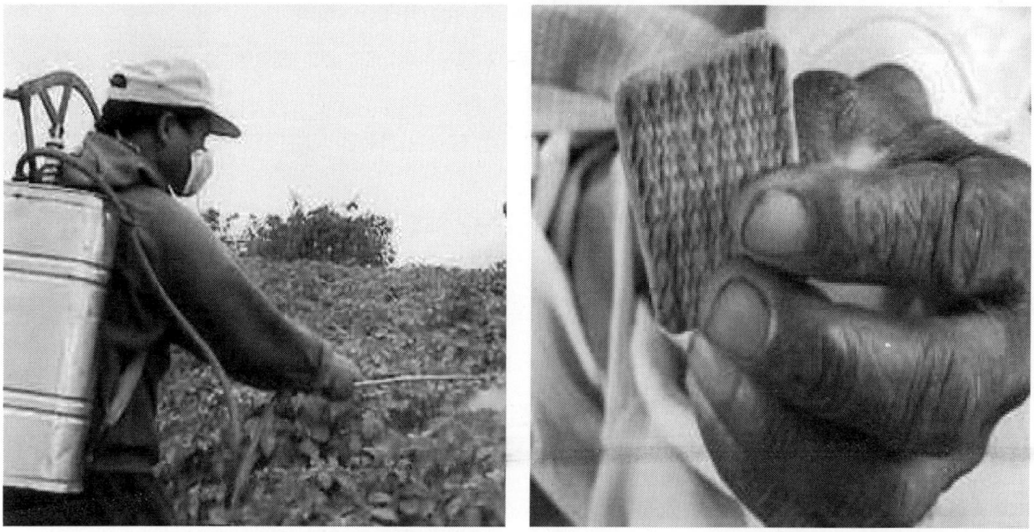

चित्र 10.3. दवा का प्रयोग करते समय खाना, पीना, धूम्रपान, तम्बाकू इत्यादि का सेवन न करें

(घ) छिड़काव यंत्रों का चुनाव करते समय क्या करें ?

1. छिड़काव हेतु सही छिड़काव यंत्रों का चुनाव करें।
2. छिड़काव यंत्रों के सही नोजल का प्रयोग करें।
3. जीवनाशी (फफूँदनाशी एवं कीटनाशी) तथा खरपतवारनाशी के लिए अलग–अलग स्प्रेयर का चुनाव करना चाहिए।
4. नोजल ढ़ीला करके साफ कर लेना चाहिए।
5. वाशर, क्लैंप और पैकिंग अगर घिसे या टूटे–फूटे हो तो बदल दें।

क्या न करें?

1. खराब तथा रिसाव वाले स्प्रेयर का चयन नहीं करना चाहिए।
2. खराब या गलत नोजल का प्रयोग नहीं करना चाहिए।
3. बंद नोजल को ठीक करने के लिए कभी भी मुँह से हवा नहीं भरना चाहिए ।
4. एक ही स्प्रेयर से फफूँदनाशी/ कीटनाशी एवं खरपतवारनाशी का छिड़काव नहीं करना चाहिए।

(च) घोल का छिड़काव करते समय, क्या करें?

1. दवा की सही मात्रा तथा संस्तुति घोल का ही छिड़काव करना चाहिए।
2. छिड़काव सदैव शांत माहौल में एकाग्रचित होकर करें।
3. सामान्यतः छिड़काव खुले मौसम में करें।
4. प्रत्येक छिड़काव के लिए संस्तुति स्प्रेयर का प्रयोग करें।
5. छिड़काव कार्य समाप्त होने के बाद स्प्रेयर, बाल्टी को साबुन के पानी से तथा बाद में साफ पानी से साफ करना चाहिए।
6. जिस खेत में छिड़काव किया गया हो उसमें तुरन्त जानवरों तथा किसी भी व्यक्ति को प्रवेश नहीं करने देना चाहिए।
7. रोटरी डस्टर को 30-35 चक्र प्रति मिनट की गति से घुमाएँ।

क्या न करें?

1. संस्तुति मात्रा से ज्यादा दवा तथा घोल की सान्द्रता नहीं होनी चाहिए।
2. अत्यधिक तेज धूप या जब तेज हवा चल रही हो दवा का छिड़काव न करें।
3. वर्षा के ठीक पहले या बरसात के ठीक बाद दवा का छिड़काव न करें।
4. तैलीय तरल रूप में उपलब्ध दवाओं का छिड़काव चालित स्प्रेयर से नहीं करना चाहिए।
5. हवा के दिशा के विपरीत छिड़काव नहीं करना चाहिए।
6. छिड़काव के लिए प्रयुक्त बाल्टी या मग का प्रयोग अच्छी तरफ से धोने के बावजूद भी घरेलू कार्यों में नहीं करना चाहिए।
7. छिड़काव किये गये खेत में छिड़काव के तुरन्त बाद बिना सुरक्षात्मक कपड़ा पहने नहीं जाना चाहिए।
8. रोटरी डस्टर को बहुत तेज या बहुत धीमा न घुमाएँ।

(छ) छिड़काव के बाद, क्या करें?

1. बचे हुए रासायनिक घोल को किसी सुरक्षित जगह पर फेंक देना चाहिए।

2. दवा के प्रयोग किये गये कन्टेनर पैकेट को नष्ट कर देना चाहिए। जल स्रोत से दूर मिट्टी में गाड़ देना चाहिए।
3. खाने के पूर्व या धूम्रपान के पूर्व अच्छी तरह से साबुन से हाथ एवं मुँह धो लेना चाहिए।
4. शरीर पर दवा का जहरीला असर होने पर तुरन्त प्राथमिक उपचार देने के बाद तत्काल डॉक्टर से सम्पर्क करना चाहिए। डॉक्टर को दवा का खाली पैकेट/कन्टेनर भी दिखाना चाहिए।
5. रखने से पहले यंत्र को सुखा लें तथा बेल्ट हटा दें। धातु के भागों में जंक (मुरचा) न लगे इसलिए इन भागों में ग्रीस अवश्य लगा दें।
6. छिड़काव यंत्रों को कार्य समाप्त होने के बाद ढँककर रखना चाहिए।
7. शक्तिचालित छिड़काव यंत्रों में 100 घंटे के बाद मोबिल बदल देना चाहिए।

क्या न करें?

1. बचे हुए दवा के घोल को पानी के स्त्रोत/तालाब के पास नहीं फेंकना चाहिए।
2. खाली कन्टेनर/पैकेट को किसी अन्य सामान को रखने के लिए प्रयुक्त नहीं करना चाहिए।
3. बिना हाथ–मुँह एवं कपड़े को धोये हुए कोई भी चीज नहीं खाना चाहिए। धूम्रपान भी नहीं करना चाहिए।
4. दवा का जहरीला असर होने पर बिना समय नुकसान किये डॉक्टर से मिलने में लापरवाही नहीं करना चाहिए अन्यथा जीवन को नुकसान हो सकता है।
5. प्रयोग के बाद यंत्र को उसी अवस्था में नहीं रखना चाहिए।
6. यंत्रों को बिना ढँके नहीं रखना चाहिए।

द्वितीय खण्ड

फल, फूल, सब्जी, मसाला, कन्दमूल, औषधि एवं सगंध फसलें एवं मशरूम के प्रमुख रोग एवं उनका प्रबंधन

- फलों के प्रमुख रोग एवं प्रबंधन
- केला की प्रमुख बीमारियाँ एवं प्रबंधन
- पपीता के प्रमुख रोग एवं प्रबंधन
- मखाना एवं सिंघाड़ा के प्रमुख रोग एवं प्रबंधन
- सब्जियों के प्रमुख रोग एवं प्रबंधन
- आलू में रोग प्रबन्धन
- बाढ़ के बाद फल वृक्षों एवं सब्जियों की खेती में पौधा संरक्षण : ध्यान देने योग्य बातें
- कन्द फसलों के रोग एवं प्रबन्धन
- फूलों के प्रमुख रोग एवं प्रबंधन
- मसाला फसलों में समेकित रोग प्रबंधन
- औषधीय एवं सगन्ध पौधों में समेकित रोग प्रबन्धन
- पान में समेकित कीट–व्याधि प्रबन्धन
- बीजजनित रोगों का समेकित प्रबंधन
- उद्यानिक फसलों में दैहिक विकार एवं प्रबन्धन
- बागवानी फसलों के प्रमुख पुष्पी पादप परजीवी एवं प्रबंधन
- मशरूम के प्रमुख रोग एवं प्रबन्धन

11

फलों के प्रमुख रोग एवं प्रबंधन

डॉ. एस.के. सिंह

पौधा रोग विभाग, राजेन्द्र कृषि विश्वविद्यालय, पूसा, समस्तीपुर, बिहार

उष्ण एवं शुष्क कटिबन्ध के प्रमुख फल, आम, अमरूद, नींबू, पपीता, बेर, आँवला, बेल, कटहल एवं अंगूर है। इनमें लगने वाली प्रमुख बीमारियों के लक्षण एवं उनसे होने वाली क्षति से बचने हेतु समुचित प्रबंधन की संक्षिप्त जानकारी नीचे दी जा रही है :–

आम

आम के पेड़ व फलों को रोगों से बचाना अत्यन्त आवश्यक है। आम में लगने वाले प्रमुख रोग व उनकी रोकथाम की विधियों का वर्णन निम्नलिखित है ।

चूर्णिल आसिता : यह रोग एक प्रकार के कवक से होता है जिसे *ओडियम मेन्जीफेरा* कहते हैं। उष्ण, नम वातावरण और ठंडी रातों में इस रोग की उग्रता बढ़ जाती है। मंजरियों और नई पत्तियों पर सफेद या धूसर चूर्णिल वृद्धि दिखलाई पड़ती है। रोग का संक्रमण मंजरियों की शिखा से प्रारम्भ होकर नीचे की ओर पुष्प अक्ष, नई पत्तियों और पतली शाखाओं पर फैल जाता है। इससे प्रभावित भागों की वृद्धि रूक जाती है। पुष्प और पत्तियाँ गिर जाती है। यदि संक्रमण के पूर्व फल लग गए हों तो वे अपरिपक्व अवस्था में ही गिर जाती हैं। यह बहुत ही विनाशकारी रोग है जो कभी–कभी पूरी फसल को नष्ट कर देता है।

प्रबंधन : रोकथाम के लिए 0.05 से 0.1% डाइनोकैप/0.1% कार्बेन्डाजीम/0.1 प्रतिशत बेनोमिल/ट्राइडेमार्फ 0.1% या घुलनशील गंधक (0.2%) नामक कवकनाशक दवाओं का घोल बनाकर पहला छिड़काव जनवरी, दूसरा फरवरी के आरंभ में और तीसरा फरवरी के अंत में करना चाहिए। इन महिनों में जब आसमान में बादल हो उस समय उपरोक्त दवाओं का छिड़काव और भी अनिवार्य हो जाता है अन्यथा आम की फसल को भारी नुकसान होता है।

श्यामव्रण : यह रोग *कोलेटोट्राइकम* कवक के द्वारा होता है। पेड़ों की कोमल टहनियों, फलों और फूलों पर इस रोग को देखा जा सकता है। पत्तियों पर भूरे या काले, गोल या अनियमिताकार के धब्बे पाये जाते हैं। पत्तियों की वृद्धि रूक जाती है और ये

सिकुड़ जाती है। कभी–कभी रोगग्रस्त ऊतक सूखकर गिर जाते हैं, जिससे पत्तियों में छिद्र दिखाई पड़ते हैं। उग्र संक्रमण में रोगी पत्तियाँ गिर जाती हैं। यह रोग मंजरी अंगमारी तथा फल सड़न के रूप में भी प्रकट होता है।

चित्र 11.1. आम का चूर्णिल आसिता

चित्र 11.2. आम का श्यामव्रण

प्रबंधन : रोकथाम के लिए रोगी पेड़ों पर 0.2% कापर आक्सीक्लोराइड या बोर्डो मिश्रण (0.8%) नामक दवाओं के घोल का फरवरी से मई के मध्य तक दो तीन छिड़काव करना चाहिए। कार्बेन्डाजीम (0.1%) रोग को कम करने में अत्यन्त प्रभावशाली सिद्ध हुआ हैं। भण्डारण से पूर्व फल को 0.05% कार्बेन्डाजीम घोल में डुबोकर भण्डारित करें।

कज्जली फफूँद : भारत में फलों एवं बगीचों का यह एक सामान्य रोग है। इससे सम्बन्धित कवक परजीवी नहीं है। यह आम पर आक्रमण करने वाले कीटों से साथ सम्बन्धित है। ये कीट पेड़ की पत्तियों एवं हरी टहनियों पर मीठा स्राव छोड़ता है। इस स्राव पर कज्जली फफूँद बड़ी तेजी से वृद्धि करता है तथा कवक काले रंग का असंख्य बीजाणु बनाता है। इस काली वृद्धि के कारण पत्तियाँ मंजर और टहनियाँ काली एवं भद्दी दिखती है। पौधा/पेड़ भोजन बनाने में असमर्थ हो जाता है। पत्तियाँ कमजोर होकर गिर जाती है।

प्रबन्धन : इस रोग से बचाव हेतु सर्वप्रथम कीटनाशक जैसे – मैलाथियान, पैराथियान या निकाटिन सल्फेट (0.05 प्रतिशत) इसके बाद कापर आक्सीक्लोराइड (0.2%) का एक या दो बार छिड़काव करना चाहिए।

पर्ण अंगमारी : पत्तियों पर गोल, हल्के भूरे धब्बों के रूप में प्रकट होते हैं। ये धब्बे अंडाकार या अनिश्चित आकार के तथा गहरे भूरे रंग के हो जाते हैं। इनकी परिधि चौड़ी कुछ उठी हुई और गहरे बैंगनी रंग की होती है। पुराने धब्बों का रंग राख के समान हो जाता है। यह रोग *मैक्रोफोमा मैंजीकेरी* नामक कवक द्वारा होता है।

प्रबन्धन : निवेशद्रव्य को कम करने हेतु रोगी पत्तियों को इकट्ठा कर जला देना चाहिए। श्यामव्रण रोग की रोकथाम हेतु प्रयुक्त कवकनाशी इस रोग में भी लाभकारी होते हैं।

शीर्षमरण : इसे उल्टा सूखा रोग या शीर्षमरण रोग कहते हैं, जिसका रोग कारक *बोट्रीयोडिप्लोडिया थियोब्रोमी* एवं *कोलेटोट्राइकम ग्लियोस्पोराइड्स* नामक फफूँद है। यह रोग वर्ष भर कभी भी देखा जा सकता है किन्तु स्पष्ट रूप से इसे अक्टूबर और नवम्बर माह में देखा जा सकता है। इसमें सर्वप्रथम पत्तियों पर अनियमित आकार के गहरे धब्बे बनते हैं जिसकी वजह से पत्तियाँ पीली होकर गिर जाती है तथा टहनी नंगी होकर ऊपर से नीचे की तरफ सूखने लगती है। इस रोग के कारण कभी पीले रंग का गाढ़ा स्राव भी निकलते देखा गया है।

चित्र 11.3. आम का शीर्षमरण

प्रबन्धन– टहनी जहाँ तक सूख गई है उसके 10 से.मी. नीचे से पेड़ के स्वस्थ भाग के साथ काटकर अलग करने के पश्चात् कॉपर ऑक्सीक्लोराइड (0.3%) का 15 दिन के अन्तराल पर दो छिड़काव करते हैं। कलम हेतु उपयोग की जाने वाली डाली का स्वस्थ होना आवश्यक है। वर्ष में दो बार (जून–सितम्बर एवं जनवरी–फरवरी) बोंडो पेस्ट मुख्य तने पर लगायें।

तना से गोंद का निकलना : इसे गमोसिस रोग कहते हैं। यह एक फफूँदजनित रोग है। यह रोग वर्षात में ज्यादा दिखाई देता है। इसमें मुख्य तना, शाखा और पेड़ों की छालों पर गोंद का रिसाव देखा गया है तथा दरार जैसा फटा हुआ दिखाई देता है। कुछ समय के पश्चात पौधा सूख जाता है। यह रोग *बोट्रायोडिटलोडिया थियोब्रोमी* नामक कवक द्वारा होता है।

प्रबन्धन : तेज चाकू से छाल हटाकर बोर्डो पेस्ट का लेप लगा देते हैं। पेड़ को स्वस्थ बनाये रखने के लिए समय–समय पर कवकनाशक रसायनों का छिड़काव करते रहना चाहिए।

कैंकर : जलसिक्त काला धब्बा पत्तियों, पर्णवृंत और फलों पर देखे जाते हैं फलों में फटने के लक्षण भी दिखाई देते हैं। यह रोग *जैंथामोनाल कैम्पेस्ट्रीस* वार *मैन्जीफेरी* नामक जीवाणु द्वारा होता है।

प्रबन्धन : वर्षा शुरू होते ही कॉपर ऑक्सीक्लोराइड (0.3%) का छिड़काव करें।

भंडारगत विगलन : भंडारगृह में कई प्रकार का फल विगलन पाया जाता है, जिनको आधार विगलन, ढ़ेंपी विगलन आदि अनेक नामों से जाना जाता है। इसके लिए अनेक कवक एवं जीवाणु जिम्मेदार है। ये कवक पके फलों के छिलकों पर लगी खरोंच, घाव, वातरंध्र या ढ़ेपी से प्रवेश करते हैं। कभी–कभी गुप्त संक्रमण भी होता है, जिसमें कवक का प्रवेश फल के वृद्धिकाल में ही हो जाता है। लेकिन विगलन के लक्षण फल के पकने और मिठास बढ़ने पर ही प्रकट होते हैं। फलों के संचयन, परिवहन एवं भंडारण में असतर्कता होने पर विगलन की सम्भावना अधिक रहती है। भंडार गृह की स्वच्छता, आर्द्रता, तापमान एवं संवातन का भी फल विगलन पर प्रभाव पड़ता है।

प्रबन्धन : फलों का संचयन शुष्क वातावरण में करना चाहिए। भंडारगृह हवादार, ठंडा और शुष्क होना चाहिए। फलों को कम से कम 3 से.मी. लम्बे वृंत के साथ तोड़ना चाहिए तथा कटे भाग पर किसी भी कवकनाशी का लेप लगा देना चाहिए। बोरेक्स (6%) के घोल में 3 मिनट रखा जा सकता है। आरियोफंजिन के घोल में 15-20 मिनट रख कर के भी विगलन को रोका जा सकता है।

गुच्छा रोग या कुरचना : इस रोग में पेड़ों की शाखाओं एवं पुष्पक्रमों की बनावट विकृत हो जाती है। नई शाखाएँ व पुष्पक्रम गुच्छों के रूप में परिणत हो जाते हैं। शाखा गुच्छा रोग अधिकतर नर्सरी के छोटे पौधों में पाया जाता है, परन्तु बड़े पेड़ों पर भी रोग देखा जा सकता है। पुष्पक्रम गुच्छा रोग में सारे पुष्प गुच्छों का रूप धारण कर लेते हैं। बाद में कभी–कभी इन गुच्छों में से छोटी–छोटी पत्तियाँ ठीक तरह से निकल आती हैं। इन गुच्छों में फल नहीं आते हैं। यह व्याधि कई कारणों के सम्मिलित प्रभाव से उत्पन्न होती है। इस दिशा में शोध कार्य जारी है।

चित्र 11.4. आम का गुच्छा रोग या कुरचना

प्रबंधन : रोकथाम के लिए निम्न उपाय करने चाहिए : पौध हमेशा स्वस्थ पौधों से ही तैयार करना चाहिए। विकृत भागों को काटकर नष्ट कर देना चाहिए। अक्टूबर के महीने में 2 ग्राम अल्फा नेफ्थलीन एसिटिक एसिड प्रति 10 लीटर पानी में मिलाकर छिड़काव करने से उपज बढ़ाई जा सकती है। सर्वप्रथम निकलने वाले पुष्प गुच्छों को हाथ से तोड़ देना चाहिए। यह काम मंजरियों के 2 से.मी. लम्बी होने से पूर्व ही करना चाहिए। ऐसा करने से प्ररोह के ऊपर अनेक कक्षस्थ कलिकाएँ बढ़ने लगती है और वे दो सप्ताह में मंजरी का रूप ले लेती हैं। ऐसी मंजरियों में फल लगने लगते हैं। समय से पूर्व निकलने वाले फूल को तोड़कर हटाते रहना चाहिए।

काला सिरा (कोयली रोग) : यह रोग आम के उन बगीचों में पाया जाता है जो ईंट के भट्टों से दो किलोमीटर की दूरी के भीतर हो। प्रभावित फलों के निचले भाग पर भूरे रंग का जलशोषित धब्बा बन जाता है जो बाद में गहरे भूरे रंग का हो जाता है। फल सड़ने लगते हैं। पहले गूदा पीला पड़ जाता है जो बाद में काला हो जाता है। कभी–कभी फल फट भी जाते हैं।

प्रबंधन : रोकथाम के लिए आम के बाग को ईंट के भट्टों से दूर लगाना चाहिए। भट्टों में ऊँची (50 मीटर) चिमनियों का प्रयोग करके भी रोग के फैलाव को रोका जा सकता है। अप्रैल–मई के महीने में रोग प्रारंभ होने के पूर्व सोडियम बाईकार्बोनेट अथवा बोरेक्स के 0.6% घोल का 10 दिन के अंतर पर 2-3 बार छिड़काव करना चाहिए।

आंतरिक ऊतकक्षय : यह रोग बोरॉन की कमी से होता है। प्रभावित क्षेत्र में आम के फलों में गुठली की सतह से भूरे रंग का धब्बा बनता है। बाद में यह धब्बा बढ़ जाता है। पहले गुठली सड़ती है उसके बाद गूदा सड़ने लगता है। पहले सड़े भागों का रंग भूरा होता है, बाद में काला पड़ जाता है। फल छोटे रह जाते हैं। नीचे का नुकीला भाग छोटा हो जाता है। कभी–कभी फल फट जाते हैं। बोरॉन की ज्यादा कमी से फल गिरने भी लगते हैं।

प्रबंधन : इस रोग की रोकथाम के लिए अप्रैल–मई के महीने में 10 दिन के अंतर पर बोरेक्स नामक पदार्थ के एक प्रतिशत घोल के तीन छिड़काव करने चाहिए। इसके अतिरिक्त यह तत्व भूमि में भी दिया जा सकता है। भूमि में प्रयोग करने के लिए करीब 200 से 250 ग्राम बोरेक्स प्रति पेड़ के हिसाब से फरवरी–मार्च के महीने में प्रयोग करना चाहिए।

लाल रस्ट : यह रोग एक एलगी (*सेफैलेउरोज वाइरेसेंस*) द्वारा उत्पन्न होता है। ईंट जैसे लाल रंग का उठा हुआ धब्बा पत्तियों पर बनता है। यह धब्बा वेलवेटी होता है। यह एलगी टहनियों पर भी दिखाई देती है।

चित्र 11.5. आम का लालरस्ट

प्रबन्धन–बरसात शुरू होने के पहले कॉपर ऑक्सीक्लोराइड 3 ग्राम प्रति लीटर पानी में घोलकर छिड़काव करें।

आम का क्षय रोगः इस में आम की शाखायें सूखने लगती है। यह मुख्यतः उन बागों में देखने को मिलता है जो बिना देखभाल के होते हैं। सिंचाई के लिए वर्षा पर आधारित होते हैं तथा जिनकी ऊपरी परत की मिट्टी कठोर हो जाती है।

प्रबन्धन–वर्षात में बाग को मिट्टी की जुताई करके संस्तुति मात्रा में खाद एवं उर्वरक देने से तथा सूखी टहनियों की कटाई–छंटाई करके कॉपर ऑक्सीक्लोराइड (0.3%) का छिड़काव करने से बाग पुनः जीवित हो जाता है।

छाल का फटना : आक्रान्त पेड़ में छाल लम्बाई में फटने लगता है। आक्रान्त पेड़ में पत्तियों कम हो जाती है, रंग पीला हो जाता है। पेड़ में उखड़ा रोग जैसा लक्षण दिखाई देता है तथा पूरा पेड़ सूख जाता है। आक्रान्त पेड़ की जड़ें सड़ने लगती है तथा पत्तियाँ पेड़ पर ही लगी रहती है।

प्रबन्धन – बाग की गहरी जुताई करके संस्तुति मात्रा में खाद एवं उर्वरक देना चाहिए। कॉपर ऑक्सीक्लोराइड (0.3%) का दो छिड़काव करना चाहिए।

ढेपी सड़न रोग : ढेपी के पास आम सड़ने लगता है।

प्रबन्धन – डंठल के साथ आम की तुड़ाई करनी चाहिए।

आम का सड़ने वाला रोग

प्रबन्धन – तुड़ाई के समय घाव से बचायें, डंठल सहित आम तोड़ें। पुराना कागज या धान का पुवाल पैकिंग के समय आमों के बीच रखें। तुड़ाई के 15 दिन पूर्व कार्बेन्डाजीम (0.1%) का छिड़काव करें। तुड़ाई के 1 महीने पहले सिंचाई करें। संस्तुति मात्रा में पेड़ की आयु के अनुसार खाद उर्वरक का प्रयोग करें।

स्पंजी ऊतक : महाराष्ट्र में उगाई जाने वाली अलफान्सो किस्म के आम में यह बीमारी अधिक पाई जाती है। इस बीमारी से ग्रस्त फल बाहर से स्वस्थ दिखाई देते हैं, परन्तु गूदे का कुछ भाग स्पंज का रूप ले लेता है, जिससे गूदा की गुणवत्ता घट जाती है। प्रभावित भाग में हवा की थैलियां अधिक और बड़ी हो जाती हैं। अभी तक इस बीमारी के कारण का पता ठीक से नहीं लग पाया है। इस दिशा में प्रयास जारी है।

प्रबंधन : फलों को तीन चौथाई परिपक्व अवस्था में तोड़ने से बीमारी के प्रकोप को कम किया जा सकता है।

पत्तियों का झुलसना : यह बीमारी पत्तियों में क्लोराइड आयन्स की अधिकता से होती है। क्लोराइड आयन की अधिकता से पत्तियों में पोटाश का स्तर नीचा हो जाता है। सबसे पहले पत्तियों का अगला भाग ईंट की तरह लाल रंग का हो जाता है। बाद में यह बीमारी पूरी पत्ती पर फैल जाती है। फलस्वरूप पत्तियाँ सूख कर गिरने लगती है और सम्पूर्ण पेड़ पर्णरहित होने लगता है। इसकी रोकथाम के लिए गिरी हुई पत्तियों को पेड़ के नीचे से हटा देना चाहिए।

प्रबंधन : पोटैशियम क्लोराइड की जगह पोटैशियम सल्फेट का प्रयोग करना चाहिए। सिंचाई के पानी में क्लोराइड की मात्रा कम होनी चाहिए। नियंत्रण के बारे में अभी शोधकार्य जारी है।

पोटाश की कमी के लक्षण : पोटाश की कमी की वजह से पत्तियों के किनारे का भाग जला हुआ दिखाई देता है जो पत्ती के अंतिम सिरे से बढ़ता हुआ दिखाई देता है। फल की गुणवत्ता घट जाती है तथा पौधा रोग एवं कीड़े के प्रति सहिष्णु हो जाते हैं।

चित्र 11.6 आम मे पोटाश की कमी के लक्षण

प्रबन्धन– 1 कि.ग्रा. म्यूरेट ऑफ पोटाश, 2 कि.ग्रा. यूरिया और 6 कि.ग्रा. सुपर फास्फेट (वयस्क पेड़ के लिए) जुलाई–अगस्त में पेड़ के चारो तरफ रिंग बनाकर गिरी हुई सूखी पत्तियों के साथ मिट्टी में दबाकर सिंचाई कर देनी चाहिए।

जिंक की कमी के लक्षण : जिंक की कमी से पत्तियाँ छोटी एवं पतली हो जाती हैं। पत्तियों के किनारे पर एवं नीचे की तरफ मुड़ जाते हैं। दो गांठों के बीच की दूरी घट जाती है। तने की फुनगियों पर पत्तियों का झुण्ड दिखाई देता है तथा पौधे का विकास रूक जाता है। फलों का आकार एवं गुणवत्ता घट जाती है। छोटा पौधा जिसमें जिंक की अत्यधिक कमी हो जायेगी तो पूरा पौधा ही मर जायेगा। अम्लीय एवं क्षारीय मृदा में जिंक की कमी ज्यादा देखी गयी है।

प्रबन्धन–जिंक सल्फेट 5 ग्राम + 10 ग्राम यूरिया प्रति लीटर पानी में घोलकर 15 दिन के अन्तराल पर दो छिड़काव करें।

चित्र 11.7. आम मे जिंक की कमी के लक्षण

लोहा की कमी के लक्षण : पत्तियों से हरा रंग गायब हो जाता है। पत्तियाँ सफेद हो जाती है। पत्तियों का आकार छोटा हो जाता है। अत्यधिक कमी की अवस्था में अग्र से बढ़ते हुए पत्तियाँ सूखने लगती है। जहाँ पर मृदा में कैल्सियम की मात्रा ज्यादा होगी। वहाँ पर इस प्रकार के लक्षण ज्यादा दिखाई देते हैं। पेड़ का विकास रूक जाता है। फल का आकार एवं गुणवत्ता घट जाती है। छोटा पौधा मर जाता है।

प्रबन्धन–फेरस सल्फेट 2.5 ग्राम + 1 ग्राम साइट्रिक एसिड प्रति लीटर पानी का 15 दिन के अन्तर पर दो छिड़काव करें।

बोरान की कमी के लक्षण : फलों का फटना इसका मुख्य लक्षण हैं। पत्तियाँ मोटी चमड़े जैसी हो जाती हैं।

प्रबन्धन–जुलाई–अगस्त में संस्तुति मात्रा में खाद एवं उर्वरक के साथ 100 ग्राम बोरेक्स या बोरिक एसिड प्रति पेड़ देने से इसकी कमी दूर हो जाती है।

साल्ट का प्रभाव : मिट्टी में या सिंचाई के जल में अत्यधिक साल्ट की मात्रा होने से पत्तियाँ जली हुई सी दिखाई देती है। पत्तियों का प्राकृतिक रंग बदला हुआ सा दिखाई देता है। पत्तियों का रंग तांबे जैसा हो जाता है। पत्तियों का अन्तिम सिरा जला हुआ सा दिखता है।

चित्र 11.8. आम में बोरान की कमी के लक्षण

प्रबन्धन : बाग में ढैंचा हरी खाद के रूप में लें। कम्पोस्ट प्रत्येक वर्ष सस्तुति मात्रा में प्रयोग करें। सिंचाई जल में जिप्सम से भरा हुआ बोरा रखने से भी साल्ट का प्रभाव घटता है।

अमरूद

उखड़ाः यह अमरूद का सबसे विनाशकारी रोग है। इस रोग का रोगकारक *फ्यूजेरियम आक्सीस्पोरम* फार्म स्पेसिस *सिडिआई, सेफैलोस्पोरियम* प्रजाति *मैक्रोफोमिना फैसिओलाई* तथा *राइजोक्टोनिया* नामक विभिन्न कवक हो सकते हैं। इस रोग के लक्षण सर्वप्रथम बरसात में दिखाई देते हैं। रोगी पेड़ों की पत्तियाँ भूरे रंग की हो जाती हैं और पेड़ मुरझा जाता है। छिलके की सतह बदरंग हो जाती है। प्रभावित पेड़ों की डालियाँ एक–एक करके सूखने लगती हैं। प्रभावित हिस्से को काटने पर कैम्बियम तक उत्तक बदरंग हो जाते हैं। प्रभावित पेड़ों की जड़ों के संवहन ऊतकों के अवरूद्ध हो जाने से पानी व अन्य पोषक तत्व ऊपर नहीं जा पाते हैं। फलस्वरूप पेड़ सूख जाता है। यह रोग उन क्षेत्रों में अधिक तीव्र हो जाता है जहाँ की मृदा का पी.एच. मान 7.5 से अधिक होता है। भूमि की नमी भी रोग को फैलाने में सहायक होती है। 60-80% मृदा आर्द्रता पर रोग का प्रकोप बढ़ जाता है।

प्रबंधन : रोकथाम के लिए मृदा उपचार रोग के फैलाव को रोक सकता है। जिन पेड़ों में रोग लग गया हो, उन्हें निकालकर जला देना चाहिए। रोगी पेड़ों को निकालने के बाद गड्ढे की मिट्टी को 3 ग्राम थायरम नामक कवकनाशक दवा को एक लीटर पानी में घोलकर (लगभग 20 लीटर प्रति गड्ढा) उपचारित करना चाहिए। थायरम के स्थान पर एक ग्राम बेनलेट प्रति लीटर पानी में घोलकर उपचारित करने से भी अच्छे परिणाम प्राप्त हुए हैं। प्रयोगों द्वारा देखा गया है कि चायनीज जाति के अमरूद इस रोग से काफी हद तक प्रतिरोधी पाए गए हैं। अतः इसे मूलवृंत के रूप में प्रयोग करने के पूर्व विभिन्न जलवायु और भूमियों में विस्तृत परीक्षण करना आवश्यक है। कुछ वैज्ञानिकों का विचार है कि भूमि में जिप्सम, चूना अथवा कार्बनिक खाद मिलाने से रोग का प्रकोप कम हो जाता है। अभी तक इस रोग के पूरी तरह नियंत्रण लिए कोई उपाय नहीं खोजे जा सके हैं। इस दिशा में अनुसंधान कार्य जारी है।

चित्र 11.9 अमरूद का उखड़ा रोग

एन्थ्रेक्नोज : यह रोग *कोलेटोट्राइकम सिडिआई* नामक कवक द्वारा फैलता है। रोग का प्रकोप मुख्यतः फलों पर होता है और इसके लक्षण बरसाती फलों पर अधिक दिखाई देते हैं। सर्वप्रथम फलों पर खुरदरे धब्बे बन जाते हैं जो आपस में मिलकर बढ़ जाते हैं। रोग के बढ़ने के साथ फलों का ज्यादातर भाग प्रभावित हो जाता है। इस तरह के फल सिकुड़ जाते हैं और इनका रंग भूरा हो जाता है। प्रभावित फलों का बाजार भाव गिर जाता है और भंडारित फलों में सड़न पैदा हो जाती है। इस रोग का आक्रमण शाखाओं, पुष्प कलिकाओं और फूलों पर भी देखा गया है। फलों का रोगग्रस्त भाग बड़ा हो जाता है और फल फट भी जाते हैं। रोगी पेड़ ऊपर से सूखना प्रारम्भ कर देते हैं।

चित्र 11.10 अमरूद का एन्थ्रेक्नोज रोग

प्रबंधन : रोग की रोकथाम के लिए ये उपाय करने चाहिए। बाग को साफ रखना चाहिए। प्रभावित फलों व अन्य भागों को काटकर जला देना चाहिए। 2-3 ग्राम कापर

आक्सीक्लोराइड–50 नामक कवकनाशक दवा को एक लीटर पानी के हिसाब से घोलकर 10 दिन के अन्तर पर 4-5 बार छिड़कना चाहिए। भंडारण के लिए स्वस्थ फलों को चुनना चाहिए।

पौध अंगमारी : यह रोग *राइजोक्टोनिया* नामक कवक द्वारा फैलता है। नर्सरी के प्रारम्भ के कुछ महीनों में ही इस रोग का प्रकोप होता है। सर्वप्रथम पत्तियों पर छोटे गोल अनियमित आकार के भूरे धब्बे बनते हैं। नम वातावरण में धब्बे पूरी पत्ती और पर्णवृन्त पर फैल जाते हैं। प्रभावित पत्तियाँ मुरझा कर गिर जाती हैं। रोग का अधिक प्रभाव होने पर तना भी प्रभावित हो जाता है। तने पर गहरे भूरे रंग के धब्बे बनते हैं और अन्त में पूरा पौधा सूख जाता है।

प्रबंधन : रोग की रोकथाम के लिए 2 ग्राम कापर आक्सीक्लोराइड–50 को एक लीटर पानी के हिसाब से घोलकर 10 दिन के अन्तर पर छिड़काव करना चाहिए।

कैंकर : रोग के लक्षण सर्वप्रथम डालियों के छिलके पर दिखाई पड़ते हैं। बाद में डालियों की छाल फट जाती है और रोग जड़ की तरफ बढ़ने लगता है। ऊतक प्रभावित भागों के ऊतक मर जाते हैं। ऊतक मर जाने से पोषक तत्वों का आवागमन बंद हो जाता है। अधिक प्रभावित पेड़ शीघ्र ही सूख जाते हैं। फलों पर भी इस रोग के लक्षण दिखाई देते हैं। इस रोग का रोगकारक *पेस्टालोसिया सिडिआई* नामक कवक है।

प्रबंधन : प्रभावित डालियों को काटकर जला देना चाहिए और कटे हुए भागों पर बोर्डो लेप कर देना चाहिए। छँटाई के बाद 2-3 ग्राम मैंकोजेब को एक लीटर पानी के हिसाब से घोलकर 10 दिन के अन्तर पर 2-3 छिड़काव करने चाहिए। फल पर लक्षण दिखाई देने पर कार्बेन्डाजीम (1 ग्राम/लीटर) का छिड़काव करें।

फल गलन : रोग के लक्षण सर्वप्रथम पत्तियों पर बादामी से गुलाबी लाल धब्बों के रूप में दिखाई देते हैं। रोग के बढ़ने के साथ धब्बों का आकार व संख्या भी बढ़ जाती है। धब्बों का रंग बाद में भूरा हो जाता है। फलों पर बने धब्बों का आकार पत्तियों के धब्बों से छोटे, हरे से काले, अनियमित उभारयुक्त व उनके किनारे मोटे होते हैं। रोग का प्रभाव पत्तियों तथा भूमि के समीप काले भाग में ऊपरी भाग की अपेक्षाकृत अधिक होता है। फल गलन के कई रोगकारक है लेकिन *कोलेटोट्राइमा ग्लियोस्पोटाइड्स* नामक कवक प्रमुख है।

प्रबंधन: रोकथाम के लिए 3 ग्राम कापर आक्सीक्लोराइड–50 दवा को एक लीटर पानी के हिसाब से घोलकर 10 दिन के अन्तर पर 3-4 छिड़काव करने चाहिए।

स्कैब : यह रोग *पेस्टालोशिया सिडिआई* नामक कवक द्वारा होता है। सर्वप्रथम इस रोग के लक्षण पत्तियों पर दिखाई देते हैं। प्रभावित पत्तियों पर विभिन्न आकार के भूरे धब्बे बनते हैं। बाद में धब्बों के बीच का हिस्सा धूसर रंग का हो जाता है। किनारे का रंग गहरा भूरा बना रहता है तथा धूसर भाग पर काले निशान पाए जाते हैं। प्रभावित फलों पर गहरे रंग के धब्बे बनते हैं तथा फल विकृत हो जाते हैं। फलस्वरूप उनका बाजार भाव गिर जाता है।

प्रबंधन : इस रोग की रोकथाम के लिए बाग को स्वच्छ रखना बहुत जरूरी है। प्रभावित भागों को इकट्ठा करके जला देना चाहिए तथा पेड़ों पर 3 ग्राम कापर आक्सीक्लोराइड–50 को एक लीटर पानी के हिसाब से घोलकर 10 दिन के अन्तर पर छिड़काव करना चाहिए।

नींबू

इस फल में कई बिमारियाँ लगती हैं। इनसे भारी नुकसान पहुँचता है। मुख्य बिमारियों का वर्णन निम्नलिखित है :

सिट्रस कैंकर : यह रोग एक जीवाणु द्वारा उत्पन्न होता है जिसे *जेन्थोमोनाज सिट्राई* कहते हैं। इससे पत्ते टहनियां, कांटे तथा फल प्रभावित होते हैं। पहले पहल इस रोग में हल्का पीला दाग दृष्टिगोचर होता है, जो बाद में भूरे रंग का और बनावट में खुरदरा हो जाता है। कागजी नींबू में यह रोग अधिक लगता है। इस रोग में टहनियों और पत्तियों को काफी क्षति पहुँचती है। यह नर्सरी के पौधों तथा बड़े पेड़ों दोनों में लगता है।

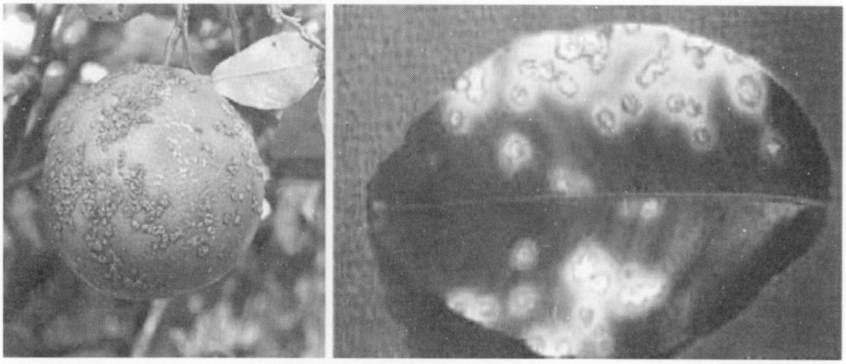

चित्र 11.11 सिट्रस कैंकर

प्रबंधन : 1. गिरी हुई पत्तियों को इकट्ठा करके नष्ट करने से तथा रोगग्रसित टहनियों की बरसात के पहले काट–छाँट करने से रोग को फैलने से रोका जा सकता है। पूरे पेड़ को वर्षा के पहले बोर्डो मिश्रण (5 : 5 : 50 कॉपर सल्फेट : चूना : पानी) से छिड़क देना चाहिए। इसके बाद बरसात में भी एक छिड़काव और करना चाहिए। इसके अतिरिक्त स्ट्रेप्टोसाइक्लिन (0.025%) का छिड़काव भी लाभदायक पाये गये हैं। आरोफंजिन (10-15 मिलीग्राम प्रति लीटर पानी में) का 15 दिन के अन्तर पर तीन चार छिड़काव भी रोग को रोकने में प्रभावशाली सिद्ध हुआ है। राजेन्द्र कृषि विश्वविद्यालय पूसा में किये गये प्रयोगों से ज्ञात हुआ कि इस रोग को 2% नीम के बीज के सत के 2-3 छिड़काव से काफी हद तक नियंत्रित किया जा सकता है।

एन्थ्रेक्नोज या विदरटिप : नींबूवंश के सभी फल इससे प्रभावित होते हैं पर इनका प्रकोप सन्तरे और माल्टे में विशेष रूप से पाया जाता है। यह *कोलेटोट्राइकम* कवक की कई जातियों द्वारा यह उत्पन्न होता है। रोगग्रसित टहनियों की पत्तियाँ गिरने लगती है और इनका रंग भूरा पड़ जाता है। टहनियों पर अक्सर छोटे काले धब्बे नजर आने लगते हैं। कच्चे फलों के डंठल पर भी कवक का आक्रमण होता है और फलस्वरूप ऐसे फल गिर जाते हैं। अधिक प्रभावित पेड़ों की शाखायें सूखने लगती हैं और कुछ महीने बाद पूरा वृक्ष सूख जाता है।

प्रबंधन : पेड़ों को समुचित खाद देने तथा सूखी टहनियों को काटकर जला देने से रोग का प्रकोप बहुत–कम हो जाता है। टहनियों के कटे सिरे पर बोर्डो लेप लगाने तथा

पेड़ों को मार्च और सितम्बर में बोर्डो मिश्रण (5 : 5 : 50) या कापर आक्सीक्लोराइड–50 (0.2%) द्वारा छिड़कन से भी रोग का प्रभाव काफी कम हो जाता है।

गमोसिस : यह रोग विभिन्न कवक द्वारा उत्पन्न होता है, परन्तु *फाइटोफ्थोरा* जाति के कवक ही इस रोग के प्रमुख कारण हैं। प्रभावित पेड़ों के मुख्य तने के निचले भाग और कभी– कभी प्रमुख जड़ों से गोंद जैसा पदार्थ निकलने लगता है। फलस्वरूप तने की डाल फटने लगती है और बाद में सूख कर गिर जाती है। इस प्रकार अन्दर की लकड़ी के ऊपर कोई आवरण नहीं रह जाता। अतः पेड़ बहुत कमजोर पड़ जाते हैं और इनकी फसल मारी जाती है।

प्रबंधन : इस रोग से बचने के लिए कुछ पूर्व उपाय आवश्यक है। मूलवृन्त पर चश्मा काफी ऊँचाई पर चढ़ाना चाहिए जिससे पेड़ के जोड़ (यूनियन) का भाग जमीन के तल से काफी ऊँचा रहे। सिंचाई का पानी तने को न छूने पाए। मुख्य तने पर नीचे की तरफ बोर्डो लेप लगाने से क्षति कम होती है। यदि तने पर रोग लग गया हो तो ऐसी हालत में संसर्गित भाग को ऊपर से छील देना चाहिए और रोग को और अधिक फैलने से रोकने के लिए छिले हुए स्थान पर बोर्डो पेस्ट का लेप या किसी कवकनाशी दवा का प्रयोग करना चाहिए।

बेर

चूर्णिल आसिता रोग : विभिन्न बीमारियों में संभवतः सबसे अधिक हानि चूर्णिल आसिता द्वारा होती है जो *ओडियम* कवक द्वारा उत्पन्न होती है। पुष्प एवं फलों पर सफेद आवरण–सा पड़ जाता है, ग्रसित पुष्प और फलों की वृद्धि रूक जाती है तथा वे बिना विकसित हुए ही गिरने लगते हैं। इससे उपज पर काफी प्रतिकूल प्रभाव पड़ता है।

प्रबंधन : डाइनोकैप 1 ग्राम/लीटर पानी का घोल सितम्बर से 1 माह के अन्तराल पर 3-4 बार छिड़कने से काफी लाभ होता है।

आँवला

आँवला में बीमारियों के कारण बहुत भारी हानि नहीं होती है, फिर भी कुछ बीमारियों से उपज में कमी हो ही जाती है और फलों का रंग रूप खराब हो जाता है। उल्लेखनीय रोग निम्न है :–

वलय किट्ट : यह एक कवक रोग है। आँवला की पत्तियों पर गोल व अंडाकार लाल धब्बे बनते हैं। यह कवक रोग *रवेनेलिया इम्बलिकि* के कारण होता है।

प्रबंधन : इसकी रोकथाम के लिए 0.2% जिनेब 78 के घोल का दो छिड़काव 15-20 दिन के अन्तर पर करने की सलाह दिया जाता है।

पत्ती किट्ट : यह भी कवक रोग है। इसके लक्षण जुलाई से सितम्बर तक पत्तियों एवं फलों पर आते हैं। इस रोग से बचाव के लिए प्रोपीकोनाजोल 1 मिली/लीटर पानी में घोलकर छिड़काव करते हैं।

फल विगलन रोग : वह रोग *पेनिसिलियम आक्सेलिकम* तथा *ऐस्परजिलस नाइजर* कवकों के कारण होता है। यद्यपि इस बीमारी से ग्रसित फल अक्टूबर–नवम्बर में पेड़ पर

दिखाई देते हैं, परन्तु इसका मुख्य प्रकोप फलों पर उस समय होता है, जब उन्हें तोड़कर बाजारों में भेजते हैं। इस बीमारी के प्रभाव से पहले फलों पर जलसिक्त क्षत बनते हैं। प्रभावित भाग बढ़ता जाता है और सुनहरे पीले रंग के पिन के सिरे के आकार के समान क्षत बनते जाते हैं। इनमें से कवक की पुरानी कालोनी जैतून के हरे रंग में बदल जाती है और नई कालोनी के किनारों पर बनती जाती है। फल पिलपिला हो जाता है और बाद में सिकुड़ जाता है।

प्रबंधन : इसलिए सबसे अच्छा उपाय यह होगा कि जिन फलों पर ऐसे लक्षण पेड़ पर दिखाई दें, उन्हें बाजार भेजने के लिए अन्य फलों के साथ नहीं रखना चाहिए तथा यह भी ध्यान देना आवश्यक है कि फलों की तोड़ाई करते समय फलों को किसी प्रकार की चोट से हानि न हो, परन्तु किसी दवा का प्रयोग अभी तक नहीं बताया जा सका है।

बेल

कैंकर रोग : बेल को कैंकर और अन्तर्विगलन रोग काफी हानि पहुँचाते हैं। कैंकर रोग *जैन्थोमोनस बिल्वी* बैक्टिरिया द्वारा होता है। प्रभावित भागों पर जलाशोषित धब्बे बनते हैं जो बाद में बढ़कर भूरे हो जाते हैं। बाद में पूर्व प्रभावित भाग के ऊतक गिर जाते हैं और पत्तियों पर छिद्र बन जाते हैं।

प्रबंधन : इस रोग की रोकथाम के लिए स्ट्रेप्टोमायसीन सल्फेट नामक दवा का 0.025% के घोल कर छिड़काव करना चाहिए। अन्तर्विगलन रोग संग्रहित फलों में लगता है। इस रोग में फलों का गूदा सड़कर पूर्णतया नष्ट हो जाता है। इस रोग की रोकथाम के लिए फल तोड़ते समय यह ध्यान रखना चाहिए कि उनमें चोट न लगे। इसी तरह परिवहन के दौरान फलों की पैकिंग ऐसी होनी चाहिए कि वे हिले–डुले नहीं और उन्हें चोट न लगे।

कटहल

मृदु विगलन : यह रोग *राइजोपस* नामक कवक द्वारा फैलता है। इससे नर फूल और छोटे फल दोनों प्रभावित होते हैं। रोगग्रस्त फल पकने के पहले ही गिर जाते हैं। मादा फूल और पूर्ण विकसित फल इस बीमारी से प्रभावित नहीं होते हैं। आर्द्र वातावरण में यह बीमारी अधिक फैलती है।

प्रबंधन : इस बीमारी की रोकथाम जनवरी, फरवरी और मार्च में प्रत्येक 21 दिन बाद 0.2% बोर्डो मिश्रण या कापर आक्सीक्लोराइड–50 (0.3%) छिड़कने से की जा सकती है।

पर्णचित्ती : इस रोग का रोगकारक *फाइलोस्ट्रीकटा* नामक कवक है। रोगग्रस्त पत्तियों पर भूरी चित्तियाँ बन जाती हैं, फलस्वरूप पत्तियाँ पूर्ण विकसित होने के पहले ही गिर जाती हैं। बीमारी की रोकथाम एक प्रतिशत बोर्डो मिश्रण अथवा 0.25% कॉपर ऑक्सीक्लोराइड के छिड़काव से की जा सकती है।

गुलाबी रोग : इस रोग का रोगकारक *कार्टीसियम सालमोनिकलर* नामक कवक है। प्रभावित शाखाओं पर गुलाबी अथवा सफेद रंग की चित्ती दिखाई देने लगती है। धीरे–धीरे यह अन्य शाखाओं पर भी फैल जाती है। जब बीमारी अधिक गंभीर हो जाती है तो छाल भी फटने लगती है।

चित्र 11.12 कटहल का नर फूल

चित्र 11.13 कटहल का मृदु विगलन रोग

प्रबंधन : प्रभावित भागों को काटकर जला देना चाहिए और कटे भाग पर बोर्डो मिश्रण लगाना चाहिए। इसके बाद बीमारी को फिर फैलने से रोकने के लिए प्रभावित

भागों पर बोर्डो मिश्रण या कापर आक्सीक्लोराइड – 50 (0.3%) का छिड़काव करना चाहिए।

अंगूर

एन्थ्रैक्नोज : यह रोग *कोलेटोट्राइकम* नामक कवक द्वारा होता है। उत्तर भारत में यह रोग अंगूर में बहुत अधिक प्रचलित है। इसमें प्ररोह, टेंड्रिल तथा पत्तियाँ बुरी तरह प्रभावित होती है। चूँकि यह बरसात में फैलता है अतः फल इससे बच जाते हैं। इससे पत्तियाँ भूरी हो जाती है और ऐसा मालूम पड़ता है कि ये जल गई है। अधिक संसर्गित प्ररोह मर जाते हैं और प्रभावित पत्तियाँ झड़ने लगती है। कवक परिपक्व गांठों में भी प्रवेश कर जाता है। फलस्वरूप अगले साल फूल बनाने वाली कोशिकायें भी मर जाती हैं, जिससे फलत पर बुरा प्रभाव पड़ता है। इस प्रकार पौधों में कार्बोहाइड्रेट इकट्ठा नहीं हो पाता और बहुत से प्ररोह सूख जाते हैं। यदि किसी अंगूर के बाग में इस रोग का प्रवेश एक बार हो गया तो इसका जड़ से निर्मूलन बहुत कठिन होता है। फिर भी कुछ सीमा तक इसे नियंत्रित किया जा सकता है।

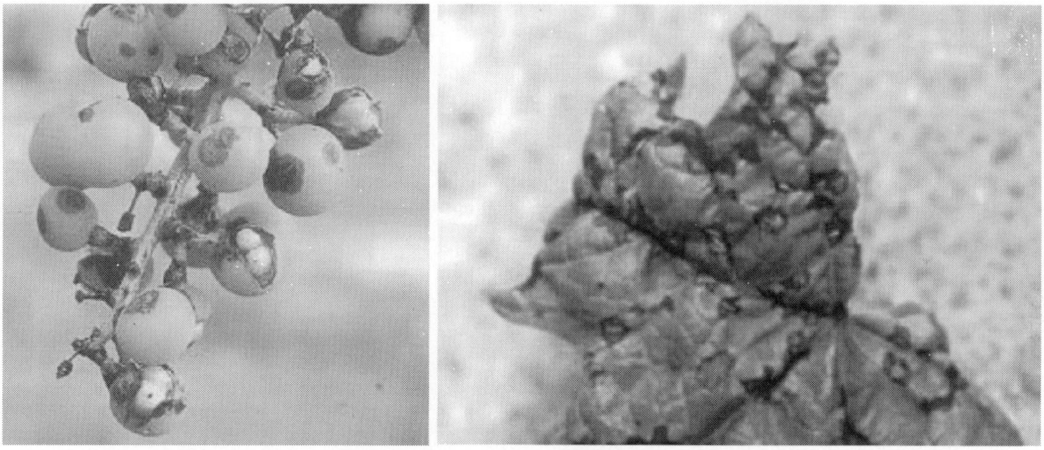

चित्र 11.14 अंगूर का एन्थ्रैक्नोज रोग

प्रबंधन : इसकी रोकथाम के लिए बरसात में नियमित रूप से कॉपर कवकमारक दवाओं का छिड़काव आवश्यक है। जाड़े में भी कटाई–छँटाई के बाद एक छिड़काव देना ठीक रहता है। बसन्त ऋतु में जब प्ररोह 15-30 से.मी. के हो जाय, एक छिड़काव देना लाभप्रद पाया गया है। कॉपर कवकमारक दवायें बहुत सी हैं जैसे–फाइटोलान, फेरवाम, ब्लाइटॉक्स, कैप्टान आदि। इनका 0.3% घोल छिड़काव के लिए उचित पाया गया है। इनमें से किसी एक का छिड़काव करना चाहिए।

पर्ण चित्ती रोग : यह रोग *सरकोस्पोरा* नामक कवक द्वारा होता है। संसर्गित पौधों की पत्तियों पर छोटे, गोल, गहरे भूरे रंग के धब्बे पड़ जाते हैं। कुछ दिनों में पूरी पत्ती ऐसे धब्बों से पूर्ण रूप से आच्छादित हो जाती है। फलस्वरूप ऐसी पत्तियों में कार्बोहाइड्रेट का निर्माण नहीं हो पाता और ये गिर जाती हैं।

चित्र 11.15 अंगूर का सरकोस्पोरा लीफ स्पाट रोग

प्रबंधन : एन्थ्रैक्नोज के लिए जिन कवकनाशक दवाओं का प्रयोग होता है, उन्हीं के प्रयोग से इस रोग को भी नियंत्रित किया जा सकता है। ऊपर के दोनों रोग एक साथ ही बरसात में लगते हैं। अंगूर की कुछ ऐसी किस्में हैं जो इनके प्रति सहिष्णु हैं तथा कुछ प्रतिरोधी भी हैं। प्रतिरोधी किस्मों में प्रमुख हैं – 'ब्लैक मस्कट', 'मस्कट हैम्वर्ग', 'ब्लैक प्रिंस' आदि। सहिष्णु किस्मों में प्रमुख है – 'ब्यूटी सीडलेस', 'भारत अरली', 'कारडिनल' आदि।

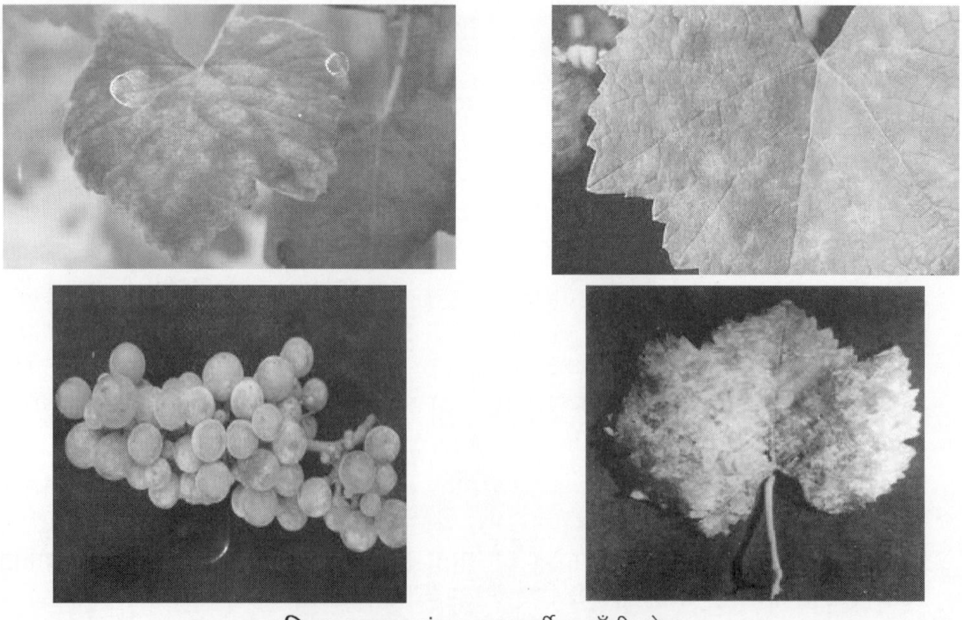

चित्र 11.16 अंगूर का चूर्णी फफूँदी रोग

चूर्णी फफूँदी : यह रोग *अनसीनुला नेकेटर* नामक एक कवक द्वारा होता है। संसर्गित पौधों के पत्ते, प्ररोह तथा फल सफेद चूर्ण से आच्छादित हो जाते हैं। यदि रोग का प्रकोप अधिक हुआ तो फल मिलना कठिन हो जाता है। यह रोग अपेक्षाकृत आर्द्र वातावरण में अधिक फैलता है।

प्रबंधन : गर्मी के दिनों में हफ्तेवार या पन्द्रह दिन के अन्तर पर गंधक के पाउडर की डस्टिंग या गंधक के घोल का छिड़काव करने से इससे अंगूर की रक्षा की जा सकती है। दक्षिणी भारत में विशेषकर बंगलौर के इलाके में हफ्ते में दो बार भी छिड़काव किया जाता है। 'बंगलौर ब्लू' किस्म इसके प्रति काफी सहिष्णु है।

मृदुरोमिल फफूँदी : यह रोग *प्लाजमोपारा विटीकोला* नामक एक कवक द्वारा उत्पन्न होता है। इससे पत्तियां ही अधिक प्रभावित होती है। पर यह रोग फूलों, छोटे फलों तथा कोमल टहनियों पर भी पाया गया है। पत्तियों के निचले भाग में कवक की वृद्धि होती है। प्रभावित पत्तियां बाद में मर जाती है। रोगग्रसित अंगूर के छोटे दानों की भी वृद्धि रूक जाती है और अधिक प्रभावित फल संकुचित होकर नीचे गिर जाते हैं।

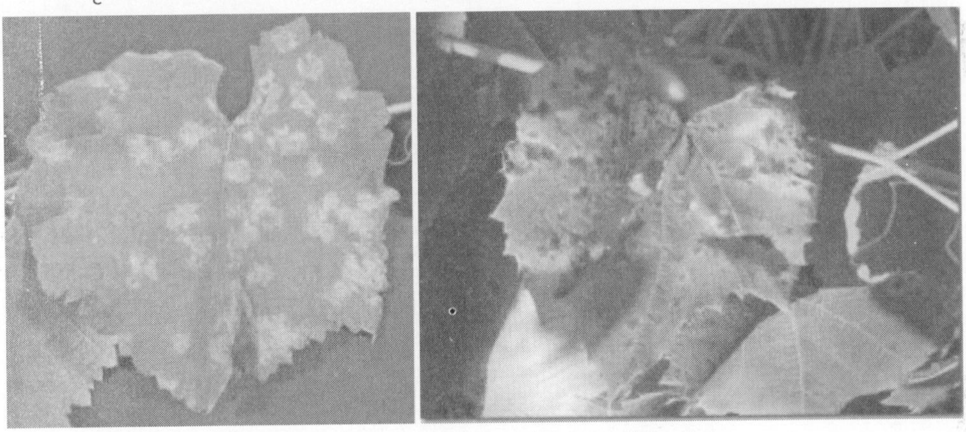

चित्र 11.17 अंगूर का मृदुरोमिल फफूँदी रोग

प्रबंधन : बोर्डो मिश्रण (5 : 5 : 50) का तीन बार छिड़काव करने से इसे काफी हद तक नियंत्रित किया जा सकता है। 'बंगलौर ब्लू' तथा 'मस्कट हैम्बर्ग' इसके प्रति काफी सहिष्णु है।

12

केला की प्रमुख बीमारियाँ एवं प्रबन्धन

डॉ. एस.के. सिंह

पौधा रोग विभाग, राजेन्द्र कृषि विश्वविद्यालय, पूसा, समस्तीपुर, बिहार

केला भी विभिन्न फफूँदजनित, जीवाणुजनित एवं विषाणुजनित बीमारियों से ग्रसित होता है। इन बीमारियों की सूची बहुत लम्बी है। लेकिन सौभाग्यवश उत्तर भारत की जलवायु में बहुत कम बीमारियाँ आती हैं। इन बीमारियों के लक्षण को पहचान कर समय से उनका प्रबन्धन किया जाय तो फसल के नुकसान को कम किया जा सकता है, तथा इनके प्रसार को भी बहुत हद तक नियंत्रित किया जा सकता है (तालिका 12.1)।

तालिका 12.1. केला में लगने वाली प्रमुख बिमारियाँ

	रोग का सामान्य नाम	रोगकारक
1.	फ्यूजेरियम म्लानि / पनामा रोग / उखड़ा	*फ्यूजेरियम आक्सीस्पोरम* फा. स्पि. *क्यूबेन्स*
2.	पर्ण चित्ती रोग	*सर्कोस्पोरा म्यूसी* (अलैंगिक अवस्था) *माइकोस्फीरेल्ला म्यूसीकोला* (लैंगिक अवस्था)
3.	अंतः विगलन	*कोलेटोट्राइकम* प्रजाति *फ्यूजेरियम* प्रजाति
		बर्टीसीलियम प्रजाति
		बोट्रायोडिपलोडिया प्रजाति
4.	कटाई पूर्व एवं कटाई उपरान्त फलों के रोग *बोट्राइडिप्लोड़िया* फल विलगन, काला धब्बा, धँसा हुआ धब्बा, भूरा धब्बा, सिंगार इंड गलन, क्राउन गलन, श्यामव्रण रोग	*बोट्राइडिपलोडिया थीयोब्रोमी, मैक्रोफोमा म्यूसी, पाइरीकुलेरिया ग्रिसिया, सर्कोस्पोरा हायी, वर्टीसीलियम थीयोब्रोमी, ट्रेकीस्फेरा फूक्टीजरा, कोलेटोट्राइकम म्यूसी, फ्यूजेरियम* इत्यादि
5.	गुच्छ शीर्ष, मोजैक, ब्रैक्ट मोजैक, धारीदार	विषाणु रोग
6.	प्रकन्द सड़न या टिप ओवर	*इरविनिया कैरोटोवारा* वार *कैरोटोवारा*

कवक जनित रोग

फ्यूजेरियम म्लानि/पनामा बिल्ट रोग/उखड़ा रोग

केला का यह कवकजनित रोग संसार के लगभग सभी देशों में पाया जाता है। यह रोग सर्वप्रथम 1874 में आस्ट्रेलिया में पाया गया था यह रोग पानामा नामक जगह पर सर्वप्रथम विनाशकारी रूप से आया था अतः इसे पानामा बिल्ट कहते हैं। भारत में यह रोग उत्तरी, दक्षिणी, पूर्वी सभी राज्यों में पाया जाता है।

भारतवर्ष में केले की खेती बड़े पैमाने पर कुछ ही प्रदेशों में होती है। बिहार उनमें से एक है। यहाँ पर केला की खेती मुख्यतः दो जोन में होती है। जोन–I की यह सबसे प्रमुख रोग की समस्या है। जोन–I में वैशाली, मुजफ्फरपुर, समस्तीपुर इत्यादि जिले केला की खेती के लिए मशहूर है। इन जिलों की मुख्य केला की प्रजाति मालभोग, अल्पान, चिनिया एवं कोठिया है। हाल ही में व्यापक तौर पर किये गये सर्वेक्षण से पता चला है कि केला की दो प्रमुख प्रजातियाँ, मालभोग एवं कोठिया दोनों में उखड़ा रोग पाया जाता है। मालभोग में इस रोग की उग्रता 80% तक पायी जाती है। यह प्रजाति इस रोग की वजह से लगभग लुप्तप्रायः हो गयी है। कोठिया जो एक सब्जी हेतु लोकप्रिय प्रजाति है, यह रोग एवं कीड़ों दोनों से अवरोधी समझी जाती थी, लेकिन सर्वेक्षण से पता चला है कि यह भी इस रोग से रोगग्राही हो गयी है। अतः बिहार में जोन–I के केला उत्पादक किसानों के लिए यह एक बहुत बड़ी विकट समस्या है। अतः इस रोग के लक्षण, रोगचक्र, रोग विस्तार में सहायक एवं असहायक कारकों का विवरण एवं रोग के प्रबन्धन का विवरण दिया जा रहा है।

रोगकारक (*फ्यूजेरियम, आक्सीस्पोरम* फा. स्पि. *क्यूवेन्स*)

इस रोग का आक्रमण पौधे की वृद्धि की किसी भी अवस्था में हो सकता है। इस रोग के लक्षण, मृदा के वातावरण, प्रजाति, रोगजनक के प्रभेदों द्वारा निर्धारित होता है। पूरे विश्व में *फ्यूजेरियम आक्सीस्पोरम* फा.स्पि. *क्यूवेन्स* की चार–चार प्रभेद पायी जाती है। प्रत्येक प्रभेद किसी प्रजाति विशेष को ही प्रभावित करती है जैसे :–

प्रभेद–I – सर्वाधिक रोगग्राही प्रजाति, सिल्क ग्रुप जैसे मालभोग एवं ग्रो मिशेल, कारपुरावाल्ली (पिसांग अवाक), विरूपाक्षी (पोम)।

प्रभेद–II – सर्वाधिक रोगग्राही ब्लूगो जैसे मोन्थन, कोठिया एवं अन्य सब्जी वाली प्रजातियाँ।

प्रभेद–III – रोगग्राही *हेलिकोनिया* प्रजातियाँ। यह प्रभेद अभी तक मध्य अमेरिका तक सीमित।

प्रभेद–IV – ड्वार्फ कवेन्डीश प्रजातियाँ एवं प्रभेद–I एवं प्रभेद– II से प्रभावित होने वाली सभी प्रजातियाँ रोगग्राही है। यह प्रभेद आज तक ताइवान, आस्ट्रेलिया, दक्षिण अफ्रीका में पायी जाती है। अभी तक यह भारत के किसी भी प्रान्त से रिपोर्ट नहीं किया गया है।

भारतवर्ष में इस रोग कारक के मात्र दो प्रभेदों का ही प्रवेश हुआ है, प्रभेद–I एवं प्रभेद–II। प्रभेद– IV इस कवक की सर्वाधिक खतरनाक प्रभेद है, क्योंकि यह ड्वार्फ कावेन्डीश के साथ–साथ सिल्क एवं ब्लूगो (सब्जी वाली प्रजातियों) को भी प्रभावित करने

की क्षमता रखता है। लेकिन सौभाग्यवश यह प्रभेद भारतवर्ष में अभी तक कहीं से भी रिपोर्ट नहीं किया गया है।

लक्षण

रोपण के 5-8 माह बाद इस रोग के लक्षण दिखाई देते हैं। इस रोग के लक्षण दो प्रकार से परिलक्षित होते हैं। प्रथम कुछ प्रजातियों में पत्तियाँ गहरे पीले रंग की हो जाती है। पर्णवृंत आधार से ही टूट जाता है, तथा पत्तियाँ (अधोभूस्तारी) झूठे तने के चारों तरफ स्कर्ट की भाँति लटकी रहती है, तथा आगे चलकर सूख जाती है। उपयुक्त मौसम में पौधा 4-5 दिन में ही सूख जाता है। किसी–किसी प्रजाति में झूठे तने में फटने का भी लक्षण दिखाई देता है। रोग के विशिष्ट लक्षण उत्तकों में मिलते हैं। आभासी/झूठे तने को काटकर देखने पर संवहन उत्तक हल्के पीले या गहरे भूरे रंग का दिखता है। रोगी प्रकन्दों की जड़ें काली पड़ कर सड़ जाती है। अंत में केवल आभासी/झूठा तना खड़ा मिलता है। बाद में रोगग्रस्त पौधे से मछली के सड़ने जैसी गन्ध आती है (चित्र 12.1)।

रोग से आक्रान्त मालभोग प्रजाति के केले का बाग

रोग का लक्षण : पर्णवृंत से टूटकर लटकती पत्तियाँ

कटा हुआ रोगग्रस्त आभासी तना एवं स्वस्थ तना

रोगग्रस्त फटा हुआ आभासी तना

चित्र 12.1. पनामा विल्ट/फ्यूजेरियम विल्ट/उखड़ा रोग

रोग चक्र

यह एक मृदाजनित फफूँद रोग है। इस रोग के निवेशद्रव्य मृदा में क्लैमाइडोबीजाणु के रूप में जीवित रहते हैं। संक्रमण सदैव क्षतिग्रस्त जड़ों द्वारा ही होता है। अधिकांश वैज्ञानिकों के मतानुसार *रैडोफीलस सिमिलिस* नामक सूत्रकृमि के आक्रमण के फलस्वरूप जड़ें क्षतिग्रस्त हो जाती हैं। तत्पश्चात इस कवक का आक्रमण होता है। लेकिन यह सूत्रकृमि बिहार के किसी भी जिले से रिपोर्ट नहीं किया गया है। यह रोग बिहार में अन्य परजीवी सूत्रकृमि के सहयोग से बढ़ता है। परपोषी में प्रवेश के बाद यह कवक पहले जड़ में ऊपर की तरफ बढ़ता है, बाद में प्रकन्द के संवहन उत्तकों में अपने कवकजाल का विस्तार करता है, और अन्ततः तने एवं पत्तियों में पहुंचता है। वैज्ञानिकों का ऐसा मत है कि इस कवक के अन्दर ऐसी क्षमता नहीं है कि यह जड़ों में स्वयं घाव उत्पन्न कर प्रवेश कर सकें। इस रोग का विस्तार का मुख्य साधन स्वस्थ पौधों की जड़ का कवक के बीजाणु के साथ सम्पर्क में आना तथा रोगग्रस्त प्रकन्दों का रोपण हेतु प्रयोग में लाना ही रोग के प्रसार का मुख्य साधन है। इस रोग के प्रसार में सिंचाई का पानी, मनुष्य, जानवर तथा यंत्र सहायक होते हैं। ऐसा विश्वास किया जाता है कि यदि रोगग्रस्त खेत में से होकर स्वस्थ पौधों के खेत में चला जाय तब भी रोग का प्रसार हो जाता है लेकिन इस रोग के प्रसार में हवा का कोई भी योगदान नहीं है।

रोग विस्तार में सहायक एवं असहायक कारक

यह कवक एक मृदाजनित कवक है। इस कवक के बीजाणुओं की अधिकतम संख्या पौधे की मृत्यु के तुरन्त बाद की स्थिति में होती है। ऐसी स्थिति में रोगग्रस्त पौधों को यदि खेत से निकालकर जला दिया जाय तो इनकी संख्या बहुत तेजी से घटने लगती है। कवक के बीजाणुओं की संख्या, मृदा की गहराई में पहुंचना एवं इनका जीवित रहना मृदा के वातावरण द्वारा निर्धारित होता है। बलुई–दोमट भूमि ये इस रोग का कवक सर्वाधिक गहराई तक जा सकते हैं। चिकनी मिट्टी में यह रोग कम गहराई तक जा सकता है, तथा जीवित रहना भी मुश्किल है। इस कवक की वृद्धि हेतु बलुई दोमट अम्लीय मृदा सर्वाधिक अनुकूल है। यह रोगजनक मृदा में 20 वर्ष से भी ज्यादा समय तक जीवित रहने की क्षमता रखता है। क्षारीय मृदा में यह 2 माह तक जीवित रह सकता है, जबकि उच्च जीवांश युक्त मृदा में यह चार माह तक जीवित रह सकता है । जलमग्न अवस्था में इसका जीवित रह पाना सम्भव नहीं है, क्योंकि ऐसी अवस्था में ऑक्सीजन की कमी एवं कार्बनडाईऑक्साइड की अधिकता हो जाती है। जिसकी वजह से बीजाणु अंकुरित हो कर मर जाते हैं, तथा क्लैमाइडोबीजाणु ही नहीं बन पाते हैं, तथा यदि क्लैमाइडोबीजाणु बन गये हो तो वे अंकुरित होकर मर जाते हैं। खराब जल निकास, अम्लीय मृदा एवं नत्रजन का उच्च स्तर रोग के विस्तार में सहायक होता है।

रोग का प्रबन्धन

इस रोग के प्रबन्धन पर पूरे विश्व में शोधकार्य चल रहा है, क्योंकि यह केला की विश्वव्यापी समस्या है लेकिन आज तक इस रोग के नियंत्रण की दिशा में संतोषप्रद कार्य नहीं हो पाया है। बहुत सारे उपायों को सुझाया गया है, लेकिन ये उपाय बड़े बगीचों के लिए व्यावहारिक नहीं है। अतः निम्नलिखित कार्यक्रमों को प्रयोग में लाकर इस रोग के प्रसार को कम किया जा सकता है।

1. रोगग्रस्त पौधों को समूल निकाल कर नष्ट कर देना चाहिए तथा उसमें कोई खरपतवारनाशी या 1-2 किलोग्राम चूना गड्ढों में डालकर नष्ट कर देना चाहिए।
2. रोग से प्रभावित क्षेत्रों में चार–पाँच वर्ष के लिए केला की खेती बन्द कर देना चाहिए। यद्यपि कि इस रोग के कवक 20 से भी ज्यादा वर्षों तक मिट्टी में जीवित रह सकते हैं।
3. भारत में ड्वार्फ कावेन्डीश एवं पूवान समूह के केले इस रोग से मुक्त है। रोगरोधी प्रजातियों की खेती करनी चाहिए जैसे ड्वार्फ कवेन्डीश, बसराई, रोबस्टा एवं गोल्ड फिंगर।
4. निराई–गुड़ाई करते समय यह ध्यान देना आवश्यक है कि केला की पौधों की जड़ें क्षतिग्रस्त न हो तथा समय–समय पर सूत्रकृमि के नियंत्रण पर भी ध्यान देना आवश्यक है, क्योंकि इस रोग का रोगकारक क्षतिग्रस्त जड़ों के माध्यम से ही पौधों पर आक्रमण करता है। अतः जड़ों को क्षतिग्रस्त होने से बचाना आवश्यक है।
5. केला के रोपण हेतु भूमि का चुनाव करते समय विशेष ध्यान देने की आवश्यकता होती है। भूमि भारी जीवांशयुक्त, बलुई दोमट तथा जिसका पी.एच. मान क्षारीय हो चुनना चाहिए। भूमि में जल का निकास भी होना अतिआवश्यक है।
6. बाग के रोपण हेतु सदैव रोग से मुक्त क्षेत्रों से ही प्रकन्दों का चुनाव करना चाहिए। यदि सम्भव हो तो उत्तक संवर्धन द्वारा तैयार पौधों का रोपण हेतु चयन करना चाहिए।
7. सिंचाई करते समय यह ध्यान देना चाहिए कि सिंचाई का पानी रोगग्रस्त क्षेत्रों से होकर स्वस्थ पौधों वाले बाग में न जाय, क्योंकि यह रोग के प्रसार में सहायक होता है।
8. इस रोग से बचाव के लिए यह आवश्यक है कि इस कवक की सबसे खतरनाक प्रभेद – IV से ग्रसित देशों से केला का आयात न किया जाय, क्योंकि यदि यह प्रभेद भारत में पहुंच गयी तो केला उत्पादन के अस्तित्व के लिए बड़ा खतरा उत्पन्न हो जायेगा।
9. रोपण से पूर्व प्रकन्दों को कार्बेन्डाजीम (1 ग्राम/लीटर) के घोल में 30 मिनट डुबा कर प्रयोग में लाना चाहिए, तथा इसी घोल से दो–दो माह के अन्तर पर भूमि में प्रयोग करने से भी रोग की उग्रता में कमी होती है। यह कार्य रोपण के पाँच माह बाद से प्रयोग में लाना चाहिए।
10. बेविस्टीन को कैप्सूल में भर कर प्रकन्दों के अन्दर डाल देने से भी रोग की उग्रता में कमी दर्ज की गई है।
11. बगीचों को साफ सुथरा रखना चाहिए। सूखी पत्तियों, रोगग्रस्त पौधों को तुरन्त बाग से हटा देना चाहिए।
12. फसल चक्र को अपनाना चाहिए। तीन वर्ष के उपरान्त केले के बाग को एक स्थान से दूसरे स्थान पर स्थानान्तरित कर देना चाहिए, तथा उस खेत में धान की खेती करने से रोग की उग्रता में कमी होती है।
13. इस रोग से प्रभावित क्षेत्रों में सिल्क प्रजाति जैसे मालभोग तथा ब्लूगो प्रजाति तथा अन्य सब्जी वाले केलों जैसे कोठिया की खेती करने से बचना चाहिए क्योंकि उपर्युक्त दोनों प्रजाति इस रोग की दो प्रभेदों द्वारा प्रभावित होती है।

14. कभी भी एक ही प्रजाति के केलों की खेती नहीं करनी चाहिए।
15. केला की खेती उच्च जीवांशयुक्त मृदा में करना चाहिए।
16. इस रोग के विस्तार में सूत्रकृमि (नेमाटोड) की भूमिका प्रमुख है। अतः यह आवश्यक है कि केला के बागान लगाने के पूर्व सूत्रकृमि की जनसंख्या का पता लगा लेना चाहिए क्योंकि यदि मृदा में इनकी संख्या ज्यादा होगी तो इस रोग के होने की सम्भावना भी ज्यादा होगी। बाग लगाने के उपरान्त भी इनकी जनसंख्या का हिसाब लगाते रहना चाहिए।
17. खेत की भूमि को भी सूत्रकृमिनाशी दवाओं से उपचारित करने से काफी लाभ होता है। इसके लिए नेमागान को प्रयोग करना चाहिए। 2 मिली नेमागान को रोपण समय भूमि में प्रकन्द के नीचे डालना चाहिए या रोपण से पहले भूमि का उपचार 2 लीटर नेमागान प्रति हेक्टेयर के हिसाब से करना चाहिए। नेमागान का प्रयोग रोपण के बाद हर 6 से 12 महीने पर करना चाहिए। इससे भूमि में नेमाटोड की संख्या काफी कम रहती है।
18. प्रकन्दों के ऊपर से मिट्टी हटाकर प्रकन्दों में 45° के कोण पर 10 से.मी. गहरा छेद करते हैं। उस छेद में प्रकन्द छेदन सूई द्वारा कार्बेन्डाजीम 2 प्रतिशत का घोल डालते हैं। यह कार्य रोपण के 2, 4 एवं 6 वें महीने के उपरान्त करना चाहिए।
19. *ट्राइकोडरमा विरीडी* नामक कवक/10 ग्राम/प्रकन्द रोपण के समय प्रयोग करने से भी यह रोग नियंत्रित होता है।
20. केला के बाग में शस्य क्रियाओं के दौरान जड़ों को नष्ट करने से बचाना चाहिए, अन्यथा इस घाव के माध्यम से रोग का निवेशद्रव्य स्वस्थ पौधों में पहुँच जायेगा।

केला का पर्ण चित्तीरोग या सिगाटोका रोग

इसे सिगाटोका रोग भी कहते हैं क्योंकि सर्वप्रथम यह रोग सन् 1913 में सिगाटोका के मैदानों में व्यापक रूप से पाया गया था। यह रोग मध्य अमेरिका, जावा, सुमात्रा, पूर्वी आस्ट्रेलिया, फिजी, मलाया आदि क्षेत्रों में एक भयंकर बीमारी के रूप में जाना जाता है। भारत में यह रोग दक्षिण तथा दक्षिण–पूर्वी प्रदेशों तथा बंगाल में पाया जाता है। बिहार में यह रोग कोई समस्या नहीं है क्योंकि इसके लक्षण मात्र निचली पत्तियों तक सीमित रहते हैं। लेकिन यदि इस रोग के प्रबन्धन पर विशेष ध्यान नहीं दिया गया तो इसे व्यापक रूप धारण करने से रोकना मुश्किल होगा।

लक्षण

इस रोग से पत्ती का अधिकांश भाग या कभी–कभी पूरी पत्ती ही झुलस जाती है। पौधों का भोजन बनाने का कार्य अत्यधिक प्रभावित होता है। रोग के शुरूआती लक्षण ऊपर से तीसरी या चौथी पत्ती पर सूक्ष्म चित्तियों कें रूप में दिखाई देता हैं। ये धब्बे हल्की पीली या गहरी पीली धारियों के रूप में होते हैं जो लंबाई में 1-10 मि.मी. तथा चौड़ाई में 0.5 से 1.0 मि.मी. और पर्ण शिराओं के समांतर होती है। बाद में ये धब्बे चौड़ाई में बढ़कर दीर्घ वृत्ताकार भूरे धब्बे बन जाते हैं। इन धब्बों का मध्य भाग सूख कर धूसर रंग का हो जाता है। जिसके किनारे काले रंग के होते हैं। यह धब्बे नयी पत्तियों

पर ज्यादा स्पष्ट होते हैं। इस रोग की उग्रता की अवस्था में पौधे झुलसे हुए नजर आते हैं। यदि यह रोग मात्र नीचे की कुछ पत्तियों तक ही सीमित हो तो नुकसान कम होता है, लेकिन जब यह धब्बे ऊपर की पत्तियों पर भी दिखे तब उसी अनुपात में उपज पर असर पड़ता है। परिवहन के समय इस रोग का प्रभाव फलों की सड़न के रूप में दिखाई देता है। इसके अलावा भी केला की पत्तियों पर विभिन्न कवक का आक्रमण होता है, तथा भिन्न–भिन्न लक्षण पत्तियों पर परिलक्षित होते हैं (चित्र 12.2)। लेकिन बिहार में विभिन्न कवकों द्वारा उत्पन्न पर्णचित्ती रोग से बहुत ज्यादा नुकसान नहीं होता है क्योंकि रोग का लक्षण निचली पत्तियों तक ही सीमित रहता है। कावेन्डीश समूह के केलों में 2-3 पत्तियों को छोड़कर सभी पत्तियाँ सूख जाती है। केला से भरपूर उपज के लिए 13-15 स्वस्थ पत्तियों का होना आवश्यक है।

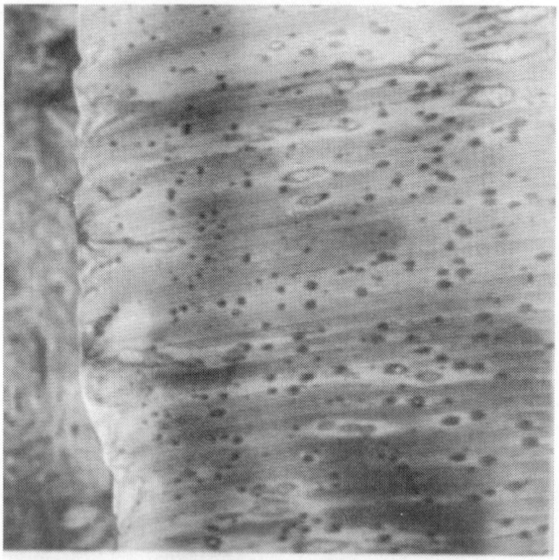

रोगकारक : क्लैडोस्पोरियम प्रजाति

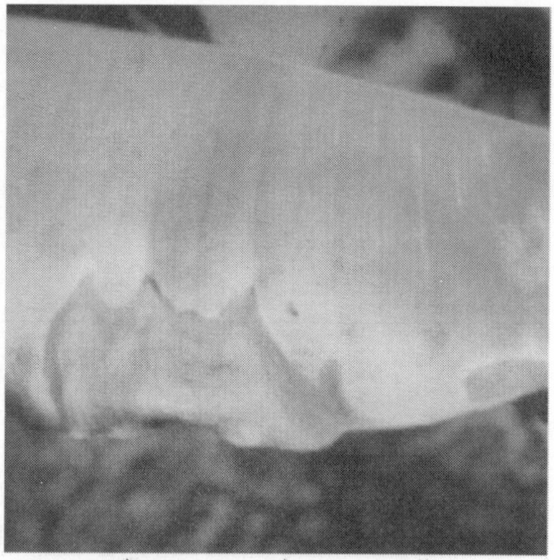

रोगकारक : कोरडाना म्यूसी

रोगकारक : सर्कोस्पोरा प्रजाति

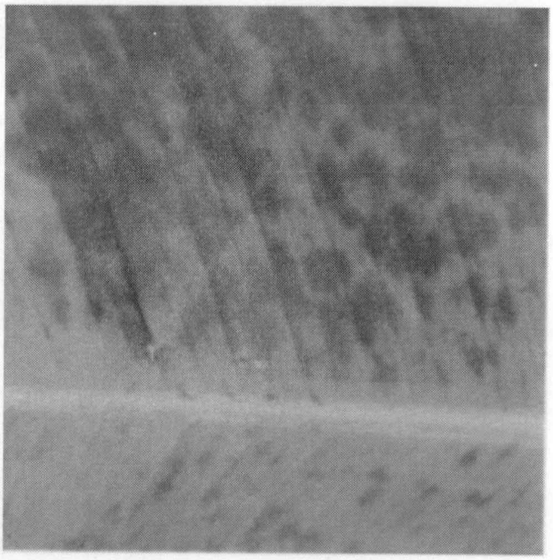

रोगकारक : यूरोमाइसीज म्यूसी

चित्र 12.2. केला में पाये जाने वाले विभिन्न पर्ण चित्ती रोग

रोगकारक

यह रोग *सर्कोस्पोरा म्यूसी* नामक फफूँद द्वारा होता है। यह इस कवक की अलैंगिक अवस्था है। लैंगिक अवस्था में इस फफूँद को *माइकोस्पीरेल्ला म्यूसीकोला* कहते हैं।

रोग चक्र

इस रोग को रोगकारक केला की सूखी पत्तियों या रोग के मलबे पर जीवित रह सकता है। यह कवक वर्षों तक इसी अवस्था में जीवित रह सकता है। इस रोग का प्रसार वर्षा की बूँदों द्वारा या हवा द्वारा होता है।

रोग के विस्तार हेतु अनुकूल परिस्थितियाँ

यह रोग गर्म एवं आर्द्र मौसम में (23-25°C) तेजी से फैलता है। उच्च एवं निम्न दोनों तापक्रमों पर इस रोग का विस्तार कम होता है। यह रोग कम उर्वरा वाली मृदा में ज्यादा होता है। कमजोर जल निकास वाली भूमि में इसका विस्तार और तेजी से होता है। एक ही स्थान पर कई पौधों का होना तथा अत्यधिक खरपतवार का होना इस रोग की उग्रता में सहायक होता है।

उत्तर प्रदेश एवं बिहार की जलवायु में यह रोग कम होता है, तथा केला की खेती हेतु कोई विशेष समस्या नहीं है। लेकिन दक्षिण भारत में यह एक प्रमुख बीमारी है।

रोग का प्रबन्धन

यदि रोग के लक्षण पौधे के ऊपर की पत्तियों पर दिखाई दे तो निम्न उपाय करना चाहिए।

1. रोग यदि ऊपर की पत्तियों पर दिखाई देने लगे तब ताम्रयुक्त दवा जैसे बोर्डोमिश्रण (2%) ब्लूकॉपर या कापर आक्सीक्लोराइड–50 (0.3%) प्रोपीकानोजोल (0.1%), मैंकोजेब (1250 ग्राम/हेक्टेयर), घोल का छिड़काव करना अच्छा रहता है। इस घोल में 2% तीसी का तेल या टीपोल भी मिला लेना अच्छा रहता है, क्योंकि केला की पत्तियाँ चिकनी होती है, जिस पर दवा पड़ने पर वह नीचे गिर जाता है। लेकिन चिपकने वाला पदार्थ (स्टिकर) मिला लेने से दवा नीचे नहीं गिरती है। उपरोक्त में से कोई भी दवा अक्टूबर से छिड़काव शुरू करना चाहिए। तीन–चार छिड़काव 2-3 सप्ताह के अन्तर पर करना चाहिए। 2. रोगग्रस्त नीचे की पत्तियों को काटकर खेत से निकालते रहना चाहिए। जिससे खेत के रोग के निवेशद्रव्य की सांद्रता कम रहती है। 3. पौधों को संतुलित खाद एवं उर्वरक समयानुसार देते रहना चाहिए।

केला का अंतः विगलन रोग

लक्षण

कवक की कई जातियाँ जैसे *कोलेटोट्राइकम, फ्यूजेरियम, वर्टीसीलियम* एवं *बोट्रायोडिपलोडिया* द्वारा यह बीमारी पैदा होती है। इस रोग के प्रति केला की चम्पा एवं अल्पान, मालभोग प्रजातियाँ ज्यादा रोगग्राही है। रोगग्रस्त पौधों में अन्दर की पत्तियाँ गल

जाती है, और नयी पत्ती निकलती ही नहीं है। बीच की नवजात पत्ती सूखी तथा सभी पत्ती ऊपर की तरफ खड़ी दिखाई देती है। पौधे के तने का विगलन स्पष्ट रूप से पौधों को काट कर देखा जा सकता है जो ऊपर से नीचे की तरफ बढ़ता हुआ दिखाई देता है। इस प्रकार के पौधों में पुष्पक्रम नहीं निकल पाता है। यदि रोग का आक्रमण बाद में हुआ तो गहर विचित्र रूप से निकला हुआ दिखाई देता है (चित्र 12.3)।

पत्तियाँ ऊपर की ओर (प्रारंभिक अवस्था)

बीच की नवजात सूखी पत्ती

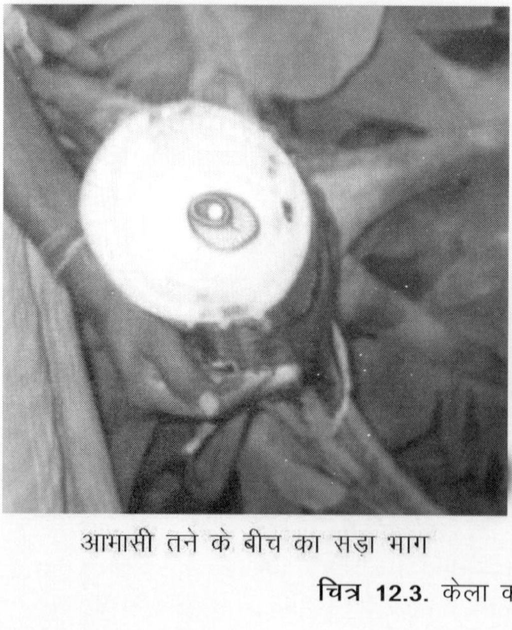

आभासी तने के बीच का सड़ा भाग

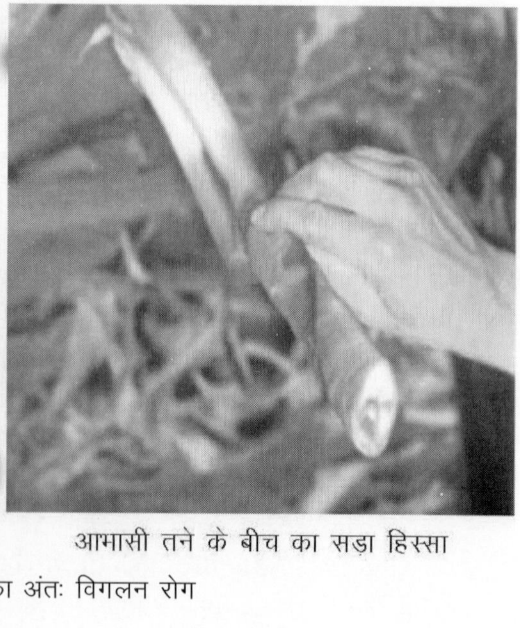

आभासी तने के बीच का सड़ा हिस्सा

चित्र 12.3. केला का अंतः विगलन रोग

प्रबन्धन

1. उचित समय पर बोर्डो मिश्रण (2%) या कापर आक्सीक्लोराइड–50 का 0.3% का छिड़काव करके इस रोग से फसल को बचाया जा सकता है।
2. पौधों को उचित दूरी पर ही लगाना चाहिए। एक स्थान पर केवल एक पौधे को ही रखना चाहिए।
3. बाग में सूर्य की रोशनी का अन्दर तक आना आवश्यक है।
4. खेत में पानी नहीं लगने देना चाहिए।
5. जहाँ पर यह उग्र रूप धारण कर लिया हो वहाँ पर अल्पान एवं चीनिया प्रजाति के केले की खेती बन्द कर देनी चाहिए।

घौद की कटाई पूर्व एवं कटाई उपरान्त के रोग

यातायात तथा संग्रहण के दौरान बहुत से फल सड़ गल कर खराब हो जाते हैं। इस प्रकार फल विगलन की बहुतसी बीमारियाँ है जैसे शिखर विगलन, मुख्य वृंत विगलन, काला सिरा या काली चित्ती विगलन इत्यादि।

परन्तु इनमें कालव्रण या एन्थ्रेक्नोज रोग प्रमुख है। यह *कोलेटोट्राइकम* नामक कवक द्वारा पैदा होता है तथा संग्रहण के दौरान इससे केले को काफी क्षति होती है। इस रोग से अपरिपक्व फल भी प्रभावित होते हैं। बसराई एवं हरीछाल प्रजाति के केले इस रोग से ज्यादा प्रभावित होते हैं।

बोट्रायोडिप्लोडिया फल सड़न

बोट्रायोडिप्लोडिया थियोब्रोमी घाव उत्पन्न करने वाला रोगकारक है। कभी–कभी मुख्य तने में गम्भीर घाव/सड़न उत्पन्न करता है। फल की छिमियों के डंठल को सड़ा देता है तथा फल गिर जाता है। भूरे काले रंग का सड़न उत्पन्न होता है, फल के गूदे मुलायम हो जाते हैं। फल जब परिपक्वता (2/3) पर पहुंचते हैं तब सम्पूर्ण फल प्रभावित होता है तथा गूदे मुलायम हो जाते हैं तथा अन्ततः ठोस द्रव्य में बदल जाते हैं। छिलका काला मुलायम, पिचका हुआ, जिस पर पिकनिडियाँ लगी होती है।

काला धब्बा रोग

यह रोग *मैक्रोफोमा म्यूसी* द्वारा होता है। केला एवं प्लान्टेन के पत्तियों पर एवं फलों पर असंख्य छोटे काले धब्बे बनते हैं जो लगभग गोल होते हैं जिनका आकार 1 मि.मी. का होता है मध्य भाग में काली बिन्दु जैसी संरचना होती है। इस कवक के विस्तार हेतु वर्षा का जल मुख्य स्रोत है। यह रोग नमी वाले मौसम में ज्यादा गम्भीर होता है।

धंसा हुआ धब्बा रोग

इस रोग का रोग कारक *पाइरीकुलेरिया ग्रीसिया* है। इस रोगकारक के कारण केला के फलों पर लगभग 4-6 मिमी व्यास का गोल धंसा हुआ धब्बा बनता है, जो फल की परिपक्वता पर बनता है। छोटे धब्बे फल की छिमियों के डंठलों पर, क्राउन पर भी बनते

हैं जिसके कारण से फल झड़ने लगते हैं। फलों पर इस प्रकार के धब्बे बनना अधिक हो सकता है, जब फलों को एक स्थान से दूसरे स्थान पर ले जाया जा रहा हो।

भूरा धब्बा या डायमण्ड धब्बा

इस प्रकार का धब्बा फलों पर *सर्कोस्पोरा हाई* नामक कवक द्वारा होता है। काला, धसाँ हुआ हीरे के आकार का धब्बा फल की कटाई के समय बनता है। यह वर्षात के समय ज्यादा बनता है।

सिगार के अन्तिम हिस्से के समान की सड़न

यह रोग वर्टीसीलियम थीयोब्रोमी एवं *ट्रैकीस्फीरा फ्रुक्टीजेरा* नामक कवक द्वारा होता है। लेकिन बिहार मे इस रोग का लक्षण *कोलेट्रोटाइकम ग्लोइयोस्पोराइड्स* नामक कवक द्वारा होता है।

क्राउन का सड़न

यह रोग *कोलेटोट्राइकम म्यूसी, फ्यूजेरियम* प्रजातियां एवं *बोट्राइडिप्लोडिया थियोब्रोमी* द्वारा उत्पन्न होता है। इस रोग में फल का क्राउन ही सड़ने लगता है।

प्रबन्धन

1. इस रोग से बचाव का सबसे अच्छा तरीका है कि फल के छिलकों को घाव लगने से बचाया जाय।
2. रोग से प्रभावित केलों को नष्ट कर देना चाहिए।
3. संग्रहण का स्थान साफ, सुथरा, ठंडा एवं रोशनीदार होना चाहिए।
4. यदि बाग में यह रोग हो तो कापर आक्सीक्लोराइड–50 (0.3 प्रतिशत) या बोर्डो मिश्रण (2 प्रतिशत) का 3-4 छिड़काव 15 दिन के अन्तराल पर करके इस रोग से फसल को बचाया जा सकता है। लेकिन यह छिड़काव केला के कटने के 15-20 दिन पूर्व बन्द कर देना चाहिए।
5. गहर कटने के उपरान्त यदि केले का भण्डारण 14-16°C पर कर दिया जाय तब भी फल सड़न रोग से केलों को बचाया जा सकता है।
6. केला को गहर से अलग अलग करके साफ पानी में धोने से भी इस रोग की उग्रता में कमी दर्ज की गई है।
7. यदि यह रोग गम्भीर हो तब घौद से हथ्थों को अलग करें, पानी से धोने के बाद फफूँदनाशक रसायन के 0.05% घोल में (थाइबेन्डाजोल / ईमाजोलील / बेनोमाइल / कार्बेन्डाजीम) डुबाने से भी कटाई उपरान्त होने वाले रोगों में कमी आती है।
8. फल की कटाई सही परिपक्वता पर करें।
9. लटक रही सूखी पत्तियों को काट कर हटाते रहें क्योंकि फलों का क्षतिग्रस्त कर देती हैं।

रोगकारक : पाइरीकुलेरिया ग्रिसीया

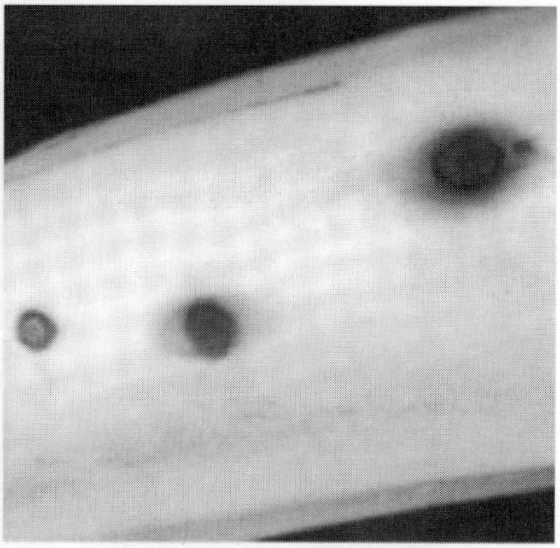

रोगकारक : पाइरीकुलेरिया ग्रिसीया

रोगकारक : बोट्राईडीपलोडीया थियोब्रोमी

रोगकारक : कोलेटोट्राइकम म्यूसी

चित्र 12.4. केला का फल सड़न रोग

जीवाणु रोग

प्रकन्द सड़न रोग या टिप ओवर

लक्षण

इस रोग से प्रभावित पौधों के प्रकन्दों का रंग बदलने लगता है, तथा उसमें सड़न उत्पन्न हो जाती है। जिससे जड़ों की संख्या अत्यधिक घट जाती है, जो बचती है उनका भी अन्तिम सिरा सड़ा हुआ होता है। पौधों की बढ़वार रूक जाती है। यह एक जीवाणुजनित बीमारी है जो *इरविनिया कैरोटोवोरा* वार *कैरोटोवोरा* द्वारा होता है। जमीन

की सतह से आभासी तना सड़ने लगता है। आक्रान्त पौधे को भूमि की सतह से खड़ा काटा जाय तो पीला से लाल बुलबुला निकलते हुए दिखाई देगा। बसराई, रोबस्टा, नेन्द्रन एवं थेल चाकरकेली इत्यादि रोगग्राही प्रजातियाँ है।

चित्र 12.5. केला का इरवीनिया शीर्ष गलन रोग

प्रबन्धन

1. रोपण हेतु सदैव स्वस्थ पौधों से ही प्रकन्दों का चयन करें।
2. खेत में जलजमाव न होने दें। उचित जल निकास की व्यवस्था करें।
3. रोग से बचाव के लिए स्ट्रेप्टोसाइक्लीन (0.05%), कार्बेन्डाजीम (0.1%) का छिड़काव करें।
4. छोटे प्रकन्दों (500-700 ग्राम) का ही रोपण करना चाहिए क्योंकि बड़े सकर इस रोग से ज्यादा आक्रान्त होते हैं।

विषाणु रोग

गुच्छ शीर्षरोग (बंची टॉप)

यह रोग सर्वप्रथम फीजी में सन् 1891 में देखा गया। सन् 1894 में इस रोग की उग्रता की वजह से बहुत से केले के बगीचों को उखाड़ देना पड़ा। सन् 1913 में यह आस्ट्रेलिया एवं श्रीलंका में भी रिपोर्ट किया गया। यह एक विषाणुजनित बीमारी है। केला में लगने वाले सभी विषाणुजनित रोगों में यह सबसे खतरनाक रोग है। यह रोग सन् 1925 में सर्वप्रथम बंगाल से रिपोर्ट किया। इसके बाद सन् 1940, 1941 एवं 1943 में क्रमशः बिहार, आसाम एवं केरल से रिपोर्ट किया।

बिहार में केला मुख्यतः दो जोन में उगाया जाता है। जोन–I में वैशाली प्रमुख केला उत्पादक क्षेत्र है, जहाँ कि सर्वाधिक लोकप्रिय प्रजाति मालभोग है तथा उसकी मुख्य समस्या पनामा विल्ट है। जोन–II में कोसी क्षेत्र आता है, जहाँ पर रोबस्टा एवं बसराई प्रजातियाँ उगाई जाती है, जिसकी यह एक प्रमुख बीमारी है। वहाँ पर समस्या शीर्ष गुच्छी रोग है, यह रोग भारत के विभिन्न प्रान्तों की भी एक मुख्य समस्या है। केरल एवं कर्नाटक में इस रोग की उग्रता 20 से 32.7 प्रतिशत है, जिसकी वजह से करोड़ों रूपये का नुकसान का अनुमान लगाया जाता है। हाल के वर्षों में बिहार में यह रोग अति उग्र रूप में उभर रहा है। कहीं–कहीं पर लगभग 50 प्रतिशत से भी ज्यादा पौधे इस विषाणु से आक्रान्त है। केला की खेती करना मुश्किल हो रहा है।

लक्षण

इस रोग के लक्षण पौधे के वृद्धि की किसी भी अवस्था में परिलक्षित हो सकता है। यह एक विषाणु द्वारा उत्पन्न होता है, अतः इसका संक्रमण सर्वांगी (Systemic) होता है। रोगग्रस्त पौधों की पत्तियाँ पौधे के शीर्ष पर एक गुच्छे के रूप में दिखाई देती है। रोगग्रस्त पत्तियाँ स्वस्थ पौधों की पत्तियों की तुलना में सीधी होती है। पौधे बौने ही रह जाते हैं। गहरे हरे रंग की धारियाँ भी पौधे की पत्तियों पर दिखाई देती है। यह गहरे हरे रंग की धारियाँ, डॉट–डॉट की भांति बीच–बीच में टूटी होती है। इस रोग से केला की बौनी प्रजातियाँ ज्यादा प्रभावित होती हे। केला की लम्बी प्रजातियाँ भी प्रभावित होती है लेकिन बौनी प्रजातियों की तुलना में कम आक्रान्त पाया जाता है (चित्र 12.6)।

रोग का संचरण

इस रोग का संचरण मुख्यतः दो तरह से होता है।

प्राथमिक संचरण

यह रोग सर्वांगी स्वभाव का होता है। इसका प्राथमिक संक्रमण, रोगी अंतः भूस्तारी/प्रकन्दों के कारण से होता है।

द्वितीयक संचरण

द्वितीयक संक्रमण पौधों की वृद्धि की अवस्था में रोगवाहक कीट *पेन्टालोलिया नाइग्रोनर्वोसा* द्वारा होता है। इन दोनों प्रकार के संक्रमण में उत्पन्न रोग की उग्रता में अन्तर होता है। प्राथमिक संक्रमण के व्यापक होने पर पौधे की वृद्धि रूक जाती है। सामान्यतः पौधे की ऊँचाई 60 से.मी. से ज्यादा नहीं हो पाती है। प्रौढ़ पौधों पर द्वितीयक संक्रमण होने पर लक्षण पत्तियों तक ही सीमित रहते हैं।

रोगजनक

इस रोग का रोगजनक केला वाइरस–I माना जाता है। यह केला एफिड *पेन्टालोनिया नाइग्रोनर्वोसा* द्वारा रोगी पौधों से स्वस्थ पौधों तक पहुँचता है। यह बीमारी रस द्वारा संचरणशील नहीं है।

शीर्ष गुच्छरोग से आक्रान्त पौधा

एफिड से आक्रान्त केला का फल

शीर्ष गुच्छ रोग से आक्रान्त केला की लम्बी प्रजाति (अल्पान)

केला के अन्य विषाणुजनित रोग का लक्षण

चित्र 12.6. केला का शीर्ष गुच्छा रोग (बंची टाप)

रोग चक्र

रोगजनक पौधे के सभी भागों में उपस्थित रहता है। रोग का प्राथमिक संक्रमण रोगग्रस्त प्रकन्दों/अंतः भूस्तारी द्वारा होता है। इन्हीं के द्वारा रोग एक क्षेत्र से दूसरे क्षेत्र में पहुँचता है। रोग का द्वितीयक संक्रमण रोगवाहक एफिड द्वारा होता है। पौधों में रोगजनक के प्रवेश के 35 से 45 दिन बाद स्पष्ट लक्षण प्रकट होने लगते हैं। ये रोगवाहक कीट पौधे के तने के आधार पर मृदा में पाए जाते हैं। आभासी/झूठे तने और

पत्तियाँ के मध्य की उग्रता की अवस्था में ये कीट पौधे की शीर्षस्थ पत्तियों की निचली सतह पर भी पाये जाते हैं।

केला में शीर्ष गुच्छ रोग पहचान की आसान (विषाणु संक्रमण) विधि

शीर्ष गुच्छ रोग से आक्रान्त पौधों को रोग के लक्षण उत्पन्न होने से पूर्व पहचानने की विधि जो निम्नवत है :–

1. प्रकन्द का चुनाव – 1/2 से 1 किलो (500 – 1000 ग्राम)
2. 2,3,5 ट्राईफेनाइल टेट्राजोलियम क्लोराइड का 3 प्रतिशत (w/v) का पानी में घोल बनाते हैं, जिसे रंगीन बोतल में भर कर सूर्य की सीधी किरणों से बचाते हुए फ्रीज में रख देते हैं। उपयोग करने के 30 मिनट पूर्व फ्रीज से निकाल कर कमरे के तापक्रम पर रखते हैं।
3. प्रकन्द के निचले भाग से 1 इंच गहराई से प्रकन्द का छोटा सा हिस्सा काट कर निकालते हैं।
4. एक छोटी शीशी में 2,3,5 ट्राई फेनाइल ट्रेड्राजोलियम क्लोराइड का 3 प्रतिशत का घोल लेते हैं, तथा प्रकन्द का छोटा सा हिस्सा इसमें डालते हैं।
5. 28-32°C पर इस शीशी को एक घंटा रखते हैं।
6. यदि प्रकन्द का छोटा हिस्सा शीर्ष गुच्छा रोग (विषाणु) से आक्रान्त होगा तो इसमें ऊतक लाल/गहरा लाल हो जायेगा।
7. समय–समय पर इस शीशी को देखते रहना आवश्यक है क्योंकि कालान्तर में सभी ऊतक चाहे रोगग्रस्त हो या स्वस्थ काले पड़ जायेंगे।
8. रोगग्रस्त/स्वस्थ पौधों को पहचानने के बाद इस बने हुए घोल को पुनः जाँच हेतु प्रयोग किया जा सकता है। यह घोल लगभग 10 माह तक इसी अवस्था में रखा जा सकता है।

इस विधि द्वारा बहुत ही आसानी से रोग की अति शुरूआती अवस्था में ही पहचाना जा सकता है, तथा रोगग्रस्त प्रकन्दों को रोपण हेतु अनुपयुक्त छाँट कर अलग किया जा सकता है। आवश्यकता इस बात की है कि इस विधि को किसानों के मध्य लोकप्रिय बनाया जाय। बिहार में शीर्ष गुच्छ रोग अति भयानक रूप में सामने आ रहा है। इस रोग से बचाव हेतु यह आवश्यक है कि रोगग्रस्त प्रकन्दों का रोपण न किया जाय।

संक्रमित होने वाला पीलापन/केला का मोजैक विषाणु

इस रोग में पत्तियों का पीला होना एक सामान्य लक्षण है। इसमें आक्रान्त पत्तियों में नसों के साथ–साथ हल्का पीला होना पाया जाता है। नसें उभरी तथा पत्तियाँ सिकुड़ी होती हैं। पौधे की बीच की पत्ती सड़ने लगता है इस प्रकार के लक्षण रोबस्टा एवं बसराई में ज्यादा देखने को मिलते हैं। इस विषाणु का प्रसार सकर द्वारा मुख्यतः होता है। एफिड की बहुत सारी प्रजातियाँ भी इस विषाणु को फैलाने में सहायक है। यह विषाणु 800 से ज्यादा पौधों पर पाया जाता है। एफिड केला से केला तथा कद्दूवर्गीय सब्जियों से केला पर फैलाने का काम करता है। आक्रान्त पौधों को हटाते रहना, रोग मुक्त सकर का रोपण हेतु प्रयोग ही इस रोग के प्रबन्धन का एक मात्र समाधान है।

केला का ब्रैक्ट मोजैक विषाणु (बीबीएमवी)

यह विषाणु 1995 मे केरल में कोक्कन के रूप में पहचाना गया। यह रोग एफिड की विभिन्न प्रजातियों द्वारा फैलता है। इस रोग के फैलाव का मुख्य कारण है, रोगग्रस्त सकर एवं इस रोग के प्रति जानकारी का अभाव। इस रोग से बचाव के लिए रोग मुक्त सकर तथा आक्रान्त पौधों को काटकर हटाना ही एक मात्र उपाय है।

चित्र 12.7. ब्रैक्ट मोजैक विषाणु (बीएमवी) से आक्रांत केला

केला का धारीदार विषाणु (बी एस बी)

यह विषाणु रोग भारत में दशकों से है लेकिन 1995 में पहचाना गया। पूवान प्रजाति का केला इस रोग के प्रति ज्यादा रोगग्राही है। इस रोग का प्रमुख लक्षण है छोटे –छोटे सुनहले पीले रंग के बिन्दु जो एक धारी के रूप में होते हैं। पहले ये धारियां पीले रंग की होती है जो बाद में काली हो जाती है। इस रोग का संचरण गुलाबी गन्ना के मिली बग/नींबू के मिली बग द्वारा होता है। आक्रान्त सकर भी रोग को फैलाने का मुख्य साधन हैं।

विषाणुजनित रोगों का प्रबन्धन

विषाणुजनित रोगों के प्रबन्धन हेतु निम्नलिखित उपाय प्रयोग में लाये जा सकते हैं।

1. रोपण हेतु सदैव स्वस्थ प्रकन्दों का की प्रयोग करना चाहिए। जिससे प्राथमिक संक्रमण ही नहीं हो पाता है।
2. रोग के लक्षण दिखाई देते ही रोगी पौधों को उखाड़ कर नष्ट कर देना चाहिए। रोगी पौधों का कोई भी भाग जीवित नहीं रहने देना चाहिए। इसके लिए खरपतवार नाशक का भी प्रयोग किया जा सकता है।
3. रोगवाहक कीटों के रहने के स्थान में मिट्टी का तेल डालने से भी कीटों की संख्या में भारी कमी देखी गयी है। जिससे रोगों के विस्तार में कमी होती है। इसके स्थान पर किसी कीटनाशक रसायन का भी प्रयोग किया जा सकता है।

4. इस रोग की भयावहता बढ़ने पर बौनी प्रजाति के केलों की खेती कुछ वर्षों के लिए बन्द कर देनी चाहिए।
5. परिवहन द्वारा रोगी पौधों के एक स्थान से दूसरे स्थान पर जाने पर समुचित प्रतिबन्ध होना चाहिए।
6. रोगग्रस्त खेतों के चारों तरफ बाड़ लगा देना चाहिए जिससे कि रोग के प्रसार में कमी आती है।
7. मोनोक्रोटोफास की 1 मिलीलीटर मात्रा/पौधा (1 मिलीलीटर दवा को 4 मिलीलीटर पानी का घोल बना लेते हैं) की दर से 45 दिन के अन्तराल पर, तीसरे महीने से ही इन्जेक्शन द्वारा देते रहने से इस रोग से पूर्णतः मुक्ति मिल जाती है।
8. फास्फेमीडान या मोनोक्रोटोफास (1 मिलीलीटर/लीटर) या मेथाइल डिमेशन (2 मिलीलीटर/लीटर) के छिड़काव करने से इस रोग का प्रसार बिल्कुल ही रूक जाता है।
9. यह रोग मुख्यतः केला की खेती में कुप्रबन्ध की वजह से होता है। अतः आवश्यक है कि केला की खेती, स्वच्छ तरीके से की जाय। एक स्थान पर मात्र एक पौधा रखा जाय वहाँ पर दूसरा पौधा तभी रहने दिया जाय जब वहाँ मातृ पौधे में गहर निकल आया हो।
10. केला का रोपण समुचित दूरी पर किया जाय।
11. रोगग्रस्त पौधों को 2-4-D फेरनोसोन (125 मिलीग्राम/लीटर पानी) का प्रयोग करके पौधे को नष्ट कर देना चाहिए।
12. कारबोफ्यूरॉन–3जी नामक कीटनाशक का प्रयोग करके रोग संवाहक कीटों को नियंत्रित किया जा सकता है।

13

पपीता के प्रमुख रोग एवं प्रबंधन

डॉ. एस.के. सिंह

पौधा रोग विभाग, राजेंद्र कृषि विश्वविद्यालय, पूसा – 848 125 (बिहार)

आर्द्रगलन रोग

यह बीमारी पौधशाला में *पीथियम एफैनिडरमेटम, फाइटोफ्थोरा पाल्थमीवोरा* एवं *राइजोक्टोनिया सोलेनाई* नामक कवक के कारण होती है। इसका प्रभाव नये अंकुरित पौधों पर अधिक होता है तथा पौधा जमीन के पास से सड़ जाता है और पौधा मुरझाकर गिर जाता है। यह रोग कई कारणों से ज्यादा होता है जैसे– उच्च तापक्रम, आर्द्र वातावरण, गीली मृदा, खराब जलनिकास, गहरी बुआई, घनी बुआई, मृदा में वायु का खराब संचार, अधिक मात्रा में मृदा में नत्रजन का होना तथा सूर्य के प्रकाश का कम होना है। एक ही स्थान पर बार–बार नर्सरी बनाने से इस रोग की उग्रता में भारी वृद्धि होती है। कभी–कभी 50-60% से लेकर शत–प्रतिशत तक पौधे इस बीमारी की वजह से मर जाते हैं।

चित्र 13.1. पपीता का आर्द्रगलन रोग

प्रबंधन

- इससे बचाव के लिए नर्सरी की मिट्टी को बोने से पहले फारमेल्डिहाइड से 2.5 प्रतिशत घोल से उपचारित कर पालिथिन से 48 घंटों तक ढक देना चाहिए। यह कार्य नर्सरी लगाने के 15 दिन पूर्व कर लेना चाहिए।
- बीज को थायरम, केप्टान (2 ग्राम प्रति कि.ग्रा. बीज) या ट्राइकोडरमा (5 ग्राम/कि. ग्रा. बीज) से उपचारित कर बोना चाहिए।
- पौधशाला में इस रोग से बचाव के लिए रिडोमिल (मेटालाक्सिल) एम–जेड–78 (2 ग्राम प्रति लीटर पानी में) का छिड़काव एक सप्ताह के अन्तराल पर बार करना चाहिए।
- नर्सरी को प्लास्टिक से बरसात में ढ़क कर रखना चाहिए।
- नर्सरी का स्थान बदलते रहना चाहिए।
- इस रोग की उग्रता बढ़ाने वाले उपरोक्त कारणों को इस प्रकार से प्रबन्धित करें कि वह नर्सरी में पौधों के लिए उपयुक्त हो तथा बीमारी को बढ़ाने में सहायक न हो।
- नर्सरी की मृदा में ट्राइकोडरमा पाउडर (1 किग्रा. ट्राइकोडरमा/25 किग्रा. कम्पोस्ट /वर्मी कम्पोस्ट में बहुगुणित करने के बाद) मिला लेना चाहिए।

जड़ एवं तनों का सड़ना

यह रोग *पीथियम एफैनिडरमेटम* एवं *फाइटोफ्थोरा पाल्मीवोरा* नामक कवक के कारण होता है। इस रोग में जड़ तना सड़ने से पेड़ सूख जाता है। इसका तने पर प्रथम लक्षण जलीय धब्बे के रूप में होता है जो बाद में बढ़कर तने के चारों तरफ फैल जाता है। पौधे के ऊपर की पत्तियाँ मुरझाकर पीली पड़ जाती है तथा पेड़ सूखकर गिर जाते हैं। भूमितल जड़ें पूर्ण रूप से सड़–गल जाती हैं। बरसात में जहाँ जल निकास अच्छा नहीं होता है भूमितल के पास तना का छिलका सड़ जाता है। जिसकी वजह से पत्तियाँ पीली होकर गिर जाती हैं तथा पौधा सूख जाता है तथा कभी–कभी पौधा भूमि तल से टूट कर गिर जाता है।

प्रबंधन

- पपीता को जल जमाव क्षेत्र में नहीं लगाना चाहिए।
- पपीता के बगीचे में जल निकास का उचित प्रबंध होना चाहिए।
- यदि तने में धब्बे दिखाई देते हैं तो रिडोमिल (मेटालाक्सिल) या मैंकोजेब (2 ग्राम प्रति लीटर पानी में) का घोल बनाकर पौधों के तने के पास की 5 सेमी. गहराई से मिट्टी को हटा कर मिट्टी को अच्छी तरह से अभिसिंचित कर देना चाहिए।
- रोग से ग्रसित पौधों को उखाड़ कर खेत से बाहर करके जमीन में गाड़ दें या जला दें।

- एक प्रतिशत बोर्डो मिश्रण से पौधे के आसपास की मृदा को अच्छी तरह से अभिसिंचित करें। यह कार्य जून–जुलाई में रोग की उग्रता के अनुसार 2-3 बार करें।
- रोपण से पूर्व गड्ढों में ट्राइकोडरमा @ 1 किग्रा./100 किग्रा. सड़ी गोबर की खाद या कम्पोस्ट में अच्छी तरह से बहुगुणित करने के उपरान्त प्रति गड्ढा 5-6 किग्रा. प्रयोग करें, ऐसा करने से रोग की उग्रता में कमी आती है तथा पौधों की बढ़वार अच्छी होती है।
- डैम्पिंग ऑफ नामक बीमारी की रोकथाम हेतु प्रयोग किये गये उपायों को भी ध्यान में रखना चाहिए।

चित्र 13.2. पपीता का जड़ एवं तना का सड़न रोग

कली एवं पुष्पों का सड़ना

यह पपीता में लगने वाली एक नई बीमारी है जो *फ्यूजैरियम सोलनाई* नामक कवक के द्वारा लगती है। शुरू में इस रोग के कारण फल तथा कलिका के पास का तना पीला हो जाता है बाद में पूरे तने पर फैल जाता है। जिसके कारण फल सिकुड़ जाते हैं तथा

बाद में झड़ जाते हैं। इस बीमारी में पपीता की कलिएं व पुष्प विकसित होने के पूर्व ही सड़ कर गिर जा रहे हैं। अनुकूल वातावरण में इस बीमारी से उपज पर भारी असर पड़ रहा है।

प्रबन्धन

- इसकी रोकथाम के लिए कापर आक्सीक्लोराइड – 50 (3 ग्राम प्रति लीटर पानी में) का छिड़काव करना चाहिए।
- फलों के सड़ने से बचाने हेतु जो उपाय किये जाते हैं, उससे भी इस बीमारी की उग्रता में कमी आती है।

एन्थ्रैक्नोज एवं फलों का सड़ना

यह पपीता की एक बहुत ही महत्त्वपूर्ण फफूँदजनित बीमारी है, जो विश्व के सभी पपीता उत्पादक राष्ट्रों में पाई जाती है।

रोगकारक

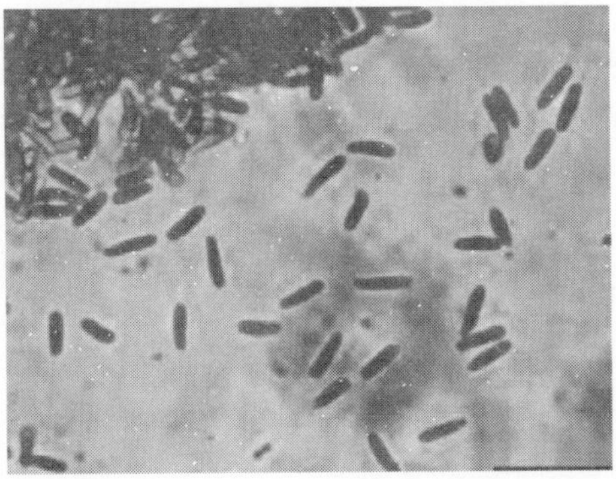

चित्र 13.3 पपीता का एन्थ्रैक्नोज का रोगकारकः *कोलेटोट्राइकम ग्लियोस्पोराइड्स*

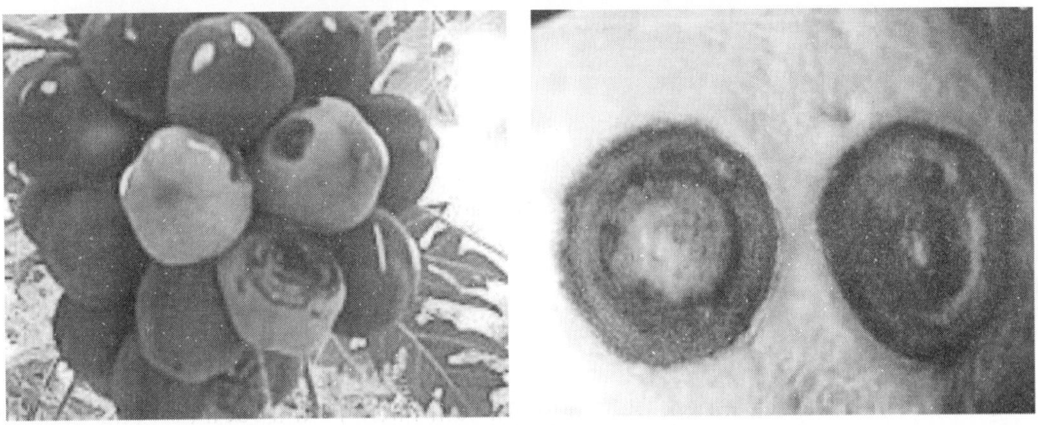

चित्र 13.4. पपीता का एन्थ्रैक्नोज एवं फलों का सड़ना

परपोषी

इस रोग का रोगकारक पपीता के अतिरिक्त विभिन्न पेड़, पौधों पर भी पाया जाता है। इसका प्रसार विश्वव्यापी है।

लक्षण

इस रोग के लक्षण पपीता के पत्तियों, डंठलों एवं फलों पर गुलाबी–नारंगी रंग के धब्बों के रूप में देखा जा सकता है। गोल जलसिक्त धब्बों के अन्दर गोल जलसिक्त धब्बा इसकी प्रमुख पहचान है। सर्वप्रथम 1-10 मिमी. व्यास के धब्बे देखे जाते हैं जो बढ़ कर 20 मिमी. तथा कभी–कभी 5 सेमी. तक हो जाते हैं। ये धब्बे कुछ अन्दर की तरह धँसे होते हैं। इसके अन्दर नारंगी रंग के बीजाणु देखे जा सकते हैं। ये धब्बे बाद में चॉकलेटी रंग के दिखाई देते हैं। विपरीत मौसम में इस रोग के रोगकारक पपीता के पत्तियों एवं डंठलों पर जीवित रहते हैं। फल लगने के साथ–साथ ये फलों पर चले आते हैं। इस रोग से पपीता के पके फल ज्यादा प्रभावित होते हैं। इस रोग के प्राथमिक निवेशद्रव्य का प्रसार हवा एवं बरसात द्वारा होता है।

वातावरण की वजह से भी इस रोग के प्रसार पर प्रभाव पड़ता है। तापक्रम 28 से. ग्रे. तथा 97 प्रतिशत से ज्यादा आर्द्रता की स्थिति में इस रोग की उग्रता बहुत ही ज्यादा बढ़ जाती है। बरसात की बूँदों की वजह से इस रोग का प्रसार होता है। उष्ण मौसम में इस रोग के प्रसार पर रोक लग जाती है। खिली हुई धूप, कम आर्द्रता तथा 18 से.ग्रे. से कम या 25 से.ग्रे. से ज्यादा तापक्रम पर इस रोग के रोगकारक के बीजाणु निष्क्रिय हो जाते हैं।

प्रबन्धन

- इसकी रोकथाम के लिए ब्लाइटाक्स–50 या मैंकोजेब (25 ग्राम प्रति लीटर पानी में) छिड़काव करना चाहिए।
- एक ही खेत में बार–बार पपीता की खेती न करें।
- जड़ एवं फलों को घाव लगने से बचायें।
- पपीता की साफ–सुथरी खेती पर विशेष ध्यान होना चाहिए कि ऐसा करने से घोंघा एवं चींटियों का नियंत्रण होगा।
- फलों की तुड़ाई के उपरान्त गर्म पानी में 20 मिनट डालने के बाद 20 मिनट ठण्डे पानी में डालने के बाद सूखा कर पैकिंग करना चाहिए।

काला धब्बा रोग

यह फफूँदजनित रोग है तथा पपीता उगानेवाले के सभी उत्पादक देशों में पाया जाता है।

रोगकारक : *सर्कोस्पोरा पपायी*

रोग के लक्षण

इस रोग के रोगकारक की वजह से पपीता के जल एवं पत्ती दोनों प्रभावित होती है। फल पर शुरूआत में छोटा काला धब्बा के रूप में यह रोग दिखाई देता है जो बाद में 3 मिमी. व्यास तक का हो जाता है। अपरिपक्व फलों पर ऊपर, थोड़ा सा उठा हुआ, जिसका नीचे का हिस्सा क्रैक जैसा हो जाता है। फलों के पक जाने के बाद भी यह धब्बा दिखाई देता है जिसकी वजह से फल का बाजार मूल्य घट जाता है।

पत्तियों पर भी अनियमित आकार के काले–भूरे धब्बे दिखाई देते हैं जो 1–5 मिमी. व्यास का होता है। सामान्यतः यह रोग बहुत ज्यादा नुकसान नहीं पहुँचाता है लेकिन अनुकूल परिथितियों में रोग की उग्रता की अवस्था में पत्तियाँ पीली होकर गिर जाती है। यह रोग उन बागों में ज्यादा दिखाई देता है, जो बिना किसी विशेष देखभाल के होते हैं तथा फफूँदजनित बीमारियों के प्रबन्धन हेतु किसी फफूँदनाशक दवा का छिड़काव नहीं हुआ होता है।

नियंत्रण

यदि बाग में किसी भी फफूँदजनित बीमारी से बचाव हेतु किसी फफूँदनाशक का छिड़काव हुआ हो तो इस बीमारी की उग्रता में कमी आती है।

पाउडरी मिल्ड्यू

यह रोग सन् 1898 में ब्राजील में सर्वप्रथम देखी गई। इसके बाद से यह रोग विश्व के अन्य देशों जैसे – हवाई, आस्ट्रेलिया, बरमुडा, फ्लोरिडा, ताइवान, भारत एवं न्यूजीलैण्ड से भी रिपोर्ट किया गया।

रोगकारक

यह एक फफूँदजनिक रोग है। इसके रोगकारक का नाम *ओडीयम कैरीकी* है।

परपोषी

इस रोगकारक का परपोषी केवल पपीता है।

बायोलोजी

यह कवक मृतजीवी के रूप में जीवित नहीं रह सकता है। यह हमेशा जीवित पपीता के पौधे में उत्पन्न तथा विकसित होता है। इस रोगकारक द्वारा रोग का विकास कम प्रकाश, उच्च आर्द्रता, मध्यम तापक्रम (18–22) तथा 1500–2500 मि.मी. वर्षा प्रति वर्ष, वाले क्षेत्रों में अधिक देखने को मिलता है।

इस रोग के रोगकारक का प्रसार कोनिडिया जो हवा द्वारा एक स्थान से दूसरे स्थान पर पहुँच कर रोग को फैलाने का कार्य करता है।

नियंत्रण

कार्बेन्डाजीम, मैंकोजेब, थाइयोफानेट मेथाइल एवं ट्राइडीयेफोन के प्रयोग द्वारा इस रोग को नियंत्रित करने में सहायता मिलती है।

पपीता का रिंग स्पाट विषाणु रोग

परपोषी

इस रोग के विषाणु कैरीकेसी (Caricaceae) कुकुरबिटेसी (Cacurbitaceae) एवं चेनोपोडीएसी (Chenopodiaceae) कुल के पौधों पर ही पाये जाते हैं।

वितरण

यह पपीता का सबसे खतरनाक रोग है जो सभी पपीता उत्पादक देशों में पाया जाता है, अफ्रीका को छोड़कर। इस रोग के कई नाम है जैसे– पपीता का डिस्टारशन रिंग स्पाट या मोजैक। ये सभी इसी बीमारी के अन्य नाम है।

लक्षण

यह रोग PRV-P के द्वारा उत्पन्न होता है। PRV-P भी कई तरह के होते हैं, जिसकी वजह से इसकी उग्रता भी घटते–बढ़ते रहती है। इस रोग में पत्तियों पर गहरे हरे रंग के धब्बे बनते हैं, जो प्रायः धँसे होते हैं। इस रोग को रिंग के द्वारा आसानी से पहचाना जा सकता है। यह रिंग फलों पर ज्यादा स्पष्ट दिखाई देते हैं। जैसे–जैसे फल परिपक्व तथा पीला होने लगता है। रिंग अस्पष्ट होने लगती है। फलों पर इस रोग की वजह से कुबड़ापन उभर आता है। इस रोग में सर्वप्रथम ऊपर से दूसरी या तीसरी पत्ती पीली होती है। पत्तियों पर मोजैक के लक्षण स्पष्ट रूप से दिखाई देता है। पत्तियों की नसें स्पष्ट रूप से दिखाई देती है। पत्तियाँ कटी–फटी–सी दिखाई देती है।

रोग की उग्र अवस्था में पत्तियों पतले धागों के रूप में परिवर्तित हो जाती हैं। तनों एवं पर्ववृन्तों पर तैलीय खरोंच जैसे निशान भी इस रोग की वजह से देखे जा सकते हैं। इस रोग की उग्रता की वजह से पत्तियों, पर्णवृन्त एवं आक्रान्त पौधे सामान्य पौधों की तुलना में छोटे तथा कभी–कभी बौने से दिखाई देते हैं। इस रोग की वजह से पपीता के सभी उम्र के पौधे समान रूप से आक्रान्त होते हैं। रोगग्रस्त पौधे से स्वस्थ पौधों तक इस रोग के विषाणु सभी प्रकार के एफिड के द्वारा पहुँचते हैं। विषाणु के स्वस्थ पौधों तक पहुँचने के तकरीबन 2–3 सप्ताह के पश्चात् इस रोग के लक्षण दिखाई देते हैं। यदि इस रोग से पपीता कम उम्र में ही आक्रान्त हो गया तो ऐसे पौधों में फल नहीं लगते हैं, लेकिन ऐसे पौधे जल्दी मरते भी नहीं हैं।

PRV-P का जीव विज्ञान

इस रोग के विषाणु लम्बे, घुमावदार, डण्डे जैसे कण होते हैं जो 800–900 मि0मी0 लम्बे होते हैं। इस विषाणु के कण का एफिड की विभिन्न प्रजातियों द्वारा रोगग्रस्त पौधे

से स्वस्थ पौधों तक संचरण होता है। पपीता के रिंग स्पॉट विषाणु को दो हिस्सों में बाँटा जा सकता है यथा PRV-P एवं PRV-W। PRV-P नामक विषाणु पपीता के अतिरिक्त कद्दूकुल के अन्य पौधों को भी इस रोग से आक्रान्त कर सकते हैं जबकि PRV-W केवल कद्दूकुल के पौधों को ही आक्रान्त कर सकता है। इससे पपीता आक्रान्त नहीं होता है। PRSV की इन दोनों प्रभेदों को Serologically अलग नहीं किया जा सकता है। इन्हें इनके परपोषी द्वारा ही अलग–अलग पहचाना जा सकता है।

फोटो – 1

फोटो – 2

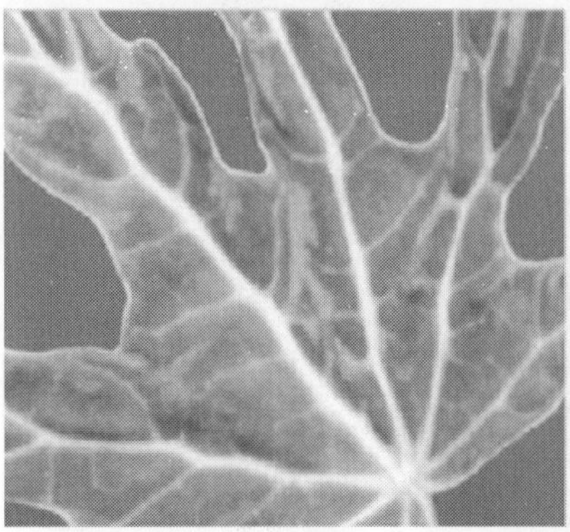

फोटो – 3

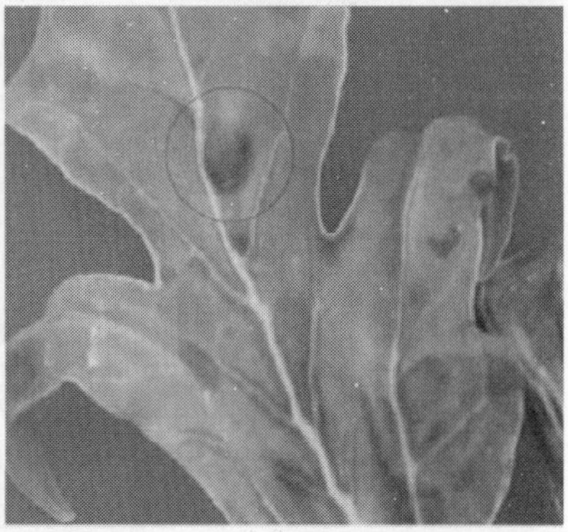

फोटो – 4

फोटो – 5

फोटो – 6

फोटो – 7

फोटो – 8

फोटो – 9

फोटो – 10

फोटो – 11

फोटो – 12

चित्र 13.5 पपीता रिंग स्पाट वाइरस के पपीता पर विविध लक्षण (फोटो 1 से 12)

प्रसार

इस रोग के विषाणु रोगग्रस्त पपीता के पौधे से स्वस्थ पपीता तक एफिड की विभिन्न प्रजातियों तक पहुँचाया जाता है। जैसे ही एफिड आक्रान्त पौधे पर रस चूसने के लिए बैठता है ठीक उसी समय इस रोग के विषाणु एफिड के मुँह में चले जाते हैं। इस

कुल प्रक्रिया में मात्र कुछ सेकेण्ड लगते हैं। तत्पश्चात् यहाँ से जब एफिड स्वस्थ पौधे पर पहुँचता है इस रोग के विषाणु को उस पौधे में प्रवेश करा कर उसे आक्रान्त कर देता है। इस रोग के विषाणु जल्द से जल्द रोगग्रस्त पौधे से एफिड के मुँह में तथा वहाँ से स्वस्थ पौधों तक पहुँचाये जाते हैं। यह सब कार्य बहुत ही जल्दी सम्पन्न होता है। इस प्रक्रिया में जितना अधिक समय लगेगा, विषाणु के अन्दर रोग उत्पन्न करने की क्षमता में कमी आते जायेगी। इस रोग का प्रसार एफिड के अलावा अन्य किसी कीड़े द्वारा नहीं होता है। इस रोग के विषाणु मृदा या मृत पपीता के पौधे में जीवित नहीं रह सकते हैं। यह रोग बीजजनित भी नहीं है इसका मतलब इस रोग का प्रसार बीज द्वारा नहीं होता है। इस रोग का प्रसार रोगग्रस्त पौधों का एक स्थान से दूसरे स्थान पर जाने से हो सकता है। एक बार इस रोग से आक्रान्त होने के पश्चात् इस रोग से छुटकारा किसी प्रकार से सम्भव नहीं है।

वाइरस संचरण

एफिड अपने परपोषी से रस चूसता है। एफिड बहुत सी विषाणुजनित रोगों के संचरण में एक संवाहक की भूमिका अदा करता है। सीधे तौर पर एफिड द्वारा फसलों का उतना नुकसान नहीं होता है जितना उसके द्वारा फैलाये गये रोगों द्वारा फसलों का नुकसान होता है। उपरोक्त तथ्य पपीता के रिंग स्पाट विषाणु के सन्दर्भ में अक्षरशः लागू होती है। एफिड जब रोग से आक्रान्त पौधों से रस चूसता है ठीक उसी समय विषाणु के कण, एफिड के मुँह में चले आते हैं एवं जब यह एफिड रस चूसने के लिए स्वस्थ पौधे पर पहुँचता है ठीक उसी समय रस चूसने के क्रम में विषाणु के कण को स्वस्थ पौधे में पहुँचा देता है। इस कुल प्रक्रिया में एक मिनट से भी कम समय लगता है। एफिड के सन्दर्भ में नर एवं मादा के मध्य प्रजनन के उपरान्त अण्डा देने की प्रक्रिया शुरू हो, ऐसा आवश्यक नहीं है। एफिड की मादा सीधे मादा निम्फ को जन्म दे सकती है। प्रौढ़ मादा 8–10 नवजात निम्फ प्रति दिन दे सकती है। इस तरह से एक वर्ष में एफिड की कई पीढ़ी पैदा हो सकती है।

पपीता की रिंग स्पाट बीमारी पपीता के रिंग स्पाट विषाणु द्वारा होती है। सभी पपीता उत्पादक राष्ट्रों में यह पपीता की सबसे घातक बीमारी है। इस बीमारी का संचरण मुख्यतः एफिड की विभिन्न प्रजातियों द्वारा होता है।

पत्रकुंचन

यह रोग Gemini virus द्वारा होता है। इसमें पत्तियों के शीर्ष भाग पूर्ण रूप से नीचे की ओर मुड़ जाते हैं जिनकी वजह से न तो पौधों में बढ़वार हो पाती है, न ही उन पर फल लग पाते हैं। पत्तियों के डंठल भी विकृत हो जाते हैं। पत्तियाँ और उनकी नसें मोटी हो जाती हैं। प्रभावित पत्तियाँ कटी–फटी एवं चमड़े जैसी मोटी हो जाती है। इस रोग से आक्रान्त पेड़ में फल नहीं लगते हैं यदि फल लग भी गये तो समयपूर्व गिर जाते हैं, पत्तियाँ गिर जाती हैं। पौधों की वृद्धि रूक जाती है। लगभग 70% तक यह रोग सफेद मक्खी द्वारा फैलाया जाता है।

चित्र 13.6 पपीता को पत्रकुंचन रोग

प्रबन्धन

- पपीता रिंग स्पाट विषाणु रोग से सहिष्णु पपीता की प्रजातियों को उगाना चाहिए। राजेन्द्र कृषि विश्वविद्यालय में पपीता की विभिन्न प्रजातियों का परीक्षण इस बीमारी के विरूद्ध किया गया एवं पाया गया कि पूसा ड्वार्फ प्रजाति सभी प्रजातियों में सर्वश्रेष्ठ है। बीमारी के बावजूद उन्नत कृषि के द्वारा प्रथम वर्ष 45–55 किग्रा./पौधा बाजार योग्य फल लिया जा सकता है।
- नेट हाउस/पाली हाउस में बिचड़ा उगाना चाहिए जो इस रोग से मुक्त हो। क्योंकि नेट हाउस/पाली हाउस में एफिड को आसानी से नियंत्रित किया जा सकता है।
- बिचड़ों की रोपाई ऐसे समय करनी चाहिए जब पंख वाले एफिड न हों या बहुत कम हो क्योंकि इन्हीं के द्वारा इस रोग का फैलाव होता है। प्रयोगों द्वारा पाया गया है कि बिहार में सितम्बर–अक्टूबर रोपाई हेतु सर्वोत्तम है।
- पपीता को छोटी–छोटी क्यारियों में लगाना चाहिए एवं क्यारियों के मेड़ पर ज्वार, बाजड़ा, मक्का या ढैंचा इत्यादि लगाना चाहिए ऐसा करने से एफिड को एक क्यारी से दूसरे क्यारी में जाने में बाधा उत्पन्न होता है इसी क्रम में एफिड के मुँह में पड़ा विषाणु का कण के अन्दर रोग उत्पन्न करने की क्षमता में कमी आती है या समाप्त हो जाती है।
- जैसे ही कहीं भी रोगग्रस्त पौधा दिखाई दे तुरन्त उसे उखाड़ कर जला दें या गाड़ दें, नहीं तो यह रोग उत्पन्न करने में स्रोत का कार्य करेगा।
- एफिड को नियंत्रित करना अत्यावश्यक है क्योंकि एफिड के द्वारा ही इस रोग का फैलाव होता है। इसके लिए आवश्यक है कि मेटासिस्टाक्स 1 मि.ली./लीटर पानी में घोलकर निश्चित अन्तराल पर छिड़काव करते रहना चाहिए।

- पपीता को वार्षिक फसल के तौर पर उगाना चाहिए। ऐसा करने से इस रोग के निवेशद्रव्य में कमी आती है तथा रोगचक्र टूटता है। बहुवर्षीय रूप में पपीता की खेती नहीं करनी चाहिए।
- पपीता की खेती उच्च कार्बनिक मृदा में करने से भी इस रोग की उग्रता में कमी आती है।
- मृदा का परीक्षण कराने के उपरान्त जिंक एवं बोरान की कमी को अवश्य दूर करना चाहिए। ऐसा करने से फल सामान्य एवं सुडौल प्राप्त होते हैं।
- नवजात पौधों को सिल्वर एवं काले रंग के प्लास्टिक फिल्म से मल्चिंग करने से पंख वाले एफिड पलायन कर जाते हैं जिससे खेत में लगा पपीता इस रोग से आक्रान्त होने से बच जाता है।
- उपरोक्त सभी उपाय अस्थाई हैं इससे इस रोग की उग्रता को केवल कम किया जा सकता है समाप्त नहीं किया जा सकता है। इन उपायों को करने से रोग, देर से दिखाई देता है। फसल जितनी देर से इस रोग से आक्रान्त होगी उपज उतनी ही अच्छी प्राप्त होगी।

इस रोग का स्थाई उपाय ट्रॉंसजेनिक पौधों का विकास है। इस दिशा में देश में कार्य आरम्भ हो चुका है। विदेशों में विकसित ट्रॉंसजेनिक पौधों को यहाँ पर ला कर उगाया गया, तब ये पौधे रोगरोधिता प्रदर्शित नहीं कर सके।

ट्रांसजेनिक पपीता : पपीता रिंग स्पाट विषाणु रोग का सर्वोत्तम उपाय

पपीता का रिंग स्पाट विषाणु पुटी वाइरस है (Poty virus) जो एफिड की विभिन्न प्रजातियों के द्वारा nonpersistent manner में फैलती है। यह बीमारी सर्वप्रथम 1940 के मध्य ओयाहु (Oahu) हवाई में देखी गई। सन् 1950 आते–आते हवाई में पपीता की सबसे बड़ी समस्या के रूप में यह बीमारी सामने आई। हवाई के ओयाहु द्वीप पर उस समय पपीता की खेती होती थी। इसके बाद पपीता को इस बीमारी से बचाने के लिए हवाई के पुना (Puna) जिले में ले जाया गया। क्योंकि पुना इस समय इस विषाणुजनित बीमारी से पूर्णतया मुक्त था। जबकि ओयाहु एवं पुना के मध्य मात्र 19 माइल्स की दूरी है। पूना में पपीता की खेती के लिए बहुत ही अनुकूल वातावरण था। परिणामस्वरूप हवाई में पपीता की खेती बड़े पैमाने पर होने लगी। सन् 1970 आते–आते लगभग 95% हवाई पपीते की खेती पुना में होने लगी। सन् 1992 आते–आते पुना (हवाई) में भी पपीता का रिंग स्पाट विषाणु आ गया। सन् 1994 आते–आते पुना (हवाई) का पपीता उद्योग संक्रमण काल से गुजरने लगा।

सन् 1987 में हवाई विश्वविद्यालय एवं कारनेल विश्वविद्यालय, न्यूयार्क के अनुसंधान कर्त्ताओं ने सर्वप्रथम ट्रांसजेनिक पपीता पर अनुसंधान कार्य प्रारम्भ किया। इसमें हवाई की पपीता की मशहूर प्रजाति सनसेट - (Sunset) के नवजात भ्रूण के अन्दर पपीता के रिंग स्पाट बीमारी के विषाणु के कीट प्रोटीन जीन को भ्रूण के अन्दर "जीन गन" द्वारा डालकर सनसेट नामक पपीता की प्रजाति आन्तरिक संरचना में परिवर्तन करके सन 1991 में पपीता की इस घातक बीमारी के प्रति रोगरोधी प्रजाति विकसित की गई। इस

प्रक्रिया द्वारा विकसित लाइन को 55–1 के नाम से जाना गया। इस लाइन का, पपीता के रिंग स्पाट विषाणु के विरूद्ध प्रक्षेत्र परीक्षण किया गया। परीक्षण द्वारा यह सिद्ध हो गया कि इस लाइन में सनसेट प्रजाति की तुलना में रिंग स्पाट विषाणु के प्रति पूर्ण रोगरोधिता है। इस लाइन की उपज क्षमता भी सनसेट से बढ़िया है। इसके अतिरिक्त कई ऐसे अच्छे गुण पाये गये जो सनसेट में नहीं थे। इस प्रकार से 55–1 नामक लाइन से सर्वप्रथम 1994 में सनअप नामक प्रथम ट्रांसजेनिक पपीता का उद्‌भव हुआ।

यह बीमारी विश्व के सभी पपीता उत्पादक राष्ट्रों में ब्राजील, मैक्सिको, नाइजेरिया, भारत एवं इण्डोनेशिया जहाँ कुल पपीता उत्पादन का 70% पपीता का उत्पादन होता है। एक प्रमुख बीमारी के तौर दर्ज की गई इस बीमारी का कोई भी प्रभावी उपाय नहीं समझ में आ रहा था। ठीक उसी समय सन् 1992 में इस बीमारी से प्रतिरोधी ट्रांसजेनिक प्रजातियों विकसित की गई तथा उनका प्रक्षेत्र परीक्षण प्रारम्भ किया गया और सन् 1995 आते–आते रेनबो (पीला गुदा) (Rainbow) और सनअप (Sun Up) (लाल गुदा) प्रजातियाँ विकसित की गई। सन् 1998 में पपीता रिंग स्पाट विषाणु कोट प्रोटीन जीन ट्रांसजेनिक पपीता (रेनबो एवं सनअप) की व्यावसायिक खेती की अनुमति विभिन्न अन्तर्राष्ट्रीय संस्थाओं द्वारा भी प्राप्त हो गयी। यह पहली घटना थी जब ट्रांसजेनिक पपीता की व्यावसायिक खेती की अनुमति मिली थी।

यद्यपि ट्रांसजेनिक विधि से विकसित इन प्रजातियों की खेती जब विश्व के दूसरे हिस्सों में (भारत में भी) की गई तो ये प्रजातियाँ इस बीमारी के विरूद्ध प्रतिरोधिता प्रदर्शित नहीं कर सकी तथा इस बीमारी के प्रति रोगग्राही हो गयीं। इसका अभिप्राय यह है कि रोग के जिन प्रभेदों के विरूद्ध इन प्रजातियों को विकसित किया गया था इन प्रजातियों के अतिरिक्त प्रभेद हैं। अतः आवश्यकता इस बात की है कि सर्वप्रथम देश में इस बीमारी के विभिन्न प्रभेदों की पहचान की जाय इसके बाद इस रोग के प्रति रोगरोधी ट्रांसजेनिक प्रजाति विकसित की जाय। इस दिशा में हमारे देश में कार्य चल रहा है। यहाँ यह बता देना आवश्यक है कि आज भी रेनबो एवं सन अप ट्रांसजेनिक पपीता की प्रजातियाँ हवाई में पपीता की रिंग स्पाट विषाणु के प्रति रोगरोधी हैं।

पपीता का शीर्ष गुच्छ रोग

यह रोग बिहार में सर्वप्रथम 2010 में देखा गया, इस रोग में पपीता की उपरी पत्तियों में हल्का चितकबरा रंग का रंग–बिरंगा धब्बा देखने को मिलता है लगभग इसी तरह का लक्षण PRSV की वजह से भी देखने को मिलता है। इस रोग से आक्रान्त पत्तियों में धीरे–धीरे हरिमाहीनता बढ़ने लगती है खास कर नसों के मध्य में। आक्रान्त पौधों की पत्तियों एवं पर्णवृन्त का आकार बहुत ही घट जाता है। पौधों में एक गाँठ से दूसरे गाँठ की दूरी भी बहुत कम हो जाती है। पौधे के ऊपर एक ही स्थान से सभी पत्तियाँ निकलते हुए दिखाई देती है। पूरा का पूरा पौधा बौना दिखाई देने लगता है, इस प्रकार के लक्षण जिन पौधों में दिखाई देते हैं उन पौधों की बढ़वार पूरी तरह से ढक जाती है लेकिन कुछ समय के पश्चात् पुनः ऐसे पौधों की बढ़वार शुरू हो जाती है। तने के ऊपरी हिस्से एवं पर्णवृन्त पर तैलीय खरोंच जैसी संरचनाएँ भी दिखाई देती है।

कुछ समय पूर्व तक यह बीमारी का कारण विषाणु माना जाता था, लेकिन हाल में हुए प्रयोगों द्वारा सिद्ध हो गया है कि यह रोग फाइटोप्लाज्मा नामक आर्गेनिज्म द्वारा होता

है। इस प्रकार के रोगों के नियंत्रण हेतु टेट्रासाइक्लीन आधारित एण्टीबायोटिक्स का प्रयोग करते हैं। पत्तियों, पर्णवृन्तों, तनों एवं फलों पर घाव करने पर दूध जैसे स्राव नहीं निकले तब यह समझना चाहिए कि यह फाइटोप्लाज्मा जनित बीमारी है। यह बीमारी लीफ हापर द्वारा फैलायी जाती है। निवेशन के 30–45 दिन में इस रोग के लक्षण दिखाई देते हैं।

चित्र 13.7. पपीता का शीर्ष गुच्छ रोग

प्रबन्धन

- इस रोग का रोग संवाहक लीफ हापर है। अतः इसे नियंत्रित करना चाहिए।
- आक्रान्त पौधों को काटकर खेत से बाहर गाड़ देना चाहिए या जला देना चाहिए ऐसा करने से रोग का स्रोत समाप्त हो जाता है।
- ऐसा भी देखा गया है कि आक्रान्त हिस्से को काटकर जला दें तथा बगल से जो शाखायें निकलती हैं वह रोगमुक्त होती है।
- टेट्रासाइक्लीन के प्रयोग से भी इस रोग को प्रबन्धित किया जा सकता है लेकिन यह विधि प्रायोगिक स्तर पर तो ठीक है लेकिन व्यापक स्तर पर लाभदायक नहीं है।

कैट फेस (Carpellody)

इस तरह के लक्षण उभयलिंगी पौधों द्वारा उत्पन्न होते हैं जब रात्रि का तापक्रम कम, उच्च नमी एवं नत्रजन का स्तर अधिक होता है। फल सामान्य नहीं होते हैं। फलों पर लम्बवत गहरे गड्ढे बन जाते हैं तथा इस तरह के फलों का अच्छा बाजार मूल्य नहीं

मिलता है। यह एक आनुवांशिक समस्या है। अतः इस समस्या से बचाव के लिए आवश्यक है कि बीज ऐसे फलों से एकत्र किये जाय जिसमें इस प्रकार की समस्या न हो।

चित्र 13.8. पपीता का कैट फेस

असंका मद रोग बोरान की कमी

पपीता के फलों की विकृति मुख्यतः बोरान की कमी की वजह से होती है। यह रोग पपीता उत्पादक अधिकांश देशों में पाया जाता है। बलुई मिट्टी में तथा शुष्क मौसम में इस तरह की समस्या ज्यादा होती है।

लक्षण : इस असंक्रामक रोग की शुरूआत फल लगते ही हो जाती है लेकिन इसके लक्षण तब दिखाई देती है जब फल बढ़वार के अन्तिम दौर में होता है। बोरान की कमी फल में बिल्कुल स्थानीय होती है जहाँ पर बोरान की कमी हो जाती है वहाँ ऊत्तक की बढ़वार रूक जाती है जबकि इसके विपरीत अगल–बगल के ऊत्तक में वृद्धि होते रहती है जिसकी वजह से फल विकृत हो जाता है। प्रभावित फल में बीज नहीं बनता है या कम विकसित होता है। बोरान की अत्यधिक कमी की स्थिति में पौधे की वृद्धि प्रभावित होती है तथा पौधों का कद छोटा हो जाता है। अपरिपक्व फल की सतह पर दूध निकलते हुए दिखाई देता है। फल कड़ा हो जाता है, ऐसे फल जल्दी नहीं पकते हैं तथा स्वादहीन होते हैं।

प्रभावित पौधों के पर्णवृंत का विश्लेषण करने पर लगभग 20 पी.पी.एम. (शुष्क भार के आधार पर) या उससे कम बोरान पाया जाता है जबकि सामान्य दशा में बोरान 25 पी. पी.एम. या उससे ज्यादा रहना चाहिए।

प्रबन्धन

- पपीता की खेती में कार्बनिक खादों का भरपूर उपयोग करना चाहिए।
- बोरान की कमी का पता लगाने हेतु मृदा का परीक्षण करवाना चाहिए तथा उसके आधार पर बोरान की मात्रा का निर्धारण करना अच्छा रहता है।
- पन्द्रह दिन के अन्तराल पर दो पर्णीय छिड़काव द्वारा (0-25%) भी बोरान की कमी को दूर किया जा सकता है।
- 2.5–5 ग्राम बोरेक्स/पौधा (5–10 किग्रा0/हे0) अन्य उर्वरकों के साथ मिला कर देने से भी इसमें उग्रता में कमी आती है।

14

मखाना एवं सिंघाड़ा के प्रमुख रोग एवं प्रबन्धन

डॉ. एस.के. सिंह

पौधा रोग विभाग, राजेन्द्र कृषि विश्वविद्यालय, पूसा, समस्तीपुर, बिहार

मखाना एवं सिंघाड़ा एक जलीय फल है जो अन्य फलों की भाँति रोगों द्वारा प्रभावित होता है एवं इनकी उपज रोग की गम्भीरता के अनुसार घटती है। जलीय फलों के रोगों पर अनुसन्धान कम ही हुआ है।

इसमें लगने वाले प्रमुख रोगों के लक्षण एवं उनके प्रबन्धन के उपाय निम्नवत् हैं।

1. बीज, जड़ एवं तना सड़न रोग

मखाना की खेती में यह रोग निम्न कवकों द्वारा उत्पन्न होता है।

फ्यूजेरियम प्रजातियाँ

पीथियम प्रजातियाँ

फाइटोफ्थोरा प्रजातियाँ

राइजोक्टोनिया प्रजातियाँ

प्रभावित बीज सड़ने लगता है, यदि इस प्रकार के बीज में अंकुरण हो भी गया तो उसकी जड़ें सड़ने लगती है। पौधे की वृद्धि रूक जाती है और अन्ततः पौधे मर जाते हैं। इस रोग द्वारा मखाना के पौधों के निचले भाग भी प्रभावित होते हैं, जिन पर भूरा गोल आकार से लेकर नाव के आकार के धब्बे बनते हैं, जो पौधों में गलन का कारण बनते हैं।

नियंत्रण

यह रोग मृदा एवं बीजजनित है, इसलिए आवश्यक है कि रोगग्रस्त पौधों को इकट्ठा करके जला दें। खेती सदैव साफ जल में करें। दो–तीन साल का फसल–चक्र अपनाएँ क्योंकि यह रोग बीजजनित भी है। इसलिए आवश्यक है कि बीज सदैव स्वस्थ पौधों से ही प्राप्त किया जाय। बीज एवं बीजकवच साफ कर लेना अच्छा रहता है। बुआई से पूर्व बीज का उपचार कैप्टान या थीरम 0.3% नामक कवकनाशक द्वारा शोधित कर लेना आवश्यक है।

2. पर्ण चित्ती या पत्ती का धब्बा रोग

यह रोग *सर्कोस्पोरा* एवं *फाइटोफ्थोरा* नामक कवकों द्वारा उत्पन्न होता है। इस रोग में सर्वप्रथम पत्तियों पर बड़ा अनियमित आकार का धब्बा बनता है, जो शुरूआत में हल्का भूरा एवं बाद में काला पड़ जाता है, और बाद में पौधे से अलग हो जाता है। इस प्रकार प्रभावित पौधा अंततः मर जाता है।

नियंत्रण

इस रोग से बचाव हेतु निम्न उपायों पर ध्यान देना चाहिए।

- तालाब को स्वच्छ रखना चाहिए।
- संस्तुति मात्रा में खाद एवं उर्वरक देना चाहिए।
- बीज का उपचार कवकनाशक थीरम या कैप्टान द्वारा करना चाहिए।
- प्रभावित पौधों पर कापर आक्सीक्लोराइड (3.5 ग्राम/लीटर) पानी में घोल कर छिड़काव किया जा सकता है। इस घोल में प्रति लीटर की दर से 1 मिली लीटर तीसी का तेल या स्टीकर या टीपाल भी मिला लेना अच्छा रहता है।

पत्तियों का पीला रोग

यह रोग *जैंथोमोनस* नामक जीवाणु द्वारा होता है। इस रोग का मुख्य लक्षण है, पत्तियों का पीला होना एवं उनकी वृद्धि का रूक जाना। तनों पर काले धब्बे बनते हैं। रोगग्रस्त फलों एवं तनों से भूरे–सफेद स्राव निकलते हैं।

नियंत्रण

इस रोग से बचाव हेतु यह आवश्यक है कि मखाना एवं सिंघाड़ा की खेती स्वच्छ जल में की जाय। बुआई हेतु सदैव कवकनाशक द्वारा शोधित बीज का ही प्रयोग किया जाय। स्ट्रेप्टोसाइक्लीन (250 पी.पी.एम.) या एग्रीमाइसीन (250 पी.पी.एम.) नामक एन्टीबायटीक को कापर आक्सीक्लोराइड नामक कवकनाशक (3000 पी.पी.एम.) के साथ मिलाकर छिड़काव करना बेहतर रहता है। इसमें 1 मिली लीटर तीसी का तेल/लीटर घोल के हिसाब से मिला देना अच्छा रहता है।

15

सब्जियों के प्रमुख रोग एवं प्रबन्धन

डॉ. एस.के. सिंह

पौधा रोग विभाग, राजेन्द्र कृषि विश्वविद्यालय, पूसा, समस्तीपुर बिहार

सब्जियों का भोजन में महत्त्वपूर्ण स्थान है। इसमें विटामिन, कार्बोहाइड्रेट, प्रोटीन तथा खनिज पदार्थ प्रचुर मात्रा में पाया जाता है। विश्व में इस समय शाकाहारी भोजन के प्रति आकर्षण बढ़ रहा है, क्योंकि माँसाहारी की तुलना में इसमें बीमारियों के प्रति निरोधक क्षमता ज्यादा है। शाकाहारी भोजन का मुख्य अंश सब्जियों का होता है। भारत में 6.2 मिलियन हेक्टेयर क्षेत्रफल में सब्जियों की खेती की जा रही है। जिससे 66.5 मिलियन टन सब्जियों का उत्पादन हो रहा है। इस उत्पादन के माध्यम से प्रति व्यक्ति मात्र 130-140 ग्राम सब्जियाँ ही उपलब्ध कराई जा सकती है, जबकि प्रति व्यक्ति 280 ग्राम सब्जियों की आवश्यकता है। सब्जियों के उत्पादन को बढ़ाने के लिए आवश्यक है कि इसके क्षेत्रफल में वृद्धि की जाय, उन्नत कृषि प्रौद्योगिकी का उपयोग किया जाय तथा पौध संरक्षण की आधुनिकतम विधियों का सर्वोत्तम उपयोग किया जाय।

टमाटर

अगात झुलसा (अर्ली ब्लाइट) : गहरे भूरे रंग के केन्द्रीय छल्ले की तरह धब्बे पत्तियों पर दिखाई पड़ते हैं, जिससे प्रभावित होकर पत्तियाँ पीली पड़कर झड़ जाती है। फल भी इससे प्रभावित होते हैं। फलतः उस पर गहरे वृत्ताकार धब्बे बन जाते हैं और अन्ततः वे सड़ जाते हैं। इस रोग का रोगकारक *आल्टरनेरिया सोलेनाई* नामक कवक है।

प्रबन्धन : रोगरहित फलों से बीज प्राप्त करें। बीज बोने के पूर्व थीरम (75 प्रतिशत दवा) 3 ग्राम प्रति किलो की दर से बीजोपचार कर लें। रोग प्रारम्भ होने के पूर्व से ही 10-15 दिनों के अन्तर पर मैंकोजेब या कॉपर ऑक्सीक्लोराइड दवा 2.5 किलो प्रति 1000 लीटर जल में घोलकर प्रति हेक्टर की दर से तीन बार छिड़काव करें। खेत की सफाई पर ध्यान दें।

पिछेती झुलसा (लेट ब्लाइट) : इस रोग से प्रभावित पौधों की पत्तियों, टहनियों व फलों पर विभिन्न प्रकार के बड़े–बड़े सूखे हल्के हरे रंग के धब्बे दिखाई पड़ते हैं, जो बाद में भूरे रंग के हो जाते हैं, और थोड़े ही समय में यह बीमारी बहुत तेजी से पूरे खेत

में फैल जाती है। *फाइटोफ्थोरा इन्फेएटांस* नामक कवक टमाटर में इस बीमारी के लिए उत्तरदायी है।

चित्र 15.1 टमाटर का अगात झुलसा (अर्ली ब्लाइट)

प्रबन्धन : रोगरहित पौध तैयार करके रोपण करें। लक्षण दिखाई देते ही रिडोमिल एम.जेड. @ 2.5 ग्राम प्रति लीटर की दर से छिड़काव करें।

पद–गलन (फुट–रौट) : निचले भाग के सिकुड़कर सड़ने एवं गलने के फलस्वरूप पौधे गिरकर विनष्ट हो जाते हैं। *फ्यूजेरियम सोलेनाई, स्कलेरोशियम रोल्फसाई* तथा *राईजोक्टोनिया सोलेनाई* नामक कवक इस रोग के लिए उत्तरदायी है।

प्रबन्धन : 2.5 ग्राम रिडोमिल एम.जेड. से प्रति किलो बीज को उपचारित करें। नर्सरी की मिट्टी में 6 ग्राम थीरम प्रति वर्गमीटर की दर से मिलाएँ। बीज को 50-52 डिग्री सें.ग्रे. तापक्रम पर 25-30 मिनटों तक गर्म जल से उपचारित करने से रोग की बीजाणु पूरी तरह नष्ट हो जाते हैं।

धड़–गलन (स्टेम रोट) : यह एक मिट्टीजनित रोग है। रोगाक्रांत पौधे अचानक मुरझाकर सूखने लगते हैं। रोगी पौधों के धड़ व मूल पर सफेद दाने जैसे फफूँद निकल जाते हैं।

चित्र 15.2 टमाटर का पिछेती झुलसा (लेट ब्लाइट)

प्रबन्धन : उचित फसलचक्र अपनाएँ। रोगाक्रांत पौधों को उखाड़कर जला दें। बोर्डो मिश्रण (2 : 2 : 50) या कापर आक्सीक्लोराइड (0.3%) का करीब 20 मिलीलीटर प्रति पौधा जड़ के पास डाल कर मिट्टी से ढ़क दें।

जीवाणु उखड़ा : यह एक जीवाणुजनित बीमारी है। इस रोग का रोगकारक *राल्सटोनिया सोलानासिएरम* नामक जीवाणु है। इस रोग मे पौधे बिना पीला हुए अचानक मुरझा जाते हैं। तने को चीर कर देखने पर भूरा दिखाई देता है।

चित्र 15.3 टमाटर का जीवाणु उखड़ा

प्रबन्धन – रोपण स्वस्थ, रोगरहित पौधों से ही करें। 3 वर्ष का फसलचक्र अपनाएँ। स्ट्रेप्टोसाईक्लीन @ 0.025 ग्राम/लीटर पानी में घोलकर छिड़काव करें।

मोजैक : इसे मुख्य रूप से टमाटर के विषाणु रोग के नाम से जानते हैं। प्रभावित पत्तियों की पर्णहरितिमा खत्म हो जाती है। पत्तियाँ पीली पड़ जाती है। मध्य शिरा को छोड़कर अन्य सभी भाग समाप्त हो जाते हैं।

चित्र 15.4 टमाटर का मोजैक

प्रबन्धन : यह बीमारी माहू कीट से फैलती है। इसके नियंत्रण हेतु मेटासिस्टाक्स, नुवाक्रान या रोगर दवा को 1.0 मि०ली० प्रति लीटर पानी में घोलकर छिड़काव करें। स्वस्थ पौधे लगायें। खेत में औजार, पशुओं, मनुष्यों द्वारा प्रभावित पौधों से स्वस्थ पौधों का सम्पर्क न होने दें।

बंगुरापन (लीफ कर्ल) : पत्तियाँ मुड़कर कड़ी हो जाती है। पौधों का विकास रूक जाता है, तथा वे झाड़ीनुमा दीखते हैं। यह बीमारी सफेद मक्खी (व्हाइट फ्लाई) से फैलती है और प्रभावित पौधों के दो गाँठों के बीच की दूरी कम हो जाती है।

प्रबन्धन : यदि खेत में बीमारी कुछ पौधों में ही लगी हो तो उन्हें सावधानी से उखाड़ कर कपड़े में लपेट कर खेत से बाहर जला दें या जमीन में गाड़ दें। जिस समय इस रोग का प्रकोप अधिक मात्रा में होता है, उस समय रोपण न करें। रोगरहित पौधों का रोपण करें। सफेद मक्खी के नियंत्रण के लिए नुवाक्रान या मैलाथियान दवा का 1.0 से 1.5 मि०ली० दवा 1 लीटर में घोलकर छिड़काव करें।

चित्र 15.5 टमाटर का बंगुरापन (लीफ कर्ल)

बैंगन

पत्रलांछन (लीफ–स्पौट) : रोग की उग्रावस्था में पत्तियों पर धब्बे आपस में मिलकर बड़े हो जाते हैं, पत्तियाँ सूख जाती है तथा पौधा गल जाता है। फल भी सड़ने लगता है।

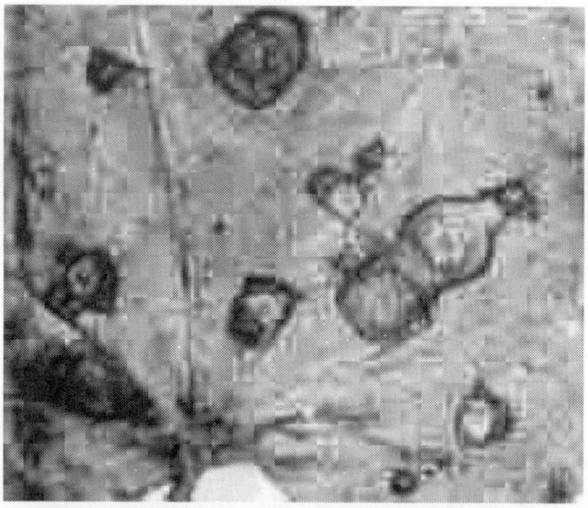

चित्र 15.6 बैंगन का पत्रलांछन (लीफ–स्पौट)

प्रबन्धन : रोगग्रस्त फसल पर मैंकोजेब दवा का 0.2 प्रतिशत 10-15 दिनों के अन्तर पर तीन–चार छिड़काव करें। *आल्टरनेरिया मेलांगजेनी, आल्टरनेरिया सोलेनाई* तथा *कोलेटोट्राइकम सोलानीमेलांजेनी* नामक कवक द्वारा होता है।

आर्द्रगलन या पद–गलन (फुट रौट) : पौधे के तने, जो जमीन से सटे रहते हैं, जमीन के पास रोगाक्रान्त हो जाते हैं तथा प्रभावित पौधे पीले पड़ने लगते हैं एवं सूख जाते हैं। यह बीमारी पौधशाला में अधिक लगती हैं। इस रोग का रोगकारक *स्कलेरोटिनिया रोल्फसाई* है।

प्रबन्धन : कापर आक्सीक्लोराइड नाम फफूँदनाशक की 3.5 किलो 1000 लीटर पानी में प्रति हेक्टर की दर से 10-15 दिनों के अन्तर पर फसल पर दो–तीन छिड़काव इस प्रकार करें कि पौधों से सटी सतह की मिट्टी भी दवा से भींग जाय। बीजशोधन हेतु 2.5 ग्राम दवा प्रति किलोग्राम बीज की दर से प्रयोग करें। रोगरहित बीज की बुआई करें। उचित फसल चक्र अपनाएँ।

फोमोप्सिस ब्लाइट : यह बैंगन की एक प्रमुख बीमारी है, जिसका प्रभाव पौधे के प्रत्येक भाग पर होता है। प्रभावित फल धीरे–धीरे सड़ने लगता है और सम्पूर्ण फसल नष्ट हो जाती है। इस रोग का रोगकारक *फोमोप्सिस वेसैंन* नामक कवक है।

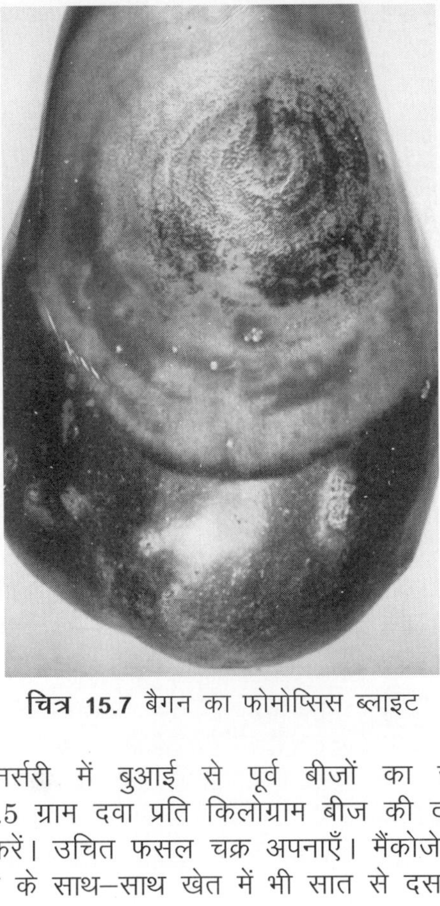

चित्र 15.7 बैगन का फोमोप्सिस ब्लाइट

प्रबन्धन : नर्सरी में बुआई से पूर्व बीजों का उपचार कार्बेन्डाजीम नामक कवकनाशक की 1.5 ग्राम दवा प्रति किलोग्राम बीज की दर से उपचार करें। रोगरोधी किस्मों का चयन करें। उचित फसल चक्र अपनाएँ। मैंकोजेब के 0.2 प्रतिशत का घोल का छिड़काव नर्सरी के साथ–साथ खेत में भी सात से दस दिन के अन्तराल पर किया जा सकता है।

छोटे पत्ते वाली बीमारी (लिटिल लीफ) : यह रोग माइकोप्लाज्मा द्वारा उत्पन्न होता है। सर्वप्रथम भारत में यह रोग 1938 में पाया गया। यह रोग मात्र भारत एवं श्रीलंका में होता है। भारत के लगभग सभी प्रदेशों में यह गम्भीर रूप धारण कर लिया है। इससे नुकसान लगभग 100 प्रतिशत होता है। रोग से प्रभावित पौधों की पत्तियाँ छोटी तथा गुच्छेदार हो जाती है। रोगाक्रान्त पौधों में बहुत–कम, अपुष्ट या साधारण फल भी नहीं लगते।

चित्र 15.8. बैंगन का छोटे पत्ते वाली बीमारी (लिटिल लीफ)

प्रबन्धन : रोग से नियंत्रण हेतु यह आवश्यक है कि क्षेत्र विशेष हेतु संस्तुति प्रजातियों को ही लगायें। हमेशा स्वस्थ रोगरहित बीज का प्रयोग करें। प्रभावित पौधों को उखाड़ कर जला देना चाहिए। प्रयोगों द्वारा यह पाया गया है कि टेट्रासाइक्लिन का प्रयोग रोग की उग्रता को कम करने में प्रभावी है, लेकिन इसे व्यावसायिक खेती में प्रयोग हेतु संस्तुति नहीं किया जा सकता है। रोग के नियंत्रण हेतु कीटनाशक का प्रयोग काफी लाभदायक होता है। जैसे–मैलाथियान, मेटासिस्टाक्स। पूसा पर्पल कलस्टर, अर्कासील, मंजरी गोटा, बनारस जॉइन्ट जैसी उन्नत प्रजातियों की खेती की जाय, जिसमें यह रोग कम लगता है।

जीवाणु विल्ट (पौध सूखना) : इसका प्रकोप पहले निचली पत्तियों से प्रारम्भ होता है, और धीरे–धीरे पूरी की पूरी पत्तियाँ पीली पड़कर सूखने लगती है। तने को काट कर देखने पर भूरा रंग का जमा हुआ पदार्थ दिखलाई देता है। यह बीमारी *राल्सटोनिया सोलानासिएरम* नामक जीवाणु द्वारा होती है।

प्रबन्धन : रोगरोधी बीज का चयन करें। लम्बी अवधि का फसल चक्र अपनाएँ। पौधों की जड़ों को रोपण से पूर्व स्ट्रेप्टोसाइक्लिन नामक दवा के 100 पी.पी. एम (100 मिलीग्राम/लीटर पानी) के घोल में आधे मिनट तक डुबोने के पश्चात रोपण करें।

मिर्च

फल सड़न या शीर्ष मरण (डाई बैक) : रोगाक्रान्त पौधों के पुष्प एवं फल सड़ कर सूखने एवं झड़ने लगते हैं। पौधे बौने होकर सूख जाते हैं। गोल–गोल सिकुड़े, भूरे धब्बे हरे या पके स्थानों पर दिखाई पड़ते हैं। मिर्च में यह बीमारी *कोलेटोट्राइकम कैपसिकी* नामक कवक द्वारा होती है।

चित्र 15.9 मिर्च का फल सड़न या शीर्ष मरण (डाई बैक)

प्रबन्धन : स्वस्थ पौधों से ही बीज लें। बोने के पूर्व मैंकोजेब (0.3%) से बीज को उपचारित कर लें। 5 : 5 : 50 बोर्डो मिश्रण या ताम्र फफूँदनाशक जैसे ब्लाइटॉक्स–50, ब्लूकॉपर – 50 इत्यादि (3.5 किलोग्राम दवा प्रति 1000 लीटर जल में घोलकर प्रति हेक्टर की दर से) दवा का तीन छिड़काव 10 से 15 दिनों के अन्तर पर करें। छिड़काव के पूर्व तैयार हरे फलों को तोड़ लें। रोगग्रस्त पौधों को एकत्र कर नष्ट कर दें।

पत्र–लांछन (लीफ स्पौट) एवं आर्द्र गलन – इस रोग के लक्षण और नियंत्रण टमाटर की फसल में दर्शाया गया है।

लीफ–कर्ल (बंगुरापन) : यह विषाणु (वायरस) जनित रोग है। प्रभावित पौधों की पत्तियाँ तथा टहनियाँ बंगुरा जाती हैं। पौधों में बहुत कम फल लगते हैं, यह रोग सफेद मक्खी वाहक कीटों (वेक्टर) के द्वारा फैलता है।

चित्र 15.10 मिर्च का लीफ–कर्ल (बंगुरापन)

प्रबन्धन : रोगाक्रान्त पौधों पर नुआक्रॉन 1 लीटर या डायमेक्रॉन 250-300 मिलीलीटर का छिड़काव प्रति हेक्टर की दर से करें क्योंकि यह रोग सफेद मक्खियों द्वारा फैलता है।

भिण्डी

पीला मोजैक (विषाणु) : संक्रामित पौधों की पत्तियों पर से पर्णशाद (क्लोरोफिल) समाप्त हो जाती है और पूरी पत्ती हरे तथा पीले रंग के मिश्रण की दिखाई देती हैं।

चित्र 15.11 भिण्डी का पीला मोजैक (विषाणु)

प्रबन्धन : आरम्भ में रोग–ग्रस्त पौधों को जड़ से उखाड़ कर जला देने से रोग की सम्भावना कम हो जाती है। बुआई के समय 1 कि.ग्रा. कार्बाफ्यूरान प्रति हेक्टेयर का प्रयोग करें। अनुसंधान के फलस्वरूप यह भी पाया गया है कि अगर जून के प्रथम सप्ताह में भिण्डी की बुआई की जाय तो इस रोग से कम क्षति होगी। प्रयोगों के फलस्वरूप यह भी पाया गया है कि मेटासिस्टॉक्स, नुवाक्रान या मैलाथियान कीटनाशी 0.10 प्रतिशत घोल का छिड़काव करना लाभप्रद है। सम्भव हो तो रोगग्रस्त पौधों को उखाड़कर नष्ट कर दें। रोग अवरोधी किस्में जैसे अर्का अभय, परभनी, क्रान्ति, पी० 7, या अर्का अनामिका लगाना चाहिए।

पत्र लांछन : इस रोग के लक्षण टमाटर की फसल में दर्शाये गये हैं।

प्रबन्धन : 1 प्रतिशत बोर्डो मिश्रण या 0.2 प्रतिशत डायथेन एम–45 का छिड़काव 2 से 3 बार 10 दिनों के अन्तर पर करें।

पाउडरी मिल्ड्यू (चूर्ण फफूँदी) : प्रभावित पौधों की पत्तियों की सतह पर उजले भूरे रंग की धूल–सा रोग के चित्ती दिखाई पड़ते हैं जो बाद में पीली पड़कर सड़ जाते हैं।

प्रबन्धन : फसल पर सल्फर (15 किग्रा प्रति हेक्टर की दर से) का धूलिकरण (डस्टिंग) करें। प्रयोगों के फलस्वरूप चूर्ण फफूँदी रोग नियंत्रण हेतु 0.2 प्रतिशत डाइनोकैप या टाइडेमार्फ (0.1%) का तीन छिड़काव 15 दिनों के अन्तर पर काफी प्रभावकारी पाया गया है।

कद्दू प्रजाति की सब्जियाँ

फल विगलन रोग (फ्रूट रॉट) : फल पर पानी भ्रीगने के जैसा ही धब्बा दिखाई पड़ता है जो बहुत–ही मुलायम तथा हरा दिखलाई पड़ता है। नम मौसम में प्रभावित सतह पर फफूँदी रूई की तरह होकर बढ़ते हैं। फल का गूदा तरल हो जाता है जिससे काफी दुर्गन्ध आती है और फल खाने योग्य नहीं रह जाता है। कद्दूवर्गीय सब्जियों में फल सड़न के लिए कई कवक जिम्मेदार होते हैं जैसे – *पिथियम एफैनिडरमेटम, फ्यूजेरियम राइजोक्टोनिया, फाइटोफ्थोरा, स्कलेरोशियम रोल्फसाई* इत्यादि।

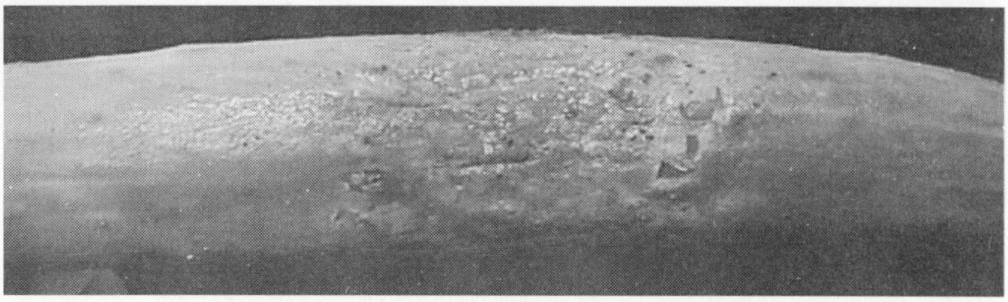

चित्र 15.12 फल विगलन रोग (फ्रूट रॉट)

प्रबन्धन : गर्मी के दिनों में मिट्टी पलटने वाले हल से दो–तीन बार गहरी जुताई करें। रोग से प्रभावित पौधों के हिस्से को काटकर जला देना चाहिए। खेत की गुड़ाई करने के बाद 5 प्रतिशत फार्मेलिन घोल (5 प्रतिशत फार्मेलिन) का छिड़काव कर मिट्टी को बराबर कर देना चाहिए। फलने के पूर्व मैंकोजेब (0.25%) का छिड़काव 15-20 दिनों के अन्तर पर तीन बार करनी चाहिए।

कद्दू प्रजाति की सब्जियों में चूर्ण फफूँदी (पाउडरी मिल्ड्यू), रोमिल फफूँदी (डाउनी मिल्ड्यू) फ्यूजेरियम जड़ –सड़न (रूट–रॉट), मोजैक तथा एन्थ्रेक्नोज नामक बीमारियाँ लगती हैं। चूर्ण फफूँदी (पाउडरी मिल्ड्यू) रोग के नियंत्रणार्थ 0.05 प्रतिशत डाइनोकैप या ट्राइडेमार्फ 0.1 प्रतिशत दवा का 15 दिनों के अन्तर पर दो छिड़काव करें। रोमिल फफूँदी रोग के निदान हेतु 0.2 प्रतिशत मैंकोजेब या रिडोमिल एम0 जेड0 दवा का 15-20 दिनों के अन्तर पर दो छिड़काव करें। फ्यूजेरियम जड़–सड़न तथा एन्थ्रेक्नोज नामक बीमारियों के नियंत्रण हेतु बीज को बोने के पूर्व कार्बेन्डाजीम (2 ग्राम दवा प्रति किलो बीज की दर से) उपचारित कर लें। फल लगने से पूर्व 0.35 प्रतिशत मैंकोजेब या रिडोमिल एम. जेड फफूँदीनाशक दवा का 10 दिनों के अन्तर पर तीन छिड़काव करें। छिड़काव करते समय यह ख्याल रखें कि जमीन से सटे पौधे का भाग दवायुक्त घोल से भींग जाय। मोजैक रोग से फसल के बचाव हेतु 0.15 प्रतिशत मेटासिस्टॉक्स या 0.05

प्रतिशत डाईमेक्रॉन दवा का 10 दिनों के अन्तर पर चार छिड़काव करें। इन कीटनाशक दवाओं के छिड़काव से कीट द्वारा रोग संक्रमण की संभावना बिल्कुल कम हो जाती है।

मटर

रोमिल फफूँदी (डाउनी मिल्ड्यू): यह रोग *पेरनोस्पोरा पीसी* नामक कवक द्वारा होता है। सर्वप्रथम पत्तियों के निचले भाग पर पीले या भूरे रंग के धब्बे पड़ जाते हैं। कलियाँ भी इससे प्रवाहित होती है और उन पर पीले रंग के धब्बे बन जाते हैं, जो बाद में गहरे भूरे रंग के हो जाते हैं।

चित्र 15.13 मटर का रोमिल फफूँदी (डाउनी मिल्डयू)

प्रबन्धन : रोग आरम्भ होने के समय बोर्डो मिश्रण 4 : 4 : 50 या किसी अन्य कॉपर फंजीसाइड जैसे फाईटोलॉन या ब्लाइटॉक्स 50 का 3 किलो 1000 लीटर पानी में प्रति हेक्टर की दर से छिड़काव करें। ऐसे दो छिड़काव 10 या 12 दिनों के अन्तराल पर करें।

चूर्ण फफूँदी (पाउडरी मिल्ड्यू) : यह रोग *इरीसाइफी पीसी* नामक कवक द्वारा उत्पन्न होता है। सर्वप्रथम पत्तियों की ऊपरी सतह पर गोल तथा सफेद धूल से ढ़के हुए छोटे–छोटे धब्बे दिखाई पड़ते हैं। यह रोग पुरानी निचली पत्तियों से ही आरम्भ होता है। बाद में पौधे का सम्पूर्ण भाग ही धूल से ढंके धब्बों से भर जाता है। हाथ से छूने पर यह चूर्ण अंगुलियों में चिपक जाता है।

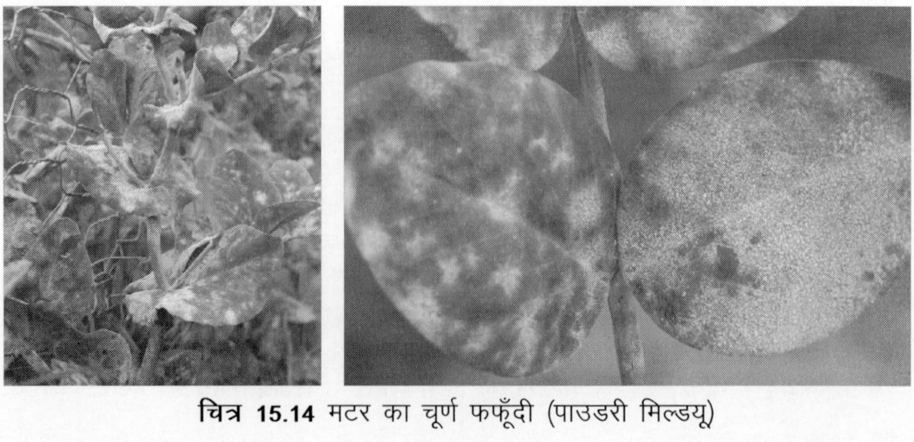

चित्र 15.14 मटर का चूर्ण फफूँदी (पाउडरी मिल्डयू)

प्रबन्धन : 2.5 से 3.0 कि.ग्रा. प्रति हेक्टर की दर से घुलनशील गंधक का छिड़काव करें। 0.05 प्रतिशत डाइनोकैप या ट्राइडेमार्फ तरल दवा का 15 दिनों के अन्तर पर छिड़काव करें।

झुलसा (अल्टरनेरिया ब्लाइट) : रोग की उग्रावस्था में पत्तियों के अलावा पौधों के अन्य भाग तथा फलियाँ भी आक्रान्त हो जाती है। फलतः पूरा पौधा झुलस जाता है।

प्रबन्धनः मैंकोजेब का 0.2 प्रतिशत 10 दिनों के अन्तर पर रोग के चिन्ह दिखलाई पड़ने के पूर्व से ही प्रारम्भ कर तीन छिड़काव करें।

फूलगोभी एवं पातगोभी

काला गलन : यह एक जीवाणुजनित बीमारी है। इसमें रोगकारक (*जैंथोमोनास कैम्पोस्ट्रिस* वार *कैम्पेस्ट्रिस*) पौधों में प्राकृतिक छिद्रों द्वारा या कीट के द्वारा संक्रमण वाले स्थान की कोशिकाएँ पीली हो जाती है तथा अंग्रेजी के V आकार का धब्बा बनाती है। आगे चलकर ये धब्बे काले धब्बे में परिवर्तित हो जाते हैं।

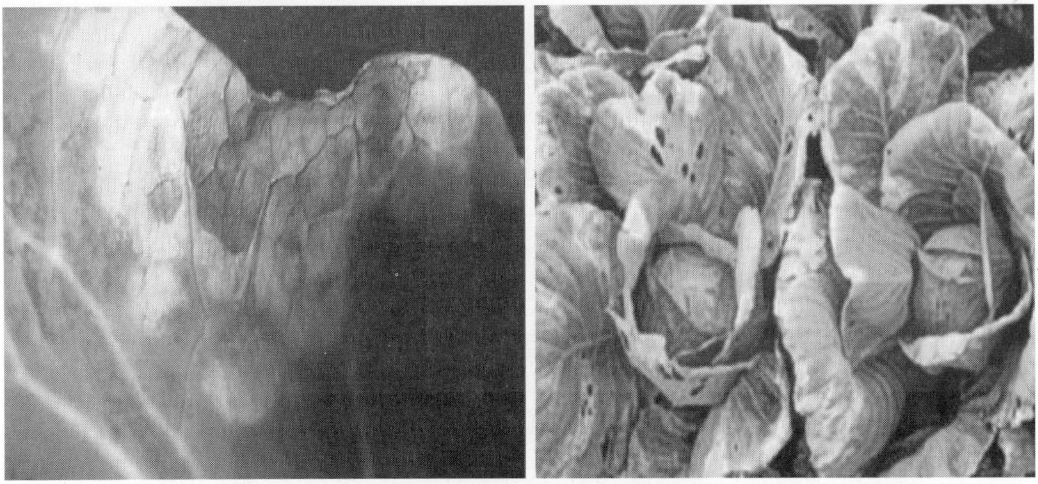

चित्र 15.15. फूलगोभी एवं पातगोभी का काला गलन रोग

प्रबन्धन : बीज को सर्वप्रथम पानी से धोने के बाद 52° सेल्सियस पर 30 मिनट तक डुबाते हैं इसके बाद स्ट्रेप्टोसाइक्लीन के घोल (1 ग्राम/5 लीटर पानी) में भी 30 मिनट रखने के बाद छाया में सुखाकर बुआई हेतु प्रयोग में लाते हैं। तथा फूल बनते समय स्ट्रेप्टोसाइक्लीन (1 ग्राम/5 लीटर पानी) के घोल से छिड़काव करते हैं। 2 वर्ष का फसल चक्र अपनाते हैं।

फूलगोभी के फूल का सड़ना : फूलगोभी का फूल कहीं से भी सड़ने लगता है, जिसकी वजह से उसका कुछ भी बाजार मूल्य नहीं मिलता हैं। यह रोग *स्केलेरोटीनिया स्केलैरोशियोरम* नामक कवक द्वारा होता है।

प्रबन्धन : जहाँ पर इस रोग के होने की सम्भावना हो वहाँ पर पाला पड़ने के पूर्व मैंकोजेब (0.25 प्रतिशत) और स्ट्रेप्टोसाइक्लीन (0.05 प्रतिशत) का 15 दिन के अन्तराल पर दो छिड़काव करें।

चित्र 15.16 फूलगोभी के फूल का सड़ना

तना गलन : इस रोग का भी रोगकारक वही है जो फूलगोभी के फूल के सड़ने के लिए उत्तरदायी है। इस रोग के प्रारंभिक लक्षण के रूप में पत्तियों का दिन में मुरझाना तथा रात में ठीक हो जाना देखा गया है। आक्रान्त पौधा गन्दा सफेद–हरा तथा गहरा पीला तथा बाद में गहरा भूरा या मुलायम काला गलन जिस पर सफेद फफूँद उगी हुई दिखाई देती है।

चित्र 15.17 फूलगोभी का तना गलन

प्रबन्धन : रोगग्रस्त पौधों को उखाड़ कर नष्ट कर देना चाहिए। फूल बनते समय कार्बेन्डाजीम (0.05 प्रतिशत) एवं मैंकोजेब (0.25 प्रतिशत) का छिड़काव करना चाहिए।

पत्र–लांछन (लीफ स्पॉट) : यह रोग *आल्टरनेरिया ब्रैसिकी* एवं *आल्टरनेरिया ब्रैसिकोला* नामक कवक से फैलता है। पत्तियों पर गहरे रंग के केन्द्रीय छल्ले जैसे गोलाकार धब्बे बन जाते हैं। रोग की उग्रावस्था में ये धब्बे आपस में मिलकर बड़े हो जाते हैं। पौधों का विकास रूक जाता है तथा उसमें अपुष्ट शीर्ष (कर्ड) लगते हैं।

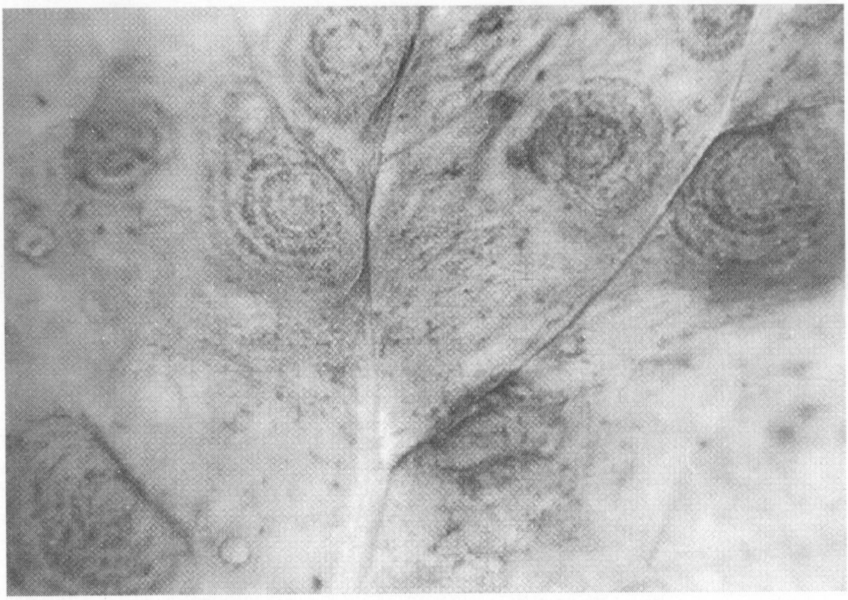

चित्र 15.18 फूलगोभी का पत्र–लांछन (लीफ स्पॉट)

प्रबन्धन : जिनेब दवा का 0.15 प्रतिशत रोग के चिह्न दिखने से पूर्व प्रारम्भ कर 10 से 15 दिनों के अन्तर पर तीन छिड़काव करें।

आर्द्र गलन (डैम्पिंग ऑफ): इस रोग से पौधशाला में अत्यधिक क्षति होती है। बिचड़े जमीन की सतह से ऊपर निकलते समय या बाद में सड़कर गिर पड़ते हैं और मर जाते हैं। बिचड़ों के तने जमीन की सतह के निकट पतले एवं सिकुड़े हुए दिखलाई पड़ते हैं। इस रोग के लिए *पिथियम फाइटोफ्थोरा* तथा *राइजोक्टोनिया सोलेनाई* नामक कवक जिम्मेदार है।

प्रबन्धन : बिचड़े ऊँची जमीन तथा ऊँची क्यारियों में उगायें। पौधशाला बनाने के कम से कम तीन सप्ताह पूर्व 6-7 ईंच मिट्टी खोद कर मिट्टी को 5 प्रतिशत फार्मलिन घोल से भिगो दें। 50 डिग्री सें.ग्रे. तापक्रम पर 60 मिनट तक गर्म जल से बीजोपचार करेने के बाद कार्बेन्डाजीम (0.2%) से शोधन करें। बिचड़े के मैंकोजेब (0.25%) और कार्बेन्डाजीम (0.05%) के घोल से शोधित करने से आर्द्रपतन रोग के उत्पन्न होने के बावजूद फायदा मिलता है।

बोरोन की कमी : बोरोन तत्वों की कमी से रोगाक्रान्त पौधों के फल भूरे रंग के दिखलाई पड़ते हैं। पत्तियाँ विकृत हो जाती हैं तथा तनों पर एवं फलों के बीच में छोटे–छोटे केन्द्रीय वृत्त दिखलाई पड़ते हैं।

चित्र 15.19 गोभी का आर्द्र गलन (डैम्पिंग ऑफ)

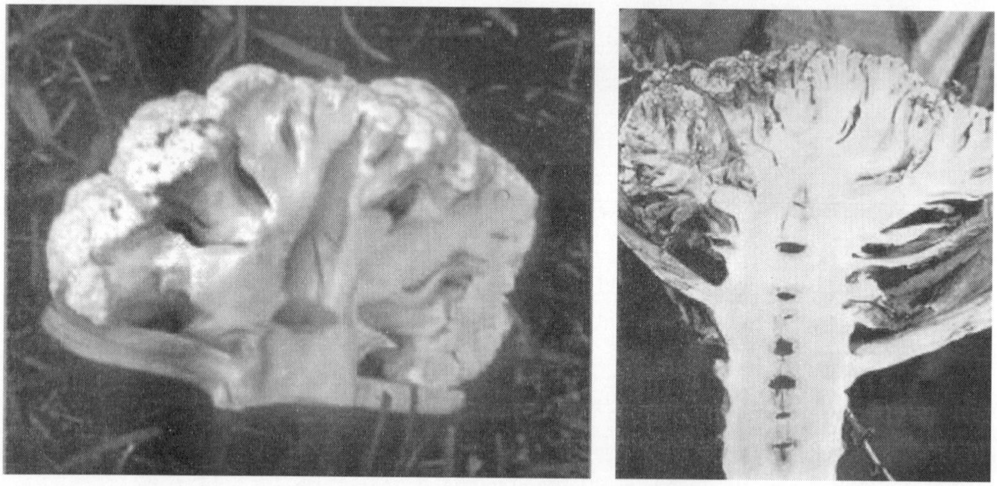

चित्र 15.20 फूलगोभी में बोरोन की कमी

प्रबन्धन : 1.5 किलोग्राम बोरेक्स प्रति 300 लीटर पानी में घोल कर पौधशाला में तथा बिचड़े लगाने के बाद फसल पर छिड़काव करें।

चुकन्दर

पत्र–लांछन : **प्रबन्धन**–0.35 प्रतिशत कॉपर फन्जीसाईड (ताम्र फफूँदनाशक) या 0.15 प्रतिशत मैंकोजेब दवा का 15 दिनों के अन्तर पर तीन छिड़काव करें।

जड़ सड़न (रूट रौट) : यह रोग एक फफूँद द्वारा होता है जो जड़ के भाग को प्रभावित करता है। रोगाक्रान्त पौधों की जड़ें – सड़कर विनष्ट हो जाती हैं। फलस्वरूप पूरा पौधा सूखकर समाप्त हो जाता है।

प्रबन्धन : फसल चक्र अपनाएँ। फसल चक्र में चुकन्दर के बाद प्याज लें। ग्रीष्मकाल में मिट्टी पलटने वाले हल से खेत की दो–तीन बार जुताई करें।

मूली

श्वेत हरदा (व्हाइट रस्ट) : पत्तियों पर उजले उठे हुए हरदा के धब्बे (पस्चयूल) यत्र–तत्र दिखाई पड़ते हैं। रोग की उग्रावस्था में पत्तियों का रूप विकृत, छोटा एवं विद्रूप–सा दिखता है और उनकी जड़ों में बहुत पतली मूली बनकर रह जाती है।

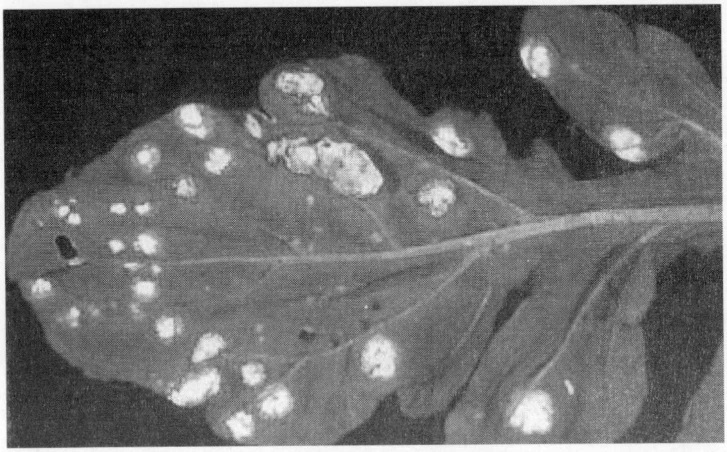

चित्र 15.21 मूली का श्वेत हरदा

प्रबन्धन : मैंकोजेब 1 किलो प्रति 350 लीटर जल में घोलकर प्रति एकड़ की दर से दवा का 15 दिनों के अन्तर पर दो छिड़काव करें।

गाजर

गाजर का पीला रोग : यह एक विषाणु –जनित रोग है, जो साधारणतया एक फड़का कीड़े (सिक्स स्पॉटेड लीफहॉपर) द्वारा फैलता है। प्रभावित पौधों की पत्तियाँ पीली पड़ जाती है।

प्रबन्धन : रोगी पौधों को उखाड़कर जला दें। 0.1 प्रतिशत डायमेक्रॉन 100 ई.सी. या 0.1 प्रतिशत रोगर या 0.25 प्रतिशत मेटासिस्टॉक्स का 10-15 दिनों के अन्तर पर दो छिड़काव करें।

शाकाणु मृदुगलन : गाजर का यह रोग एक जीवाणु *इरवीनिया कैरोटोवोरा* वार *कैरोटोवोरा* द्वारा होता है, जिसके फलस्वरूप जमीन के अन्दर का कंद भाग सड़कर मुलायम हो जाता है। रोग का भाग छूने से वह सहज ही टूट कर अलग हो जाता है।

प्रबन्धन : फसल चक्र अपनाएँ। बीज को 0.1 प्रतिशत सेरेसन घुलनशील (वेट) तथा 0.25 प्रतिशत एग्रीमाइसीन या स्ट्रेप्टोसाइक्लिन के घोल में डुबोकर 15-20 मिनट तक बोने के पूर्व उपचारित कर लें।

प्याज एवं लहसुन

पत्र–लांछन (पर्पुल ब्लॉच, लीफ स्पॉट) एवं झुलसा (ब्लाईट) : पत्तियों के ऊपर बैंगनी रंग के उजले किनारे लिए धब्बे बन जाते हैं जो धड़ एवं पौधों के अन्य भागों

को भी रोगाक्रान्त करते हैं। झुलसा से प्रभावित पत्तियाँ शीर्ष से सूखना प्रारम्भ करती है। अन्ततः रोगग्रस्त पौधों की गांठें भी प्रभावित हो जाती है और उनमें सफेद दाग पड़ जाते हैं। यह रोग *आल्टरनेरिया वोरी* नामक कवक द्वारा उत्पन्न होता है।

चित्र 15.22 गाजर का शाकाणु मृदुगलन

चित्र 15.23 प्याज का पत्र–लांछन (पर्पुल ब्लॉच)

प्रबन्धन : बोने के पूर्व 3 ग्राम कैप्टन या थीरम दवा से प्रति किलो बीज को उपचारित करें। मैंकोजेब (1.5 किलोग्राम 1000 लीटर जल में प्रति हेक्टर की दर से) दवा का 15-20 दिनों के अन्तर पर तीन छिड़काव करें। छिड़काव के समय दवा के साथ टीपोल या ट्रिटन ए.ई. स्टिकर (5 सी.सी.) प्रति 10 लीटर दवा का भी व्यवहार करें।

कलिका (रस्ट) : यह रोग *पक्कसीनिया पोटी* नामक कवक द्वारा उत्पन्न होता है। नये बिचड़ों पर गहरे भूरे धब्बे बन जाते हैं। पुराने पौधों की खाल या परत हटाने पर काफी धूल की तरह रोग चिन्ह दिखलाई पड़ते हैं।

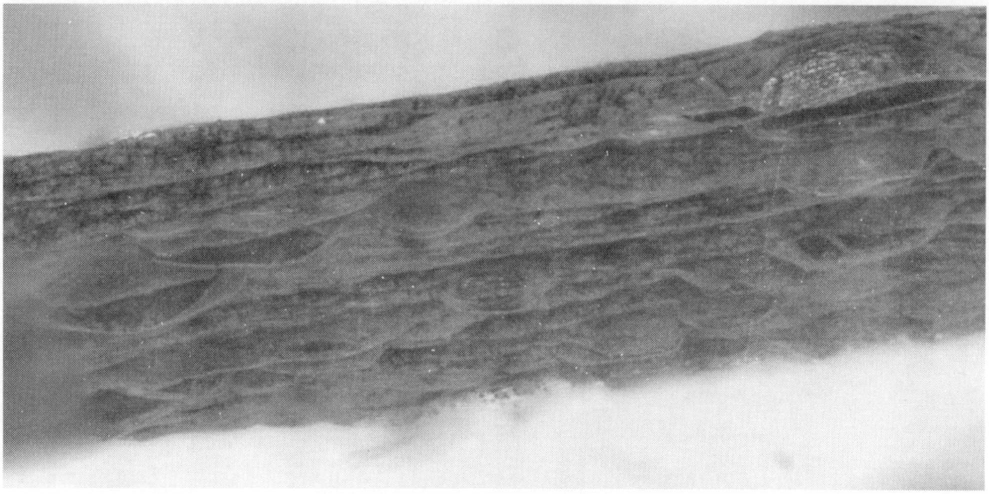

चित्र 15.24 प्याज का कलिका (रस्ट)

प्रबन्धन : 3 ग्राम थीरम या केप्टान से प्रति किलो बीज को उपचारित करें।

फलीदार सब्जियाँ (सेम, लोबिया इत्यादि)

श्यामव्रण : यह रोग *कोलेटोट्राइकम लिंडेमुथिएनम* नामक कवक द्वारा उत्पन्न होता है। इस रोग के लक्षण ज्यादा अपरिपक्व फलियों पर देखे जाते हैं। यद्यपि पत्ती–तना पर भी देखे जाते हैं। काला धंसा हुआ जिसका बीज का हिस्सा भूरा होता है।

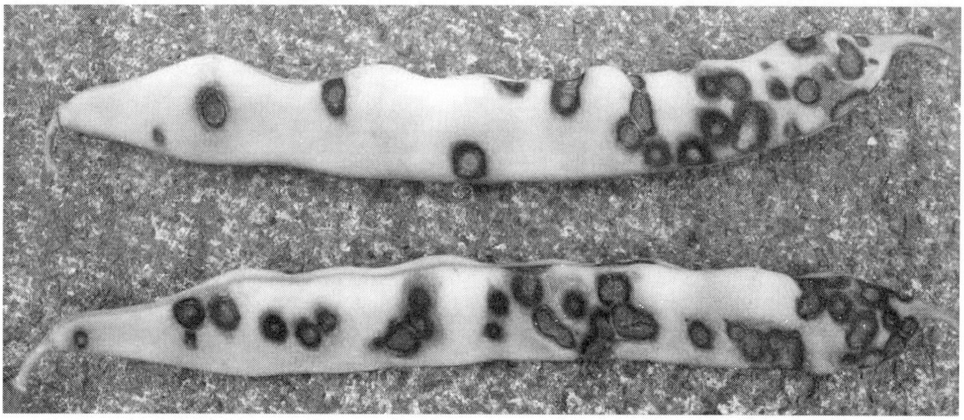

चित्र 15.25 फलीदार सब्जियाँ (सेम, लोबिया इत्यादि) का श्यामव्रण

प्रबन्धन–रोगमुक्त बीज का प्रयोग करें। बीज का शोधन कार्बेन्डाजीम (2 ग्राम/किलोग्राम बीज) से करें। 15 दिन के अन्तराल पर 3 छिड़काव मैंकोजेब से करें।

राईजोक्टोनिया अंगमारी

बीज के जमाव के समय आर्द्रपतन जैसा लक्षण दिखाई देता है बाद में तना एक तरफ बढ़ने लगता है। जमीन की सतह पर धंसा हुआ लाल–भूरा धब्बा बनता है। पत्तियों पर गोल से लेकर अनियमित आकार का भूरा धब्बा जिसका बाहरी हिस्सा स्पष्ट होता है। लगातार आर्द्र एवं गर्म मौसम में यह रोग भयानक रूप धारण कर लेता है।

प्रबन्धन

बीज का शोधन थीरम (0.3 प्रतिशत) या कार्बेन्डाजीम (0.2 प्रतिशत) से करें। रोग के लक्षण दिखाई देने पर कार्बेन्डाजीम (0.05 प्रतिशत) का छिड़काव करें।

16

आलू में रोग प्रबन्धन

डॉ. एस.के. सिंह

पौधा रोग विभाग, राजेन्द्र कृषि विश्वविद्यालय, पूसा, समस्तीपुर, बिहार

विश्व में आलू की खेती मुख्य खाद्यान्न के समान होती है। इसकी तुलना धान, गेहूँ एवं मक्का जैसे महत्त्वपूर्ण खाद्यान्नों से की जाती है। यह मात्र सब्जी ही नहीं वरन् इससे कहीं ज्यादा है। मध्यमवर्गीय परिवार के भोजन में बिना आलू के कल्पना भी नहीं की जा सकती है। यह अमीर, गरीब सबको अतिप्रिय है। इसकी फसल 60 दिन से लेकर 110 दिन के मध्य कभी भी ली जा सकती है। अतः इसे किसान अपने फसल चक्र के कार्यक्रम में आसानी से शामिल कर लेते हैं। यदि हमारे देश में आलू को मुख्य खाद्यान्न के रूप में शामिल कर लिया जाय तो देश में कुपोषण की समस्या का समाधान हो सकता है।

आलू की अच्छी उपज के लिए इसका रोगों से मुक्त होना आवश्यक है। इसमें लगने वाले रोग निम्नलिखित हैं।

पछेती अंगमारी

आलू का यह एक महामारी रोग है। इस रोग के रोगकारक (*फाइटोफ्थोरा इनफेस्टांस*) आलू के शीत भंडार गृहों में निम्न तापक्रम पर जीवित रहने में सक्षम है जिसके कारण यह रोग अब मैदानी क्षेत्रों में भी महामारी का रूप धारण कर रहा है। वर्ष 2007 में बिहार के कटिहार एवं पुर्णिया जिले में इस रोग से 60-80% तक हानि देखी गई। कहीं–कहीं पर यह हानि 100% थी। निम्न तापक्रम (15°C) एवं उच्च आपेक्षिक आर्द्रता (100%) पर यह रोग बहुत तेजी से फैलता है तथा 2-3 दिन के अन्दर ही पूरी फसल नष्ट हो जाती है। 1913 में बंगाल के रंगपुर और बिहार के साबोर एवं भागलपुर जिलों में महामारी के रूप में उत्पन्न होते देखा गया है। बिहार के ही पूसा एवं पटना में इस रोग को क्रमशः सन् 1928 एवं 1933 में देखा गया। उत्तरप्रदेश के देहरादून और मेरठ जिलों में यह रोग सन् 1943 में आलू की दूसरी फसल (जनवरी–मई) पर उत्पन्न हुआ तथा उस समय से लगातार यह उत्तरी भारत के मैदानों में नियमित रूप से देखने को मिलता है। सन् 1965 से 1968 की अवधि में इस रोग के कारण ब्रह्मपुत्र घाटी के अनेक क्षेत्रों की सम्पूर्ण फसल नष्ट हो गयी थी। उत्तरी भारत के साथ–साथ यह रोग दक्षिणी भारत के कुछ भागों–नीलगिरी एवं पलनी पहाड़ियों तथा कर्नाटक राज्य के

दक्षिणी भाग में भी उत्पन्न होता है। यह रोग आलू के अतिरिक्त टमाटर एवं सोलेनेसी कुल की दूसरी अनेक जातियों पर भी पाया जाता है।

पछेती अंगमारी रोग द्वारा आलू एवं टमाटर के पौधों के हरे भागों को उनके वर्धन काल में किसी भी समय मारा जा सकता है। अनुकूल मौसम में जब यह रोग उग्ररूप धारण करता है, तब सम्पूर्ण फसल नष्ट हो जाती है और आलू के कन्द तथा टमाटर के फल खेत एवं भंडारगृह दोनों में सड़ जाते हैं। यह रोग अनुकूल वातावरण में आलू के अन्य रोगों की तुलना में सबसे अधिक हानि पहुँचाता है।

लक्षण

इस रोग के लक्षण आलू के पौधों पर फूल आने के समय अथवा अनुकूल वातावरण मिलने पर कभी भी प्रकट हो सकते हैं। सर्वप्रथम रोग लक्षण पत्तियों पर वृत्ताकार या अनियमित आकार के, जलसिक्त, हल्के पीले या धुंधले हरे धब्बों के रूप में प्रकट होते हैं, जो प्रायः पौधों की निचली पत्तियों के ऊपरी सिरों या किनारों से बनाना आरम्भ होते हैं और पत्ती के मध्य भाग की ओर बढ़ते हैं। नम मौसम में यह शीघ्रता से फैलकर मटियाले भूरे रंग के मृत धब्बों या विस्तृत मृत क्षेत्रों के रूप में विकसित हो जाते हैं, परन्तु थोड़े ही समय में यह भूरे–काले या बैंगनी–काले विक्षतों में बदल जाते हैं। अनुकूल वातावरण उपलब्ध होने पर शीघ्र ही धब्बे पूरी पत्ती पर फैल जाते हैं, और पूरा का पूरा पौधा नष्ट हो जाता है। यदि मौसम लगातार नम रहता है और वातावरण में बदली एवं हल्की बूँदाबांदी होती रहती है तो पौधों के सभी कोमल, वायव भाग 1 से 4 दिन में सड़ कर मर जाते हैं, तथा उनमें से एक विशेष दुर्गन्ध भी आने लगती है। परन्तु यदि मौसम शुष्क होता है तब पानी के प्रभावित क्षेत्र में थोड़े से कत्थई धब्बे ही बनकर रह जाते हैं तथा यह क्षेत्र कुछ कड़े होकर सिकुड़ जाते हैं।

साधारणतः सबसे पहले रोग का प्रभाव भूमि के समीप वाली पत्तियों पर ही होता हैं, परन्तु शीघ्र ही पौधे के अन्य भागों जैसे– पर्णवृन्त, तने एवं प्राक्ष इत्यादि पर भी विक्षत बन जाते हैं। नम वातावरण में यदि पत्तियों पर अंगमारी के धब्बों का निरीक्षण किया जाये तो विक्षतों के बाहर की ओर सामान्य हरे रंग के स्थान पर एक पीले रंग की परिधि दिखाई देती है तथा पत्ती की निचली सतह पर, जहाँ पीले रंग की परिधि धब्बे के भूरे रंग से मिलती है, वहाँ सफेद या धूसर रंग की रोयें जैसी कवक वृद्धि का 3-5 मि.मी. चौड़ा क्षेत्र दिखाई देता है। वास्तव में यह वृद्धि परजीवी कवक के वायव बीजाणुधानीधर होते हैं और इन पर असंख्य बीजाणुधानियाँ बनती हैं। शुष्क मौसम में यह कवक वृद्धि दिखाई नहीं देती हैं।

रोग का आक्रमण भूमि में दबे आलुओं पर भी होता है तथा इनमें विगलन उत्पन्न हो जाती है। रोगी पत्तियों के भूमि पर गिरने से, भूमि की सतह के निकट वाले आलुओं पर संक्रमण पहले होता है। संक्रमित आलुओं में दो प्रकार की विगलन पैदा हो जाती है – (i) आर्द्र या गीला विगलन (ii) शुष्क विगलन। भूमि में नमी की अधिकता से गीला विगलन तथा नमी की कमी से शुष्क विगलन उत्पन्न होती है। यदि भूमि में नमी की मात्रा कम है तो सबसे पहले संक्रमित आलुओं की त्वचा पर अनियमित आकार के नीले–लोहित काले अथवा भूरे दाग दिखाई देते हैं। यदि भूमि में नमी की मात्रा कम है तो सबसे पहले संक्रमित आलुओं की त्वचा पर अनियमित आकार के नील–लोहित काले

अथवा भूरे दाग दिखाई देते हैं। यदि आलू को काट कर देखा जाय तो प्रभावित ऊतक जल–सिक्त, थोड़े रक्ताभ भूरे दिखाई देते हैं तथा आलू के गूदे में **5-15** मिमी. तक शुष्क विगलन फैली होती है। बाद में आलू के प्रभावित क्षेत्र कठोर एवं शुष्क हो जाते हैं और थोड़ा सिकुड़ जाते हैं। इसके विपरीत यदि भूमि में नमी की मात्रा अधिक होती है, तब सम्पूर्ण आलू गीला विगलन के कारण अन्दर से गलने और सड़ने लगता है तथा लगभग 2.5 से 4.5 सें.मी. तक भूरी आर्द्र विगलन पैदा हो जाती है और नमी की अधिकता से पूरा का पूरा आलू सड़ जाता है। आलुओं के गीला विगलन में कवक के साथ– साथ अन्य दूसरे कवक एवं मृदुविगलन द्वितीयक जीवाणु भी संक्रमण कर देते हैं, जिस कारण से रोगी आलुओं की सतह पर एक जलीय स्त्राव देखा जा सकता है। नम वातावरण में कन्द की सतह पर कवक का कवकजाल और बीजाणुधानीधर सी सफेद वृद्धि के रूप में दिखाई देते हैं। भंडारगृह में भी शीत एवं नम वातावरण उपलब्ध होने पर आलुओं में गीला विगलन उत्पन्न हो सकता है। अंगमारी लगे खेतों में पत्तियों एवं आलुओं के सड़ने से चारों ओर एक विशेष प्रकार की दुर्गन्ध आने लगती है, जो इस रोग की विशेषता है।

चित्र 16.1 आलू का पछेती अंगमारी

रोग चक्र

भारत के मैदानों में आलू की फसल के न रहने पर इस रोग का कवक उच्च तापमान के कारण किसी भी अवस्था में जीवित नहीं रह पाता है। परन्तु भारत के शीतोष्ण जलवायु वाले पहाड़ी क्षेत्रों में जहाँ पर गर्मी के दिनों में तापमान अधिक नहीं

होता है, कवक आलू के कंदों के साथ–साथ भूमि में आलुओं की खुदाई के बाद छूटे रोगी पौधे–अवशेषों में भी जीवित रह सकता है। अतः यूरोप, उत्तरी अमेरिका और भारत के पहाड़ी क्षेत्रों में कवक मृदोढ एवं बीजोढ़ दोनों प्रकार का होता है। भारत के उपोष्ण एवं उष्णकटिबंधीय जलवायु वाले मैदानों में आलू की दो लगातार ली जाने वाली फसलों के बीच के समय में तापमान 30° से० से भी ऊपर पहुँच जाता है। इस कारण से कवक का कवकजाल कंदों के साथ–साथ भूमि में भी समाप्त हो जाता है। इन क्षेत्रों में रोगजनक कवक आलू के उन बीजों में जीवित बना रहता है, जिनको शीत संग्रहगारों में संग्रह करके रखा जाता है। इन बीजों में छुपा कवकजाल ही उत्तरी भारत के मैदानों के लिये प्राथमिक निवेशद्रव्य के साधन के रूप में कार्य करता है। जब इन संक्रमित कंदों को बोया जाता है अथवा ग्रस्त भूमि में स्वस्थ कंदों को बोया जाता है, तब कवकजाल अनुकूल वातावरण में उगते हुये बीज से निकले प्ररोहों पर आक्रमण करता है तथा परपोषी पौधों के तने को वृद्धि करता हुआ वायव भागों में पहुँच जाता है। अनुकूल तापमान और नमी के प्राप्त होने पर इसके कारण पत्तियों पर धब्बे बन जाते हैं, जिनकी निचली सतह पर असंख्य बीजाणुधानियाँ उत्पन्न होती हैं। यह बीजाणुधानियाँ रोगी पौधों से स्वस्थ पौधों की पत्तियों पर वायु, जल एवं कीड़ों द्वारा सुगमता से फैल जाती है और सीधे जननलिका अथवा चलबीजाणु बनाकर द्वितीयक संक्रमण करती है। अनुकूल मौसम में इस चक्र की अनेक बार पुनरावृत्ति हो सकती है। बीजाणुधानी एवं चलबीजाणुओं द्वारा पत्ती या तने की बाह्यत्वचा के रन्ध्रों से या सीधे बेधन द्वारा संक्रमण होता है तथा कंदों में संक्रमण वातरन्ध्रों, आँखों या घावों के रास्ते से होता है। रोगी पत्तियों से बीजाणुधानियाँ एवं चलबीजाणु भूमि पर गिरकर जल के साथ मृदा में पहुँच जाते हैं और विभिन्न गहराई तक बेधकर स्वस्थ कंदों तक पहुँचते हैं तथा उन पर संक्रमण कर देते हैं। आलुओं की खुदाई के समय भी स्वस्थ कंदों पर संक्रमण हो जाता है तथा रोग भंडारगृह में भी रोगी कंदों से स्वस्थ कंदों में फैल सकता हैं।

यद्यपि इस रोग को उत्पन्न करने वाले कवक के लम्बी अवधि तक मृदा में मृतजीवी के रूप में उत्तरजीवी रहने के प्रमाण प्राप्त नहीं हुआ हैं। परन्तु यह रोगजनक टमाटर एवं सोलेनेसी कुल के अनेक दूसरे पौधों जैसे – मकोय, धतूरा, जंगली रसभरी इत्यादि पर भी आक्रमण करता है, अतः इन सांपार्श्विक परपोषी की भी इसके सततन में एक महत्वपूर्ण भूमिका हो सकती है।

अनुकूल पर्यावरण

इस रोग का विकास रोगजनक कवक के जीवन–चक्र की विभिन्न अवस्थाओं पर, मुख्यतः आर्द्रता एवं तापमान के प्रभाव पर निर्भर करता है। कवक सबसे अधिक बीजाणुकजनन लगभग 100 प्रतिशत सापेक्षिक आर्द्रता एवं 16° एवं 22° सेल्सियस के बीच के तापमान पर करता है। बीजाणुधानियाँ अपनी जीवन क्षमता को 80 प्रतिशत से कम सापेक्षिक आर्द्रता पर 3-6 घंटों मे खो देती हैं। इनका अंकुरण केवल उसी समय होता है, जब पत्तियों पर मुक्त जल या ओस उपस्थित होती है तथा 10°–15° सेल्सियस तापमान पर यह चलबीजाणु बना कर अंकुरण करती है, जबकि 15° सेल्सियस से अधिक तापमान पर बीजाणुधानी सीधे जननलिका द्वारा अंकुरित होती हैं। बीजाणुधानी के अंकुरण की क्रिया 0.5-2 घंटों में पूर्ण हो सकती है तथा अंकुरण के बाद जनन–नलिकाओं को परपोषी ऊतक का बेधन करने के लिये 15° - 25° सेल्सियस

तापमान पर 2-2.5 घंटे का समय लगता है। बेधन के बाद कवकजाल 17° - 21° सेल्सियस तापमान पर शीघ्रता से वृद्धि करता है और यही तापमान बीजाणुकजनन अर्थात् बीजाणुधानियाँ बनने के लिये भी अनुकूलतम होता है। 30° सेल्सियस से अधिक का तापमान खेत में कवक की वृद्धि को रोक देता है, परन्तु उसे मारता नहीं है तथा अनुकूल तापमान एवं पर्याप्त सापेक्षिक आर्द्रता के उपलब्ध होने पर यह पुनः क्रियाशील होकर बीजाणुकजनन प्रारम्भ कर सकता है। बीजाणुधानियों को मृदा में जीवित रहने के लिये 15-20 प्रतिशत मृदा नमी की आवश्यकता होती है। इस उपर्युक्त आर्द्रता एवं तापमान सम्बन्धी ज्ञान से पता चलता है कि यह रोग उस समय अधिक उग्रता से फैलता है, जबकि प्रारम्भ में तापमान बहुत कम हो, जिससे कि बीजाणुधानी का अंकुरण अच्छा हो, तथा उसके बाद जनन–नलिका एवं कवकजाल की वृद्धि और बीजाणुकजनन के लिये तापमान थोड़ा सा उच्च हो जायें। इस प्रकार तापमान वर्षा मृदा आर्द्रता इत्यादि के इस रोग के उग्रता से फैलने के विषय में किसानों को पहले से ही चेतावनी दी जा सकती है, जिससे कि वह फसल पर रोग फैलने से पूर्व ही सतर्क रहें। इस रोग के पादप महामारी के रूप में फैलने के लिये निम्न चार पर्यावरण अवस्थाओं का होना अति आवश्यक है –

(i) किसी दिन रात का तापमान 4 घंटों के लिये ओसांक से कम हो;

(ii) न्यूनतम तापमान 10° सेल्सियस या इससे थोड़ा अधिक हो;

(iii) अगले दिन आसमान में बादल छाये हो;

(iv) अगले 24 घंटों में कम से कम 0.1 मि.मी. वर्षा हो।

रोग प्रबन्धन

पछेती अंगमारी की रोकथाम के लिये निम्नलिखित उपाय किये जाते हैं–

1. बोने के लिये सदैव स्वस्थ, रोगमुक्त तथा प्रमाणित बीजों का ही प्रयोग करें।
2. आलुओं की खुदाई के बाद रोगग्रस्त पौधों के अवशेषों और सड़े गले कन्दों को नष्ट कर देना चाहिये। इनको खाद के गड्डों में भी नहीं डालना चाहिये अपितु इन पर बोर्डो–मिश्रण छिड़क कर अलग कर देना चाहिये।
3. खेत में या उसके आस–पास कोई खरपतवार जैसे – मकोय, धतूरा, जंगली रसभरी इत्यादि को नहीं उगने देना चाहिये।
4. रोगग्रस्त फसल की खुदाई पूर्ण रूप से पक जाने के बाद करनी चाहिये और पौधों को खेत में ही सूखने देना चाहिये, जिससे कि पौधों के ऊपरी भागों पर उपस्थित कवक के सभी बीजाणु मर जायें और कन्दों में संक्रमण न हो पाये।
5. कन्दों की खुदाई शुष्क मौसम में करनी चाहिये और स्वस्थ कन्दों को पहले एकत्र करना चाहिये। भंडारगृह में रखते समय भी इनकी दोबारा सावधानी से छंटाई करनी चाहिये और केवल स्वस्थ कन्दों को ही भंडारगृह में रखना चाहिये।
6. पौधों के इर्द–गिर्द 10 से 15 से.मी. ऊँचाई तक मिट्टी चढ़ाना चाहिये, ऐसा करने से कन्दों में संक्रमण की सम्भावना कम हो जाती है।
7. खुदाई के बाद आलुओं को भंडारगृह में रखने से पहले शुष्क करना बहुत आवश्यक होता है। आलुओं को ठंडे, हवादार एवं शुष्क भंडारगृहों में ही रखना चहिये। भंडारण के लिये अनुकूलतम तापमान 3.5° - 4.4° सेल्सियस होता है।

8. आलू की फसल में नाइट्रोजन उर्वरकों को अधिक मात्रा में प्रयोग करने एवं सिंचाई अधिक करने से इस रोग का प्रकोप अधिक होता है, अतः निर्धारित मात्रा में संतुलित उर्वरकों एवं सिंचाई का प्रयोग करना चाहिये।
9. बोने से पहले आलू के बीजों को एक मिनट के लिये 6 प्रतिशत कार्बनिक पारा युक्त कवकनाशी जैसे – एगालॉल–6, ऐरिटान–6, टेफासान इत्यादि के 0.2 प्रतिशत घोल में डुबो लेना चाहिये। बीजों का उपचारित करने के बाद ठंडे स्थान में उस समय तक रखना चाहिये जब तक कि बुवाई न हो जाये।
10. पछेती अंगमारी की रोकथाम के लिये फसल पर किसी उपयुक्त कवकनाशी का छिड़काव उचित ढ़ंग एवं समय पर करना चाहिये। कवकनाशी का पहला रक्षात्मक छिड़काव रोग उत्पन्न होने से 10-15 दिन पहले अवश्य कर देना चाहिये। मैदानी क्षेत्रों में यह छिड़काव दिसम्बर के अन्तिम सप्ताह में करना चाहिये। यदि भारी वर्षा होने के बाद मौसम मेघाच्छन्न हो तथा रोग उत्पन्न होने की थोड़ी भी सम्भावना हो तब कवकनाशी जैसे – जिनेब या मैंकोजेब (मैनेब + जिंक आयन) @ 2.5 ग्राम मात्रा को एक लीटर जल में घोल कर पहला छिड़काव करना चाहिये। कुल 3 छिड़काव 7-14 दिनों के अन्तर पर करने चाहिये और पौधों की नई एवं पुरानी पत्तियों की दोनों सतहों को छिड़काव करके भली प्रकार ढ़क देना चाहिये। लेकिन एक बार जब रोग के लक्षण दिखाई दे जाय तब इसकी एक मात्र दवा रिडोमिल एम.जेड है। इस दवा की 0.25% (2.5 ग्राम मात्रा को एक लीटर पानी में घोल) का छिड़काव करना चाहिए। केन्द्रीय आलू अनुसंधान संस्थान शिमला में किये गये प्रयोगों में कुछ अन्य कवकनाशी जैसे – फाइकाल 8 ई (2.15 लीटर/हैक्टर), ब्रेस्टान (600 ग्राम/हैक्टर), डुटर (1.8 किलोग्राम/हैक्टर), डाइफोलाटान (0.2%), डाइथेन एम–45 (2 किलोग्राम/हैक्टर) एवं कैप्टान (0.2%) इत्यादि भी इस रोग की रोकथाम के लिये प्रभावकारी सिद्ध हुये हैं।
11. आलू की पछेती अंगमारी रोगरोधी किस्मों को ही उगाना चाहिए। अभी पिछले दिनों किये गये परीक्षणों में आलू के उच्च उपज संकरों – जेएच 222, ई 4486, जेआई 1857, जेआई 5857, डी/79 -59, आर 181-87 एवं एच 81/5 को पछेती अंगमारी रोगरोधी पाया गया है।

आलू में अगेती झुलसा रोग

इस रोग का रोगकारक *आल्टरनेरिया सोलेनाई* है। यह रोग आलू उगाये जाने वाली सभी जगहों पर होता है। यह रोग फसल पर बुआई के 4 या 5 सप्ताह बाद प्रकट होता है अर्थात पछेती झुलसा से कुछ पहले दिखाई देता है। पछेती अंगमारी ठंडे क्षेत्रों में अधिक लगती है जबकि यह ठंडे एवं गरम दोनों में बहुतायत से मिलती है। यह रोग सोलेनेसी कुल के अन्य पौधों जैसे – टमाटर, बैंगन, मिर्च एवं कुछ जंगली पौधों पर भी उत्पन्न होता है।

लक्षण

इस रोग के लक्षण फसल बोने के 4-5 सप्ताह बाद दिखाई पड़ते हैं, परन्तु अनुकूल परिस्थितियाँ मिलने पर कभी–कभी रोग लक्षण बहुत छोटे पौधों पर भी दिखाई दे जाते हैं। रोग की प्रारम्भिक अवस्था में सबसे पहले पौधों की निचली पत्तियों पर छोटे–छोटे,

दूर–दूर तक बिखरे हुए, फीके भूरे, कोणीय आकार के धब्बे बनते हैं जो बाद में कवक की गहरी हरित– नीली वृद्धि से ढक जाते हैं। शीघ्र ही यह धब्बे ऊपर की पत्तियों पर भी बन जाते हैं। आरम्भ में केवल बिन्दु के आकार के यह धब्बे तेजी से बढ़ते हैं और शीघ्र ही तिकोनी गोल या अण्डाकार आकृति धारण कर लेते हैं। आकृति में बढ़ने के साथ–साथ इन धब्बों का रंग भी बदल जाता है और यह बाद में गहरे–भूरे रंग के हो जाते हैं। यदि पुराने धब्बों को ध्यान से देखा जाए तो उनमें गोल चक्कर बनाती हुई हल्के रंग की लाइनें या संकेन्द्र दिखाई देती हैं, जो लक्ष्यपट्ट के समान प्रतीत होती है। इन संकेन्द्र कटकों द्वारा लक्ष्यपट्ट प्रभाव प्रकट होता है, जो इस रोग का प्रमुख निदान–सूचक लक्षण है। धब्बों के चारों ओर का हरा रंग धुंधला हो जाने से एक संकरा हरिमाहीन क्षेत्र बन जाता है, जो धब्बों के आकार के साथ–साथ बढ़ता रहता है। इस हरिमाहीनता का कारण एक आविष होता है जो रोगजनक कवक द्वारा उत्पन्न किया जाता है। यह आविष पत्ती की शिराओं द्वारा दूर तक फैल कर हरिमाहीनता पैदाकर देता है। शुष्क मौसम में 3 से 5 मिलीमीटर आकार वाले यह धब्बे कड़े होकर सूखे एवं चुरमुरे हो जाते हैं, जिससे पत्तियाँ सिकुड़ जाती है। नम मौसम में धब्बे फैलकर आपस में मिल जाते हैं, जिससे पत्तियाँ सिकुड़ जाती है। नम मौसम में धब्बे फैलकर आपस में मिल जाते हैं, जिससे कि बड़े क्षेत्र बन जाते हैं तथा साथ–साथ इन भागों में विगलन भी आरम्भ हो जाती है। जब रोग का प्रकोप उग्र होता है, तब पत्तियाँ सिकुड़कर भूमि में गिर जाती हैं और पौधे के तने पर भूरे या काले ऊत्तकक्षयी विक्षत बन जाते हैं, जिस कारण से सम्पूर्ण पौधा अथवा कुछ शाखाएँ मृत्यु के कारण नीचे गिर जाती हैं। इस रोग से प्रभावित पौधों में बने कंद आकार में छोटे एवं संख्या में कम होते हैं तथा उनमें स्टार्च की कमी भी हो जाती है।

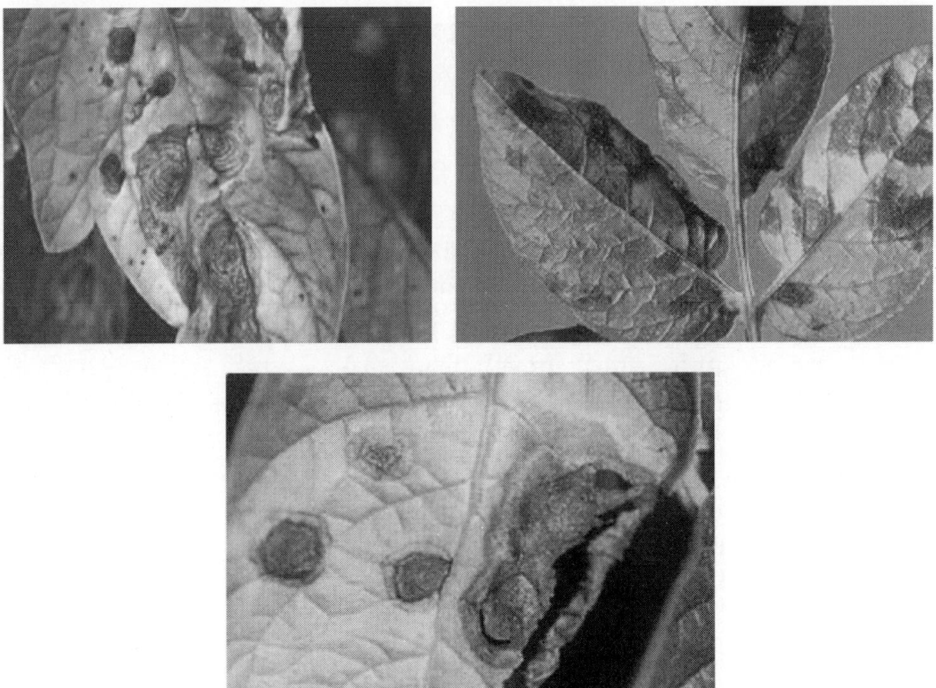

चित्र 16.2 आलू का अगेती झुलसा रोग

अनुकूल पर्यावरण

इस रोग के विकास पर जलवायु एवं मृदा का अधिक प्रभाव पड़ता है। फसल काल के प्रारम्भ में पर्याप्त आर्द्रता या नमी एवं उच्च तापमान होने पर इस रोग का उग्र प्रकोप होता है। दुर्बल पौधों पर रोग का आक्रमण अधिक होता है। शुष्क मौसम में रोग का प्रसार कम होता है। कोनिडियम के अंकुरण के लिये अनुकूल मौसम का होना अत्यंत आवश्यक है, क्योंकि कोनिडियम तभी अंकुरित होते हैं, जब मौसम में उपयुक्त नमी एवं अनुकूल तापमान होता है। कोनिडयम के अंकुरण के लिये 28° - 30° सेल्सियस तापमान अनुकूलतम है और इस तापमान पर इनका अंकुरण 35 से 45 मिनट में हो जाता है। इस कवक के लिये उद्‌भवन अवधि केवल 48 से 72 घंटे तक होती है अर्थात अनुकूल वातावरण में संक्रमण होने के 2-3 दिनों बाद पौधों पर लक्षण दिखाई देने लगते हैं और उसके तीसरे–चौथे दिन कोनिडियम भी बनने लगते हैं।

रोग प्रबंधन

इस रोग की रोकथाम निम्न विधियों के द्वारा की जा सकती है–

1. आलू की खुदाई के पश्चात भूमि पर पड़े फसल के ऊपरी पौध अवशेषों को एकत्र करके जला देना चाहिए।
2. इस रोग के कवक के कोनिडियम एवं कवकजाल 1 वर्ष से 15 माह तक भूमि में पड़े रोगग्रस्त पौध–अवशेषों पर जीवित रह सकते हैं, अतः 2 वर्ष का फसल–चक्र अपनाना चाहिए।
3. कवकनाशी जैसे–जिनेब (डाइथेन जेड–78, लोनाकॉल इत्यादि) का छिड़काव 2.5 किलोग्राम प्रति 1000 लीटर जल/हैक्टर के हिसाब से करना चाहिये। प्रथम छिड़काव, उत्तरी भारत में शरद ऋतु की फसल पर नवम्बर में तथा बसंत ऋतु की फसल पर फरवरी में करना चाहिये। इसके पश्चात् 10 दिन के अन्तर पर दो या तीन छिड़काव करने चाहिए। कृषि विश्वविद्यालय में किये गए परीक्षणों में अगेती अंगमारी की रोकथाम के लिए मैंकोजेब कवकनाशी (@2 किलोग्राम प्रति 1000 लीटर जल/हैक्टर) के फसल पर तीन छिड़काव की सिफारिश की गई है। पहला छिड़काव बुवाई के 45 दिन बाद तथा दूसरा एवं तीसरा छिड़काव 15 दिन के अन्तर पर करना चाहिए।
4. आलू की अगेती अंगमारी रोगरोधी किस्में जैसे – कुफरी अलंकार इत्यादि ही बोने के लिय प्रयोग करें। मैदानों के लिये कुफरी सिन्दूरी एवं कुफरी जीवन किस्में अच्छी सिद्ध हुयी है। अभी पिछले कुछ वर्षों में विकसित किये गये आलू के उच्च उपज संकरों– जे एच–222, ई–4486, जे आइ–1857, जे आई–5857, डी/79 -59, आर–181-87, एच/81-5 को पछेती अंगमारी के साथ–साथ अगेती अंगमारी के लिये भी रोगरोधी पाया गया है।

तालिका 16.1. आलू की अगेती अंगमारी और पछेती अंगमारी में अन्तर

	अगेती अंगमारी		पछेती अंगमारी
1.	अगेती अंगमारी ठंडे एवं गरम दोनों क्षेत्रों में बहुतायत से मिलती है।	1.	पछेती अंगमारी केवल ठंडे क्षेत्रों में ही महामारी का रूप धारण करती है।
2.	यह रोग पछेती अंगमारी से पहले अर्थात बोने के 4-5 सप्ताह बाद ही दिखाई देने लगता है।	2.	यह रोग फसल पर कुछ बाद में अर्थात पौधों पर फूल आने के समय प्रकट होता है।
3.	इस रोग में पहले पत्तियों पर छोटे–छोटे 3-5 मि. मी. आकार के, फीके भूरे धब्बे दूर–दूर बिखरे हुए बनते हैं, जो बाद में गहरे–भूरे काले रंग के हो जाते हैं।	3.	इस रोग में पहले पत्तियों के सिरों या किनारों पर भूरे मृत धब्बे या विस्तृत मृत क्षेत्र बनना आरम्भ हो जाते हैं जो बाद में पत्ती एवं पौधों के अन्य भागों पर फैलकर भूरे काले या बैंगनी काले हो जाते हैं।
4.	इसके पुराने धब्बों में संकेन्द्र कटकें बन जाती है, जो लक्ष्य पट्ट के समान दिखाई देते हैं।	4.	इसके धब्बे में संकेन्द्र कटकें अनुपस्थित होती हैं।
5.	प्रायः धब्बों के चारों ओर एक संकरा हरिमाहीन क्षेत्र होता है, जो रोगजनक कवक द्वारा उत्पादित एक आविष के कारण होता है और यह विष शिराओं द्वारा दूर तक पहुंचकर हरिमाहीनता उत्पन्न करता है।	5.	इसमें बैंगनी धब्बे के बाहर की ओर सामान्य हरे रंग के स्थान पर एक पीले रंग का क्षेत्र दिखाई देता है।
6.	इस अंगमारी में धब्बे रोगजनक कवक की गाढ़ी हरी–नीली वृद्धि से ढक जाते हैं। यह वृद्धि पत्ती के धब्बे वाली दोनों सतहों पर दिखाई देती है।	6.	इस अंगमारी में धब्बे के ठीक नीचे पत्ती की केवल निचली सतह पर ही रोगजनक कवक की सफेद या धूसर रंग की वृद्धि दिखाई देती हैं।
7.	आलू की अगेती अंगमारी आल्टर्नेरिया सोलेनाइ नामक कवक से उत्पन्न होती है।	7.	आलू की पछेती अंगमारी फाइटोफ्थोरा इन्फेस्टैन्स नामक कवक द्वारा होती है।

आलू मोजैक

आलू के विषाणु–जनित मोजैक रोग विश्व के उन सभी देशों में मिलते हैं, जहाँ आलू को उगाया जाता है। सम्पूर्ण संसार में यह रोग आलू की फसली को भारी क्षति पहुंचाते हैं। सम्भवतः इन रोगों द्वारा हुई हानि के कारण ही इन्हें सन् 1914 के लगभग संयुक्त राज्य अमेरिका एवं यूरोप में आलू का ह्रास रोग के नाम से पुकारा गया था। यद्यपि यूरोप में 15 वीं शताब्दी में भी इस रोग के विषय में पूर्ण ज्ञान था। सन् 1914 से पहले तक वैज्ञानिकों को अनुमान था कि यह ह्रास रोग केवल एक ही विषाणु से उत्पन्न होता है, जिनमें से प्रत्येक विषाणु के एक या एक से अधिक प्रभेद या विभेद भी उपस्थित हो सकते हैं। विदेशों में आलू के मोजैक रोगों से लगभग एक दर्जन विषाणु सम्बन्धित पाये गये हैं, परन्तु भारत में मोजैक समूह के पोटेटो वाइरस वाइ, एक्स, एस एवं ए इत्यादि अधिक महत्वपूर्ण है, जो क्रमशः उग्र मोजैक, मन्द मोजैक, गुप्त मोजैक एवं अतिमंद मोजैक उत्पन्न करते हैं। इनके अतिरिक्त भारत में पोटेटो वाइरस एफ/जी से उत्पन्न अतिपीताभ मोजेक पोटेटो वाइरस एम से उत्पन्न पर्ण वेल्लनी मोजैक इत्यादि भी पाये गये हैं, परन्तु इनसे अधिक हानि नहीं होती है। आलू पर कुछ मोजैक रोग एक से

अधिक विषाणुओं के संयुक्त या सम्मिलित संक्रमण से भी उत्पन्न होते हैं, इनके मुख्य उदाहरण– पोटेटो वाइरस एक्स एवं वाइ अथवा एक्स, वाइ एवं एस से उत्पन्न रूक्षपृष्ठी मोजैक पोटेटो वाइरस के एवं ए अथवा एक्स, एस एवं ए से उत्पन्न व्याकुंचन मोजैक तथा पोटेटो वाइरस एक्स, एस एवं एम से उत्पन्न अंतराशिरीय मोजेक इत्यादि हैं।

चित्र 16.3 आलू का मोजेक

1. आलू का उग्र मोजैक

भारत में आलू की व्यापारिक किस्मों मे इस मोजैक रोग का प्रकोप बहुत व्यापक रूप से होता है तथा इस रोग द्वारा आलू की उपज में 40-89 प्रतिशत तक अनुमानित हानि आंकी गयी है।

लक्षण

इस रोग के लक्षण आलू की किस्म एवं विषाणु के विभेद पर निर्भर करते हैं। आलू की अधिकांश जातियों पर रोग लक्षण पर्णपतन रेखा या अग्राभिसारी ऊत्तकक्षय के रूप में दिखाई देते हैं। आलू की किस्म प्रेसीडेन्ट की ऊपरी पत्तियों पर छाले उत्पन्न होते हैं

तथा पत्ती को निचली सतह पर शिराओं से लगे ऊतकों के क्षय हो जाता है। बाद में ऊत्तकक्षय के लक्षण शीघ्रता से बढ़कर ऊपरी सतह पर भी दिखाई देने लगते हैं। यहाँ से यह ऊत्तकक्षय पर्णवृन्तों एवं मुख्य तनों पर पहुंच जाता है और इसके फलस्वरूप इन भागों पर अनुदैर्घ्य विक्षत बन जाते हैं। रोग के बहुत अधिक बढ़ जाने पर पत्तियाँ पूर्णतया ऊत्तकक्षयी हो कर सूख जाती हैं और टूट कर मुख्य तने से लटकी रहती हैं। पौधों की सबसे ऊपरी शीर्ष की पत्तियाँ ऊत्तकक्षयी नहीं होती हैं। संक्रमित कंदों से बौने पौधे अवरूद्ध या बौने रह जाते हैं और उनकी पत्तियाँ भंगुर एवं व्याकुंचित हो जाती हैं तथा ऐसे पौधों से आलू संख्या में कम एवं आकार में छोटे पैदा होते हैं।

2. आलू का मंद मोजैक

यह मोजैक रोग सम्पूर्ण विश्व में आलू पर सामान्य रूप से पाया जाता है। भारत में इस रोग से आलू की विभिन्न किस्मों की उपज में 10 से 25 प्रतिशत तक हानि होने का अनुमान लगाया गया है।

लक्षण

यह एक अति संसर्गज रोग है तथा कठिनाई से दिखाई देने वाले लक्षण उत्पन्न करता हैं। यद्यपि मंद मोजैक आलू की सभी किस्मों पर संक्रमण करता है, परन्तु रोग के स्पष्ट लक्षण कुछ ही किस्मों पर दिखाई देते हैं। वैसे तो इस रोग के लक्षण आलू की भिन्न–भिन्न किस्मों तथा रोगजनक विषाणु के विभिन्न विभेदों के अनुसार अलग–अलग होते हैं, परन्तु सामान्य लक्षण पौधे की पत्तियों पर हल्के पीले एवं गहरे हरे धब्बों का विकसित होना और उनकी दो शिराओं के मध्य के पर्ण भाग का चितकबरेपन एवं विकृत होने के साथ–साथ थोड़ा बौनापन भी आ जाता है। आलू की जिन किस्मों में रोग के स्पष्ट लक्षण प्रकट नहीं होते हैं तो इसका अर्थ यह नहीं है कि वह पौधे पूर्णतया स्वस्थ हैं।

आलू का गुप्त मोजैक

आलू का गुप्त मोजैक रोग संसार के सभी आलू उगाने वाले देशों में पाया जाता है। भारत में इस रोग से आलू की उपज में 20 प्रतिशत तक हानि होने का अनुमान लगाया गया है।

लक्षण

इस रोग के रोगजनक विषाणु को आलू की कई व्यापारिक किस्मों जैसे–अपटूडेट, क्रेग्स डिफायंस, कुफरी सिन्दूरी, कुफरी किसान, कुफरी सफेद एवं कुफरी कुबेर इत्यादि से पृथक् किया गया है। आलू की इन किस्मों पर यह विषाणु कठिनाई से दिखाई देने वाले लक्षण पैदा करता है। इस रोग के लक्षण पोटेटो वाइरस वाइ से उत्पन्न लक्षणों से अधिक मिलते–जुलते होते हैं, परन्तु यह थोड़ा मंद होते हैं। पौधों पर इस रोग के लक्षणों की अभिव्यक्ति स्पष्ट न होने से इसे पहचानना सामान्यतः सम्भव नहीं है, इस कारण से रोगी पौधों की पहचान विषाणु के सीरम सम्बन्धी परीक्षणों से की जाती है।

इस रोग को उत्पन्न करने वाला विषाणु विशेष करके पौधे की नई तरूण पत्तियों में उपस्थित रहता है और थोड़े से या कोई भी लक्षण उत्पन्न नहीं करता है। पत्तियों पर हल्की हरिमाहीनता दिखाई देती है और उनका किनारा लहरदार हो जाता है। आलू की कुछ किस्मों एवं संवर्गों की पत्तियों पर हल्का अंतराशिरीय कर्बुरण या चितकबरापन एवं मंद शिरा पट्टन दिखाई देता है तथा पुराने पौधों में पत्तियों की वलितता देखी जा सकती है। रोगी पौधे प्रायः थोड़ा बौने रह जाते हैं और खुली वृद्धि वाले स्वभाव के होते हैं। कभी–कभी पौधे की सबसे पुरानी पत्तियाँ पीली पड़कर लटक जाती हैं।

4. आलू का अतिमन्द मोजैक

यह आलू का एक विश्वव्यापी रोग है। यद्यपि भारत में इस रोग को अभी कुछ वर्षों पूर्व ही पाया गया था, परन्तु अब इसका प्रकोप आलू उगाने वाले लगभग सभी क्षेत्रों में व्यापक रूप से होता है। यह रोग आलू की उपज में 40 प्रतिशत तक कमी कर देता है।

लक्षण

इस रोग के लक्षण रोगजनक विषाणु के विभेदों एवं आलू की किस्मों पर निर्भर करते हैं। आलू की किस्म प्रेसीडेन्ट पर रोग लक्षण मंद मोजैक के रूप में उत्पन्न होते हैं, जबकि आलू की दूसरी किस्मों जैसे – अपटूडेट, ब्रिटिश क्वीन, ग्रेटस्काट एवं अन्तर्राष्ट्रीय किडनी इत्यादि पर रोग के लक्षण उग्र ऊतकक्षय के रूप में उत्पन होते हैं और पौधों की मृत्यु भी हो सकती है। इन किस्मों में कंदों पर भी ऊतकक्षय के लक्षण मिलते हैं तथा यह क्षय आन्तरिक फ्लोएम ऊतकों में होता है, जिसमें कंद की कलिकाएँ या आँखें मर जाती हैं। कभी – कभी सम्पूर्ण कंद सड़ जाता है।

प्रकृति में यह विषाणु प्रायः पोटेटो वाइरस एक्स या वाइ के साथ पाया जाता है। ऐसी अवस्था में यह दोनों विषाणु संयुक्त संक्रमण करके व्याकुंचन मोजैक रोग के लक्षण उत्पन्न करते हैं। यह रोग आलू को बहुत अधिक हानि पहुंचाता है। इस रोग में पत्तियों पर पीले धब्बे बनते हैं और यह भयंकर रूप से विकृत एवं भंगुर हो जाती हैं तथा इनके किनारे भी लहरदार हो जाते हैं। रोगग्रस्त पौधों की वृद्धि रूकने के कारण वह बौने रह जाते हैं और रोग की उग्रावस्था में पौधे मर भी सकते हैं। पौधों की मृत्यु के समीप पीले धब्बों का रंग जंग के समान हो जाता है।

आलू के उपरोक्त मोजैक रोगों को उत्पन्न करने वाले सभी विषाणु आलू के कंदों में उत्तरजीवी रहते हैं। जब इन रोगी कंदो को अगले वर्ष बीज के लिए उपयोग किया जाता है तो रोगी पौधे उत्पन्न होते हैं। इन विषाणुओं का संचरण संक्रमित कंदों को बीज के लिए काटते समय चाकू या छुरी से भी स्वस्थ कंदों में हो जाता है। इसके अतिरिक्त रोगी पौधों का पड़ौस के स्वस्थ पौधों के साथ हवा के झोंके से रगड़ खाने से, कार्यकर्त्ताओं एवं कृषि यंत्रों से तथा जानवरों से भी संचरण आसानी से हो सकता है। वैसे इन अधिकांश विषाणुओं के संचरण के मुख्य स्रोत रोगवाहक कीट ऐफिड होते हैं, जो रोगी पौधों से आहार करते समय रस शोषण के साथ–साथ विषाणु कण भी ग्रहण कर लेते हैं तथा बाद में स्वस्थ पौधों पर पहुंच कर रस शोषण करते समय इन विषाणु कणों को उनमें संचरित कर देते हैं।

आलू के मोजैक रोगों का प्रबन्धन

आलू के मोजैक रोगों की रोकथाम के लिए निम्नलिखित उपाय करने चाहिए–

1. सदैव केवल स्वस्थ एवं प्रमाणित या आधार बीज ही किसी विश्वसनीय स्रोत से प्राप्त करके बोना चाहिये।
2. आलू के खेतों का फसल की प्रारम्भिक अवस्था में ही दो या तीन बार सावधानी पूर्वक निरीक्षण करना चाहिये और जैसे ही कुछ रोगी पौधे दिखाई दें तो उनको तुरन्त कंदों सहित उखाड़ कर नष्ट कर देना चाहिए या उन्हें आलू के खेतों से दूर गहरे गड्डा खोदकर दबा देना चाहिए। रोगी पौधों को खोदते एवं बाहर निकालते समय हाथों एवं यंत्रों से स्वस्थ पौधों को नहीं छूना चाहिए। रोगी पौधों को छूने से पूर्व हाथों को साबुन के घोल या किसी रोगाणुनाशी रसायन के घोल में डुबो कर विषाणु रहित कर लेना चाहिए।
3. रोगवाहक कीट ऐफिड एवं हापर इन रोगों को खेत में फैलाते हैं। अतः इनको नियंत्रित करने के लिए फसल पर किसी कीटनाशी का छिड़काव करना चाहिये। देश के उत्तरी मैदानों में आलू की फसल पर पहली मिट्टी चढ़ाने के समय सर्वांगी कीटनाशी थिमेट 10 जी (दाना) की 8 किलोग्राम मात्रा प्रति हैक्टर के हिसाब से मृदा में प्रयोग करना चाहिये और इसके बाद दो या तीन छिड़काव 0.15 प्रतिशत मैटासिस्टॉक्स या रोगर अथवा 0.1 प्रतिशत थायोडान के 15 दिन के अन्तर पर करना चाहिये।
4. दिसम्बर के तीसरे अथवा चौथे सप्ताह में पौधों के ऊपरी हरे भागों को काट कर कन्दों को भूमि में परिपक्व होने के लिये छोड़ देना चाहिये। ऐसा करने से पैदावार अवश्य कम हो सकती है, परन्तु जो आलू प्राप्त होंगे वह मोजैक रहित होंगे।
5. मोजैक रोगों के विषाणु आलू के अतिरिक्त सोलेनेसी कुल की अन्य दूसरी सब्जियों जैसे– टमाटर, मिर्च, बैंगन इत्यादि, वार्षिक शोभाकारी पौधों जैसे–पिटूनिया, पेन्जी, कैलेन्डुला, डालिया, पेरिविन्कल इत्यादि, खरपतवार जैसे– धतूरा, क्लोवर निकैनड्रा इत्यादि तथा अन्य फसलें जैसे–तम्बाकू इत्यादि के पौधों को भी संक्रमित करते हैं और इनके रोगवाहक कीट भी इन पौधों पर आश्रय लेते हैं। अतः आलू के खेतों के समीप इन सब्जियों एवं शोभाकारी पौधों को नहीं उगाना चाहिए और खेतों एवं उनके आस–पास मेड़ों पर उगे सभी खरपतवारों को नष्ट कर देना चाहिए। खेतों में यदि अधिक खरपतवार उगे हों तो खरपतवारनाशी जैसे – स्टैम एफ का छिड़काव करना चाहिए। इसका छिड़काव करने से पोटेटो वाइरस एक्स का प्रसार भी रूक जाता है।
6. आलू के मोजैक रोगों के नियंत्रण का सबसे अधिक प्रभावी एवं वांछनीय मार्ग रोगरोधी किस्मों को उगाना है। जैसे – क्रेग्स डिफायंस, अप–टू–डेट, ग्रेट स्कॉट, सैको, टैवा, कैताहविन इत्यादि विषाणु प्रतिरोधी होती है। कुछ किस्में जैसे–कुफरी लालिमा वी.बी. 8, पी–एच 72-22, 8-5 एवं 557723 इत्यादि में पोटेटो वाइरस एक्स के लिए असंक्राम्यता अथवा अतिसंवेदनशीलता उपस्थित होती है।

विषाणु रोग रहित बीज उत्पन्न करने के लिए नियम

1. आलू की उन्नत जातियों के रोग विमुक्त बीज राजकीय बीज निगम, केन्द्रीय आलू संस्थान, कृषि विश्वविद्यालय, कृषि विभाग से लेने चाहिए।
2. फसल की बुआई उचित समय पर करना चाहिए। बिहार में अक्टूबर के तीसरे सप्ताह में बुआई का उचित समय है।
3. फसल में बहुत अधिक नाइट्रोजन खाद का प्रयोग न करें अथवा पौधों में विषाणु रोग के लक्षण व्यक्त नहीं हो पाते।
4. खेत की मिट्टी, ग्रंथिका सूत्रकृमि, जीवाणु झुलसा, साधारण स्कैब तथा भूरा विगलन जैसे मृदा जन्य रोगों से विमुक्त होनी चाहिए।
5. केवल अंकुरित कन्द लगाने चाहिए। बहुत छोटे कन्द न लगाएं, इनसे उपलब्ध खाद्य पदार्थ पौधों की प्राथमिक वृद्धि के लिए पर्याप्त नहीं होते और इस अवस्था में विषय तापमान आदि के कारण दुर्बल पौधों के मरने की संभावना अधिक होती है।
6. आलू के विषाणु रोगवाहक माहू और माइकोप्लाज्मा रोगवाहक हॉपर आदि कीड़ों की रोकथाम के लिए 8-10 कि.ग्रा. प्रति हैक्टर थिमेट–10 जैसे सर्वांगी कीटनाशकों का प्रयोग करना चाहिए।
7. बीज की फसल तैयार होने की अवस्था में पौधों पर मिट्टी न चढ़ाएं और पौधों को सम्पर्क द्वारा फैलने वाले विषाणु रोगों से बचाएं।
8. फसल में माहू की संख्या पर तापमान का विशेष प्रभाव पड़ता है। दिसम्बर माह में माहू का प्रकोप बढ़ जाता है और इस अवस्था में रोगर, डाइमेक्रान अथवा मेटासिस्टाक्स जैसे सर्वांगी कीटनाशकों का छिड़काव करना चाहिए।
9. फसल के पलाल (पत्तियों और तनों) को काटने के 7-8 दिन पूर्व सिंचाई बन्द कर देनी चाहिए।
10. पंजाब, हरियाणा और पश्चिमी उत्तर प्रदेश के क्षेत्रों में बीज की फसल में माहू का प्रकोप क्रांतिक बिन्दु (20 माहू प्रति 100 पत्तियाँ) से अधिक हो जाता है। इस अवस्था में पौधों की पलाल को भूमितल के निकट काट दिया जाता है। इस प्रकार आलू बीज को विषाणु रोगों के संक्रमण से बचाना सम्भव है। यदि काटे गए तनों से पुनः फुटाव हो तो उसे भी शीघ्र काट देना चाहिए अन्यथा पलाल काटने का अभिप्राय पूरा नहीं होगा।
11. पलाल काटने के लगभग 10-15 दिन बाद बीज के आलू की बाहरी परत का गठन हो जाता है और इस अवस्था में आलू की खुदाई कर लेनी चाहिए। बीज के भंडारण से पूर्व कन्दों को 10-15 दिन तक छाया में सुखाना आवश्यक है।
12. बीज के लिए उगाए आलू को शीत भंडारण से पूर्व एगलॉल अथवा कार्बेन्डाजीम से उपचारित करें।

17

बाढ़ के बाद फल वृक्षों एवं सब्जियों की खेती में पौधा संरक्षण : ध्यान देने योग्य बातें

डॉ. एस.के. सिंह

पौधा रोग विभाग, राजेन्द्र कृषि विश्वविद्यालय, पूसा, समस्तीपुर, बिहार

बाढ़ के दौरान एवं बाढ़ का पानी निकलने के उपरान्त हमारे फल वृक्ष विभिन्न बिमारियों से आक्रान्त होते रहते हैं तथा कभी–कभी मर जाते हैं जिसकी वजह से किसानों का भारी नुकसान होता है। इस नुकसान को विभिन्न निम्नलिखित उपायों द्वारा कम किया जा सकता है।

फल वृक्षों की देखभाल

- बहुवर्षी आम लीची, अमरूद, कटहल आदि के पौधों का मुख्य तना, बाढ़ में लम्बी अवधि तक 2-4 फीट की ऊंचाई तक जल के अन्दर रहता है। ज्यों ही बाढ़ का पानी हटता है त्योंही तने से गोंद जैसा रिसाव शुरू हो जाता है। यह एक फफूँदजनित गमोसिस बीमारी है और इससे आक्रान्त वृक्षों के सूखने का भय रहता है।
- बाढ़ प्रभावित क्षेत्रों में मिट्टीजनित फफूँद खासकर पीथियम एवं फाइटोफ्थोरा के कारण लगने वाली बिमारियों का प्रकोप बढ़ जाता है। ये फफूँद जड़ क्षेत्र को प्रभावित करते हैं तथा तेजी से फैलने के कारण इनसे भारी क्षति पहुंचती है। उत्पादकों को चाहिए कि तुरन्त उपचार का प्रबंध करें अन्यथा देर करने से पौधों के सूखने एवं नष्ट होने का भय रहता है। कार्बेन्डाजीम @1 ग्राम/लीटर पानी में घोलकर पेड़ों की सिंचाई करें।
- बाग से पानी निकलने के उपरान्त बाग के मिट्टी की निराई–गुड़ाई के उपरान्त पेड़ के उम्र के अनुसार खाद एवं उर्वरकों का प्रयोग करना चाहिए। गुड़ाई के उपरान्त कुछ दिनों के लिए मिट्टी को खुला छोड़ देना चाहिए।
- बीमारीग्रस्त एवं सूखी टहनियों की कटाई – छंटाई तेज चाकू या सिकेटियर से करने के उपरान्त कॉपर ऑक्सीक्लोराइड नामक फफूँदनाशक की 3 ग्राम मात्रा को प्रति लीटर पानी में घोलकर छिड़काव करने से विभिन्न फफूँदजनित बिमारियों की उग्रता में कमी आती है।

- जड़ गलन की वजह से यदि मछली के सड़ने जैसी गंध आ रही हो तो उस दशा में कॉपर ऑक्सीक्लोराइड तथा स्ट्रेप्टोसाइक्लीन (0.3 प्रतिशत एवं 0.025 प्रतिशत) नामक दवा के घोल से मृदा का शोधन करने से अत्यधिक लाभ प्राप्त होता है।

- केला के नये बाग लगाने से पूर्व सकर का शोधन/उपचार करना आवश्यक है अन्यथा सकर के सड़ने की सम्भावना बनी रहती है। सकर का उपचार कार्बेन्डाजीम @1 ग्राम/लीटर पानी के घोल से करना चाहिए।

- बाग के मिट्टी की जुताई–गुड़ाई के बाद खाद एवं उर्वरकों के प्रयोग के बाद बाग की मिट्टी को समतल करने के बाद बोर्डो पेस्ट से वृक्ष के मुख्य तने की पुताई करते हैं। पुताई जमीन के सतह से लेकर 5 फीट तक करना चाहिए। यह कार्य वर्ष में यदि दो बार (पहली बार जून–जुलाई एवं दूसरी बार जनवरी–फरवरी) में कर दिया जाय तो फल वृक्षों में लगने वाली विभिन्न बिमारियाँ जैसे – शीर्ष मरण एवं गमोसिस (आम, लीची, कटहल, अमरूद, नीबू, आँवला) आदि से आसानी से बचाया जा सकता है। बोर्डो पेस्ट बनाने के लिए 1 कि.ग्रा. चूना एवं 1 कि.ग्रा. तूतिया को 5-5 लीटर पानी में 12 घंटा भिगोने के उपरान्त दोनों को मिलाते हैं। मिलाने के उपरान्त जो घोल बनता है, उसे बोर्डो पेस्ट कहते हैं। बोर्डो पेस्ट बनाने के लिए धातु का बर्तन किसी भी अवस्था में प्रयोग नहीं करना चाहिए।

  यदि किसी वजह से बोर्डो पेस्ट बनाना सम्भव न हो तो निम्न उपाय करना चाहिए।

- ब्लाइटॉक्स–50 नामक दवा की 3 ग्राम मात्रा एक लीटर पानी में घोलें एवं उस घोल का तने पर चारों ओर से छिड़काव कर उसे सिक्त करें।

- वृक्षों के स्तम्भों एवं शाखाओं की छाल पर काट–छांट करते समय अथवा तेज हवा, पानी या तूफान से दुर्घटनावश बने क्षतों अथवा कवकों, जीवाणुओं इत्यादि के संक्रमणों को हटाने के लिए की गई कटाई–छंटाई द्वारा बने क्षतों को सूखने एवं दुबारा रोगजनकों के आक्रमण से बचाने की आवश्यकता होती है। वृक्षों के बड़े क्षतों के किनारों को सूखने से रोकने के लिए उनके ऊपर किसी क्षत ड्रैसिंग का लेप कर दिया जाता है। पहले लकड़ी के खुले भाग को 70 प्रतिशत इथाइल अल्कोहल अथवा 1 : 1000 का मरक्यूरिक क्लोराइड के घोल से फूरेरी लगाकर निर्जर्मित किया जाता है। अन्त में सम्पूर्ण क्षत पर किसी स्थाई वृक्ष क्षत ड्रैसिंग जैसे बोर्डो पेस्ट का लेप कर दिया जाता है।

सब्जियों की खेती में ध्यान देने योग्य बातें

- बाढ़ के बाद सब्जियों की खेती करते समय निम्नलिखित बातों पर ध्यान देना आवश्यक है।

- रसायनों द्वारा बीजों का उपचार बहुत आवश्यक है क्योंकि अनेक रोग उत्पन्न करने वाले कवक एवं जीवाणु बीज की सतह पर अथवा इसके भीतर उपस्थित होते हैं और जब इन बीजों को बोया जाता है, तब यह बीज के अंकुरण के समय क्रियाशील हो जाते हैं और बीज एवं बीजांकुर को मार देते हैं अथवा बाद की अवस्था में रोग उत्पन्न करते हैं। कवकनाशी अथवा जीवाणुनाशी द्वारा बीजों का उपचार करने का मुख्य उद्देश्य

बीजोढ़ कवकों एवं जीवाणुओं को नष्ट करना होता है जो बीजांकुर या पौद अंगमारी, बीज सड़न एवं कंड इत्यादि को उत्पन्न करते हैं। बीज उपचार का दूसरा मुख्य उद्देश्य बीजों के अंकुरण के समय मृदा में रहने वाले अनेक मृदोढ़ रोगजनकों से रक्षा करना।

- फलीदार सब्जियाँ, चुकन्दर, भिण्डी, बैंगन, गाजर, गोभीवर्गीय, मिर्च, शिमला मिर्च, ग्वार, कद्दूवर्गीय, पालक, मटर, मूली, टमाटर, शलजम आदि के बीजों को थाइरम/कैप्टान/कार्बेन्डाजीम @ 2 ग्राम/कि.ग्रा. की दर से शोधन करना चाहिए।
- **मृदोपचार** : मृदा अनेक रोगों को आश्रय देती है, जहाँ पर मृत कार्बनिक पदार्थ इन रोगजनकों की सक्रिय या प्रसुप्त अवस्थाओं को सहारा प्रदान करते हैं और इन मृदोढ़ रोगजनकों द्वारा अनेक पादप रोग उत्पन्न हो जाते हैं। अतः यदि मृदा से इन रोगजनकों को समाप्त कर दिया जाये तो अनेक रोगों को नियंत्रित करने में सफलता प्राप्त हो सकती है।
- कैप्टान/पेंटाक्लोरो–नाइट्रोबेन्जीन/कार्बेन्डाजीम/कॉपर ऑक्सीक्लोराइड/रिडोमिल–एम जेड के (0.2-0.3 प्रतिशत) एवं फार्मलीन (5 प्रतिशत) इत्यादि से किसी एक के द्वारा मृदा का शोधन करके आर्द्रगलन, मूलगलन, म्लानि एवं अनेक अन्य रोगों को नियंत्रित किया जा सकता है।
- कंद, शल्ककन्द एवं पौधों के अन्य भागों का उपचार मरक्यूरिक क्लोराइड, फार्मेल्डिहाइड आदि द्वारा नम उपचार किया जाता है। कार्बनिक पारायुक्त कवकनाशी जैसे ऐरिटान – 6, ऐगालाल–6, आदि के 0.2 प्रतिशत के घोल में एक मिनट डुबोकर अदरक के प्रकन्द विगलन की रोकथाम किया जा सकता है।
- रोग संवाहक कीटों का नियंत्रण आवश्यक है, क्योंकि बाढ़ के उपरान्त जैसे ही फसलें बढ़वार की अवस्था में होगी उसी समय कीटों का आक्रमण बढ़ जायेगा। जिसकी वजह से विषाणुजनित रोग तेजी से फैलेंगे। इनके नियंत्रण के लिए मेटासिस्टॉक्स @ 1 मिली/लीटर पानी में घोलकर 15 दिनों के अन्तराल पर 2-3 छिड़काव आवश्यक है।

सब्जियों के बीचड़े उगाते समय इन बातों पर ध्यान दें

- नर्सरी की क्यारी 1 मीटर चौड़ी एवं 3 मीटर लम्बी होनी चाहिए।
- दो क्यारी के बीच 1 फीट का रास्ता छोड़ें।
- नर्सरी, भूमि की सतह से 10-15 सेमी. ऊपर होनी चाहिए।
- नर्सरी की मिट्टी में पर्याप्त मात्रा में कार्बनिक पदार्थ एवं पोषक तत्व होने चाहिए।
- नर्सरी की मिट्टी का शोधन फार्मलीन (5 प्रतिशत) से करना चाहिए। फार्मलीन के घोल से 10-15 सेमी की गहराई तक की मिट्टी को अच्छी तरह से भिगोने के बाद काली पॉलीथीन से ढ़क कर 5-6 दिन रखना चाहिए। इसके बाद पॉलीथीन हटा लेना चाहिए।
- नर्सरी में बीज डालने से पहले यह सुनिश्चित कर लेने चाहिए कि नर्सरी की मिट्टी से फार्मलीन की गन्ध तो नहीं आ रही है।

- बीज का शोधन थाइरम/कैप्टान/कार्बेन्डाजीम नामक फफूँदनाशक @ 2 ग्राम/किग्रा बीज की दर से करने के बाद ही बुआई करें।
- उपरोक्त कार्य करने के पश्चात् भी यदि नर्सरी में पौधे मरने लगें तब रिडोमिल–एम. जेड. @ 2 ग्राम/लीटर पानी में घोलकर पत्तों पर छिड़काव करें। ऐसा करने से पौधे स्वस्थ प्राप्त होते हैं।
- यदि सम्भव हो तो कम लागत के पॉलीहाउस में नर्सरी तैयार करें।

कीट नियंत्रण

बाढ़ग्रस्त क्षेत्रों में जल–जमाव के कारण मिट्टी में रहने वाले कीट के अंडे एवं शिशु स्वतः मर जाते हैं। वयस्क कीट भी या तो जल–जमाव के कारण मर जाते हैं या वृक्षों पर अपनी सुरक्षा हेतु चले जाते हैं। चूँकि बाढ़ग्रस्त क्षेत्रों मे आस पास की सभी वनस्पतियाँ प्रायः नष्ट हो जाती है अतः घास–पतवार पर रहने वाले कीट पेड़ों पर जाकर शरण लेते हैं एवं वहीं से अपना भोजन तलाशकर जीवन–चक्र पूरा करते हैं। इस प्रकार बाढ़ में प्रकोप से वृक्षों पर कीट का प्रकोप अत्यधिक बढ़ जाने की संभावना रहती है।

दीमक–ग्रस्त क्षेत्रों में बाढ़ का पानी अच्छा प्रभाव डालता है। दीमक घर बनाकर मिट्टी की गहराई में रहते हैं और बाढ़ का पानी प्रवेश करते ही मर जाते हैं। अतः उस क्षेत्र को दीमक से काफी राहत मिल जाती है। ज्यों ही बाढ़ का पानी क्षेत्र से हट जाए तो अनिवार्य रूप से यथाशीघ्र वृक्षों पर इण्डोसल्फान, क्लोरपाइरिफॉस या डाइमेथोएट दवा का 1 से 1.5 मिली लीटर प्रति लीटर पानी में घोलकर छिड़काव करना चाहिए। यह छिड़काव 15-20 दिनों के उपरान्त दोहराना चाहिए। साथ ही पेड़ों के क्षतिग्रस्त हिस्सों को तोड़कर जला देना चाहिए। जब मिट्टी पूरी तरह सूख जाए तो वृक्षों के जड़ क्षेत्र के आसपास कार्बोफ्यूरॉन दवा का 100 से 150 ग्राम प्रति वृक्ष की दर से मिट्टी में भली–भाँति मिला देना चाहिए। रबी मौसम के लिए खेत की तैयारी करते समय क्लोरपाइरिफॉस या कार्बोफ्यूरॉन दाना को मिट्टी में मिलाकर फसलों की बुआई करनी चाहिए। इससे रबी फसलों पर कीट का आक्रमण काफी कम हो जाएगा।

18

कन्दमूल फसलों के रोग एवं प्रबन्धन

रीता कुमारी एवं डॉ. एस.के. सिंह*

अखिल भारतीय कन्दमूल अनुसंधान परियोजना, तिरहुत कृषि महाविद्यालय, ढ़ोली, मुजफ्फरपुर (बिहार)
* पौधा रोग विभाग, राजेन्द्र कृषि विश्वविद्यालय, पूसा, समस्तीपुर, बिहार – 848 125

कन्दमूल भी ऐसी फसलें है जिनकी खेती कर खाद्यान्न समस्या को हल करने के साथ ही अच्छी आमदनी प्राप्त की जा सकती है। कम सिंचाई वाले क्षेत्र, लागत कम, कम उपजाऊ भूमि में इसकी खेती सफलतापूर्वक की जा सकती है। कन्दमूल फसलें यानि शकरकंद, अरबी, जिमीकंद, कसावा, मिश्रीकंद, छोटी आलुका आदि ऐसी फसलें है जो प्रति इकाई रकबे में, प्रति इकाई समय में अधिक उपज देती है। अन्य फसलों की भाँति इन फसलों पर भी रोग का प्रकोप होता है जिनसे वांछित उपज प्राप्त नहीं हो पाता है। इन फसलों पर लगने वाले प्रमुख रोग, लक्षण एवं उनके रोकथाम नीचे दिये जा रहे हैं।

शकरकंद

1. शकरकंद का पत्रलांछण रोग

इस बीमारी का प्रकोप *सर्कोस्पोरा बाटाटा* नामक फफूँदी द्वारा होता है। रोग के लक्षण पत्तियों पर नवम्बर के प्रथम सप्ताह से दिखलाई पड़ते हैं। प्रारम्भिक अवस्था में पत्तियों पर पीले रंग के धब्बे बनते हैं जो बाद में काले रंग के हो जाते हैं। आक्रान्त पौधों की पत्तियाँ सूख जाती है तथा कन्दों का विकास नहीं हो पाता है। फलस्वरूप उपज में कमी आती है।

प्रबन्धन

- शकरकंद के लत्तरों को रोपने से पूर्व आधा घंटा तक बोर्डो मिश्रण (1%) के घोल में डुबोकर उपचारित कर लगायें।
- रोग के लक्षण दिखलाई पड़ते ही कार्बेन्डाजीम दवा का 500 ग्राम या मैंकोजेब दवा का 2-2.5 कि.ग्रा. प्रति 1000 लीटर पानी में घोल कर प्रति हे. की दर से 15 दिनों के अन्तराल पर दो–तीन छिड़काव करने पर इस रोग का प्रबन्धन सम्भव है।

चित्र 18.1 शकरकंद का पर्ण धब्बा रोग

2. शकरकंद का उकठा रोग

इस बीमारी का प्रकोप *फ्यूजेरियम ऑक्सीस्पोरम* एफ० स्पि० *बटाटा* नामक फफूँद द्वारा होता है। इस बीमारी के कारण शकरकंद का पूरा लत्तर ही सूख जाता है, पत्तियाँ पीली पड़कर सूख जाती है तथा पैदावार में भारी कमी आती है।

प्रबन्धन

- इस रोग के फफूँद जमीन में रहते हैं तथा फसल पर रोग फैलाते हैं अतः उपयुक्त फसल चक्र 2-3 वर्ष तक अपनाएँ।
- रोग मुक्त लत्तरों का व्यवहार रोपाई के लिए करें।
- रोगरोधी किस्म जैसे – राजेन्द्र शकरकन्द–5 की खेती करें।
- इसके अलावा भण्डारण के दौरान भी कुछ बीमारियों का प्रकोप होता है जैसे काला सड़न रोग, शुष्क सड़न रोग आदि। इन रोगों से 25-30 प्रतिशत तक क्षति होती है। इन रोगों से बचाव के लिए यह आवश्यक है कि कन्दों का भण्डारण अधिक आर्द्रता वाले स्थान में करें।
- भण्डारण के लिए उन्हीं कन्दों को चुने जो कटे हुए न हो तथा रोगरहित हो।

अरबी

अरबी पर लगने वाले रोगों में **अरबी के पत्तों का झुलसा रोग** प्रमुख है जिसके कारण अरबी की फसल प्रतिवर्ष बर्बाद हो जाती है तथा पैदावार में 25 से 50% तक

कमी आंकी गई है। इस बीमारी का प्रकोप *फाइटोफ्थोरा कोलोकेसियाई* नामक कवक द्वारा होता है। यदि रात का तापमान 20-22 डिग्री से. तथा दिन का तापमान 25-27 डिग्री से. के बीच हो, आपेक्षिक आर्द्रता दिन में 65% तथा रात में 100% हो तथा आकाश में बादल छाये हो और बीच–बीच में वर्षा होती रहे तो इस रोग का फैलाव और तेजी से होता है तथा पूरी फसल 5-7 दिनों के अन्दर इस रोग से झुलस जाती है। यदि तापमान 20 डिग्री से. से कम या 28 डिग्री से. से ज्यादा हो तो यह रोग अधिक उग्र रूप नहीं ले पाता है।

यह अरबी का एक भयंकर रोग है जो पत्तों पर छोटे–छोटे मटमैले सफेद रंग के धब्बों के रूप में बनने से शुरू होता है। शीघ्र ही ये छोटे–छोटे धब्बे आकार में बड़े होने लगते हैं तथा अगल–बगल के स्वस्थ पौधों को भी प्रभावित कर देते हैं। यदि समय पर रोकथाम नहीं की जाये तो एक सप्ताह के अन्दर पूरी की पूरी फसल झुलस कर बर्बाद हो जाती है। इस रोग का आक्रमण आमतौर पर मध्य जुलाई से सितम्बर तक पौधों पर होता है। इस रोग का प्रकोप वैसे क्षेत्रों में अधिक होता है, जहाँ आपेक्षिक आर्द्रता तथा वर्षा अधिक होती है। अनुसंधान से यह सिद्ध हो गया है कि रोग की उग्रता तथा पैदावार में होने वाली कमी का आपस में सीधा धनात्मक संबन्ध है।

प्रबन्धन

रोग प्रतिरोधी किस्मों का चुनाव

भारत में अरबी की अनेक रोग–प्रतिरोधी किस्में उपलब्ध है जैसे – जाखड़ी, टोपी तथा मुक्ताकेशी आदि। रोग प्रतिरोधी किस्मों में रोगग्राही किस्मों की तुलना में रोग की शुरूआत देर से होती है तथा उसका फैलाव भी अपेक्षाकृत धीमा होता है। अतः जहाँ इस बीमारी का प्रकोप प्रति वर्ष होता हो वहाँ मुक्ताकेशी आदि रोग प्रतिरोधी किस्मों को लगाना श्रेयस्कर होगा।

कवकनाशी दवाओं का प्रयोग

ताम्रयुक्त कवकनाशी दवाएँ जैसे डाइथेन एम–45 (0.2%) का 4-5 छिड़काव एक सप्ताह के अंतराल पर करने से इस रोग का काफी हद तक रोकथाम हो जाता है। मेटलैक्सिल का छिड़काव (0.05 प्रतिशत) करने पर पैदावार में 50 प्रतिशत तक वृद्धि आँकी गई है तथा रोग की तीव्रता में भी कमी पायी गयी है।

रोपाई समय में परिवर्तन

यदि रोपाई समय में इस तरह परिवर्तन किया जाय कि पौधों की निर्णायक अवस्था तथा रोगानुकूल वातावरण एक साथ न पड़े तो इस से होने वाली क्षति से बचा जा सकता है। अतः जिस क्षेत्र में इस रोग का प्रकोप ज्यादा एवं हमेशा होता है वहां अरबी की रोपाई फरवरी– मार्च में कर दें ताकि फसल अपनी वृद्धि पूरी कर चुकी होती है तथा उपज पर इसका कोई बुरा प्रभाव नहीं पड़ पाता है। रोपाई के बाद कंद को काला पोलिथिन या सूखी घास–फूस से ढ़क देने पर भी रोग का प्रकोप कम होता है।

जिमीकंद (सूरन या ओल)

1. सूरन का झुलसा या अंगमारी रोग

रोग के आरम्भिक अवस्था में पत्तियों पर छोटे–छोटे हल्के भूरे रंग के धब्बे बनते हैं जो बाद में सूख कर काले पड़ जाते हैं। आक्रान्त पत्तियाँ धीरे–धीरे पीली पड़ जाती है तथा पौधों की बढ़वार रूक जाती है एवं कन्द का आकार छोटा हो जाता है। अधिक प्रकोप होने पर उपज में 60 से 70 प्रतिशत तक की कमी हो सकती है।

प्रबन्धन

- बीज कन्दों का चुनाव रोगमुक्त स्वस्थ पौधों से करें।
- रोपाई से पूर्व कन्द को ट्राइकोडर्मा विरिडी से 5 ग्राम प्रति लीटर गोबर के घोल में मिलाकर उपचारित कर ही लगायें।
- रोग का लक्षण दिखलाई पड़ते ही रीडोमिल के 0.2 प्रतिशत (2 ग्राम/लीटर पानी) का दो से तीन छिड़काव 15 दिनों के अन्तराल पर करें।
- रोपाई के समय प्रति पौधा 200 ग्राम नीम की खल्ली डालें तथा रोपाई उपरान्त पुआल या सूखे घास से खेत को ढ़क देने पर इस रोग की उग्रता में कमी आती है।

तना गलन या कालर राट

इस रोग का आक्रमण उन सभी क्षेत्रों में होता है जहाँ सूरन की खेती होती है तथा विशेषकर उन स्थानों पर ज्यादा होता है जहाँ पानी का जमाव होता है। इस रोग का मुख्य कारण *स्केलोरोशियम रोल्फसाई* है। इस रोग का प्रकोप प्रायः जुलाई से सितम्बर माह तक पौधों पर होता है। यह रोग बरसात में अधिक भयंकर रूप में आता है। वर्षा के बाद गर्म वातावरण इसके लिए अधिक उपयुक्त है। निकाई–गुड़ाई के समय पौधे के तना का क्षतिग्रस्त होना एवं जल निकास की अच्छी व्यवस्था न होना इसमें सहायक होते हैं।

चित्र 18.2 सूरन (ओल) का तना गलन या कालर राट

यह एक मिट्टीजनित रोग है। इस रोग का लक्षण कालर भाग (तना एवं कन्द के जोड़) पर सर्वप्रथम दिखलाई पड़ता है। कालर भाग पर पानी के घोल धब्बे के साथ भूरे सफेद धब्बे बनते हैं। कालर भाग धीरे–धीरे सड़ने लगता है तथा सिकुड़ जाता है। आक्रान्त पौधे पीले पड़ कर जमीन पर गिर जाते हैं। कन्द बन नहीं पाता तथा यदि कन्द बनता भी है तो आकार में छोटा होता है।

प्रबन्धन

- कम से कम 3-5 वर्ष का फसल चक्र अपनायें।
- ऊँची एवं समतल खेत का चुनाव सूरन लगाने हेतु करें।
- जल निकास की उचित व्यवस्था रखें।
- बीज कन्दों को ट्राइकोडर्मा विरिडी 5 ग्राम प्रति लीटर गोबर के घोल या मैंकोजेब या रीडोमिल का 2.5 ग्राम प्रति लीटर गोबर घोल में 20 से 30 मिनट डुबो कर उपचारित कर रोपाई करें।
- कैप्टान के 2 प्रतिशत घोल से पौधों के किनारे भूमि को एक माह के अन्तराल पर दो बार भिगायें।
- रोगग्रस्त पौधों को खेत से बाहर निकालते रहें।

मोजैक

यह सूरन का विषाणुजनित रोग है। पौधों के शुरूआती अवस्था में यदि इस बीमारी का प्रकोप होता है तो उपज में काफी कमी आ जाती है। आक्रान्त पौधों की पत्तियाँ सिकुड़ कर छोटी हो जाती है। पौधों की वृद्धि रूक जाती है तथा कन्द नहीं बन पाते। नई पत्तियों पर इसका प्रभाव ज्यादा होता है। पत्तियाँ पीली पड़ जाती है तथा नसों का उभार हो जाता है। यह बीमारी श्वेत मक्खी द्वारा फैलता है।

चित्र 18.3 ओल का मोजैक रोग

प्रबन्धन

- रोगग्रस्त पौधों से बीज कन्द रोपाई हेतु न लें।
- मोनोक्रोटोफास (0.05%) से दो छिड़काव करने पर रोग फैलाने वाले कीट का रोकथाम हो जाता है।
- रोगग्रस्त पौधों को खेतों से निकाल कर मिट्टी में गाड़ दें।

ओल (सूरन) में समेकित रोग प्रबन्धन

ओल की खेती को अधिक लाभकारी बनाने के लिए आवश्यक है कि इसमें लगने वाले रोगों का समेकित प्रबन्धन किया जाय।

- रोपण सामग्री उच्च गुणवत्ता की होनी चाहिए, उसमें किसी भी प्रकार की गलन एवं घाव नहीं होना चाहिए।
- रोपण सामग्री को ताजे गाय के गोबर + ट्राईकोडर्मा (एक किग्रा गाय का गोबर + 5 ग्राम ट्राईकोडर्मा के घोल में 5-10 मिनट डुबाने के पश्चात, छाया में सुखा लेते हैं। इसके बाद रोपण हेतु प्रयोग करना चाहिए।
- एक टन अच्छी तरह से सड़ी गोबर/ कम्पोस्ट खाद तथा 1 कुन्तल नीम की खली में एक किग्रा. ट्राइकोडर्मा मिलाते हैं, पर्याप्त नमी की अवस्था में पॉलीथीन से 7 दिन ढ़क कर रखने के बाद इस खाद को 1 किग्रा. प्रति गढ्ढा की दर से मिलाने के बाद ही रोपण करते हैं।
- रोपण के 60 एवं 90 दिन बाद मोनोक्रोटोफास (0.05%) + मैंकोजेब (0.2%) का दो छिड़काव करने से कई फफूँदजनित एवं विषाणुजनित बिमारियाँ नियंत्रित हो जाती है।

कसावा मौजेक

यह कसावा का प्रमुख विषाणुजनित रोग है जो सफेद मक्खी कीट द्वारा फैलता है। इस बीमारी से प्रायः कसावा के सभी प्रजातियाँ आक्रान्त पायी गयी है।

रोग के शुरूआती अवस्था में पत्तियाँ पीली पड़ कर सिकुड़ कर आकृति में छोटी हो जाती है। पौधों की वृद्धि रूक जाती है। बाद में आक्रान्त पौधों की पत्तियाँ आकार में छोटी हो जाती है तथा कन्द पर बुरा प्रभाव पड़ता है।

प्रबन्धन

- रोपाई हेतु स्वस्थ कटिंग का व्यवहार करें।
- इस रोग का फैलाव सफेद मक्खी से होता है। अतः आक्रमण के शुरूआती अवस्था में मोनोक्रोटोफास तरल दवा का 1.2 मि०ली० प्रति लीटर पानी में घोल कर पौधों पर पन्द्रह दिनों के अन्तराल पर दो–तीन छिड़काव करें।
- आक्रान्त पौधों को खेत से निकाल कर जला दें।
- रोपाई संस्तुति दूरी पर ही करें।

19

फूलों के प्रमुख रोग एवं प्रबन्धन

डॉ. एस.के. सिंह

पौधा रोग विभाग, राजेन्द्र कृषि विश्वविद्यालय, पूसा, समस्तीपुर, बिहार

फूलों का हमारे रोजमर्रा के जीवन में बहुत महत्व है। इनका उपयोग हम खुशी एवं गम दोनों ही माहौल में करते हैं। अपनी अभिव्यक्ति को व्यक्त करने का भी यह एक अच्छा माध्यम है। फूलों में भी रोग लगते हैं। उनका कैसे प्रबन्धन किया जाय? इसका वर्णन निम्नवत् है।

गुलाब

गुलाब फूलों का राजा है जिसकी खेती व्यवसाय के रूप में की जाती है। गुलाब पर लगातार गहन अनुसंधान हुए हैं और आज इसकी 20,000 से अधिक किस्में उपलब्ध हैं। भारतवर्ष से अब गुलाब के फूल निर्यात भी किये जाते हैं। सुख व दुःख के समारोह में गुलाब के फूलों का विशेष महत्व होता है। गुलाब के फूलों की अच्छी उपज प्राप्त करने के लिए इसे रोगों से बचाना आवश्यक होता है। प्रमुख रोगों के विवरण नीचे दिए जा रहे हैं।

1. चूर्णी फफूँदी या पाऊडरी मिल्ड्यू रोग : यह रोग पत्तियों के अतिरिक्त पौधों के सभी भाग (जड़ को छोड़) पर लक्षण उत्पन्न करता है। सबसे पहले रोग सबसे पुरानी पत्तियों पर सफेद चकत्ते बनाता है, जो कुछ ही दिनों में पौधे के शेष भाग पर बिखर जाते हैं। पौधों पर रोग प्रकोप से फूल छोटे व कम संख्या में बनते हैं। रोग की विशेषता यह है कि पूरे खेत के सभी पौधों पर यह रोग फैल जाता है, इसलिए शत–प्रतिशत पौधे संक्रमित होते हैं। यह रोग *स्फेरोथिका पेनोसा* वार, *रोसा* नामक फफूँद से उत्पन्न होता है, जो वर्ष भर गुलाब के पौधों पर सुरक्षित रहता है।

प्रबन्धन : गुलाब की कटाई छँटाई का कार्य समय पर अधिक फूल आने के लिए किया जाता है। इस कार्य को करते समय सभी पत्तियों को काट देना चाहिए। जिससे प्राथमिक संक्रमण का स्रोत नष्ट हो जाता है, तथा रोग प्रकोप बहुत कम किया जा सकता है। नई पत्तियों पर नीचे दी जा रही कोई भी एक दवा का छिड़काव किया जाना चाहिए। घर के बगीचे में पौधों को दवा छिड़काव द्वारा तर करें। इस तरह प्रति हेक्टर

500 लीटर दवा का घोल का उपयोग करना चाहिए। आवश्यकतानुसार दो छिड़काव 15 दिन के अंतर से करना चाहिए। घुलनशील गंधक 0.2% या डाइनोकैप 0.1% या ट्राइडेमार्फ 0.05% या कार्बेन्डाजीम 0.1% में से किसी एक दवा का प्रयोग करना चाहिए।

चित्र 19.1 गुलाब का चूर्णी फफूंदी या पाऊडरी मिल्ड्यू रोग

2. गेरूआ या रस्ट रोग : इस रोग की पहचान पत्तियों पर नारंगी रंग के फफोलों से की जा सकती है। ये फफोले पत्तियों के निचली सतह पर त्वचा फाड़कर उभार उत्पन्न करते हैं, यह रोग की तीव्रता से बढ़ने की अवस्था होती है। इन फफोलों का रंग कुछ समय बाद भूरे से गहरा भूरा हो जाता है। रोग के प्रभाव से फूल बहुत छोटे हो जाते हैं, तथा उनका रंग फीका पड़ जाता है। रोग प्रकोप कभी–कभी ही देखा जाता है। यह रोग *फ्रेगमीडियम मुक्रोनेटम* नामक फफूँद से उत्पन्न होता है।

प्रबन्धन : गुलाब के इस रोग के नियंत्रण के लिए रोग की आरम्भिक अवस्था में ही घुलनशील गंधक 0.2% अथवा मैंकोजेब का 0.2% या जीनेब 0.2% दवा का छिड़काव पूरी पत्तियों पर अच्छी तरह करना चाहिए। 500 लीटर घोल प्रति हेक्टर की दर से छिड़कना चाहिए। यह छिड़काव अन्य पत्ती रोगों के नियंत्रण के लिए भी कार्य करता है।

3. शीर्षरंभक्षय या डाइबैक रोग : गुलाब का यह रोग लगभग सभी बगीचों में देखा जा सकता है। रोग की पहचान शाखाओं के शीर्ष या ऊपर से नीचे की ओर सूखने से की जा सकती है। पौधों का आधा भाग तक सूख जाता है। प्रभावित भाग कटाई,

छँटाई किये गए भाग से सूखना प्रारम्भ होता है, और फैलकर शाखाओं को सूखा देता है। प्रभावित टहनियों को देखें तो स्वस्थ व सूखे भाग के मिलने के स्थान पर भूरे रंग की धारी बनती है, एवं काले से बिन्दुनुमा रचनायें इस स्थान पर दिखाई देती है।

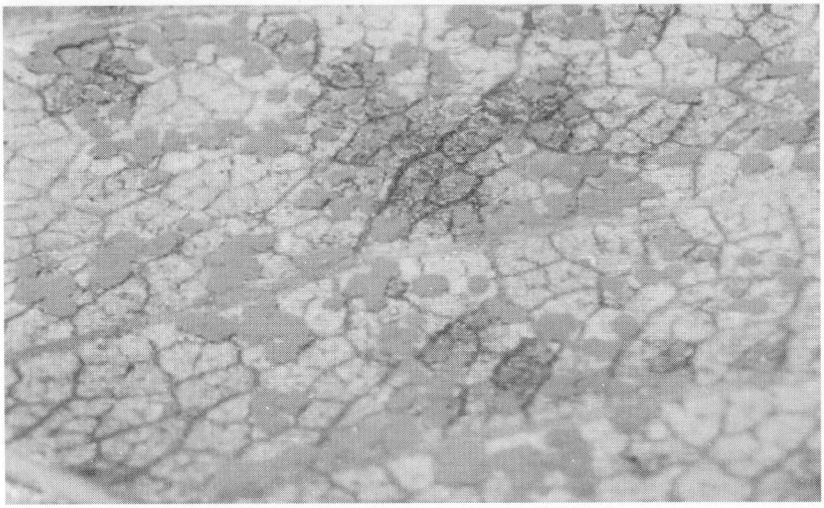

चित्र 19.2 गुलाब का गेरूआ या रस्ट रोग

यह रोग *डिपलोडिया रोजेरम* नामक फफूँद से उत्पन्न होता है। रोग प्रकोप में सहायक परिस्थितियाँ निम्नलिखित है–

1. अत्यधिक मात्रा में खाद या उर्वरक देना। 2. अत्यधिक पानी देना और पानी निकासी का अच्छा प्रबन्ध न होना। 3. तना छेदक कीट प्रकोप होना। 4. माइट्स का लगातार प्रकोप होते रहना। 5. सूर्य प्रकाश का न प्राप्त होना।

चित्र 19.3 गुलाब का शीर्षरंभक्षय या डाइबैक रोग

प्रबन्धनः प्रभावित भाग को काट कर जला देना चाहिए एवं कटाई के तुरंत बाद बोर्डो पेस्ट या कापर आक्सीक्लोराइड का लेप लगाना चाहिए। पानी निकास का अच्छा प्रबंध करना चाहिए। खाद व उर्वरक उचित मात्रा में डालना चाहिए। पाउडरी मिल्ड्यू रोग

अथवा गेरूआ रोग नियंत्रण के लिए किया गया उपचार इस रोग के लिए भी प्रभावशील होता है।

4. पत्ती धब्बा रोग : यह रोग अधिकांश गुलाब के पौधों पर पाया जाता है। रोग की पहचान पत्तियों पर भूरे रंग के धब्बों से की जा सकती है, जो पत्तियों के दोनों ओर बनते हैं। बरसात के मौसम में रोग शीघ्रता से बढ़ता है, एवं धब्बे बढ़कर आपस में मिल जाते हैं और पत्तियाँ गिर जाती हैं। धब्बे पत्तियों के साथ– साथ तने व फूलों के डंठल पर भी बनते हैं, जिससे फूल बिना खिले गिर जाते या पूरी तरह खिल नहीं पाते हैं। यह रोग *आल्टर्नेरिया अल्टर्नाटा* नामक फफूँद से उत्पन्न होता है।

प्रबन्धन : रोग नियंत्रण के लिए कटाई छँटाई के पश्चात् एक छिड़काव 0.1% बेवस्टिन या घुलनशील गंधक 0.2% का छिड़काव करना चाहिए। गेरूआ रोग के लिए किया गया छिड़काव इस रोग के लिए भी प्रभावशील होता है।

जीनिया

जीनिया बहुतायत में उगाया जाने वाला फूल है, जिसे वर्षा एवं शीत ऋतु में लगभग सभी फूल के बगीचों में खिला देखा जा सकता है। निम्नलिखित मुख्य रोग जीनिया को संक्रमित करते हैं, जिससे सुन्दर फूल की शोभा नष्ट हो जाती है।

1. चूर्णी फफूँदी रोग : जीनिया का यह रोग सभी देरी से लगाये गये पौधों पर निश्चित ही देखा जा सकता है। इस रोग की पहचान पौधों के सभी भागों (जड़ के अतिरिक्त) पर सफेद पाऊडर सरीखी रचना से की जा सकती है। रोग से सभी पौधे एक समय पर संक्रमित हो जाते हैं। रोगजनक पौधों को सफेद पाऊडर से ढ़क लेते हैं, जिससे पौधों व फूलों की शोभा नष्ट हो जाती है। सफेद पाऊडर वास्तव में रोगजनक फफूँद के कवकजाल व कोनिडिया व कोनिडियाधर का समूह होता है। इस रोग से सभी पौधे संक्रमित होते हैं। रोग *इरीसाइफी* नामक फफूँद से उत्पन्न होता है। वास्तव में सफेद पाऊडर सरीखी रचना रोगजनक फफूँद की होती है, जिसका प्रसार हवा के द्वारा होता है।

चित्र 19.4 जीनिया का चूर्णी फफूंदी रोग

प्रबन्धन : जीनिया के पौधों की रोपाई के 30-35 दिन के बाद एक छिड़काव घुलनशील गंधक 0.2% अथवा 300 मेश वाला गंधक चूर्ण का भुरकाव करने से रोग प्रकोप नियंत्रण में रहता है, एवं फूलों की शोभा निखार पर रहती है। डाइनोकैप या ट्राइडेमार्फ दवा (0.05%) का छिड़काव भी किया जा सकता है, ये दोनों दवायें रोग नियंत्रण के लिए उपयुक्त हैं।

2. मोजैक रोगः जीनिया का यह वाइरस जनित रोग पौधों के शीर्ष भाग में कुंचन या कर्ल की स्थिति उत्पन्न करता है एवं पत्तियाँ एक ओर मुड़ जाती है। इस रोग के प्रसार में सहायक कीट छोटी सफेद मक्खी *बेमिसिया टेबेकाई* है। रोग प्रकोप हमेशा फूल आने के समय के कुछ ही दिन पूर्व होता है। रोग की पहचान शीर्ष भाग का एक ओर मुड़ जाना तथा शाखाएँ छोटी हो जाना एवं फूल कुबड़े हुए निकलते हैं।

प्रबन्धन : प्रभावित पौधों को शीघ्रातिशीघ्र निकाल कर नष्ट करना चाहिए एवं मेलाथियान या थायोडान दवा (0.1%) का छिड़काव फूल आने के पूर्व एक बार तथा 10 दिन पश्चात् दूसरी बार करना चाहिए। कीटनाशक दवा छिड़काव बगीचे के सभी पौधों पर करना आवश्यक होता है, क्योंकि जीनिया पर छिड़काव करने से रोगवाहक कीट दूसरे अन्य पौधों पर चले जायेंगे और कुछ समय बाद पुनः आ जायेंगे एवं रोग प्रसार कर सकेंगे।

मोगरा

1. सूटी मोल्ड : मोगरा वेणी एवं सुगंध के लिए गर्मी में फूलने वाला फूल है, जिसे वर्ष भर बढ़ने दिया जाता है। यद्यपि इस फूल पर कोई रोग नहीं लगता परन्तु सूटी मोल्ड रोग का आक्रमण होता है, जिसका विवरण नीचे दिया जा रहा है – मोगरा फूल के पौधे वर्ष भर लगे रहते हैं, और उनकी देखभाल में पूरा ध्यान न दिए जाने से सूटी मोल्ड रोग का प्रकोप होता है। रोग की पहचान पत्तियों के ऊपरी सतह पर मटमैला–सा या राख सरीखा पदार्थ बिखरा होने से की जा सकती है। लगभग सभी पत्तियाँ काली–सी राख द्वारा ढ़क जाती हैं। इन पत्तियों को गौर से देखने पर ज्ञात होता है कि वास्तव में काली–सी राख और कुछ नहीं, रोगजनक फफूँद के अलैंगिक बीजाणुओं का समूह है। इस तरह के रोग से पौधों की शोभा खराब हो जाती है, और फूल नहीं लगते हैं। यह रोग *क्लेडोस्पोरियम फलवम* नामक फफूँद से उत्पन्न होता है।

प्रबन्धन : इस रोग का प्रकोप लगभग पूरे पौधे पर होता है। इसके नियंत्रण के लिए प्रथम फुहार के बाद पौधों की पूरी तरह कटाई–छँटाई करें। एक छिड़काव मैंकोजेब (0.2%) या कापर ऑक्सीक्लोराइड (0.3%) का छिड़काव कटाई–छंटाई के एक माह पश्चात् करें।

डहेलिया

1. चूर्णी फफूँद या पाऊडरी मिल्ड्यू रोग : यह रोग दूध के समान सफेद छोटे–छोटे चकत्ते सबसे पुरानी पत्तियों पर बनाता है। ये चकत्ते शीघ्र ही पूरी पत्तियों पर एवं पौधों के सभी अंगों (जड़ को छोड़) पर फैल जाते हैं। इस तरह रोग एक साथ सभी पौधों को संक्रमित करता है। प्रभावित पौधों में फूल छोटे व कम संख्या में लगते हैं। फूलों की खूबसूरती नष्ट हो जाती है। यह रोग *इरीसाइफी पालीगोनी* एवं *इरीसाइफी सीचोरीसिरम* नामक दो फफूँदों द्वारा उत्पन्न होता है।

चित्र 19.5 डहेलिया का चूर्णी फफूंदी रोग

प्रबन्धन : रोग की आरम्भिक अवस्था में नीचे दी जा रही कोई भी एक दवा का छिड़काव से रोग नियंत्रण किया जा सकता है। कार्बेन्डाजीम (0.1%), डाइनोकैप (0.1%), ट्राइडेमार्फ (0.05%), घुलनशील गंधक (0.2%) इत्यादि।

2. अंगमारी या ब्लाइट रोग : डहेलिया पर यह रोग, पत्तियों पर मटमैले चकत्तों से आरम्भ होता है, जो मौसम की अनुकूलता पाकर बढ़ जाते हैं, और कली व डंठल को संक्रमित करता है। फूल आधे खिले रह जाते हैं या गिर जाते हैं। 3-4 दिन लगातार बादल रहने पर रोग सभी पौधों को उग्रता से संक्रमित करता है, एवं पौधे झुलसे हुए से प्रतीत होते हैं। यह रोग *बोट्राइटिस सिनेरिया* नामक फफूँद से उत्पन्न होता है, जिसमें तीव्रता से बढ़ने की क्षमता होती है। रोग संक्रमण व प्रसार अलैंगिक बीजाणु कोनिडिया द्वारा होता है।

प्रबन्धन : रोग की प्रारम्भिक अवस्था में एक छिड़काव केप्टान 0.15% या कॉपर ऑक्सीक्लोराइड 0.3% या कार्बेन्डाजीम 0.01% की दर से करना चाहिए, जिससे रोग नियंत्रण संभव है, वरना रोग प्रकोप से अच्छे फूल नहीं प्राप्त किये जा सकेंगे। कार्बेन्डाजीम दवा के छिड़काव से चूर्णी फफूँदी रोग के साथ–साथ इस रोग का भी नियंत्रण हो जायेगा।

3. जीवाणु उकठा या बैक्टीरियल विल्ट : किसी भी उम्र के पौधों पर इस रोग के प्रकोप से म्लानि उत्पन्न हो सकती है। डहेलिया पौधों की किसी भी अवस्था में एकाएक हरा का हरा ही मुरझा जाता है, इस रोग की यह प्रमुख पहचान है। रोग मिट्टी जनित है, तथा एक बार जिस खेत में या बगीचे में लग जाता है, वहाँ रोगजनक का

उन्मूलन करना कठिन होता है। यह रोग अन्य कई सब्जियाँ जैसे बैंगन, आलू, टमाटर, मिर्च, भिण्डी आदि को भी संक्रमित करता है। यह रोग *स्यूडोमोनास सोलेनेसीरम* नामक जीवाणु से उत्पन्न होता है।

प्रबन्धन : प्रभावित पौधों को जड़ सहित निकाल कर नष्ट कर दें तथा प्रभावित स्थान पर चूना डाल दें, जिससे रोग प्रसार को कम किया जा सकेगा। इस रोगजनक को नष्ट करने के लिए गर्मी में सिंचाई कर, गहरी खुदाई या जुताई कर खेत या बगीचे के भाग को अप्रैल–मई में खाली छोड़ दें।

कमल

1. पत्ती धब्बा रोग : यह रोग पत्तियों पर हल्के भूरे रंग के छोटे–छोटे चकत्तों से शुरू होता है, जो शीघ्र ही बढ़कर पत्ती के बहुत बड़े भाग को घेर लेते हैं। पत्तियाँ दागी हो जाती है। फूल छोटे व कम संख्या में निकलते हैं। यह रोग *सर्कोस्पोरा* प्रजातियाँ नामक फफूँद से उत्पन्न होता है। रोगजनक के कोनिडिया झुंड में बनते हैं, जिनका प्रसार वर्षा की बूँदों व हवा के द्वारा होता है।

प्रबन्धन : कमल को तालाब में उगाया जाता है, जहाँ पर मछलियों का भी उत्पादन किया जाता है। रोग नियंत्रण के लिए बोर्डो मिश्रण (1%) या कापर आक्सीक्लोराइड (0.3%) दवा (4 : 4 : 50) का उपयोग केवल उन तालाबों में किया जाये जहाँ मछलियों का उत्पादन नहीं किया गया हो।

2. जड़ सड़न : कमल के फूल की जड़, सब्जी के रूप में उपयोग की जाती है, एवं इसके उत्पादन को जड़ सड़न रोग से बहुत नुकसान होता है। रोग की पहचान पत्तियों के पीला पड़ने से की जा सकती है। प्रभावित पौधों की मुख्य जड़ पर कटुआ कीड़े घाव उत्पन्न करते हैं जिसके माध्यम से रोगजनक सड़न उत्पन्न करते हैं। इस रोग से अधिक नुकसान उत्पादन को परिवहन करते समय होता है। प्रभावित उत्पादन को अधिक समय तक नहीं रखा जा सकता है। यह रोग *फाइटोफ्थोरा पैरासिटिका* नाम जलप्रिय फफूँद से उत्पन्न होता है।

प्रबन्धन : इस रोग के नियंत्रण के लिए बोर्डो मिश्रण (1%) दवा का छिड़काव केवल उन फसल पर किया जाये जहाँ मछलियों का उत्पादन नहीं किया जा रहा हो।

गुलदाउदी

गुलदाउदी या सेवन्ती फूलों की खेती बहुत बड़े क्षेत्र में की जाती है। यह फूल गजरे के लिए देशभर में लोकप्रिय हैं। महाराष्ट्र, आन्ध्रप्रदेश, कर्नाटक एवं तमिलनाडु में इस फूल की व्यापारिक खेती की जाती है। सेवन्ती की 500 से अधिक प्रजातियाँ भारतवर्ष में पाई जाती है। इस फूल के पौधों पर कई रोग का प्रकोप होता है जिनमें से मुख्य रोगों का विवरण नीचे दिया जा रहा है –

1. जड़ सड़न रोग : सेवन्ती का यह भयानक रोग किसी भी उम्र के पौधों को प्रभावित करता है, एवं पौधे मर जाते हैं। रोग का प्रकोप पानी के निकास का अच्छा प्रबंध न होने पर उग्रता से होता है। रोगग्रसित पौधे एकाएक मर जाते हैं। ऐसे पौधों को उखाड़कर देखने पर जड़ गली हुई प्रतीत होती है। तना जो कलम के रूप में लगाया

जाता है सर्वाधिक इस रोग से प्रभावित होता है। यह रोग जलप्रिय फफूँद *पीथियम* की विभिन्न प्रजातियों तथा *फाइटोफ्थोरा* की उप जातियों से उत्पन्न होता है। रोगजनक मिट्टी जनित है तथा पानी निकासी के अभाव में उग्रता से प्रकोप करता है।

चित्र 19.6 गुलदाउदी का जड़ सड़न रोग

प्रबन्धन : रोग नियंत्रण के लिए सेवन्ती के खेत में नीम खल्ली 2.5 किलो प्रति वर्ग मीटर की दर से डालना चाहिए। वर्ष में एक बार 5 : 5 : 50 बोर्डो मिश्रण दवा से मिट्टी उपचार करना चाहिए। पानी निकासी का उत्तम प्रबंध करना चाहिए।

2. पदगलन या फुट राट रोग : यह रोग आर्द्र व उष्ण जलवायु वाले क्षेत्रों में अधिक प्रकोप करता है। रोग द्वारा पौधों के सबसे नीचे के स्थान पर सूखी सड़न उत्पन्न होती है जिससे पौधे की बढ़वार रूक जाती है, और पौधे पीले होकर मरने लगते हैं। प्रभावित पौधों को निकाल कर देखने पर उनकी जड़ें सड़न के कारण भूरे रंग की हो जाती है। रोग किसी भी उम्र के पौधे को संक्रमित कर सकता है। यह रोग *राइजोक्टोनिया सोलेनाई* नामक फफूँद से उत्पन्न होता है। रोगजनक अलैंगिक बीजाणु नहीं बनाता है। कवकजाल एकत्र होकर एक कड़ी रचना बनाते हैं जो प्रतिकूल वातावरण में भी अप्रभावित रहती है। इस रचना को स्कलेरोशियम कहते हैं।

प्रबन्धन : जड़ सड़न रोग के लिए सुझाया गया उपाय इस रोग के नियंत्रण के लिए प्रभावशील होता है।

3. मटमैला रोग या ग्रेमोल्ड रोग : इस रोग का प्रकोप सेवन्ती के पौधों पर किसी भी अवस्था में देखा जा सकता है। तने पर संक्रमण से वे सिकुड़ जाते हैं तथा प्रभावित भाग मर जाते हैं। पत्तियों पर रोग के लक्षण किनारों से आरम्भ होकर भीतर की ओर बढ़ते हैं। पत्तियों पर रोग की पहचान अर्द्धगोलाकार चकत्तों से की जा सकती है। फूलों पर भी रोग संक्रमण सबसे नीचे के फूल पर होता है जिससे वे नीले से भूरे हो जाते हैं। गुलाबी सेवन्ती में यह रोग अधिक प्रकोप करता है। फूलों को दिया गया अधिक नत्रजन रोग प्रकोप में सहायक होता है। इस रोग से संक्रमित पौधों का परिवहन नहीं

किया जा सकता है, क्योंकि वे पुनः रोपण से शीघ्र ही संक्रमित होकर नष्ट हो जाते हैं। यह रोग *बोट्राइटिस सिनेरिया* नामक फफूँद से उत्पन्न होता है।

चित्र 19.7 गुलदाउदी का मटमैला रोग या ग्रेमोल्ड रोग

प्रबन्धन : पौधों को उचित दूरी पर लगाना चाहिए एवं एक छिड़काव बोर्डो मिश्रण (4 : 4 : 50) या मैंकोजेब (0.2 प्रतिशत) या जिनेब (0.2 प्रतिशत) अथवा कार्बेन्डाजीम (0.1 प्रतिशत) से करना चाहिए।

4. चूर्णी फफूँदी रोग : यह रोग सेवन्ती पर जनवरी के अंत में या फरवरी में प्रकोप करता है। रोग के लक्षण सबसे पहले सफेद छोटे–छोटे चकत्तों के रूप में प्रकट होते हैं, जो शीघ्र ही पूरी पत्तियों और पौधों पर फैल जाते हैं। संक्रमण के 20-25 दिनों में सभी पौधों पर रोग भलीभाँति फैल जाता है, जिससे अच्छे फूलों की उपज प्राप्त होना बंद हो जाती है। रोग जड़ के अतिरिक्त पौधों के सभी भाग पर लक्षण उत्पन्न करता है। यह रोग *ओडियम क्राइसेन्थेमी* नामक फफूँद से उत्पन्न होता है। जिसका प्रसार हवा के द्वारा तीव्रता से होता है।

प्रबन्धन : घर की शोभा रखने तथा फूलों का अच्छा उत्पादन प्राप्त करने के लिए चूर्णी फफूँदी रोग से बचाव के लिए डाइनोकैप (0.1 प्रतिशत) या ट्राइडेमार्फ दवा (0.05 प्रतिशत) का एक छिड़काव जनवरी अंत में देना चाहिए। आवश्यकतानुसार दूसरा छिड़काव 15 दिन के अन्तराल में किया जाना चाहिए।

5. बैक्टीरियल अंगमारी या ब्लाइट रोग : इस रोग की पहचान पौधों के एक भाग का दिन में सूख जाना और उसी भाग का पुनः अच्छा होना है। पौधों के शीर्ष भाग का रंग भूरा व कड़ा हो जाता है और कुछ समय बाद गिर जाता है। तने का भीतरी भाग खाली हो जाता है। प्रभावित पौधों के तने आधार तक खाली हो जाते हैं। यह रोग *इरविनिया क्राइसेन्थेमाई* नामक जीवाणु से उत्पन्न होता है।

चित्र 19.8 गुलदाउदी का बेक्टीरियल अंगमारी या ब्लाइट रोग

प्रबन्धन : 1. पौधों की प्रकंद लगाने से पूर्व कार्बेन्डाजीम (0.1 प्रतिशत) दवा के घोल में डुबोकर उपचारित कर लगावें। 2. स्थापित पौधों में एक छिड़काव (500 पी.पी. एम.) स्ट्रेप्टोमाइसिन का सितम्बर माह में किया जाना चाहिए। अर्थात् दस ग्राम दवा बीस लीटर पानी में मिश्रित करें।

गेंदा

उन्नत खेती में गेंदा फूलों की खेती को उत्तम व्यवसाय बनाया गया है। यह फूल अधिक समय तक रखा जा सकता है। इस विशेष गुण के कारण इस फूल की खेती सर्वाधिक क्षेत्र में की जाती है। सुख–दुःख में उपयोग किये जानेवाले फूलों में गेंदा बहुतायत में होता है। अब गेंदा फूलों की किस्में उपलब्ध है जिनसे 5 से 50 मि.मी. व्यास के फूल प्राप्त किये जा सकते हैं। गेंदा पौधों की जड़ों से विषैले पदार्थ का रिसाव होता है, जो सूत्रकृमि पर प्रतिकूल प्रभाव डालता है। परन्तु गेंदा पर भी कई रोगों का प्रकोप होता है, जिसके लक्षण व नियंत्रण उपाय नीचे दिये जा रहे हैं।

1. पदगलन या डेम्पिंग ऑफ रोग : यह रोग सभी नर्सरी में पौध तैयार करने वाले फूलों व सब्जियों के लिए महत्वपूर्ण है, क्योंकि इस रोग द्वारा 50 से 90 प्रतिशत पौधे नष्ट हो जाती है और पौध पुनः तैयार करने में अतिरिक्त समय लगता है। उससे उत्पादन पर प्रतिकूल प्रभाव होता है। रोग की पहचान पौध के आधार भाग अर्थात् तने व जड़ के मिलन के भाग पर गलन के कारण पौधे अपना भार नहीं उठा पाते हैं, और गिर

जाते हैं। एकाएक यह रोग प्रकोप करता है एवं पौधों के झुंड के झुंड गिरे हुए देखे जा सकते हैं। यह रोग *पीथियम एफेनीडरमेटम* एवं *राइजोक्टोनिया सोलेनाई* नामक फफूँदों से उत्पन्न होता है। ये दोनों फफूँद मिट्टी जनित है, एवं पानी के निकास के कुप्रबंध के कारण उग्रता से प्रकोप करती हैं।

प्रबन्धन : 1. नर्सरी को वर्ष में एक बार अवश्य ही बोर्डो मिश्रण (5 : 5 : 50) या कापर आक्सीक्लोराइड (0.3%) या फार्मलीन (5%) दवा से मिट्टी उपचारित करें। एक वर्ग मीटर क्षेत्र के लिए 10 लीटर दवा, भुरभुरी मिट्टी में डालें। नर्सरी में रोग के लक्षण दिखाई देने पर रिडोमिल एम.जेड. @ 2 ग्राम/लीटर पानी में घोल कर छिड़काव करें।

2. पत्ती धब्बा व अंगमारी रोग : पत्ती धब्बा रोग दो फफूँदों से उत्पन्न होता है। *आल्टर्नेरिया टागर्टिका* फफूँद पत्तियों पर भूरे रंग के गोलाकार धब्बे बनाते हैं, जो कुछ ही समय बाद बढ़कर पत्तियों पर फैल जाते हैं, तथा पत्तियाँ झुलसी सी दिखाई पड़ती है। रोग की उग्रता के कारण पौधों में शाखाएँ कम आती हैं, और फूल बहुत कम मात्रा में लगते हैं। पत्ती धब्बा रोग उत्पन्न करने वाली दूसरी फफूँद का नाम *सर्कोस्पोरा टेगेटिरा* है। इस रोग की पहचान गहरे भूरे रंग से काले रंग के धब्बों से की जा सकती है। रोग के धब्बे अनियमित आकार के बनते हैं, तथा पत्तियों पर शीघ्र ही फैल जाते हैं। जिससे पत्तियाँ गिर जाती हैं। अन्य रोग अंगमारी रोग है जो *कोलेटोट्राइकम केप्सिकी* से उत्पन्न होता है। इस रोग का प्रकोप मुख्यतः शाखाओं तथा फूलों के डंठलों पर होता है। रोग की पहचान लाल से भूरे रंग के चकत्तों से की जा सकती है, जिनके बीच का भाग हल्का मटमैला सा होता है, जिसमें काली काली रचनायें दिखाई देती है।

चित्र 19.9 गेंदा का पत्ती धब्बा व अंगमारी रोग

प्रबन्धन : गेंदे की अच्छी उपज प्राप्त करने के लिए इन तीनों रोगों से बचाना आवश्यक है। केवल एक बार बोर्डो मिश्रण या कॉपर ऑक्सीक्लोराइड (0.3 प्रतिशत) या मैंकोजेब दवा (0.2 प्रतिशत) के छिड़काव से किया जा सकता है। यह छिड़काव रोपाई लगाने के 25 दिन बाद किया जाता चाहिए।

3. चूर्णी फफूँदी या पाऊडरी मिल्ड्यू रोग : गेंदा पर चूर्णी फफूँदी रोग का आक्रमण विशेष उस फसल पर होता है, जो जनवरी माह में रोपाई की गई होती है। यह रोग बड़े फूलों की किस्म पर भी अधिक प्रकोप करता है। रोग का आरम्भ पौधे की सबसे नीचे की पत्तियों से होता है। इन पत्तियों पर दूध के समान सफेद चकत्ते बनते हैं, जो कुछ ही दिनों में पूरी पत्तियों पर फैल जाते हैं। रोग प्रकोप से फूलों का आकार छोटा हो जाता है। पौधों के सभी भागों पर सफेद चूर्ण बन (जड़ के अतिरिक्त) जाता है। यह रोग *लेवीलुला टूरिका* नामक फफूँद से उत्पन्न होता है।

प्रबन्धन : इस रोग के नियंत्रण के लिए पौधों का 30-35 दिन का हो जाने पर केवल एक छिड़काव करना चाहिए। घुलनशील गंधक (0.2 प्रतिशत)/डाइनोकैप या ट्राइडेमार्फ 0.05 प्रतिशत में से कोई भी एक दवा से रोग नियंत्रण किया जा सकता है।

रजनीगंधा

रजनीगंधा एक लोकप्रिय गुलदस्ते का फूल है, जो काफी समय तक खराब नहीं होता है। पत्तियों व फूल के डंठल यद्यपि सख्त होते हैं, फिर भी कुछ रोग इसे संक्रमित करने में सफल हो जाते हैं। इन मुख्य रोगों का विवरण नीचे दिया जा रहा है :–

1. तना सड़न रोग : पौधों के आधार भाग पर फफूँद का जमाव देखा जा सकता है। मिट्टी की सतह के पास तने का बदरंगा या हल्का हरा होकर सड़ जाना रोग के प्रमुख लक्षण हैं। नीचे की पत्तियों पर भी इसी तरह के हल्के हरे भाग दिखाई देते हैं जो कुछ समय बाद सड़न से नष्ट हो जाते हैं। इस तरह प्रभावित पत्तियाँ पौधे से अलग होकर गिर जाती है। यह रोग *स्कलेरोशियम रोल्फसाई* नामक फफूँद से उत्पन्न होता है। रोगजनक मिट्टी में कई वर्षों तक स्कलेरोशियम रचना द्वारा जीवित रह जाता है।

प्रबन्धन : यह रोग मिट्टी उपचार द्वारा नियंत्रित किया जा सकता है, विगत कई वर्षों के अनुसंधान से प्राप्त जानकारी के अनुसार भूमि का उपचार ब्रैसीकाल या जीनेब दवा से किया जा सकता है। तीन सौ ग्राम दवा 200 लीटर पानी में मिलाकर 100 वर्गमीटर क्षेत्र की दर से भूमि उपचार किया जाना चाहिए। नवीनतम जानकारी के अनुसार नई रोपनी लगाने से पूर्व भूमि का धूम्रण फार्मलिन (0.2 प्रतिशत) द्वारा करने से भी यह रोग सदा के लिए नियंत्रित किया जा सकता है। धूम्रण के बाद उपचारित भाग को पॉलीथीन शीट या बोरों से 24 घंटे के लिए ढ़क देना चाहिए एवं धूम्रण के 25 दिन बाद रोपनी लगाना चाहिए।

2. पत्ती धब्बा एवं अंगमारी रोग : यह रोग रजनीगंधा को कभी कभार संक्रमित करता है एवं विशेष महत्व का नहीं है। यह रोग *बोट्राइटिस इलिप्टिका* नामक फफूँद से उत्पन्न होता है, रोग का प्रकोप कीट के साथ अधिक देखा जाता है। रोग के कारण पत्तियों पर भूरे रंग के छोटे–छोटे धब्बे बनते हैं, जो मौसम की अनुकूलता पाकर शीघ्रता से बढ़ते हैं और आपस में मिल जाते हैं जिससे पत्तियाँ झुलस जाती हैं एवं गिर जाती हैं। ऐसे प्रभाव से फूलों की शोभा नष्ट हो जाती है।

प्रबन्धन : रोग की उग्रता को ध्यान में रखते हुए एक छिड़काव जीनेब (0.2%)/कॉपरऑक्सीक्लोराइड (0.3%) या मैंकोजेब (0.2%) दवा से करना चाहिए।

जरबेरा

1. जड़ सड़न या रूट राट रोग : पौधों की किसी भी अवस्था में रोग का संक्रमण संभव है। रोग के लक्षण की पहचान पौधों का पीला सा होकर सूख जाने से की जा सकती है। प्रभावित पौधों को उखाड़कर देखने से मुख्य जड़ में सड़न दिखाई देती है। छोटी जड़ें पहले ही सड़ जाती है। यह सड़न तना व जड़ के मिलने के स्थान पर ही होती है। सड़न का स्थान भूरा हो जाता है। रोग मिट्टीजनित है। यह रोग *पीथियम इरीगुलेरी* नामक जलप्रिय फफूँद से उत्पन्न होता है जो मिट्टीजनित है।

रोग नियंत्रण : 1. मिट्टी का उपचार नए प्रकंद लगाने के 25 दिन पूर्व फारमालिन (5%) से करना चाहिए। 50 मि.ली. फारमालिन 10 लीटर पानी में मिश्रित कर एक वर्गमीटर क्षेत्र में भुरभुरी मिट्टी में डालने के बाद उपचारित भाग को पॉलीथिन शीट या बोरे द्वारा 24 घंटे के लिए ढ़क देना चाहिए। पुराने लगे हुए पौधों का इस रोग के बचाव के लिए केप्टान (0.15%) या मैंकोजेब 2% दवा पौधों की जड़ के आसपास आधा लीटर दवा डालना चाहिए।

2. पदगलन या फुट राट रोग : रोग का प्रकोप अधिक होता है और पौधे फूल आने के पूर्व ही नष्ट हो जाते हैं। रोग की पहचान तने पर काले से नीले चकत्ते बनते हैं जो शीघ्र ही आधार के पास गलन उत्पन्न होती है और पौधे गिर जाते हैं। गिरे हुए पौधों को पत्तियाँ हरी रहती है, जो रोग की विशेष पहचान है। पानी के निकास का अच्छा प्रबंध न होना रोग बढ़वार में सहायक होता है। रोग *फाइटोफ्थोरा क्रिप्टोजिया* नामक जलप्रिय फफूँद से उत्पन्न होता है जो मिट्टीजनित है।

प्रबन्धन : जड़ सड़न रोग में सुझाए गए उपाय इस रोग नियंत्रण के लिए भी प्रभावशील होते हैं।

चित्र 19.10 जरबेरा का पाऊडरी मिल्ड्यू रोग या चूर्णी फफूंदी रोग

3. पाऊडरी मिल्ड्यू रोग या चूर्णी फफूँदी रोग: पौधों के 35 दिन का हो जाने के बाद रोग प्रकोप प्रारंभ होता है। रोग लक्षण सबसे पहले सबसे पुरानी पत्तियों पर बनते हैं। दूध के समान सफेद चकत्ते नीचे की पत्तियों के ऊपरी व निचली सतह पर बिखरे हुए दिखाई देते हैं। रोग शीघ्र ही 8-10 दिनों में पूरे पौधों के सभी भागों पर फैल जाता है। प्रभावित पौधों में फूल कम लगते हैं व वे छोटे हो जाते हैं। फूलों की संख्या में अत्यधिक कमी हो जाती है। यह रोग *इरीसाइफी सिचोरीसिरम* नामक फफूँद से उत्पन्न होता है।

प्रबन्धन : पौधों की रोपाई 30-35 दिन के बाद एक छिड़काव कापर कार्बेन्डाजीम (0.1%) या डाइनोकैप (0.05%) या ट्राइडेमार्फ (0.05%) दवा से किया जाना चाहिए।

कारनेशन

1. म्लानि या उकठा रोग : कारनेशन फूलों का सबसे महत्वपूर्ण रोग है क्योंकि रोग प्रकोप से प्रभावित पौधे सूख जाते हैं। रोग की पहचान पौधों के पीले हो जाने से की जा सकती है। पर्याप्त नमी के रहते हुए पत्तियाँ पीली पड़ने लगती हैं। पौधे धीरे–धीरे सूखने लगते हैं। प्रभावित पौधे बौने रह जाते हैं तथा उनमें से विकृत पत्तियाँ शीर्ष से निकलने लगती हैं। प्रभावित पौधों के तने की छाल निकल जाती है तथा खींचने पर पौधा सरलता से टूट जाता है। रोगजनक का नाम फ्यूजेरियम ऑक्सीस्पोरम फा. स्पि. डायएन्थी है जो तीन तरह के बीजाणु बनाता है। लघु व दीर्घ कोनिडिया रोग के संक्रमण व प्रसार एवं क्लेमाइडो बीजाणु उत्तरजीविता का कार्य करता है। एक वर्ष से दूसरे वर्ष रोगजनक मिट्टी में रह सकता है।

चित्र 19.11 कारनेशन का म्लानि या उकठा रोग

प्रबन्धन: पौधों का बगीचे में रोग नियंत्रण किसी भी दवा के उपयोग से नहीं किया जाना सुझाया है। केवल पौधों की अनुपस्थिति में मिट्टी उपचार फारमालिन से किया जाना

चाहिए। यह उपचार पौधे रोपण के 25 दिन पहले किया जाना चाहिए। उपचार करने के लिए मिट्टी भुरभुरी होना चाहिए। प्रति वर्गमीटर 10 लीटर (1 : 40 भाग) घोल डालना चाहिये। गर्मी में बगीचे में एक सिंचाई कर गहरी खुदाई करना चाहिए।

2. तना विगलन रोगः यह रोग कारनेशन फूलों को प्रतिकूल स्थिति में लगाये जाने पर बहुत प्रभावित करता है। बगीचे में पानी निकास का अच्छा प्रबंध का न होना एवं अधिक गहराई पर पौधों को रोपना ऐसी स्थितियाँ हैं, जिनमें रोग उग्रता से प्रकोप करता है। पौधों के तने के मिट्टी के पास के भाग पर भूरे से रंग के भाग बनते हैं जो कुछ समय पश्चात् तने के भीतरी भाग की ओर बढ़ते हैं तथा पौधा सूख जाता है। इस रोग के प्रभाव से पौधों के तने पर दरारें बन जाती हैं तथा हल्का गुलाबी सी रचना एकत्रित हो जाती है। यह रोग *फ्यूजेरियम रोसियम* नामक फफूँद से उत्पन्न होता है तथा मिट्टी में आगामी वर्ष तक उत्तरजीवी रहता है।

प्रबन्धन : 1. इस रोग के नियंत्रण के लिए आरम्भिक अवस्था में केवल एक छिड़काव 0.1 प्रतिशत कार्बेन्डाजीम या 0.2 प्रतिशत मैंकोजेब दवा पौधों के मिट्टी के पास के स्थान पर डालें। 2. बगीचों में पानी निकास का अच्छा प्रबंध करें।

3. गेरूआ या किट्ट : रोग के लक्षण पत्तियों पर मटमैले भूरे रंग के दिखाई देते हैं जो आरम्भ में छोटे स्फोटों के रूप में बनते हैं, परन्तु शीघ्र ही पत्तियाँ झड़ने लगती हैं। पौधे कमजोर एवं विकृत से दिखाई पड़ते हैं। रोग की उग्रता अधिक नमी व कम तापमान में बढ़ जाती है। यह रोग *यूरोमासिज कारथोफिलिंग* नामक फफूँद से उत्पन्न होता है।

प्रबन्धन : अन्य गेरूआ रोगों के अनुरूप इस रोग का नियंत्रण भी घुलनशील गंधक 0.2 प्रतिशत अथवा जिनेब 0.2 प्रतिशत अथवा मैंकोजेब 0.2 प्रतिशत के एक छिड़काव द्वारा किया जा सकता है। जनवरी मध्य या रोग की आरम्भिक अवस्था में छिड़काव किया जाना चाहिए।

नारशीसस

1. आधार विगलन या बेसल राट रोग : वास्तव में यह रोग नारशीसस फूलों के पौधों के प्रकंदों का है। रोग के लक्षण तने के आधार भाग पर दिखाई देते हैं। प्रभावित भाग पर बदरंग धब्बे बनते हैं जो मौसम की अनुकूलता पाकर तीव्रता से बढ़ते हैं और पूर्ण विकसित हुए बिना ही नष्ट हो जाते हैं। इन पौधों को उखाड़कर देखने से प्रकंदों पर बैंगनी से भूरे रंग के धब्बे बने दिखाई देते हैं। विगलन के स्थान पर उत्तकों में सूखी सड़न दिखाई देती है। रोग द्वारा प्रकंदों को अधिक समय नहीं रखा जा सकता है। यह रोग *फ्यूजेरियम ऑक्सीस्पोरम* फा. स्पि. *नारशिसी* नामक फफूँद से उत्पन्न होता है। रोगजनक फफूँद मिट्टी में पौध अवशेष व मिट्टी में रह गये प्रकंदों के द्वारा उत्तरजीवी रहता है।

प्रबन्धन : रोग की आरम्भिक अवस्था में एक छिड़काव जिनेब 0.2 प्रतिशत या कापर आक्सीक्लोराइड 0.3 प्रतिशत अथवा केप्टान 0.15 प्रतिशत की दर से किया जाना चाहिये। छिड़काव आधार भाग व तने पर ही किया जावे।

2. रेमुलेरिया अंगमारी रोग : नारशीसस के अंगमारी रोग से पौधे छोटे व अत्यधिक कम फूल उत्पादन दे पाते हैं। प्रभावित पौधों पर दूध के समान सफेद पाऊडर सरीखा बिखर जाता है एवं पत्तियों को नष्ट करता है। शीघ्र ही हवा व वर्षा के द्वारा रोग

फैलता है। रोग का प्रसार पौधों के प्रकंद द्वारा नहीं होता है। रोग का प्रकोप देरी से रोपे गए पौधों के फूलों पर होता है। यह रोग *रेमुलेरिया वैलीसुम्ब्रोसी* नामक फफूँद व द्वारा उत्पन्न होता है। रोगजनक आगामी वर्ष तक किस तरह अपने को सुरक्षित रखता है इस बारे में पूरी जानकारी नहीं की जा सकी है।

प्रबन्धन : इस रोग के नियंत्रण के लिए कापर आक्सीक्लोराइड 0.3 प्रतिशत अथवा कार्बेन्डाजीम 0.1 प्रतिशत का एक छिड़काव रोग की आरम्भिक अवस्था में किया जाना चाहिए।

20

मसाला फसलों में समेकित रोग प्रबन्धन

डॉ. (श्रीमति) बिमला राय एवं डॉ. ए.के. मिश्रा*

पौधा रोग विभाग, राजेन्द्र कृषि विश्वविद्यालय, पूसा, समस्तीपुर, बिहार
* पौधा रोग विभाग, टी.सी.ए. ढोली, मुजफ्फरपुर, बिहार

मसालों का हमारे जीवन में महत्वपूर्ण स्थान है। मसालों की खेती नगदी फसल के रूप में की जाती है। हल्दी, अदरक, धनिया, मेथी, मिर्ची, सौंफ, मैगरैल, अजवायन, सरसों एवं लहसुन मसाला की मुख्य फसलें हैं जिनका उत्पादन वृहत् रूप से किया जाता है। उपजाऊ मिट्टी, उन्नत बीज, उत्तम खाद एवं पानी के बावजूद मसालों फसलों का उत्पादन बहुत कम है। इसका मुख्य कारण इन फसलों में लगने वाले विभिन्न प्रकार के रोग है। जिनका सही समय पर पहचान एवं उचित निदान नहीं हो पाता है।

अदरक के रोग

1. प्रकंद विगलन रोग

अदरक का यह रोग व्यापकता से सभी स्थानों पर पाया जाता है। इस रोग को विनाशकारी के नाम से जाना जाता है। रोग से 90 प्रतिशत तक नुकसान आंका गया है।

लक्षण–रोग के लक्षण पत्तियों के हल्का हरा रंग होने से शुरू होता है। प्रभावित पत्तियाँ पीली पड़ जाती हैं। मिट्टी से लगा भाग सड़ने लगता है। इस प्रकार प्रकंद सड़ने लगते हैं।

रोग कारक–यह रोग *पीथियम फ्यूजेरियम* आदि फफूँदों से उत्पन्न होता है।

प्रबन्धन

1. खेत की अच्छी सफाई कर अवशेषों को जला दें।
2. अदरक केवल उन्हीं खेतों में लगावें जहाँ पानी नहीं जमा होता हो।
3. अदरक प्रकंद का उपचार मैन्कोजेब (2 ग्राम) एवं कार्बेन्डाजीम (1 ग्राम) प्रति लीटर पानी में घोल में प्रकंदों को एक घंटा के लिए डूबाएं। घोल से निकालने के बाद छांव में सुखा लें एवं खेत में लगावें।

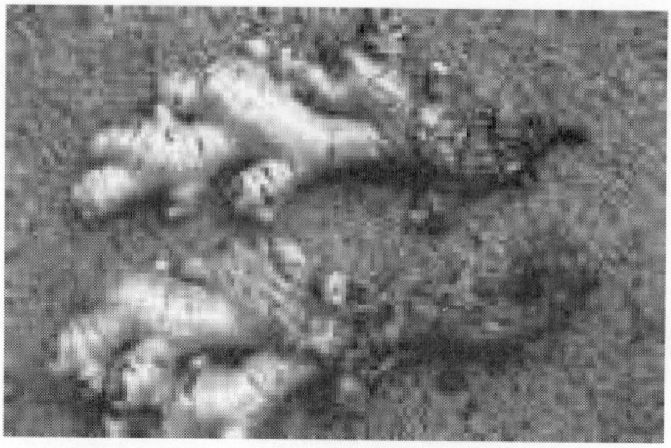

चित्र 20.1 अदरक का प्रकंद विगलन रोग

4. खड़ी फसल में रोग के लक्षण दिखाई देने पर मैंकोजेब @ 2.5 ग्राम प्रति लीटर पानी में घोल कर छिड़काव करें।
5. ट्राइकोडरमा हारजियानम @ 4 ग्राम/किग्रा. प्रकन्द की दर से शोधन करें।

2. पीला रोग

इस रोग से 15-20 प्रतिशत तक का नुकसान आंका गया है। यह रोग विशेष कर सूक्ष्म तत्वों की कमी वाले मिट्टी में विशेष रूप से पाया जाता है।

लक्षण–रोगी पौधे आधार से पीले पड़ने लगते हैं। धीरे–धीरे पूरा पौधा सूख जाता है। रोग के कारण पौधा छोटा रह जाता है। प्रभावित पौधों के प्रकन्द भी छोटे होते हैं।

रोगकारक–फ्यूजेरियम कवक के कारण यह रोग मुख्य रूप से पाया जाता है।

प्रबन्धन

1. मिट्टी में बुआई के पूर्व जिंक सल्फेट (25 किलो/हे0) डालें।
2. रोग नजर आते सूक्ष्म तत्वों का छिड़काव शीघ्र करें। मल्टीप्लेक्स (1 मि.ली./लीटर) का पौधों पर छिड़काव करें।
3. कॉपर ऑक्सीक्लोराइड @ 3 ग्राम प्रति लीटर पानी में घोल कर छिड़काव करें।
4. शेष प्रबन्धन प्रकंद विगलन रोग जैसा ही करें।

हल्दी

1. पर्ण धब्बा रोग

यह रोग 20-25 प्रतिशत तक फसल को नुकसान करता है। छांव वाली जगहों में हल्दी लगाने पर इस रोग का प्रकोप ज्यादा पाया जाता है।

लक्षण–रोग के लक्षण सर्वप्रथम मिट्टी से लगी पत्तियों पर दिखाई देते हैं। धीरे–धीरे अन्य पौधों की पत्तियों पर भी सुनहरे पीले धब्बे दिखाई पड़ते हैं। इन धब्बों का रंग

धीरे–धीरे भूरा हो जाता है। रोग की उग्र अवस्था में पत्तियाँ सूख जाती है। पत्तियों के सूख जाने के कारण पौधों में प्रकाश संश्लेषण क्रिया प्रभावित होती है। अतः हल्दी के प्रकन्द छोटे हो जाते हैं। रोगी प्रकन्द का रंग भी हल्का होता है।

चित्र 20.2 हल्दी का पर्ण धब्बा रोग

रोग कारक–*टैफरीना मौक्यूलेंस* फफूँद द्वारा रोग होता है।

प्रबन्धन

1. स्वस्थ एवं रोगरोधी किस्म राजेन्द्र सोनिया (आर.एच. 10), आर. एच. 5 एवं मोरंगिया का रोपण करें।
2. प्रकन्द का उपचार कार्बेन्डाजिम (2 ग्राम) प्रति लीटर पानी में घोल बना कर एक घंटा उपचारित कर रोपण करें।
3. नाइट्रोजन खेत से घास निकालने के बाद डालें।
4. खेत से पानी का निकास समय–समय पर करते रहें।
5. मैंकोजेब (2.5 ग्राम) प्रति लीटर पानी में घोल कर पौधों पर छिड़काव करें।

2. पर्ण चित्ती रोग

यह रोग हल्दी की फसल को 25-30 प्रतिशत का नुकसान करता है। कभी–कभी पर्ण चित्ती रोग का आक्रांत गंभीर होने पर 50 प्रतिशत से ज्यादा नुकसान होता है।

लक्षण–जुलाई–अगस्त माह में ज्यादा बारिश होने पर अण्डाकार छोटे–छोटे धब्बे पत्तियों पर बनते हैं। धीरे–धीरे वायुमंडल में आर्द्रता ज्यादा होने पर पूरा पौधा झुलस

जाता है। पौधों में प्रकाश संश्लेषण मुश्किल हो जाता है। प्रकंद छोटे बनते हैं एवं उनमें कुरकुमिन की मात्रा कम हो जाती है। जिसके कारण पीलापन घट जाता है।

चित्र 20.3 हल्दी का पर्ण चित्ती रोग

रोगकारक – *कोलेटोट्राइकम कैपसीकी* नामक फफूँद द्वारा रोग होता है।

प्रबन्धन

1. रोगरोधी किस्म आर.एच. 10 एवं आर.एच. 5 लगावें।
2. खेत में पानी का जमाव न होने दें।
3. बीजोपचार पर्ण धब्बा रोग जैसा ही करें।
4. पत्तियों पर रोग के लक्षण दिखाई देते मैंकोजेब @2 ग्राम एवं कार्बेन्डाजीम 1 ग्राम प्रति लीटर पानी में घोल कर छिड़काव करें।

3. प्रकन्द गलन रोग

इस रोग से फसल पर 50 प्रतिशत से ज्यादा नुकसान होता है।

लक्षण–तना के आधार पर जलीय गीले धब्बे दिखाई देते हैं। धीरे–धीरे रोग प्रकन्द तक पहुँच जाता है एवं प्रकन्दों को गला देता है। पत्तियाँ पीली पड़ कर सूख जाती हैं।

रोगकारक–जीवाणु एवं कवक दोनों के प्रभाव से रोग होता है।

प्रबन्धन

1. स्वस्थ बीज को लगावें। बीजोपचार कार्बेन्डाजिम एवं जीवाणुरोधक दवा मिला कर करें।

2. मैकोंजेब @ 2.5 ग्राम को प्रति लीटर पानी में घोलकर रोग के लक्षण दिखाई देते छिड़काव करें।
3. खेत में पानी का निकास उचित होना चाहिए।
4. उचित फसल चक्र अपनाएँ।

चित्र 20.4 हल्दी का प्रकन्द गलन रोग

धनिया

1. तना पिटिका रोग

इस रोग का प्रकोप सभी खेतों में देखा जाता है। इस रोग के संक्रमण से 15-30 प्रतिशत तक की कमी होती है।

लक्षण–रोग के लक्षण पत्तियों के ऊपरी भाग, तना, शाखायें, फल व फूल पर उभरे हुए अतिरिक्त वृद्धि के रूप में दिखाई देते हैं। मिट्टी के पास से तने पर छोटी–छोटी पिटिकायें बनती हैं। धीरे–धीरे पिटिकायें पूरे पौधों पर फैल जाती है। रोग का प्रकोप शीर्ष, फूल एवं फल पर भी होता है।

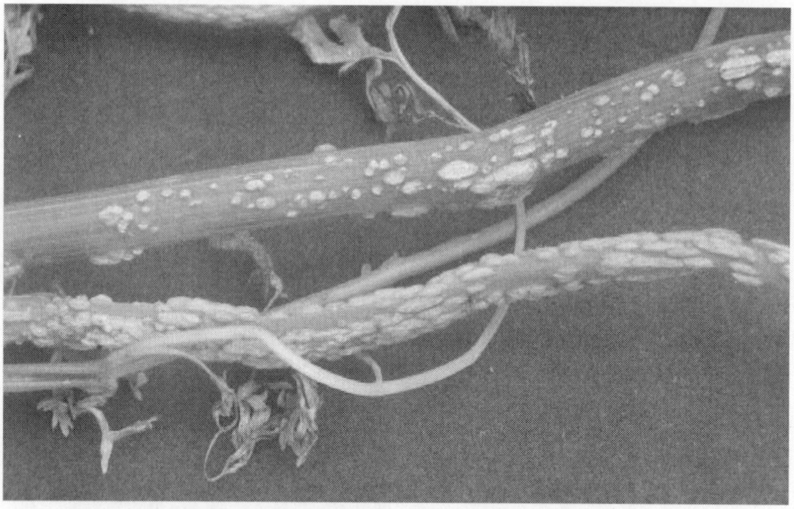

चित्र 20.5 धनिया का तना पिटिका रोग

रोगकारक–*प्रोटोमाइंसीज मैक्रोस्पोरस* फफूँद द्वारा होता है। रोग का प्रसार हवा व पानी के द्वारा होता है।

प्रबन्धन

1. रोग बीजजनित है अतः रोगरोधी किस्म का बीजोपचार थीरम दवा @ 2.5 ग्राम प्रति किलो बीज से करें।
2. मध्य अक्टूबर में बुवाई करने से रोग कम होता है।
3. फसल चक्र अपनावें।

2. उखड़ा रोग

यह रोग काफी भयानक होता है। इस रोग से 60-100 प्रतिशत तक की हानि होती हैं।

लक्षण–रोग के लक्षण सर्वप्रथम शीर्ष पर दिखाई देते हैं। धीरे–धीरे पूरा पौधा सूख जाता है। अन्त में पूरा पौधा मर जाता है। आंशिक रोग होने पर कम बीज बनते हैं।

रोग कारक–*फ्यूजेरियम ऑक्सीस्पोरम* फा. स्पि. *कोरिटंग्ड्राई* नामक कवक से यह रोग होता है।

प्रबन्धन

1. रोगरोधी किस्म राजेन्द्र स्वाति लगावें।
2. फसल चक्र अपनावें।
3. गर्मी में खेत की गहरी जुताई करें।

मेथी

1. जड़ गलन रोग

इस रोग के कारण 5-10 प्रतिशत नुकसान होता है।

लक्षण—आक्रान्त पौधों में पत्तियाँ पीली पड़ जाती हैं। करीब एक महीने बाद रोग के लक्षण दिखाई पड़ते हैं। रोग का प्रभाव बढ़ने पर पूरा पौधा सूख जाता है।

चित्र 20.6 मेथी का जड़ गलन रोग

रोग कारक—जीवाणु एवं *फ्यूजेरियम* कवक रोग के जनक हैं।

प्रबन्धन

1. कार्बेन्डाजीम (1 ग्राम) प्रति लीटर में घोल कर मिट्टी एवं पौधों पर छिड़काव करें।
2. मिट्टी में नीम की खल्ली (1 टन/हेक्टर) डालें।
3. जीवाणुरोधक दवा स्ट्रेप्टोसाइक्लीन (6 ग्राम को 20 लीटर पानी में घोल कर) छिड़काव करें।

2. चूर्णिल आसिता रोग

इस रोग से 10-15 प्रतिशत तक मेथी की उपज को कम करता है।

लक्षण—पत्तियों पर आटे जैसा सफेद धब्बों के रूप में रोग के लक्षण दिखाई पड़ते हैं। फूल एवं फल काफी हद तक प्रभावित होते हैं।

प्रबन्धन

1. गन्धक (300 मेश) को 25 कि.ग्राम की दर से प्रति हेक्टर पौधों पर भुरकाव करें।
2. रोगरोधी किस्म राजेन्द्र आभा लगावें।

चित्र 20.7 मेथी का चूर्णिल आसिता रोग

सौंफ

1. चूर्णिल आसिता रोग

यह रोग सौंफ की फसल को **10-15** प्रतिशत नुकसान करता है।

लक्षण – फरवरी–मार्च माह में फूल आने के समय मौसम खराब होने पर यह रोग अचानक सौंफ को सफेद चूर्ण जैसी संरचना से बर्बाद कर देता है। सौंफ के दाने छोटे एवं काले बनते हैं। सौंफ का स्वाद अच्छा नहीं होता है।

प्रबन्धन

1. डाइनोकैप @ 1 ग्राम प्रति लीटर का छिड़काव करें।

21

औषधीय एवं सगन्ध पौधों में समेकित रोग प्रबन्धन

डॉ. एस.के. सिंह

पौधा रोग विभाग, राजेन्द्र कृषि विश्वविद्यालय, पूसा, समस्तीपुर, बिहार

कुछ वर्ष पूर्व तक औषधीय एवं सगन्ध पौधों की उपलब्धता हेतु हमें जंगली रूप से उगे हुए पौधों पर ही निर्भर रहना पड़ता था लेकिन जनसंख्या की वृद्धि के साथ औषधीय एवं सगन्ध पौधों के गुणों के कारण इनके प्रति आकर्षण में कई गुना वृद्धि हो गई है। अब इनकी उत्पादन प्रौद्योगिकी पर अनुसंधान कार्य चल रहा है तथा इनकी खेती की जाने लगी है। जिसकी वजह से इनकी उत्पादन क्षमता तथा गुणवत्ता दोनों में भारी वृद्धि दर्ज की जा रही है। इसे बरकरार रखने हेतु यह आवश्यक है कि हम इन्हें रोगों से मुक्त रखें ऐसा नही है कि ये हमें स्वस्थ रखने में सक्षम है तो ये बीमार ही नहीं पड़ते हैं। अन्य फल, फूल, सब्जी तथा खाद्यान्न फसलों की भाँति इसमें भी कवकजनित, जीवाणुजनित एवं विषाणुजनित रोग लगते हैं तथा उनका भी प्रबन्धन अन्य पौधों की भाँति ही किया जाता है। औषधीय एवं सगन्ध पौधों में रोग प्रबन्धन हेतु यह आवश्यक है कि समेकित रोग प्रबन्धन पर ही ज्यादा जोर दिया जाय क्योंकि ये हमारी दवा के काम भी आते हैं। कृषि रसायनों के अन्धाधुन्ध प्रयोग से औषधीय एवं सगन्ध पौधों की गुणवत्ता में भारी कमी आती है तथा कभी–कभी व्यापारी इसे लेने से भी इनकार कर देता है। इसकी खेती हेतु यह आवश्यक है कि कृषि रसायनों का प्रयोग अन्तिम विकल्प के रूप में ही किया जाय इसके लिए निम्न बिन्दुओं पर ध्यान देना आवश्यक है जैसे–

1. गर्मी में गहरी जुताई अवश्य करना चाहिए।
2. बीज/रोपण सामग्री हमेशा रोगमुक्त ही लेना चाहिए।
3. बीज का शोधन कृषि रसायनों, जैविक कारकों द्वारा उपचारित करना चाहिए।
4. मृदाजनित रोग की अवस्था में 5 वर्ष का फसल चक्र अपनाना चाहिए।
5. साफ–सुथरी खेती पर ज्यादा ध्यान देना चाहिए। रोगग्रस्त पौधों को एकत्र कर जला देना चाहिए।
6. रोग के प्रारम्भिक लक्षण दिखाई देने पर विषय विशेषज्ञ से सलाह लेना चाहिए।
7. फसलों के सही समय पर लगायें क्योंकि समय से पहले एवं बाद में लगाने से रोगों की उग्रता में बढ़ोत्तरी होती है।

8. कृषि यंत्रों को भी कृषि रसायनों के माध्यम से हमेशा साफ सुथरा रखना चाहिए।
9. उत्पाद का भण्डारण सही ढ़ंग से करना चाहिए क्योंकि उत्पाद के खराब होने की संभावना बनी रहती है।
10. कृषि कार्य करते समय कृषि यंत्रों द्वारा पौधों को चोटिल होने से बचाना चाहिए।

प्रमुख औषधीय एवं सगन्ध पौधों में लगने वाले रोगों के प्रबन्धन का संक्षिप्त विवरण निम्नवत् है–

तालिका 21.1. औषधीय पौधों में रोग एवं प्रबन्धन

औषधीय पौधे का नाम/रोग का नाम	रोग के प्रमुख लक्षण	रोग का प्रबन्धन
	1. अश्वगन्धा	
नवजात पौध का गलन रोग *फ्यूजेरियम* प्रजाति *राइजोक्टोनिया* प्रजाति *पिथियम* प्रजाति	अश्वगन्धा में नवजात पौधे के गलन से भारी नुकसान होता है। इस रोग के प्रारम्भिक लक्षण जमीन के सतह से ऊपर तने पर हल्के पीले रंग के धब्बे के रूप में दिखाई देता है। समय के साथ धब्बे का रंग गाढ़ा होने लगता है तथा कोशिकाएँ कोमल हो जाती है पौधा वही से टूट कर गिर जाता है। यह रोग वर्षा के समय ज्यादा गम्भीर हो जाता है। एक से चार इंच के पौधे इस रोग से ज्यादा आक्रान्त होते हैं। इस रोग की वजह से खेत में पौधों की सख्या में भारी कमी आती है।	बीज का शोधन थीरम (1.5 ग्राम) + कार्बेन्डाजीम (1.5 ग्राम)/कि.ग्रा. बीज की दर से करना चाहिए। ट्राइकोडरमा @ 5 ग्राम/कि.ग्रा. बीज की दर से भी बीजोपचार किया जा सकता है। 3-5 साल का फसल चक्र अपनाना चाहिए। बीज सदैव रोग रहित पौधे से एकत्र करें।
पर्णअंगमारी (*आल्टरनेरिया आल्टरनाटा*)	पत्तियों एवं फूलों पर छोटा हल्के भूरे रंग के धब्बे बनते हैं जो आपस में मिलकर बड़े धब्बे का रूप धारण कर लेते हैं।	बीज का शोधन कार्बेन्डाजीम @1.5 ग्राम/कि.ग्रा. बीज से करें। रोग अवरोधी किस्म जैसे डब्लू एस व -134 को उगायें।
शीर्ष मरण *कोलेटोट्राइकम* प्रजाति	इस रोग में पौधे ऊपर से नीचे की तरफ सूखना प्रारम्भ करते हैं। पूरी शाखा या ऊपर का कुछ हिस्सा सुख जाता है। सूखी शाखाओं पर जलसिक्त भूरा या गहरे भूरे रंग/भूसे के रंग के धब्बे दिखाई देते हैं।	जिनेब (0.2%)/रोवराल (0.2%)/कार्बेन्डाजीम (0.1%) या बेनोमाइल (0.1%) का 10 दिन के अन्तराल पर छिड़काव करें।
विषाणु रोग टोबैको पर्ण कुचंन विषाणु	इस रोग में पत्तियां मुड़ जाती है। नसें स्पष्ट दिखाई देने लगती है। विषाणु रोग से आक्रान्त पौधे कमजोर दिखाई देने लगते हैं।	रोगग्रस्त पौधे को उखाड़ कर जला देना चाहिए। मिथाइल पैराथियान (0.02%/डाइमेथोएट (0.05%)/नीम के तेल का छिड़काव करने से रोग संवाहक कीटों की संख्या में कमी आती है।
	2. सफेद मुसली	
श्यामव्रण *कोलेटो–ट्राइकम* प्रजाति	गहरे भूरे रंग के या भूरे–काले रंग के धब्बे पत्तियों पर बनते हैं।	रोग के दिखाई देते ही कार्बेन्डाजीम/बेनोमाइल (0.15%) का छिड़काव करें।
हरितहीनता	सर्वप्रथम नवजात पत्तियों में हरित हीनता दिखाई देती है तथा आगे चलकर पौधे सूखने लगते हैं।	2 महीने में एक बार फेरस सल्फेट का छिड़काव करना चाहिए।

औषधीय पौधे का नाम/रोग का नाम	रोग के प्रमुख लक्षण	रोग का प्रबन्धन
	3. मुलेठी	
पर्ण चित्ती *कोलेटोट्राइकम* प्रजाति	पत्तियों पर हरे भूरे रंग के धब्बे बनते हैं।	बीज/रोपण सामग्री का कार्बेन्डाजीम @ 0.1 प्रतिशत से शोधन करें। मैंकोजेब (0.3 प्रतिशत) का 10-15 दिन के अन्तराल पर छिड़काव करें।
चूर्णिलआसिता	पत्तियाँ सफेद पाउडर से ढ़की होती है।	घुलनशील गन्धक (0.3 प्रतिशत)/ कार्बेन्डाजीम/बेनोमाइल (0.1 प्रतिशत) का छिडकाव करें।
रस्ट	इस रोग में पत्तियों एवं तनों पर भूरे रंग के फफोले उत्पन्न होते हैं।	प्रोपीकोनाजोल (0.1 प्रतिशत) का 10 दिन के अन्तराल पर दो छिड़काव करें।
	4. इसबगोल	
आर्द्र पतन *पिथियम अल्टीमम राइजोक्टोनिया सोलेनाई*	नवजात पौधा भूमि की सतह तक पहुचते मरने लगता है। नवजात पौधा सर्वाधिक आक्रान्त होता है। भूमि की सतह पर पौधे के तने पर हल्का जलसिक्त धब्बा बनता है तथा यही से पौधा टूट कर गिर जाता है।	बीज का शोधन क्लोरोथैलोलिन (कवच) @ 2 ग्राम/कि.ग्रा. बीज की दर से करना चाहिए तथा इसी घोल से भूमि की सिंचाई भी कर देनी चाहिए।
उखड़ा *फ्यूजेरियम सोलेनाई फ्यूजेरियम आक्सीस्पोरा*	इस रोग के लक्षण सर्वप्रथम बाहरी पत्तियों पर दिखाई देते हैं इसके बाद पत्तियों का रंग बदलने लगता है। पौधों में बहुत जल्द ही उखड़ा रोग के लक्षण से पौधे सूख जाते हैं।	फसलचक्र अपनाना चाहिए। बीज का शोधन कार्बेन्डाजीम/बेनोमाइल @ 2.5 ग्राम/कि. ग्रा. बीज की दर से करना चाहिए। जलमग्न क्षेत्रों में इसकी खेती नहीं करनी चाहिए। साफ–सुथरी खेती पर जोर देना चाहिए। उपरोक्त किसी भी फफूँदनाशक से भूमि का शोधन करना चाहिए।
पाउडरी मिल्ड्यू *इरीसाइकी* प्रजाति	सफेद पाउडर जैसी संरचना पत्तियों पर दिखाई देती है।	डाइनोकैप/ट्राइडेमार्फ (0.1 प्रतिशत)/ घुलनशील गंधक (0.25 प्रतिशत) का छिड़काव करें।
पर्ण चित्ती *आल्टरनेरिया आल्टरनाटा*	पत्तियों का अग्र भाग भद्दे हरे पीले रंग का दिखाई देता है। मुख्यतः परिपक्व एवं पुरानी पत्तियाँ ज्यादा आक्रान्त होती है। रोग की उग्र अवस्था मे बीज सिकुड़े हुए एवं काले दिखाई देते हैं।	बीज का शोधन कार्बेन्डाजीम @ 2.5/कि.ग्रा. बीज की दर से करें। मैंकोजेब/जिनेब/ रोबराल (0.25 प्रतिशत) का छिड़काव 10-15 दिन के अन्तराल पर करें।
	5. सदाबहार	
अंगमारी *फाइटोफ्थोरा* प्रजाति	यह रोग नर्सरी में तथा खेत दोनों जगह दिखाई देता है। इस रोग में सर्वप्रथम नये पौधों की अग्र कलिकाएँ सूखने लगती है, इसके बाद पत्तियां मुरझा कर गिर जाती है। इस प्रकार से पूरा पौधा/उसकी शाखाएँ सूख जाती है।	बीज का शोधन रिडोमिल एम. जेड़ @ ग्राम/किग्रा बीज की दर से करें। रिडोमिल एम.जेड @ 0.2 प्रतिशत से छिड़काव करें।

औषधीय पौधे का नाम/रोग का नाम	रोग के प्रमुख लक्षण	रोग का प्रबन्धन
	6. सर्पगन्धा	
उखड़ा रोग *फ्यूजेरियम आक्सीस्पोरम* वार *सरपेनटीनी*	शुरूआत में पौधे की शाखाएँ मुरझाने लगती है, बाद में पूरा पौधा मुरझा जाता है। जमीन की सतह का तना पर काला धब्बा बन जाता है।	रोगरोधी किस्में उगाएँ। जलमग्न क्षेत्रों में इसकी खेती ना करें। बीज का शोधन कार्बेन्डाजीम + थीरम @1.5 ग्राम प्रत्येक/कि.ग्रा. बीज की दर से करें।
पाउडरी मिल्ड्यू *लेवेइलुला टाउरीका*	पत्तियों पर सफेद पाउडर, जैसी संरचना दिखाई देती है।	रोग के दिखाई देते ही डाइनोकैप (0.1) या घुलनशील गन्धक (0.3%) का छिड़काव करें।
पर्ण चित्ती एवं कलिका गलन रोग *अल्टरनेरिया आल्टरनामा*	भूरे रंग के धब्बे पत्तियों एवं कलिकाओं पर दिखाई देते हैं जो आपस में मिलकर बड़ा रूप धारण कर लेते हैं जो पत्तियों एवं कलिकाओं के सूखने का कारण बनते हैं। इस प्रकार से पूरा पौधा सूख जाता है।	बीज का शोधन थीरम + कार्बेन्डाजीम @ 1.5 ग्राम प्रत्येक/कि.ग्रा. बीज की दर से करें। खेत में मैंकोजेब @ 0.3%, जिनेब 0.2% या रोवराल 0.2% से करें।
	7. मेंथा (पुदीना)	
उखड़ा *वर्टीसिलियम* प्रजाति	इस रोग का मुख्य लक्षण है कि पौधे बौने रह जाते हैं। पौधे का विकास किसी एक दिशा में होने लगता है। अन्ततः पौधा मुरझा कर सूख जाता है, इस रोग का विकास मुख्य रूप से रोग ग्रस्त स्टोलेन (दो जड़ गाठों के मध्य का भाग) के रोपण के कारण से होता है।	सदैव स्वस्थ स्टोलेन का रोपण हेतु प्रयोग करें। गर्मियों में गहरी जुताई करें। अच्छी जल निकास युक्त मृदा में इसकी खेती करें।
स्टोलेन राट (दो जड़ गाठों के मध्य के भाग का गलना) *राइजोक्टोनिया बटाटीकोला, मैक्रोफामिना फैसिओली*	पौधे देखने मे सामान्य से छोटे दिखते हैं। पत्तियाँ पीली हो जाती है, जैसे–जैसे रोग बढ़ता है जमीन के ऊपर के हिस्से मरने लगते हैं। गुलाबी भूरा धब्बा शुरूआत में बनता है जो बाद में गहरे भूरे रंग का हो जाता है। जिसके परिणामस्वरूप दो जड़ गाठों के मध्य का हिस्सा कोमल होकर सड़ जाता है।	रोगमुक्त रोपण सामग्री का प्रयोग करें। गर्मियों में गहरी जुताई करें। 3-5 साल का फसलचक्र अपनाएँ। उचित जल निकास की व्यवस्था करें। आक्रान्त हिस्से की मृदा को 0.2% क्लोरोथैलोनील (कवच) के घोल से पूरी तरफ से सिंचित करें।
स्कलेरोशियम राट *स्कलेरोशियम राल्फसाई*	सफेद रूई जैसी कवकतन्तु पौधे के चारों तरफ जमीन की सतह पर घेरे रहता है, जिसकी वजह से पौधा पीला हो जाता है तथा अन्ततः पौधा मुरझा कर सुख जाता है। पौधे के चारों तरफ जमीन की सतह पर सरसों जैसी संरचना दिखाई देती है। पौधा जमीन की सतह से ही टूटकर गिर जाता है।	गर्मी की गहरी जुताई एवं उचित जल निकास अनिवार्य है। प्रभावित मृदा का शोधन कार्बेन्डाजीम (0.1%) + मैंकोजेब (0.2%) से करें।
पाउडरी मिल्ड्यू *इरीसाइफी* प्रजाति	पत्ती की ऊपरी सतह पर चाकलेटी रंग के धब्बे बनते हैं एवं उसके विपरीत सतह पर भूरे रंग के धब्बे बनते हैं। बाद में पाउडर जैसी संरचना दिखाई देती है।	घूलनशील गन्धक (0.3%)/कैराथेन (0.1%) का छिड़काव 15 दिन के अन्तराल पर दो छिड़काव करें।

औषधीय पौधे का नाम/रोग का नाम	रोग के प्रमुख लक्षण	रोग का प्रबन्धन
पर्ण चित्ती रोग *कर्वुलेरिया लुनाटा*	शुरूआत में बहुत छोटे गन्दे भूरे रंग के धब्बे जो पूरी पत्ती पर फैले होते हैं। जैसे–जैसे रोग उग्र होता जाता है ये धब्बे भी बढ़ते हुए गोल या अनियमित आकार धारण कर लेते हैं और अन्त में पौधा मर जाता है।	मैंकोजेब/जिनेब (0.2%) या कॉपर ऑक्सीक्लोराइड (0.3%) का छिड़काव करें। रोगमुक्त रोपण सामग्री का उपयोग करें।
रस्ट *पक्कसीनिया मेंथी*	तने का ऊपरी हिस्सा फूल जाता है।	जिनेब या कॉपर ऑक्सीक्लोराइड (0.3 प्रतिशत) का छिड़काव करें। रोगमुक्त रोपण सामग्री का उपयोग करें।
	8. पामारोजा एवं सम्बन्धित पौधे	
लालपर्ण चित्ती रोग *कोलेटाट्राइकम गैमीनीकोला कोलेटोट्राइकम कानडेटम*	पत्ती की पूरी ऊपरी सतह पर छोटे भूरे धब्बे फैले हुए होते हैं। गर्म एवं आर्द्र जलवायु इस रोग के फैलने में सहायक है। अनुकूल वातावारण में पौधे के शीथ भी आक्रान्त होते हैं। छोटे–छोटे धब्बे आपस में मिलकर बड़े धब्बे का रूप धारण कर लेते हैं।	कार्बेन्डाजीम या बेनोमाइल (0.1 प्रतिशत) का छिड़काव करें। 20 दिन के बाद मैंकोजेब का छिड़काव करें।
आँख जैसा पर्ण चित्ती धब्बा *हेल्मीयोस्पोरियम साकारी*	आँख जैसा, भूरा धब्बा जिसका बीच का हिस्सा पीला होता है तथा बाहरी हिस्से गहरे रंग के होते हैं। रोग की उग्र अवस्थायें धब्बे आपस में मिल जाते हैं तथा पौधा मर जाता है।	रोग के दिखाई देते ही जिनेब/कॉपर ऑक्सीक्लोराइड (0.3%) का छिड़काव 20 दिन के अंतराल पर दो बार करें।
रस्ट *पक्कसीनिया* प्रजाति	फफोले जैसा धब्बा पत्तियों पर दिखाई देता है।	बेलेटान/क्रिलेटान (0.05%) या क्लोरोथैलोनील (0.2%) का 10-15 दिन के अन्तराल पर छिड़काव करें।
कन्डुआ *टालीपोस्पोरियम* प्रजाति	बीज मे काले स्मट के बीजाणु भर जाते हैं।	बुआई के पूर्व बीज का शोधन विटावेक्स 2 ग्राम/कि.ग्रा. बीज की दर से करना चाहिए।
उखड़ा *फ्यूजेरियम मोनीलीफोरमी*	पत्तियाँ गहरे पीले रंग की हो जाती है तथा पौधे सूख जाते हैं।	फूल के निकलने के समय मैंकोजेब/कॉपर ऑक्सीक्लोराइड @ 3 ग्राम/लीटर पानी के दर से 10-15 दिन के अन्तराल पर दो छिड़काव करें।

22

पान में समेकित कीट-व्याधि प्रबन्धन

डॉ. पी.के. झा

अखिल भारतीय पान परियोजना, राजेन्द्र कृषि विश्वविद्यालय, पूसा, समस्तीपुर

हमारे देश की संस्कृति में पान का एक विशिष्ट स्थान है। धर्म पुराण एवं आयुर्वेदिक ग्रंथों में पान को अमृत के रूप में स्वीकार किया गया है। पान की पत्तियों का उपयोग प्रायः सामाजिक एवं धार्मिक कार्यों में किया जाता है। पान के रस या पत्तियों के साथ आयुर्वेदिक भस्मों, रसायनों एवं औषधियों को खाने की सलाह वैद्यों द्वारा दी जाती है। पान एक उत्तेजक, कफनाशक, शक्ति तथा पाचनशक्तिवर्धक औषधीय पौधा है।

पान की खेती नकदी फसल के रूप में उत्पादकों के रोजगार एवं आय का बहुवर्षीय स्त्रोत है। पान के उत्पादन से लेकर बिक्री तथा निर्यात में लगे लोगों की एक लम्बी श्रृंखला है। अखिल भारतीय पान परियोजना में किये गये अध्ययन के अनुसार पान की फसल का समुचित प्रबन्धन कर प्रति हेक्टर प्रति वर्ष 2-4 लाख रूपये तक की आमदनी प्राप्त की जा सकती है।

आंध्रप्रदेश, आसाम, बिहार, कर्नाटक, केरल, महाराष्ट्र, मध्यप्रदेश, तमिलनाडु, उत्तरप्रदेश एवं पश्चिम बंगाल आदि में पान की खेती से करोड़ों रूपये की आय प्राप्त होती है। हमारे देश से पान का निर्यात पाकिस्तान, बांग्लादेश, इण्डोनेशिया, मलेशिया, बर्मा (म्यानमार), थाईलैण्ड आदि देशों में किया जाता है। बिहार राज्य में पान की खेती लगभग 3500 हेक्टेयर में की जाती है।

पान की फसल में विभिन्न प्रकार की कीट–व्याधियों एवं खरपतवार इत्यादि का प्रकोप होता है, जिससे फसल की उपज के साथ–साथ गुणवत्ता, रंग तथा बाजार मूल्य में गिरावट आ जाती हैं। पान की फसल पर कीट–व्याधि नियंत्रण हेतु वर्षों किये गये गहन अध्ययन के फलस्वरूप ''उचित प्रबन्धन तकनीक'' विकसित हो चुकी है, जिसे अपनाकर पान की फसल को संभावित क्षति से बचाया जा सकता है।

पान के प्रमुख रोग

1. पद एवं पत्ती गलन : इस रोग को स्थानीय तौर पर ''गलका रोग'' के नाम से जाना जाता है जो *फाइटोफ्थोरा पारासाइटिका* वार *पाईपरीना* नामक कवक के संक्रमण

द्वारा उत्पन्न होता है। रोग की शुरूआत में निचली पत्तियों पर गोलाकार, भूरे रंग के नम धब्बे प्रकट होते हैं जो धीरे–धीरे बड़े आकार के गहरे भूरे रंग के हो जाते हैं। वर्षा ऋतु में पूरी की पूरी पत्ती सड़ जाती है तथा डंठल भी जड़ तक सड़ने लगता है और पूरी पौध सूख जाती है। रोगग्रस्त बेलों के जड़ों के सिरे भूरे काले हो जाते हैं। महामारी की स्थिति में फसलों में 70-100% तक नुकसान हो जाता है।

चित्र 22.1 पान का पत्ती गलन रोग

2. एन्थ्रेक्नोज या चनका रोग : यह रोग मुख्यतः *कोलेटोट्राइकम कैपिसकी* नामक कवक के संक्रमण द्वारा उत्पन्न होता है। इस रोग के प्रकोप से अनियमित आकृति तथा आकार के गहरे–भूरे रंग के धब्बे दिखायी देते हैं। रोग का फैलाव पत्तियों के किनारों पर भी होता है, जिससे पत्तियों का अधिकांश भाग चित्तीदार तथा भूरा हो जाता है। रोग का प्रकोप तना पर भी होता है। बेलों की पोर पूर्णतः काले रंग की हो जाती है। रोग के भीषण प्रकोप से पत्तियाँ समय के पूर्व ही टूट जाती है एवं फसल को भारी क्षति पहुँचाती है।

चित्र 22.2 पान का एन्थ्रेक्नोज या चनका रोग

3. जीवाणु झुलसा रोग : यह रोग *जैन्थोमोनास एक्जोनोपोडिस* वार *बेटलीकोला* नामक जीवाणु (बैक्टीरिया) के संक्रमण द्वारा उत्पन्न होता है। रोग की शुरूआत में पत्तियों पर अनियमित आकार के भूरे रंग के धब्बे परिलक्षित होते हैं, जो धीरे–धीरे भूरे काले रंग के 'टी' आकार में परिवर्तित हो जाते हैं। गर्म एवं नम वातावरण में धब्बे का आकार धीरे–धीरे बढ़ता है एवं पान के डंठलों को भी आक्रांत करता है।

चित्र 22.3 पान का जीवाणु झुलसा रोग

4. झलमा : अत्यन्त महीन कीट–लाल मक्खी के प्रकोप से पान की पत्तियों पर झलमा के लक्षण प्रकट होते हैं, जिसमें पत्तियों के पृष्ठ भाग में पान की सतह के नीचे कीट प्रवेश करते हैं तथा पत्तियों के रस को चूसना प्रारम्भ करते हैं। पत्तियाँ चितकबरी भूरे लाल रंग की हो जाती है। इन पत्तियों से बाजार में बिल्कुल भाव नहीं मिलते हैं।

चित्र 22.4 पान का झलमा

इसके अतिरिक्त पान की फसल पर सूत्रकृमि (निमैटोड) एवं अन्य कीट यथा सफेद मक्खी, मधुआ, घोंघा एवं दीमक के प्रकोप के कारण फसल की उपज तथा गुणवत्ता में असामान्य गिरावट आ जाती है एवं पान की खेती लाभप्रद नहीं रह जाती।

समेकित कीट–व्याधि प्रबन्धन

क. मिट्टी उपचार : मिट्टी उपचार हेतु ट्राइकोडर्मा से उपचारित नीम या सरसों या करंज की खल्ली का 5 क्विंटल प्रति हेक्टर की दर से व्यवहार किया जाता है। नीम की खल्ली को ट्राईकोडर्मा से उपचारित करने के लिए प्रति 100 किलो खल्ली में आधा किलो ट्राईकोडर्मा कल्चर मिश्रित किया जाता है। कल्चर मिश्रित खल्ली को दस–पन्द्रह दिनों तक छाया में ढ़ँक कर रखा जाता है। बीज–बीच में मिश्रण पर पा ी की हल्की फुहार देते जाते हैं ताकि नमी कायम रहे। समय–समय पर कल्चर के मिश्रण को किसी डंडा या फट्ठी से ऊपर नीचे मिलाते हैं तथा 3-4 इंच मोटी तह में फैलाये रखते हैं जिससे पूरे मिश्रण में आक्सीजन की उपलब्धता सुनिश्चित किया जा सके। इस प्रकार की प्रक्रिया से ट्राईकोडर्मा की संख्या में वृद्धि हो जाती है। इस मिश्रण द्वारा बरेजा की मिट्टी को उपचारित किया जाता है। इस प्रकार की क्रियाऐं वर्ष में 3-3 माह के अन्तराल पर चार बार करते हैं। ट्राईकोडर्मा एक किस्म का फफूँद है जो पान के रोगजनित कवकों को नष्ट करता है। ट्राईकोडर्मा को सदैव मिट्टी में ही डालना चाहिए, इसका छिड़काव नहीं किया जाता है।

सूत्रकृमि से होने वाली जड़ गांठ की रोकथाम हेतु कार्बोफ्यूरान नामक रसायन की 1.5 कि.ग्रा. सक्रिय तत्व प्रति हेक्टर की दर से बरेजा की मिट्टी में मिलावें ।

ख. बेल उपचार : बेल उपचार हेतु बोर्डो मिश्रण का व्यवहार किया जाता है। बोर्डो मिश्रण एक प्रतिशत (कॉपर सल्फेट 10 ग्राम + चूना 10 ग्राम + पानी 1 लीटर) के प्रति चार लीटर घोल में एक ग्राम स्ट्रेप्टोसाइक्लीन प्रतिजैविक (एण्टीबायोटिक) मिला लें। इस घोल में लत्तरों के टुकड़ों को 30 मिनट तक डुबोने के बाद ही रोपाई करें।

ग. फसल पर रोग नियंत्रण : रोगग्रस्त पत्तियों, जमीन पर गिरे हुए पान के रोगग्रस्त अवशेषों को इकट्ठा कर बाहर ले जाकर नष्ट करते रहना चाहिये। इससे रोग का फैलाव रूकता है।

- पान के बरेजा में जल जमाव बिल्कुल नहीं होना चाहिए। इसलिए बरेजा का निर्माण अपेक्षाकृत ऊँचे स्थान पर करना चाहिये।
- बरसात में बरेजा की छप्पर की घास–खर को बीच–बीच में पतला कर देते हैं ताकि धूप अन्दर प्रवेश कर सकें।
- फसल पर रोग के लक्षण दिखाई देते ही बोर्डो मिश्रण का 0.8 प्रतिशत का घोल अथवा कापर आक्सीक्लोराइड का 0.3 प्रतिशत घोल का छिड़काव 2-3 बार पन्द्रह दिनों के अन्तराल पर करना लाभप्रद होता है। खड़ी फसल की मेड़ों को भी एक–एक माह के अन्तराल पर 3-4 बार बोर्डो मिश्रण के 1 प्रतिशत घोल से तर करना चाहिये। बोर्डो मिश्रण के प्रति चार लीटर घोल में 1 ग्राम स्ट्रेप्टोसाइक्लीन मिला देने से जीवाणु झुलसा रोग की भी रोकथाम होती है।

- सफेद मक्खी के नियंत्रण हेतु डाइक्लोरोवास नामक रसायन को 2 मि.ली. प्रति लीटर पानी में घोलकर पन्द्रह दिनों के अन्तराल पर छिड़काव करना चाहिये। इसके लिए नीम से निर्मित दवाओं का प्रयोग अधिक सुरक्षित होता है। इस उपचार से घोंघा का प्रकोप भी कम हो जाता है। घोंघा को चुन–चुन कर नमक के घोल में डाल देने से ये मर जाते हैं।
- लाल मकड़ी (झलमा) की रोकथाम हेतु 3 मि.ली. डाइकोफाल प्रति लीटर पानी में मिलाकर पन्द्रह दिनों के अन्तराल पर दो बार छिड़काव करना लाभप्रद होता है। इसके लिए नीम की दवायें भी काफी कारगर होती है।
- खेत को खरपतवार से मुक्त रखना चाहिये, क्योंकि जहाँ एक ओर खरपतवार मुख्य फसल से पोषक तत्व एवं जल के लिए प्रतिस्पर्धा करते हैं, वहीं दूसरी ओर विभिन्न कीटों एवं रोगजनकों के लिए आश्रय स्थली का काम करते हैं, फलस्वरूप फसल को दोहरा नुकसान होता है।
- पान की फसल में जैविक खाद–खल्ली, कम्पोस्ट वर्मी कम्पोस्ट, अनाजों के चूरे, मुर्गियों से प्राप्त सड़ी कम्पोस्ट तथा जैविक रसायनों का उपयोग करने से अच्छी गुणवत्ता की पान पत्तियाँ प्राप्त की जाती हैं।

23

बीजजनित रोगों का समेकित प्रबन्धन

डॉ. आर.सी. राय एवं डॉ. एस.के. सिंह

पौधा रोग विभाग, राजेन्द्र कृषि विश्वविद्यालय, पूसा (समस्तीपुर), बिहार

बीज एक अपूर्व या अनूठा जैविक तंत्र है जिसमें एक पौधे के सभी आनुवांशिक गुण निहित रहते हैं। कृषि में प्रयुक्त होने वाले साधनों में बीज सबसे आवश्यक और सस्ती चीज है। जिसकी वजह से किसानों को एक निश्चित समय और क्षेत्र से अधिक लाभ लेने में सहायता मिलती है। कृषि में प्रयुक्त होने वाले अन्य महंगे साधन–सिंचाई, खाद या उर्वरक, दवाओं आदि से होने वाला लाभ प्रयुक्त किये गये बीज की गुणवत्ता पर ही निर्भर करता है। स्वस्थ पौधे की पहली आवश्यकता स्वस्थ बीज हैं। विश्व में उगाई जाने वाली फसलों में से अधिकांश बीज के द्वारा उगाई जाती है, इन सभी फसलों पर बीजजनित रोगों का प्रकोप होता है। फसल की भरपूर पैदावार लेने के लिए स्वस्थ एवं निरोग बीज का होना उतना ही महत्वपूर्ण है जिनता उर्वरक,पानी इत्यादि क्योंकि बीज में गड़बड़ी होने पर अन्य सभी चीजें समुचित मात्रा में देने पर भी वांछित पैदावार नहीं मिल पाती।

रोगी बीज से हानियाँ

1. रोगी बीज के बोने से खेत में बीज का जमाव कम होता है। ऐसा खेत में बीजों के सड़ने से या कुल्लों के मर जाने से होता है।
2. रोगी बीज, रोगजनकों (फफूँद, जीवाणु, विषाणु आदि) को एक स्थान से दूसरे स्थान, एक देश से दूसरे देश को पहुँचाते हैं।
3. रोगी बीज के साथ, रोगजनक अधिक समय तक जीवित रहता है क्योंकि हम बीज को वातावरण के प्रतिकूल कारकों से बचाने के क्रम में रोगजनक को भी प्रतिकूल वातावरण से सुरक्षा प्रदान कर देते हैं।
4. रोगी बीज, फसल में बीमारी की शुरूआत करने में सहयोग करते हैं। बीज का जमीन में गल जाना, नवजात पौधों का झुलस जाना आम बात है।
5. बीज बदरंग और सिकुड़ जाते हैं। ऐसे बीज ग्राहकों को ग्राह्य नहीं होते हैं।

6. कुछ रोगी बीजों के साथ विषैले पदार्थ भी पैदा होते हैं जो मनुष्यों और जानवरों के लिए घातक होते हैं।

रोगजनक बीज पर कहाँ रहते हैं ?

रोगजनक बीज की सतह पर, बीज के अन्दर या बीज के साथ रहकर बीज को अस्वस्थ कर देते हैं। बहुत से रोगजनक बीज के साथ फसल के कचरे के रूप में चले जाते हैं। बीज के ऊपर भी रोग के बीजाणु हो सकते हैं।

बीज रोगी कैसे होते हैं?

बीज मुख्यतः विभिन्न प्रकार से रोगी हो सकते हैं

1. यदि पौधा जिससे बीज लिया गया है, स्वयं रोगी हो।
2. संक्रमण दूसरे रोगी पौधों से भी आ सकता है, जैसे–कुंडुआ का संक्रमण रोगी पौधों से परागण के समय आता है।
3. बीज कटाई, मड़ाई या छटाई के समय रोगी हो सकते हैं जैसे–मड़ाई के समय बन्द कडुआ वाली बालियों की भी मड़ाई हो जाती है और बीजाणु स्वस्थ बीजों के ऊपर चिपक जाते हैं और अगले वर्ष रोग पैदा करते हैं।

बीजजनित रोगों की रोकथाम

1. विश्वसनीय संस्था से प्राप्त प्रमाणित बीज ही प्रयोग करें। बीज को प्रमाणित करने से पहले उसकी अच्छी तरह से जांच की जाती है। रोगी बीजों को प्रमाणित नहीं किया जाता है।
2. यदि खेत में बीमारी आती है तो बीज को रोग से बचाने के लिए फसल पर फफूँदनाशियों का छिड़काव करें।
3. बीज वाली फसल की कटाई उचित समय पर करें और बीज को सूखा कर ही उचित ढंग से भण्डारण करें।
4. रोगी फसल से बीज न लें।
5. रोगी बीज का उपचार करें।

बीजोपचार की विधियां

बीजोपचार की यांत्रिक, भौतिक, रासायनिक तथा जैविक विधियां उपलब्ध हैं, जिसमें रासायनिक बीजोपचार सबसे ज्यादा प्रचलित है।

(1) यांत्रिक विधि : इस विधि में रोगग्रस्त बीजों को उनके नाप/आकार के आधार पर अलग कर दिया जाता है। रोग से ग्रसित दाने छोटे तथा हल्के हो जाते हैं। इन्हें साधारण नमक के घोल में तैराकर अलग किया जा सकता है।

(2) **भौतिक बीजोपचार** : भौतिक बीजोपचार में एक निश्चित तापक्रम की हवा, पानी या उर्जा (सूर्यताप) का प्रयोग एक निश्चित समय के लिए रोगजनक को समाप्त करने के लिए किया जाता है। कंडुआ रोग का नियंत्रण सौर्य ऊर्जा (सूर्यताप) का प्रयोग करके किया जा सकता है। इस विधि में गर्मी के मौसम में किसी कड़ी धूप वाले दिन बीज को सुबह 4 घंटे (प्रातः 8 बजे से दोपहर 12 बजे तक) पानी में भिगोकर दोपहर 12 बजे से 4 बजे तक, 4 घंटे के लिए कड़ी धूप में फर्श पर सुखा लेते हैं। पानी में भिगाने पर बीज में स्थित कवक क्रियाशील हो जाते हैं, जो कड़ी धूप में सुखाने पर मर जाते हैं। ठंडे क्षेत्रों में बीज को लोहे की चादर (चदरा या शीट) पर फैलाकर सुखाना चाहिए, जिससे तापमान अधिक हो जाय।

(3) **रासायनिक बीजोपचार** : इस विधि में कवकनाशी दवाओं को बीज के साथ उचित मात्रा में अच्छी तरह इस तरह मिलाया जाता है कि दवा हर बीज पर समान रुप से लग जाय। रासायनिक बीजोपचार की तीन मुख्य और आसान विधियाँ हैं -- शुष्क, गीला (पंकक) या डुबाना। शुष्क विधि में दवा एवं बीज को किसी बर्तन में अच्छी तरह मिलाते हैं। गीला या पंकक विधि में 5 मि.ली. पानी को दवा में मिलाकर उपचार करते हैं, जिन फसलों के बीजों में घर्षण कम होता है उनका उपचार शुष्क या पंकक विधि से किया जा सकता है लेकिन अगर बीजों में अधिक घर्षण है तो बीज को कवकनाशी के घोल में डुबाना चाहिए।

शुष्क विधि में 2 से 2.5 ग्राम दवा प्रति किलोग्राम बीज की दर से प्रयोग करनी चाहिए। पंकक या डुबोने के लिए दवा की आधी मात्रा ही पर्याप्त होती है।

प्रमुख फसलों का बीजोपचार

मटर, भिंडी, बैंगन, मिर्च, गोभी, टमाटर, गाजर, मूली, शलजम, आदि के बीजों को थाइरम 75% डब्लू.डी.पी. या कैप्टान 75% डब्लू.डी.पी. से उपचारित करना चाहिए।

सब्जियों के लिए अगर थाइरम या कैप्टान उपलब्ध नहीं हैं तो मैंकोजेब का प्रयोग किया जा सकता है।

रासायनिक बीजोपचार में सावधानियाँ

1. बीज की आवश्यक मात्रा को ही उचित दवा की उचित मात्रा में उपचारित करें।
2. बचे हुए उपचारित बीज को कभी भी जानवरों या मनुष्यों को न खिलायें बल्कि उस जमीन में गहरे में दबा दें।
3. बीज उपचारित करने के लिए प्रयुक्त किये गये ड्रम या बर्तन को कभी भी पानी या अनाज रखने के लिए प्रयोग न करें। इन्हें किसी अन्य कार्य में भी व्यवहार न करें।
4. यथासम्भव पारायुक्त रसायनों का प्रयोग न करें, अपरिहार्य होने पर ही पारायुक्त रासायनों से बीजोपचार करें वह भी बोते समय। पारायुक्त रसायन अत्यधिक विषैले होते हैं।

तालिका 23.1. राष्ट्रीय बीज निगम की बीज उपचार के लिए सिफारिश की गई अनुसूची

फसल	रसायन का नाम और इसका संरूपण	100 कि.ग्रा. बीज के लिए मात्रा		
		रसायन की मात्रा (ग्राम)	उपचार का प्रकार	पानी की मात्रा (ली.)
1	2	3	4	5
सब्जियाँ				
फलीदार	कैप्टान 75% डब्ल्यू.डी.पी. या	100	गा.	½
	थायरम 75% धूल	250	सू.	_
चुकंदर	थायरम 75% धूल	250	सू.	-
भिंडी	थायरम 75% डब्ल्यू.डी.पी. या	100	गा.	½
	कैप्टान 75% धूल	250	सू.	_
बैंगन	थायरम 75% धूल या	250	सू.	-
	कैप्टान 75% धूल	250	सू.	-
गाजर	थायरम 75% धूल	250	सू.	-
गोभी वर्गीय	थायरम 75% धूल	250	सू.	-
मिर्च और शिमला मिर्च	थायरम 75% धूल या	250	सू.	-
	कैप्टान 75% धूल	250	सू.	-
ग्वार	थायरम 75% डब्ल्यू.डी.पी.	75	गा.	½
खीरा वर्गीय	थायरम 75% धूल या	250	सू.	-
	कैप्टान 75% धूल	250	सू.	-
प्याज	थायरम 75% धूल	250	सू.	-
पालक	थायरम 75% धूल	335	सू.	-
मटर	कैप्टान 75% डब्ल्यू.डी.पी.	100	गा.	½
	थायरम 75% धूल	200	सू.	-
मूली	थायरम 75% धूल	250	सू.	-
चुकन्दर (चीनी वाली)	थायरम 75% धूल या	250	सू.	-
	कार्बोक्सिन 75% डब्ल्यू.डी.पी. या कार्बोन्डाजीम 50% डब्ल्यू.डी.पी.	100	सू.	--
टमाटर	थायरम 75% धूल	335	सू.	-
शलजम	थायरम 75% धूल	250	सू.	-

टिप्पणीः 1. कॉलम 2 में बताई गई दवाइयाँ वरीयता/प्राथमिकता के क्रम में दी गई हैं। 2. सू., गा. और गी. से तात्पर्य क्रमशः सूखा बुरकना, गारा बनाकर तथा गीला करके बीज उपचार करने से है।

5. दवाओं का प्रयोग करते समय चेहरे पर मास्क तथा हाथों में रबड़ के दस्ताने अवश्य पहनें, मास्क उपलब्ध न रहने पर कम–से–कम कपड़े से चेहरे के अधिकांश भाग को ढक लें।
6. कार्य सम्पादन के पश्चात् साबुन से भलीभाँति स्नान अवश्य करें।

बीज को अवश्य उपचारित करें, यह अच्छे जमाव तथा कई मृदाजनित रोगों से प्रारंभिक अवस्था में सुरक्षा एवं बचाव की गारण्टी है, तदनन्तर भी यह पौधे के सामान्य बढ़ाव, पुष्पण एवं फलन में अत्यधिक सहायक होता है। आपका लगाया गया धन आपको लाभ सहित प्राप्त होगा। अतः राम–बाण के रूप में इस सत्य को स्वीकारते हुए बीजोपचार के प्रयोग को एक आवश्यक शर्त के रुप में अपनाना चाहिए।

24

बागवानी फसलों में दैहिक विकार एवं प्रबन्धन

डॉ. एस.के. सिंह

पौधा रोग विभाग, राजेन्द्र कृषि विश्वविद्यालय, पूसा, समस्तीपुर, बिहार

पौधे के वह रोग जो बाह्य–जीव अथवा किसी परजीवी द्वारा उत्पन्न नहीं होते उन्हें दैहिक विकार या अ–परजीवी, अ–रोगजनक रोग कहलाते हैं। यह रोग, वारइस रोगों से सर्वदा भिन्न होते हैं, क्योंकि इनका प्रसार या संक्रमण एक रोगी पौधे से स्वस्थ पौधे में नहीं होता है। अतः यह असंक्रामक रोग कहलाते हैं। वास्तव में इस प्रकार के रोग प्रतिकूल पर्यावरण परिस्थितियों के द्वारा पौधे की कार्यिकी में कुछ विकृतियाँ या विकार आ जाने के कारण उत्पन्न होते हैं। अतः इस कारण से ही इनको शरीर–क्रियात्मक रोगों के नाम से भी पुकारा जाता है।

पौधों में दैहिक विकार रोग निम्नलिखित पर्यावरण असमानताओं के कारण उत्पन्न हो सकते हैं–

1. प्रतिकूल तापमान

क. निम्न तापमान – आलू में निम्न तापमान से हिमांक घात हो जाता है तथा शीत ऋतु में फसलों पर तुषाराघात हो जाता है।

ख. उच्च तापमान – उच्च ताप के सेब एवं सब्जियों इत्यादि में आतपदाह हो जाता है।

2. **प्रतिकूल प्रकाश** – प्रकाश की अनुपस्थिति में पत्तियों में हरितहीनता हो जाती है।
3. **प्रतिकूल मृदा आर्द्रता** – खेतों में जल की स्थिरता अथवा अधिक आर्द्रता या नमी के कारण पौधों में सड़न अथवा म्लानि हो जाती है। वास्तव में ऐसा जड़ों के चारों ओर एवं तने के आधार पर विषैले पदार्थों के एकत्र हो जाने से और पोषक तत्वों के न मिलने के कारण होता है। मृदा–आर्द्रता अथवा नमी की कमी में पौधे मुरझा अथवा सूख जाते हैं।

चित्र 24.1 उच्च तापमान के कारण लीची के छिलके का झुलसना

4. **प्रतिकूल ऑक्सीजन सम्बन्ध** – जब निकट वातावरण में श्वसन क्रिया अधिक होती है तो ऑक्सीजन का मिलना बन्द हो जाता है, जिससे एन्जाइम क्रिया द्वारा कोशिकाओं का विच्छेदन हो जाता है।

5. **वायुमंडलीय अशुद्धतायें** – वायुमंडल में विषैली अथवा घातक गैसों की उपस्थिति में पौधों को अथवा पौधों के कुछ भागों की क्षति हो जाती है।

6. **मृदा में अपघटित कार्बनिक पदार्थों के विषैले प्रभाव**–मृदा में अपघटित फसल अवशेषों से कुछ विषैले पदार्थ जैसे– वसीय अम्ल उत्पन्न होते हैं, जो पौधों में आर्द्रपतन, मूलविगलन, म्लानि और पौषणिक न्यूनताओं आदि के लक्षण उत्पन्न करते हैं।

7. **पोषण विकार** – कुछ खनिजों जैसे नाइट्रोजन, फॉस्फोरस, पोटाश, मैंगनीज, मैग्नीशियम, बोरॉन, जिंक, कॉपर, लोहा इत्यादि की कमी के फलस्वरूप पौधे के उपापचय में अव्यवस्थाएँ उत्पन्न हो जाती है और फसल पर रोग सदृश्य चिह्न प्रकट होते हैं। खनिजों की अधिकता पौधे में अच्छे उपापचय के लिये पोषण संतुलन में विघ्न उत्पन्न कर देती है, जिससे कि आवश्यक तत्वों के प्रभाव में अड़चन पड़ती है। खनिजों की न्यूनतायें और अधिकतायें पौधों की रोगरोधिता भी कम कर देती है।

अ–परजीवी पादप रोग

आलू का कृष्णान्तः रोग

आलू का यह रोग मुख्यतः भंडारण के प्रतिकूल ऑक्सीजन सम्बन्ध के द्वारा पैदा होता है। जब आलुओं को ऐसे कमरे में ढ़ेर के रूप में रखा जाता है, जहाँ वायु संचार उचित न हो तो यह रोग उत्पन्न हो जाता है। खेतो में कंदों की वृद्धि एवं परिपक्वता के समय यदि मृदा का तापमान 90° फा. से अधिक हो जाये तो उस अवस्था में भी यह रोग उत्पन्न होता है। यह रोग यातायात के समय में भी आलुओं में लग जाता है, जबकि आलू के ले जाने वाले वाहन के अन्दर तापमान 90° फा. से अधिक हो जाये। अतः इस रोग को तीन विभिन्न पर्यावरण अवस्थायें उत्पन्न कर सकती है – (क) संग्रह के समय मन्द वायु संचार, (ख) यातायात के समय उच्च तापमान, (ग) कंदों की वृद्धि एवं परिपक्वता के समय खेत में मृदा का तापमान।

लक्षण– प्रभावित कंदों के मध्य के ऊतक सूखकर अलग हो जाते हैं और कंद में गुहाएँ बन जाती हैं। ऊतकों की यह अपवर्णता या विवर्णन कंद की सतह तक फैल जाती है। यह रोग छोटे कंदों की अपेक्षा बड़े कंदों में तेजी से फैलता है।

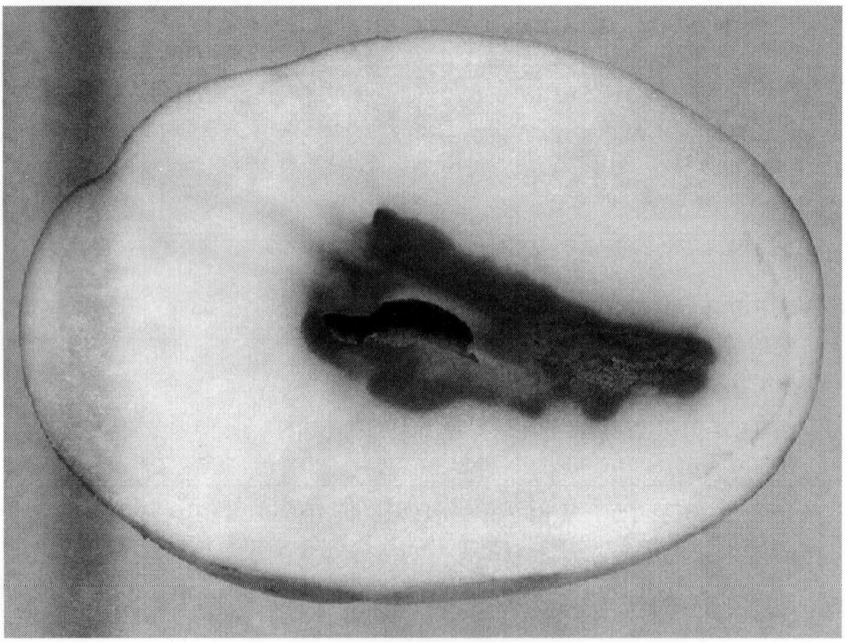

चित्र 24.2 आलू का कृष्णान्तः रोग

नियंत्रण

आलुओं में इस रोग को रोकने के लिये कंदों को उचित वायु संचार वाले भंडार गृहों में संग्रह करना चाहिये तथा भंडारगृहों एवं भारवाहनों का तापमान 90° फा. से अधिक नहीं होना चाहिये। अतः आलुओं को सदैव शीतगृहों में ही रखना चाहिये।

आम का काला सिरा रोग

आम का यह रोग केवल भारत में ही पाया जाता है। इसको यहाँ कोयलिया नाम से भी पुकारा जाता है। यह उत्तरप्रदेश, पंजाब, बिहार, बंगाल आदि प्रान्तों में आम के फलों पर आमतौर से बहुतायत में मिलता है। दक्षिणी भारत में यह रोग बिल्कुल उत्पन्न नहीं होता है। आम की कुछ अच्छी किस्मों में भी यह रोग लग जाता है और ईंटों के भट्टे की चिमनी के पास वाले बागों में इस रोग का प्रकोप 90 प्रतिशत तक हो जाता है। इस रोग से प्रभावित आम के फलों पर ऊतकक्षयी विक्षत बन जाते हैं, जिस कारण से फल खाने के लिये बेकार हो जाते हैं।

लक्षण–इस रोग की मुख्य विशेषता यह है कि फल की चोटी या सिरे पर ऊतकों में ऊतकक्षय हो जाता है। आरम्भ में फल के सिरे पर पीले धब्बे बनते हैं, जो धीरे–धीरे फैलकर कुछ काले रंग के हो जाते हैं और फल की पूरी चाटी या सिरे को घेर लेते हैं। फल का काला सिरा चपटा हो जाता है तथा इसकी बाह्यत्वचा कठोर होकर सिकुड़ जाती है। फल के अन्दर वाला भाग मुलायम रहता है और इससे एक गहरे भूरे रंग का द्रव निकलता है, जो वास्तव में कुछ मृतजीवी जीवाणुओं द्वारा फल को सड़ा देने से बनता है। आमतौर से यह रोग फलों पर उस समय उत्पन्न होता है, जब यह 6 से 8 सप्ताह पुराने अथवा परिपक्वता के समीप होते हैं। विशेषज्ञों के अनुसार इस रोग का आम के वृक्षों की उर्वरता पर स्थाई प्रभाव भी पड़ सकता है।

यह रोग उन आमों के बागों में अधिक लगता है, जहाँ ईंट के भट्टे अधिकता में होते हैं। इन भट्टों की चिमनी से निकले धुओं में कुछ विषैली गैसें जैसे – सल्फर डाइऑक्साइड, एथाइलिन होती है, जो वातावरण को दूषित कर देती हैं और फलों के ऊतकों में ऊतकक्षय का कारण बनती हैं।

चित्र 24.3 आम का काला सिरा

नियंत्रण

1. आम के रोगी फलों में बोरॉन की कमी हो जाती है। उनके अनुसार यदि फलों की प्रारम्भिक अवस्था में बोरैक्स के एक या दो छिड़काव किये जायें, तो रोग का

नियंत्रण किया जा सकता है। बोरैक्स की 2 किग्रा प्रति 100 लीटर जल में मिलाकर प्रयोग करनी चाहिये।

2. ईंटों के भट्टों को आम के बागों के पास नहीं लगाना चाहिये। यदि ऐसा सम्भव न हो तो उनकी चिमनियाँ 50 फुट से अधिक ऊँची रखनी चाहिये।
3. फल आने के समय ईंटों के भट्टे बन्द रखने चाहिये।
4. ईंटों के भट्टे लगाते समय यह ध्यान रखा जाये कि आम के बागों से पूर्व, पश्चिम दिशा में भट्टे एक मील से अधिक दूरी पर तथा उत्तर, दक्षिण में आधे मील से अधिक दूरी पर स्थित हों। विशेषज्ञों के अनुसार बागों के एक किलोमीटर के दायरे में कोई भी ईंटों का भट्टा नहीं होना चाहिए।

25

बागवानी फसलों के प्रमुख पुष्पी पादप परजीवी एवं प्रबन्धन

डॉ. एस.के. सिंह

पौधा रोग विभाग, राजेन्द्र कृषि विश्वविद्यालय, पूसा, समस्तीपुर, बिहार

पौधों में अधिकांश रोग कवकों, जीवाणुओं, विषाणुओं और नेमाटोड इत्यादि परजीवों के द्वारा उत्पन्न होते हैं। परन्तु कुछ बीज वाले पौधे भी परजीवी रूप में दूसरे पौधों के ऊपर जीवन निर्वाह करते हैं। यह परजीवी पौधे अनेक प्रमुख फसलों एवं वृक्षों के तने पर आक्रमण करके बहुत अधिक हानि पहुँचाते हैं। इनमें से कुछ परजीवी परपोषी की जड़ों पर आक्रमण करते हैं। इनमें से कुछ परजीवी पौधों में पर्णहरित अनुपस्थित होता है और यह पूर्णरूपेण परपोषी से ही भोजन प्राप्त करते हैं, जबकि कुछ में पर्णहरित पाया जाता है और वह परपोषी से केवल खनिज अवयव ही लेते हैं। इन सामान्य परजीवी पुष्पी पौधों को निम्न समूहों में विभक्त किया जा सकता है–

1. **तना परजीवी** – यह परजीवी परपोषी के स्तम्भ या तने पर रहते हैं। इनको दो भागों में विभक्त किया गया है–

   क. पूर्ण तना परजीवी – इनमें पर्णहरित अनुपस्थित होता है और यह पूर्णरूप से परपोषी के ऊपर रहते हैं, जैसे – कसक्यूटा या अमरबेल।

   ख. अर्ध–तना परजीवी – इनमें पर्णहरित उपस्थित होता है और यह परपोषी से आंशिक रूप से भोजन प्राप्त करते हैं, जैसे – लोरेन्थस या बांदा।

2. **मूल–परजीवी** – यह परजीवी परपोषी की जड़ों पर रहते हैं तथा इनको भी दो भागों में विभक्त किया गया हैं–

   क. पूर्ण–मूल परजीवी – जैसे ओरीबेन्की अथवा गंठवा या भुईफोड़।

   ख. अर्ध–मूल परजीवी – जैसे स्ट्राइगा या रूखरी।

अमरबेल अथवा कसक्यूटा

अमरबेल सब्जियों एवं शोभाकारी पौधों को बहुत अधिक हानि पहुँचाता है। इन फसलों में मुख्यतः द्विदलीय पौधों के अतिरिक्त भी अन्य दूसरे पौधे, जो लेग्युमिनेसी कुल

के सदस्य नहीं हैं, इस परजीवी के परपोषी के रूप में कार्य करते हैं। इसके मुख्य परपोषी – बरसीम, लुसर्न, आलू, चुकन्दर, गाजर, मूली, सलाद, नींबू वंशीय वृक्ष, बेर, गुड़हल, बबूल तथा अनेक हेज पौधे।

अमरबेल के द्वारा पौधों की वृद्धि एव उपज पर प्रभाव पड़ता है तथा इसके द्वारा पीड़ित क्षेत्रों में फसल पूर्ण रूप से समाप्त भी हो जाती है। यह रोगी पौधों से स्वस्थ पौधों में वाइरस का संचारण भी करता है।

चित्र 25.1 अमरबेल अथवा कसक्यूटाः पूर्ण तना परजीवी

लक्षण–पौधों पर प्रथम लक्षण पतले, पीले, नारंगी या गुलाबी, लता के समान लिपटे हुये सूत्रों के रूप में दिखाई देते हैं। यह सूत्र पौधे के तने एवं भूमि के ऊपर के सभी भागों पर लिपटे रहते हैं। अमरबेल परपोषी पौधों के ऊपर एवं उनके शिखरों के आरपार पत्तीरहित सूत्रों के फंदे बनाता है। इन सूत्रों के सिरे बाहर आकर समीप के पौधों पर आक्रमण करते हैं और इस प्रकार एक अकेला परजीवी पौधा लगभग 10 फुट व्यास के गोल दायरे में पौधों पर फैल जाता है। खेत में अमरबेल से पीड़ित पौधों के कई बिखरे हुये क्षेत्र दिखाई देते हैं, जो निरन्तर बढ़ते रहते हैं। परजीवी के प्रभाव से परपोषी पौधे कमजोर हो जाते हैं तथा उनके ओज का अपक्षय हो जाने से उपज कम हो जाती है। अनेक पौधे भूमि पर ही गिर सकते हैं, जो परजीवी द्वारा मार दिये जाते हैं। संक्रमण बढ़ने पर खेत में पीड़ित पौधों के बड़े–बड़े क्षेत्र दिखाई देते हैं, जो परजीवी के पीले सूत्रों द्वारा ढ़के रहते हैं।

नियंत्रण

1. केवल अमरबेल रहित बीजों को ही बोने के काम में लाना चाहिये।
2. पशुओं को अमरबेल से संक्रमित खेतों से स्वच्छ खेतों में नहीं आने देना चाहिये।
3. अमरबेल के बीजों रहित खाद का प्रयोग करना चाहिये।
4. संक्रमित पौधों को परजीवी में बीज बनने से पहले ही उखाड़ कर जला देना चाहिये।
5. कम से कम पाँच वर्ष का फसल चक्र अपनाना चाहिये।
6. अमरबेल ग्रसित फार्म से कम्पोस्ट खाद तैयार नहीं करना चाहिये।

7. मृदा शाकनाशी जैसे--कैसीरोल या डैक्थैल इत्यादि का प्रयोग करना चाहिये।
8. कुछ खरपतवारनाशी जैसे–डी.एन.ओ.सी. (2%) नाइट्रोफेन इत्यादि का छिड़काव परजीवी के तने निकलते समय अथवा फूल निकलने से पहले करना लाभदायक सिद्ध हुआ है। धतूरे के रासायनिक सत का पूरे जीवन काल में एक से तीन बार छिड़काव करने पर अमरबेल पूर्णरूपेण नियंत्रित किया जा सकता है।

बांदा या लोरेन्थस

बांदा या लोरेन्थस–एक पुष्पी परजीवी पौधा है। यह भारतवर्ष में प्राचीन समय से ही आम, अमरूद, शीशम, नीम, पीपल इत्यादि तथा अन्य वृक्षों पर पाया जाता है। उत्तरी भारत में विशेष रूप से बिहार एवं उत्तरप्रदेश में इस परजीवी का आम और दूसरे वृक्षों पर लगभग 60 से 90% तक प्रकोप हो जाता है।

लक्षण–बांदा वृक्षों के स्तम्भ एवं शाखाओं के ऊपर अर्ध–स्तम्भ–परजीवी के रूप में रहता है। इसकी पत्तियों में पर्णहरित उपस्थित होता है, जिसके द्वारा यह कार्बोहाइड्रेट का संश्लेषण स्वयं कर लेता है और मूल–तन्त्र की कमी के कारण यह जल एवं खनिज तत्व परपोषी से ही प्राप्त करता है। इन खनिज तत्वों को यह चूषकांगों द्वारा प्राप्त करता है, जो परपोषी ऊतकों के भीतर प्रवेश करके संवहनी तन्त्र से सम्बन्ध जोड़ लेते हैं। परजीवी द्वारा लगातार पोषण का निकास करते रहने से परपोषी अपनी वृद्धि के लिये भोजन से वंचित रह जाता है और परपोषी शाखायें ऊपर पत्तियों तक जल एवं खनिज तत्व न पहुँचने के कारण मुरझा जाती हैं।

चित्र 25.2 बांदा या लोरेन्थसः अर्ध–तना परजीवी

नियंत्रण

1. इसकी रोकथाम का सरल उपाय है कि समय–समय पर वृक्षों की देखभाल की जाए तथा संक्रमण दिखाई देते ही आक्रांत शाखाओं को काट कर जला देना चाहिये। प्रारम्भिक अवस्थाओं में परजीवी को बिना परपोषी को हानि पहुँचाये अलग किया जा सकता है।

2. यदि परजीवी संक्रमण मोटी शाखा पर है तब उसकी सम्पूर्ण चूषकांग तंत्र सहित चाकू से काटकर अलग किया जा सकता है। यदि शाखा के एक ओर वृक्ष–व्रण या गुल्म हो तो उस अवस्था में गुल्म के नीचे लकड़ी को भी थोड़ा काट देना चाहिये।
3. आम के वृक्षों से इस परजीवी का उन्मूलन करने के लिए 30 से 40 प्रतिशत डीजल तेल पायस साबुन के जल में बनाकर छिड़काव करना चाहिये। आक्रांत शाखाओं में कॉपर सल्फेट या 2,4-डी के घोल का अंतर्वेशन देने से भी परजीवी समाप्त हो जाता है।

गंठवा या बकुम्भा अथवा भुईफोड़

गंठवा एक पूर्ण मूल–परजीवी पुष्पी पौधा होता है। इसके परपोषी – बैंगन, फूलगोभी, पत्तागोभी, टमाटर, शलजम तथा अनेक सोलेनेसी एवं क्रूसीफेरी कुल के पौधे होते हैं। यह भारत के विभिन्न क्षेत्रों में मुख्य रूप से बैंगन की फसलों की बहुत अधिक हानि पहुँचाता है। इसको उत्तरी भारत में टोकरा के नाम से प्रकार जाता है।

लक्षण–खेत में परजीवी पौधा पहले बैंगन के कुछ थोड़े से पौधों के चारों ओर विकीर्ण रूप में दिखाई देता है। प्रायः यह बैंगन की रोपाई के 5 से 6 सप्ताह बाद निकलता है तथा एक अकेले बैंगन के पौधे के चारों ओर इसकी 50 तक प्ररोहें मिल सकती है। साधारणतः परपोषी पौधों का आकार स्पष्टतः घट जाता है तथा पत्तियों पर हरिमाहीनता हो जाती है। परजीवी पौधे के प्रकोप से फसल के गुण एवं प्रति हैक्टर उपज दोनों में समान रूप से कमी हो जाती है।

गंठवा के प्ररोह अकेले अथवा गुच्छों में विकसित होते हैं तथा यह परपोषी पौधे की जड़ों से कोमलता के साथ फूले हुये कंद द्वारा जुड़े रहते हैं। यह परपोषी पौधे से पोषक पदार्थों को लेकर शीघ्रता से वृद्धि करते हैं और कभी–कभी परपोषी पौधे की ऊँचाई से भी अधिक बढ़कर बीज उत्पन्न करते हैं। परपोषी पौधे के भोजन का निरंतर निकास होने के फलस्वरूप उसकी वृद्धि रूक जाती है और वह बौना रह जाता है अथवा कभी–कभी उसकी मृत्यु भी हो जाती है।

नियंत्रण

1. **परजीवी पौधे का पुष्पन से पहले उन्मूलन** – यदि परजीवी पौधे के बीज मृदा में मिल जाते हैं तो इनकी अनेक वर्षों तक नियंत्रण करने में कठिनाई उत्पन्न होती है। अतः इसके उन्मूलन का सबसे अच्छा और सरल उपाय यह है कि इसके पौधे खेत में जब भी दिखाई दें उनका पुष्प एवं बीज बनने से पहले ही उखाड़ कर नष्ट कर देना चाहिये।
2. **पाश या बिचली फसलों से नियंत्रण**– खेत की मृदा में उपस्थित गंठवा के बीजों को समाप्त करने के लिए पाश या बिचली फसलों का प्रयोग किया जाता है। इस विधि में मुख्य फसल बोने से पहले कुछ ऐसे पौधे उगाये जाते हैं, जिनकी उपस्थिति में गंठवा के बीज अंकुरित हो जाते हैं। ऐसे पौधों में मिर्च, टीडेक्स, बिडेन्स इत्यादि प्रमुख हैं। इन पौधों को परजीवी पौधे के कूट या झूठे परपोषी कहा जाता है। इस प्रकार जब ऐसे पौधों को खेत में लगाते हैं तथा ज्यों ही गंठवा के तने भूमि से

बाहर आते हैं तो उसी समय पूरे खेत को हल से जोत कर किसी खरपतवारनाशी रसायन से इनको नष्ट कर दिया जाता है। इसके पश्चात् उस मुख्य फसल को लगाया जाता है जिसे कि वास्तव में उगाना होता है।

3. **खरपतवारनाशी से नियंत्रण**–फसल पर 1.3% तक हाइड्राजाइड या एम.एच.टी. का घोल छिड़कने से इस परजीवी पौधे को 91.3% तक नियंत्रित किया जा सकता है। गंठवा के पौधों को फूलने एवं फलने से रोकने के लिये 2,4-डी.टी. का 6 से 8 किलो प्रति हैक्टर के हिसाब से छिड़काव अधिक लाभदायक सिद्ध हुआ है। नवजात पौधों को खेत में लगने से 10 या 15 दिन पूर्व 10 किलो प्रति हैक्टर डेलापान या 3-5 किलो प्रति हैक्टर लीनुरोन को खेत में डालने से इस परजीवी पौधे के बीज पूर्णतः नष्ट हो जाते हैं। मृदा में 25% कॉपर सल्फेट के घोल का छिड़काव करने से भी इसके बीजों को नष्ट करने में सफलता प्राप्त हुई हैं।

4. ग्रीष्म में भूमि को लम्बे समय तक परती छोड़ना तथा लम्बे फसल–चक्र अपनाने से भी मृदा में पड़े परजीवी पौधे के बीजों की संख्या में कमी होती है।

26

मशरूम के प्रमुख रोग एवं प्रबन्धन

डॉ. एस.के. सिंह

पौधा रोग विभाग, राजेन्द्र कृषि विश्वविद्यालय, पूसा, समस्तीपुर, बिहार

मशरूम की खेती की सफलता प्रौद्योगिकी ज्ञान के साथ अन्य बातों पर भी निर्भर करती है। जिसमें से कुछ जैवीय कारक हैं, तथा कुछ अजीवित कारक जो मशरूम की उपज एवं उसकी गुणवत्ता दोनों को प्रभावित करते हैं। कवक, जीवाणु, विषाणु इत्यादि जीवित कारक हैं, तथा पानी, तापक्रम, आपेक्षिक आर्द्रता अजैवीय कारक हैं। कभी–कभी अजैवीय कारक भी जीवित कारकों जैसे ही लक्षण पैदा करते हैं। अतः इस समस्या का निदान अनुभव द्वारा धीरे–धीरे होता है। उपरोक्त दोनों कारकों का हस्तक्षेप, मशरूम की विभिन्न अवस्थाओं में समान रूप से होता है। असामान्य कवकतन्तु की वृद्धि के माध्यम से कारकों का पता लगाया जाता है, तथा इसका अन्तिम परिणाम घटी हुई उपज के रूप में प्राप्त होता है। मशरूम की खेती में यह सबसे आवश्यक है कि जीवित कारक का पता लगाया जाय तथा साथ–साथ यह भी पता करते हैं कि वह मशरूम की खेती के, किस अवस्था में इस कारक ने प्रवेश किया, कहाँ से प्रवेश किया तथा प्रवेश के उपरान्त उसका विस्तार कैसे हुआ। इसके पश्चात् उस कारक के प्रबन्धन में आसानी होती है। इसकी खेती स्वच्छ एवं स्वस्थ वातावरण में करनी चाहिए। मशरूम की खेती को प्रभावित करने वाले जीवित कारकों का संक्षिप्त विवरण निम्नवत् है।

प्रतियोगी मोल्ड या खरपतवार मोल्ड

मशरूम की खेती की विभिन्न अवस्थाओं में निम्नलिखित मोल्ड आते हैं। इनका प्रकोप 30°C तापक्रम के ऊपर कुछ ज्यादा ही होता है जैसे – *अरथोबोट्राइस, एसपर्जिलस नाइजर, ए. फलेवस, ए. फुमिगेटस, अल्टरनेरिया अल्टरनाटा, सेफैलोस्पोरियम एसपरमम, से. एक्रीमोनियम, किटोमियम ग्लूबोसम, क्लैडोस्पोरियम क्लैडोस्पोराइड्स, कोप्राइनस रटिरूगिस, को. स्टरक्यूलिनस, कोचालियोबोलस स्पेसीफर, ड्रेस्लेरा बाइकलर, फ्यूजेरियम मोनीलिफारमी, म्यूकर, पेनिसिलियम, राइजोपसॉ, ट्राइकोडरमा प्रजातियाँ, फाइलोस्पोरा स्कलेरोशियम राल्फसाई* (चित्र 26.1 एवं 26.2)।

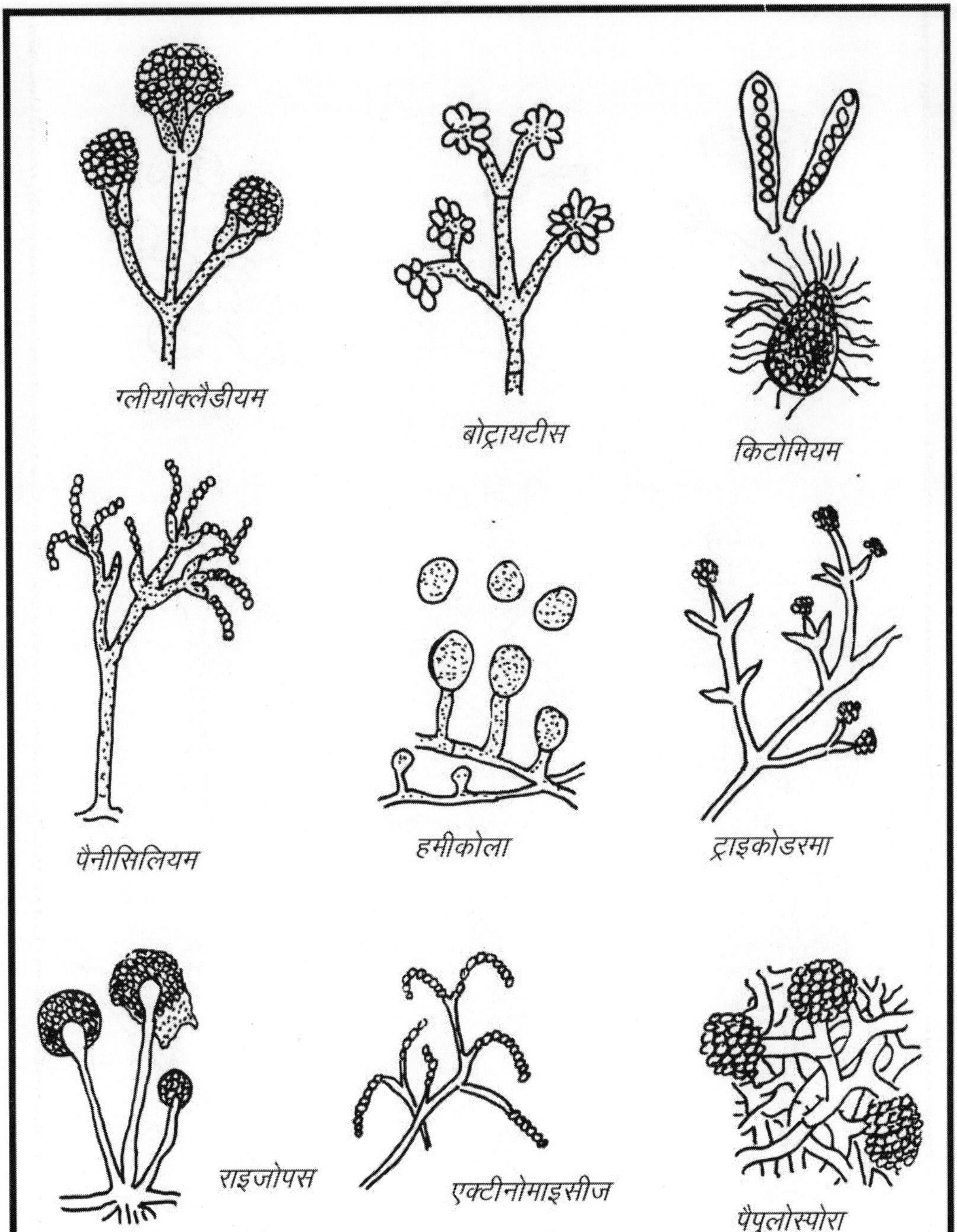

चित्र 26.1 मशरूम की खेती में लगने वाले सामान्य प्रतियोगी खरपतवार मोल्ड

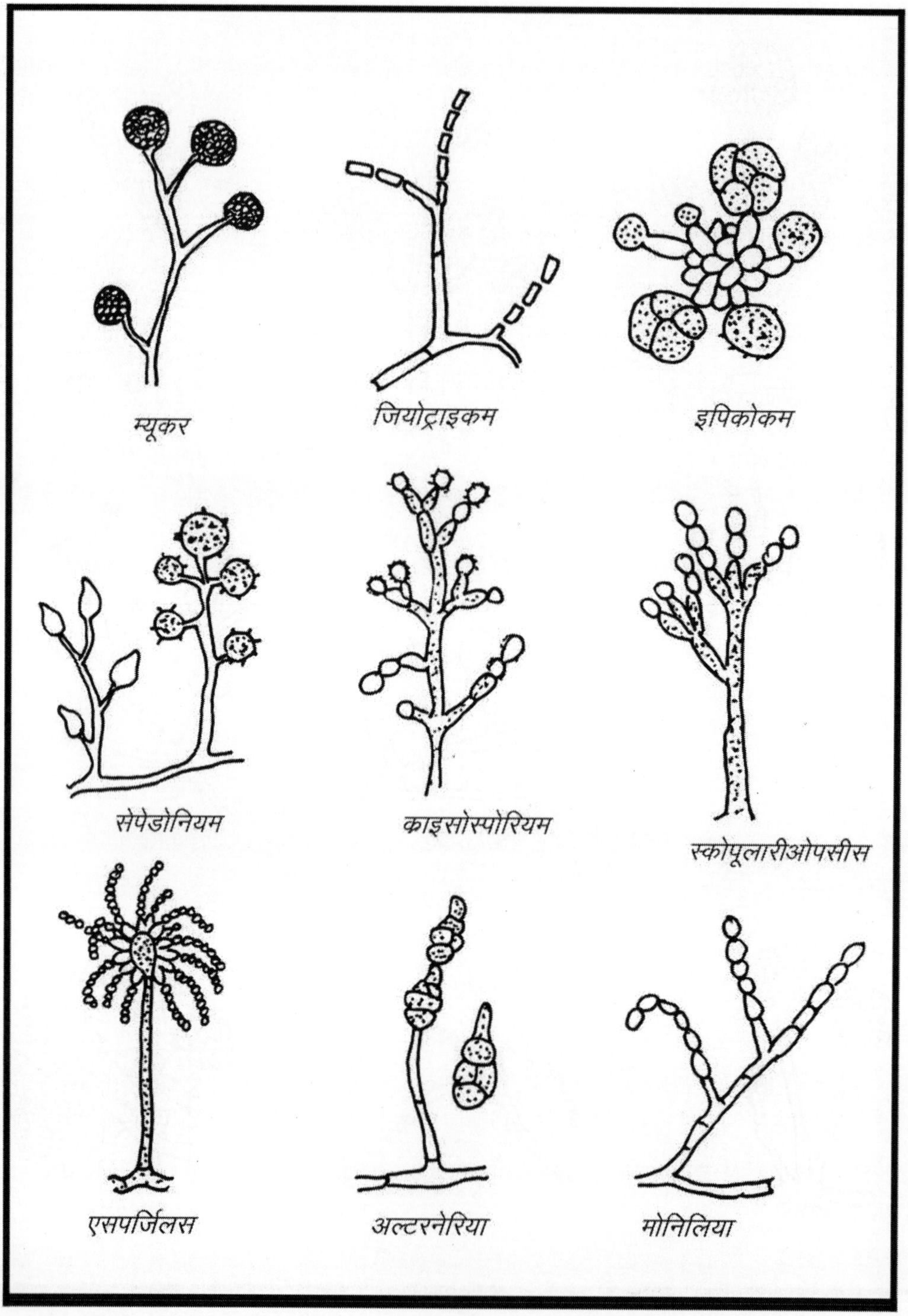

चित्र 26.2 मशरूम की खेती में लगने वाले सामान्य प्रतियोगी खरपतवार मोल्ड

प्रबन्धन

बहुतायत मोल्ड टॉपसिन–एम, बेविस्टिन (कार्बेन्डाजिम), कापर आक्सीक्लोराइड या थीरम द्वारा नियंत्रित होता है। आधा ग्राम दवा प्रति लीटर पानी में घोलकर छिड़कें। मैंकोजेब 2 ग्राम प्रति लीटर जल में घोलकर भी छिड़काव कर सकते हैं।

विषाणुजनित बीमारियाँ

भारतवर्ष में केवल *प्लूरोटस फ्लोरिडा* में विषाणु का लक्षण देखा गया है। इसमें मशरूम का ऊपर वाला भाग (पाइलस) में सिकुड़न आ जाती है। स्टाईप फूल जाता है या सामान्य से लम्बा हो जाता है। बेसिडियो बीजाणु समय से पहले ही झड़ जाते हैं। विषाणुग्रसित बीजाणु बहुत लम्बे समय तक जीवित रह सकता है।

प्रबन्धन

- मशरूम की फसल के परिपक्व होने से पूर्व ही उसे तोड़ लेना चाहिए अन्यथा बीजाणु के माध्यम से यह रोग अन्य को भी प्रभावित कर सकता है।
- पोषाधार का निर्जर्मीकरण ठीक ढंग से करना चाहिए।
- प्रभावित प्रजाति की खेती बन्द कर देना चाहिए।

जीवाणुजनित बीमारियाँ

भारतवर्ष में जीवाणु द्वारा उत्पन्न बीमारियाँ निम्नलिखित है –

जीवाणु गलन

मशरूम की यह बीमारी *सुडोमोनास अल्कालिजेंस* द्वारा उत्पन्न होती है। पिनिंग के उपरान्त जब मशरूम बनने की प्रक्रिया शुरू होती है, उस समय यह बीमारी प्रकट होती है। पाइलस में गलन शुरू हो जाती है, तथा गिल्स पीला होने लगता है। पाइलस कटा–फटा सा दिखता है, तथा ऊपर या नीचे की तरफ मुड़ जाता है।

भूरा धब्बा

यह रोग *सुडोमोनास स्टटजेरी* नामक जीवाणु द्वारा होता है। यह रोगकारक पोषाधार (सबस्ट्रेट) पर भूरा धब्बा बनाता है। स्ट्रप्टोसाइक्लीन (100 पी.पी.यम.) और फार्मलीन (25 पी.पी. यम.) के घोल में डुबाने से इस रोग में फायदा होता है।

पीला ब्लाच

इस रोग का रोगकारक *सुडोमोनास अगेरिकी* है। इसमें पाइलस पर विभिन्न रंग एवं आकार के धब्बे बनते हैं। जब यह रोग पिनिंग अवस्था में दिखाई देता है, तो पूरी फसल बर्बाद हो जाती है। प्रभावित मशरूम में गलन शुरू हो जाती है, तथा उससे सड़ने की गन्ध आती है।

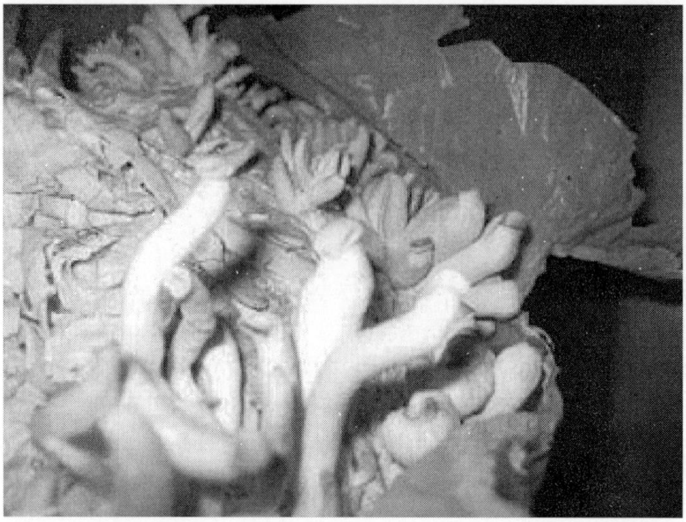

चित्र 26.3 ओएस्टर मशरूम का भूरा धब्बा रोग

प्रबन्धन

जीवाणुजनित रोगों से बचने के लिए आक्सीटेट्रासाइक्लीन, स्ट्रेप्टोसाइक्लीन और सोडियम हाइपोक्लोराइड (400 पी.पी.यम.) उपरोक्त तीनों में से किसी के घोल का प्रयोग करना चाहिए।

ओएस्टर मशरूम के फफूँदजनित रोग

ओएस्टर मशरूम में लगने वाले फफूँदजनित रोगों का संक्षिप्त विवरण निम्नवत् दिया जा रहा है (तालिका 26.1)।

तालिका 26.1. ओएस्टर मशरूम की खेती के विभिन्न चरणों में आने वाले फफूँद रोग कारकों का संक्षिप्त विवरण

रोगकारक का नाम	सामान्य नाम	ओएस्टर मशरूम की प्रभावित प्रजातिया	सामान्य लक्षण
मोनीलिया प्रजातियाँ	नारंगी रंग का मोल्ड	*प्लूरोटस* प्रजातियाँ	कवकतन्तु की वृद्धि रूक जाती है।
पेनिसिलियम प्रजातियाँ	हरा मोल्ड	*प्लूरोटस साजोर–काजू* *प्लूरोटस फ्लैविलेटस*	कवकतन्तु की वृद्धि रूक जाती है जिससे उपज कम प्राप्त होती है।
सिबिरीना फंजीकोला	सिबिरिना गलन	*प्लूरोटस* की विभिन्न प्रजातियाँ	फलनकाय सड़ने लगता है।
ट्राइकोडरमा प्रजातियाँ	हरा मोल्ड	*प्लूरोटस* की विभिन्न प्रजातियाँ	कवकतन्तु की वृद्धि रूक जाती है।

रोगकारक का नाम	सामान्य नाम	ओएस्टर मशरूम की प्रभावित प्रजातिया	सामान्य लक्षण
वर्टीसिलियम फंजीकोला	सूखा बुलबुला रोग	*प्लूरोटस आस्ट्रीटस*	फलनकाय पर बुलबुला सी रचना बनती है या फलनकाय पर बदरंग रचना बनती है।
क्लैडोबोट्रायम एपिकुलेटम	–	*प्लूरोटस* की विभिन्न प्रजातियाँ	फलनकाय में मुलायम गलन
क्लैडोबोट्रायम बैरिओस्पोरम	–	*प्लूरोटस* की विभिन्न प्रजातियाँ	फलनकाय में मुलायम गलन
ग्लियोक्लैडियम डेलिक्यूसेंस	भूरा गलन रोग	*प्लूरोटस सोजोर काजू*	फलनकाय के रंग का बदलना एवं गलन।
ग्लियोक्लैडियम वाइरेंस	भूरा गलन रोग	*प्लूरोटस* की विभिन्न प्रजातियाँ	फलनकाय के रंग का बदलना एवं गलन।
ग्लियोक्लैडियम प्रजातियाँ	–	*प्लूरोटस* प्रजातियाँ	कवकतन्तु की वृद्धि रूक जाती है।

प्रबन्धन

कवकों को नियंत्रित करने का सबसे अच्छा उपाय यह है कि मशरूम फार्म को स्वच्छ रखा जाय। कवकनाशक रसायनों के प्रयोग की संस्तुति लगभग नहीं के बराबर की जाती है। लेकिन जब फफूँद की समस्या ज्यादा हो तो दो फसल के बीच की अवधि में फार्म को कवकनाशक रसायन से धुलाई की जा सकती है, जिससे इनका प्रकोप कम हो जाता है। कार्बेन्डाजीम का हल्का (500 पी.पी.एम.) घोल भी पोषाधार (सबस्ट्रेट) पर छिड़क सकते हैं। यदि समस्या गम्भीर न हो तो इसके छिड़काव से बचना चाहिए।

तृतीय खण्ड

फल, सब्जी, फूल, कन्दमूल, औषधीय-सगंध एवं मशरूम के प्रमुख कीट एवं उनका प्रबंधन

27

बागवानी फसलों में कीट प्रबन्धन : एक परिदृश्य

डॉ. पी.पी. सिंह एवं डॉ. एस.के. सिंह*

कीट विभाग, तिरहुत कृषि महाविद्यालय, ढ़ोली, मुजफ्फरपुर
* पौधा रोग विभाग, राजेन्द्र कृषि विश्वविद्यालय, पूसा, समस्तीपुर, बिहार।

उद्यानिक फसलों में फल एवं सब्जियाँ हमारे भोजन का एक अभिन्न भाग है जिनसे हमारे स्वास्थ्य के लिए आवश्यक खनिज एवं विटामिनों के साथ ही शर्करा तथा लवण की भी पूर्ति होती है। विगत 15-20 वर्षों से उद्यानिक फसलों की उन्नत खेती की तरफ विशेष ध्यान दिया जाने लगा और यही कारण है कि इनकी खेती ने एक व्यावसायिक रूप ले लिया है तथा आमदनी का एक मुख्य स्त्रोत बन गया है। इतना ही नहीं आज हम इनके उत्पादन में आत्मनिर्भर होने के साथ ही साथ कुछ उद्यानिक फलों का निर्यात भी कर रहे जिससे विदेशी मुद्रा अर्जित कर रहे हैं। उद्यानिक फसलों का उत्पादन वृक्षों एवं फसलों की उचित देखभाल, समयानुसार निराई–गुड़ाई, कटाई–छंटाई, सिंचाई, उन्नत प्रभेद एवं उचित मात्रा में उर्वरकों एवं कम्पोस्ट आदि के व्यवहार से बढ़ाया जा सकता है। परन्तु इन सभी साधनों एवं प्रयासों के बावजूद यदि इन पर लगने वाले कीटों के बारे में जानकारी न हो तथा उत्पन्न लक्षण के आधार पर समयानुसार रोकथाम के बारे में उचित प्रबन्ध न किया जाए तो इनकी उत्पादन क्षमता के साथ ही साथ इनके गुणवत्ता में भी भारी कमी आ जाती है। अतः यह आवश्यक है कि इन फसलों पर आक्रमण कर क्षति पहुँचाने वाले कीटों के प्रकार तथा उनके रोकथाम के सिद्धान्त के बारे में समुचित जानकारी हो।

1. मिट्टी जनित कीट

ये कीट जमीन के अन्दर रहकर फसलों की जड़ों तथा मिट्टी के नीचे तने भाग या कन्दों को खाकर हानि पहुँचाते हैं जैसे दीमक, कजरा पिल्लू, सफेद गड़ार, गुजिया घुन, झींगुर आदि प्रमुख है। ये कीट फलदार वृक्षों तथा सब्जियों के नवजात पौधों के जड़ों का खाकर हानि पहुँचाते हैं। आक्रमण की अधिकता से पौधे सूख जाते हैं। एफिड तथा चूर्णि बग जड़ों से रस चूसकर पौधों की बढ़वार और उपज में कमी ला देते हैं। सफेद गड़ार

के ग्रब तो जमीन के अन्दर रहकर जड़ों को हानि पहुँचाते हैं जबकि वयस्क कीट रात्रि में कटहल, अमरूद, आम आदि वृक्षों की पत्तियों को खाकर पौधों के विकास में रूकावट डालते हैं। केला का प्रकन्द विभिल कीट जमीन के अन्दर कन्द को हानि पहुँचाते हैं। आलू के पौधों को कजार पिल्लू से प्रतिवर्ष अधिक क्षति होती है।

2. पत्तियाँ खाने वाले कीट

ये कीट अपने काटने एवं चबाने वाले मुखांगों की सहायता से पौधों की कलियों, कलयों एवं मुलायम टहनियों को काटकर खाते हैं। फलस्वरूप पौधों की वृद्धि रूक जाती है, पौधों में भोजन बनाने की क्रिया प्रभावित होती है। पिस्सू, भृंग, सिंघाड़ा भृंग, पर्ण भक्षी कीट, नारियल का काला भृंग, अर्धा कुडलक कीट, माइलोसिरस कीट, शकरकन्द का घुन, आम का पत्तीखोर कीट, फुदका कीट, गुबरीले, बिहार रामिल पिल्लू आदि पौधों को पत्तियाँ, कलियों तथा कोमल टहनियों को खाकर क्षति पहुँचाते हैं। कद्दू का लाल भृंग, बिन्दीदार भृंग आदि प्रमुख कीट है जो सब्जियों को हानि पहुँचाते हैं।

3. रस चूसने वाले कीट

ये कीट फलदार वृक्षों, सब्जियों एवं अन्य उद्यानिक फसलों की पत्तियों, कोमल टहनियों एवं कलियों पुष्पों तथा फलों से रस चूसकर हानि पहुँचाते हैं। इनके आक्रमण से पत्तियों का रंग बदलकर पीला पड़ जाता है। बाद में पत्तियाँ एवं कलियाँ मुरझा कर सूख जाती है तथा आक्रान्त पौधों में फल बहुत कम बनते हैं। फलों से रस चूसने के फलस्वरूप फल आकार में छोटे हो जाते हैं तथा पीला पड़ कर जमीन पर गिर जाते हैं। पौधों में मंजर बहुत कम लगते हैं। आम का मधुआ कीट, आम का मिली बग, लीची माइट, लाही, शल्क कीट, सफेद मक्खी, प्याज का थ्रिप्स, लाल मकड़ी, भिन्डी का फुदका कीट, गोभी का तितली, सफेद मक्खी आदि प्रमुख है।

4. तना बेधक कीट

इस वर्ग के कीटों की इल्लियाँ (लार्वा) पौधों के तनों एवं शाखाओं में प्रवेश कर अन्दर ही अन्दर उत्तकों को खाकर हानि पहुँचाते हैं। ये कीट अन्दर में सुरंग बना देते हैं। आक्रमण से पौधों में भोजन का प्रवाह बाधित होता है जिसके फलस्वरूप पौधों की वृद्धि रूक जाती है, मुलायम टहनियाँ सूख जाती है। आक्रमण की अधिकता से कभी–कभी पौधा भी सूख जाता है। इनमें आम, अमरूद, जामुन, लीची, कटहल, केला, नींबू आदि के तना बेधक, छाल भक्षी कीट आदि प्रमुख है। बैंगन एवं भिन्डी के तना एवं फल छिद्रक, मटर का तना छिद्रक मक्खी आदि।

5. फलों को हानि पहुँचाने वाले कीट

फलों को हानि पहुँचाने वाले कीटों में मुख्यतः फल बेधक कीट, फल–मक्खी तथा फलों से रस चूसने वाले कीट आते हैं। फल मक्खी फलों के छिलकों के नीचे अण्डे देती है जिनसे ग्रव (पिल्लू) निकलकर गूदा भाग को खाते हैं। फल पकने से पूर्व ही सड़ कर गिर जाता है। इससे आम, अमरूद, केला, बेर, पपीता, कद्दू एवं खीरावर्गीय सब्जियों के

फल अधिक आक्रान्त होते हैं। फल बेधक कीट के पिल्लू फलों के अन्दर प्रवेश कर गूदे भाग को खाकर क्षति पहुँचाते हैं जैसे लीची, अनार, आम, कटहल, शरीफा, जामुन आदि के फल बेधक कीट। कुछ कीट के पतंगे रात्रि में फलों पर आक्रमण कर उनसे रस चूसते हैं। फलस्वरूप आक्रान्त फल सिकुड़कर छोटे हो जाते हैं तथा उनमें रस नहीं होता। नींबू, संतरा आदि के प्रमुख रस चूषक कीट इस वर्ग में आते हैं। बैंगन एवं भिन्डी के तना एवं फल बेधक कीट के पिल्लू फल बनने के बाद फलों पर आक्रमण कर हानि पहुँचाते हैं।

6 पिटिका (गॉल) बनाने वाले कीट

इस वर्ग के मादा कीट फूलों एवं कलियों के निकलने के स्थान पर अण्डे दे देती है तथा अण्डों से अर्भक निकल कर कोमल तन्तुओं को खाते हैं जिसके कारण कलिकाओं के स्थान पर तिकोन हरे या भूरे रंग के गॉल बन जाते हैं। इसमें आम एवं आँवला के पिटिका कीट प्रमुख है।

उद्यान में कीट नियंत्रण के विधियाँ

कीट नियंत्रण विधियों का इस्तेमाल कीटों के उन्मूलन के उद्देश्य से किया जाता था, लेकिन अब इस विचारधारा में बदलाव आया है। अब यह आवश्यक है कि नाशककीटों का उन्मूलन न करके ऐसा प्रबन्धन किया जाए जो आर्थिक, परिस्थितिक और सामाजिक परिणामों को सुरक्षित रखते हुए कीट नियंत्रण में सहायक हो। इसी को ध्यान में रखते हुए 'समेकित कीट प्रबन्धन' पर आज सभी कीट वैज्ञानिकों का ध्यान केन्द्रित है। समेकित कीट प्रबन्धन में कीटनाशी दवाओं का प्रयोग उचित मात्रा में तभी किया जाता है जब कीट आर्थिक हानि स्तर से ऊपर पहुँच जाए और अन्य गैर–रासायनिक तरीकों से कीटों का नियंत्रण सम्भव न हो।

कीट नियंत्रण की विधियाँ

1. कृषि क्रियाओं द्वारा कीट नियंत्रण

कृषि क्रियाओं में थोड़ा परिवर्तन करके कीटों के आक्रमण को कम कर दिया जाता है। इसमें कृषि क्रियाओं द्वारा ऐसा वातावरण उत्पन्न किया जाता है जो उपयुक्त हो। इसके अन्तर्गत समय–समय पर उद्यान की सफाई, वृक्षों के आसपास निराई–गुड़ाई, बुआई के समय में परिवर्तन, वृक्षों के नीचे पड़ी पत्तियों एवं खरपतवार को जलाकर नष्ट करना, कीटों से क्षतिग्रस्त एवं बाग में गिरे हुए फलों को एकत्रित कर नष्ट करना, पेड़ों की ढीली छाल को खुरच कर अलग करना, केला के थम को कटाई के बाद खेतों में न छोड़ना, बाग में पौधों को उचित संख्या एवं पौधों से पौधों एवं कतार से कतार की दूरी सही रखना आदि प्रमुख कृषि क्रियाएं है जिनको अपनाकर उद्यानिकी फसलों पर लगने वाले कीटों के आक्रमण को कम किया जा सकता है। फसल कटाई के बाद जमीन की गहरी जुताई तथा फसल अवशेष को एकत्रित कर जला देना चाहिए। इससे कीटों की कोई भी अवस्था यदि मिट्टी या फसल अवशेष में रहता है वे नष्ट हो जाते हैं।

2. यांत्रिक एवं भौतिक विधियों द्वारा कीट नियंत्रण

उद्यानिक फसलों को हानि पहुँचाने वाले कीटों का नियंत्रण यांत्रिक एवं भौतिक विधियों द्वारा भी किया जा सकता है। इन विधियों का उद्देश्य हस्त या हस्तचालित उपकरणों द्वारा अथवा भौतिक पर्यावरण में बदलाव कर कीटों की संख्या में कमी लाना है। जैसे – हाथों द्वारा अण्डों के समूह या कीटों से क्षतिग्रस्त फल एवं टहनियों को तोड़ कर को नष्ट करना, पट्टी लगाना, नुकीले तार द्वारा कीटों को नष्ट करना, फलों को ढ़कना, पेड़ों की कटाई–छंटाई आदि प्रमुख यांत्रिक विधि है। आम में मिली बग के रोकथाम हेतु 25 से.मी. चौड़ी (400 गेज वाली) पॉलीथीन को पट्टी को तना के चारों तरफ बाँधने पर ये कीट पेड़ पर नहीं चढ़ पाते हैं। आम में गूट गॉल बनाने वाले कीट से प्रभावित तनों को नवम्बर–दिसम्बर माह में तोड़कर नष्ट करना, आम, अमरूद, लीची, आँवला, कटहल, जामुन आदि पेड़ों के तनों में बने सुरंग में तार की मदद से इनके पिल्लुओं को नष्ट करना, अनार तथा केला के फलों को क्रमशः कागज के थैले तथा पॉलीथीन के बैग से ढ़कने से अनार के तितली एवं केला के फल भृंग के आक्रमण से बचाया जा सकता है। कीटों से आक्रान्त टहनियों को तोड़कर नष्ट करने से तना बेधक, लीची माइट, छाल भक्षी, बैंगन एवं भिन्डी के तना एवं फल छिद्रक कीटों की रोकथाम हो जाती है।

भौतिक नियंत्रण विधि द्वारा पर्यावरण के तापक्रम से आर्द्रता में कमी करके विकिरण उर्जा को इस प्रकार उपयोग में लाया जाता है कि हानिकरक कीटों की अवस्थाएँ नष्ट हो जाती है या उनके वृद्धि को अवरूद्ध कर देती है। इस विधि में तापक्रम, आर्द्रता, सुखाना, ट्रेपिंग, आवाज करना आदि प्रमुख है।

3. जैविक नियंत्रण

इस विधि में हानिकारक कीटों के प्राकृतिक शत्रुओं को खोजकर एकत्रित कर अधिक संख्या में उत्पादन कर हानिकारक कीटों के विरूद्ध उचित समय पर छोड़ा जाता है। ये हानिकारक कीटों के अण्डों, लार्वा, प्यूपा तथा वयस्क कीटों पर आक्रमण कर उन्हें नष्ट कर देते हैं। ये दो प्रकार के होते हैं, परजीवी तथा परभक्षी कीट जैसे – *क्राइसोपरला कारनीआ, ओपिअस बेन्डेनवासी, टेट्रानिकस प्रीटीओसस, ओपियस लोंगीकोडेटस,* लेडी वर्ड भृंग, *ब्रकोनिडि ट्राइकोग्रामा किलोनिस* आदि प्रमुख प्राकृतिक शत्रु है जो हानिकारक कीटों को खाकर उनकी संख्या में स्वतः कमी ला देते हैं। परन्तु ध्यान रहे प्राकृतिक शत्रु परपोषी विशेष होते हैं।

4. कीट प्रतिरोधी किस्में

कीट प्रतिरोधी किस्मों का मुख्य उद्देश्य हानिकारक कीटों का पूर्ण तथा स्थाई नियंत्रण करना है। कीट प्रतिरोधी किस्मों को यदि दूसरी नियंत्रण विधियाँ जैसे – शस्य, यांत्रिकी, जैविक नियंत्रण, रासायनिक आदि के साथ उपयोग किया जाए तो वे अधिक प्रभावकारी सिद्ध होती है। इस विधि द्वारा कीटों की संख्या में जो कमी आती है वह स्थाई तथा व्ययरहित होता है। अतः कीट प्रतिरोधी किस्मों को लगाकर उद्यानिक फसलों पर आक्रमण करने वाले कीटों की संख्या में कमी लायी जा सकती है।

तालिका 27.1 सब्जियों की कीट प्रतिरोधी किस्में

सब्जियाँ	कीट का नाम	प्रतिरोधी/सहनशील किस्में
बैंगन	तना एवं फल छिद्रक	पूसा पर्पूल लौंग, कलस्टर व्हाइट, डोली–5, एच–158
प्याज	थ्रिप्स	सफेद स्पेनिश
भिन्डी	तना एवं फल छिद्रक	पूसा सावनी, पाक्रिन्स लौंगग्रीन, ए.ई. 57, पी.एम.ए. 8
टमाटर	फल–छिद्रक	बी.टी.–1, टी.–27, टी–32
मटर	फली छिद्रक एवं पर्ण सुरंगक	टी 6113

तालिका 27.2 प्रमुख उद्यानिक फसलों के कीटों के परजीवी, परभक्षी जीवाणु

प्रमुख हानिकारक कीट		परजीवी, परभक्षी एवं रोगणुओं के नाम
टमाटर का फल छिद्रक	:	*टाइकोग्राम किलोनिस* (परजीवी)
लाही (एफिड)	:	*क्राइसोपरला कारनीआ* (परभक्षी)
टमाटर का फल छिद्रक	:	*बेसिलस थूरिनजियेन्सिस* (बी.टी.)
बैंगन का तना एवं फल छिद्रक	:	बी.टी. (बैक्टीरिया)
भिन्डी का तना एवं फल छिद्रक	:	बी.टी. (बैक्टीरिया)
गोभी का डायमण्ड बैक मॉथ	:	बी.टी. (बैक्टीरिया)
टमाटर का फल छिद्रक	:	न्यूक्लियो पालिहाइड्रोसिस वायरस (एन.पी.वी.) (वायरस)
गडार	:	*बेसीलस पापिली* (बैक्टीरिया)
शकरकन्द का घुन	:	*मेटाररीजियम एनीसोप्ली* (कवक)

- बैक्टीरिया व्यापारिक रूप से डाइपेल, डेल्फिन, बायोलेप, बायोबिट आदि नामों से बाजार में उपलब्ध होता है।

5. वानस्पतिक पदार्थों का उपयोग

नीम पर आधारित कीटनाशी दवाएँ जैसे – नीम का तेल, नीमार्क, निमारिन, अचूक, निम्बीसिडीन, निमोलिनप्स आदि का व्यवहार कर फलों, सब्जियों, सगन्ध एवं औषधीय फसलों पर लगने वाले कीटों को रोकथाम किया जा सकता है तथा पर्यावरण एवं मानव स्वास्थ्य को सुरक्षित रखा जा सकता है। नीम के अलावा महुआ, करंज, धतूरा, शरीफा, मिश्रीकन्द आदि के पौधों के बीजों या अन्य भागों के इस्तेमाल ने भी कीट नियंत्रण में अपनी उपयोगिता की संभावना प्रदर्शित कर दी है तथा इनका उपयोग करना श्रेयस्कर पाया गया है।

6. रासायनिक नियंत्रण

ऊपरवर्णित विधियों का प्रयोग किया जाए तो कीटों के आक्रमण को रोका जा सकता है। यदि इन विधियों के प्रयोग के बावजूद भी कीटों का आक्रमण होता है तथा उनसे आर्थिक क्षति होने की प्रबल सम्भावनाएं हो तो सही मात्रा में समयानुसार कीटनाशी दवाओं का इस्तेमाल अवश्य करें। परन्तु कीटनाशी रसायनों का प्रयोग करने से पूर्व यह

सुनिश्चित कर लें कि अमुक कीटनाशी दवा कीट विशेष को मारने में सक्षम होगा या नहीं? उसकी उचित मात्रा क्या है तथा उसका असर पौधों पर कितने दिनों तक रहता है? भिन्न–भिन्न वर्गों के कीटों के लिए विशिष्ट कीटनाशी रसायनों एवं प्रयोग की विधियाँ अपनानी पड़ती है जिसका उल्लेख नीचे दिया जा रहा है।

मिट्टीजनित कीट यानि वैसे कीट या उनके जीवन–चक्र के कोई अवस्था जो जमीन या मिट्टी के अन्दर रहकर पौधों के जड़ों या तना या आन्तरिक भागों को खाकर क्षति पहुँचाते हैं या रात्रि में जमीन से निकलकर पौधों को जमीन के सतह से काट देते हो या पौधों के ऊपरी भागों को हानि पहुँचाते हैं उनकी रोकथाम के लिए हमें ऐसे कीटनाशियों का प्रयोग करना चाहिए जिनका असर जमीन में अधिक दिनों तक रहे। जैसे – क्लोरपाइरिफास (2% धूल) या इसी दवा का तरल रूप जो की 20% तरल में उपलब्ध है तथा मिट्टीजनित कीट के लिए सर्वश्रेष्ठ पाया गया है प्रयोग करें। थिमेट (10 जी) या कार्बोफ्यूरान (3 जी) दानेदार दवा का 1.0 कि.ग्रा. क्रियाशील तत्व/हे. के रूप में प्रयोग करने से मिट्टीजनित कीटों की रोकथाम हो जाती है।

पत्तियों, तनों एवं कलियों को कुतरकर खाने वाले कीटों के नियंत्रण हेतु सम्पर्क कीटनाशी दवाऐं जैसे – थायोडान (35% तरल), कार्बेरिल (सेविन) (50% घु.पा.), मालाथियान (50% तरल), न्यूवाक्रोन (100% तरल) आदि दवाओं का प्रयोग करना श्रेयस्कर पाया जाता है। ये कीटनाशी कीटों की त्वचा द्वारा या भोजन के साथ उनके शरीर में प्रवेश करके कीटों को मार देते हैं। इस प्रकार की कीटनाशी दवाएँ धूल तथा तरल के रूप में बाजार में उपलब्ध है। धूलवाली, कीटनाशी दवाओं में मालाथियान (5% धूल), फालीडॉल (2% धूल), क्विनालफास आदि प्रमुख है जिनका इस्तेमाल 20 से 25 कि.ग्रा. प्रति हे. की दर से पौधों पर शांत हवा में सुबह आठ बजे के पूर्व करना चाहिए।

पौधों के विभिन्न भागों से रस चूसने वाले तथा पिटिका (गॉल) बनाने वाले कीटों के नियंत्रण हेतु सर्वांगी कीटनाशी दवाएँ जैसे – डामिथोएट (30% तरल), मैटास्टिाक्स (25% तरल), डिमेक्रान (85% तरल) आदि का व्यवहार करना चाहिए।

तना छिद्रक कीटों के नियंत्रण हेतु सर्वांगी दानेदार दवाएं जैसे कार्बोफ्यूरान (3 जी), थिमेट (10 जी) का रोपाई के समय प्रयोग करना चाहिए। इन कीटनाशियों का प्रभाव 40 से 45 दिनों तक पौधों में रहता है। मुलायम तनों, प्ररोह एवं फलों को छिद्रकर अन्दरुनी भाग को खाने वाले कीटों के लिए भी सर्वांगी कीटनाशी दवाओं का प्रयोग रोपाई/बुआई के समय ही करना चाहिए ताकि फलों में कीटनाशी दवाओं का अवशेष न रह पाये।

जो कीट पौधों में विषाणु रोग फैलाने में सहयक होते हैं उनके नियंत्रण हेतु मेटासिस्टाक्स, न्यूवाक्रान, मालाथियॉन, डाइमिथोएट आदि का प्रयोग करना चाहिए।

28

पादप एवं पादप उत्पाद प्रभावी एवं सुरक्षित कीट नियंत्रक

डॉ. घनानंद तिवारी

पादप संरक्षण विभाग, दून पी.जी. कालेज ऑफ एग्रीकल्चर साइंस एण्ड टेक्नोलोजी, देहरादून (उत्तराखण्ड)

भारतवर्ष एक कृषि प्रधान देश है इस देश की आबादी का लगभग 65% आबादी कृषि पर निर्भर है। वर्तमान समय में राष्ट्रीय सकल घरेलू उत्पाद में कृषि का योगदान मात्र 17.8% ही रह गया है। देश की बढ़ती जनसंख्या को भोजन उपलब्ध कराना एक महत्वपूर्ण विषय है जिस पर कृषि वैज्ञानिक कई वर्षों से लगातार कार्य करते आ रहे है जिसके परिणामस्वरूप फसलों के उत्पादन मे काफी वृद्धि हुई है लेकिन फसलों का उत्पादन प्रभावित हो रहा है जिसका एक प्रमुख कारण कीटों का प्रकोप है। कीट फसलों को विभिन्न अवस्थाओं में क्षति पहुँचाते हैं। इन्हें नाशीजीव की संज्ञा दी गयी है। फसलों के इन नाशीजीवों को नियंत्रित करने के लिए किसान मुख्यरूप से रासायनिक कीटनाशकों पर निर्भर रहते हैं और वे इसका बिना सोचे समझे अन्धाधुन्ध प्रयोग करते हैं जिसके फलस्वरूप नाशीजीवों के प्राकृतिक शत्रुओं को अत्यधिक क्षति पहुँचती है और कीटों की संख्या में बेतहाशा वृद्धि हो जाती है तथा नाशीजीवों के अन्दर कीट रासायनों के प्रयोग से पर्यावरण प्रदूषित हो रहा है। जिससे हमारे प्रकृति का संतुलन भी बिगड़ रहा है। आज भी हमारे पास कुछ ऐसे प्रकृति प्रदत्त पादप एवं पादप उत्पाद है जो कि इन कीटों को नियंत्रित करने के साथ–साथ प्रकृति के लिए भी अनुकूल हैं। प्रस्तुत है कुछ पादप तथा पादप उत्पाद जिनका उपयोग प्रमुखतया कीट नियंत्रण में किया जाता है जो इस प्रकार हैं–

तुलसी : इस पादप की पत्तियों के रस को विभिन्न कीटों जैसे – पर्ण सुरंगक (लीफमाइनर) तथा रोग जैसे – लीफ कर्ल के विरूद्ध प्रभावशाली पाया जाता है। प्रायः इसका प्रयोग बैंगन, आलू, प्याज, भिण्डी, मिर्च, टमाटर तथा सजावटी पौधों में लगने वाले विभिन्न कीटों एवं रोगों के प्रबन्ध के लिये किया जा सकता है।

गेंदा : प्रायः गेंदे को आकर्षक पुष्पों के लिए उगाया जाता है। इस पौधे की जड़ों, पत्तियों व फूलों का रस तथा चूर्ण विभिन्न फसलों जैसे – सब्जियों में लगने वाले जड़ गाँठ (सूत्रकृमि) के विरूद्ध प्रभावशाली पाया गया है। इसी प्रकार गेंदे की जड़ों, पत्तियों

एवं फूलों के रस को मृदा उपचार के रूप में भी प्रयोग करते हैं। इसे जाल फसल के रूप में भी उगाते हैं, जो कि चने की सूंड़ी को आकर्षित करता है।

नीम की निमौली : सूखी हुई निमौली को इकट्ठा करके पीसकर पाउडर बनाकर उसकी 1.0 ग्राम मात्रा को प्रति लीटर पानी में मिलाकर छिड़कने से कीट फसल को नहीं खाते क्योंकि फसल के ऊपर इसका कसैलापन आ जाता है जिससे कीट फसलों को नुकसान नहीं पहुँचाते। नीम की निमौली से प्राप्त नीम के तेल का भी प्रयोग कीट नियंत्रण में किया जाता है। यदि नीम की निमौली से बने पाउडर की 1.0 कि.ग्रा. मात्रा को 100 कि.ग्रा. अनाज में मिला दिया जाय तो गोदामों के हानिकारक कीटों से बचा जा सकता है। नीम के अन्दर एजाडिरेक्टिन नामक रसायन पाया जाता है जो कि कीटों के लिए नुकसानदायक होता है।

अरण्डी : इसके बीज से प्राप्त तेल कीटनाशक गुण से युक्त होता है। इसके तेल को पानी में घोलकर फसलों में लगने वाले विभिन्न कीटों जैसे माहू, जैसिड, बग तथा सूंडियों के विरूद्ध उपयोग में लाया जाता है। इसका प्रयोग स्तनधारियों के लिये सुरक्षित होता है।

रोटिनान : इस पदार्थ को सर्वप्रथम अमेरिका में 1902 में डेरिस इलिप्टिका तथा डेरिस मलाकैसिस नामक पौधों की जड़ों से निकाला गया था। इस पादप पदार्थ को चुभोने, चूसने व काटने तथा चबाने वाले कीटों के नियंत्रण के लिए प्रयोग कर सकते हैं। विभिन्न फसलों के माहू, सूंडियों तथा बगों व अन्य पालतू जानवरों के बाह्य परजीवी कीटों के प्रबन्धन के लिये अधिक एवं सफलतापूर्वक प्रयोग किया जाता है।

तम्बाकू : तम्बाकू एक नशा पैदा करने वाला पौधा है जिसमें कीटनाशक गुण भी पाया जाता है। तम्बाकू की पत्तियों में विभिन्न प्रकार के रासायनिक अल्केलायड जैसे, निकोटिन पाये जाते हैं जो कि विभिन्न फसलों मे पाये जाने वाले कीटों जैसे हेलियोथिस, डायमंड बैक मॉथ, माहू, जैसिड आदि के विरूद्ध प्रभावी पाये गये है। इसी प्रकार तम्बाकू की पत्तियों का चूर्ण भण्डारित अन्न के कीटों व कवकों से सुरक्षा प्रदान करता है। इसके प्रयोग से उपरोक्त कीटों के नुकसान से बचा जा सकता है।

एकोरिन : यह पदार्थ स्वीट फ्लैग की जड़ों से निकाला गया है। इस पदार्थ में कीटनाशक गुण पाया जाता है। इस पादप के जड़ों के पाउडर को बीज में मिलाकर उसे भण्डारित करने पर उसमें कीट नहीं लगते हैं।

सवैडिला : यह पादप पदार्थ अमेरिका में पाये जाने वाला सवैडिला ओफिसिनेला नामक पौधे के बीज से प्राप्त होता है। इस पदार्थ में कई अल्केलायड जिसमें विरेट्रीन पाया जाता है जो कीटों के लिये बहुत ही हानिकारक होता है। यह मुख्य रूप से पौधों के लिये सुरक्षित तथा रस चूसने तथा कोमल त्वचा वाले कीटों के लिये हानिकारक होते हैं जिसमें विरेट्रिन नामक अल्केलायड पाया जाता है जिसमें कीटनाशी गुण पाया जाता है।

पाइरेथ्रम : यह पौधों से प्राप्त एक कीट विष है जो क्राइसेन्थीमम के फूलों से प्राप्त होता है। फूलों को पौधों से तोड़ने के बाद छाया में रख कर सुखाते हैं तथा सूखे हुये फूलों को पीसकर अल्कोहल में घोलकर पानी में मिलाकर फुआर द्रव के रूप में तैयार किया जाता है और इसका प्रयोग कीट विष के रूप में किया जाता है। इस कीट विष का प्रयोग माहू, जैसिड तथा कोमल त्वचा वाले कीटों के लिये करते हैं।

स्कैवरिन : यह टिलियोप्सिस स्कैवैर तथा हिलियोप्सिस लोगीपीन्स नामक खरपतवार की जड़ से निकाला गया है जो पायारेथ्रम की तरह है तथा घरेलू मक्खी को मारने के लिये उपयोगी है। इस पादप पदार्थ का प्रयोग मुख्य रूप से घरों में लगने वाले कीटों के लिये करते हैं।

रायनिया : यह पादप विष रायनिया स्पिसिओसा नामक पौधे के तने को पीसकर प्राप्त किया जाता है। यह स्तनधारियों के लिये कम विषैला तथा पौधों के लिये पूर्णतया सुरक्षित होता है। यह कीट विष आन्तरिक एवं स्पर्श विष होता है जो मुख्यतः काटने, चबाने तथा चुभोने चूसने वाले कीटों को नुकसान पहुँचाता है।

लहसुन : लहसुन एक मसाले वाली फसल है इसमें एल्केलायड पाया जाता है जिससे लहसुन में भी कीटनाशक गुण पाया जाता है। लहसुन की 1.00 कि.ग्रा. पिसी मात्रा को 200 ग्राम गुड़ के साथ तथा 400 लीटर पानी में घोलकर प्रति एकड़ की दर से प्रयोग करते हैं। लहसुन मुख्य रूप से गन्धीबग तथा विभिन्न सूंडियों के लिये अधिक प्रभावी होता है। लहसुन एक प्रकार से कीट रिपेलैन्ट (भगाने वाला) का भी कार्य करता है इसकी गंध से कीटों का फसल पर कम आक्रमण होता है।

लैन्टाना : इस पादप की गिनती खरपतवार के रूप में की जाती है परन्तु इस पादप के पत्तियों के रस में कीटनाशक गुण भी पाया जाता है। इसकी पत्तियों का रस बैंगन, भिण्डी, आलू, प्याज, टमाटर के छेदक कीट तथा मिर्च के पौधों में लगने वाले पर्ण सुंरगक कीट के विरूद्ध काफी प्रभावी पाया गया है। इस पादप की पत्तियों को सुखाने के बाद पीसकर एल्कोहल के साथ मिलाकर घोल तैयार कर लेते हैं और इसका प्रयोग कीट प्रबन्धन में करते हैं।

29

पपीता, अमरूद एवं नींबू के प्रमुख कीटों का प्रबन्धन

डॉ. पी.पी. सिंह

कीट विज्ञान विभाग, राजेन्द्र कृषि विश्वविद्यालय, पूसा, समस्तीपुर, बिहार

फल हमारे भोजन का एक महत्त्वपूर्ण भाग है। इससे स्वास्थ्य के लिए आवश्यक खनिजों एवं विटामिनों की पूर्ति होती है। यही कारण है कि फल उत्पादन खेती का एक प्रमुख हिस्सा बन गया है तथा आमदनी का प्रमुख स्रोत है। फलों का उत्पादन सही प्रभेदों का चुनाव पेड़ों की उचित देखभाल, उनकी निकाई–गुड़ाई, छँगाई, सिंचाई, खाद एवं उर्वरकों का उचित मात्रा में व्यवहार आदि कारकों पर निर्भर करता है। परन्तु इन सभी साधनों एवं प्रयासों के बावजूद यदि फलों एवं वृक्षों पर लगने वाले कीटों का उचित समय पर प्रबन्धन न किया जाए, तो इनकी उत्पादन क्षमता के साथ ही साथ गुणवत्ता में भी भारी कमी आ जाती है। जिससे हमें काफी आर्थिक हानि उठानी पड़ती है। फलों पर लगने वाले प्रमुख कीटों के लक्षण एवं रोकथाम नीचे वर्णित हैं।

पपीता

1. फल मक्खी : फल मक्खी पपीता के फलों को हानि पहुँचाने वाला प्रमुख कीट है। वयस्क मक्खी भूरे रंग की होती है। इसके सिर पर काले तथा सफेद धब्बे पाए जाते हैं। मादा मक्खी 6-7 मि.मी. लम्बी होती है, जबकि नर अपेक्षाकृत छोटा होता है। इसके पंख पारदर्शक तथा पीले रंग के होते हैं। पूर्ण विकसित शिशु कीट (मैगा) 10-12 मि.मी. लम्बे होते हैं। मादा मक्खी पके हुए फलों के अन्दर अण्डे देती हैं। तीन से चार दिनों में अण्डों से पिल्लू निकलकर गुदा भाग को खाते हैं। आक्रान्त फल अन्दर ही अन्दर सड़ने लगता है। ऐसे फल खाने योग्य नहीं रहते तथा इनका बाजार भाव भी कम हो जाता है।

रोकथाम : 1. बगीचे में गिरे हुए या आक्रान्त फलों को चुनकर नष्ट कर दें, जिससे इस कीट का फैलाव न हो सकें। 2. बगीचे को निराई–गुड़ाई करते रहें, ताकि मिट्टी में पड़े प्यूपा सूर्य की तेज धूप तथा पक्षियों द्वारा नष्ट हो जाएँ। 3. फल पकने से पूर्व मालाथियान (50 ई.सी.) दवा का 2 मि.ली. प्रति लीटर पानी में घोलकर पौधों पर छिड़काव करें।

चित्र 29.1 पपीताः फल मक्खी

2. एफिड (लाही) : लाही पपीता के पौधों को क्षति पहुँचाने वाला महत्वपूर्ण कीट है। वयस्क एवं शिशु कीट दोनों ही हरे, भूरे या स्लेटी रंग के होते हैं। वयस्क कीट पंखदार या पंखहीन दोनों प्रकार के हो सकते हैं। यह कीट छोटा (2 मि.मी. लम्बा) तथा कोमल शरीर वाला होता है। शिशु (अर्भक) एवं वयस्क कीट पत्तियों पर आक्रमण कर उनसे लगातार रस चूसते हैं। रस चूसने के साथ–ही ये पपीता के पौधों में कई प्रकार के विषाणुजनित रोग जैसे– छोटी पत्ती, विकृति वलय, चित्ती, मोजैक आदि को फैलाने में मदद करते हैं, फलस्वरूप आक्रान्त पौधों की वृद्धि रूक जाती है। फल कम लगता है तथा यदि फल लगता भी है तो वह छोटा तथा टेढ़ा–मेढ़ा हो जाता है।

रोकथाम : 1. विषाणुजनित रोग से आक्रान्त पौधों को खेत से निकालकर नष्ट कर दें, जिससे रोग का फैलाव न हो सके। 2. पपीता की रोपाई यदि अक्टूबर में किया जाये तो इन रोगों का प्रकोप कम होता है। 3. लाही कीट के नियंत्रण के लिए इण्डोसल्फान (35 ई.सी.) का 1.5 मि.ली. प्रति लीटर पानी पानी में घोल कर पौधों पर छिड़काव करें। आवश्यकतानुसार 15 दिनों के अन्तराल पर दूसरा छिड़काव किया जा सकता है।

अमरूद

बिहार राज्य की जलवायु में अमरूद आसानीपूर्वक उगाया जाता है। साथ ही वाणिज्य की दृष्टि से भी इसका आर्थिक महत्व है। पिछले दो दशकों में, इसके क्षेत्र में बढ़ोत्तरी हुई है, परन्तु केवल अधिक क्षेत्र में इस फल की खेती करने से ही अधिकतम उपज नहीं ली जा सकता है जब तक कि प्रति पेड़ इनका उत्पादन नहीं बढ़ाया जाये। संतोषप्रद उत्पादन के लिए यह आवश्यक है कि खेती के अन्य तरीकों के साथ–ही–साथ फसल सुरक्षा पर विशेष ध्यान दिया जाये, क्योंकि इस पर हानिकारक कीटों के आक्रमण से कभी–कभी पूरा उत्पादन ही नष्ट हो जाता है। अमरूद पर बहुत से हानिकारक कीटों

का आक्रमण होता है, जिससे फलोत्पादन में कमी के साथ ही उनकी गुणवत्ता में भी गिरावट हो जाता है। अतः अमरूद फल उत्पादकों के लिए आवश्यक है कि इस फल पर लगने वाले प्रमुख हानिकारक कीटों को जाने, इनके आक्रमण से उत्पन्न लक्षण को पहचानें तथा सही समय पर रोकथाम के उपाय करें।

1. छाल भक्षी कीट

पहचान : वयस्क पतंगा पीलापन लिए हुए भूरे रंग का होता है। इनके अगले पंखों पर भूरे रंग की धारियाँ एवं धब्बे होते हैं जबकि पिछले पंख सफेद होते हैं। इस कीट के पूर्ण विकसित पिल्लू 38 से 45 मि.मी. लम्बा एवं भद्दा भूरा रंग का होता है।

चित्र 29.2 छाल भक्षी कीट

आक्रमण के लक्षण : अमरूद के अलावा यह कीट अन्य फलदार वृक्षों जैसे – आम, लीची, नींबू, आँवला, बेर, कटहल, जामुन इत्यादि पेड़ों पर आक्रमण करता है। इसके पिल्लू अमरूद की छाल, शाखाओं या तनों में छेद कर उनके अंदर रहते हैं। रात्रि में छेद से बाहर निकलकर छाल खाकर क्षति पहुँचाते हैं। छाल के टुकड़े या बुरादे एवं अपने मल से बने रक्षक आवरण के नीचे रहकर छाल को खाकर टेढ़ी–मेढ़ी गैलरी बनाते हैं। छोटे पौधों पर आक्रमण होने पर पौधे बीमार से दिखते हैं तथा पौधों की वृद्धि रूक जाती है।

आक्रमणकाल : 1. बाग की सफाई रखें। 2. इस कीट का प्रकोप इलाहाबादी सफेदा पर अन्य प्रभेदों की अपेक्षा कम होता है। 3. कीट द्वारा बनायी गयी गैलरी को साफ कर छिद्र में तार डालकर पिल्लूओं को मार दें। 4. अधिक प्रकोप होने पर रूई के फाहे को पेट्रोल या मिट्टी तेल या भेपोना कीटनाशी दवा में भिगोकर छिद्रों में रखकर छिद्र के मुँह को मिट्टी से बन्द कर दें। 5. बीजविहीन अमरूद के प्रभेद इस कीट से अधिक क्षतिग्रस्त पाये गये हैं। अतः ऐसे प्रभेदों को न लगायें।

2. फल मक्खी : यह एक बहुभक्षी कीट है जिसका प्रकोप अमरूद के अलावा अन्य फल–वृक्षों पर भी होता है। इस कीट की पहचान, आक्रमण के लक्षण, आक्रमणकाल एवं रोकथाम आम के फल–मक्खी की तरह है।

नींबू

नींबू को हानि पहुँचाने वाले कीटों में 1. नींबू की तितली, 2. नींबू पत्र सुरंगक, 3. फल चूषक पतंगा, तथा 4. नींबू सिल्ला प्रमुख है। इसके अतिरिक्त कभी–कभी लाही, थ्रीप्स, श्वेत मक्खी एवं शल्क कीट का भी आक्रमण होता है जो आर्थिक दृष्टिकोण से कम महत्वपूर्ण है।

1. नींबू की तितली : प्रौढ़ तितली के अगले पंखों पर नीले एवं काले धब्बे होते हैं, जबकि पिछले पंखों के अन्दर की तरफ ईंट के रंग की तरह एक गहरे लाल रंग का गोल धब्बा होता है। इसके पिल्लू (इल्लियाँ) सफेद एवं काला चित्तीदार होता है। पूर्ण विकसित पिल्लू 35 मि.मी. लम्बा तथा हरा रंग का होता है।

आक्रमण के लक्षण : इस कीट के पिल्लू ही नींबू के मुलायम पत्तियों को किनारे से खाकर क्षति पहुँचाते हैं। ये कोमल पत्तियों को किनारे से खाते हुए मध्य नाड़ी तक पहुँच जाते हैं। आक्रमण की अधिकता से पौधे पत्तीविहीन हो जाते हैं। नर्सरी एवं शुरू में लगाये गये नींबू के पौधों पर इस कीट का आक्रमण अधिक होता है।

आक्रमणकाल : मार्च से अक्टूबर।

रोकथाम : पत्तियों पर दिये गये अण्डे के समूहों एवं पिल्लुओं को हाथ से नष्ट कर दें। मालाथियान (50 ई.सी.) या इण्डोसल्फान (35 ई.सी.) या कार्बारिल (50 डबलू.पी.) दवा का 2 मि.ली. या 2 ग्राम प्रति लीटर पानी में घोल कर छिड़काव करें।

2. नींबू का पत्र सुरंगक कीट : पहचान : वयस्क पतंगा पंखों की फैली हुई अवस्था में लगभग 4.2 मि.मी. चौड़ा होता है। इसके अगले पंखों पर गहरे भूरे रंग की धारियाँ होती है तथा पंखों के सिरों पर काले धब्बे होते हैं। दोनों जोड़ी पंखों के किनारे पर चमकीले सफेद रंग के बाल होते हैं। पूर्ण विकसित पिल्लू लगभग 5.1 मि.मी. लम्बा तथा हल्का पीला या पीला–सफेद होता है।

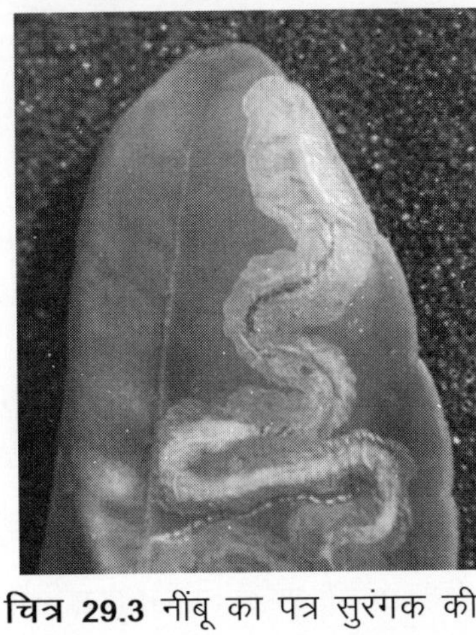

चित्र 29.3 नींबू का पत्र सुरंगक कीट

आक्रमण के लक्षण : इस कीट के पिल्लू मुलायम एवं कोमल पत्तियों में आड़ी–तिरछी चमकीली सुरंग बनाकर क्षति पहुँचाते हैं। आक्रान्त पत्तियाँ चमकीली सुरंगों के साथ मुड़ जाती है। प्रकाश–संश्लेषण की क्रिया बाधित होती है, फलतः पौधों की वृद्धि रूक जाती है तथा पौधों के फलन पर प्रतिकूल प्रभाव पड़ता है।

आक्रमणकाल : साल भर सक्रिय रहता है।

रोकथाम : आक्रान्त टहनियों को शीतकालीन मौसम में कटाई–छँटाई कर दें। आक्रान्त पौधों पर फास्फामिडान (85 ई.सी.) का 3 मि.ली. या डायमेथोएट (35 ई.सी.) का 10 मि.ली. या मेटासिस्टाक्स (25 ई.सी.) का 10 मि.ली. 10 लीटर पानी में घोलकर प्रति पेड़ छिड़काव करें। आवश्यकतानुसार 15 दिनों के अन्तराल पर दूसरा छिड़काव करें।

3. फल चूषक पतंगा : पहचान – इस कीट का सिर एवं वक्ष गहरे भूरे रंग और उदर तथा पिछले पंख नारंगी रंग के होते हैं। अगले पंख भद्दे रंग के होते हैं। वयस्क कीट पंखों की फैली हुई अवस्था में 90 से 110 मि.मी. चौड़ा होता है तथा पिछले पंखों पर अर्द्धचन्द्राकार धब्बे होते हैं। पूर्ण विकसित पिल्लू 50 से 60 मि.मी. लम्बा, गहरे रंग का अर्द्धकुण्डलक होता है। इसके ऊपरी एवं पार्श्व भाग पर नीले एवं पीले रंग की धारियाँ होती हैं।

आक्रमण के लक्षण : इस जाति के पतंगे नींबू वर्गीय फलों एवं अन्य रसदार फलों में अपने सूंड को चुभा कर उससे रस चूसते हैं, फलस्वरूप आक्रान्त फल सूख कर गिर जाता है तथा ऐसे फलों पर 2 से 12 छोटे–छोटे छिद्र दिखलाई पड़ते हैं। वयस्क कीट दिन में घास–फूस एवं पत्तियों में छिपा रहता है तथा रात्रि में फलों पर आक्रमण कर रस चूसते हैं। आक्रान्तफलों पर जीवाणुओं एवं फफूँदों का आक्रमण होता है, जिनके संक्रमण से नींबू के फल सड़ने लगते हैं।

आक्रमणकाल : जनवरी–फरवरी तथा जुलाई से अक्टूबर।

रोकथाम : 1. नींबू के बाग की सफाई रखें। 2. छोटे बागों में फलों को कागज या पोलीथीन के थैलों से ढक कर बचाया जा सकता है। 3. पतंगों को लाइट ट्रैप से आकर्षित कर नष्ट कर दें। 4. पतंगों को जहरीले भोजन द्वारा भी नियंत्रित किया जा सकता है। इसके लिए 1 मि.ग्रा. शीरा या गुड़, 60 ग्राम सिरका, 10 मि.ली. मालाथियान (50 ई.सी.) को 10 लीटर पानी में मिलाकर चौड़ी मुँह की बोतलों में भरकर पेड़ों पर टाँग देना चाहिए। 5. गिरे हुये फलों को एकत्र कर मिट्टी में दबा दें। 6. इण्डोसल्फान (35 ई.सी.) दवा का 15 मि.ली. को 10 लीटर पानी में घोलकर छिड़काव करने से भी इस कीट का रोकथाम हो जाता है।

4. नींबू का साइला कीट : पहचान – वयस्क कीट 3 मि.मी. लम्बा, भूरा तथा सिर पतला एवं हल्के भूरे रंग का होता है। अगले पंखों पर भूरे रंग की धारी होती है। इसके पिल्लू (निम्फ) चौड़ा, जूँ की तरह नारंगी रंग का होता है जो कोमल पत्तियों एवं कल्लियों पर समूह में एकत्रित रहता है।

आक्रमण के लक्षण : इस कीट के पिल्लू एवं वयस्क, दोनों नींबू जाति के सभी पौधों की मुलायम टहनियों, पत्तियों एवं कलियों पर आक्रमण कर उनसे रस चूसते हैं। क्षतिग्रस्त पौधों की पत्तियाँ धीरे–धीरे पीली पड़ कर सूख जाती है। रस चूसने के साथ ही यह कीट पौधों में एक विशिष्ट 'टॉक्सिन' छोड़ देता है, जिसके फलस्वरूप टहनियाँ सूखने लगती है। यह कीट अपने शरीर से मधुरस का स्राव करता है, जिसके कारण

पत्तियों एवं फलों पर काली फफूँद का प्रकोप हो जाता है। आक्रान्त फलों का बाजार भाव अपेक्षाकृत कम हो जाता है।

चित्र 29.4 नींबू का साइला कीट से आक्रान्त पत्तियाँ

आक्रमणकाल : फरवरी – मार्च।

रोकथाम : इस कीट के रोकथाम के लिए मालाथियान (50 ई.सी.) का 10 मि.ली. या डायमेथोएट (30 ई.सी.) का 10 मि.ली. को 10 लीटर पानी में घोलकर प्रति पेड़ छिड़काव करें। फल तोड़ने के बाद पौधों की छंटाई अवश्य करें।

30

लीची एवं आम में समेकित कीट प्रबन्धन

राजीव रंजन एवं अरूण कुमार*

अखिल भारतीय समन्वित फल अनुसंधान परियोजना (लीची),
* अखिल भारतीय समन्वित अनुसंधान परियोजना (उष्ण फल),
राजेन्द्र कृषि विश्वविद्यालय, पूसा, समस्तीपुर, बिहार

विश्व के मानचित्र पर फलोत्पादन में भारत का स्थान, चीन के बाद दूसरा है। भारत में जलवायु एवं मिट्टी की विविधता के कारण अनेक प्रकार के फल उगाये जाते हैं यथा आम, लीची, नींबू, केला, अंगूर, सेब इत्यादि। इनमें आम और लीची के उत्पादन में भारत का सर्वाधिक योगदान है। खासकर आम के उत्पादन में पूरे विश्व में भारत का योगदान 54 प्रतिशत है जबकि लीची के उत्पादन में भारत का स्थान चीन के बाद दूसरे नंबर पर है।

लीची

लीची एक प्रमुख उपोष्ण कटिबन्धीय फल है। इस फल का जन्म स्थान दक्षिणी चीन है। यह 17वीं शताब्दी के उत्तरार्द्ध में भारत लाया गया। लीची उत्पादक देशों में चीन के बाद भारत का दूसरा स्थान है। लुभावने स्वाद एवं आकर्षक रंग के कारण लीची का फलों में एक विशिष्ट स्थान है। भारत में लीची की खेती मुख्य रूप से बिहार, झारखंड, उत्तरप्रदेश, पश्चिम बंगाल, पंजाब, हिमाचल प्रदेश एवं त्रिपुरा राज्यों में की जाती है। परन्तु लीची के उत्पादन में अन्य राज्यों की अपेक्षा बिहार राज्य का एकाधिकार है। देश के कुल उत्पादन का 74 प्रतिशत लीची बिहार से ही प्राप्त होता है।

हालांकि प्रतिवर्ष लीची के बागों के क्षेत्रफल में वृद्धि हो रही है, परन्तु उस अनुपात में लीची की उत्पादकता में वृद्धि नहीं हो पा रही है। इसमें लीची के पौधों एवं फलों पर लगने वाले शत्रु कीट प्रमुख बाधा है, जिससे न केवल उत्पादकता ही प्रभावित हो रही है, बल्कि फलों की गुणवत्ता पर भी इसका बुरा प्रभाव पड़ रहा है और विदेशी बाजारों में लीची की मांग कम हो रही है। अतः आवश्यक है कि लीची के प्रमुख शत्रु कीटों की जानकारी हो एवं समुचित रूप से उसका प्रबंधन किया जाय ताकि कीटों द्वारा हो रही क्षति को रोका जा सके। लीची के पौधों एवं फलों को हानि पहुँचाने वाले प्रमुख शत्रु कीटों एवं उनके आक्रमण के लक्षण इस प्रकार है–

लीची माइट – लीची माइट को 'इरीनियम माइट' के नाम से भी जाना जाता है तथा सम्पूर्ण लीची उत्पादन वाले क्षेत्रों में यह एक गम्भीर समस्या बनी हुई है। इस विनाशकारी शत्रु के प्रबन्धन सम्बन्धी अनुशंसा उचित समय पर उचित ढ़ंग न अपनाने के कारण ही माइट का प्रकोप बढ़ता जाता है। वयस्क माइट की लम्बाई 0.15 मि.मी. होती है। इसके शिशु और वयस्क दोनों ही हानिकारक होते हैं जो लीची की कोमल पत्तियों, टहनियों, फूलों तथा बढ़ते हुये फलों को क्षति पहुँचाते हैं। दोनों ही अवस्थाओं में लीची के आक्रान्त भागों से रस चूसते हैं फलस्वरूप ग्रसित उत्तक उत्तेजित हो जाते हैं तथा एक विशेष प्रकार की चाँदी जैसे चमकीले रेशे उग आते हैं जिसे 'इरीनियम' कहा जाता है जो बाद में पत्तियों के निचले सतह पर रोयेंदार चाकलेट कलर की असामान्य वृद्धि के रूप में विकसित हो जाती है। इससे प्रकाश संश्लेषण की क्रिया अवरूद्ध हो जाती है और आक्रान्त टहनियों में फूल और फल नहीं लगते हैं और यदि लग भी जाते हैं तो अविकसित अवस्था में गिर जाते हैं। ये माइट अक्टूबर से अप्रैल तक सक्रिय रहते हैं। नवम्बर से फरवरी तक यह प्रौढ़ावस्था में पत्तियों के निचले तल पर बने इरीनियम में छिपे रहता है और शीतकाल का समय बिताते हैं। इनके आक्रमण काल और जीवन चक्र के आधार पर ही इसका समेकित प्रबन्धन किया जा सकता है।

चित्र 30.1 लीची माइट से आक्रान्त पत्तिया

फल छिद्रक कीट–यह लीची के फलों को हानि पहुँचाने वाला प्रमुख कीट है। बिहार तथा अन्य राज्यों में विगत कई वर्षों से इस कीट द्वारा लीची के फलों को काफी क्षति पहुँचाई जा रही है। साथ ही साथ यह कीट लीची निर्यात में मुख्य बाधा उत्पन्न कर

रहा है। इसे लीची का 'टहनी छेदक' पत्रछेदक या काकोआ कीट' के नाम से भी जाना जाता है। वयस्क कीट लाल–भूरे रंग का होता है तथा अगले पंखों पर सफेद धब्बे होते हैं। पिछले पंख रोंयेयुक्त होते हैं।

यह कीट सालभर लीची की कोमल मुलायम पत्तियों एवं टहनियों पर अपना जीवन निर्वाह करता है। मादा कीट कोमल पत्तियों पर अण्डे देती है। अण्डों से पिल्लू निकलकर पत्तियाँ के मध्य सिरा को छेदकर अन्दर प्रवेश कर भीतरी भाग को खाते हुए सुरंग बनाते हैं। आक्रान्त पत्तियाँ धीरे–धीरे सूख जाती है। बाद में इस कीट के पिल्लू कोमल टहनियों के अन्दर प्रवेश कर ग्रसित कर लेते हैं। आक्रान्त पेड़ को दूर से देखने पर पत्तियाँ जली हुई नजर आती है। अप्रैल–मई में फल लगते ही मादा कीट फलों के डंठल के पास ही छेदकर फलों में प्रवेश कर जाते हैं तथा अन्दर ही अन्दर गूदे को खाते हैं। पिल्लू द्वारा डंठल के पास छेद करने के कारण डंठल एवं फलों का लगाव कमजोर हो जाता है तथा तेज हवा में फल गिर जाते हैं। आक्रान्त फल डंठल के पास काला धब्बा दिखलाई पड़ता है। पके हुए फलों के छीलने पर गूदे में उजले रंग के पिल्लू तथा काले रंग के मल–अवशेष भी दिखलाई पड़ते हैं। ऐसे फलों का बाजार भाव कम हो जाता है साथ ही इनका निर्यात भी नहीं किया जा सकता है।

चित्र 30.2 लीची का फल छिद्रक कीट

लीची का पत्र लपेटक कीट–इस कीट का प्रकोप लीची के पौधों पर अगस्त से फरवरी तक होता है। वयस्क कीट छोटा तथा भूरे रंग का होता है। इसके अगले पंख भद्दे पीले तथा बाहर की तरफ छोटे–छोटे बाल होते हैं। इस कीट के पिल्लू कोमल पत्तियों को अन्दर की तरफ मोड़ देते हैं एवं अन्दर की अन्दर पत्तियों को खाते हैं। फलस्वरूप नवजात पौधों की वृद्धि रूक जाती है तथा आक्रमण की अधिकता से पौधे सूख जाते हैं। बड़े पौधों में आक्रमण होने पर फल कम लगते हैं। आक्रमण अधिक होने पर कई पत्तियाँ एक दूसरे से सटी हुई रहती हैं तथा इसके अन्दर हरे मटमैले रंग के पिल्लू पत्तियों को खाते रहते हैं।

छाल भक्षी कीट–यह कीट मुख्यतः लीची के तनों एवं शाखाओं को हानि पहुँचाते हैं। इस कीट के पिल्लू, तनों एवं शाखाओं में छिद्र बनाकर रहते हैं। रात्रि में छिद्र से बाहर निकलकर छिलके को खाते हैं तथा तना एवं शाखाओं पर टेढ़ी–मेढ़ी गैलरी बनाते हैं। पेड़ों की डालियों पर खाये गये अवशेष जमा हो जाते हैं जो भूरे और काले जालनुमा दिखते हैं। इस कीट के व्यापक आक्रमण से पेड़ों की बढ़वार मारी जाती है। वयस्क कीट 20-25 मि.मी. लम्बे, पीले–भूरे रंग के होते हैं। अगले पंखों पर लहरदार स्लेटी या गहरी भूरी धारियाँ होती है जबकि पिछले पंख धुएँ के रंग के होते हैं। इसके पिल्लू भद्दे भूरे रंग के होते हैं।

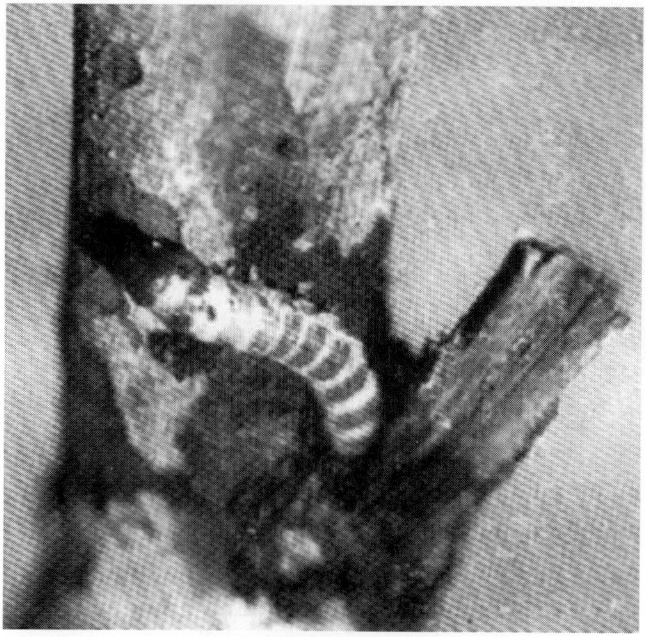

चित्र 30.3 लीची का छाल भक्षी कीट

प्रबन्धन

लीची के पौधों एवं फलों पर लगने वाले उपरोक्त कीटों की रोकथाम समन्वित कीट प्रबन्ध अपनाकर की जा सकती है। समन्वित कीट प्रबन्ध का अर्थ सभी उपलब्ध विकल्पों का उपयोग इस ढ़ंग से करना है कि कीटों की संख्या अधिक नहीं बढ़ सकें तथा कीटनाशकों का व्यवहार उचित मात्रा में उचित समय पर तभी करें जब कीट आर्थिक हानि स्तर से ऊपर हो।

1. लीची की आक्रान्त टहनियों एवं पत्तियों को साल में दो बार जुलाई–अगस्त एवं सितम्बर–अक्टूबर में काटकर जला दें। इससे लीची माईट, फलछेदक, पत्र–लपेटक कीटों की संख्या में कमी आती है।
2. लीची माईट से आक्रान्त पौधे नहीं लगायें।
3. प्रत्येक लीची वृक्ष के चारों तरफ बरसात शुरू होने के पूर्व 30 से.मी. गढ्ढा खोदकर 4 किलोग्राम नीम की खल्ली तथा एक किलोग्राम अरण्डी की खली को मिलाकर

भर दें एवं सिचाई करें। ऐसा करने से माइट, फल छिद्रक तथा पत्र लपेटक कीड़ों की संख्या में काफी कमी देखी गयी है।

4. जनवरी के अन्तिम सप्ताह में या लीची में पुष्पवृन्त निकलने की अवस्था में प्रति वृक्ष 100-200 ग्राम (वृक्ष की उम्र के अनुसार) कार्बोफ्यूरॉन जड़ के क्षेत्र में प्रयोग करने से फल छेदक कीड़ों के आक्रमण में भारी कमी पायी गयी है।
5. छाल खाने वाले कीटों के प्रबन्धन हेतु टहनियों और डालों पर बने जाल को साफ कर देना चाहिए और इस कीट के द्वारा बने छिद्र में एक तार की सहायता से साफ कर देना चाहिए। साफ किये छिद्रों में रूई को पेट्रोल/कैरोसिन में भिगोकर डाल दें तथा मिट्टी से छिद्र को बन्द करने से कीड़ों की सूंडियाँ अन्दर ही मर जाती है। प्रारम्भिक अवस्था में इण्डोसल्फान (0.07%) का छिड़काव करना लाभप्रद पाया गया है।
6. आवश्यकतानुसार लीची माईट के प्रबन्धन हेतु सितम्बर–अक्टूबर में सल्फर (0.4%) या सलफैक्स 50 ग्राम प्रति 10 लीटर पानी में घोलकर छिड़काव करना चाहिए। डाईकोफाल (18.5 ई.सी.) जो बाजार में केल्थेन कोलोनेल–एस/ओमाइट के नाम से मिलता है, छिड़काव 3 मि.ली. प्रति लीटर पानी में घोलकर करने से लीची माईट का प्रबन्धन सफलतापूर्वक किया जा सकता है।
7. लीची के फलछेदक कीट और पत्रलपेटक कीट प्रबन्धन हेतु कार्बरिल (0.1%) दवा का छिड़काव सितम्बर माह में करें आवश्यकता पड़ने पर 15 दिनों के अन्तराल पर दूसरा छिड़काव भी किया जा सकता है।
8. फल छेदक कीट के नियंत्रण हेतु आवश्यकतानुसार अप्रैल माह में (फल लगने के बाद) कार्बरिल (0.1%) या इण्डोसल्फान (0.07%) छिड़काव करने से फलछेदक कीड़ों में काफी कमी देखी गयी है।

सावधानियाँ

1. सभी छिड़काव शाम 4 बजे के बाद करना श्रेयस्कर होता है।
2. लीची के वृक्षों पर फूल लगे रहने की अवस्था में किसी भी कीटनाशी दवा का छिड़काव न करें क्योंकि उस समय मधुमक्खियाँ फूलों पर परागकण एकत्रित करने आती है।
3. सभी प्रकार के रसायनों/दवाओं का छिड़काव फल तोड़ने के 15 दिन पहले रोक देना चाहिए जिससे रासायनिक दवाओं का अवशेष फल में नहीं रहें।

आम

आम को फलों का राजा कहा जाता है। विश्व में भारत आम के उत्पादन और निर्यात में प्रथम स्थान रखता है। विश्व के कुल उत्पादन का आधा से अधिक भारत में ही होता है। बिहार में भी आम एक महत्वपूर्ण फल है और सर्वाधिक क्षेत्रफल में इसकी खेती होती है।

आम के पेड़ों पर कीड़ों का प्रकोप भी इन दिनों अधिक देखा जा रहा है। अभी तक 175 कीटों की प्रजातियों की पहचान की गयी है जिसका प्रकोप आम पर होता है। परन्तु

इनमें से कुछ ही प्रमुख कीट है जिससे आम के पेड़ों एवं फलों को गम्भीर रूप से क्षति पहुँचाती है :–

1. मधुआ कीट–इसे फुदका या हॉपर भी कहते हैं। इसके शिशु बहुत छोटे, हल्के पीले रंग के होते हैं तथा प्रौढ़ जिनके सिर एवं गर्दन पर क्रमशः तीन गहरे भूरे तथा दो काले धब्बे होते हैं। देखने में प्रौढ़ तिकोने आकार के दिखते हैं और पिछला पैर विकसित अधिक होता है जिसके कारण यह फुदकते हैं। यह कीड़ा आम के बगीचे में सालभर मिलता है। प्रतिकूल अवस्था में इसके कीड़े पेड़ की छालों से बने गढ्ढों या पत्तियों के निचले सतहों पर बैठे हुये पाये जाते हैं। नवम्बर माह से अनुकूल वातावरण पाते ही इनकी क्रियाशीलता बढ़ने लगती है और मंजर लगने तक तीव्र प्रजनन के कारण इसके कीड़े और अधिक आक्रामक हो जाते हैं।

चित्र 30.4 आम का मधुआ कीट

इनके शिशु एवं वयस्क दोनों ही आम के नये अंकुरों, कलियों तथा फलों से रस चूसते हैं, परिणामस्वरूप मंजर सूख जाते हैं, फल कमजोर होकर गिर जाते हैं और फलन भी कम हो जाता है। इनके शरीर से चिपचिपा पदार्थ निकलता है जिसे दिन में पत्तों, तनों और फलों पर चमकते हुये देखा जा सकता है। इस चिपचिपे पदार्थ के कारण मंजरों, टहनियों तथा नई पत्तियों पर फफूँद का आक्रमण हो जाता है जिससे दोहरी क्षति होती है। ये कीट अप्रैल–मई माह तक सक्रिय रहते हैं ।

2. आम का दहिया–इसे मिली बग भी कहते हैं। इसके कीड़े समूह में पाये जाते हैं। इनके अण्डे गुलाबी रंग के होते हैं और जड़ के पास मिट्टी में निष्क्रिय अवस्था में पड़े रहते हैं एवं नवम्बर, दिसम्बर में अण्डों से बच्चे निकलकर भारी संख्या में पेड़ों पर चढ़ते

नजर आते हैं। इनके शरीर पर सफेद पाउडर की तरह चिपका रहता है। इस कीट के शिशु और मादा वयस्क हानिकारक होते हैं। ये कोमल टहनियों और पत्तियों पर चिपककर इसका रस चूसते हैं इसके फलस्वरूप टहनियाँ कमजोर हो जाती है। इन टहनियों के मंजर झड़ जाते हैं और फल कम लगते हैं। यदि लग भी गये तो हवा के झोकों से गिर जाते हैं एवं टहनियाँ भी सूख जाती है। इस कीट का आक्रमण दिसम्बर–मई तक अधिक होता है। मधुआ की तरह इसके शरीर से भी चिपचिपा पदार्थ निकलता है जिस पर फफूँद का आक्रमण होता है।

चित्र 30.5 आम का दहिया कीट या मिली बग

3. शूटगॉल – इसका प्रकोप बिहार, झारखण्ड, उत्तरप्रदेश और उत्तरान्चल के क्षेत्रों में अधिक पाया जाता है। मुख्य रूप से इसके शिशु कीट ही हानिकारक होते हैं और सितम्बर माह में कोमल पत्तियों और टहनियों से रस चूसते हैं जिसके फलस्वरूप आक्रमण के स्थान पर हरे रंग के तिकोने गॉल बन जाते हैं। मंजरों पर आक्रमण के फलस्वरूप ये खुलने की बजाय पत्तियों के गॉल की तरह हो जाते हैं। इस प्रकार फलन प्रभावित होता है। इसके शिशु गॉल की अन्दर ही प्रौढ़ मे बदल जाते हैं और मई माह में मादा प्रौढ़ बाहर आकर मुलायम पत्तियों की निचली सतहों पर मध्यम रीढ़ के दोनों ओर अण्डे देती है। ये अण्डे सितम्बर में शिशु में बदलते हैं और पुनः नयी पत्तियों पर आक्रमण करते हैं इस प्रकार इनका जीवनचक्र चलता रहता है।

चित्र 30.6 आम का शूटगॉल

4. फलमक्खी: आम की फल–मक्खी आम के फलों का प्रमुख हानिकारक कीट हैं जो घरेलू मक्खी से थोड़ी छोटी एवं भूरे रंग की होती है। इसके पंख पारदर्शी तथा पीले रंग के होते हैं तथा धड़ पर काले धब्बे होते हैं। शिशु कीट पीले रंग का होता है जिसका सिर वाला भाग मोटा एवं पिछला भाग पतला होता है। इस कीट का प्रकोप मई से अगस्त तक फलों पर होता है।

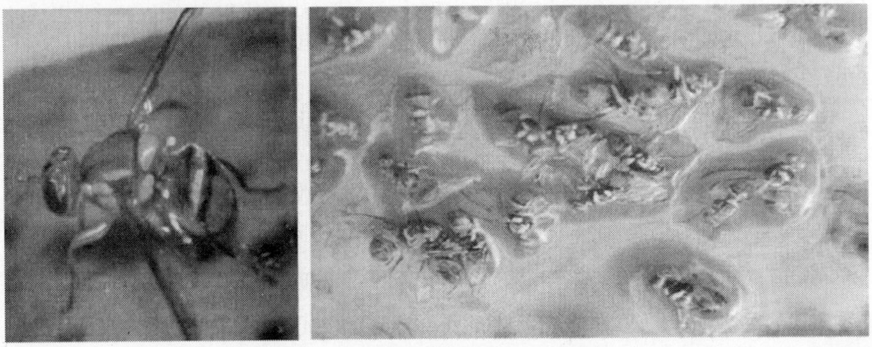

चित्र 30.7 आम की फल–मक्खी

मादा कीट फलों के छिलके के अन्दर 150-200 तक अंडे देती है। अण्डों से पिल्लू निकलकर आम के गूदों को खाते हैं जिससे आम अन्दर ही अन्दर सड़ने लगता है तथा पकने के पूर्व ही जमीन पर गिर जाता है। फलतः आक्रान्त फल खाने योग्य नहीं रहते तथा उनका बाजार भाव बहुत कम हो जाता है।

5. आम का तना छेदक कीट (स्टेम बोरर) – प्रौढ़ कीट भूरे – स्लेटी रंग के होते हैं जिनके सिर पर दो श्रृंगिकाएँ होती है। पूर्ण विकसित भृंगक मांसल तथा हल्के पीले रंग के होते हैं। मादा कीट पेड़ के छाल एवं दरारों में एक–एक करके अप्रैल–जून में अण्डे देती है। 20 से 25 दिनों में अण्डों से शिशु कीट निकलकर मुलायम छालों को खाते हैं, बाद में ये तनों एवं शाखाओं में छाल के नीचे वाली लकड़ी में सुरंग बनाकर खाते हैं। जिसके फलस्वरूप तनों एवं शाखाओं में लम्बी–लम्बी सुरंगें बन जाती है। आक्रान्त तना सूख जाता है।

चित्र 30.8 आम का तना छेदक कीट

समेकित कीट प्रबंधन

आम के प्रमुख और हानिकारक कीटों का प्रबंधन समेकित कीट प्रबंधन के तरीकों को अपनाकर सफलतापूर्वक किया जा सकता है। इसके लिये आवश्यक है कि कृषि की परम्परागत उन्नत तकनीक के साथ–साथ हो रहे आधुनिक अनुसंधान को ध्यान में रखते हुये एक समय सापेक्ष कार्ययोजना बनाया जाय ताकि कीटों की रोकथाम एवं प्रबंधन सफलतापूर्वक हो। साथ ही रासायनिक कीटनाशियों के अन्धाधुन्ध प्रयोग से होने वाली क्षतियों से बचा जा सके।

1. बगीचे की जुताई कम से कम वर्ष में दो बार (अप्रैल और अक्टूबर) अवश्य करें जिससे कि कीड़ों के अण्डे, प्यूपा आदि (खासकर फलमक्खी और मिली बग) नष्ट हो जाये या फिर जुताई के क्रम में ऊपर आ जाये जिससे परभक्षी, पक्षियों और धूप द्वारा नष्ट हो जाये।
2. फल तोड़ने के बाद पुराने एवं घने पेड़ों की शाखाओं को काट देना चाहिए ताकि उपयुक्त प्रकाश मिले एवं छिपे हुये कीट आदि नष्ट हो जायें।
3. बाग में जल निकास का समुचित व्यवस्था रखें ताकि जल जमाव न हो सकें।
4. आम दहिया कीटों के नवम्बर माह में शिशुओं को ऊपर चढ़ने से रोकने के लिये ग्रीज बैंड लगा देना चाहिए। ग्रीज बैण्ड बनाने के लिए 4 भाग रेंड़ी के तेल को 5 भाग रोजिन के साथ 10 मिनट तक गर्म करते हैं। इस अर्द्धतरल पदार्थ को एक मोटे कागज पर फैलाकर पेड़ के तनों पर जमीन से 1 मीटर की ऊँचाई तक चारों ओर से बाँध देते हैं। यह मिश्रण लगभग दो सप्ताहों तक प्रभावकारी रहता है। इसके बाद पुनः इसे लगा देना चाहिए। ग्रीज बैंड के बदले सेलोफीन कागज भी पेड़ के चारों तरफ लपेट सकते हैं।
5. जमीन के अन्दर छिपे कीट एवं अण्डों को नष्ट करने के लिये क्लोरपायरीफॉस (20 ई.सी.) दवा के 20 मि.ली. को दस लीटर पानी में घोलकर या 5% मालाथियान धूल का 200 ग्राम प्रति पेड़ जड़ के पास मिट्टी में अच्छी तरह मिला दें।
6. मैंगो शूट गॉल के रोकथाम हेतु गॉलयुक्त टहनियों को तोड़कर जला दें। साथ ही किसी कीटनाशकों डी.डी.वी.पी./बेपोना 100% तरल दवा का 0.5 मि.ली. या मोनोक्रोटोफॉस 36% दवा का 1 मि.ली./लीटर पानी में घोल बनाकर छिड़काव करें। पहला छिड़काव मार्च–अप्रैल में तथा दूसरा छिड़काव सितम्बर–अक्टूबर में करें।
7. स्टेम बोरर और छाल छेदक के प्रबन्धन हेतु भी सफाई के अतिरिक्त उपरोक्त दवा में रूई के फाहे को डुबोकर छिद्र में डालें। सिरिंज से डालकर गीली मिट्टी से मुँह बन्द कर दें जिससे ये कीड़े नष्ट हो जायें।
8. आम के फलमक्खी के प्रबंधन हेतु चौड़े मुँह के बोतल को ट्रैप के रूप में टाँगते हैं जिसमें मक्खियाँ आकर्षित होकर फंस जाती है। बोतल में निम्न प्रकार बेट/चारा डालते हैं –

   (i) मालाथिआन (50%) – 20 मि.ली., 200 ग्राम गुड़ + 5 मि.ली. लौंग के तेल को 2 लीटर पानी में घोल दें। लौंग के तेल के बदले ताड़ी का भी इस्तेमाल किया जा सकता है। या

(ii) 200 मि.ली. 0.1% मिथाइल यूजीनाल + 0.2% डाईक्लोबौस चौड़े मुँह की बोतल में मिलाकर रखे इससे फलमक्खी के नर आकर्षित होकर मर जाते हैं। मक्खियाँ जहरीले चारे की तरफ आकर्षित होकर सम्पर्क में आते ही मर जाती है।

9. उपरोक्त तरीकों के अतिरिक्त आम के कीड़ों का प्रबधंन हेतु कीटनाशियों का छिड़काव किया जा सकता है। आम का फुदका, दहिया या अन्य कीड़ों के रोकथाम हेतु दवा बदल कर तीन छिड़काव करना चाहिए। प्रथम छिड़काव, फल लगने वाली टहनियों के निकलते समय दूसरा टहनियों के पूर्ण विकसित हो जाने की अवस्था में और तीसरा छिड़काव आम के फल जब मटर दाना के आकार के हो जायें।

दवाओं के नाम	प्रतिवृक्ष दर	जल की मात्रा/व्यस्क वृक्ष
1. इण्डोसल्फान (35 ई.सी.)	45 मि.ली. (1.5 मि.ली./लीटर)	30 लीटर
2. मालीथिऑन (50 ई.सी.)	60 मि.ली. (2 मि.ली./लीटर)	30 लीटर
3. डायमेथाअेट (30 ई.सी.)	30 मि.ली. (1 मि.ली./लीटर)	30 लीटर
4. फॉस्फेमिडान (100 ई.सी.)	15 मि.ली. (1/2 मि.ली./लीटर)	30 लीटर
5. कार्बरिल (50 डब्लू.पी.)	60 ग्राम (2 ग्राम/लीटर)	30 लीटर
6. क्लोरपाइरीफॉस (20 ई.सी.)	45 मि.ली. (1.5/2 मि.ली./लीटर)	30 लीटर

इसके अतिरिक्त उपलब्धता के अनुसार जैव कीटनाशियों यथा *बावेरिया वेसियाना* आदि का भी अनुशंसित मात्रा में प्रयोग किया जा सकता है।

सावधानियाँ

1. मंजर निकल आने के बाद छिड़काव नहीं करें क्योकि पराग धुल जाता है तथा फल नहीं लगता है।
2. प्रथम छिड़काव तनें एवं टहनियों पर भी अच्छी तरह करें क्योंकि मधुआ कीट तना एवं शाखाओं की छाल में छिपे रहते हैं।
3. एक ही दवा का व्यवहार न करें।
4. कीटनाशक दवाओं का इस्तेमाल हमेशा संध्या के समय करें जिससे मधुमक्खी पालन बाधित न हों।

31

फल मक्खियों का समेकित प्रबन्धन

डॉ. एम.एल. अग्रवाल

कीट एवं कृषि जन्तु विज्ञान विभाग, राजेन्द्र कृषि विश्वविद्यालय, पूसा, समस्तीपुर, बिहार

फल मक्खियाँ सभी प्रकार के फलों एवं सब्जियों को नष्ट करती है। मादा मक्खी सीधे फल एवं सब्जी में अण्डे देती है। जिस स्थान पर मक्खी अण्डे देती है, उस स्थान पर एक छेद बन जाता है। इन छिद्रों से एक लसलसा पदार्थ निकलकर छेद के बाहर जम जाता है। अण्डे से पिल्लू निकलकर फल एवं सब्जी के गूदे को खाकर वृद्धि करते हैं। आक्रान्त फल पूर्ण रूप से सड़कर, जमीन पर गिर जाते हैं तथा खाने योग्य नहीं रहते हैं। ये मक्खियाँ फलों एवं सब्जियों को नष्ट ही नहीं करती, साथ ही उनकी पैदावार भी कम कर देती है। इन मक्खियों की कुछ जातियाँ फूलों एवं बीजों में भी अण्डे देकर उनको नष्ट कर देती हैं। सामान्य तौर पर ये मक्खियाँ मार्च माह से नवम्बर माह तक अधिक क्रियाशील रहती है। इन मक्खियों की कुछ जातियाँ एक से अधिक प्रकार के फलों एवं सब्जियों पर आक्रमण करती है।

वयस्क फल मक्खी लगभग 7 मि. मी. लम्बी होती है, इनका सिर एवं उदर पीला–भूरा तथा वक्ष काला या पीला होता है। वक्ष एवं उदर वाले भाग पर गहरी धारियाँ होती हैं। इनके पंखों पर भूरे रंग की धारियाँ होती हैं।

जीवन चक्र

अंडे देने से पूर्व मादा मक्खी फल का भली प्रकार निरीक्षण करती है। मक्खी अपने जननांग को फल के अन्दर प्रवेश कराकर अण्डे देती है। अपने जननांग से फल के अन्दर मक्खी एक छोटा सा गड्ढा बनाकर उससे 5-12 अण्डे देती है। अण्डे से लगभग 24 घंटे के बाद पिल्लू निकलते हैं। पिल्लू फल के गूदे को खाकर पूरी तरह से नष्ट कर देते हैं तथा ये फल सड़कर जमीन पर गिर जाते हैं। पिल्लू जमीन के अन्दर प्रवेश कर प्यूपा में परिवर्तित हो जाते हैं।

फल मक्खियों की कुछ जातियाँ जैसे आम, अमरूद, कूष्माण्ड, बेर इत्यादि प्रमुख है।

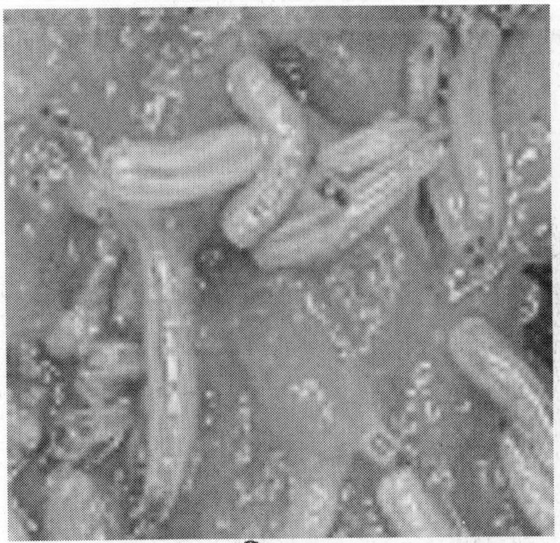

पिल्लू

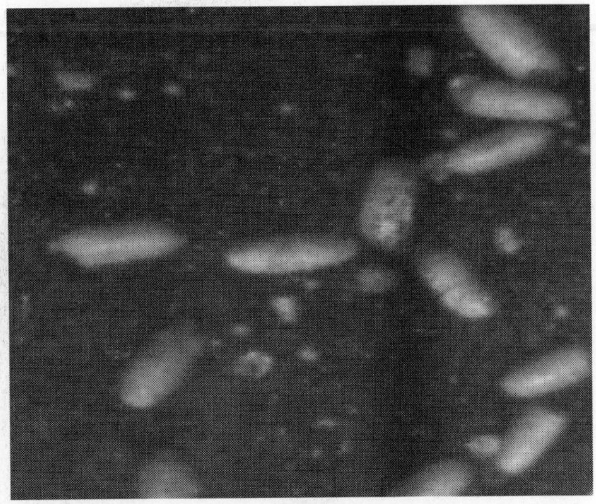

प्यूपा

चित्र 31.1 फल मक्खी

आम की मक्खी

ये मक्खियाँ समस्त भारत में पायी जाती हैं। मादा मक्खी फल भित्ति के नीचे अण्डे देती है। जिस स्थान पर मक्खी अण्डे देती है, वहाँ एक तरल पदार्थ निकलता है, जो सूखकर भूरे पदार्थ के रूप में जमा हो जाता है। अण्डे से पिल्लू निकलकर फल के गूदे को खाते हैं। अन्त में फल सड़कर जमीन पर गिर जाते हैं। उन स्थानों पर जहाँ पूरे वर्ष तापमान समान रहता है, मक्खियाँ पूर्ण रूप से क्रियाशील रहती है। अन्य स्थानों पर ये नवम्बर से फरवरी माह तक निष्क्रिय रहती है। मई से अक्टूबर माह मे ये मुख्य रूप से विभिन्न प्रकार के फलों को नष्ट करती हैं। ये मक्खियाँ मुख्य से आम, अमरूद, सन्तरा, मिर्च, बैंगन, पपीतां, नासपाती, चीकू, केला, सेब, शरीफा एवं अन्य फलों को आक्रान्त करती है।

चित्र 31.2 आम की मक्खी

अमरूद की मक्खियाँ

यह मक्खी विभिन्न प्रकार के फलों को नष्ट करती है तथा सामान्तया वर्ष भर क्रियाशील रहती है। केवल जनवरी एवं फरवरी माह में इसकी क्रियाशीलता कम रहती है। आक्रान्त फल पूर्ण रूप से नष्ट हो जाते हैं। फलों के अतिरिक्त ये तोरई, ककड़ी खीरा, टमाटर इत्यादि को भी नष्ट करती हैं।

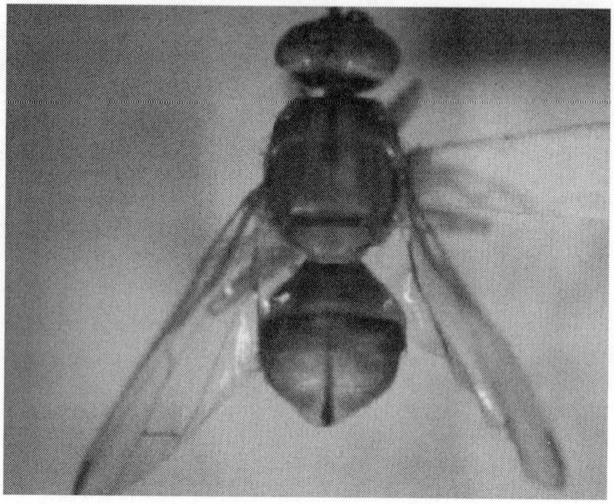

चित्र 31.3 अमरूद की मक्खियाँ

कूष्माण्ड मक्खी

यह मक्खियाँ अधिकतर कूष्माण्ड कुल के कद्दूवर्गीय फलों एवं सब्जियों को आक्रान्त करती है। मादा मक्खियाँ फलों एवं सब्जियों के पूर्णरूप से तैयार होने से पूर्व ही उनमें अण्डे देती है। कभी–कभी ये फूलों मे भी अण्डे देती है। एक फल में कई मक्खियाँ एक साथ अण्डे देती है। इन अण्डों से एक साथ बहुत से पिल्लू निकलकर फलों तथा सब्जियों में गलियाँ बनाकर उनके गूदे को खाते हैं। ये मक्खियाँ वर्ष भर क्रियाशील रहती है। इनके द्वारा नष्ट की जाने वाली फसलों मे करेला, लौकी, तरबूज, परवल, खीरा, ककड़ी, घिउरा, खरबूज, बैंगन आदि प्रमुख हैं।

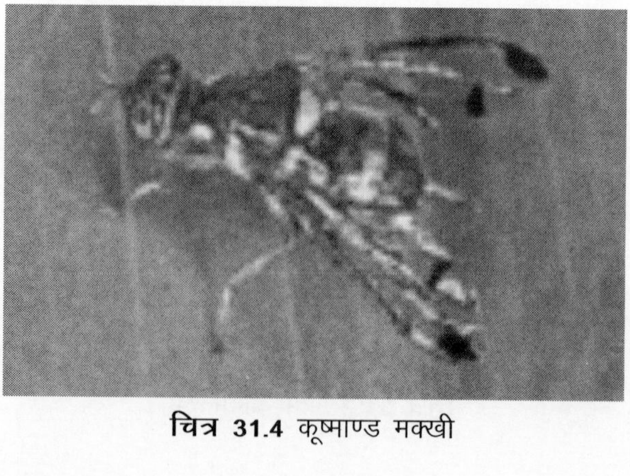

चित्र 31.4 कूष्माण्ड मक्खी

बेर की मक्खी

ये मक्खियाँ बेर की विभिन्न किस्मों को नष्ट करती है। मादा मक्खी फल में छेदकर अण्डे देती है। जिस स्थान पर मक्खी अण्डे देती है वहाँ फल की वृद्धि रूक जाती है तथा आक्रान्त फल का आकार खराब हो जाता है। अण्डे से पिल्लू निकलकर फल के गूदे को खाते हैं। एक पिल्लू एक फल को नष्ट करने के लिये काफी है। ये मक्खियाँ फरवरी एवं मार्च माह में अधिक क्रियाशील रहती है। गर्मियों में इनके प्यूपा जमीन में रहते हैं।

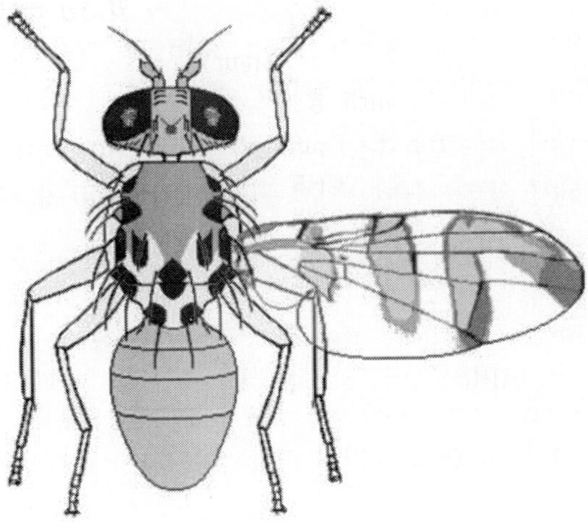

चित्र 31.5 बेर की मक्खी

फल मक्खियों का प्रबन्धन

फल मक्खियों के सफलतापूर्वक नियंत्रण हेतु इनके जीवन की सभी अवस्थाओं को नष्ट करना आवश्यक है। इनके अण्डे तथा पिल्लू फलों एवं सब्जियों के अन्दर तथा प्यूपा जमीन में पाये जाते हैं। वयस्क मक्खियाँ अत्याधिक क्रियाशील होती है तथा कीटनाशी रसायनों का प्रयोग करने पर उड़ जाती है। समन्वित कीट नियंत्रण की प्रक्रिया अपनाकर इनका नियंत्रण आसानी से किया जा सकता है। इनके नियंत्रण हेतु निम्न प्रबन्धन आवश्यक है।

- बागों एवं खेतों की सफाई कर इनकी संख्या में कमी की जा सकती है। खरपतवार एवं अनावश्यक पौधों में ये मक्खियाँ आश्रय लेती हैं। अतः इनको नष्ट कर देना चाहिए।
- आक्रान्त फलों एवं सब्जियों को तोड़कर नष्ट कर देना चाहिये। इनमें मक्खियों के अण्डे एवं पिल्लू पाये जाते हैं। इनको जमीन में 2 फीट से अधिक गहराई पर एकत्र करके दबा देना चाहिए।
- खेतों तथा बागों में कुछ फल एवं सब्जियाँ पौधों पर रह जाते हैं ये मक्खियों की संख्या में वृद्धि में अत्यधिक सहायक होते हैं। अतः कोई भी फल को पेड़ों पर नहीं छोड़ना चाहिए।

- फलों या सब्जियों पर कपड़ा या कागज का थैला बांधकर भी उनको बचाया जा सकता है।
- इनके प्यूपा जमीन में पाये जाते हैं। खेत या बाग में हल चलाने से ये नष्ट हो जाते हैं। कुछ प्यूपा बाहर आ जाते हैं जो पक्षियों द्वारा नष्ट कर दिये जाते हैं।
- सर्दियों से प्रातःकाल तापक्रम कम होने के कारण ये झाड़ियों में या पत्तियों के नीचे काफी अधिक संख्या में एकत्र हो जाती हैं। इन मक्खियों को एकत्र कर आसानी से नष्ट किया जा सकता हैं।
- कुछ फल जैसे – आम, पपीता, केला आदि को पूर्णरूप से पकने से पूर्व तोड़कर उनको मक्खियों के आक्रमण से बचाया जा सकता है।
- फल मक्खी के रासायनिक नियंत्रण हेतु लगभग 500 ग्राम गुड़ या छोआ, 50 लीटर पानी में घोलकर, इसमें 100 मि.ली. मालाथियान (50 ई.सी.) मिला दें। सात दिन के अन्तराल पर दो तीन छिड़काव करें।
- मिथाइल यूजीनाल नामक प्रलोभक द्वारा आम एवं अमरूद की मक्खी को आकर्षित करके नष्ट किया जा सकता है। मिथाइल यूजीनाल (1 मि.ली.) के साथ मालाथियान (50 ई.सी.) का 1 मि.ली. मिलाकर, मिश्रण को रूई में भिगोकर चौड़े मुँह के बोतल में रख देना चाहिये। इस प्रकार की बोतल को पेड़ के नीचे छांव में लटका देने से मक्खियाँ प्रलोभक द्वारा आकर्षित होकर आती है एवं कीटनाशी दवा के सम्पर्क में आकर मर जाती हैं।

कूष्माण्ड मक्खी के नियंत्रण हेतु मिथाइल यूजीनाल के स्थान पर क्यू ल्यूर नामक प्रलोभक का प्रयोग करना चाहिये।

32

केला एवं नारियल के प्रमुख कीट एवं प्रबंधन

डॉ. एस.के. सिंह

पौधा रोग विभाग, राजेन्द्र कृषि विश्वविद्यालय, पूसा, समस्तीपुर, बिहार

केला

केला की सफल खेती में कीटों का आक्रमण एक प्रमुख समस्या है। केला की खेती को प्रभावित करने वाले महत्वपूर्ण कीट निम्नलिखित हैं –

1. आभासी तना बेधक
2. प्रकन्द बेधक
3. एफिड
4. स्कैरिंग भृंग
5. पत्ती खाने वाला कैटरपिलर
6. थ्रीप्स

केला के प्रमुख कीटों का राष्ट्रीय स्तर पर कहाँ–कहाँ फैलाव है, इसका विवरण तालिका 32.1 में दिया गया हैं।

केला में लगने वाले महत्वपूर्ण कीट

तना बेधक

पाँच महीने से ऊपर का केला के पौधे का आभासी तना इस कीट की सूंडी से आक्रान्त हो सकता है। आभासी तनों पर छोटे–छोटे छेद देखे जा सकते हैं जिनसे पारदर्शी लसलसा पदार्थ निकलता रहता है। यदि आक्रान्त आभासी तना को खड़ा काटा जाय तो पत्तियों के खोल में कई सुरंग देखने को मिलेंगे। मछली के सड़ने जैसी गन्दी बदबू भी आती है। अत्यधिक सुरंग की वजह से कभी–कभी पौधा आक्रान्त स्थान से टूट जाता है। पत्तियों के खोल के आक्रान्त होने की वजह से पोषण का आवागमन अवरूद्ध हो जाता है जिससे घौद का विकास या घौद में फलों का विकास रूक जाता है। सूंडियाँ वैसे तो पूरे वर्ष जीवित रह सकती है लेकिन गर्मियों में तथा वर्षात में यह ज्यादा घातक हो जाती है। इस कीट से नेद्रन, कारपुरावाली, लाल केला, विरूपाक्षी एवं पूवन ज्यादा ग्राही है।

चित्र 32.1 केला का आभासी तना बेधक

चित्र 32.2 तना बेधक से आक्रांत केला का आभासी तना

तालिका 32.1. देश में केला के कीटों का विस्तार

कीट का नाम	क्षेत्र
प्रकन्द बेधक	गुजरात, केरल, आसाम, आंध्रप्रदेश, कर्नाटक
आभासी तना बेधक	आसाम, बिहार, आँध्रप्रदेश
एफिड	केरल, आसाम, बिहार, आंध्रप्रदेश, कर्नाटक
थ्रीप्स (पत्ती)	केरल, आसाम, महाराष्ट्र
थ्रीप्स (फूल)	केरल, कर्नाटक
लेस विंग वग	गुजरात, केरल
पत्ती खानेवाली सूंडी (कैटरपिलर)	गुजरात, केरल, आंध्रप्रदेश, कर्नाटक
सेमीलूपर	गुजरात, केरल
हेयरी कैटरपिलर	गुजरात, केरल, कर्नाटक
स्लग कैटरपिलर	केरल, आसाम
माइट	गुजरात, केरल, कर्नाटक
मिरीड बग	केरल
मिली बग	केरल, बिहार
स्केल	केरल
स्कैरिंग भृंग	आसाम, बिहार, बंगाल

प्रबन्धन

1. प्रकन्द बेधक में सुझाये गये उपायों को प्रयोग में लाना चाहिए।
2. आक्रान्त पौधों को तुरन्त उखाड़ कर जला देना चाहिए।

3. इस कीट के शुरूआती आक्रमण की अवस्था में फ्यूराडान 3–जी दवा के 10-15 दाना प्रति पौधा की दर से आभासी तने में डालने से भी इस कीट के प्रकोप से पौधों को बचाया जा सकता है।
4. इस कीट की जहाँ पर अधिक समस्या हो वहाँ कार्बोफ्यूरान 150-200 ग्राम/पौधा भूमि में प्रयोग करना चाहिए।
5. आभासी तना के छोटे से हिस्से को लम्बाई में काटकर या सड़ी हुई मछली को तने के पास रख देने मात्र से अधिकांश तना बेधक इकट्ठा हो जाते हैं, जिन्हें एकत्र करके किसी कीटनाशक का प्रयोग करके मार देना चाहिए।

प्रकन्द बेधक

लक्षण : यह कीट आभासी तने के निचले भाग पर जमीन के पास तने अथवा प्रकन्द में छेद बनाकर अण्डे देता है, बाद में सूंडी प्रकन्द में ही सुरंग बनाकर प्यूपा में बदल जाती है। प्यूपा से वयस्क कीट निकलता है, जो रात्रि में प्रकन्द को खाता है फलस्वरूप प्रकन्द सड़ने लगता है। इसका प्रकोप बरसात में अधिक होता है। इस कीट का आक्रमण नदियों के किनारे एवं पहाड़ी क्षेत्रों में ज्यादा होता है। इस कीट की सूण्डियाँ उन केला के बागों में अधिक होती हैं जिनकी देखभाल समुचित नहीं होती है। घौद की कटाई के बाद भी खेत में आभासी तना एवं प्रकन्द की सफाई न की गई हो। इस कीट से मालभोग, रोबस्टा, कान्थाली थेलाचाक्राकेली एवं नेन्द्रन प्रजातियों ज्यादा आक्रान्त होती है। गर्म महीनों में इस कीट का बहुगुणन कम होता है। प्रयोगशाला में अण्डा देने से लेकर वयस्क कीट बनने में कम से कम 35 दिन लगते हैं। अण्डा, लार्वा, प्यूपा बनने में औसतन क्रमशः 5, 24 एवं 6 दिन लगते हैं।

चित्र 32.3 केला का प्रकन्द बेधक (*कासमोपोलाइटस सोरडीडस*) : लार्वा अवस्था

प्रबन्धन

1. इसकी रोकथाम हेतु स्वस्थ प्रकंद/पुत्ती (सकर) को ही लगाना चाहिए।
2. खेत में पुराने एवं सड़े हुए कंद को निकालते रहना चाहिए।

3. तीन से ज्यादा रैटून (खूँटी) फसल एक जगह नहीं लेना चाहिए।
4. रोपण से पूर्व प्रकन्द को 0.1% क्यूनालफास के घोल में डुबो कर उपचारित कर लें।
5. रोपण के समय प्रति गड्ढा 100 ग्राम क्लोरपाइरीफास नामक कीटनाशी रसायन का प्रयोग करना चाहिए।
6. गहर की कटाई के बाद आभासी तना को काट कर खेत से बाहर फेंक देना चाहिए।
7. सड़े हुए प्रकन्द या सड़ी हुई मछली का प्रयोग पौधों के आसपास करने से सभी प्रकन्द बेधक कीट एकत्र हो जाते हैं, जिन्हें आसानी से किसी कीटनाशक का प्रयोग करके मारा जा सकता है।
8. रोपण सामग्री ऐसी जगह से नहीं लेना चाहिए जहाँ पर यह कीट समस्या हो। सबसे अच्छा रहता है कि रोपण हेतु ऊतक संवर्धन से तैयार पौध को लिया जाय।
9. सकर को 20% नीम के बीज के घोल में डुबोने के पश्चात् रोपण किया जाय।
10. सकर को 52-55° सेल्सियस तापक्रम वाले पानी के घोल में 15-30 मिनट डुबाने से भी इस कीट के आक्रमण में कमी आती है।
11. घौद की कटाई के बाद खेत से आभासी तना एवं प्रकन्द दोनों को खेत से हटा देना चाहिए, क्योंकि ये कीटों के प्रजनन में सहायक वातावरण उपलब्ध कराते हैं।
12. फेरोमेन्स जैसे – "कासमोल्यूर" अफ्रीकन देशों में इस कीट के प्रबन्धन में लाभदायक साबित हो रहा है।
13. बहुत सारे फफूँद जैसे *वीवेरिया वैसीयाना* एवं *मेटाराइजियम एनीसोप्ली* को इस कीट के प्राकृतिक शत्रु के रूप में पहचान किया गया है, अतः इस फफूँद को इस कीट के सूंडी एवं वयस्क के प्रबन्धन हेतु प्रयोग किया जा सकता है।

केला के कम महत्व के अन्य कीट

एफिड

लक्षण : भूरे रंग की एफिड (*पेंटालोनिया नाइग्रोनरभोसा*) आभासी तने के आसपास तथा नवजात पत्तियों के साथ जुड़ी होती है। यह कीट शीर्ष गुच्छा रोग का संवाहक है। इससे पौधों की पत्तियाँ छोटी एवं उपज भी प्रभावित होती है।

प्रबन्धन

1. आक्रान्त पौधों को उखाड़ कर जला देना चाहिए।
2. रैटून (खुटी फसल) 3 फसल के बाद नहीं लेना चाहिए।
3. फास्फेमिडान (0.05 प्रतिशत) या डाइमेथोएट (0.05 प्रतिशत) या मेटासिस्टाक्स (0.1 प्रतिशत) का छिड़काव करने से एफिड का रोकथाम हो जाता है।

चित्र 32.4 एफिड से आक्रान्त केला का फल एवं आक्रान्त केला का पौधा

चित्र 32.5 केला का एफिड (*पेंटालोनिया नाइग्रोनरभोसा*)

स्कैरिंग भृंग

लक्षण

यह लाल भूरे रंग के छोटे आकार के भृंग है जो मुलायम पत्तियों तथा नये फलों को खुरचकर खाते हैं, जिससे पत्तियों एवं फलों पर खरोंच पड़ जाता है। इसका प्रकोप अप्रैल–मई से प्रारम्भ होकर सितम्बर–अक्टूबर तक रहता है। इसके शिशु (ग्रब) भूमिगत जड़ों के पास मिलते हैं। पौधों के मध्य की पत्तियाँ जो अग्रभाग बनाती है, बुरी तरह क्षतिग्रस्त होती है।

प्रबन्धन

1. केले की साफ–सुथरी खेती करना चाहिए, जिससे इस कीट की उग्रता में कमी आती है।
2. इसके प्रभावी नियंत्रण हेतु क्वीनालफास/2 मिली/लीटर या इण्डोसल्फान 1.5 मिली प्रति लीटर पानी के हिसाब से मिलाकर समय–समय पर 15 दिन के अन्तर पर छिड़काव करें।
3. फोरेट–10 जी या कार्बोफ्यूरान 3 जी के 10-12 दाने केले के पत्तियों के मध्य डालने से भी कीट की उग्रता में कमी आती है।
4. कार्बारिल/20 मिली/गाभा डालने से भी इस भृंग की उग्रता में अप्रत्याशित कमी देखी गयी है।
5. घौद (गहर) को छिद्रयुक्त पॉलीथिन से ढक्कर रखने से घौद स्कैंरिग भृंग से आक्रान्त होने से बच जाती है तथा घौद के केले को वजन एवं मोटाई भी सकारात्मक रूप से प्रभावित होता है। घौद देखने में सुन्दर दिखता है। घौद को ढ़कने से उपज, फल की गुणवत्ता तथा परिपक्वत्ता अवधि सभी सकारात्मक रूप से प्रभावित होती है।

केला का पत्ती खाने वाला कैटरपिलर

यह एक कम महत्व का कीट है। इसके सूंडी को एकत्र करके मारते रहने से यह आसानी से नियंत्रित हो जाता है।

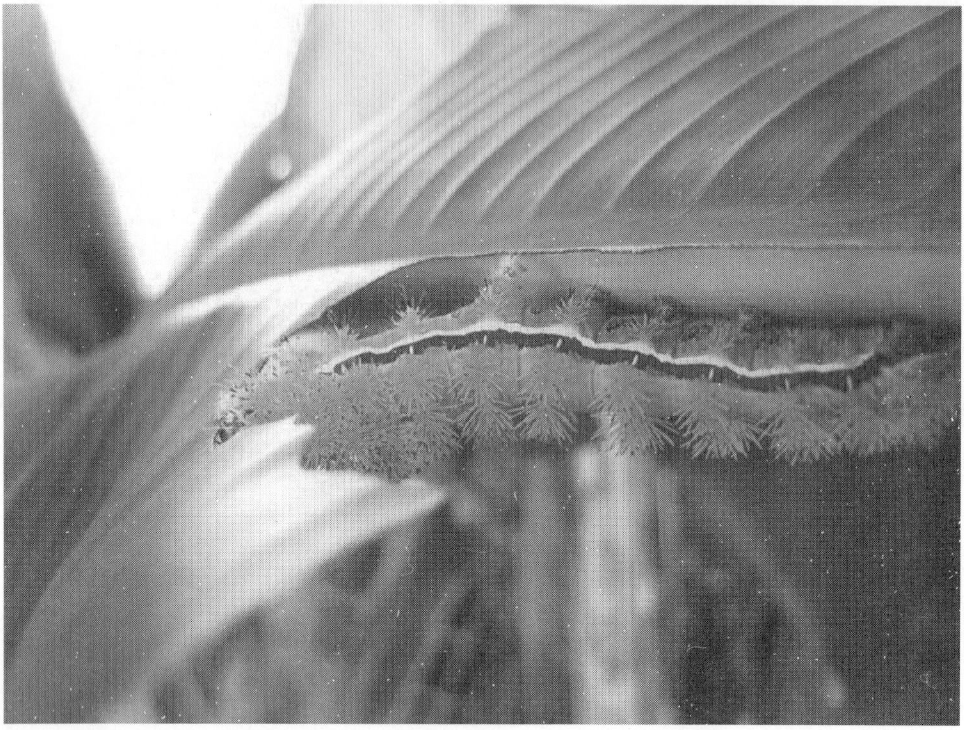

चित्र 32.6 केला का पत्ती खाने वाला कैटरपिलर

थ्रीप्स

केला मे चार प्रकार के थ्रीप्स पाये जाते हैं जैसे रस्ट थ्रीप्स, फूल के थ्रीप्स, पत्ती का थ्रीप्स एवं केला का सिल्वर थ्रीप्स इत्यादि। केला की विकसित हो रही छिमियों को आक्रान्त करता है, जो बड़ा होने पर अपने विशिष्ट आकार प्रकार एवं रंग को खो देते हैं। थ्रीप्स से बचाने के लिए घौद को निकलते ही ढ़ंक कर रखना चाहिए। कार्बरिल का छिड़काव भी किया जा सकता हैं। फोरेट @30 ग्राम/पौधा मिट्टी में डालने से भी कीट नियंत्रित होता है।

नारियल

नारियल समशीतोष्ण जलवायु की एक महत्वपूर्ण तेल वाली फसल है। समशीतोष्ण जलवायु की सबसे अधिक लाभकारी पाम ट्री है। क्षेत्रफल की दृष्टि से विश्व में भारत का स्थान दूसरा है। नारियल का क्षेत्रफल 25 प्रतिशत की दर से प्रतिवर्ष बढ़ रहा है। भारत में नारियल की खेती केरल, कर्नाटक, तमिलनाडु एवं आन्ध्रप्रदेश में सबसे अधिक

होती है। नारियल का 90 प्रतिशत क्षेत्रफल इन्हीं प्रदेशों में है। नारियल और नारियल तेल की खपत भारत में विगत कुछ वर्षों से काफी बढ़ गई है अतः आयात करना पड़ता है। इस बढ़ती हुई माँग को देखते हुए इसका उत्पादन करीब 40 प्रतिशत बढ़ाना आवश्यक है। उत्पादन में कमी का मुख्य कारण नारियल में लगने वाले कीट भी हैं। अतः नारियल को हानि पहुँचाने वाले कीट का समय पर नियंत्रण कर इस कमी को कुछ हद तक पूरा किया जा सकता है। नारियल को क्षति पहुँचाने वाले मुख्य कीट निम्न है :

राइनोसेरस बीटील (गैंडा भृंग)

प्रौढ़ भृंग नुकीला काला रंग का होता है। इसकी ऊपरी सतह लाल भूरे रंग का तथा उदर भूरा तथा रोमयुक्त होता है। इसकी लम्बाई 35-50 मि.मी. तथा चौड़ाई 14-21 मि.मी. होती है। इसके पंख बहुत विकसित होते हैं तथा उड़ने की क्षमता भी काफी होती है। इसके मुख पर नुकीला सा श्रृंग होता है जोकि नर में लम्बा होता है। इसका मुख गैंडा की सूरत से मिलता–जुलता है।

मादा कीट अंडे अधिकतर सड़ी हुई खाद या सड़ी सब्जियों पर या पेड़ के ऊपर देती है। एक मादा लगभग 100 अंडे देती है। अंडे काफी बड़े 2.5 × 3.5 मि.मी. होते हैं जिनका रंग सफेद होता है। इन अंडों से 8-10 दिन में ग्रब निकलते हैं तुरंत निकले ग्रब लगभग 7 मि.मी. लम्बे होते हैं और निकलते ही सड़े पदार्थ को खाना शुरू कर देते हैं। पूर्ण विकसित होने के लिए 3 मोल्टींग से गुजरते हैं। पूर्ण विकसित ग्रब काफी स्थूल, मांसल होता है। इनका रंग पीला–सफेद होता है। इसका डिम्भक काला 74-100 दिन का होता है। अधिकतर यह अर्द्धचन्द्राकार स्थिति में मुड़ा हुआ पाया जाता है।

चित्र 32.7 नारियल का *राइनोसेरस बीटील* (गैंडा भृंग)

प्यूपा कोकून बनाकर भूमि में रहता है या सड़े पदार्थों के नीचे पाया जाता है। प्यूपा भूरे रंग का होता है और थोड़ा मुड़ा रहता है। इसकी लम्बाई 50-70 मि.मी. तथा चौड़ाई 20-24 मि.मी. होती है। प्यूपा काल 2-4 सप्ताह का होता है। प्रौढ़ निकलने के 15-20 दिन तक वह कोकून में रहता है। भृंग रात्रि में सक्रिय रहता है और रात्रि में प्रकाश की

ओर आकर्षित होते हैं। प्रौढ़ लगभग 200 दिन जीवित रहता है। पूरे वर्ष भर में इसकी एक ही पीढ़ी पाई जाती है। मादा 3-4 माह तक जीवित रहती है। वयस्क भृंग दिन में विश्राम करते हैं और रात्रि में सक्रिय रहते हैं। इस कीट के भृंग जब वर्षा के दिनों में तापमान अधिक होता है और आर्द्रता अंश भी ऊँची होती हैं तो अधिक संख्या में निकलते देखे गये है। यह कीट बलुई भूमि एवं सूखी जलवायु में अधिक होते हैं।

इस की केवल प्रौढ़ अवस्था ही हानि पहुँचाती है। भृंग बिना खुली कलियों में पहले छेद करता है। इसके अन्दर का भाग खाली कर देता है और उसमें रेशेदार पदार्थ छोड़ देता है। इसके द्वारा प्रकोप के कारण विशेषतया जब फुनगी काट दी जाती है तो कभी कभी पूरे पेड़ को ही दुबारा लगाना पड़ता हैं। बने हुए छोटे–छोटे छेदों में कवक, फफूँदी और जीवाणु रोग लगने की संभावना रहती है तथा पूरा पौधा सड़ जाता है। छोटे पेड़ अधिक क्षतिग्रस्त होते हैं।

नियंत्रण

1. इस कीट के नियंत्रण के लिए सबसे पहले इसके प्रजनन स्थानों को समाप्त करना चाहिए। भृंग के ग्रब और प्यूपा जो कि खाद के गड्ढे के पास पाये जाते हैं, उन्हें इकट्ठा करके नष्ट कर देना चाहिए।
2. बीटील हुक द्वारा घुसे हुए भृंगों को निकालकर नष्ट कर देना चाहिए।
3. सड़ने वाले पदार्थों में 10 प्रतिशत फोरेट या कार्बोफ्यूरान 3 प्रतिशत दानेदार मिलाकर किसी गमले में खुला रख देना चाहिए या पेड़ से लटकाना चाहिए जिससे भृंग आकर्षित हो कर इस पर आयेंगे और खाकर मर जायेंगे।

ब्लैक हेडेड कैटर पिलर

इस कीट का प्रौढ़ राख के रंग की तरह भूरे रंग का होता है। इस कीट के सिर और वक्ष हल्के धूसर पीले रंग के होते हैं। अगले पंख लम्बे तथा फीका धूसर रंग के होते हैं। परन्तु कीट छोटे होते हैं और इनके पिछले पंखों पर बालों के गुच्छे होते हैं। पंख विस्तार सहित इसकी लम्बाई 20-30 मि.मी. होती है।

मादा कीट 125 शल्काकार अंडे देती है। अंडे झुंडों में पत्तियों की निचली सतह पर पाये जाते हैं। तुरंत दिये हुए अंडे मखनिया सफेद होते हैं जो बाद में गुलाबी रंग में बदल जाते हैं। यह गर्मियों में 3-5 दिन में निकली सूंडी लगभग 1.5 मि.मी. लम्बी सफेद रंग की होती है। बाद में जैसे बढ़ती है हरे पीले रंग में बदल जाती है। पूर्ण विकसित सूंडी हल्के हरे रंग की होती है। इसके देह पर खड़ी धारियाँ पाई जाती है। यह सूंडी लगभग 50 दिन में पूर्ण विकसित होकर प्यूपा में परिवर्तित हो जाती है। यह प्यूपा भूरे रंग का होता है। यह रेशमी कोकून में होता है। प्यूपाकाल लगभग 12 दिन का होता है। एक पीढ़ी लगभग दो माह में पूरी होती है। यह अधिकतर जनवरी से मई तक पश्चिम भारत में तथा अप्रैल–जून तक पूर्वी समुद्री किनारे पर पाया जाता है। वयस्क कीट 3 से 15 दिन तक जीवित रहता है।

इस कीट की सूंडी पत्तियों में गैलरी बनाकर रहती है और अन्दर ही अन्दर खाती रहती है। इसके खाने से पत्तियाँ सूखने लगती है। पेड़ों की पत्तियों पर सूखे टुकड़ों द्वारा

इसकी हानि को दूर से पहचाना जा सकता है। इसके आक्रमण से उपज में भारी कमी आ जाती है।

चित्र 32.8 नारियल का ब्लैक हेडेड कैटरपिलर

नियंत्रण

क्षतिग्रस्त पेड़ों एवं शाखाओं को जला देना चाहिए। मिथाइल पारथियन डस्ट 2 प्रतिशत का भुरकाव पत्तियों पर करना चाहिए। परजीवी ट्राइकोस्पिलस पुपीपोरा और ब्रेकान ब्रेमिकौरनीस को प्रयोगशाला में पालकर छोड़ने से इस कीट का नियंत्रण हो जाता है। इस प्रकार होने वाली हानि को रोका जा सकता है।

लाल ताड़ घुन (रेड पाम बीटील)

यह भृंग बेलनाकार लाल भूरे रंग का होता है। इसकी लम्बाई 35 से.मी. तथा चौड़ाई 12 से.मी. होती है। नर कीट भृंग पर छोटे भूरे रंग के बाल पाये जाते हैं। नर में बालों का गुच्छा होता है। इसका नाम *रिकोंफोरस फेरूजीनीयस* हैं।

मादा भृंग क्रीमी सफेद अंडे देती है। यह पेड़ में छेद बनाकर अंदर अंडे देती है। अंडे सात साल तक के पौधों में छेद कर दिये जाते हैं और इससे बड़े पेड़ों में कटे स्थान पर दिये जाते हैं। एक मादा लगभग 20-80 अंडे देती है। अंडे अंडाकार 2.6 मि.मी. लम्बे एवं 1.2 मि.मी. चौड़े होते हैं और एक एक करके दिये जाते हैं। अंडे सफेद तथा अंडाकार होते हैं। अंडे 3-4 दिन के बाद फूटते हैं और उनसे जो ग्रब निकलता है वह सफेद होता है और धीरे–धीरे वह कोमल पेड़ की जड़ में छेद करता है। पूर्ण विकसित ग्रब मांसल और वक्र होता है। इसकी लम्बाई 50 मि.मी. होती है और 20 मि.मी. चौड़ाई होती है। एक तना में लगभग 40-50 ग्रब पाये जाते हैं। यह 36-78 दिन में पूर्ण विकसित होता है। प्यूपा बनने से पहले यह रेशमी कोकून बनाता है। उसके अंदर प्यूपा बनता है। प्यूपा भूरे रंग का रेशेदार, जालीरूपी होता है जिसकी लम्बाई 35 मि.मी. तथा चौड़ाई 15 मि.मी. होती है। प्यूपाकाल 12-13 दिन का होता है। प्रौढ़ 4-17 दिन तक कोकून में रहता है। तने में 40-50 भृंग पाये जाते हैं। इसका ग्रब कोमल पेड़ के उत्तकों

को खाता है। जब अधिक मात्रा में प्रकोप होता है तो कोमल प्ररोह पर ये आक्रमण कर देते हैं। यह घुन के ताड़ के रस पर आकर्षित होते हैं। सबसे पहले यह कीट तने में छेद करता है तथा उनसे भूरे रंग का द्रव निकलता है तथा डंठल टूटकर पत्तियाँ गिर जाती हैं। यह ऊपर तने में एक मि.मी. तक लम्बाई में छेद कर खाता है। इनके प्रकोप से कोशिकायें तुरंत ही सड़ने लगती है जिनसे बदबू आने लगती है। तने में नालियाँ बनी होने के कारण तेज हवा में पेड़ गिर पड़ता है।

चित्र 32.9 नारियल का लाल ताड़ घुन (रेड पाम बीटील)

नियंत्रण

1. अंडों को देने से बचाने के लिए पेड़ में घाव नहीं होने चाहिए।
2. मृत ताड़ों को नष्ट कर देना चाहिए।
3. ग्रब को शिखर से निकालकर क्षत पर कोलतार या फिनाइल लगाया जाना चाहिए।
4. फास्फेमिडान 85% का 50 मि.ली. प्रति 100 लीटर पानी में घोलकर छिड़काव करना चाहिए।
5. पेड़ों पर साईपरमेथ्रीन 20% दवा का 50 मि.ली. प्रति 100 लीटर पानी में मिलाकर छिद्रों में डालने से इस कीट की हानि को कम किया जा सकता है।

नारियल का शल्क कीट (कोकोनट स्केल)

मादा शल्क कीट का शरीर चमकीले पीले रंग का होता है तथा उस पर गोल रेखायें होती हैं। देह अर्धपारदर्शी सफेद चूर्ण से ढ़का रहता है। इसका व्यास 1.5-2.0 मि. मी. होता है। नर कीट मादा से काफी छोटा होता है। मादा कीट के एक जोड़ी पंख भी

होते हैं। मादा शल्क कीट अंडों को अपने शरीर के चारों ओर शल्क के अन्दर रखती है जो कि पीले रंग के होते हैं। फूटने पर इनसे छोटा सा अर्भक माता शिशु शल्क को छोड़कर पत्तियों पर आ जाते हैं। अर्भक इसी अवस्था में पत्तियों पर जीवन भर रहते हैं। यदि मादा होती है तो पूरे प्रौढ़काल तक वह इसी तरह रहते हैं। नर इस बीच तीन बार निर्मोचन करता है तथा मादा दो बार। प्रौढ़ बनने तक नर को 24 दिन तथा मादा को कुछ अधिक दिन लगते हैं। जीवन चक्र पूरा होने में 31-35 दिन लगते हैं। अधिक वर्षा वाले स्थानों में इस कीट का प्रकोप अत्यधिक होता है तथा जहाँ पर ताड़ या नारियल पास–पास लगाये जाते हैं वहाँ पर भी अधिक प्रकोप पाया जाता है।

चित्र 32.10 नारीयल का शल्क कीट (कोकोनट स्केल)

यह कीट नारियल का महान् शत्रु है। यह पत्तियों या तनों का रस चूसकर पत्तियों पर जगह–जगह पर सफेद मल–मूत्र उत्पन्न करता है। बाद में यह पपड़ी के रूप में बदल जाते हैं। पत्तियों का रस चूसने से उनमें श्वासरन्ध्र बन्द हो जाते हैं और पत्तियाँ मर जाती है। पत्तियों का डंठल और फूलों के स्पाइक इस कीट से प्रभावित होते हैं। जब वर्षा अधिक होती है तो इस कीट का प्रकोप अधिक होता है।

नियंत्रण

1. मेटासिस्टोक्स 0.04 प्रतिशत का छिड़काव करके इस कीट के प्रकोप को कम किया जा सकता है।
2. फास्फेमिडान 0.03 प्रतिशत या इण्डोसल्फान 0.05 प्रतिशत का छिड़काव करने से भी इस कीट की संख्या कम की जा सकती है।
3. परजीवी लेडी बर्ड भृंग के प्रयोग से काफी लाभ होता हैं।

33

मखाना एवं सिंघाड़ा की खेती में कीट प्रबन्धन

डॉ. एस.के. सिंह

पौधा रोग विभाग, राजेन्द्र कृषि विश्वविद्यालय, पूसा, समस्तीपुर, बिहार

मखाना एवं सिंघाड़ा एक जलीय पौधा है। इसमें भी अन्य जलीय पौधों की भाँति रोग एवं कीड़े लगते हैं, जो मखाना एवं सिंघाड़ा की उपज को घटाने में अपना महत्वपूर्ण योगदान देते हैं। आवश्यकता इस बात की है कि इसमें लगनेवाले रोग एवं कीड़े के सम्बन्ध में जानकारी प्राप्त करें एवं उनका प्रबन्धन वैज्ञानिक ढंग से करें एवं अपनी उपज में आशातीत वृद्धि करें।

मखाना में लगने वाले कीड़ों का संक्षिप्त वर्णन निम्नवत् दिया जा रहा है।

(अ) मखाना के प्रमुख कीट

(1) मखाना भृंग

मखाना भृंग की सूंडी मखाना के पौधों की जड़ों को खाती है तथा अपना सम्पूर्ण जीवन–चक्र भी वहीं पर पूरा करती है। यह अप्रैल से लेकर अगस्त तक सक्रिय रहता है, तथा पौधों को नुकसान पहुँचाता है। इस कीट द्वारा पौधों की जड़ों को नुकसान पहुँचाने की वजह से पौधा पीला पड़ जाता है तथा पौधा बौना रह जाता है। इस प्रकार से मखाना की उपज बुरी तरह से प्रभावित होती है। तालाब में मखाना यदि एक बार इस कीट द्वारा ग्रसित हो गया तो इसे नियंत्रित करना बहुत–ही कठिन कार्य हो जाता है।

इस कीट से बचाव का सबसे अच्छा तरीका यह है कि इसकी खेती प्रभावित तालाब में कम– से–कम तीन वर्ष न की जाये।

(2) केस वर्म

मखाना की खेती को केस वर्म मार्च से लेकर अप्रैल तक सक्रिय रूप से नुकसान पहुँचाता रहता है। इस कीट का लार्वा पौधों की कोमल पत्तियों को काट–काट कर छोटे–छोटे टुकड़ों में कर देता है तथा केस बनाकर उसी में रहता है। यह कीट पत्तियों की क्लोरोफिल को खाता है, जिसकी वजह से प्रकाश संश्लेषण (भोजन बनाने की प्रक्रिया) का कार्य बुरी तरह से प्रभावित होता है, जिससे पौधा कमजोर हो जाता है। परिणामतः उपज बहुत–ही कम प्राप्त होती है।

(3) माहूँ (लाही)

माहूँ मखाना का एक प्रमुख कीट है। यह मखाना की नयी एवं कोमल पत्तियों से रस चूसकर इन्हें कमजोर बना देता है, जो बाद में सूखकर सड़ जाता है। प्रभावित पौधे बौने रह जाते हैं जिसकी वजह से मखाना की कम उपज प्राप्त होती है।

(4) घोंघा

घोंघा मखाना की खेती का सर्वाधिक खतरनाक संघातक जीव है। यह मखाना के पत्तियों के निचले भाग से लटका रहता है तथा पत्तियों से लगातार रस चूसता रहता है, जिससे पत्तियाँ कमजोर एवं बाद में पीली पड़ जाती है। इनमें पौधों के लिए भोजन बनाने की क्षमता समाप्त हो जाती है। इस प्रकार से यह पौधों से अलग हो कर सड़ गल जाती है। घोंघा की कुछ प्रजातियाँ मखाना के तना एवं फलों से भी रस चूसने का कार्य करती हैं।

मखाना की खेती में कीट प्रबन्धन

मखाना की खेती तालाब में मछलियों के साथ–साथ किया जाता है। इसलिए किसी भी कृषि रसायन विशेषकर कीटनाशक का प्रयोग करने से बचना चाहिए क्योंकि यह मछलियों के लिए घातक साबित होगा। मखाना की खेती में कीट नियंत्रण हेतु निम्न सलाह दी जाती है।

(1) तालाब को हमेशा जलीय खरपतवारों जैसे–जलकुम्भी, सेवार इत्यादि से मुक्त रखना चाहिए। खरपतवार नियंत्रण का कार्य हमेशा हाथ द्वारा करना चाहिए। इसके लिए रसायनों का प्रयोग पूर्णतया वर्जित है।

(2) केस वर्म नामक कीट के नियंत्रण हेतु जूट की रस्सी को किरासन तेल में डुबा कर पत्तियों के ऊपर से चलायें जिससे कीट का केस टूट जाता है एवं कीट किरासन तेल से डूबी हुई रस्सी के सम्पर्क में आने से मर जाता है।

(3) यदि तालाब में मछली न हो तो वैसी स्थिति में कीटनाशक रसायन का प्रयोग कीट नियंत्रण हेतु किया जा सकता है। इस कार्य हेतु इण्डोसल्फान @ 0.1% तथा मोनोक्रोटोफास 0.15% की दर से छिड़काव करें। इस घोल में 1 मिली लीटर तीसी का तेल 1 लीटर घोल की दर से करना अच्छा रहता है।

(ब) सिंघाड़ा के प्रमुख कीट

सिंघाड़ा बिहार का एक महत्वपूर्ण जलीय फल है। इसमें कई प्रकार के कीड़े का प्रकोप होता है जिनकी वजह से उपज में भारी कमी आती है। अतः यह आवश्यक है कि सिंघाड़ा को कीडों से बचाया जाय।

1. सिंघाड़ा भृग : इस भृंग के पिल्लू (ग्रब) एवं प्रौढ़ सामान्यतः सिंघाड़ा की पत्तियों एवं कभी–कभी इसके फल को खाते हैं। प्रौढ़ भृंग की तुलना में अधिक नुकसान करने वाले होते हैं। इसके भृंग सुस्त एवं बहुत उड़ने वाले नहीं होते हैं। इस कीट द्वारा लगभग 40 से 60 प्रतिशत तक क्षति होती है।

इस भृंग का मादा, 5 से 8 अंडों के झुंड में औसतन 101 अंडे देती है जो सिंघाड़ा की पत्तियों की ऊपरी सतह पर कस कर गोदनुमा चिपके रहते हैं। मैथुन से पहले की अवस्था जुलाई में लगभग 2 दिन जो नवंबर में बढ़कर सात दिनों तक हो जाता है। इस भृंग के नर एवं मादा का मैथुन 15 मिनट तक चलता है एवं अंडा देने से पहले की अवस्था 15 घंटों से 4 दिनों तक है। अंडा देने की अवस्था 6 से 18 दिनों तक रहती हे। अंडा से शिशु निकलने की अवस्था, ग्रब (पिल्लू) एवं कोशिय अवस्था क्रमशः 4-7, 9 से 10 दिनों होती हैं। अंडा से प्रौढ़ बनने तक कुल जीवन चक्र 18 से 32 दिनों तक का होता है और अनुकूल अवस्था में एक साल में अधिकतम 9 पीढ़ियाँ होती है। नर एवं मादा का जीवन क्रमशः 11 से 28 दिन एवं 13 से 33 दिनों तक का होता है।

इस भृंग एवं अविकसित अवस्था का पूरा जीवन काल सिंघाड़ा की पत्तियों पर बीतता है। जाड़ा एवं ग्रीष्म ऋतु के प्रारंभ में इस हानिकारक कीट की क्रियाशीलता कम हो जाती है एवं दिसंबर तक भृंग कीट झील तथा तालाब के किनारे पर अवस्थित छिद्रों एवं सुरक्षों में सुषुप्तावस्था में चले जाते हैं। यह सुषुप्तावस्था लगभग 4 से 5 महिनों तक चलती है एवं इसके भृंग पुनः अप्रैल से मई में क्रियाशील हो जाते हैं। गर्म एवं आर्द्र मौसम में इन भृंगों की क्रियाशीलता बढ़ जाती है। इस भृंग की अधिकतम क्रियाशीलता अगस्त से सितंबर के बीच होती है।

नियंत्रण : 1. सिंघाड़ा के भृंगों को एवं पत्तियों से अंडों को चुनकर नष्ट करने से, इस कीट की संख्या कम की जा सकती है।

2. भीषण आक्रमण होने पर, कारबेरिल 10 प्रतिशत धूल का, 25 किलोग्राम प्रति हेक्टर की दर से 10 दिनों के अंतराल पर 3 भुरकाव करें।

2. नीला भृंग : ये भृंग विविध प्रकार के भोज्य पदार्थों पर जैसे – गेहूँ, जौ एवं घास पात (वीड्स) पर जीवनयापन करते हैं। आर्थिक रूप से उपयोगी फसल सिर्फ सिंघाड़ा ही है जिसे ये नीले भृंग नुकसान पहुंचाते हैं।

इसके पिल्लू, सिंघाड़ा की पत्तियों की ऊपरी सतह को खाते हैं जबकि प्रौढ़ भृंग, सिंघाड़ा की पत्तियों के बाहरी किनारों को छेद्र कर खाती है। पत्तियों की ऊपरी सतह के खा जाने के फलस्वरूप इसके निचले तंतु मृत हो जाते हैं एवं पत्तियाँ झुलसी हुई नजर आती है। यह हानिकारक कीट वर्षा ऋतु में अधिक सक्रिय रहता है।

इसके पिल्लू गहरे भूरे रंग के 9 से 10 मि.मी. लंबे एवं शरीर के रोमकपोष से निकले मोटे–मोटे काले बाल से होते हैं जो इसके पिल्लुओं (ग्रबों) को रोयेंदार सदृश्य बना देती है। पूर्ण विकसित अवस्था में ये पिल्लू (ग्रब) पोषक पौधों को छोड़कर मिट्टी निर्मित खोल (कोकून) गें प्यूपा देते हैं। ये प्यूपा 42 से 48 मि.मी. लंबे होते हैं। प्यूपा पीलापन लिए नारंगी रंग के होते हैं एवं धीरे–धीरे गाढ़े रंग के हो जाते हैं। प्रौढ़ चमकीले नीले रंग के 5 मि.मी. लंबे भृंग होते हैं जिनके एन्टीना काले रंग के होते हैं।

नियंत्रण : कारबेरिल 5 प्रतिशत धूल का 20 किलोग्राम प्रति हेक्टर की दर से भुरकाव करें।

कीड़ों के अलावा हानिकारक जीव

(1) केंकड़ा : बिच्छुओं की तरह ये केंकड़े रक्षात्मक एवं आक्रामक चरित्र रखते हैं। केकड़ा अधिकांशतः एकलिंगी होते हैं। यौनिय असमरूपता लगभग समस्त विश्व में पायी

जाती है। कुछ केंकड़ों में प्रजनन वास्तविक मैथुन के बिना ही सम्पन्न होता है। इसका विकास रूपान्तरण के द्वारा होता है। केंकड़ों द्वारा विभिन्न फसलों को अधिकांश क्षति पहुंचाने की बात कही गई है। केंकड़े सिंघाड़ा के फलों को भी नुकसान पहुंचाते हैं।

चित्र 33.1 केकड़ा

नियंत्रण : केंकड़ों की रोकथाम के लिए बी.एच.सी. 5 प्रतिशत धूल का, 25 किलोग्राम प्रति हेक्टर की दर से सिंघाड़ा के फलों को तोड़कर बाद में करना चाहिए। साथ ही साथ तालाब के चारों तरफ के केंकड़ों के मांदों को जहरीले चारे (एक हिस्सा 50 प्रतिशत केनिट्राथियान घुलनशील चूर्ण व 1 हिस्सा पक्का हुआ चावल) से उपचारित करें।

(2) घोंघा : गैस्ट्रोपीडा वर्ग (जाति मौलुस्का) में आता है। घोंघा जाति के जीवों को चौड़ा मांसदार पैर होता है। फलस्वरूप ये रेंगकर चलते हैं। एक अलग सिर का हिस्सा होता है। घोंघा को एक बाह्य आवरण (कड़ा खोल) होता है। घोंघा उभयलिंगी होते हैं। तालाबों में उगायी गयी फसलों को (सिंघाड़ा) घोंघा द्वारा नुकसान पहुंचाये जाते हैं।

चित्र 33.2 घोंघा मखाना की खेती का सर्वाधिक खतरनाक संघातक जीव

नियंत्रण

1. घोंघा को चुन कर नष्ट कर दें साथ ही इनके छिपने वाले स्थानों को भी नष्ट कर दें।
2. 5% मेटालिडिहाइड टिकियों का व्यवहार करें।

34

सब्जियों में समेकित कीट प्रबन्धन

डॉ. एस.के. सिंह एवं श्री नागेन्द्र कुमार*

पौधा रोग विभाग, राजेन्द्र कृषि विश्वविद्यालय, पूसा, समस्तीपुर, बिहार
* कीट विज्ञान विभाग, राजेन्द्र कृषि विश्वविद्यालय, पूसा, समस्तीपुर, बिहार

सब्जी उत्पादन में अनुशंसित प्रभेद, खाद एवं सिंचाई के अलावा समेकित नाशीकीट प्रबन्धन का विशेष महत्व है। चूँकि सब्जियों की खेती सालभर होती है, नाशीकीटों का आक्रमण ग्रीष्म से वर्षा ऋतु एवं जाड़ों में भी होता रहता है। भिंडी में अकेले प्ररोह व फल छिद्रक द्वारा 49% क्षति आँकी गई है। जैसिड द्वारा उपज में 40% क्षति देखी गई है। फल छिद्रक कीट द्वारा टमाटर में 16 से 64% की क्षति आंकी गई है। गोभी छिद्रक द्वारा की गई क्षति 30% तक पाई गई है। सब्जियों में समेकित नाशीकीट प्रबंधन एक गहन अध्ययन व शोध पर आधारित नाशीकीटों से सब्जी सुरक्षा की नयी प्रणाली है। इसके अंतर्गत कीटरोधी प्रभेदों के चयन से लेकर, सब्जियों की बुआई से कटाई तक की वह सब विधियाँ अपनाना जैसे – ग्रीष्म में गहरी जुताई, यांत्रिक विधि, फसल चक्र, मिश्रित फसलों को बोना, कटाई के समय सब्जियों के अवशेष को नष्ट करना, सब्जियों के बोने के समय में थोड़ा परिवर्तन करके, भौतिक नियंत्रण, जैविक नियंत्रण एवं रासायनिक नियंत्रण विधियाँ अपनाना जिससे कि पर्यावरण की सुरक्षा के साथ–साथ यह ध्यान रखना कि सब्जियों में कीटनाशकों के अवशेष न रह जाये एवं सब्जी उत्पादन का लागत मूल्य भी कम किया जा सके एवं सब्जियों में लगने वाले हानिकारक कीटों की संख्या, निर्धारित आर्थिक हानि स्तर से बढ़ नहीं जाय। कीटों की संख्या जब इतनी अधिक हो जाय कि आर्थिक हानि होने लगे, तब कीट विशेषज्ञ की सलाह पर, अनुशंसित दवाओं का प्रयोग, अनुशंसित मात्रा में, आवश्यकतानुसार करना चाहिए। यह कीटनाशकों के बढ़ते उपयोग से, होनेवाले दुष्प्रभाव से बचने का एक विकल्प है, इसे फसलों विशेषकर सब्जियों और अपने राज्य में सभी के सहयोग से लागू करने की आवश्यकता है। इस पद्धति से दूरगामी अच्छे परिणाम कम लागत में मिलते हैं।

क. भिंडी (ग्रीष्म व खरीफ) में समेकित नाशीकीट प्रबंधन

ग्रीष्म व खरीफ में बुआई की गई भिंडी की फसल में फल व प्ररोह छिद्रक, जैसिड, लाल मत्कुण (बग) नाशीकीटों का आक्रमण, मुख्य रूप से हर साल होता है। गरमा भिन्डी में इन नाशीकीटों के अलावा अष्टपदी लाल माईट का भी आक्रमण होता है। इन

नाशीकीटों की पहचान, आक्रमणकाल एवं इनके आक्रमण से उत्पन्न लक्षण जानना आवश्यक है तभी इनकी संख्या को निर्धारित हानि स्तर से, समेकित नाशीकीट प्रबंधन अपना कर बढ़ने से रोका जा सकता है।

पहचान

फल व प्ररोह छिद्रक के पतंगों की लम्बाई 12 मि.मी. व रंग सफेद और पंखों का विस्तार 21 मि.मी. होता है। इसका सिर छोटा, आँखें बड़ी और काली होती है। अग्रपंखों के मध्य में एक चौड़ी हरी धारी होती है जबकि पिछली जोड़ी पंख सफेद होता है। इसका शरीर गुलाबी रंग लिए हुए श्वेत होता है।

फल व प्ररोह छिद्रक के पतंग

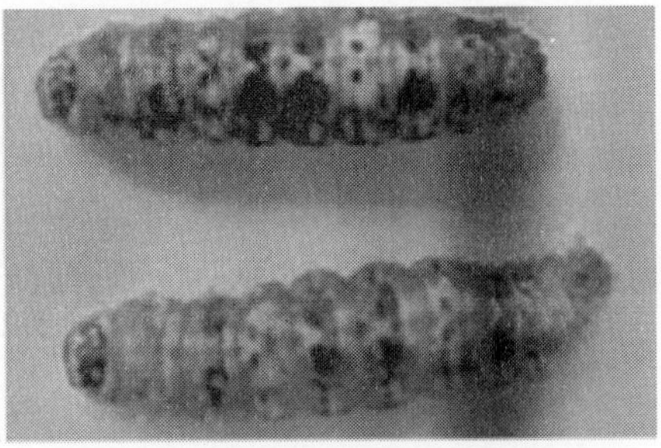

फल व प्ररोह छिद्रक : **लार्वा**

फल व प्ररोह छिद्रक : आक्रान्त फल

जैसिड का वयस्क

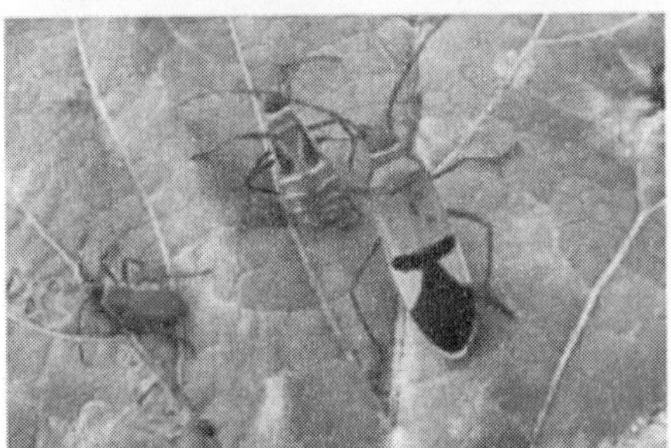

लाल मत्कुण (बग)

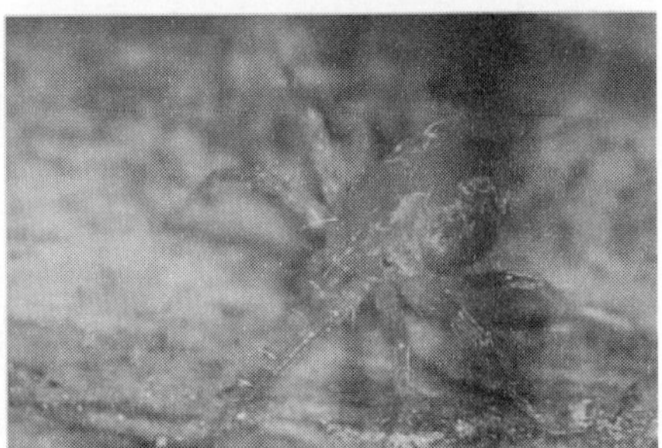

लाल माईट

चित्र 34.1 भिंडी की फसल के मुख्य कीट

जैसिड का वयस्क एवं शिशु (निम्फ) पीले हरे रंग का होता है। दोनों पंखों के अग्रभाग पर एक एक काला धब्बा होता है तथा पार्श्व भाग पर 2 काले धब्बे होते हैं इसके निम्फ पंखहीन और पीले हरे रंग के होते हैं।

लाल बग का वयस्क कीट लाल एवं काले धब्बों वाला चूषक कीट है। वयस्क कीट 1.5 से.मी. लम्बा एवं 0.5 से.मी. चौड़ा होता है। इसका निचला शरीर लाल व धारीदार सफेद पट्टियों वाला होता है।

अष्टपदी लाल माईट के शिशु (निम्फ) एवं वयस्क कीट आकार में उभरे हुए (ग्लोबुलर) एवं गहरे ईंट के रंग के होते हैं एवं इनकीं चार जोड़ियाँ पैर होती हैं।

आक्रमण से उत्पन्न लक्षण

फल व प्ररोह छिद्रक कीट का लार्वा नये बढ़ते हुए प्ररोह में छेद कर घुस जाता है एवं तंतुओं को खाता रहता है जिससे शीर्ष भाग मुरझा जाता है एवं सूख जाता है। बाद में पौधों में फल आने पर, नये कोमल फलों में छेद कर इसके पिल्लू घुस कर खाते हैं। आक्रान्त फल किसी काम के नहीं रहते हैं ।

इस कीट का आक्रमण काल मार्च से नवम्बर तक है।

जैसिड के शिशु (निम्फ) एवं वयस्क पत्तियों के निचली सतह से रस चूसते हैं। लगातार रस चूसने के फलस्वरूप पत्तियाँ किनारे से पीली पड़ने लगती हैं और बाद में ताँबे के रंग के धब्बे पत्तियों पर स्पष्ट देखे जा सकते हैं। भीषण आक्रमण होने की स्थिति में हॉपर बर्न जैसा दिखता है एवं पत्तियाँ बीच में प्याले की तरह मुड़ कर सूखकर झड़ जाती हैं।

इनका आक्रमण काल मार्च से अक्टूबर तक है। अधिकतम आक्रमण मई–जून महीने में होता है।

लाल मत्कुण (बग) के वयस्क एवं निम्फ दोनों ही पौधों की पत्तियों, प्ररोह एवं अन्य हिस्सों से रस चूसते हैं। इस कीट का आक्रमण बीज के लिए लगाई गई भिण्डी की फसल में विशेषकर होता है। ऐसे पौधे जिनमें फल परिपक्व होने के लिए छोड़े जाते हैं, उन पर इनका भीषण रूप से आक्रमण होता है।

लाल अष्टपदी माईट के निम्फ व वयस्क पत्तियों की निचली सतह से रस चूसते हैं, फलस्वरूप पत्तियों की ऊपरी सतह पर पीला सफेद धब्बा दृष्टिगोचर होता है। इन माईट का चलना इनके द्वारा तैयार रेशमी धागों द्वारा होता है।

नाशीकीटों का समेकित कीट प्रबन्धन

1. बुआई के बाद खेत को साफ रखें। खरपतवार इनकी वृद्धि में सहायक होते हैं।
2. कीटरोधी एवं अनुशंसित भिंडी की किस्में जैसे – परभनी क्रान्ति, अर्का अनामिका, वर्षा, उपहार एवं संकर किस्में यथा भवानी, कृष्णा, हाइब्रिड–6 तथा 8 जैसी किस्में बोयें।
3. कीटग्रस्त क्षेत्रों में बीजोपचार, इमिडाक्लोप्रोड दवा के 5 ग्राम से प्रति किलो बीज को उपचारित कर बोयें।

4. **यांत्रिक नियंत्रण** : मुर्झाये शीर्ष प्ररोहों को एवं आक्रांत फल को नियमित रूप से तुड़ाई कर, इन्हें जमीन में गहरे गाड़ दें।
5. ग्रीष्म रोप भिंडी में अंकुरण के 40 दिनों बाद नीम स्त्राव का 5 प्रतिशत घोल से छिड़काव कर दें। फिर एक पखवाड़े बाद इण्डोसल्फान 35 ई.सी. तरल दवा का 1.5 मि.ली. प्रति लीटर पानी में घोलकर छिड़काव करें।
6. खरीफ में बुआई की गई भिंडी में अंकुरण के 40 दिनों बाद, पहला छिड़काव नीम बीज स्त्राव का 5 प्रतिशत घोल से छिड़काव करें, पुनः दूसरा छिड़काव अंकुरण के 55 दिनों बाद, इण्डोसल्फान 35 ई.सी. का 1.5 मि.ली. एवं तीसरा छिड़काव अंकुरण के 70 दिनों बाद कार्बेरिल (50% घुलनशील चूर्ण) का 2 ग्राम प्रति लीटर पानी में मिला कर छिड़काव करें।
7. भिंडी में यदि लाल अष्टपदी माईट का आक्रमण होता है तो डाइकोफॉल 17.5 ई. सी. का 3 मि.ली. या डाइमेथोयेट 30 ई.सी. का 1.0 मि.ली. या मिथाइल डिमेटान 25 ई.सी. (मैटासिस्टॉक्स) का 2 मि.ली. प्रति लीटर पानी में घोलकर छिड़काव करें।
8. फसल की समाप्ति पर अवशेषों को हटा कर नष्ट कर दें।
9. फसल चक्र अपनायें यथा ग्रीष्म में: भिंडी–बोरा–टमाटर, खरीफ में : भिंडी–लत्तरवर्गीय सब्जियाँ।

ख. खरीफ व जाड़ा रोप बैगंन में समेकित नाशीकीट प्रबन्धन

खरीफ व जाड़ों में रोपे गये बैंगन की फसल में प्ररोह एवं फल छिद्रक; बैंगन का तना छिद्रक एवं एपीलैकना भृंग की 2 प्रजातियाँ तथा जैसिड नाशीकीटों का आक्रमण हर साल होता है। खरीफ में जाड़ों की अपेक्षा बैंगन में इन कीटों का आक्रमण अधिक होता है।

पहचान

प्ररोह व फल छिद्रक के पतंगों का रंग भूरा और सफेद पंखों के ऊपर गुलाबी रंग के धब्बे होते हैं। पूर्ण विकसित पिल्लू (लार्वा) हानिकारक अवस्था है, ये गुलाबी शरीर वाले होते हैं।

जैसिड पीला हरे रंग का होता है। दोनों पंखों के अग्र भाग पर एक–एक काला धब्बा होता है तथा पार्श्व भाग पर 2 काले धब्बे होते हैं। इसके शिशु (निम्फ) पंखहीन और पीले हरे रंग के होते हैं। इनकी हानिकारक अवस्था वयस्क एवं शिशु हैं।

एपीलैकना भृंग के पहले किस्म के अग्र पंख (इलीट्रा) पर 6 काले धब्बे होते हैं जबकि दूसरे किस्म के अग्र पंख पर 14 काले धब्बे होते हैं।

आक्रमण से उत्पन्न लक्षण

प्ररोह व फल छिद्रक के लार्वा द्वारा आक्रान्त शीर्षभाग मुरझा कर सूख जाते हैं, आक्रान्त फलों में निष्कासन छिद्र स्पष्ट देखे जा सकते हैं।

एपीलैना भृंग

प्ररोह एवं फल छिद्रक

चित्र 34.2 बैंगन की फसल के मुख्य कीट

एपीलैकना भृंग के वयस्क एवं ग्रब पत्तियों को खुरच कर खाते हैं, आक्रान्त पत्तियाँ सूख जाती हैं।

जैसिड के वयस्क और शिशु दोनों पत्तियों के नीचे बैठे रहते हैं और रस चूसते हैं। आक्रान्त पत्तियाँ ऊपर की ओर मुड़ जाती हैं और पीली होकर अन्त में सूख जाती है। यह माइकोप्लाज्मा (बंझा) रोग फैलाती है फलस्वरूप बैंगन के पौधों की पत्तियाँ छोटी हो जाती हैं एवं उनमें फल नहीं लगते हैं।

बैंगन में समेकित नाशीकीट प्रबन्धन

1. कीटरोधी प्रभेद यथा पी.बी.आर. 129-5, पूसा परपल क्लस्टर, नीलम, पन्त बैंगन, पन्त सम्राट, अरका निधि, के.एस. 331, के.एस. 224, पूसा हाइब्रीड–5, 6 जैसे अनुशंसित प्रभेद लगायें।
2. कीटग्रस्त क्षेत्र में बैंगन के बिचड़ों को इमिडाक्लोप्रीड का 1.0 मि.ली. प्रति लीटर पानी में घोल बनाकर, 3 घंटों तक उपचारित करने के बाद रोपाई करें।
3. फसल चक्र अपनायें यथा खरीफ में बैंगन–लत्तरवर्गीय सब्जियाँ–फूल गोभी।
4. प्ररोह व फल छिद्रक कीट द्वारा आक्रान्त मुर्झाये शीर्ष भाग एवं आक्रान्त बैंगन को नियमित रूप से तोड़कर, जमीन में गहरे गाड़ दें।
5. पत्तियों पर एपिलैकना भृंग के वयस्क एवं ग्रब को रोपनी के 20 दिन बाद चुन कर किरासन मिले हुए पानी में डाल कर मार दें। इसे नियमित रूप से प्रारम्भ में करें।
6. रोपनी के 40 दिन बाद नीम बीजपत्र स्त्राव (एन.एस.के.ई.) 5 प्रतिशत का छिड़काव करें।
7. प्रथम छिड़काव के 15 दिन बाद दूसरा छिड़काव कार्बोरिल 50 प्रतिशत घुलनशील चूर्ण का खड़ी फसल में 2 ग्राम प्रति लीटर पानी में घोल बनाकर छिड़काव करें। तीसरा छिड़काव द्वितीय छिड़काव के 15 दिन बाद क्विनालफॉस 25 ई.सी. दवा का 1 मि.ली. प्रति लीटर पानी में घोल बनाकर छिड़काव करें।

8. बैंगन के बिचड़ों को रोपनी के 15 दिन बाद कार्बोफ्यूरान 3 प्रतिशत दानेदार दवा का 3 ग्राम प्रति पौधा मिट्टी में व्यवहार करें।
9. रोपनी के बाद खेत को साफ रखें। खरपतवार इन कीटों की वृद्धि में सहायक होते हैं।
10. फसल की समाप्ति पर फसल अवशेष को खेत से बाहर कर नष्ट कर दें। तना छिद्रक द्वारा आक्रांत पौधों को उखाड़ कर जला दें।

ग. लत्तरवर्गीय सब्जियों में समेकित कीट प्रबन्धन

लत्तरवर्गीय सब्जियों में करेला, कद्दू, कोहड़ा, तोरई, खीरा, चींचड़ा इत्यादि सब्जियाँ आती है। इन्हें गरमी एवं खरीफ में लगाया जाता है। इन सब्जियों के सभी पौधों पर मुख्य रूप से 2 नाशीकीट यथा पत्तरझिंझा (कद्दू का लाल भृंग) एवं फल मक्खी का आक्रमण होता है।

पत्तरझिंगा (कद्दू का लाल भृंग)

पत्तरझिंगा की लम्बाई 7 मि.मी. और चौड़ाई 4 मि.मी. होता है। इसका रंग लाल तथा चमकदार होती है। काटने चबाने वाले मुख भाग होते हैं। अग्रपंख केवल पिछली जोड़ी पंखों के सुरक्षा वास्ते होते हैं। बदन का निम्न तल पूर्णतया काला होता है।

आक्रमण से उत्पन्न लक्षण

पत्तरझिंगा के वयस्क तथा ग्रब दोनों ही पौधों को नुकसान पहुँचाते हैं। जाड़े के दिनों में वयस्क भृंग (बीटल) सुषुप्तावस्था में सूखी पत्तियों तथा भूमि की दरारों में छिपे रहते हैं। यह समय मध्य नवम्बर से फरवरी तक का होता है। मार्च के प्रारम्भ में ही वयस्क भृंग दिखाई देने लगते हैं, नवजात पौधों को एवं उनकी पत्तियों एवं फूलों को काटने तथा चबाने वाले मुख से छेद बना कर खाते हैं। इसके ग्रब नवजात पौधों के जड़ एवं भूमिगत तना भाग को भी काट देते हैं फलस्वरूप पौधे सूख जाते हैं।

फलमक्खी

फलमक्खी वयस्क की लम्बाई 7 मि.मी. चौड़ाई 3 मि.मी. होती है। सिर कुछ "लट्टू" आकार का जिसका चौड़ा भाग आगे की ओर तथा पतला भाग वक्ष से जुड़ा होता है। रंग चॉकलेट भूरा होता है और कहीं–कहीं पीली धारियाँ होती हैं। बदन सिर, वक्ष तथा उदर में विभाजित होता है। इसके मैगट का रंग चमकदार, सफेद बदन, आगे की ओर नुकीला और पीछे को लगातार मोटा होता जाता है।

आक्रमण काल

मार्च से अक्टूबर तक यह कीट नुकसान पहुँचाता है किन्तु अधिकतम नुकसान अप्रैल से मई माह में करता है।

चित्र 34.3 लत्तरवर्गीय सब्जियों के फल मक्खी

फलमक्खी के "मैगटस" ही नुकसान पहुँचाते हैं। ये मैगटस नवजात फलों के गूदे को खाकर उसमें स्पंज जैसे बहुत से छेद कर देते हैं तथा उसमें सड़न प्रारम्भ हो जाती है। इस प्रकार से गूदा सड़ने के कारण आस पास का भाग काला हो जाता है। छोटे–छोटे फलों की बढ़वार रूक जाती है तथा खाया हुआ भाग पतला रह जाता है एवं वहीं से फल कुछ मुड़ कर टेढ़ा हो जाता है। कभी–कभी फल पीले पड़ कर, डण्ठल से अलग हो कर गिर जाते हैं। आक्रान्त फल बेकार हो जाते हैं एवं किसी काम नहीं आते।

फलमक्खी सालभर सक्रिय रहता है किन्तु अधिकतम नुकसान मानसून में होता है।

समेकित कीट प्रबन्धन

1. फसल की कटाई के बाद खेत की गहरी जुताई मिट्टी पलटने वाले हल से करनी चाहिए ताकि लाल कद्दू भृंग द्वारा दिये गये भूमिगत अंडे तथा ग्रब ऊपर आकर सूर्य के प्रकाश एवं चिड़ियों द्वारा नष्ट कर दिये जाय। फलमक्खी के कृमिकोष (प्यूपा) भी जुताई से सतह पर आ जाते हैं एवं धूप तथा चिड़ियों द्वारा नष्ट कर दिये जाते हैं।
2. खेत की समस्त सूखी पत्तियों को मार्च से पहले इकट्ठा करके जला देना चाहिए।
3. राख में मिट्टी का तेल मिलाकर पौधों पर भुरकाव करने से पत्तरझिंझा पत्तियों को नहीं खाते हैं।
4. कद्दूवर्गीय सब्जियों के अनुशंसित प्रभेद ही लगायें यथा लौकी में गरमी में राजेन्द्र चमत्कार, खरीफ में ढ़ोली सफेद, गर्मी में पूसा मेघदूत, पूसा, मंजरी, पूसा नवीन। इसी तरह नेनुआ में, राजेन्द्र नेनुआ, पूसा चिकनी एवं सेलेक्सन 99 प्रभेद लगायें। खीरा में बालम, सी.एच. 20, करैला में आर.एच.आर.बी.जी. 1 व के.बी.जी. 16 प्रभेद लगायें। परवल में राजेन्द्र परवल 1 व 2, निमिया, स्वर्णरेखा एवं सफेदा प्रभेद लगायें।
5. गरमी में फसल को अगात एवं खरीफ में देर से बुआई करने से लाल कद्दू भृंग एवं फलमक्खी का आक्रमण कम होता है।
6. बांस की पट्टी पर, लत्तियों को लम्बवत् चढ़ा देने से फलमक्खी का आक्रमण कम होता है।

7. आक्रान्त फलों को नियमित रूप से खेत से हटा कर, 3 इंच गहरे गड्ढ़े में डाल कर मिट्टी से ढ़क दें।
8. कद्दू का लाल भृंग का आक्रमण होने पर मैलाथियान 5 प्रतिशत धूल का भुरकाव 20 किलो ग्राम प्रति हेक्टर या मालाथियान (50 ई.सी.) तरल दवा का 2 मि.ली. प्रति लीटर पानी में घोल बनाकर छिड़काव करें। क्लोरपायरिफॉस (2 प्रतिशत धूल) का 20 कि. प्रति हे. की दर से पौधों की जड़ों के पास, मिट्टी में मिला देने से इस कीट के ग्रब मर जाते हैं।
9. फलमक्खी के नियंत्रणार्थ, कद्दूवर्गीय सब्जियों में फल मक्खियों का आक्रमण शुरू होते ही 1 किलो छोआ, 2 ली. मैलाथियान (50 ई.सी.) तरल दवा को 1000 लीटर पानी में घोलकर प्रति हेक्टर की दर से छिड़काव करें। यदि आवश्यकता पड़े तो 15 दिनों के अन्तराल पर, दूसरा छिड़काव करें।
10. इपोलैकना भृंग का आक्रमण होने पर बैंगन की तरह दवा का छिड़काव करें।
11. फसल चक्र अपनायें यथा गरमी में कद्दूवर्गीय सब्जियाँ – भिंडी – पत्तागोभी, फूलगोभी, खरीफ में लत्तरवर्गीय सब्जियाँ – फूलगोभी, प्याज।

घ. शलजम, पत्तागोभी, फूलगोभी, गांठगोभी में समेकित कीट प्रबंधन

पत्तागोभी, फूलगोभी, गांठगोभी, शलजम इत्यादि में हर साल मुख्य रूप से गोभी छिद्रक एवं गोभी की लाही का आक्रमण होता है।

पहचान

गोभी छिद्रक के पतंगे पीलापन लिए हुए भूरे रंग के होते हैं। अग्रपंखों पर हल्की भूरी लहरदार पंक्तियाँ एवं पार्श्वपंख पीला गंदा–सा होता है। इस कीट की हानिकारक अवस्था लार्वी है। पूर्ण विकसित लार्वी पीलापन एवं श्वेत भूरे रंग के होते हैं, इनके शरीर पर 4-5 हल्की गुलाबी भूरी लम्बी धारियां होती हैं।

गोभी की तितली – प्रौढ़ तितली के पंखों का ऊपरी भाग धुँआ सदृश्य होते हैं। तितली का रंग गहरा–पीला एवं बाद में हरापन लिए पीले रंग में बदल जाते हैं। शरीर पर छोटे बाल होते हैं। हानिकारक अवस्था लार्वी है जो गहरा पीलापन लिए सफेद रंग के होते हैं।

गोभी का लाही – लाही का वयस्क गहरे हरे रंग के होते हैं। निम्फ छोटे एवं कोमल शरीर वाले होते हैं।

आक्रमण से उत्पन्न लक्षण

गोभी छिद्रक के लार्वी (पिल्लू) गोभी के मध्य के पत्तों में छेदकर घुसते हैं एवं पत्तागोभी एवं फूलगोभी के फूल को नुकसान पहुँचाते हैं। फलस्वरूप पत्तागोभी एवं फूलगोभी में फूल नहीं बनते। अगात रोप फूलगोभी जो जुलाई अगस्त में रोपे जाते हैं, इस कीट का आक्रमण अधिक होता है।

आक्रमण काल–इस कीट का आक्रमणकाल जुलाई से अक्टूबर तक है।

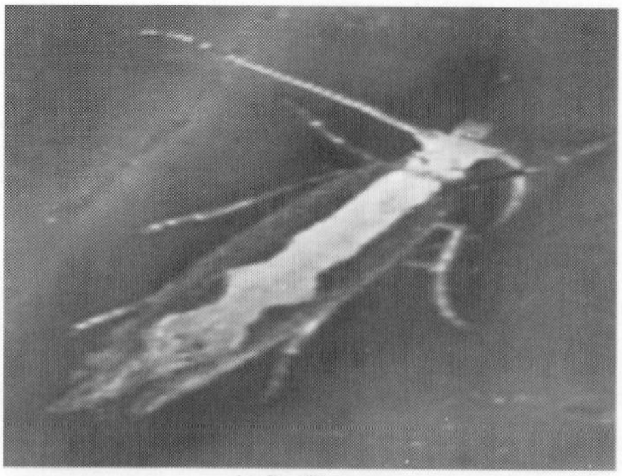

गोभी छिद्रक

गोभी छिद्रक : आक्रान्त पत्तागोभी

गोभी की लाही

गोभी की तितली

चित्र 34.4 पत्तागोभी, फूलगोभी, गांठगोभी के मुख्य कीट

गोभी की तितली–गोभी की तितली की हानिकारक अवस्था पिल्लू है। इस कीट के लार्वा (पिल्लू) प्रारम्भ में, गोभी की पत्तियाँ को खुरच कर खाते हैं जबकि कुछ पिल्लू, गोभी की पत्तियों को किनारे से अन्दर की ओर खाते हैं फलस्वरूप केवल मुख्य शिरायें बची रह जाती हैं। भीषण आक्रमण होने पर इसके लार्वी पूरे फूल को खा जाते हैं। मध्य रोप फसल में, इस कीट का अधिक आक्रमण होता है।

आक्रमणकाल – यह कीट अक्टूबर से मार्च तक आक्रमण करता है।

गोभी का लाही

लाही के वयस्क एवं निम्फ दोनों ही फसल को नुकसान पहुँचाते हैं। वयस्क एवं निम्फ पत्तियों से रस चूस कर नुकसान पहुँचाते हैं। लाही के निम्फ व वयस्क झुंड में कोमल पत्तियों पर देखे जा सकते हैं। पत्तियों से लगातार रस चूसने के फलस्वरूप प्रारंभ के पौधे कमजोर पीले दिखने लगते हैं। अधिक आक्रमण की स्थिति में पत्तागोभी, फूलगोभी, शलजम व गांठ गोभी के पौधे पूर्णतः सूख जाते हैं। इन सब्जियों के पिछात रोप में लाही का अधिक आक्रमण होता है। लाही का आक्रमण काल नवम्बर से मार्च तक पत्तागोभी, फूलगोभी, गांठगोभी इत्यादि में होता है।

समेकित कीट प्रबन्धन

1. फसल में अवांछित पौधों को नहीं रहने दें। साफ सुथरी खेती करें।
2. फूलगोभी के अनुशंसित प्रभेद लगायें यथा अगात रोप में पटना अर्ली, कुंअरी एवं पूसा कतकी प्रभेद तथा मध्य रोप में पूसा दीपाली, पूसी, पटना मेन एवं पूसा सिन्थेटिक–1 एवं पिछात रोप मे स्नोबैल–16 एवं मेधी। फूलगोभी के हाइब्रीड प्रभेद जैसे – हिमानी, स्वाति एवं अरका क्रान्ति लगायें। पातगोभी के अगात रोप में गोल्डेन शंकर, प्राइड आफ इण्डिया एवं अर्ली ड्रम जैसे प्रभेद लगायें। मध्य एवं पिछात रोप में पातगोभी के लेट ड्रमहेड एवं पूसा ड्रम हेड लगायें। पातगोभी के हाइब्रीड प्रभेद जैसे – पूसा मुक्ता, गंगा, जमुना एवं कावेरी जैसे प्रभेद लगायें।
3. अगात रोप फूलगोभी में गोभी छिद्रक का भीषण आक्रमण होता है। गोभी छिद्रक के नियंत्रणार्थ रोपनी के 25 दिन बाद क्वीनलफॉस 25 ई.सी. का पहला छिड़काव 2 मि.ली. प्रति लीटर पानी में दूसरा छिड़काव रोपनी के 40 दिनों बाद क्लोरपाइरिफॉस 20 ई.सी. दवा का 2 मि.ली. प्रति लीटर पानी में एवं रोपनी के 55 दिनों बाद छारटप हाइड्रोक्लोराइड दवा का 2.5 मि.ली. प्रति लीटर पानी में घोल बना कर छिड़काव करें।
4. मध्य अगात में रोपी जाने वाली फसल में गोभी छिद्रक एवं गोभी की तितली दोनों ही फसल को नुकसान पहुँचाती हैं। अगात रोप में बताई गई दवाओं में से किसी भी दवा का छिड़काव किया जा सकता है।
5. पिछात रोप में लाही का भीषण आक्रमण फूलगोभी, पातगोभी इत्यादि पर होता है जिससे काफी नुकसान होता है। इसके नियंत्रणार्थ रोपनी के 20 दिन बाद प्रथम छिड़काव फास्फामिडान 100 ई.सी. दवा का 0.3 मि.ली. प्रति लीटर पानी में एवं दूसरा छिड़काव प्रथम छिड़काव के 15 दिनों बाद मिथाइल डिमेटॉन 20 ई.सी. दवा का 2.5 मि.ली. प्रति लीटर पानी में घोल कर छिड़काव करें।
6. फूल बनने के समय यदि गोभी छिद्रक गोभी की तितली का आक्रमण होता है तो आवश्यकता पड़ने पर सिर्फ इण्डोसल्फान 35 ई.सी. दवा का 1.5 मि.ली. प्रति लीटर पानी में घोल बना कर छिड़काव करें।
7. फसल की कटाई के बाद फसल अवशेषों को खेत से बाहर कर नष्ट कर दें।
8. फसलचक्र यथा फूलगोभी, पत्तागोभी– कद्दूवर्गीय सब्जियाँ – ज्वार जैसा फसल चक्र अपनावें।

35

कन्दमूल में समेकित कीट प्रबन्धन

डॉ. पी.पी. सिंह

अखिल भारतीय समन्वित अनुसंधान परियोजना (कन्दमूल), तिरहुत कृषि महाविद्यालय ढ़ोली, मुजफ्फरपुर

बिहार राज्य में उगायी जाने वाली आलू के अलावा अन्य कंदीय फसलों में शकरकंद, मिश्रीकंद, अरवी, ओल, कन्दा, सुथनी, फर आदि प्रमुख है जिनकी खेती बड़े पैमाने पर होती है। इन कन्दीय फसलों की विशेषता है कि इनकी उपज क्षमता प्रति इकाई रकबे में प्रति इकाई समय में अधिक होती है। इनकी खेती सभी प्रकार के जलवायु, कम उर्वरा वाली भूमि तथा सूखे में भी सफलतापूर्वक की जा सकती है तथा ये ऊर्जा की सस्ती स्त्रोत है तथा अनाज के अभाव में स्टार्च की आवश्यकता को पूरा कर सकती है। कम समय में अधिक उपज, पशुओं के लिए चारा तथा कृषि पर आधारित औद्योगिक इकाइयों के लिए भी उपयुक्त है। समस्त विश्व आज जब जनसंख्या की वृद्धि के कारण खाद्य समस्या से जूझ रहा है और अधिक से अधिक खाद्यान्न उत्पादन की दिशा में प्रयत्नशील है वैसी स्थिति में कन्दीय फसलों का महत्त्व और भी बढ़ जाता है। ऐसी परिस्थिति में कीटों द्वारा होनेवाली हानि और भी असहनीय हेा जाती है। इतनी उपयोगी फसलों से अच्छी पैदावार हेतु इन पर लगने वाले कीटों के रोकथाम के बारे में जानकारी अत्यंत आवश्यक है। अतः आज के संदर्भ में कीट नियंत्रण एक सामाजिक एवं आर्थिक आवश्यकता है।

कृषि क्रान्ति के साथ ही नयी—नयी उन्नत प्रभेदों का विकास हुआ और नई उत्पादन तकनीकियों का प्रयोग किया गया, जिससे इन फसलों पर कीटों की समस्या और भी जटिल होती गयी। इनके रोकथाम के लिए बिना सोचे समझे अंधाधुंध कीटनाशी दवाओं का इस्तेमाल किया गया, जिसके भयंकर परिणाम धीरे—धीरे हमारे सामने आये जैसे—कीटों में कीटनाशी के प्रति प्रतिरोधात्मक क्षमता उत्पन्न होना, लाभदायक कीटों का विनाश होना, खाद्यान्न में विष का अवशेष रहना, चारे तथा पर्यावरण में दवाओं का अवशेष रह जाना आदि प्रमुख है।

कीट नियंत्रण में अब तक विभिन्न विधियों का इस्तेमाल कीटों के उन्मूलन के लिए किया जाता था। पर अब कीटों के रोकथाम के विभिन्न विधियों का इस्तेमाल इस प्रकार किया जा रहा है कि इनका उन्मूलन न कर इनकी संख्या को आर्थिक हानि स्तर से कम कर दिया जाय। इस विधि को ही 'समेकित कीट नियंत्रण' या 'कीट प्रबंधन' कहते हैं, जो

आर्थिक, पारिस्थितिक तथा सामाजिक परिणामों को सुरक्षित रखते हुए कीट नियंत्रण में सहायक होता है। अन्य फसलों की तुलना में कन्दीय फसलें कीड़ों से उतनी अधिक आक्रांत नहीं होती फिर भी कुछ ऐसे कीड़े है, जिनकी रोकथाम समय पर नहीं की जाय तो औसत उपज में 15-20% तक कमी आ जाती है। कन्दमूल फसलों पर लगने वाले कीटों, उनकी पहचान, आक्रमणकाल, क्षति के लक्षण तथा समन्वित रोकथाम नीचे दिया जा रहा है।

शकरकन्द

शकरकन्द बिहार राज्य की एक प्रमुख कंदीय फसल है, जिसकी खेती बिहार के विभिन्न क्षेत्रों में करीब 45 हजार हे. भूमि में की जाती है। उन्नतशील प्रभेदों और शस्य–प्रणाली के बावजूद कीटों के प्रकोप के कारण शकरकन्द की खेती से अपेक्षित लाभ प्राप्त नहीं हो पाता। कीटों के उग्र प्रकोप से उपज में कमी के साथ ही अपेक्षित बाजार भाव भी प्राप्त नहीं हो पाता है।

अन्य फसलों की भांति शकरकन्द पर भी कीटों का आक्रमण होता है, जिनमें शकरकन्द का विभिल, दीमक, भूआ पिल्लू तथा कच्छप विट्ल प्रमुख है।

1. दीमक (*ओडॉन्टोटर्मीस ओबेसस*)

दीमक शकरकन्द का प्रमुख कीट है, जो भूमि के अन्दर रह कर कन्दों को हानि पहुँचाते हैं। इस कीट का प्रकोप बिहार के सभी क्षेत्रों में खास कर असिंचित तथा बलुई भूमि में अधिक होता है।

पहचान : दीमक सफेद–पीले रंग से लेकर गहरे नारंगी रंग के होते हैं। इसके पिल्लू (अर्भक) पंखविहीन 1 से 1.5 मि.मी. लम्बे तथा हल्के पीले या सफेद रंग के होते हैं। वयस्क कीट की लम्बाई 4 से 5 मि.मी. होती है तथा इसका रंग पीला सफेद या हल्का पीला–नारंगी रंग का होता है। दीमक जमीन के अन्दर कॉलोनी बना कर रहता है। मादा दीमक (रानी) 7 से 8 से.मी. लम्बी होती है जो जमीन में हल्के पीले या सफेद रंग के 300 से 1800 तक अण्डे प्रतिदिन देती है। अण्डों से पिल्लू 20 से 70 दिनों में मौसम के अनुसार निकल आते हैं। जो 4 से 10 बार निर्मोचन कर 6 से 12 माह बाद श्रमिक, सैनिक तथा पंखधारी नर एवं मादा दीमक में परिवर्तित हो जाते हैं। एक वर्ष में इसकी एक ही पीढ़ी पायी जाती है।

आक्रमण काल : दीमक सालों तक सक्रिय रहता है। परन्तु जिस वर्ष वर्षा कम हो उस समय इनकी संख्या बढ़ जाती है।

आक्रमण के लक्षण : इसके वयस्क श्रमिक एवं पिल्लू दोनों भूमि के अन्दर रहकर शकरकंद के पौधों को क्षति पहुँचाते हैं। ये जमीन के अन्दर शकरकंद के कन्दों के सतह पर आक्रमण कर छिलका एवं गुदा भाग को खाते हुए टेढ़ी–मेढ़ी रेखाएं बनाते हैं। आक्रान्त कंद कुरूप दिखाई पड़ता है। क्षतिग्रस्त कंदों का बाजार भाव कम हो जाता है। सर्वेक्षण के दौरान यह पाया गया है कि हाल के वर्षों में इस कीट का प्रकोप शकरकंद के पौधों पर बढ़ता जा रहा है तथा नारंगी रंग के गुदे वाले शकरकंद पर इसका प्रकोप अत्यधिक पाया जा रहा है। इस कीट के कारण औसतन 30 से 35 प्रतिशत तक कंद ग्रसित पाये गये हैं।

चित्र 35.1 दीमक (*ओडॉन्टोटर्मीस ओबेसस*) से आक्रान्त कंद

प्रबन्धन

- खेत में पूर्णतः सड़ी हुई गोबर की खाद या कम्पोस्ट का प्रयोग करें। कच्ची खाद डालने पर इसका प्रकोप और अधिक बढ़ जाता है।
- खुदाई के बाद खेत में पौधों के अवशेष को एकत्रित कर जला दें।
- एक ही खेत में लगातार शकरकंद की फसल न लगायें फसल चक्र अपनायें ।
- समय–समय पर सिंचाई की अवस्था में इस कीट की क्रियाशीलता कम पायी गयी है।
- रोपाई के पूर्व नीम की खल्ली 2.5 टन/हे. की दर से व्यवहार करने पर इस कीट का प्रकोप कम होता है।
- अत्यधिक प्रकोप होने पर क्लोरपाइरिफास (20 ई.सी.) दवा का 2 लीटर या कार्बोरिल (50% घु.पा.) का 2.0 किलोग्राम प्रति 800-1000 लीटर पानी में घोल कर पौधों पर रोपाई से 1 माह बाद 15 दिनों के अन्तराल पर दो–तीन दिनों तक छिड़काव करें।

2. शकरकंद का विभिल (*साइलस फॉर्मिकेरियस*)

यह शकरकंद का मुख्य शत्रु कीट है जो कंदों को खेतों तथा गोदामों में क्षति पहुँचाता है। इस कीट का प्रकोप भारतवर्ष के सभी स्थानों में उगायी जाने वाली शकरकंद की फसल पर होता है।

पहचान : वयस्क कीट छोटी, चींटी के समान, पंखविहीन 8 से 10 मि.मी. लम्बा होता हैं। इसका सिर नीला काले रंग का होता है जिस पर लम्बी सूंड होती है। धड़ एवं पैर चमकीला लाल रंग का होता हैं तथा पेट भूरा लाल होता है। इसके पिल्लू (अर्भक) चिपटा, पैररहित सफेदी लिए हुए हल्का पीला रंग का होता है। प्रौढ़ पिल्लू छोटा, 7-8 मि.मी. लम्बा पंखरहित होता है। इसका सिर नीला–भूरे रंग का होता हैं। मादा कीट कंद तथा लत्तर (बेल) में छिद्र कर 100-215 लम्बे एवं पीले–सफेद रंग के एक–एक कर अण्डे देती है। 5-10 दिनों बाद अण्डों से पिल्लू निकलकर कंद एवं लत्तर में प्रवेश कर क्षति पहुँचाते हैं। पिल्लू 16 से 20 दिनों में पूर्ण विकसित होकर कंद या लत्तर में ही प्यूपावस्था में परिवर्तित हो जाते हैं। 8 से 10 दिनों बाद प्यूपा से वयस्क कीट निकलते हैं। इसका पूरा जीवन काल 4 से 5 सप्ताह का होता है तथा प्रौढ़ कीट 60 से 130 दिनों तक जीवित रहता है। एक वर्ष में 8 से 10 पीढ़ियाँ होती है।

चित्र 35.2 शकरकंद का विभिल (*साइलस फॉर्मिकेरियस*) से आक्रान्त कंद

आक्रमण काल : इस कीट का प्रकोप सालभर फरवरी एवं सितम्बर माह में रोपाई की गई शकरकन्द के पौधों पर होता है।

आक्रमण के लक्षण : इस कीट के वयस्क एवं पिल्लू (अर्भक) दोनों ही अवस्थाएँ शकरकंद के लिए हानिकारक हैं। इसके पिल्लू शकरकंद के लत्तर में छेद कर अन्दर प्रवेश कर जाते हैं तथा भीतरी भाग को खाते हुए जमीन के नीचे कंद में प्रवेश कर जाते

हैं। आक्रान्त लत्तर के तने अन्दर से खोखले हो जाते हैं। कंदों पर आक्रमण कर गुदा भाग को खाते हैं। वयस्क कीट पत्तियों तथा लत्तर को खाते हैं तथा उसमें छिद्र कर देते हैं। आक्रान्त कंदों पर काले–काले छोटे छिद्र नजर आतें हैं। कीटग्रस्त कंद धीरे–धीरे सड़ जाता है तथा खाने में खट्टा लगता है। आक्रान्त कंद का बाजार भाव कम हो जाता है। यह कीट गोदाम में रखी हुई शकरकंद को भी क्षति पहुँचाता है। इस कीट से 70% तक क्षति आँकी गई है।

प्रबन्धन

इस कीट का समेकित कीट प्रबंधन विकसित किया है, जिसका विवरण नीचे दिया जा रहा है :

- **खेत की सफाई तथा अवशेष को जला कर नष्ट करना :** फसल कटाई के बाद खेत में बचे लत्तर एवं कंद इत्यादि इस कीट का वाहक होते हैं, जिससे अगली फसल पर कीट का प्रकोप और भी अधिक बढ़ जाता है। अतः फसल कटाई के बाद खेत में बचे पौधों के अवशेष को एकत्रित कर जला दें। खेत की गहरी जुताई करें।
- **वैकल्पिक परपोषी पौधों को नष्ट करना :** शकरकंद के अतिरिक्त ये कीड़े कुछ अन्य पौधों पर भी आश्रय लेते हैं जैसे – *आइपोमिया लेटरेलिएस, आइपोमिमा ट्राईफिडा* आदि। अतः ऐसे पौधों को पहचानकर उन्हें नष्ट कर दें।
- **स्वस्थ लत्तर का प्रयोग :** स्वस्थ लत्तरों के ऊपरी भाग को रोपाई के लिए प्रयोग करें। लत्तर के निचले भाग को रोपण हेतु कदापि प्रयोग में न लायें।
- सितम्बर माह में लत्तियाँ लगाई जाए तो उन पर कीटों का प्रकोप कम होता है।
- राजेन्द्र शकरकंद–5 प्रभेद लगावें। इस पर शकरकंद विभिल का प्रकोप कम होता है।
- **लत्तर उपचारित करना :** डाइमिथोएट (30 ई.सी.) दवा का 1 मि.ली. प्रति लीटर पानी की दर से घोल तैयार कर रोपाई के पूर्व लत्तर को 10-15 मिनट तक घोल में डुबोकर रखने के बाद ही रोपाई करें। इससे इस कीट का आक्रमण कम होता है।
- **फेरोमोनट्रैप का प्रयोग :** रोपाई के तुरंत बाद सेक्स फेरोमोनट्रैप प्रति 100 वर्गमीटर की दर से प्रयोग करें। यह ट्रैप तीन माह तक प्रभावकारी होता है। इससे नर कीट आकर्षित हो कर मारे जाते हैं। इसके लिए टीन के अनुपयोगी डिब्बों के ऊपरी भाग में फेरोमोनयुक्त रबड़ को तार से लटका दिया जाता हैं तथा टीन के पार्श्व भागों को काट दें। इस ट्रैप से मादा घुन की गंध कृत्रिम रूप से निकलती है जिससे नर कीट टीन रूपी ट्रैप की तरफ आकर्षित होते हैं। जो ट्रैप के निचले भाग में रखे डिटर्जेन्ट घोल में गिर कर मर जाते हैं। दो तीन दिनो के अंतराल पर कीटों को एकत्रित कर जला दें तथा पुनः डिटर्जेन्ट का घोल भर कर ट्रैप का स्थान बदल दें। इस प्रकार नर कीट की मृत्यु हो जाने पर कीटों की जनसंख्या पर प्रतिकूल प्रभाव पड़ता है तथा कंद सुरक्षित रहते है।

चित्र 35.3 फेरोमोन ट्रैप का प्रयोग करें

- **फसल की खुदाई** : कंदों की खुदाई 110-115 दिनों के अन्दर कर लें। इससे इस कीट के आक्रमण से बचा जा सकता है।
- फसल चक्र अवश्य अपनाएँ।
- इस कीट का अत्यधिक प्रकोप होने पर डाइमिथेएट (30 ई.सी.) दवा का 1.0 मि.ली. प्रति लीटर पानी में घोल कर 15 दिनों के अन्तराल पर दो–तीन छिड़काव करना श्रेयस्कर पाया गया है।
- समय–समय पर खेत की निराई–गुड़ाई करते रहने से खेत में बनी दरारें बंद हो जाती है तथा कंद इस कीट से कम प्रभावित होते हैं।

3. बिहार भुआ पिल्लू (*डायक्रिसिया ओबलिक्वा*) : भुआ पिल्लू एक सर्वभक्षी कीट है जो भारतवर्ष के प्रायः सभी स्थानों में प्रत्येक वर्ष पाया जाता है। अन्य फसलों की भाँति इस कीट का प्रकोप शकरकंद के पौधों पर भी होता है।

पहचान : वयस्क कीट मध्यम आकार का गुलाबी रंग का पतिंगा होता है। इसके शरीर पर गहरे लाल रंग के धब्बे होते हैं। अग्र पंख के ऊपर काले धब्बे होते हैं। वयस्क कीट की लम्बाई 16-20 मि.मी. होती है। पूर्ण विकसित पिल्लू नारंगी रंग का 40 से 50 मि.मी. लम्बा तथा रोयेंदार होता है।

मादा कीट पत्तियों की निचली सतह पर समूह में अण्डे देकर उसे मटमैले रंग के रोयें से ढ़क देती है। इन अण्डों से वर्षा के मौसम में 2-5 दिनों में छोटे–छोटे पिल्लू निकल कर झुण्ड में पत्तियों की निचली सतह को खाते हैं। 20 से 30 दिनों में पिल्लू

पूर्ण विकसित होकर मिट्टी में रोयें से बने कोकून में परिवर्तित हो जाते हैं। 8 से 10 दिनों में प्यूपा से वयस्क कीट निकलते हैं। सम्पूर्ण जीवनकाल वर्षा के समय 5-6 सप्ताह का होता है।

चित्र 35.4 बिहार भुआ पिल्लू (*डायक्रिसिया ओबलिक्वा*)

आक्रमण काल : यह कीट मार्च से नवम्बर तक सक्रिय रहता है परन्तु शकरकंद के पौधों पर इस कीट का प्रकोप अक्टूबर–नवम्बर में ज्यादा होता है। जाड़े के समय में यह शीत निष्क्रियता प्यूपा अवस्था में व्यतीत करता हैं।

आक्रमण के लक्षण : इस कीट के पिल्लू ही पौधों को क्षति पहुँचाते हैं। वयस्क कीट हानिकारक नहीं होते हैं। प्रारम्भिक अवस्था में इस कीट के पिल्लू एक ही पौधों पर झुण्ड में रह कर पत्तियों के हरितिमा भाग को खाकर केवल शिराएँ छोड़ देते हैं। फलस्वरूप पत्तियाँ जालीदार हो जाती है बाद में वयस्क पिल्लू घूम–घूम कर एक पौधे से दूसरे पौधों को क्षति पहुँचाते हैं। आक्रान्त पौधों की वृद्धि रुक जाती है तथा ऐसे पौधों में कंद बहुत छोटे–छोटे बनते हैं। अत्यधिक प्रकोप होने पर पूरी फसल पत्तीविहीन हो जाते हैं।

प्रबन्धन

- खेत के चारों तरफ घास एवं जंगली पौधों को उखाड़ दें।
- पत्तियों पर दिए गए अण्डों के समूह तथा पिल्लू के प्रारम्भिक अवस्था में जब एक साथ काफी संख्या में पौधों को हानि पहुँचाते हैं, आक्रान्त लत्ती को तोड़ कर नष्ट कर दें।

- आक्रान्त पौधों पर मिश्रीकन्द बीज एक्सट्रेट को 5% की दर से छिड़काव करें।
- न्यूवान (100 ई.सी.) दवा का 500 मि.ली. 800-1000 लीटर पानी में घोल कर पौधों पर छिड़काव करने से इस कीट का रोकथाम हो सकता है।
- ट्राइकोग्रामा जाति के परजीवी का इस्तेमाल करें।

4. कच्छप विट्ल (*ऐस्पिडोमार्फा मिलिएरिस*)

कच्छप विटि्ल की कई जातियाँ हैं, परन्तु इनमें कुछ ही जातियाँ हैं जो शकरकन्द को नुकसान पहुँचाती है जिसमें एस्पिडोमार्का मिलिएरिस प्रमुख है। यह कीट समस्त भारत में पाया जाता है।

पहचानः वयस्क कीट अण्डाकार, 12-13 मि.मी. लम्बा तथा 8-9 मि.मी. चौड़ा, भूरापन लिए हुए लाल रंग का होता है। इसके शरीर पर 10-12 छोटे–छोटे काले धब्बे होते हैं। शिशु (भृंग) कीट हरे–पीले, चिपटे और अण्डाकार होता है। शरीर पर छोटे–छोटे काँटे होते हैं तथा पिछले भाग पर इसका सूखा हुआ मल सटा रहता है।

इसके मादा कीट पत्तियों की निचली सतह पर 45 से 90 हल्के भूरे रंग के अण्डे कतारों में देती है। 8-10 दिनों में अण्डों से भृंग निकल कर पत्तियों को खाते हैं। भृंग 15-20 दिनों में 4 निर्मोचन के बाद पूर्ण विकसित हो जाते हैं तथा एक सप्ताह बाद प्यूपा से वयस्क कीट निकलते हैं। इसका सम्पूर्ण जीवनकाल 25-35 दिनों का होता है।

आक्रमण काल : यह कीट बरसात के समय में सक्रिय रहता है। इस कीट का प्रकोप पौधों पर अगस्त से नवम्बर तक होता है।

आक्रमण के लक्षण : इस कीट के वयस्क एवं शिशु दोनों ही अवस्थाएँ शकरकन्द के पत्तियों की निचली सतह पर आक्रमण कर हरितिमा भाग को खरोंच कर खाते हुए छिद्र कर देते हैं। फलस्वरुप क्षतिग्रस्त पत्तियाँ सूख जाती है, तथा पौधों पर कन्दों के आकार पर प्रतिकूल प्रभाव पड़ता है, तथा इनका उचित मूल्य प्राप्त नहीं हो पाता है।

प्रबन्धन

1. पत्तियों पर दिए गए अण्डों के समूह को एकत्रित कर नष्ट कर दें।
2. अधिक प्रकोप होने पर किसी एक तरल कीटनाशी दवा जैसे – डाइमिथोएट (30 ई. सी.) का 1.0 मि.ली. प्रति लीटर पानी में घोलकर 15 दिनों के अंतराल पर दो छिड़काव करें।

शकरकंद के अलावा अन्य कंदीय फसलों जिन पर अधिक कीटों का प्रकोप होता है उसमें अरबी, कन्दा (बण्डा) तथा मिश्रीकंद आदि प्रमुख है।

अरबी, कन्दा तथा मिश्रीकन्द के प्रमुख हानिकारक कीट एवं रोकथाम

1. तम्बाकू की इल्ली (*स्पोछडोरटेरा लिटरा*) : तम्बाकू की इल्ली अरबी तथा कंदा का मुख्य कीट है, जिसका प्रकोप प्रतिवर्ष बिहार में होता है। यह एक बहुभक्षी कीट है तथा कंदीय फसलों के अलावा यह अन्य फसलों तथा सब्जियों को भी क्षति पहुँचाता है।

पहचानः इसके पतंगे भूरे रंग के 15-18 मि.मी. लम्बे होते हैं। अगला पंख कत्थई रंग का होता है। जिस पर सफेद लहरदार धारियाँ होती है जबकि पिछले पंख सफेद रंग के होते हैं। पूर्ण विकसित पिल्लू 35-40 मि.मी. लम्बा पीलापन लिए हुए हरा–भूरा होता है। शरीर के ऊपरी भाग के दोनों ओर एक–एक पीली धारी निचले भाग में दोनों ओर होती है।

मादा कीट पत्तियों के निचली सतह पर 250 से 300 अण्डे झुण्ड में देती है जो भुरे रंग के बालों से ढ़के रहते हैं। 3 से 5 दिनों में अण्डों से पिल्लू निकल कर झुण्ड में पत्तियों को खाते हैं। 20 से 30 दिनों में पूर्ण विकसित होकर मिट्टी में प्यूपा में परिवर्तित हो जाते हैं। प्यूपाकाल गर्मी एवं जाड़े में 7-9 तथा 25-30 दिन क्रमशः होता है। इसके बाद प्यूपा से वयस्क विकसित होते हैं। अण्डे से वयस्क बनने में इस कीट को 30 से 56 दिनों का समय लगाता हैं और एक वर्ष में 8 पीढ़ियाँ होती है।

आक्रमण काल : अरबी एवं कन्दा के पौधों पर इस कीट का आक्रमण जून से सितम्बर तक होती है।

आक्रमण के लक्षण : इस कीट के पिल्लू ही पौधों को हानि पहुँचाते हैं। आरम्भ में अण्डे निकले पिल्लू अरबी एवं कन्दा के कोमल पत्तियों के निचली सतह पर झुण्ड में आक्रमण कर हरितिमा शिराओं एवं मध्य शिरा को खा जाते हैं। बाद में पूर्ण विकसित पिल्लू अलग–अलग पौधों पर आक्रमण कर कोमल पत्तियों को खाकर क्षति पहुँचाते हैं। अत्यधिक प्रकोप होने पर पूरे पौधों की पत्तियों को खा जाते हैं जिससे पौधे ठूँठ हो जाते हैं तथा कंद पर प्रतिकूल असर पड़ता हैं। इस कीट का आक्रमण रात के समय अधिक होता हैं।

प्रबन्धन

- फसल कटाई के बाद खेत की अच्छी तरह जुताई कर देनी चाहिए।
- अण्डों के गुच्छों एवं पिल्लुओं के आरम्भिक अवस्था में पत्तियों सहित तोड़ कर नष्ट कर दें।
- प्रकाश ट्रैप को प्रयोग कर वयस्क कीटों को एकत्रित कर नष्ट कर दें।
- अधिक आक्रमण होने पर इन्डोसल्फान (35 ई.सी.) दवा का 2.0 मि.ली. प्रति लीटर पानी की दर से पौधों पर 15 दिनों के अन्तराल पर दो छिड़काव करना श्रेयस्कर पाया गया।

2. अरबी के लाही (*पेन्टोलोनिया नाइग्रानर्वोसा*)

पहचान : लाही कीट छोटा लगभग 2 से 3 मि.मी. लम्बा हरे पीले या काले रंग का होता है। वयस्क कीट पंखदार एवं पंखविहीन दोनो प्रकार का होता परन्तु शिशु कीट पंखहीन होता है। मादा कीट अपने जीवन काल में 32 से 50 अर्भक पैदा करती है। 7-8 दिनों में 3 से 4 निर्मोचन के बाद ये पूर्ण विकसित हो जाते हैं तथा पुनः अर्भक पैदा करते हैं। इनका जीवन काल 23 से 27 दिन में पूरा हो जाता है।

आक्रमण काल : जून से सितम्बर।

चित्र 35.5 अरबी के लाही (*पेन्टोलोनिया नाइग्रानर्वोसा*)

आक्रमण के लक्षण: वयस्क एवं शिशु कीट दोनों ही पौधों को हानि पहुँचाते हैं। ये झुण्ड में अरबी एवं कन्दा के कोमल पत्तियों के निचली सतह, पत्तियों के कक्ष तथा नयी निकलती हुई पत्तियों के बीच में रह कर लगातार रस चूसते हैं। फलतः पत्तियाँ पीली पड़कर सूख जाती है एवं पौधों की वृद्धि अवरूद्ध हो जाती है। पौधे कमजोर हो जाते हैं, कन्द पूर्णतः बन नहीं पाता जिससे उपज में भारी कमी आ जाती हैं।

प्रबन्धन

यदि पौधों पर लाही कीट का प्रकोप अधिक हो तो किसी एक तरल कीटनाशी दवा जैसे इन्डोसल्फान (35 ई.सी.) का 2.0 मि.ली. या डाइमिथेएट (30 ई.सी.) का 1.0 मि.ली. का प्रति लीटर पानी में घोल कर पौधों पर छिड़काव करें यदि आवश्यकता हो तो 15 दिनों के अन्तराल पर पुनः दूसरा छिड़काव करें। यदि पौधों पर लेडी बर्ड बीटिल की संख्या अधिक हो तो कोई कीटनाशी दवा का इस्तेमाल न करें। ये स्वतः लाही को खाकर उनकी संख्या में कमी ला देता है।

3. मिश्रीकंद का फली छिद्रक (*मरूका विटरेटा*) : वैसे तो मिश्रीकंद पर कीट का प्रकोप कम होता हैं परन्तु जब इसकी खेती बीजोत्पादन हेतु की जाती है तो मिश्रीकंद की फलियाँ फली–छिद्रक कीट द्वारा आक्रान्त होती है।

पहचान : वयस्क कीट छोटा हल्का भूरा रंग का होता है जिसके अगले पंख पर सफेद रेखाएँ होती है तथा पिछले पंख सफेद होते हैं। शिशु कीट (पिल्लू) हल्का हरापन लिए हुए 20 मि.मी. लम्बा होता है जिसका सिर भूरे रंग का होता है।

मादा कीट 35 से 80 अण्डे पुष्प कली के आस–पास एक–एक कर देती है। तीन दिनों के अन्दर अण्डे से पिल्लू निकलकर पुष्प–कलिका में प्रवेश कर रेशेनुमा धागा से

कई कली को एक साथ बाँध कर खाते हैं। 12 से 15 दिनों के बाद ये प्यूपा में परिवर्तित हो जाते हैं तथा 7-9 दिनों के अन्दर वयस्क कीट निकलते हैं।

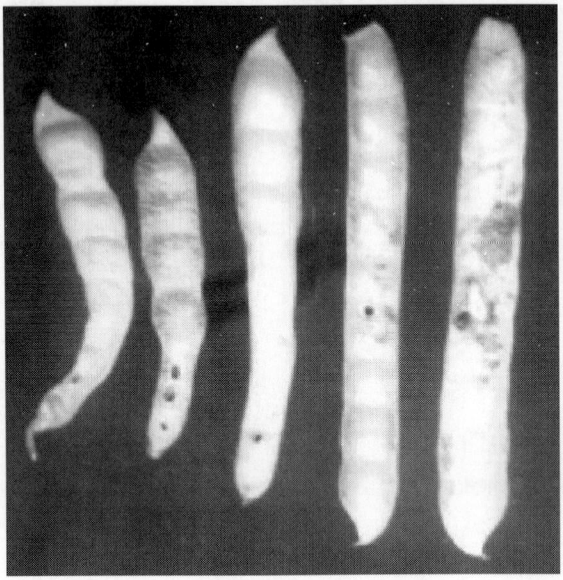

चित्र 35.6 मिश्रीकंद का फली छिद्रक *(मरुका विटरेटा)*

आक्रमण कालः मध्य अक्टूबर से दिसम्बर तक।

आक्रमण के लक्षण : इस कीट के पिल्लू ही पौधों को हानि पहुँचाते हैं। आरम्भिक अवस्था में ये कली तथा पुष्प को खाकर हानि पहुँचाते हैं। जब फलियों में दाने बनने लगते हैं उस समय पिल्लू फलियों में छिद्र कर अन्दर प्रवेश कर जाते हैं तथा कोमल दाने को खा जाते हैं जिससे पैदावार में 30 से 35% तक कमी आती है।

प्रबन्धन

आक्रान्त पौधों पर डाइमिथोएट (30 ई.सी.) दवा का 1 मि.ली. या इन्डोसल्फान (35 ई.सी.) दवा का 1.5 मि.ली. प्रति लीटर पानी में घोल कर दो छिड़काव करें। प्रथम छिड़काव 50% पुष्प निकल आने के बाद तथा दूसरा छिड़काव 50% फलियाँ बनने के बाद करें।

36

फूलों में समेकित कीट प्रबन्धन

डॉ. पी.पी. सिंह एवं डॉ. एस.के. सिंह*

कीट विज्ञान विभाग, राजेन्द्र कृषि विश्वविद्यालय, पूसा, समस्तीपुर, बिहार
* पौधा रोग विभाग, राजेन्द्र कृषि विश्वविद्यालय, पूसा, समस्तीपुर, बिहार

भारत के लिए सुन्दरतम उपहार फूल ही हैं। फूलों की महत्ता सर्वविदित है। फूलों का उपयोग प्रायः सभी समारोहों में होने के कारण इसकी माँग में आशातीत वृद्धि हुई है। आज पुष्पोत्पादन एक सफल व्यावसायिक खेती के रूप में अपनाया जा चुका है। आज विश्व के लगभग 140 विकसित देश फूलों के व्यावसायिक कारोबार में जुटे हैं। एक आँकड़े के अनुसार विश्व स्तर पर आज लगभग तीस हजार करोड़ रूपये का कारोबार अकेले फूलों का हो रहा है। भारत में तो इसका प्रादुर्भाव शायद मानव से पहले भी दैवयुग में होता रहा हैं। आज इनका व्यवहार न केवल सांस्कृतिक समारोहों बल्कि इसके अर्क, सुगन्धित तेल, इत्र एवं दवाओं के लिए भी व्यापक स्तर पर किया जा रहा है। जिनमें गेंदा, जैसमीन, गुलदाऊदी, गुलाब, देशी गुलाब, आर्किड, लीली, जरबेरा आदि प्रमुख हैं। भारत विविध जलवायु एवं मौसम वाला देश होने के नाते व्यावसायिक फूल उत्पादन के लिए प्रचुर सम्भावना देता है जहाँ साल भर पुष्पोत्पादन कर अधिकाधिक लाभ कमाया जा सकता है। किन्तु सफल पुष्पोत्पादन में अन्य कारकों के अतिरिक्त कीट पतंगों द्वारा की जाने वाली क्षति सबसे अधिक है जिसे हमें हर हाल में नियंत्रित करना है। वर्तमान परिवेश में कीट नियंत्रण हेतु प्रायः कीटनाशी दवाओं का प्रयोग ही एक मात्र उपाय मान लिया जाता है जिसके कारण न केवल पुष्पों की गुणवत्ता खराब होती है और बाजार भाव गिरता है वरन् भूमि जल एवं वायु प्रदूषण जैसी अन्य समस्यायें भी उत्पन्न होने लगी हैं। वैज्ञानिक शोध एवं परिष्कृत फूलों में कीट प्रबन्धन प्रणाली में समेकित कीट प्रबन्धन प्रणाली अपनाकर हम न केवल फूलों की स्वाभाविक सुन्दरता बनाये रखते हैं अपितु वातावरण एवं पर्यावरण को भी प्रदूषणमुक्त कर सुहावना बनाते हैं।

फूलों में समेकित कीट प्रबन्धन क्या है?

फूलों में समेकित कीट प्रबन्धन, कीट नियंत्रण हेतु अपनायी जाने वाली सुरक्षा प्रणाली की मिली जुली प्रक्रिया हैं जिसका मूल सिद्धान्त कृषि क्रियाओं, जैविक और रासायनिक नियंत्रण के बीच समन्वय स्थापित करना है। इन विधियों के साथ कीट

नियंत्रण की अन्य वैकल्पिक विधियों का संगत प्रयोग करना जिससे फूलों पर कीटों की संख्या एक निर्धारित हानि स्तर से ऊपर न बढ़ सकें। चूँकि फूलों के अनेक प्रभेदों की खेती मौसम के अनुसार सालभर की जाती है अतः आनुपातिक रूप से उन पर लगने वाले कीट पतंगों की संख्या भी अधिक हो जाती हैं जिनमें पौधों के हरे भाग को खाने वाले, रस चूसने वाले एवं पौधों, कलियों एवं फूलों में छेद करने वाले कीट प्रमुख रूप से क्षति पहुँचाते हैं जिनका समय रहते प्रबन्धन अति आवश्यक हो जाता है।

1. रेड हेयरी कैटरपिलर–यह फूलों पर लगने वाला एक खतरनाक शत्रु है। इनकी सूंडियाँ होती है जो रोयेंदार पौधों के पत्तियों एवं हरे भाग को खाकर नुकसान पहुँचाती है। गुलदाऊदी एवं गेंदा के हरे भाग को खाकर पत्तियों के मध्य शिरा को छोड़ देती है। आक्रमण के बाद पत्तियों में शिराजाल अवशेष रह जाता है।

चित्र 36.1 रेड हेयरी कैटरपीलर

प्रबन्धन – इस कीट से निजात के लिए सर्वप्रथम पत्तियों का निरीक्षण करते रहना चाहिए तथा इनके द्वारा पत्तियों के निचले भाग पर दिये गये अण्डों को इकट्ठा कर यथा सम्भव नष्ट कर देना चाहिए। इसके बाद यदि संख्या आर्थिक क्षति करती है तो थायोडान नामक तरल दवा की 1.5 मि.ली. मात्रा 1 लीटर पानी में मिलाकर छिड़काव करना लाभदायक होगा।

2. एफिड या माहू (लाही) – यह काफी छोटे आकार वाले हरे या मटमैले काले रंग के पंखदार कीट हैं इनका आक्रमण प्रायः सभी फूलों पर कलियाँ बनते समय या फूलों पर भी होता है। इनके शिशु तथा प्रौढ़ दोनों ही कलियों एवं फूलों से रस चूसकर उसे आक्रान्त करते हैं। आक्रान्त पौधों से निम्न कोटि के फूल प्राप्त होते हैं जिन्हें कोई भी पसन्द नहीं करता। जब मौसम सर्द रहता है, आकाश में बादल हो, प्रायः दिसम्बर से फरवरी तक तब इनकी संख्या काफी तेजी से बढ़ती है और फूलों पर आक्रमण भी अधिक होता है। रस चूसने के उपरान्त ये नन्हें कीट मीठे मधुस्राव भी करते हैं जिससे पौधों पर फफूँदजनित रोगों का विकास भी हो जाता है और आक्रान्त पौधे सूख जाते हैं।

प्रबन्धन–सर्वप्रथम फूलों की खेती वैज्ञानिकों द्वारा संस्तुत समय पर बुआई करनी चाहिए। आर्थिक क्षति की अवस्था में इण्डोसल्फान 35 ई.सी. तरल दवा या फास्फामिडान 85 ई.सी. तरल दवा की 1 मि.ली. मात्रा प्रति लीटर पानी में घोल बनाकर छिड़काव करना चाहिए। आवश्यकतानुसार 15-20 दिनों के अन्तराल पर दूसरा छिड़काव करें। यदि खेत में लाल रंग के परभक्षी कीट (काक्सीनेला विटिल) दिखाई पड़े तो वैज्ञानिकों से सलाह से किसी सुरक्षित कीटनाशी यथा मालाथियान 50 ई.सी. दवा की डेढ़ मि.ली. मात्रा प्रति लीटर पानी में व्यवहार करना चाहिए ताकि मित्र कीट न मरें। यदि मित्र कीट की संख्या अधिक हो तो दवा का इस्तेमाल न करें।

3. सफेद मक्खी कीट–ये सफेद रंग की काफी छोटी मक्खियाँ होती हैं जिनके हरे पत्तियों पर बैठने पर पत्तियों पर सफेद रंग के धब्बे समान दिखते है। इनका आक्रमण करने का क्षेत्र व्यापक है। ये प्रायः सभी फूलों गुलाब, गेंदा, डहेलिया, गुलदाऊदी, गुड़हल आदि पर पत्तियों के हरे भाग से रस चूसकर फूलों को नुकसान पहुँचाती हैं। इनका आक्रमण मई–जून से नवम्बर तक विशेष होता है। इनके शिशु तथा प्रौढ़ दोनों ही प्रकाश से छिपकर पत्तियों के निचले सतह पर रस चूसते रहते हैं। आक्रान्त पौधे शिथिल हो जाते हैं। पत्तियाँ मुरझाकर झुक जाती हैं। सफेद मक्खियाँ भी मीठे मधुस्राव करती हैं जिससे कवकजनित रोग के कारण पौधे सूखने लगते हैं।

चित्र 36.2 सफेद मक्खी कीट

प्रबन्धन – इनके अधिक आक्रमण होने पर फॉस्फामिडान 85 ई.सी. दवा की 1 मि. ली. प्रति लीटर पानी में घोल बनाकर छिड़काव करना चाहिए। यदि फूलों की प्रतिरोधी किस्में उपलब्ध हो तो उसे व्यवहार में लाना श्रेयष्कर होता है। अन्यथा ऊपर वर्णित किसी सुरक्षित कीटनाशी का संस्तुति मात्रा में प्रयोग करें।

4. थ्रीप्स – ये हरे रंग के छोटे आकार वाले कीट है जिनके मुखांग पौधों से रस चूसने वाले होते हैं। इनके शिशु एवं प्रौढ़ दोनों ही रस चूसकर फूलों को क्षति पहुँचाते हैं। इनका आक्रमण प्रायः सभी फूलों पर उनके कोमल अंगों पर होता है। चमेली, गुलदाऊदी आदि पर प्रमुख रूप से लगते हैं। इनका प्रकोप प्रायः गर्मी के प्रारम्भ में फरवरी–मार्च में अधिक होता है। आक्रान्त फूल मुर्झा जाते हैं तथा पूर्ण विकास से पहले ही मर जाते हैं।

प्रबन्धन – यथासम्भव प्रतिरोधी किस्मों का चयन करें। पौधों से पौधों को अनुशंसित दूरी पर ही लगावें। यदि फिर भी आक्रमण आर्थिक क्षति पार करती है और नुकसान अधिक होने का अनुमान हो तो लाही के उपचार हेतु बताये गये किसी कीटनाशी का उचित मात्रा में प्रयोग से इनकी रोकथाम हो जायेगी।

5. कपास का धूसर बग – इस कीट का प्रकोप प्रायः व्यापक होता है। यह चमेली, गुलदाऊदी, डहेलिया आदि फूलों को काफी क्षति पहुँचाता है। वयस्क कीट 4-5 मि.मी. चपटा भूरे रंग का होता है। इनके पंख प्रायः पारदर्शी एवं शरीर से बड़े होते हैं। ये फूलों पर साल भर सक्रिय रहने वाले कीट है विशेषकर मार्च–अप्रैल से जून तक। इनके शिशु तथा प्रौढ़ दोनों पौधों से रस चूसते हैं तथा हानि पहुँचाते हैं। इनके आक्रमण से बीजोत्पादन भी प्रभावित होता हैं क्योंकि प्रारम्भिक अवस्था में बीजों से भी रस चूस लिया जाता है।

प्रबन्धन – चूँकि ये कीट आकार में बड़े होते हैं तथा पौधों पर स्पष्ट दिखते हैं अतः हाथों से इकट्ठा कर इन्हें नष्ट कर देना चाहिए। इनकी संख्या बढ़ने पर कीटनाशी दवा इन्डोसल्फान 35 ई.सी. की 1.5 मि.ली. या मालाथियान 50 ई.सी. की 2 मि.ली. प्रति लीटर पानी में घोलकर छिड़काव करना चाहिए।

6. सूर्यमुखी का फीता पंखीबग – यह काले रंग का लगभग 4 मि.मी. लम्बा बग होता है। इनके पंख तिकोने चमकीले एवं पारदर्शी होते हैं। ये सूर्यमुखी के अतिरिक्त गुलदाऊदी, डेहेलिया एवं गेंदा आदि को भी क्षति पहुँचाते हैं। इनका प्रकोप प्रायः जुलाई से सितम्बर तक वर्षा ऋतु में अधिक होता है। इनके प्रौढ़ तथा शिशु दोनों पौधों एवं फूलों से रस चूसकर उन्हें क्षति पहुँचाते हैं। अधिक आक्रमण होने पर पौधे पीले पड़ जाते हैं तथा मुर्झाकर सूख जाते हैं।

प्रबन्धन – कपास के उपचार हेतु बताये गये उपचार विधि से इनका सफल उपचार हो जाता है।

7. कपास का लाल बग – यह रेड कॉटन बग के नाम से प्रचलित है। इनके प्रौढ़ तथा निम्फ लाल रंग के होते हैं तथा पंखों के पिछले भाग पर काले रंग के धब्बे पाये जाते हैं। यह अड़हुल तथा हालीहॉक का प्रमुख कीट है। ये वर्षा काल में अधिक सक्रिय रहते हैं। ये समूह में रहकर पौधों के मुलायम भागों से रस चूसकर पौधों को नुकसान पहुँचाते हैं। जिससे पौधे कमजोर हो जाते हैं तथा फूलों की संख्या एवं गुणवत्ता प्रभावित होती है।

प्रबन्धन – गर्मी में खेतों की गहरी जुताई करें ताकि इनके अण्डे नष्ट हो जाय। कीटों को इकट्ठा कर नष्ट कर दें। फूलों के किनारे भिण्डी या पटसन आदि फसल की कुछ पंक्तियाँ लगा दें जिससे उन पर ही आकर्षित हो जाए तथा फूलों का बचाव हो जाय। अधिक आक्रान्त अवस्था में इन्डोसल्फान 35 ई.सी. की 1.5 मि.ली. या सेविन

50% धूल का 2 ग्राम प्रति लीटर पानी में घोलकर छिड़काव करें। आवश्यकतानुसार 15 दिनों पर इसे दुबारा छिड़काव किया जा सकता है।

चित्र 36.3 कपास का लाल बग

8. दहिया कीट – यह फूलों के लिए अति हानिकारक कीट है। प्रायः इसे संज्ञान में नहीं लिया जाता। यह सफेद रंग के चूर्ण से आच्छादित रहते हैं तथा फूलों की टहनियों एवं शाखाओं पर चिपके रहते हैं तथा उनके रस चूसते रहते हैं। इनको टहनी से अलग कर मारने पर लाल द्रव साफ देखा जा सकता है। इनके प्रौढ़ एवं शिशु दोनों गोलाकार होते हैं एवं क्षति पहुँचाते हैं। इनका आक्रमण क्रॉटन आदि पर साल भर होता है फलस्वरूप पौधे मुरझाने लगते हैं। पत्तियाँ सूखकर नीचे गिर जाती है बाद में सम्पूर्ण पौधा ही मर जाता हैं।

प्रबन्धन – आक्रान्त पौधों पर फास्फामिडान 85 ई.सी. दवा की 0.5 मि.ली. दवा प्रति लीटर पानी में मिलाकर छिड़काव करें। आक्रान्त टहनियों, डालों को काटकर जला दें।

9. रेडस्पाइडर माइट (लाल मकड़ी) – इनका आक्रमण प्रायः कई फूलदार पौधों पर पाया जाता है। ये लालरंग के छोटे आकार वाले अष्टपदी हैं जो गुच्छों एवं समूहों में रहते हैं। गर्मी एवं प्रकाश से बचने के लिए पत्तियों के निचले सतह पर पाये जाते हैं। अपने ऊपर एक मकड़ी से जाले के समान रचना कर उसके अन्दर सुरक्षित रहकर पत्तियों का रस चूसते रहते हैं। जाला बुनने के कारण इन्हें *रेडस्पाइडर* कहा जाता है। अधिक आक्रमण की अवस्था में ऊपर से पत्तियाँ पीली दिखने लगती हैं जो बाद में सूख जाती हैं। इनके आक्रमण से फूलों की गुणवत्ता एवं उत्पादन में भारी गिरावट हो जाती है।

प्रबन्धन – लाल मकड़ी के आक्रान्त पौधों पर डाइकोफाल 18.5 ई.सी. की 3 मि. ली. या इथियॉन 50 ई.सी. की 1 मि.ली. मात्रा प्रति लीटर पानी में छिड़काव करें। छिड़काव पत्तियों के निचली सतह को लक्ष्य बनाकर किया जाना चाहिए। पूर्व बताये गये ट्रैपक्रॉप के रूप में समयानुसार भिण्डी आदि के बुआई फूलों के किनारे की जानी चाहिए एवं इन पर उपरोक्त दवाओं का छिड़काव कर लाल मकड़ी का प्रबन्धन किया जा सकता हैं।

चित्र 36.4 *रेडस्पाइडर* माइट (लाल मकड़ी)

10. सफेद लट – इनके गिड़ार जमीन के अन्दर रहकर फूलों की जड़ों एवं कोमल भाग को काटकर खा जाते हैं तथा प्रौढ़ ऊपर रहते हैं। इनसे आक्रान्त पौधे सूख जाते हैं। बलुई भूमि में जहाँ पानी का जमाव कम होता है इनका आक्रमण अधिक होता हैं। प्रायः सभी पुष्प इनसे प्रभावित होते हैं।

प्रबन्धन – इनसे बचाव का सबसे सुगम तरीका है। गर्मी में खेतों की गहरी जुताई करें जिससे इनके पिल्लू एवं प्रौढ़ मर जाय। बुआई के पहले फोरेट 10 जी दानेदार दवा की 10 कि.ग्रा. मात्रा प्रति हेक्टर की दर से भूमि में व्यवहार करना चाहिए। वर्षा ऋतु में प्रकाश पाश से प्रौढ़ को रात में इकट्ठा कर किरोसीन तेल में डुबोकर नष्ट कर देने से आगे समस्या का निदान हो जाता है।

फूलों के कीट प्रबन्धन में कुछ सावधानियाँ

- चूँकि फूलों का आर्थिक महत्व उनके रंग रूप एवं गंध से सीधा है अतः अनुशंसित कीटनाशकों का ही प्रयोग करें।
- दवा के प्रयोग के पहले तैयार फूलों को तोड़ लें।
- यथासम्भव दवाओं के प्रयोग से बचें एवं अन्य सुरक्षा उपायों को अपनायें।
- यदि उपलब्ध हो तो कीटरोधी प्रभेदों का व्यवहार करें।

- मित्र कीटों को संरक्षण दें एवं संवर्धन में सहयोग करें।
- गर्मी में खेतों की गहरी जुताई करें।
- फूलों पर मधुमक्खियों का आक्रमण होता है अतः मधुमक्खियों के लिए सुरक्षित अनुशंसित कीटनाशी का ही प्रयोग करें।
- सदा कीटनाशी का प्रयोग सांय 4 बजे के बाद करें किन्तु तेज हवा में छिड़काव न करें।
- अनुशंसित समय एवं दूरी पर ही फूलों की बुआई करें।

37

औषधीय एवं सगंध फसलों में कीट प्रबन्धन

डॉ. एस. के. सिंह

पौधा रोग विभाग, राजेन्द्र कृषि विश्वविद्यालय, पूसा, समस्तीपुर, बिहार

भारत अपने भौगोलिक विविधता, प्राकृतिक विषमता, विभिन्न ऋतुओं एवं जलवायु के कारण आदिकाल से ही औषधीय एवं सगन्ध पौधों की खान रहा है। इनका प्रयोग में इतिहास लगभग 7000 वर्ष पुराना है। शारीरिक कष्ट एवं बीमारियों में जड़ी–बूटियों एवं उनसे बने उत्पादों का पहला लिखित प्रमाण ऋग्वेद में मिलता है। औषधीय एवं सुगंधित पौधों के प्रयोग के इतिहास से स्पष्ट है कि पूर्वकाल में बीमारियों के उपचार का एकमात्र साधन पौधे ही रहे हैं और उन्हें प्राकृतिक रूप में अर्क, चूर्ण आदि बनाकर प्रयोग किया जाता था। भारत में लगभग 2500 औषधीय उपयोगिता वाले पौधे हैं किन्तु इनमें से केवल 1100 पौधे ही दवाइयों के रूप में उपयोग की जाती हैं। आज औषधीय एवं सुगंध पादपों की व्यावसायिक खेती से किसानों की आय में वृद्धि के साथ–साथ विदेशी मुद्रा भी बड़े पैमाने पर प्राप्त की जा सकती हैं। इन बहुमूल्य फसलों में कीट–पतंगों का समुचित प्रबन्धन कर अधिकाधिक लाभ प्राप्त किया जा सकता हैं।

औषधीय एवं सुगंध पौधों में हानिकारक कीट पतंगों द्वारा कभी–कभी शतप्रतिशत तक आर्थिक हानि हो सकती है जिनका नियंत्रण अतिआवश्यक हो जाता है। आज व्यावसायिक खेती के रूप में औषधीय एवं सुगंध फसलों में लेमनग्रास, मेन्था, जेसमिन, पचौली दवाना, फेनल, अश्वगंधा, कोलियस, इसबगोल, ओपीयम एवं सर्पेन्टाइन आदि का व्यवहार बढ़ा है। इस सभी फसलों में कीट–पंतगों द्वारा पौधों के विभिन्न अवस्थाओं यथा जड़ काटकर, पत्तियाँ एवं टहनियाँ काटकर, पत्तियों एवं फूलों के रस चूसकर या तनों, फूलों कलियों या फलों में छेद करके आर्थिक क्षति पहुँचाते रहते हैं। इन कीट–पतंगों में कुछ प्रमुख हानिकारक हैं जिनकी पहचान कर रोकथाम करना अति आवश्यक है।

1. कटवर्म – इनके मादा ओपियम आदि पौधों में पत्तियों के निचले सतह पर अंडे देती हैं। गाढ़े भूरे रंग के पिल्लू नवजात पौधों को जमीन के सतह पर काटकर नुकसान करते रहते हैं। पौधे मुरझाकर सूख जाते हैं तथा पैदावार में भारी कमी हो जाती है।

प्रबन्धन – खेत में यथा सम्भव पानी लगा दें। मैलाथियॉन 0.1 प्रतिशत धूल बुआई के पहले मिट्टी में मिला दें। गर्मी में गहरी जुताई उपरान्त ही बुआई करें।

क्लोरापाइरीफास नामक दवा की 1.5 मि.ली. प्रति लीटर पानी में व्यवहार से इनका नियंत्रण आसानी से हो जाता है।

2. कैपसूल बोरर – इनके गिडार या पिल्लू कलियों में छेद करके उसे खाते रहते हैं जिससे फूल एवं बीज नहीं बनता या उत्पादन में कमी हो जाती है। जिन औषधीय एवं सुगंध पौधों जैसे ओपियम आदि में कली बड़ी बनती है। नुकसान इनके द्वारा प्रायः अधिक होता है।

प्रबन्धन – कटवर्म के अनुसार उपचार करने पर इनका नियंत्रण हो जाता है। गहमिथोल दवा का 1 मिली प्रति लीटर पानी में मिलाकर छिड़काव करें।

3. माहू या लाही – ये हरे या मटमैले रंग के छोटे कीट होते हैं जो विशेषकर जाड़ों में कलियों एवं फूलों पर रस चूसकर नुकसान पहुँचाते हैं। इनके शिशु एवं प्रौढ़ दोनों ही हानिकारक हैं। इनके द्वारा छोड़े गये मधुस्राव पर फफूँदजनित रोग होने के कारण पौधे मुर्झा कर सूख जाते हैं एवं उत्पादन में काफी गिरावट हो जाती है। बदली के मौसम में इनकी संख्या दिन दूनी रात चौगुनी बढ़ती है।

प्रबन्धन – नीमतेल का 2% घोल बना कर 10 दिनों के अन्तराल पर छिड़काव करें या इन्डोसल्फान 35 ई.सी. का 1 मि.ली. प्रति लीटर पानी में घोलकर 15 दिनों के अन्तराल पर किया जा सकता है। यदि खेत में छिड़काव परभक्षी मित्रकीट पर्याप्त संख्या में हो तो कीटनाशी का छिड़काव यदि सम्भव हो तो न करें।

4. इपीलेकना विटिल – यह अश्वगंधा का प्रमुख कीट है। अन्य सुगंध पौधों को भी यह आक्रान्त करता है। इनकी मादा पत्तियों के निचली सतह पर अण्डे देती हैं। ग्रब और प्रौढ़ दोनों पत्तियों के हरे भाग को खुरचकर खाते रहते हैं अंततः पत्तियाँ मुरझा जाती हैं और अन्त में सूखकर गिर जाती हैं।

प्रबन्धन – सबसे सरल विधि है इनके ग्रब एवं प्रौढ को इकट्ठा कर नष्ट कर देना। इन्डोसल्फान 35 ई.सी. का 1.5 मि.ली. या सेबिन 50 प्रतिशत धूल का 2 ग्राम प्रति लीटर पानी में घोलकर छिड़काव करें।

5. दहिया कीट – यह प्रायः सभी औषधीय एवं सुगंध फसलों को नुकसान पहुँचाते हैं। सफेद रंग के गोलाकार प्रौढ़ एवं शिशु मुलायम टहनियों पर चिपक कर रस चूसते रहते हैं। कलियाँ शिथिल एवं बाद में मर जाती हैं। अधिक आक्रान्त पौधे सूख जाते हैं और पैदावार में कमी आती है।

प्रबन्धन – आक्रान्त पौधों पर फास्फामिडान 85 ई.सी. दवा की 0.5 मि.ली. प्रति लीटर पानी में मिलाकर छिड़काव करें। आक्रान्त पौधों को जलाकर नष्ट कर दें।

6. चने की सूंडी – यह मेन्था का प्रमुख कीट है। इसके पिल्लू पौधों के पत्तियों एवं हरे भाग को काटकर खा जाते हैं। मादा कीट मुलायम पत्तियों पर अण्डे देती हैं। इनके द्वारा आक्रान्त पत्तियों में केवल मध्यशिरा ही बचती हैं। बाद में पत्तियाँ सूख कर गिर जाती हैं। अन्य सुगंध पौधों में भी इसका आक्रमण होता हैं क्योंकि यह एक बहुभक्षी कीट है।

प्रबन्धन – इनके उपचार के लिए इन्डोसल्फान 35 ई.सी. दवा का 1.5 मि.ली. या मालाथियान का 2 मि.ली. प्रति लीटर पानी में घोलकर छिड़काव करें। खेत में यदि

मित्रकीट हों तो दवा का प्रयोग न करें। गर्मी में एक गहरी जुताई करें ताकि मिट्टी में छिपे प्यूपा एवं पिल्लू को चिड़ियों या अन्य परभक्षी द्वारा नष्ट कर दिये जाते हैं।

7. लीफ रोलर – विशेषकर पचोंली में इससे काफी नुकसान हो जाता है। इनके पिल्लू पत्तियों को मोड़कर उसी के अन्दर रहते हुए कुतर–कुतर कर खाते हैं जिससे पत्तियाँ जल जाती हैं एवं सूख जाती हैं। चूँकि पत्तियाँ नहीं रहती हैं अतः भोजन बनाने की प्रक्रिया बाधित होती है और पैदावार कम हो जाती है।

प्रबन्धन – सर्वप्रथम जिन फसलों में इनके द्वारा आक्रमण हो, आक्रान्त पत्तियों इकट्ठा कर नष्ट कर दें ताकि उसमें छिपे पिल्लू नष्ट हो जाय। पुनः मोनोक्रोटोफास 36 ई.सी. दवा का 1 मि.ली. या इण्डोसल्फान दवा की 1.5 मि.ली. मात्रा प्रति लीटर पानी में मिलाकर छिड़काव करें।

8. लाल मकड़ी – यह एक अष्टपदी कीट है। इनका रंग लाल होता है। यह सैकड़ों की संख्या में समूहों में पत्तियों के निचले सतह पर आच्छादित रहते हैं तथा अपने ऊपर मकड़ी की जालनुमा संरचना बना लेते हैं जो बाद में धूल आदि से आच्छादित होकर इसकी सूर्य की गर्मी से रक्षा करता है। इनकी शिशु एवं प्रौढ़ दोनों पत्तियों के हरे भाग से रस चूसते रहते हैं जिससे पत्तियाँ पहले पीली फिर कत्थई होकर सूख जाती है। इनके प्रकोप से कभी–कभी फसल पूरी तरह से जल जाती है और शत प्रतिशत तक हानि हो जाती है।

प्रबन्धन – आक्रान्त फसल पर डाइकोफाल 18.5 ई.सी. की 3 मि.ली. मात्रा प्रति लीटर पानी में घोलकर छिड़काव करें। स्प्रेयर का नाजिल पत्तियों के निचले सतह के तरफ रखना श्रेयष्कर है ताकि पत्तियाँ पूरी तरह धुल जाय। कुछ कीटनाशकों के प्रयोग से इनकी संख्या कम होने के स्थान पर बढ़ जाती है। अतः परामर्श से उपयुक्त दवा का सही मात्रा में ही उपयोग होना चाहिए।

औषधीय एवं सुगंध पौधों मे कीट नियंत्रण में विशेष सावधानियाँ

1. फसलों के प्रमाणित बीज ही बोयें।
2. समय एवं दूरी का विशेष ध्यान दें।
3. इनकी गुणवत्ता बनाये रखने के लिए सदा अनुशंसित दवा सही मात्रा में उपयोग करें।
4. प्रबन्धन की अन्य विधियों का व्यवहार सुनिश्चित करें।
5. खेतों में मित्र कीटों की उपस्थिति बनाने का प्रयास करें।
6. कीटों के पहचान के बाद ही कीटनाशी का छिड़काव करें।

38

मशरूम के प्रमुख कीट एवं प्रबन्धन

डॉ. एस. के. सिंह

पौधा रोग विभाग, राजेन्द्र कृषि विश्वविद्यालय, पूसा, समस्तीपुर, बिहार

उष्ण एवं उपोष्ण जलवायु में ओएस्टर मशरूम की खेती सफलतापूर्वक की जा सकती है। ऐसी जलवायु में बटन मशरूम की खेती करना अत्यन्त कठिन कार्य है। अन्य फसलों की भाँति इसकी सफलतापूर्वक खेती करने के लिए आवश्यक है कि इसमें लगने वाले प्रमुख कीड़ों के बारे में आवश्यक जानकारी हो इसकी खेती धान के पुआल/गेहूँ के पुआल पर करते हैं। इसमें कम्पोस्ट नहीं बनाते हैं। सबस्ट्रेट का शोधन करके इसमें स्पान मिलाते हैं। इसके बाद जो सबसे बड़ी समस्या आती है, वह कीड़ों/माइट की है।

ओएस्टर मशरूम की खेती में लगने वाले महत्त्वपूर्ण कीट/माइट को तालिका के रूप में प्रस्तुत किया गया है।

तालिका 38.1. ओएस्टर मशरूम की खेती के विभिन्न चरणों में आने वाले कीट/माइट का संक्षिप्त विवरण

कीट का नाम	सामान्य नाम	ओएस्टर की प्रभावित प्रजाति	मशरूम का प्रभावित भाग
लेपिडोसारटस प्रजातियाँ	स्प्रिंग टेल्स	मशरूम की वह प्रजातियाँ जिन्हें बाहर उगाते हैं।	कवकतन्तु एवं फलनकाय को खा जाती है।
लाइकोरिल्ला प्रजातियाँ	सीरिड मक्खी	*प्लूरोटस* की विभिन्न प्रजातियाँ।	कवकतन्तु धीरे–धीरे कर के समाप्त हो जाता है।
मेगासेलिया प्रजातियाँ	फोरिड मक्खी	*प्लूरोटस* की विभिन्न प्रजातियाँ।	कवकतन्तु धीरे–धीरे कर के समाप्त हो जाता है।
माइट			
पाइगमिओफोरस स्टेरकोरिकोला	पिगमी माइट	*प्लूरोटस* की विभिन्न प्रजातियाँ।	कवकतन्तु को खा जाती है। इसकी अत्यधिक उपस्थिति से मशरूम गन्दा सा दीखता है।
टाइरोफैगस डिमिडिएटस	भूसा या पुआल की माइट	*प्लूरोटस* की विभिन्न प्रजातियाँ।	कवकतन्तु का नुकसान।

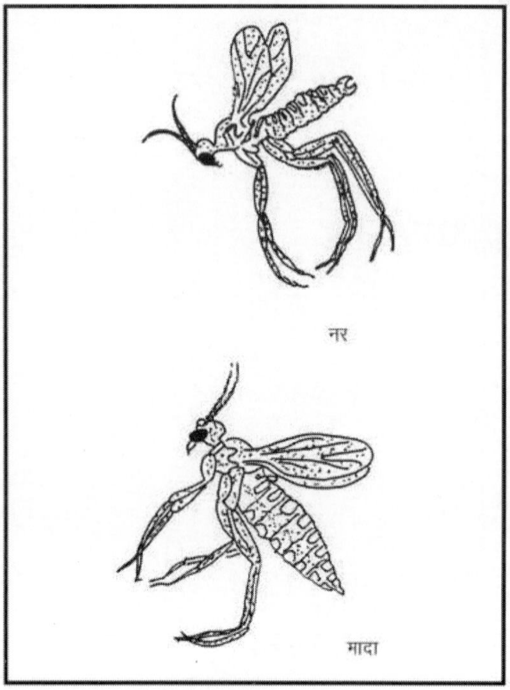

चित्र 38.1. सीरिड मक्खी का वयस्क

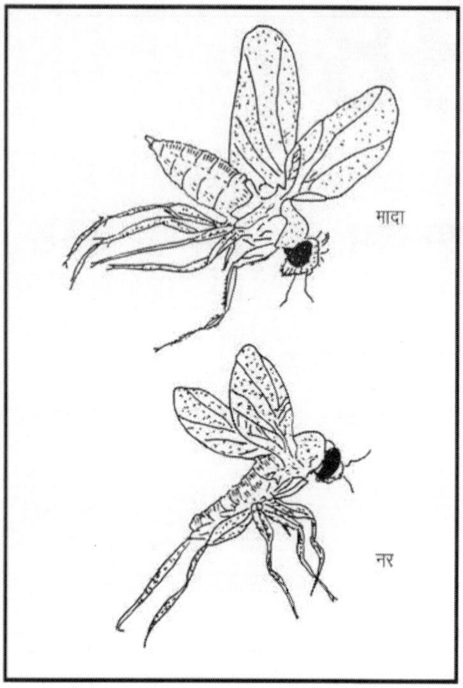

चित्र 38.2. फोरिड मक्खी का वयस्क

प्रबन्धन

कीटों की अत्यधिक संख्या होने से रोकने के लिए मशरूम फार्म का स्वच्छ एवं साफ सुथरा होना आवश्यक है। फार्म के सभी खिड़की एवं रोशनदान पर जाली लगी होनी चाहिए। दरवाजा कभी–कभी ही खुलना चाहिए। गन्दगी फैलाने वाली किसी भी चीज को कक्ष में नहीं रहने देना चाहिए। मशरूम की दो फसलों के बीच की अवधि में कक्ष को किसी कीटनाशक (मैलाथियान) से अच्छी तरह से धुलाई करना चाहिए। इसके अलावा निम्नलिखित विकल्प पर भी ध्यान देना चाहिए। स्पान रनिंग कक्ष में डाईक्लोरफास (30 मिलीलीटर/300 लीटर पानी/140 वर्ग मीटर) का छिड़काव करने से फोरिड्स एवं सिरिड्स मक्खियाँ नियंत्रित होती है। पिरिमीफास मेथाइल का भी प्रयोग उपरोक्त कीटों के नियंत्रण हेतु होता है। जिसे 70 मिली लीटर/100 वर्ग मीटर की दर से धुआं के रूप में प्रयोग करते हैं।

39

चूहे : समस्या एवं निदान

डॉ. एम. एल. अग्रवाल

कीट एवं कृषि जन्तु विज्ञान विभाग, राजेन्द्र कृषि विश्वविद्यालय, पूसा, समस्तीपुर, बिहार

चूहे आर्थिक दृष्टि से मनुष्य के लिए अत्यधिक हानिकारक हैं। खाद्य पदार्थों को इनके द्वारा नष्ट किया जाना बहुत प्राचीन समय से ज्ञात है। हमारे देश में भी चूहों की समस्या अत्यधिक गम्भीर है। भारत सरकार चूहों द्वारा किये गये नुकसान को कम करने के लिए उचित कार्यवाही कर रही है। चूहे खाद्य पदार्थों के उत्पादन की हर अवस्था को नुकसान पहुँचाते हैं। यह बीजरोपण से लेकर संग्रह तक सभी अवस्थाओं में नुकसान पहुँचाते हैं। खेत में बोये हुए बीजों को चूहे निकाल कर खा जाते हैं। इस स्थिति में किसानों को खेत में चूहों की उपस्थिति का ज्ञान नहीं हो पाता है, किन्तु बाद में जबकि कुछ ही बीज अंकुरित हो पाते हैं, तभी चूहों द्वारा किये गये नुकसान का ज्ञान होता है। पौधों में पुष्पों के निकलने के बाद और बीज लगने पर भी चूहे उन्हें खाकर नुकसान पहुँचाते हैं। छोटे चूहे पौधों पर चढ़कर उन्हें नुकसान पहुँचाते हैं जबकि बड़े चूहे समस्त पौधों को नीचे से काटकर गिरा देते हैं तथा बीजों को खाते हैं। इस प्रकार रबी तथा खरीफ दोनों ही फसलों को चूहों द्वारा नुकसान पहुँचाया जाता है। चूहे अपने बिलों में भी खाद्य पदार्थों का संग्रह करते हैं। चूहे पौधों की शाखाओं को काटकर उनकी वृद्धि रोकते हैं जहाँ खाद्य पदार्थ संग्रह किये जाते हैं, वहाँ चूहे संग्रह किये हुए खाद्य पदार्थों को खाते हैं।

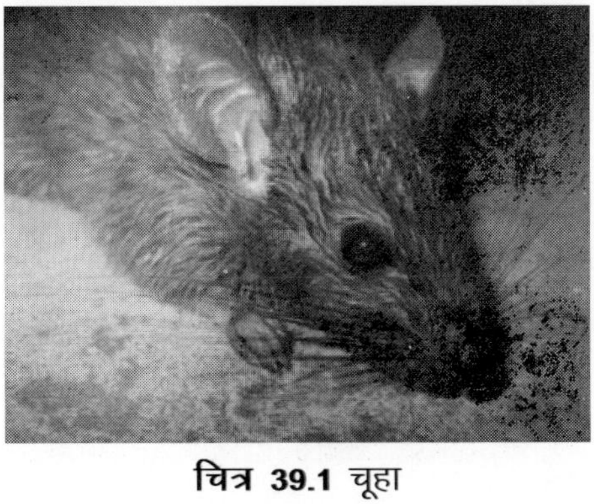

चित्र 39.1 चूहा

चूहों की संवेदनाग्रहण शक्ति एवं श्रवण शक्ति इतनी विकसित, सूक्ष्म एवं उत्कृष्ट होती है कि हल्की सी भी आहट सुनकर यह अपने बिल में चले जाते हैं। चूहे इतने तेज होते हैं कि ये दिन में अपने बिलों में रहते हैं, परन्तु रात होते ही सभी अपने–अपने बिलों से निकलकर घर में रखे पदार्थ, कपड़े एवं कागज पर भुक्खड़ की तरह टूट पड़ते हैं और इन्हें काफी क्षति पहुँचाते हैं। चूहों के विषय में कुछ महत्वपूर्ण जानकारियाँ निम्न हैं–

1. हमारे देश में चूहों की लगभग 14 जातियाँ मुख्य रूप से हानिकारक है।
2. जन्म के पश्चात चूहे 2-3 माह में वयस्क हो जाते हैं।
3. एक ही समय मादा चूहे 4-10 तक बच्चे देती है।
4. पैदा होने के 10-15 दिन के अन्दर चूहे के दाँत निकलते हैं जिन्हें गनोइंग टीथ कहते हैं। इनकी विशेषता यह है कि ये दाँत लगातार बढ़ते रहते हैं। अतः इन्हें छोटा करने के लिए लगातार कुतरना जरूरी होता है, अन्यथा ये दाँत जबड़े को चीरकर बाहर आ सकते हैं। यही कारण है कि चूहे महत्त्वपूर्ण वस्तुएँ जैसे – कपड़ा, लकड़ी, रबड़ इत्यादि को अपने दाँतों से कुतरते रहते हैं और दाँतों के आकार को बढ़ने नहीं देते हैं।
5. ये जितना अनाज खाते हैं उससे लगभग दस गुना अधिक बरबाद करते हैं।
6. चूहे खाद्यान्न खाने के अतिरिक्त उसे मलमूत्र द्वारा से दूषित कर देते हैं जिससे अनाज का अवमूल्यन होता है। साथ ही मलमूत्र के कारण ऐसे अनाज पर फफूँदी विकसित होती है जिससे अनाज में दुर्गन्ध जाने लगती है तथा इनकी अंकुरण–क्षमता भी कम जाती है। ऐसे अनाजों के खाने से अनेक प्रकार की बीमारियाँ होने की संभावना रहती हैं। कभी–कभी ये एकदम ही उपयोगी नहीं रह जाते हैं।
7. चूहे कई दिनों तक भोजन एवं पानी के बिना रह सकते हैं।
8. चूहे खेतों में खड़ी फसल, पौधों एवं फलों को भी नष्ट करते हैं। एक अनुमान के अनुसार चूहे खेत में फसलों को 2-15% तक नुकसान पहुँचाते हैं तथा भंडारगृहों में लगभग 2-5% खाद्य पदार्थों को नष्ट करते हैं। कभी–कभी इनके द्वारा किया गया नुकसान काफी अधिक होता है।
9. चूहे खाद्य पदार्थों को नष्ट करने के अलावा वातावरण को भी प्रदूषित करते हैं तथा उत्पात का कारण भी हैं।
10. चूहे अनेक प्रकार की महामारियाँ फैलाते हैं। प्लेग एवं टाइफस बुखार इसका एक ज्वलन्त उदाहरण है।
11. कभी–कभी चूहे बिजली के तारों एवं पानी के पाइपों को भी कुतर कर काफी क्षति पहुँचाते हैं।
12. चूहे बिलों में रहते हैं। अपने बिलों मे ये अनाज का भंडारण भी करते हैं।
13. रेलवे की सम्पत्ति को भी चूहे काफी नुकसान पहुँचाते हैं।

रोकथाम के प्रमुख उपाय

चूहों को रोकथाम के अनेकों उपाय हैं, लेकिन निरोधात्मक उपाय सबसे प्रमुख हैं जो इस प्रकार हैं–

1. गन्दगी से चूहों की संख्या बढ़ती है अतः घरों एवं गोदामों को हमेशा साफ रखना चाहिए।
2. मकान के आस पास के स्थानों की साफ रखें। खेतों में घास खरपतवार, झाड़ियों आदि की वृद्धि ना होने दें।
3. कूड़े–कचरे को जला दें अथवा कम्पोस्ट बना लें।
4. खाद्य पदार्थों को बन्द डिब्बों में अथवा सुरक्षित स्थान पर रखें तो चूहों की पहुँच से बाहर हो।
5. घर अथवा गोदाम के अन्दर या बाहर बिलों में पत्थर के टुकड़े डालकर बिलों को अच्छी तरह सीमेंट से बन्द कर दें।
6. दरवाजे के निचले भाग में धातु की पट्टी लगाकर चूहारोधी बना लें।
7. समय–समय पर चूहे को फँसाने के लिए चूहेदानी को प्रयोग में लायें। इस प्रकार पकड़े गये चूहों को मार देना चाहिए।
8. चूहा भक्षी जन्तुओं का संरक्षण करें।
9. इसका नियंत्रण के लिए सामूहिक रूप से बहुत पैमाने पर अभियान चलायें। चूहा नियंत्रण में यह काफी प्रभावशाली माना गया है। व्यक्तिगत रूप से चलाया गया अभियान सफल नहीं होता है।

विष द्वारा गोदामों एवं घरों में चूहों का नियंत्रण

चूहा नियंत्रण हेतु सामूहिक अभियान अत्यधिक आवश्यक है क्योंकि कम क्षेत्र में नियंत्रण करने पर चूहे भागकर अन्य क्षेत्रों में चले जाते हैं। दो प्रकार के विषैले पदार्थ चूहों को मारने हेतु प्रयोग किये जाते हैं।

1. एक खुराकीय विष 2. बहु खुराकीय विष।

1. एक खुराकीय विष

इसमें जिंक फास्फाइड नामक विष प्रमुख है। यह काले अथवा भूरे स्लेटी रंग के चूर्ण के रूप में होता है। यह बहुत ही तेज रसायन है। इसका एक बार खाने से ही समूह के सारे चूहे मर जाते हैं। मनुष्यों एवं जानवरों के लिए यह बहुत ही घातक दवा है। अतः घरों और भंडारों में इस का प्रयोग नहीं करना चाहिए। इसका चारा नीचे लिखे अनुपात में तैयार किया जाता है।

जिंक फासस्फाइड	–	1 भाग
चारा (गेहूँ का आटा अथवा चने या मकई का सत्तू)	–	40 भाग
सरसों का तेल	–	1 भाग
शक्कर	–	1 भाग

सभी अवयवों को मिट्टी के बर्तन में रखकर लकड़ी के बने चम्मच से अच्छी तरह मिलाकर मिश्रण तैयार कर लें।

प्रयोग करने की विधि

वह स्थान जहाँ चूहे ज्यादा क्रियाशील हो, इसका प्रयोग करना चाहिए। विषैला चारा रखने से पूर्व 2 या 3 दिनों तक बिना विष मिला चारा अर्थात् सादा चारा रखें। चौथे दिन 20-25 ग्राम विषैला चारा कागज में लपेटकर पूर्व निश्चित स्थान पर रखें। अगली सुबह मरे हुए चूहों तथा शेष विषैले चारे को एकत्र कर मिट्टी में दबा दें। पालतू पशुओं, बच्चों आदि को विषाक्त चारे के सम्पर्क में न आने दें।

2. बहुखुराकीय विष

यह चूहा मारने की नवीनतम आंतवतरोधी (एंटीकोआगुलेंट) दवा है। आजकल यह दवा काफी उपयोगी सिद्ध हो रही हैं, क्योंकि इसका असर धीरे–धीरे होता है। यह सत्य है कि जिंक फॉस्फाइड विष के उपयोग से काफी चूहे तुरन्त मरते हैं लेकिन बाद में खाने से कतराने लगते हैं। अतः इसके उपयोग से अस्थाई कमी हो सकती है। लेकिन एंटीकोआगुलेंट विष के उपयोग से सारे चूहों का सफाया हो जाता है। इसके खाने से चूहे रक्तस्राव से स्वाभाविक मौत की तरह मरते हैं। यही कारण है कि चूहे इसके उपयोग से चौकन्ने नहीं होते हैं। एंटीकोआगुलेंट विष बाजार में कई व्यापारिक नामों से उपलब्ध है जैसे ब्रोमोडियोलोन, रोडाफरिन, बारफेरिन, रैटाफिन इत्यादि। बाजार में प्रायः यह ठोस, पानी में घुलनशील एवं तैयार चारे के रूप में मिलता है।

एंटीकोआगुलेंट चारा बनाने की विधि

1. सूखा एंटीकोआगुलेंट ठोस दवा – 1 भाग
2. आटा या पिसा हुआ खाद्यान्न – 19 भाग
3. सरसों का तेल – 1 भाग
4. शक्कर – 1 भाग

सभी अवयवों को अच्छी तरह मिलाकर मिश्रण तैयार किया जाता है तैयार चारा 100 ग्राम की दर से विभिन्न स्थानों पर रख देना चाहिए। घर में दो या तीन जगहों पर चारा को रखा जा सकता हैं, परन्तु गोदामों आदि जगहों में चारा रखने की संख्या, गोदाम के आकार एवं चूहों से होने वाले नुकसान पर निर्भर करता है।

उचित ज्ञान एवं वैज्ञानिक जानकारी के अभाव में लोग खेतों में चूहों को मारने के लिए जिंक फॉस्फाइड मिला विषैला चारा उपयोग में लाते हैं। इसका नकारात्मक पहलू यह है कि प्रभाव अस्थाई होता है और चूहे भी आंतकित हो जाते हैं। अतः खेतों में चूहों को मारने का सबसे उचित तरीका है कि चूहों के बिलों में अलमुनियम फॉस्फाइड की गोलियों से प्रधूमण किया जाय। नमी से प्रतिक्रिया करने पर इससे 'फास्फोन' नामक विषैली गैस होती है, जिसकी गंध लहसुन जैसी होती है। प्रधूमण से पूर्व उन बिलों की पहचान करनी आवश्यक है जिनमें चूहे क्रियाशील हों।

जीवित बिलों की पहचान

सर्वप्रथम उन बिलों का जिनमें प्रधूमण किया जाना है, पता लगाना चाहिए। इसके लिए प्रथम दिन शाम को बिलों के प्रवेश द्वार को मिट्टी से बन्द कर देना चाहिए। अगले

दिन प्रातः इन बिलों का निरीक्षण करना चाहिए। अगर किसी बिल का मुँह खुला हो तो समझना चाहिए कि उनमें चूहे हैं। इस तरह के सभी जीवित बिलों में प्रधूमण देना चाहिए।

बिलों में प्रधूमण करना

इसके लिए प्रत्येक जीवित बिल में 'सेलफॉस' की 2 गोली डालकर बिलों के छिद्र को भली प्रकार गीली मिट्टी से बन्द कर देना चाहिए। अब अगले दिन उस बिलों का पुनः निरीक्षण करें। यदि बिल का मुँह खुला मिले तो उसमें एक बार फिर सेलफॉस की दो गोली डालकर बिलों को मिट्टी से बन्द कर दें। इस प्रकार बिलों में प्रधूमण कर सभी चूहों को नष्ट किया जा सकता है तथा खाद्यान्नों को नष्ट होने से बचाया जा सकता है, जो राष्ट्रहित के लिए आवश्यक है, क्योंकि किसी भी राष्ट्र की सम्पन्नता, प्रगति एवं विकास उस राष्ट्र के खाद्यान्न उत्पादन एवं उसके भण्डारण पर ही निर्भर करता है।

सावधानियाँ

1. चूहा नियंत्रण अभियान मुख्य रूप से प्रशिक्षित व्यक्तियों के द्वारा ही कार्यान्वित किया जाना चाहिए।
2. चूहा मारक विष का प्रयोग करते समय कुछ भी नहीं खाना चाहिए।
3. घर के बिलों में प्रधूमण नहीं करें।
4. विषैली दवाओं को बच्चों, पालतू पशुओं की पहुँच से दूर रखें।
5. नियंत्रण अभियान के पश्चात् सफाई का विशेष ध्यान रखें।
6. दुर्घटना होने पर तुरन्त किसी डाक्टर से सम्पर्क करें।
7. दवा प्रयोग के बाद हाथ पैर को अच्छी तरह से साबुन से धो लें।
8. वर्षा के मौसम में प्रधूमण नहीं करना चाहिए।

चतुर्थ खण्ड

फल, सब्जी, मसाला, औषधीय एवं सगन्ध फसलों में सूत्रकृमि प्रबन्धन

- मिट्टी में छिपे गुप्त शत्रुओं (सूत्रकृमियों) से बागवानी फसलों को बचायें
- केला एवं सब्जियों में सूत्रकृमि प्रबन्धन
- मसाला, औषधीय एवं सगन्ध फसलों में समेकित सूत्रकृमि प्रबन्धन

40

मिट्टी में छिपे गुप्त शत्रुओं (सूत्रकृमियों) से बागवानी फसलों को बचायें

डॉ. के.एन. पाठक

सूत्रकृमि विभाग, राजेन्द्र कृषि विश्वविद्यालय, पूसा, समस्तीपुर, बिहार

सूत्रकृमि को किसानों का गुप्त शत्रु कहा जाता है, क्योंकि अपने सूक्ष्मदर्शी आकार की वजह से ये किसानों की नजर से बचकर मृदा के अन्दर छिपे रहते हैं तथा अनुकूल परिस्थितियों में बागवानी एवं अन्य फसलों की जड़ों को भेद कर उनके कोशिकाद्रव को भोजन की तरह इस्तेमाल कर उनको कमजोर बनाते हैं। सूक्ष्मदर्शी कृमियों के अत्यन्त छोटे आकार, मिट्टी में निवास एवं अस्पष्ट लक्षणों के कारण बागवान, किसान तथा अन्य व्यक्ति सूत्रकृमियों द्वारा प्रदत्त हानि को ठीक से नहीं पहचान पाते तथा इनके लक्षणों को खाद की कमी या फिर अन्य कारणों को मानकर या तो अनावश्यक खाद दे देते हैं, अथवा अनदेखा भी कर देते हैं। अधिक खाद दे देने से कुछ समय के लिए फसल फिर से हरी हो जाती है परन्तु उसकी बढ़वार तथा फलन दोनों घट जाते हैं। अतः खेतों में कृमि प्रभावित लक्षण को ठीक से पहचानना तथा समझना आवश्यक है। इस प्रकार उसके निदान पर ध्यान देकर उत्पादों की संभावित हानि से बचाया जा सकता है।

पादप परजीवी सूत्रकृमियों की अनेक प्रजातियाँ मिट्टी में पायी जाती हैं। इनमें से अनेक पौधों की जड़ों से अपना भोजन ग्रहण करती है तथा कुछ पौधे के ऊपरी भागों पर निर्भर रहती हैं। सूत्रकृमि संक्रमण के फलस्वरूप बिना कोई विशेष लक्षण प्रदर्शित किये, बागवानी फसलें कमजोर हो जाती हैं। कुछ सूत्रकृमि प्रजातियाँ, जैसे जड़ गाँठ सूत्रकृमि, जड़ निशान सूत्रकृमि, वृक्काकार सूत्रकृमि आदि पौधों के प्रभावित उत्तकों पर धब्बे, सूजन, आकार विकृति आदि विशेष लक्षण भी पैदा कर सकती हैं। लगभग सभी प्रकार के बागवानी फसलों को संक्रमित कर ये सूक्ष्मदर्शी कृमि प्रतिवर्ष करोड़ों रुपये की क्षति पहुँचाते हैं। सूत्रकृमिग्रसित पौधे अन्य प्रकार के परजीवियों जैसे – कवक, जीवाणु तथा विषाणुओं के आक्रमण के प्रति अधिक सुग्राही हो जाते हैं। अतः फसलों को अधिक नुकसान होता है जिससे किसानों को दोहरी हानि सहनी पड़ती है।

जड़–गाँठ प्रभावित बैंगन की जड़

जड़–गाँठ प्रभावित परवल की जड़

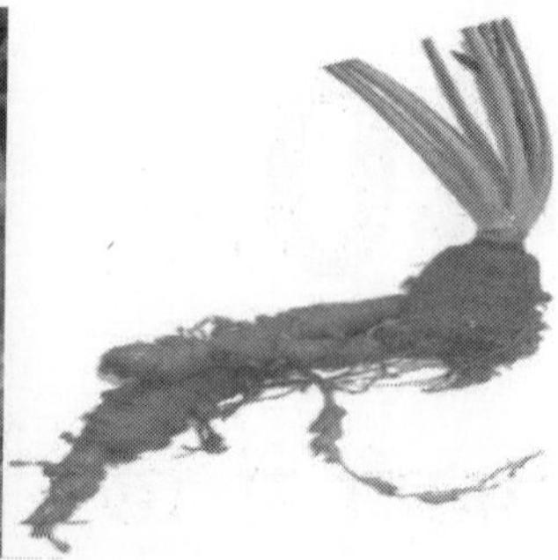

जड़–गाँठ प्रभावित गाजर की जड़

जड़–गाँठ प्रभावित गाजर की जड़

सूत्रकृमि प्रभावित सब्जियो का खेत

सूत्रकृमि प्रभावित (जड़–गाँठ) स्वस्थ जड़

सूत्रकृमि प्रभावित टमाटर का खेत

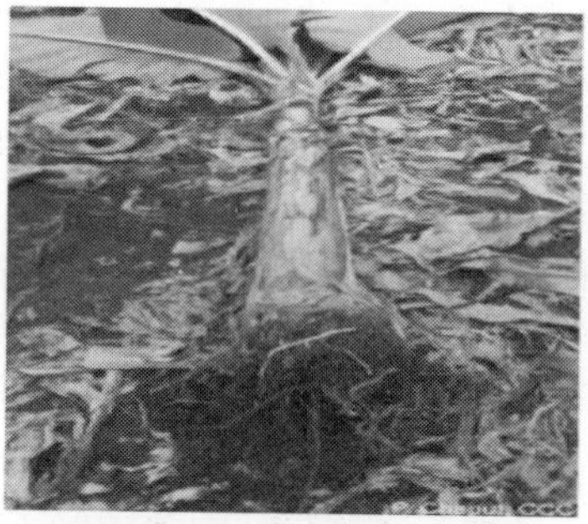

सूत्रकृमि प्रभावित केले का पेड़

सूत्रकृमि

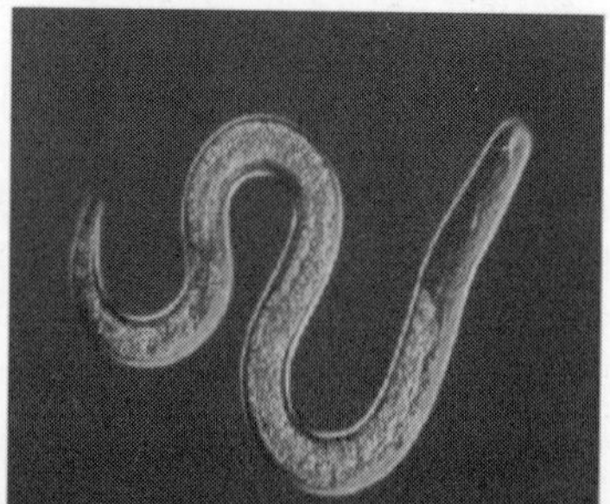

सूत्रकृमि

चित्र 40.1 प्रमुख सूत्रकृमि समस्याएँ

सूत्रकृमि ग्रसित फसलों के लक्षणों को पहचानें

अधिकतर सूत्रकृमियों की प्रजातियाँ जड़ों एवं पौधों के भूमिगत भागों से पोषण लेती हैं, परन्तु थोड़ी–सी प्रजातियाँ पौधे के ऊपरी भागों जैसे – पत्तियाँ, फल, फूल इत्यादि से भी भोजन ग्रहण करती हैं। सूत्रकृमियों के भोजन ग्रहण करने के तरीके भी विभिन्न प्रजातियों में भिन्न–भिन्न प्रकार के होते हैं। ये बाह्य परजीवी अथवा अंतःपरजीवी के रूप में पादप उत्तकों में प्रवेश करते हैं। ये अधिकतर जड़ उत्तकों को बेध कर उनसे अपना भोजन लेते हैं। इससे जड़ उत्तकों के कार्य में बाधा उत्पन्न होती है तथा जड़ें उचित मात्रा में जल–लवण इत्यादि नहीं ले पाती है, अतः इनका प्रभाव पौधे के जमीन के ऊपर वाले हिस्से में अधिक दिखाई देता है।

सूत्रकृमि प्रभावित पौधों की वृद्धि की दर घट जाती है, जिसको बढ़वार की कमी के रूप में जाना जाता है। पत्तियाँ पतली तथा पीली पड़ जाती है। शाखाओं का निकलना कम हो जाता है। यदि पौधशाला में ही कृमि संक्रमण हो गया है, तब तो कई पौधे मर भी जाती हैं। यदि स्वस्थ पौधों को जैसे – टमाटर, पपीता, मिर्च आदि की रोपाई सूत्रकृमि संक्रमित खेत में कर दी जाये तो इनमें से भी कई सूख जाते हैं तथा मर जाते हैं। सूत्रकृमि प्रभावित केलों की फसल से केले कम संख्या में तथा छोटे आकार के उपजते हैं। अनान्नास के फलों का आकार तथा वजन घट जाता है। सूत्रकृमि प्रभावित नींबू के पौधे छोटे तथा कम नींबू पैदा करते हैं। पत्तियाँ छोटी तथा पीली पड़ जाती है। परवल की लत्तर से पत्तियाँ छोटी आकार की निकलती हैं तथा परवल के फसल की फलन संख्या तथा वजन दोनों घट जाते हैं। सूत्रकृमि प्रभावित खेतों में (जहाँ सूत्रकृमि की संख्या/प्रति ग्राम उनके रोगकारक क्षमता पर या उससे ऊपर होती है) पीले, छोटे, छितराये पौधों के धब्बे दिखाई पड़ते हैं। लत्तर वाले पौधे जैसे – लौकी, कदीमा, नेनुआ, खीरा, परवल, तरबूजा, खरबूजा, झिंगनी, कुंदएँ इत्यादि की बेलें दिन के तेज गर्मी में मुरझाये सी लगती हैं, परन्तु रात्रि में पुनः वो फैलकर अपने वास्तविक रूप में आ जाती है। फूलों का खिलना, फल बनना एवं उनसे बीज बनना ये सभी प्रक्रियाएँ सूत्रकृमि संक्रमण के पश्चात् बुरी तरह प्रभावित हो जाती है। पौधों के भूमिगत भागों जैसे – जड़ों में गाँठों का बनना, अत्यधिक शाखाओं एवं प्रशाखाओं का निकलना, जड़ों के ऊपरी पर्त का छिलके रूप में निकलना ये आम लक्षण हैं। पौधे के ऊपरी भागों में संक्रमण करने वाले कृमि, जैसे – *एफलेंक्वाइड़स रिटिजिमाबोसाई, ए॰ प्रेफगरी ए॰ बेसियाई, एंग्वीना* स्पी॰ आदि कुछ विशेष लक्षण उत्पन्न करते हैं, जैसे – पत्तियों का मुड़ना, कोणीय धब्बे, पत्ती के अग्रभाग का सूखना, तने तथा फलों या बालियों का टेढ़ा होना इत्यादि। उपर्युक्त वर्णित लक्षणों पर ध्यान देने से आप सूत्रकृमि संक्रमित बगीचों तथा नर्सरी की पहचान कर सकते हैं। परन्तु अधिकतर परिस्थितियों में उपस्थिति को साबित करने के लिए परीक्षण आवश्यक होता है।

फसलों को सूत्रकृमि संक्रमण से कैसे बचाएं?

सूत्रकृमि नियंत्रण से पूर्व इस बात की जानकारी आवश्यक है कि सूत्रकृमि संक्रमण फफूँद, विषाणु या जीवाणु संक्रमण से भिन्न है। यहाँ सूत्रकृमि की मात्रा मिट्टी में उपस्थिति से अधिक उनकी जनसंख्या पर ध्यान देना आवश्यक है। यदि हानिकारक नस्ल के सूत्रकृमियों (जैसे जड़गाँठ, पुटी, वृक्काकार, नींबू कृमि, जड़निशान आदि) की

जनसंख्या हानिकारक स्तर पर या उससे ऊपर है, तभी दवाओं का प्रयोग आवश्यक है, वरना विभिन्न निम्न वर्णित पर्यावरण मित्रवत् विधियों को अपनाकर मृदा में इनकी जनसंख्या को घटाया जा सकता है ताकि ये हानिकारक स्तर से नीचे रहें।

(1) खेतों की गहरी जुताई कर तेज धूप लगने दें

सूत्रकृमि प्रभावित खेतों में अप्रैल से जून के महीने में 3-4 गहरी जुताई कर मिट्टी को पलट दें तथा उसको तेज धूप लगने दें। हरेक 10-15 दिनों पर इस प्रक्रिया को दोहराएँ। कम से कम 3-4 बार ऐसा करें। बार–बार मिट्टी पलटने से मिट्टी में छिपे कृमि के अण्डे तथा शिशु मिट्टी के ऊपरी सतह पर आ जाते हैं तथा तेज धूप में मर जाएँगे। इस विधि से सूत्रकृमि की जनसंख्या 50-70 प्रतिशत घट जाती है।

(2) खरपतवार तथा पुरानी फसल की जड़ों को नष्ट करना

खरपतवार कृमियों की शरणस्थली होती है, अतः उन्हें जलाकर नष्ट कर देना चाहिए। गाँठों वाली जड़ें तथा ऐसी जड़ें जिसमें अन्य हानिकारक सूत्रकृमियों ने अपना बसेरा बना लिया है अथवा उसमें अपने अण्डे आदि दे रखे हैं उन्हें खेत में ही जलाकर नष्ट कर देना आवश्यक है। इससे सूत्रकृमि जनसंख्या घनत्व घटता है।

(3) खल्ली अथवा अन्य कार्बनिक पदार्थों का मृदा में व्यवहार

कोई भी खल्ली जैसे – नीम, सरसों, अरण्डी, करंज, महुआ या खैनी की गुण्डी का व्यवहार खेतों में बुआई के 25-30 दिनों पहले करें तथा उसके बाद उस खेत में खूब सिंचाई कर के 20-25 दिन तक छोड़ दें। खल्ली का व्यवहार 2-8 टन प्रति हे॰ की दर से किया जा सकता है। खल्ली पड़े खेत में जब खल्ली सड़ जाये तब इसको पुनः जोतकर बुआई कर सकते हैं। यदि खल्ली कम मात्रा में उपलब्ध हो तब 200-250 किलो/हे॰ की दर से खल्ली का व्यवहार करें परन्तु बुआई के समय उस खेत में 33 किलो कार्बोफ्यूरान (फ्यूराडान) को भी प्रति हे॰ की दर से मिट्टी मिलाकर व्यवहार करें।

खल्ली 3 तरह से कृमिनाश करती है। जब यह सड़ती है तब इसके सड़ने के बाद इससे एरोमेटिक एसिड तथा फिनालिक यौगिक बनते हैं जो कृमिनाश करते हैं। खल्ली का उपयोग से कृमिनाशी फफूँद तथा जीवाणु मृदा में अधिकाधिक संख्या में पनपते हैं जो कृमिनाशक हैं। खल्ली सड़ने से उत्पन्न पदार्थ मृदा में ह्यूमस तथा ऑरगेनिक कार्बन बढ़ाता है। इसमें उगने वाले पौधों की जड़ें अधिक मजबूत होकर फैलती है तथा उनमें हानिकारक परजीवियों से लड़ने की क्षमता अधिक हो जाती है।

(4) फसल चक्र का व्यवहार

यदि हम कृमिसुग्राही फसलों को कार्य–प्रतिरोधी अथवा ऐसी फसलें जिसमें सूत्रकृमि नहीं जाता है, के साथ फसल चक्र में व्यवहार करें तो स्वतः कृमि की जनसंख्या एक फसल के बाद अगली फसल में कम हो जायेगी तथा बिना किसी दवा के व्यवहार के हम कृमि द्वारा हानि से बचते जाएँगे। सूत्रकृमि जनसंख्या को कम करने के लिए सब्जियों को धान्य फसलों जैसे – गेहूँ, चावल, मक्का आदि के साथ फसल चक्र में डालें। इससे

सब्जियों में लगने वाले जड़गाँठ सूत्रकृमि की जनसंख्या कम होगी। टमाटर, बैंगन, सलाद, पालक, मूली, गाजर तथा सभी लत्तर वाले सब्जियाँ में जड़गाँठ का प्रकोप अधिक होता है। पत्तागोभी, फूलगोभी, सरसों आदि में इसका कम प्रकोप होता है। प्याज, लहसुन में काफी कम परन्तु गेंदा, तिल आदि में बिल्कुल नहीं होता। अतः एक ही प्रकार की सब्जी साल भर न लगाकर इन्हें आपस में भी फसल चक्र में डालें। इससे सूत्रकृमि संक्रमण घटेगा। इसी प्रकार केले तथा पपीते के बगीचे भी तीसरे साल बदल देने चाहिए। इनकी जगह पर वहाँ धान्य वाली फसलें अथवा तिल या गेंदे की खेती करनी चाहिए।

(5) सूत्रकृमिरोधी प्रजातियों का व्यवहार

आमतौर पर यह एक उत्तम विधि मानी जाती है क्योंकि प्रजातियों के चुनाव के बाद इस विधि में अन्य किसी दवा के व्यवहार की आवश्यकता नहीं है। परन्तु सभी बागवानी फसलों में सूत्रकृमि रोग प्रतिरोधी प्रजातियाँ उपलब्ध नहीं हैं, फिर भी कुछ सब्जियों में तथा फसलों में ये उपलब्ध हैं।

जड़गाँठ सूत्राकृमि प्रतिरोधी जातियाँ

टमाटर : पूसा निमामुक्त, मंगला, कर्नाटक हाइब्रिड, हिसार ललित, पी. एन. आर. 7, रोनिता, बी. एफ. एन. ब्रुश, अनाह।

मिर्च : पूसा ज्वाला, एल.पी.जी. 9ई, एल. पी. जी. 15 ई. बी. आर.–31

बैंगन : विजय हाइब्रिड, बी.बी. 48, भाटिका सफेद, के.एस. 224

भिंडी : डी–1–87–5, एच.ओ.ई. 1, एस.ओ.एच.–2, रेड वंडर, सी.–26-4-51

पपीता : पूसा डेलीसियस, पूसा ड्वार्फि तथा पूसा जॉइन्ट।

(6) सूत्रकृमि मुक्त पौधशाला बनाना

पौधशाला हमेशा ऊँची जमीन पर बनावे जहाँ जलजमाव की समस्या न रहे। पौधशाला ऐसी होनी चाहिए जो या तो सूत्रकृमि मुक्त हो अथवा उसमें कृमिनाशी दवा अथवा खल्ली अथवा सोलराइजेशन किया गया हो, ताकि उसमें सूत्रकृमि मुक्त स्वस्थ बिचड़े तैयार किये जा सके।

(क) सोलेराइजेशन

पौधशाला में गहरी गुड़ाई कर के मिट्टी पलट दें। इसके बाद उसे सफेद रंग के पॉलीथीन शीट से ढँक दें। पॉलीथीन को चारों तरफ से ईंट से दबा दें ताकि हवा के झोंकों से वह उड़ न सकें। इस प्रकार तेज धूप 3 सप्ताह तक लगने दें। उसके बाद पॉलीथीन हटा दें। पॉलीथीन मल्चिंग से वातावरण की तुलना में लगभग 5 से.ग्रे. मृदा का तापमान बढ़ जाता है तथा सूत्रकृमि की संख्या में कमी के लिए कारगर साबित होता है। इस विधि को सोलेराइजेशन कहते हैं।

(ख) नर्सरी बेड का उपचार

टमाटर, बैंगन, मिर्च, फलों तथा सजावटी फूलों की नर्सरी यदि सूत्रकृमि संक्रमित मिट्टी में बनानी है तो सोलेराइजेशन के बाद निम्न विधि का पालन करें।

पौधशाला की मिट्टी को 20-25 मि.ली., मेथाम सोडियम नामक दवा से प्रति वर्ग मीटर भूमि की दर से उपचारित करें। ध्यान रहे, ये उपचार सिंचाई के पानी के साथ करें तथा बोने के दस दिन पूर्व करें। यदि किन्हीं कारण से आपके पास समय का अभाव हो अथवा उपर्युक्त मृदा उपचार नहीं कर पाये हों तो बुआई के समय ही मृदा में कार्बोफ्यूरान (फ्यूराडान) नामक दवा 6.5 ग्राम/वर्ग मीटर जमीन में करें।

फार्मलीन से नर्सरी को उपचारित करना

आप फार्मलीन से भी अपने नर्सरी को उपचारित कर सूत्रकृमि मुक्त बना सकते हैं। पौधशाला के प्रति वर्ग भूमि पर 100–150 मि.ली. फार्मलीन में 5 लीटर पानी मिला कर छिड़काव करें। कुछ और पानी छिड़के तथा नर्सरी बेड को 3 दिनों के लिए पॉलीथीन से ढँक दें। तीन दिनों बाद पॉलीथीन हटाकर 3-4 बार पौधशाला की गुड़ाई करें ताकि स्वच्छ हवा लग सकें। इसके बाद मेड़ बनाकर उस पर बीज बो दें।

रासायनिक दवाओं से सूत्रकृमि नियंत्रण

यदि मुख्य खेत, जहाँ पर रोपनी करनी हो, अथवा सीधे बीजों की बुआई करती है, सूत्रकृमि की हानिप्रद संख्या या उससे अधिक की जनसंख्या स्तर तक संक्रमित है तब उसमें सूत्रकृमिनाशी दवाओं का उपयोग आवश्यक हो जाता है ताकि आपको स्वस्थ तथा लाभप्रद फसल उत्पाद मिल सके। मुख्य बगीचे/खेत में 2 किग्रा. मूल दवा की दर से कार्बोफ्यूरान फ्यूराडान 3 जी) नामक दवा का व्यवहार रोपनी या बुआई के समय ही करें। खड़े पेड़ों की जड़ों में यदि सूत्रकृमि संक्रमण हो गया है तो उनमें उनके कैनोपी की परिधि/वृक्ष के हिसाब से घेरा बना लें। फिर परिधि के बाहर एक फुट व्यास बढ़ाकर गड्ढा (9" गहरा) खोदें तथा उसमें नीम की खल्ली तथा उपर्युक्त बताई कार्बोफ्यूरान की मात्रा, गोबर की सड़ी खाद के साथ देकर मिट्टी से ढँक दें तथा सिंचाई कर दें।

41

केला एवं सब्जियों में सूत्रकृमि एवं प्रबन्धन

डॉ. एस. के. सिंह

पौधा रोग विभाग, राजेन्द्र कृषि विश्वविद्यालय, पूसा, समस्तीपुर, बिहार

केला

केला के लगने वाली प्रमुख बीमारी, उखड़ा रोग सूत्रकृमि के सहयोग से उग्र रूप धारण करती हैं। मृदा में सूत्रकृमि की लगभग 20 से ज्यादा जातियाँ पाई जाती है। सूत्रकृमि केला की जड़ों के सामान्य कार्य को बाधित कर देता है, क्योंकि यह परजीवी के रूप में ही जीवित रहता है।

केला का जड़गाँठ रोग

सूत्रकृमि के आक्रमण के फलस्वरूप केला के पौधों की जड़ों पर छोटी – छोटी आकृति की गाँठ बन जाती है। यदि इन गाँठों को सावधानीपूर्वक तोड़ा जाय तो उसमें से मादा दिखाई देती है। यदि सूत्रकृमि से आक्रान्त प्रकन्द का रोपण किया गया तो उससे निकलने वाले नवजात पौधों की बढ़वार ही रूक जाती है तथा इस प्रकार के पौधों की पत्तियाँ पतली एवं छोटी हो जाती है।

जड़ निशान सूत्रकृमि

इस सूत्रकृमि से आक्रान्त पौधों की जड़ों पर लम्बाई में लाल तथा काले धब्बे दिखाई देते हैं। यदि आक्रान्त जड़ों को लम्बाई में काटा जाय तो नालियाँ सी बनी आकृति दिखाई देती है।

सूत्रकृमि का प्रबन्धन

1. गर्मी में खेत की गहरी जुताई करने के उपरान्त ही केला के नये बाग का रोपण करना चाहिए।
2. केला के रोपण हेतु खोदे गये गड्ढ़ो में जब कम्पोस्ट मिलाते हैं, उसी समय प्रति गड्ढ़ा 250-500 ग्राम नीम या सरसों की खली डालना अच्छा रहता है, जो कृमिनाशक का भी काम करता है।

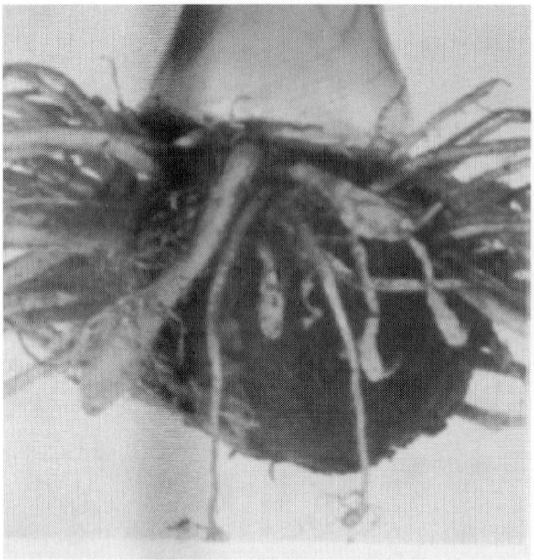
सूत्रकृमि का नाम : मेलोडोगाइन प्रजातियाँ

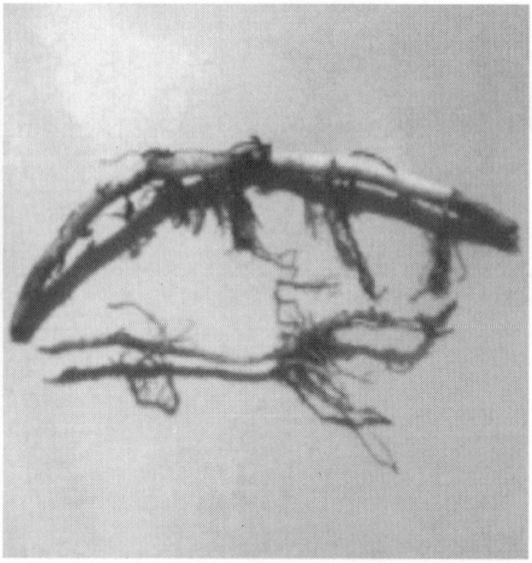
सूत्रकृमि का नाम : मेलोडोगाइन इनकोगनीटा

चित्र 41.1 सूत्रकृमि से आक्रान्त केला की जड़ें

3. रोपण के पूर्व मृदा में कृमि की जनसंख्या का पता कर लेना चाहिए। यदि इनकी संख्या ज्यादा हो तो 2.5-3.0 किलोग्राम/हेक्टेयर की दर से कार्बोफ्यूरॉन नामक दवा का प्रयोग करना चाहिए। इस दवा का प्रयोग खली के साथ भी कर सकते हैं।
4. स्वस्थ एवं कृमिरहित प्रकन्दों का ही प्रयोग रोपण हेतु करना चाहिए। अच्छा होगा कि ऊतक संवर्धन द्वारा तैयार पौध को रोपण हेतु प्रयोग करें।
5. रोपण हेतु प्रकन्दों का 55° सेल्सियस तापक्रम वाले गर्म जल से शोधन 15-30 मिनट तक करने से सूत्रकृमि निष्क्रिय हो जाते हैं।
6. कार्बोफ्यूरान @ 20 ग्राम/सकर देने से भी सूत्रकृमि नियंत्रित होते हैं या मोनोक्रोटोफास 0.5% के जलीय घोल में सकर को 30 मिनट उपचारित करने से कृमि समाप्त हो जाता है। रोपण के तीसरे एवं पाँचवे महीने कार्बोफ्यूरॉन का प्रयोग करने से सूत्रकृमि की किसी भी प्रकार की समस्या समाप्त हो जाती है।
7. पाँच महीने के लिए खेत को खाली रखना या जल द्वारा प्लावित करने से भी सूत्रकृमि की जनसंख्या में भारी कमी आती है।
8. गन्ना एवं धान के फसल चक्र में केला उगाने एवं गेंदा को अन्तरवर्तीय फसल के रूप में लेने से भी सूत्रकृमि की संख्या में कमी आती है।
9. नीम की खल्ली को 2-3 बार में कार्बनिक खाद के तौर पर प्रयोग करने से भी सूत्रकृमि की जनसंख्या में कमी आती है।
10. सूत्रकृमि के जैविक नियंत्रण हेतु विभिन्न जैवकारकों को जैसे – *पीसेलोमाइसीज लिलासिनस, ग्लूमस मोसी, ग्लूमस फॉसीकुलेटस* तथा *पासटेयूरिया पेनेट्रेन्स* का प्रयोग करते हैं।

सब्जियाँ

मूल ग्रन्थि (जड़ गाँठ) रोग संसार के ऊष्ण जलवायु वाले समस्त भागों में पाया जाता है। भारत में इस रोग का प्रकोप टमाटर के साथ साथ अन्य सब्जियों जैसे – आलू, बैंगन, मिर्च, भिंडी, अरबी, गाजर, मूली तथा लौकी जाति की विभिन्न सब्जियों पर होता है। इस रोग के द्वारा खेत में विभिन्न सब्जियों की खड़ी फसलों के साथ–साथ नर्सरी में पौध को भी बहुत नुकसान पहुँचता है। सब्जी उगाये जाने वाले क्षेत्रों का सर्वेक्षण करने से पता चला है कि इस रोग से सब्जियों की फसल को बहुत हानि होती है।

लक्षण – इस रोग का मुख्य लक्षण जड़ों में बनने वाली गाँठें या ग्रंथियाँ हैं जो कि नेमाटोड द्वारा बना दी जाती है। इन ग्रंथियों का व्यास 1.56 से.मी. से लेकर 2.5 से.मी. या इससे भी अधिक होता है। परन्तु रोग का यह लक्षण केवल रोगी पौधों को भूमि से उखाड़ कर ही देखा जा सकता है, अतः यह आवश्यक है कि हम यह पता लगायें कि रोगी हालत में पौधे के भूमि से ऊपर वाले भाग कैसे दिखाई देते हैं? अब इस रोग के नेमाटोड का आक्रमण जड़ों पर होता है तो पत्तियाँ पीली–हरी अथवा पीली दिखाई देती है तथा इनका आकार भी घट जाता है। सम्पूर्ण पौधा छोटा रह जाता है और गरम सूखे मौसम में म्लानि लक्षण उत्पन्न होते हैं तथा कभी–कभी पूरा पौधा सूख कर समाप्त हो जाता है। आमतौर से रोगी पौधे पर न तो फूल ही आते हैं और न फल बनते हैं। परन्तु यदि रोग का प्रभाव कम होता है तो फूल और फल भी लग सकते हैं। पौधे की मुख्य जड़ की पार्श्व शाखाओं पर गोल या कुछ लम्बी सी ग्रंथियाँ अथवा पिटिकायें बनती हैं।

चित्र 41.2 टमाटर के मूल ग्रंथि रोग

इस रोग का प्रकोप अन्य सब्जियों जैसे – आलू, बैंगन, मिर्च, भिंडी, अरबी, गाजर, मूली तथा लौकी जाति की विभिन्न सब्जियों पर भी होता है।

रोग चक्र

मूल ग्रंथि रोग को उत्पन्न करने वाला नेमाटोड मृदोढ़ होता है और इनका प्रसार भी मुख्यतः मृदा द्वारा ही होता है। यह नेमाटोड एक प्राणी होने के कारण स्वयं गतिशील होता है, परन्तु यह बहुत कम दूरी तक गति कर पाता है। इस नेमाटोड के अण्डे पहली रोगी फसल की जड़ों के अवशेषों में जीवित रहते हैं। इन अण्डों के भीतर डिंभक प्रथम निर्मोचन की अवस्था पार करते हैं और अनुकूल अवस्थाओं में इनसे द्वितीय अवस्था के डिंभक बाहर आते हैं, जो संक्रमण करने की क्षमता रखते हैं। मृदा में रोगग्राही परपोषी की जड़ों के सम्पर्क में आने पर यह डिंभक उनका बेधन करके संक्रमण कर देते हैं। जब यह डिंभक परपोषी ऊतकों में वृद्धि कर रहे होते हैं, तो तीन बार और निर्मोचन करते हैं और इनकी पाँचवी अवस्था, परिपक्व मादा, अण्डे देती है। यह अण्डे परपोषी ऊतकों द्वारा घिरे रह सकते हैं तथा ऊतकों के भीतर ही इनसे द्वितीय अवस्था के डिंभक बाहर निकलते हैं, जो उन्हीं जड़ों पर और अधिक संख्या में ग्रंथियाँ या गाँठें बना देते हैं अथवा या अण्डे परपोषी ऊतकों के फटने से मृदा में ग्रंथियों या गांठे बना देते हैं अथवा यह अण्डे परपोषी ऊतकों के फटने से मृदा में भी आ सकते हैं और मृदा में डिंभक उत्पन्न करते हैं। यह डिंभक स्वस्थ पौधों की जड़ों में संक्रमण करके इस चक्र को दोहरा सकते हैं। मौसम के अन्त में परपोषी की अनुपस्थिति में मृदा में छूटी रोगी पौधों की ग्रंथिमय जड़ों के भीतर ही यह अण्डे जीवित बने रहते हैं।

रोग का प्रसार कई प्रकार से होता है जैसे–नेमाटोड युक्त में प्रयोग किये जाने वाले बीजों द्वारा, प्रभावित खेत से, रोग रहित खेत में निराई, गुड़ाई तथा जुताई के यंत्रों द्वारा पशुओं के खुरों द्वारा या दूसरे साधनों से जिन पर कि मिट्टी में नेमाटोड भी चिपक कर चले जाते हैं। यदि नेमाटोड वाले खेत से होकर सिंचाई का पानी दूसरे खेतों में पहुँचता है या खेतों से मुख्य नहर में वापस आता है, तो भी नेमाटोड रहित खेत में इनके पहुँचने की सम्भावना हो जाती है।

रोग नियंत्रण

1. ग्रीष्म जुताई – जिस खेत में इस रोग का प्रकोप हो, उस खेत से लौकी जाति के पौधों तथा बैंगन, टमाटर, भिंडी या इसी तरह के अन्य पौधों के समाप्त हो जाने के पश्चात् गर्मी में खेत की दो या तीन गहरी जुताई करनी चाहिये। जुताई से निकलने वाली जड़ों इत्यादि को एकत्र करके जला देना चाहिये। यदि ऐसा सम्भव न हो तो इन्हें एकदम ऊपरी सतह पर सूखने के लिये छोड़ देना चाहिये जिससे कि नेमाटोड के अण्डे एवं दीमक मर जायें।

2. फसल–चक्र – धान, गेहूँ, जौ, जई, ज्वार, बाजरा, सावां और काकुन इत्यादि फसलें इस नेमाटोड की रोधी पाई गई है। यदि इन फसलों को फसल–चक्र में रखना आर्थिक दृष्टि से हानिकारक न हो तो इस विधि को अपनाया जा सकता है। जिस खेत में टमाटर पर नेमाटोड का प्रकोप हुआ हो उसमें अगले वर्ष टमाटर न लेकर दूसरी सब्जियाँ जैसे–मिर्च, शलजम, प्याज, पत्तागोभी इत्यादि का बोना चाहिये।

3. बीज का चयन – बीज का चुनाव ऐसे खेत से करना चाहिये, जिसमें इस रोग का प्रभाव न हुआ हो।

4. नेमाटोड से संक्रमित खेत को 1.5 सप्ताह तक पूरी तरह से पानी से भरे रहने के उपरान्त जल जाने वाली फसल में रोग काफी कम हो जाता है।

5. मृदा धूमन–इस रोग के नियंत्रण की सबसे अधिक सफल विधि मृदा में नेमाटोड को मारने वाले धूमकों का प्रयोग हैं। कुछ धूमकों जैसे डी.डी. मिश्रण, नेमागॉन, वेपाम, मेटाफॉस आदि के प्रयोग से नेमाटोड नष्ट हो जाते हैं। यह सदैव ध्यान रखना चाहिये कि धूमक बहुत जहरीले होते हैं अतः खेत में इनका प्रयोग सावधानी से करना चाहिये।

क. डी.डी. मिश्रण–इसका प्रयोग 300 लीटर प्रति हेक्टर के हिसाब से बोने के 3 सप्ताह पहले करना चाहिये।

ख. नेमागॉन – इसको खड़ी फसल में 12 लीटर प्रति हैक्टर के हिसाब से प्रयोग करना चाहिये।

धूमकों को मृदा में इंजेक्शन देने वाले यंत्र की सहायता से लगभग 20 से.मी. की गहराई तक इंजेक्शन द्वारा पहुँचा देना चाहिये। इस इंजेक्शन के तुरन्त पश्चात् छिद्रों को खेत की अर्द्धशुष्क मिट्टी द्वारा बन्द कर देना चाहिये। धूमकों का प्रयोग करने के बाद खेत की हल्की सिंचाई भी कर देनी चाहिये, जिससे कि धूमक का धरातलीय वाष्पीकरण न हो सकें। इन धूमकों का प्रयोग आर्थिक दृष्टि से बहुत महंगा पड़ता है। अतः एक ही बार में अधिक मात्रा का प्रयोग न करके इनका प्रयोग हर दूसरे या तीसरे वर्ष आवश्यकतानुसार करना चाहिये।

6. रोगरोधी किस्मों का प्रयोग–प्रयोगों से ज्ञात हुआ है कि टमाटर की 2-3-1 एवं मारग्लोब किस्में कुछ मात्रा में नेमाटोड के प्रभाव को सहन कर सकती हैं। गत दिनों भारतीय कृषि अनुसंधान संस्थान, नई दिल्ली द्वारा टमाटर की एस.आइ. 120 (नेमामुक्त) किस्म निकाली गई हैं।

7. कार्बनिक मृदा सुधारकों का प्रयोग–कार्बनिक मृदा सुधारकों के प्रयोग द्वारा भी इस रोग को नियंत्रित किया जा सकता है। अनेक अखाद्य खलियों जैसे – करन्ज खल्ली, नीम खल्ली इत्यादि को 25 क्विंटल प्रति हैक्टर खेत में डालने से रोग की व्यापकता कम हो जाती है। इसके अतिरिक्त खेत में लकड़ी का बुरादा 25 क्विंटल प्रति हैक्टर के साथ 120 : 80 : 120 के अनुपात में नाइट्रोजन, फॉस्फोरस एवं पोटाश डालने पर इस रोग को भली प्रकार से नियंत्रित किया जा सकता है। टमाटर एवं भिंडी की फसलों में अंडी एवं मूँगफली की खलियों को 0.2 प्रतिशत के हिसाब से बोने के तीन सप्ताह पहले खेत में प्रयोग करके मेलॉइडोगाइन जावानिका नेमाटोड के प्रकोप को बहुत कम करने में सफलता प्राप्त हुई है।

42

मसाला, औषधीय एवं सगन्ध फसलों में समेकित सूत्रकृमि प्रबन्धन

डॉ. यू.एस. सिंह

सूत्रकृमि विज्ञान विभाग, राजेन्द्र कृषि विश्वविद्यालय, पूसा, समस्तीपुर, बिहार

आज मसाला फसलों जैसे हल्दी, अदरक, छोटी ईलायची एवं बड़ी ईलायची, गोल मिर्च, औषधीय पौधे, पान, सफेद मूसली, अश्वगन्धा, सर्पगन्धा, सतावर, जट्रोफा, आँवला एवं सगन्ध पौधे जैसे पामारोजा, लेमनग्रास, जबास्ट्रोनेला की खेती के विकास पर बड़ा जोर दिया जा रहा है क्योंकि इसके निर्यात से हमें काफी मात्रा में विदेशी मुद्रा प्राप्त होती है। भारतवर्ष हल्दी एवं अदरक के उत्पादन एवं निर्यात में सबसे बड़ा देश है। मसाले एक सूखे वानस्पतिक उत्पाद होते हैं। खरीफ मौसम के मसाले में हल्दी, अदरक तथा रबी मौसम में धनिया, मेथी, अजवाईन, लहसुन, सोवा और लाल मिर्च की खेती की जाती है। सभी मसाले लगभग औषधीय एवं सुगन्धित होते हैं जिसके प्रयोग से भोजन स्वादिष्ट, सुगन्धित एवं रंगयुक्त बन जाते हैं। मसालों के अर्क से मलहम, ईत्र, क्रीम तथा अनेक प्रकार के आयुर्वेदिक तथा होमियोपैथिक दवायें बनाई जाती है। हाल के वर्षों में प्राकृतिक उत्पादों के प्रति वैश्विक अनुराग की वृद्धि के कारण औषधीय एवं सगन्ध पादपों की खेती किसानों में सुनहरे अवसर के रूप में देखी जा रही है। इन पौधों एवं इसके उत्पादों का उपयोग तीनों प्रारम्भिक बाजारों जैसे औषधीय उद्योग, अवयवीय मूल्य संवर्धन उद्योग तथा सौंदर्य प्रसाधन उद्योग में होने से हर्बल बाजार की सालाना वृद्धि दर 10 प्रतिशत से ज्यादा है। मसाला, औषधीय एवं सगंध फसलों की वैज्ञानिक कृषि की शस्य विधियों में प्रजाति के साथ–साथ उन्नत प्रजाति की खोज हुई है। इसके साथ ही पादप रोगों, कीटों एवं इन पौधों में लगने वाले सूत्रकृमियों की समस्याओं को जानने तथा इनका निदान खोजने में भी वैज्ञानिकों की रूचि बढ़ी है।

पहले लोग अनभिज्ञ होने के कारण सूत्रकृमि आक्रान्त फसल की रोकथाम के बारे में ध्यान नहीं देते थे। फलस्वरूप लगातार कई सालों तक एक ही खेत में इसकी खेती करते थे तथा खाद, पानी तथा कीटनाशी के व्यवहार के बाद भी उन्हें हानि उठानी पड़ती थी। पादप परजीवी सूत्रकृमियों की अनेक प्रजातियाँ मिट्टी में पायी जाती है। इनमें से अनेक पौधों की जड़ों से अपना भोजन ग्रहण करती है तथा कुछ पौधे के उपरी भागों पर

निर्भर रहती है। अधिकतर बिना कोई विशेष लक्षण दिखाई दिए ही फसल को कमजोर कर देती है। कुछ सूत्रकृमि प्रजातियों के कारण पौधे के जड़ों अथवा तने, पत्तियों, फूलों आदि पर धब्बे, सूजन आकार विकृति आदि विशेष लक्षण दिखाई देते हैं। लगभग सभी प्रकार की फसलों की उपज व गुणवत्ता कम करके ये सूक्ष्म हानिकारक सूत्रकृमि करोड़ों रूपये की हानि प्रतिवर्ष पहुँचाती है। सूत्रकृमि ग्रसित पौधों पर अनेक प्रकार के फफूँदी बैक्टीरिया आदि जीवाणु आसानी से संक्रमण करते हैं तथा और अधिक हानि पहुँचाते हैं।

समेकित सूत्रकृमि प्रबन्धन फसल उत्पादन और फसल सुरक्षा की मिलीजुली प्रणाली है, जिसका मूल सिद्धान्त कृषि क्रियाओं, जैविक और रासायनिक नियंत्रण के बीच समन्वय स्थापित करना है। इन विधियों में सूत्रकृमि नियंत्रण की अन्य वैकल्पिक विधियों के साथ सूत्रकृमि नियंत्रण की अन्य विधियों का संगत प्रयोग, जो सामाजिक, आर्थिक, पर्यावरण मूल्यों पर खरा उतरे और सूत्रकृमि की संख्या एक निर्धारित स्तर से ऊपर न बढ़ सके समेकित सूत्रकृमि प्रबन्धन कहलाता है। आई.पी.एम. में मान्यता प्राप्त सूत्रकृमिनाशकों का प्रयोग उचित मात्रा में तभी किया जाता है जब आर्थिक हानि स्तर से ऊपर पहुँच जाये और पारम्परिक तरीकों से सूत्रकृमि का नियंत्रण सम्भव न हो। जैविक सूत्रकृमिनाशी समेकित सूत्रकृमि प्रबन्धन का एक प्रमुख घटक है। जैविक जैवनाशी एक प्रकार का जैवनाशी है जो प्राकृतिक पदार्थ में पाया जाता है जैसे पौधों, जानवरों, कवक, जीवाणु और खनिज पदार्थ आदि में। अब तक लगभग 195 पंजीकृत जैवनाशी तथा 780 सक्रिय तत्व उपलब्ध है।

अनुसंधानों में पाया गया है कि मसाला, औषधीय एवं सगन्ध पौधों की खेती में अवरोध पैदा करने वाले सूत्रकृमि में प्रमुख है :– जड़ गाँठ सूत्रकृमि–*मेलाइडोगाइनी,* भेदक सूत्रकृमि – *रेडोफोलस सिमिलिस,* जड़विक्षत सूत्रकृमि– *प्रेटीलेंकस,* स्टन्ट सूत्रकृमि– *टाईलेंकोरिकस* स्पी., *नीडिल* सूत्रकृमि–*लाँगिडोरस*।

हल्दी

हल्दी को ग्रसित करने वाले प्रमुख सूत्रकृमि है– *मेलाइडोगाइनी* स्पी., *रेडोफोलस सिमिलिस* और *प्रेटीलेंकस कौफी*। जड़ गाँठ सूत्रकृमि (मेलाइडोगाइनी) यह जड़ों के अंतर्जीवी जो पौधों की क्षति के लिये उत्तरदायी है।

ग्रसित पौधों का बौनापन, पीलापन, पत्तियों की शीर्ष एवं किनारों का सूखना तथा कल्ले का छोटा होना, जड़ पर गाँठ बनना, सड़न होना। राईजोम अपने गाढ़े पीलापन को खो देते हैं।

प्रबंधन

1. हल्दी की सूत्रकृमिरोधी किस्मों की खेती करें।
2. रासायनिक उपचार हेतु एल्डिकार्ब और कार्बोफ्यूरॉन नामक दवा का 1 कि.ग्रा. मूल दवा प्रति हेक्टेयर के दर से मृदा में व्यवहार करें।

अदरक

सूत्रकृमि से अधिक ग्रसित पौधों में पत्तियाँ छोटी, हरिमारहित और कुछ अंश तक सूखी दिखाई देती है। जड़ एवं नीचे के राईजोम पर गाँठ एवं सड़न होता है। राईजोम

द्वितीय अवस्था के वयस्क सूत्रकृमि द्वारा तने के अग्रभाग तक आक्रमित होते हैं। माँसल जड़ें पूरे भाग तक ग्रसित होते हैं। राईजोम में भूरे नीले क्षेत्र बाहरी उत्तक में बन जाते हैं।

प्रबंधन

1. सड़ी हुयी गोबर या कम्पोस्ट का 25-30 टन प्रति हेक्टेयर प्रयोग करें।
2. रोपने से पहले नीम की खल्ली 2 टन प्रति हेक्टेयर तथा हरी पत्ती का 10-12 टन प्रति हेक्टेयर मिट्टी में मल्चिंग से सूत्रकृमि नियंत्रण में रहते हैं।
3. फिनामीफास 3 किलोग्राम मूल दवा का प्रति हेक्टेयर इस्तेमाल से सूत्रकृमि नियंत्रण में रहते हैं तथा उपज में 70 से 144 प्रतिशत की वृद्धि होती है।

ईलायची

इस पौधे में जड़ गाँठ सूत्रकृमि की दो प्रजातियाँ *मेलाइडोगाईनी इनकोगनीटा* एवं *मेलाइडोगाईनी जवानिका* पाई गयी है जो क्षति पहुँचाती है।

सूत्रकृमि के संक्रमण से परिपक्व पौधे बौने, पीले, कल्ले छोटे लगना, फूल देर से लगना, अपरिपक्व फल का झड़ना और उपज में कमी होना है। जड़ में गाँठ नहीं दिखाई पड़ता बल्कि शाखाएँ अधिक बनती है। सूत्रकृमि आक्रान्त नर्सरी में अंकुरण 50 प्रतिशत से भी कम होती है। ग्रसित पौधे मुख्य खेत में नहीं लग पाते हैं। जड़ में काफी गाँठें बनती है। नर्सरी जहाँ सूत्रकृमि रहता है वहाँ जड़ सड़न (डेम्पिंग आफ) नामक बीमारी *राईजोक्टोनिया सोलानी* द्वारा होता है, जड़ गाँठ द्वारा क्षति 32 से 47 प्रतिशत होती है। सूत्रकृमि की संख्या 100 प्रति पौधा क्षति के लिये पर्याप्त है।

प्रबंधन

1. नर्सरी बेड को मेथाईल ब्रोमाईड 500 ग्राम/10 वर्ग मीटर की दर से प्रयोग करें।
2. सीड बेड की 20-30 सेन्टीमीटर गहराई तक फार्मलीन के 2 प्रतिशत से भिगो दें (ड्रेन्चिंग) तथा पोलीथीन से 3-7 दिन तक ढ़क दे तथा 20-25 दिन के बाद बीज लगावें।
3. रासायनिक दवा एलडीकार्प/कार्बोफ्यूरॉन/फोरेट में से एक का 5 ग्राम मूल दवा प्रति पौधा तथा नीम की खल्ली 500 ग्राम और 1000 ग्राम प्रति पौधा की दर से साल में दो बार प्रयोग करें।

समेकित प्रबन्धन

1. नर्सरी का जगह हमेशा बदलते रहे।
2. नर्सरी बेड को 2 प्रतिशत फार्मलीन से शोधित करें।
3. नर्सरी में जैविक जीव (*पेसीलोमाईसीस लीकासीनस*) डालें।
4. संवेदनशील खरपतवार को निकाल दें।
5. छायादार पौधों को हटा दें।
6. ग्रसित पौधों के अवशेष को नष्ट कर दें।

7. सूत्रकृमिनाशक दवा और नीम की खल्ली का व्यवहार करें।

पान

पान एक बहुवर्षीय, सदाबहार लत्तरदार बेल है जिसकी खेती नगदी फसल के रूप में की जाती है। पान की खेती उष्ण जलवायु में छायादार स्थानों में होती है जो रोग, कीड़ों तथा सूत्रकृमि नीमाटोड के लिए काफी उपयुक्त है। नीमाटोड एक निम्नवर्गीय जन्तु है जिसे हम खुली आँखों से नहीं देख सकते हैं। ये मिट्टी एवं जड़ों में पाये जाते हैं। पान की क्षति पहुँचाने वाले सूत्रकृमियों में निम्नलिखित है :–

1. जड़गाँठ सूत्रकृमि (*मेलाइडोगाईनी* स्पी)

इस सूत्रकृमि से ग्रसित पान के पौधों की जड़ में छोटे छोटे बेलनाकार गाँठ बन जाते हैं जिसके कारण पौधा जमीन से पोषक तत्व एवं पानी ठीक से नहीं ले पाते हैं। जमीन के ऊपर की बेल बौनी हो जाती है तथा पत्तियाँ पीली छोटी तथा कम लगती है। इस सूत्रकृमि के कारण उपज में 47 प्रतिशत की क्षति आँकी गयी है।

2. रैनीफार्म नीमाटोड (*रोटाइलेंकुलस रेनीफरमीस*)

इस सूत्रकृमि के कारण भी पान के पौधे बौने हो जाते हैं। पत्तियाँ पीली होकर झड़ जाती है तथा पौधा सूख जाता है।

पान में पाये जाने वाले अन्य सूत्रकृमि हैं–स्पाईरल नीमाटोड, स्टन्ट नीमाटोड, लान्स नीमाटोड तथा लीजन नीमाटोड। इन नीमाटोड के कारण पौधे बौने, पत्तियाँ छोटी एवं जड़ पर भूरे रंग की धब्बे दिखाई पड़ते हैं और उपज में कमी हो जाती है।

समेकित प्रबन्धन

1. पान रोपने से पहले बनाये गये बेडों को गर्मी के दिनों मे सफेद पॉलीथीन से 15 दिनों तक ढ़क दें।
2. पान की नयी बेल लगाने से पहले मिट्टी में कार्बोफ्यूरॉन की 1.5 किलोग्राम सक्रिय तत्व/हेक्टेयर या नीम या सरसों की खल्ली 500 किलोग्राम, कार्बोफ्यूरॉन 0.75 किलोग्राम सक्रिय तत्व तथा नत्रजन, फॉस्फोरस तथा पोटाश 150 : 100 : 50 किलोग्राम एक साथ मिलाकर प्रति हेक्टेयर व्यवहार करें।
3. खड़े पौधों में नीम या सरसों की खल्ली का दो टन प्रति हेक्टेयर व्यवहार करने से सूत्रकृमि नियंत्रण में रहते हैं।

पुदीना (मिंट)

पुदीना का वानस्पतिक नाम मेथा आर्वेसिंस है और यह लेविएसी कुल का सदस्य है। पुदीने की मुख्यतः पाँच जातियाँ होती है–जापानी पुदीना (*मेथा अरवेसिस*), पिपरमिंट (*मेथा पिपरिटा*), स्पीयरमिंट (*मेथा स्पीकाटा*), बरगामिंट (*मेथा सिट्राटा*) तथा गार्डन मिंट (*मेथा*

भिरिडीस)। पुदीना को हानि पहुँचाने वाले सूत्रकृमि है – जड़ गाँठ सूत्रकृमि तथा जड़ विक्षत सूत्रकृमि (प्रेटीलेंकस)।

जड़गाँठ सूत्रकृमि

यह जड़गाँठ सूत्रकृमि (*मेलाइडोगाइनी इन्कनीटा*) जपानी पुदीने में रोग पैदा करता है। इस सूत्रकृमि की *मेलाइडोगाईनी जवानिका* प्रजाति जापानी मिंट तथा वरगामिंट को भी हानि पहुँचाती है।

शुरू में संक्रमित पौधों की पत्तियाँ कहीं–कहीं पीलापन लिये दिखाई देती है जो बाद में पूरे पत्तियों में फैल जाती हैं। पौधों की बढ़वार रूक जाती हैं। अक्सर प्रभावित पौधों की पत्तियाँ पीलेपन के बाद भूरी हो जाती हैं किन्तु शिरायें हरी रहती हैं। जड़ों पर अधिक संख्या में जड़ गाँठ दिखाई देती हैं। जैसे – जैसे सूत्रकृमि की जनसंख्या मिट्टी में बढ़ती है वैसे–वैसे ही पौधों की बढ़वार तथा तेल उत्पादन में कमी पायी गयी है।

समेकित प्रबन्धन

1. फसल चक्र का व्यवहार करें।
2. नीम की खल्ली 8 क्विंटल बुआई के 15 से 30 दिन के अन्दर खेतों के मिट्टी में मिला दें तथा सिंचाई करें।
3. खेत तैयार कर कार्बोफ्यूरान (3 जी) नामक दवा का 1 किलोग्राम सक्रिय तत्व प्रति हेक्टेयर बोते समय मिट्टी में व्यवहार करें।

जड़विक्षत सूत्रकृमि

मिंट कुल के पौधों पर पाये जाने वाले सूत्रकृमि है *प्रेटीलेंकस मिनियस, प्रे. पेनीट्रान्स* तथा *प्रे. थार्नियाई*। इन सूत्रकृमि से आक्रान्त पौधों के जड़ तथा पत्तियों के वजन में क्रमशः 34 प्रतिशत और 65 प्रतिशत की कमी पाई गयी है। *प्रेटीलेकस पेनीट्रांस* का प्रकोप औषधीय पौधों में अधिक पाया गया है। ये सूत्रकृमि खुद तो पौधों को नुकसान पहुँचाते ही है, साथ ही साथ ये सूखा रोगकारक फफूँद को प्रश्रय देकर उखड़ा रोग की तीव्रता में वृद्धि करते हैं। सूत्रकृमि प्रभावित खेत में उखड़ा रोग के लक्षण 2-3 सप्ताह पूर्व ही दिखाई देने लगते हैं।

समेकित सूत्रकृमि प्रबन्धन

1. फसल चक्र का व्यवहार करें।
2. फेनामीफॉस तथा अक्सेमिल नामक दवाओं व्यवहार करें।
3. टरबुफास नामक दवा का व्यवहार 11.2 किलोग्राम प्रति हेक्टेयर की दर से करें।
4. नीम की खल्ली 500 किलोग्राम तथा कार्बोफ्यूरॉन नामक दवा 33 किलोग्राम मिलकर प्रति हेक्टेयर की दर से मृदा में व्यवहार करें।

गुलाब, चमेली, रजनीगंधा

ये सभी सुगन्धित फूल वाले पौधे हैं जिसका उपयोग शोभा बढ़ाने के साथ साथ फूलों से निकलने वाले वाष्पीय तेलों के उत्पादन के लिए किया जाता है। इन पौधों में लगने वाले सूत्रकृमि है – *मेलाईडोगाईन इनकागनिटा, मे. हेपला, प्रेटिलेंकस वलनेस, हेलिकोटाईलेंकस लेबियेटी, जिफीनिमा, हेलीकोटाइलेंकस नैंनस, हेमीसाईक्लोफोरा* तथा *लाँगीडोरस* जो इनके तेलों के उत्पादन एवं गुणवत्ता में कमी लाती है।

समेकित सूत्रकृमि प्रबन्धन

1. गर्मी के मौसम में खेत की गहरी जुताई करें तथा खेतों की मृदा सिंचाई कर पॉलीथीन से ढ़क दें तथा चारों ओर से ईंट से दबा दें जिससे मिट्टी का तापमान बढ़ जायेगा एवं सूत्रकृमि का नाश होगा।
2. रोपण हेतु पादप सामग्री अंग एवं बीज सूत्रकृमि से मुक्त होना चाहिए।
3. फसलचक्र अपनायें।
4. पौध रोपनी के लिए तैयार खेतों में 250 किलोग्राम नीम या सरसों की खल्ली तथा 1 किलोग्राम कार्बोफ्यूरॉन 3 जी दवा का सक्रिय तत्व प्रति हेक्टेयर व्यवहार करें जिससे सूत्रकृमि नियंत्रण होता है तथा उपज में वृद्धि होती हैं।

पंचम खण्ड

खरपतवार प्रबन्धन

- बागवानी फसलों में खरपतवारनाशी दवाओं का प्रयोग
- सब्जियों में खरपतवारों का प्रबन्धन

43

बागवानी फसलों में खरपतवारनाशी दवाओं का प्रयोग

डॉ. एस.के. सिंह

पौधा रोग विभाग, राजेन्द्र कृषि विश्वविद्यालय, पूसा, समस्तीपुर, बिहार

तृणनाशक रसायनों का प्रयोग कब और कैसे किया जाये, इसके पहले हमें यह जान लेना होगा कि तृण (खरपतवार) किसे कहते हैं, परिस्थिति–विशेष में प्रायः सभी पौधे तृण या खरपतवारों की परिभाषा के अन्तर्गत आ सकते हैं, यद्यपि उनमें से सभी हानिकारक नहीं होते और भूमि के संरक्षण, जैविक पदार्थ प्रदान करने, पशुओं के भोजन के रूप में एवं दवाईयों के निर्माण आदि में उपयोगी सिद्ध होते हैं। कुल मिलाकर खरपतवार ऐसे पौधों को कहा जा सकता है, जो अवांछनीय, अनुपयोगी, प्रायः जल्दी फैलने वाले तथा स्थायी, प्रतियोगी, हानिकर, कभी–कभी जहरीले, कृषि कार्यों में बाधा डालने वाले, श्रम तथा खर्च बढ़ाने वाले और पैदावार को घटाने वाले पौधे होते हैं।

अधिकांश खरपतवार हानिकारक होते हैं और मानव समाज को प्रभावित करते हैं। आमतौर पर ये पौधे खेतों, चारागाहों, वनों एवं जलाशयों में निकलते हैं और मनुष्य के लिए उपयोगी वनस्पतियों के गुणों तथा उपज में भारी कमी करते हैं। यदि पूरे देश के आँकड़ों को देखा जाए तो यह हानि कई अरब रूपयों में आएगी। अब तक ऐसा कोई सर्वेक्षण नहीं हो पाया है जिससे दुनिया भर में इनके द्वारा होनेवाली हानि को पूर्ण रूप से आँका जा सके। फिर भी इनकी मात्रा और इनमें द्वारा उपज में कमी को देखते हुए अनुमान लगाया जा सकता है कि इनसे लगभग 10-15 प्रतिशत तक हानि होती है। विशेषकर खरीफ की फसलों में यदि खरपतवारों का समुचित नियंत्रण न किया जाए तो फसल उगाना असंभव–सा हो जाता है। फसलों के उपज में कमी मुख्यतः खरपतवारों द्वारा फसल के पौधे से प्रतिस्पर्धा कर और पोषक तत्व, नमी तथा प्रकाश का काफी मात्रा में उपभोग कर फसलों को कमजोर करने के कारण होती है। प्रतियोगिता की तीव्रता स्थान विशेष पर खरपतवारों की संख्या एवं जाति तथा फसल की किस्म पर निर्भर करती है।

खरपतवारों को नष्ट करने के लिए यह जानकारी आवश्यक है कि खरपतवारों की खेत में रहने की अवधि कितनी है। खरपतवार रहित और खरपतवार सहित दशाओं के

विभिन्न फसलों की उपज का अध्ययन करने से पता चला है कि विभिन्न फसलों में खरपतवारों से प्रतियोगिता करने की क्षमता भिन्न–भिन्न होती है और उपज में होने वाली कमी इस भिन्नता पर निर्भर करती है। ये खरतपवार अधिकतर एक–वर्षीय एवं घास कुल के होते हैं और फसल के अंकुरण के साथ–साथ बढ़ते हैं। इसलिए अधिक उपज के लिए यह आवश्यक है कि खेतों को बुआई के बाद पहले 30 दिन तक खरपतवार रहित रखा जाये। इस प्रकार इससे प्राप्त उपज बुआई से कटाई तक निरंतर खरपतवार रहित रखे होने के बराबर पाई गई है। विभिन्न फसलों में कितने समय तक खरमुक्त रखा जाए इस अवधि को क्रांतिक अवधि कहते हैं। यदि इस अवधि के बाद खरपतवार निकल आते हैं तो वे विशेष हानि नहीं पहुँचाते हैं। इस अवधि के लिए फसल के जीवनचक्र, मौसम और खरपतवारों के किस्म एवं उनकी प्रचुरता पर निर्भर करती है। मुख्यतः खरीफ फसलों में बुआई के बाद ये खरपतवार फसल के अंकुरण के साथ–साथ उगते हैं, इसलिए अधिक हानिकारक होते हैं, इसलिए यह आवश्यक है कि प्रमुख फसलों के क्रांतिक अवधि तक खेत को खरमुक्त रखना चाहिए। खरपतवारों के कुप्रभावों को कम करने के लिए आवश्यक है कि कम–से–कम खरपतवारों में बीज बनने से रोका जाए। अन्यथा एक साल खरपतवारों में बीज बनने का अर्थ है सात साल तक खरपतवार निकालने का जहमत मोल लेना है।

खरपतवार नियंत्रण की दिशा में कृषि क्षेत्र में बहुत विकास हुए हैं, परन्तु कौन–सा तृणनाशी कब प्रयोग किया जाये और प्रभावशाली रहे इसके लिए स्थान विशेष एवं शाकनाशी (तृणनाशी) विशेष के प्रकार की जानकारी आवश्यक है। वरणात्मक किस्म के शाकनाशियों को प्रयोग के आधार पर इसे चार भागों में बाँटा जा सकता है – 1. बुआई के पहले, 2. बुआई के बाद किन्तु अंकुरण के पहले, 3. अंकुरण के बाद, 4. पहली सिंचाई के बाद 5. परती भूमि में अवरणात्मक शाकनाशी का प्रयोग परती खेत में खरपतवारों की उपस्थिति में किया जाता है। उपयोग के पहले यह जानकारी आवश्यक है कि शाकनाशी वरणात्मक है (सलेक्टीव) या अवरणात्मक (नन–सलेक्टीव) है। उसकी पानी में घुलनशीलता, उणनशीलता (वाष्पीकरण) को भूमि में तृणनाशी का मिला देना तथा जहाँ पर छिड़काव करना है वहाँ के खरपतवारों के संख्या की जानकारी होना आवश्यक है।

कुछ तृणनाशी ऐसे हैं जो बुआई व रोपाई के पहले तथा कुछ ऐसे तृणनाशी हैं जो खरपतवारों व फसल के अंकुरण के बाद प्रयोग किए जाते हैं, जैसे – सब्जियों में जिसमें रोपाई होती है उसमें खेत को तैयार करके रोपाई के पहले ही रसायनों का व्यवहार करते हैं। जैसे – बैंगन, टमाटर, गोभी इत्यादि।

तृणनाशियों के व्यवहार में सावधानियाँ खरपतवारनाशी के प्रयोग का मुख्य उद्देश्य खरपतवारों की रोकथाम है पर जहाँ कहीं भी खरपतवारनाशियों का प्रयोग होता है। वहाँ पर उसका प्रभाव खरपतवारों के अतिरिक्त भूमि, जीवाणु, पशुधन, चिड़ियों, मछलियों आदि पर भी पड़ता है। अतः इसके प्रयोग में सावधानियाँ बरती जानी चाहिए, जिसको हम दो भागों में बाँट सकते हैं।

तृणनाशी के प्रयोग के विषय में सावधानियाँ

- हमेशा सही प्रकार के तृणनाशी का प्रयोग करना चाहिए, जहाँ तक हो सके फसलों में केवल वरणात्मक खरपतवारनाशी का ही प्रयोग करना चाहिए। उदाहरण के लिए प्याज में वासालीन व एलाक्लोर का व्यवहार करना चाहिए।

- तृणनाशी का उचित अनुशंसित मात्रा में ही व्यवहार करें। अधिक होने पर फसलों को भी नुकसान हो सकता है और यदि अनुशंसित मात्रा से कम व्यवहार करने पर खरपतवार नष्ट नहीं हो पायेंगे।
- खरपतवारनाशी को प्रयोगों द्वारा अनुशंसित समय तक ही व्यवहार करना चाहिए।
- छिड़काव के लिए घोल बनाने के लिए जल की सही मात्रा का ही उपयोग करें।
- अंकुरण के बाद छिड़कने वाले खरपतवारनाशियों के प्रयोग में पौधों पर चिपकने वाले पदार्थों का भी इस्तेमाल करना चाहिए।
- खरपतवारनाशी को पूरे खेत में एक साथ छिड़काव करना चाहिए।
- शाकनाशी के प्रयोग के समय खेत में नमी आवश्यक है।
- शाकनाशियों का छिड़काव कभी भी तेज हवा में नहीं करना चाहिए।

सामान्य सावधानियाँ

छिड़काव के समय कुछ सामान्य सावधानियों को भी ध्यान में रखना चाहिए। प्रत्येक डिब्बों पर लिखे गए निर्देशों पर ध्यानपूर्वक अमल करना चाहिए, (अ) छिड़काव के पहले या छिड़काव के बाद मशीन जो प्रयोग में लाई जाये उसकी अच्छी तरह सफाई कर लेनी चाहिए, (ब) शाकनाशी दवा मनुष्यों और पशुओं के लिए जहरीली होती है। अतः उन्हें सावधानी से रखें, (ब) छिड़काव करते समय तृणनाशी के बौछार को मुँह व अन्य अंगों पर नहीं गिरने देना चाहिए। यदि खरपतवारनाशी शरीर व आँख में गिर जाये तो तुरंत डॉक्टर की सलाह लेनी चाहिए, (स) तृणनाशी दवा का छिड़काव करने के लिए जहाँ तक संभव हो नैपसैक स्प्रेयर (फ्लैटफैन नाजल) का ही व्यवहार करें।

44

सब्जियों में खरपतवारों का प्रबन्धन

डॉ. योगेश्वर सिंह एवं डॉ. एस.के. सिंह*

अखिल भारतीय समन्वित अनुसंधान परियोजना (खरपतवार)
* पौधा रोग विभाग, राजेन्द्र कृषि विश्वविद्यालय, पूसा (समस्तीपुर) बिहार

बसन्तकालीन सब्जियों की सफल खेती में खरपतवारों की उपस्थिति एक प्रबल समस्या है। वैसे तो प्रत्येक फसल में खरपतवार पाए जाते हैं, परन्तु बसन्त ऋतु में उगायी जानेवाली सब्जियों में ये अधिक पाये जाते हैं। तापमान बढ़ने के साथ–साथ, घास कुल के खरपतवारों की संख्या बढ़ती जाती है और यदि ठीक समय पर ये न निकालें जायें तो सब्जियों की उपज पर विपरीत प्रभाव पड़ता है। उपज में खरपतवारों द्वारा घटायी गयी मात्रा फसल की किस्म के साथ–साथ खरपतवारों की किस्म और खेत में उनकी प्रचुरता पर निर्भर करती है। सब्जियों की फसलों की बुआई या रोपाई पंक्तियों में और पर्याप्त दूरी पर की जाती है, फलस्वरूप उनमें खरपतवारों के निकलने और बढ़ने की अधिक संभावना रहती है। कभी–कभी तो सब्जियों के पौधे खरपतवारों द्वारा पूर्ण रूप से ढ़क लिए जाते हैं, परिणामस्वरूप वांछित उपज नहीं मिल पाती है। कुछ परिस्थितियों में निकाई समय से नहीं हो पाती है और इस प्रकार निकाई होने तक फसल को काफी हानि पहुँच चुकी होती है। कभी–कभी लगातार वर्षा होने अथवा श्रमिकों की कमी के कारण सब्जियों की फसल में निकाई–गुड़ाई बिल्कुल ही नहीं हो पाती है या आंशिक रूप से की जाती है, जिसकी वजह से 10 से 65 प्रतिशत तक उपज में कमी आ जाती है। ऐसी परिस्थितियों में बैंगन, टमाटर और भिण्डी की सफल खेती के लिए खरपतवारनाशी रसायनों का उपयोग अतिआवश्यक हो जाता है। वैसे इन फसलों में बहुत–से खरपतवार नाशी रसायनों का उपयोग किया जा सकता है, परन्तु सेंकार, वैसालिन, टोकई– 025 और ट्रिब्यूनिल नामक रसायन अच्छे पाए गए हैं।

प्रमुख खरपतवार

बसन्तकालीन सब्जियों में अधिकतर बथुआ, पीली सेंजी, सफेद सेंजी, चौलाई, गजरी आदि चौड़ी पत्ती वाले खरपतवार पाए जाते हैं। घासकुल के खरपतवार जैसे – मोथा और दूब आदि भी प्रचुरता में पाए जाते हैं।

चित्र 44.1 बथुआ (*चिनोपोडियम अल्बम*)

चित्र 44.2 पीली सेंजी या येलो स्वीट क्लोवेल (*मेलिलोटस इण्डिका*)

चित्र 44.3 सफेद सेंजी या व्हाईट स्वीट क्लोव (*मेलिलोटस अल्बा*)

चित्र 44.4 चौलाई (*अमरेन्थस अल्बस*)

चित्र 44.5 जंगली चौलाई या स्लेण्डर अमरनाथ, स्लेण्डर पिग वीड (*अमरेन्थस विरडिस*)

चित्र 44.6 मोथा या परपल रेस्ट सेजेज (*साइप्रस रोटण्डस*)

चित्र 44.7 दूब या बरमूडे ग्रास (*साइनोडन डैक्टीलॉन*)

चित्र 44.8 छोटी भुटकुइयाँ (*सोलेनम निग्रम*)

चित्र 44.9 बड़ी भुटकुइयाँ या सन बेरी (*फाइसिलिस मिनिमा*)

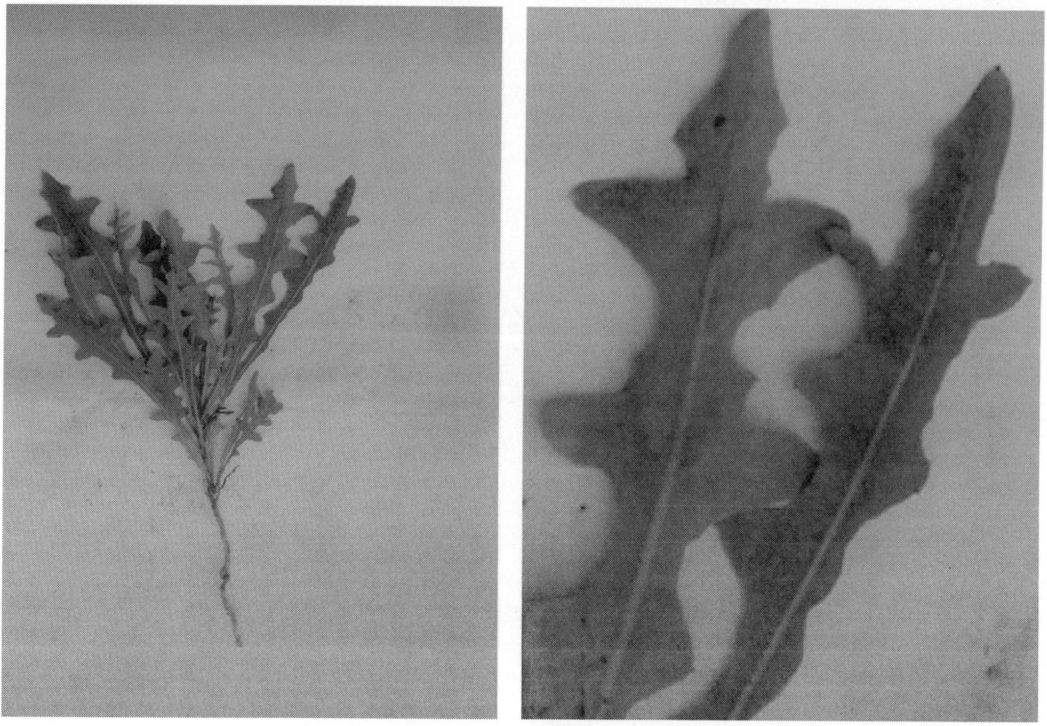

चित्र 44.10 ततार (*लौनिया पिनाटिफेडा*)

चित्र 44.11 चटरी–मटरी, येलो वेटचलिंग (*लेथाइरस एफाका*)

चित्र 44.12 भाँग, मेरीजुआना (*केनेविस सटाइवा*)

चित्र 44.13 बड़ी दूधी (*युफोर्बिया हिरटा*)

बैंगन

बैंगन की फसल रोपाई द्वारा लगायी जाती है और खेत को प्रारंभिक 45 से 60 दिन तक खरपतवार रहित रखने की आवश्यकता होती है। इसके बाद उगने वाले खरपतवार कोई विशेष प्रभाव नहीं दिखा पाते हैं। रासायनिक विधि से खरपतवारों को नष्ट करने के लिए टोकई–25 नामक रसायन को 5-6 लीटर प्रति हेक्टर की दर से रोपाई के तुरन्त बाद छिड़कने से अच्छी उपज प्राप्त होती है। इस रसायन के उपयोग के साथ ही 40 से 45 दिन बाद ही एक निकाई करके फसल को फल आने तक खरपतवार रहित रखा जा सकता है। नाइट्रालिन या ट्राइफ्लूटोलिन को रोपाई से पहले मिट्टी में मिलने और उसके तुरन्त पश्चात् रोपाई करने से भी खेत में खरपतवार कम मिलते हैं।

टमाटर

टमाटर की फसल को भी 45 से 60 दिन तक खरपतवार रहित रखने की जरूरत होती है। टमाटर की अच्छी फसल के लिए सेंकार नामक रसायन की 0.5 किलो अथवा 0.75 किलो प्रति हेक्टर की मात्रा रोपाई के तुरन्त बाद छिड़कने से खरपतवारों की रोकथाम हो जाती है। एक वर्षीय खरपतवारों को नष्ट करने के लिए वैसालिन नामक शाकनाशी भी काफी उपयोगी सिद्ध हुआ है। खेत तैयार करने के बाद रोपाई से पहले 2 लीटर वैसालिन प्रति हेक्टर की दर से छिड़ककर मिट्टी में मिला दिया जाता है और उसके बाद टमाटर की पौध रोप दी जाती है। शाकनाशियों का उपयोग करने के लगभग 30 से 45 दिन बाद एक बार निकाई करना आवश्यक होता है। कौनसा रसायन चुना जाए यह रसायन की उपलब्धता, उसकी कीमत और भूमि पर रसायन के अवशेष प्रभाव पर निर्भर करता है।

भिण्डी

वैसालिन का एक किलोग्राम सक्रिय अवयव प्रति हेक्टर की दर से खेत की तैयारी के बाद मिट्टी में मिलाने से एक वर्षीय खरपतवारों की रोकथाम हो जाती है, किन्तु जिस खेत में मोथा की अधिकता होती है। इस रसायन का उपयोग लाभदायक नहीं रहता है। भिण्डी की फसल मुख्य रूप से गर्मी और बरसात में ली जाती है। भिण्डी की फसल को अधिक लाभकर बनाने के लिए जरूरी है कि प्रति हेक्टर अधिक पैदावार हो और अधिक फसल पाने के लिए यह जरूरी है कि खेत में कम से कम खरपतवार पैदा हों, क्योंकि ये खरपतवार पैदावार को करीब 30 प्रतिशत तक कम कर देते हैं। भिण्डी की फसल जो गर्मी में ली जाती है उसमें खरपतवार कम निकलते हैं, पर बरसात में इनकी बहुतायत पायी जाती है। अगर उन खेतों में जहाँ भिण्डी बोयी जाती है वहाँ हाथ से निराई की जाती है तो खरपतवार को नष्ट करने में काफी मजदूर लग जाते हैं और यह कार्य आर्थिक रूप से भी लाभकर नहीं होता है।

तालिका 44.1 विभिन्न सब्जी फसलों में तृणनाशी के द्वारा खरपतवार नियंत्रण

फसल	प्रमुख खरपतवार	तृणनाशी	दर (ग्राम सक्रिय तत्व/हे0)	व्यवहार का समय
	चौड़ी पत्ती वाले खरपतवार बथुआ, ततार, कटैली	2, 4–डी.	800	बुआई के 30–35 दिनों के पश्चात्
		मेटसल्फ्युरॉन	4	बुआई के 30–35 दिनों के पश्चात्
		कारफेन्ट्राजोन	20	बुआई के 30–35 दिनों के पश्चात्
	दोनों संकरी एवं चौड़ी पत्ती वाले खरपतवार	सल्फोसल्फ्युरॉन	25	बुआई के 30–35 दिनों के पश्चात्
		सल्फोसल्फ्युरॉन + मेटसल्फ्युरॉन	25+4	बुआई के 30–35 दिनों के पश्चात्
		आइसोप्रोट्युरॉन+2,4–डी0	750+800	बुआई के 30–35 दिनों के पश्चात्
मटर	दूब, मोथा, मटरी, बथुआ, ततार, छोटी एवं बड़ी, भुटकुइयाँ,	फ्लूक्लोरेलिन (बेसालिन)	1000	बुआई के पूर्व*
		मेट्रीब्युजिन (सेनकोर) केवल मटर में	250	बुआई के 0–3 या 15–20 दिनों के पश्चात्
		ऑक्सीफ्लोरफेन (गोल, जारगोन) केवल मटर में	100–125	बुआई के 0–3 या 15–20 दिनों के पश्चात्
		पेण्डीमिथलीन	1000	बुआई के 0–3 दिनों के पश्चात्
		क्विजालोफॉप इथाइल (टरगासुपर)	40	बुआई के 15–20 दिनों के पश्चात्
सरसों कुल	बथुआ, भाँग, ततार, पीली सेंजी, सफेद सेंजी	फ्लूक्लोरेलिन (बेसालिन)	1000	बुआई के पूर्व*
		पेण्डीमिथलीन	1000	बुआई के 0–3 दिनों के पश्चात्
		क्विजालोफॉप इथाइल (टरगासुपर)	40	बुआई के 15–20 दिनों के पश्चात्

फूलगोभी / पत्ता गोभी		पेण्डीमिथलीन (स्टॉम्प, पेण्डिस्टार)	1000	रोपनी के पूर्व या रोपनी के तुरंत पश्चात् एवं तत्पश्चात् सिंचाई
टमाटर / बैगन मिर्च		पेण्डीमिथलीन (स्टॉम्प, पेण्डिस्टार, धानुटॉप, दोस्त)	1000	रोपनी के पूर्व या रोपनी के पश्चात्
		एलाक्लोर (लासो)	2000	रोपनी के पूर्व
		फ्लूक्लोरेलिन (बेसालिन)	1000	रोपनी के पूर्व
		क्विजलोफॉप–पी–इथाइल (टरगासुपर)	40	रोपनी के पश्चात्
		मेट्रीब्युजिन (सेनकोर, टाटामेट्री) केवल टमाटर में	500	रोपनी के एक सप्ताह पहले एवं तत्पश्चात् सिंचाईया रोपनी के दो सप्ताह बाद दवाई का छिड़काव करें।
प्याज / लहसुन		आक्सीफ्लोरफेन (गोल, जारगोन, ऑक्सीगोल्ड)	250	रोपनी के पूर्व या रोपनी के तुरंत बाद एवं तत्पश्चात् सिंचाई
		पेण्डीमिथलीन (स्टॉम्प, पेण्डिस्टार)	1000	रोपनी के पूर्व या रोपनी के तुरंत बाद एवं तत्पश्चात् सिंचाई
		क्विजलोफॉप–पी–इथाइल (टरगासुपर)	50	रोपनी के पश्चात्
जीरा / सौंफ / धनिया		पेण्डीमिथलीन (स्टॉम्प, पेण्डिस्टार, धानुटॉप, दोस्त)	1000	बुआई के 2–3 दिनों के पश्चात् (अंकुरण पूर्व)
		क्विजलोफॉप (टरगासुपर)	50	अंकुरण के पश्चात्
		फ्लूक्लोरेलिन (बेसालिन)	1000	बुआई के पूर्व
लत्तरवाली फसलें		ऑक्सीफ्लोरफेन (गोल, जारगोन)	250	अंकुरण पूर्व
		मेट्रीब्युजीन	500	अंकुरण पूर्व
आलू	दूब, बथुआ, कटैली, सफेद सेंजी, पीली सेंजी, बड़ी दूद्धी, ततार	मेट्रीब्युजीन (सेनकॉर, लेक्जोन, बेरियर, टाटामेट्री)	1000	रोपनी के 3–4 दिनों के बाद (अंकुरण पूर्व), अंकुरण पश्चात् जब पौधे की सिंचाई 5 से.मी. के हो जाय
		ब्युटाक्लोर (मेचिटी, धानुक्लोर, तीर, डोमनिक्स)	1000	अंकुरण पूर्व (बुआई के 0–3 दिनों के पश्चात्)
		पेण्डीमिथलीन (स्टॉम्प, पेण्डिस्टार)	1000	अंकुरण पूर्व (रोपनी के 2–3 दिनों के पश्चात्)
		फ्लूक्लोरेलिन (बेसालीन)	1000	रोपनी के पूर्व

* इस दवाई का छिड़काव बुवाई के पूर्व करें। छिड़काव करने के उपरान्त इसको मिट्टी में मिला दें। तत्पश्चात् फसल की बुआई करें।

तालिका 44.2 अत्यधिक प्रभावी एवं कम खर्चीले यंत्रों द्वारा खरपतवार नियंत्रण

फसल	उपयुक्त एवं उपयोगी यंत्र	निकौनी में खर्च (रु0 / हे0)	अभ्युक्ति
चौड़ी पंक्ति में लगाये जाने वाले फसलों में	पॉवर वीडर	700	फसल की दो पंक्तियों के बीच में खरपतवार नियंत्रण हेतु उपयुक्त
संकरी पंक्ति में लगाये जाने वाले फसलों में	हैण्ड हो, सिंह हो, रोटरी हो	2500	परम्परागत खरपतवार निकौनी के खर्च की तुलना में आधा खर्च

गाजरघास

गाजरघास (पार्थेनियम, सफेद टोपी, चटक चांदनी, गंधी बूटी) यह विदेशी खरपतवार लगभग 35 मिलियन हेक्टेयर क्षेत्र में फैल चुकी है। यह मुख्यतः खाली स्थानों, अनुपयोगी भूमियों, औद्योगिक क्षेत्रों, बगीचों, पार्कों, स्कूलों, रिहायशी क्षेत्रों, सड़कों तथा रेलवे लाइन के किनारों आदि पर बहुतायत में पायी जाती है। अब इसका प्रकोप सब्जियों एवं उद्यान फसलों में भी बढ़ता जा रहा है। गाजरघास का पौधा 3–4 महीने में अपना जीवन चक्र पूरा कर लेता है तथा एक वर्ष में इसकी 3–4 पीढ़ी पूरी हो जाती है।

गाजरघास से होने वाले नुकसान

गाजरघास से मनुष्यों में त्वचा संबंधी रोग एक्जिमा, एलर्जी, बुखार, दमा आदि जैसी बीमारियाँ हो जाती है। पशुओं के लिए भी यह खरपतवार अत्यधिक विषाक्त होता है। गाजरघास के तेजी से फैलने के कारण अन्य उपयोगी वनस्पतियों, स्थानीय जैव विविधता एवं पर्यावरण पर विपरीत प्रभाव पड़ता है।

चित्र 44.14 गाजरघास, पार्थेनियम, कांग्रेस ग्रास (*पार्थेनियम हिस्टेरोफोरस*)

नियंत्रण विधि

1. गाजरघास को फूल आने से पहले जड़ से उखाड़कर नष्ट कर देना चाहिए।
2. अकृषि क्षेत्रों में प्रतिस्पर्धात्मक पौधे जैसे – चकौड़ा (*कैसिया सिरेसिया, कैसिया तोरा*) द्वारा इसकी वृद्धि एवं विकास को रोका जा सकता है।
3. घर के आस–पास एवं संरक्षित क्षेत्रों में गेंदे के पौधे लगाने चाहिए।
4. अकृषि क्षेत्रों में शीघ्र बढ़ने वाली फसलें जैसे ढ़ैंचा, ज्वार, बाजरा आदि की फसलें लेनी चाहिए।
5. अकृषि क्षेत्रों में शाकनाशी रसायनों जैसे, ग्लायफोसेट 1 प्रतिशत या मेट्रीब्यूजिन 0.30 प्रतिशत घोल का फूल आने के पहले छिड़काव करें।
6. मेक्सिकन बीटल (*जाइग्रोग्रामा बाइकोलोराटा*) नामक कीड़े को वर्षा ऋतु में गाजरघास पर छोड़ना चाहिए।
7. फूल आने से पहले गाजरघास को उखाड़कर कम्पोस्ट एवं वर्मी कम्पोस्ट बनाना चाहिए।

षष्ट खण्ड

बागवानी फसलों से सम्बन्धित विषय

- पुराने बागों का जीर्णोद्धार
- फल वृक्षों में फल एवं फलन सम्बन्धी समस्याएँ एवं समाधान
- उद्यानिक फसलों में जैव उर्वरकों की महत्ता एवं उपयोग
- जैविक खाद : उपलब्धता, गुणवत्ता एवं उपयोगिता
- वर्मी कम्पोस्ट : समृद्ध खेती का विकल्प
- ऊतक संवर्धन द्वारा तैयार केला में कठोरीकृत करने हेतु पौधों की तैयारी
- विविध विषय
    - प्लांट हेल्थ क्लीनिक (पौधा स्वास्थ्य चिकित्सालय)
    - लॉन की देखभाल
    - कीटनाशी दवाओं से मधुमक्खी एवं अन्य मित्र कीटों की सुरक्षा
    - जाल फसल
    - केला पोषक तत्व प्रबन्धन
    - बागवानी में मधुमक्खी पालन की उपयोगिता

45

पुराने बागों का जीर्णोद्धार

डॉ. पी.के. राय एवं डॉ. एस.के. सिंह*

उद्यान विभाग, राजेन्द्र कृषि विश्वविद्यालय, पूसा, समस्तीपुर, बिहार

* पौधा रोग विभाग, राजेन्द्र कृषि विश्वविद्यालय, पूसा, समस्तीपुर, बिहार

हमारे देश में विभिन्न प्रकार की मिट्टी तथा जलवायु पाई जाती है, जिससे यहाँ पर लगभग सभी प्रकार के फल पैदा किये जा सकते हैं। लेकिन हम देखते हैं कि हमारे यहाँ फलों के अन्तर्गत बहुत ही कम क्षेत्र हैं और जो भी फल उद्यान लगे हुये हैं उनकी दशा बहुत ही शोचनीय है।

जीर्णोद्धार का अर्थ पौधों को नया जीवन प्रदान करने से होता है। फल–उद्यान में ऐसे पौधे जो अधिक पुराने होने की वजह से या अन्य किसी कारण से फल कम मात्रा में पैदा करने लगते हैं तथा आर्थिक दृष्टिकोण से बेकार हो जाते हैं उनको कुछ साधन अपनाकर फल देने योग्य बना लिया जाता है, इसी को जीर्णोद्धार कहा जाता है।

फल–वृक्षों के आर्थिक दृष्टि से खराब होने के निम्नलिखित कारण हो सकते हैं–

1. जंगली झाड़ियों, घास तथा अन्य खरपतवारों की वृद्धि – फल उद्यानों में बहुधा ऐसा देखा जाता है कि बहुत सी जंगली झाड़ियाँ, घास अथवा अन्य खरपतवार पौधों के नीचे या उनके बीच में उग आते हैं। स्थाई फल वृक्षों को दिये जाने वाले खाद तथा पानी का अधिकांश भाग इनके द्वारा शोषित कर लिया जाता है जिससे फल–वृक्षों को पानी, खाद्य तत्वों के अभाव में नुकसान उठाना पड़ता है। उनकी वृद्धि कम होने लगती है तथा फसल मारी जाती है। साथ ही साथ इन पर बहुत–सी बीमारियाँ तथा कीड़ों का प्रकोप हो सकता है जो स्थाई पौधों पर पहुँचकर उनको क्षति पहुँचाते हैं। कुछ फल–वृक्ष तो जंगली बेलों द्वारा इस प्रकार से ढ़क लिये जाते हैं कि उनकी वृद्धि असम्भव हो जाती है, बहुत–सी शाखायें टूट जाती हैं तथा कर्षण क्रियायें करने में अड़चन होती है।

2. पौधों को घने रूप में अव्यवस्थित ढ़ंग से लगाना– नया उद्यान लगाते समय पौधे के बीच के अन्तर तथा लगाने की विधि को ध्यान में नहीं रखा जाता है। उनको अधिक घने रूप में अनियमित ढ़ंग से लगा दिया जाता है। कुछ वर्षों के उपरान्त पौधे इतने सघन हो जाते हैं कि उनमें वायु एवं प्रकाश का पहुँचना असम्भव हो जाता है,

कर्षण क्रियायें, खाद तथा पानी देने में परेशानी होती है, फलस्वरूप उनकी वृद्धि असमान होती है तथा फल कम मात्रा में पैदा होते हैं। बहुत से फूल तो छोटी अवस्था में ही जमीन पर गिर जाते हैं कि अधिक छाया रहने के कारण से ऐसा होता हैं।

चित्र 45.1 बागों का घना एवं अव्यवस्थित ढंग से लगा होना

3. निम्न श्रेणी की जातियों को लगाना—फल–उद्यानों को लगाते समय पौधों की जातियों के ऊपर कोई ध्यान नहीं दिया जाता है और न यह देखा जाता है कि पौधे किस विधि द्वारा पैदा किए गये हैं। जहाँ पर पौधों को बीज द्वारा ही उत्पन्न किया जाता है वहाँ बीजों को अधिकतर स्थाई स्थान पर ही बो देते हैं। बीजों से पौधे निकलने के उपरान्त उनकी कोई उचित देख–रेख नहीं की जाती है। इस प्रकार से बीज किस्म के पौधे खराब फलों को पैदा करते हैं जिससे उद्यानकर्त्ता को फलों का बाजार मूल्य कम मिल पाता है।

4. फल–वृक्षों की उचित देखभाल न करना—यहाँ पर उद्यानों को लगाने के बाद ऐसे ही छोड़ दिया जाता है उनकी कोई भी उचित देखभाल नहीं की जाती हैं यहाँ तक कि पौधों की छोटी अवस्था में भी उनको खाद और पानी नहीं देते हैं। केवल वर्षा ऋतु पर ही आधारित रह कर वे वृक्ष वृद्धि करते रहते हैं। कभी–कभी जब उनके मरने का भय अधिक हो जाता है तो पौधों को बाल्टियों द्वारा थोड़ा–थोड़ा पानी दे देते हैं या नहर या ट्यूबवैल का पानी (अगर सुविधा हुई तो) ऐसे ही उद्यान में बहा दिया जाता है जिससे बहुत से खरपतवार, जंगली झाड़ियाँ इत्यादि उग आती हैं, जमीन में जगह–जगह पानी भर जाता है तथा खाद्य–पदार्थ बह जाते हैं। ऐसे उद्यानों में फल नाम मात्र को मिलते हैं जिससे बागवान सोचते हैं कि उद्यान दूसरी फसलों जैसे – गन्ना, आलू, गेहूँ इत्यादि की अपेक्षा लाभ कम देता है। अधिकतर फल लगाने के लिये ऐसी भूमि चुनी

जाती है जो कि या तो रिहायश से अधिक दूर होती है या फिर खराब होती है जिसमें अन्य फसलें अधिक उत्पादन नहीं दे पाती हैं। ऐसी भूमि में उद्यान भी देखने को मिलते हैं जिनमें कई प्रकार के फल वाले पौधे जैसे – आम, नींबू कटहल, केला, बेर इत्यादि लगे रहते हैं। साथ ही साथ उसमें कुछ अलंकृत या लकड़ी वाले पौधे जैसे कनेर, नीम, शीशम, बाँस इत्यादि भी उगते हुये देखे गये हैं।

उत्तरी भारत में आम के लगभग 300 वर्ष पुराने पौधे ऐसे खड़े हुये है जिनके अधिकतर भाग टूट गये हैं तथा पानी द्वारा सड़कर अन्दर से पूरे खोखला हो चुके हैं। भारतवर्ष में अधिकतर उद्यान पुरानी दशा में पाये जाते हैं जिनमें बहुत से वृक्ष अपने स्थान से हट गये है या सूखे खड़े हुये हैं तथा जो जीवित है वे कीट एवं बीमारियों में ग्रसित जंगली झाड़ियों इत्यादि से संघर्ष कर रहे हैं।

उद्यानों की खराब दशा निम्नलिखित कारणों से हो जाती है–

अ. पौधों के बीच उचित समय पर जुताई, निराई–गुड़ाई न करना।

ब. आवश्यकतानुसार पर्याप्त मात्रा से पानी न देना।

स. वर्षा ऋतु में बेकार पानी को बाहर न निकाल कर उसी में भरा रहने देना।

द. खाद को पर्याप्त मात्रा में उचित समय पर न देना।

य. रिक्त स्थानों में पौधे न भरना।

र. पौधों में कृन्तन न करने से उद्यान अधिक घना हो जाना।

ल. बीमारियों अथवा कीड़ों से ग्रसित पौधों की तरफ कोई ध्यान न देना इत्यादि।

पुराने पौधों का जीर्णोद्धार

1. निराई–गुड़ाई एवं जुताई करना–फल उद्यानों में समय पर निराई–गुड़ाई करते रहना चाहिये जिससे जंगली झाड़ियाँ एवं खरपतवारों की वृद्धि न हो सकें। वर्ष में एक–दो नियमित जुताईयाँ करने से भूमि की ऊपरी सतह पर पायी जाने वाली पौधों की जड़ें काट दी जाती हैं। इस प्रकार से हल्की मूल कृन्तन द्वारा पौधे में फलत को सही रखा जा सकता है।

2. खाद देना–भूमि के उपजाऊपन को समय–समय पर गोबर या कम्पोस्ट की खाद एवं उर्वरक द्वारा पूरा करते रहना चाहिये जिससे पौधे की वृद्धि एवं फलत सुचारू रूप से हो सके। खाद पौधों की आवश्यकतानुसार समय पर देना उचित समझा जाता है।

3. सिंचाई देना–फल वाले पौधों को वर्षा के पानी के आश्रित न छोड़कर उनमें समय पर पानी देना चाहिये। ऐसा करने से उनकी वृद्धि अच्छी होती है तथा कभी –कभी जब उनके फल गिरने लगते हैं तो सिंचाई देकर उनका गिरना बन्द किया जा सकता है। छोटे पौधों की सिंचाइयाँ कम तथा बड़े पौधों को अधिक सिंचाइयाँ दी जाती है।

4. जल–निकास–अनावश्यक पानी को उद्यान से बाहर निकालने की क्रिया को जलनिकास कहा जाता है। यह दशा वर्षा ऋतु में अधिकतर देखने को मिलती है जबकि वर्षा पानी अधिक मात्रा में उद्यान के अन्दर इकट्ठा हो जाता है। इस पानी को उद्यान से न निकालने पर वायु का संचार कम हो जाता है, जड़ें सड़ने लगती हैं तथा पौधों के तने

की छाल सड़कर गिर जाती है। अच्छी जल–निकासी होने से पौधों में उपर्युक्त सभी परेशानियाँ नहीं हो पाती है तथा पौधों की दशा ठीक रहती है।

5. घने पौधों को उखाड़कर रिक्त स्थानों में पौधों का प्रतिरोपण करना– उद्यान की प्रारम्भिक अवस्था में इस क्रिया को किया जा सकता हैं, जिसमें ऐसे स्थानों से पौधे उखाड़ लेना चाहिये जो अधिक घने लगे हुये हैं तथा उनको रिक्त स्थानों पर लगा देते हैं। ऐसा करने से उद्यान में रिक्त स्थान न होने से भूमि बेकार नहीं हो पाती है तथा पौधों की आपसी दूरी बढ़ जाने से प्रकाश एवं वायु का आवागमन ठीक रहता है।

6. पौधों में कृन्तन करना–पौधों में उचित कृन्तन करने से फसल को बढ़ाया जा सकता है। बहुत से फल वाले पौधे ऐसे हैं जिनमें अगर कृन्तन न किया जाये तो फलों की मात्रा कम प्राप्त होती है। साथ ही साथ कृन्तन द्वारा फलों की किस्म को सुधारा जा सकता है तथा रोगग्रसित टहनियों को काट देने से आगे रोग नहीं फैल पाता है। बहुत ही पुराने पौधों को भूमि से थोड़ा छोड़कर काट देते हैं जिससे कटे हुये भाग से नये प्ररोह निकल कर अच्छी फसल देना प्रारम्भ कर देते हैं जैसे – अमरूद, बेर इत्यादि।

7. बीमारियों एवं कीड़ों की रोकथाम – समय–समय पर फल वाले पौधों में कीड़ों एवं बीमारियों का उपचार करके उनकी फलत को बढ़ाया जा सकता है।

8. गौण तत्वों को छिड़कना – बहुत से फल–वृक्षों में गौण तत्वों की अक्सर कमी देखी जाती है जिससे उनमें बहुत सी बीमारियाँ हो जाती है जैसे – सन्तरा तथा माल्टा में जिंक तथा कॉपर की कमी से 'डाईबैक' की बीमारी हो जाना। इन बीमारियों के उपचार के लिये गौण तत्वों का घुलनशील अवस्था में पौधे के ऊपर छिड़काव करना चाहिये। जैसे– जिंक की कमी को पूरा करने के लिये जिंक सल्फेट के रूप में छिड़कना।

9. पौधों के क्षतिग्रस्त एवं खोखले भागों को भरना– बहुत से फल वाले पौधों के भाग अन्दर से खोखले हो जाते हैं। जानवरों की रगड़, मोटर की टक्कर इत्यादि से उनके तने छिल जाते हैं तथा खराब होने लगते हैं। इन सभी क्षतिग्रस्त भागों का उपचार करके उनको सही हालत में लाया जा सकता है। पौधे के खोखले भागों को ईंट तथा चूने से भरकर ऊपर से प्लास्टर कर दिया जाता है। खराब तने की क्षति को पूर्ण करने के लिये ब्रिज रोपण की विधि अपनाई जा सकती है।

10. शिखर रोपण अथवा फ्रेम वर्किंग के पौधों को उच्च श्रेणी में परिवर्तित करना– अधिक पुराने, आर्थिक रूप से बेकार निम्न श्रेणी के पौधों की जातियों को शिखर रोपण अथवा फ्रेम वर्किंग की क्रिया द्वारा उच्च कोटि की जातियों में परिवर्तित किया जा सकता है। इन क्रियाओं को करने के लिये पुराने पौधे के ऊपरी भाग को काटकर पुरानी लकड़ी में अथवा नये निकले हुये प्ररोहों में कलिकायन अथवा रोपण की क्रिया द्वारा उच्च कोटि की जाति से शाख लगाकर, उच्च कोटि की जाति में ही बदल देते हैं। यह क्रिया आम, बेर, आड़ू, अलूचा, नींबू प्रजाति के फल, सेव, नासपाती इत्यादि फल–वृक्षों में सफलतापूर्वक की जा सकती है।

वायुवृत्ति एवं हेज लगाना

उद्यान के चारों तरफ हेज एवं वायुवृत्ति वाले पौधों को लगाकर जंगली जानवरों द्वारा होने वाला नुकसान, गर्म व तेज हवाओं एवं शीत लहर से होने वाले नुकसान को रोका जा सकता है।

विभिन्न फल–वृक्षों का जीर्णोद्धार

(i) अमरूद

लोगों की ऐसी धारणा है कि अमरूद का पौधा अधिक सहिष्णु होता है इसलिये इसकी तरफ ध्यान देने की आवश्यकता नहीं होती हैं। लोगों की यह धारणा बिल्कुल निर्मूल है क्योंकि अगर पौधों की उचित देख–रेख नहीं की जायेगी तो उद्यान देखने में भद्दा प्रतीत होगा तथा पौधों में फलत भी कम होने लगेगी। अमरूद के उद्यान में लापरवाही रखने से पौधों के पास से अधोभूस्तारी वृद्धि कर जाते हैं तथा कृन्तन से अभाव से पौधे इधर–उधर फैलकर फलों की कम मात्रा पैदा करने लगते हैं तथा फलों का आकार एवं किस्म भी गिर जाती है। अमरूद की उपेक्षित वृक्षों की निम्न क्रियायें करके फिर से नवजीवन दिया जा सकता है–

1. पौधों में गहन कृन्तन की क्रिया करनी चाहिये। सूखी या मरी हुई शाखाओं को पूर्णतः काट देना चाहिये। पौधों के पास से पैदा हुये अधोभूस्तारी को भी काट देना चाहिये तथा शाखाओं को ऊपर से कुछ छाँटकर कटे हुये भागों पर बोर्डोपेस्ट या ब्लाइटाक्स – 50 @ 4 ग्राम/लीटर पानी या कोलतार लगा देना चाहिये।
2. पौधों से निकली हुई नवीन शाखाओं की भोजन की पूर्ति के उद्देश्य से मूल–कृन्तन की क्रिया भी करनी चाहिये। वर्षा ऋतु के लगभग एक महीने पहिले वृक्ष के फैलाव की आधी दूरी पर पौधों के चारों तरफ लगभग 60 से.मी. गहरी खाई खोद देना चाहिये और इसको पार करने वाली जड़ों को काट देना चाहिये। कुछ दिनों उपरान्त इस खाई को खाद तथा मिट्टी के मिश्रण भरकर सिंचाई कर देना चाहिये।
3. पौधों को खाद की पूर्ति के ऊपर विशेष ध्यान देना चाहिये। मूलवृन्त के समय खाई में दी गई गोबर या कम्पोस्ट की खाद के अतिरिक्त लगभग 2-2.5 कि.ग्रा. अरंडी की खल्ली तथा इतनी ही मात्रा में नत्रजन प्रदान करने वाले उर्वरक भूमि में मिला देना चाहिये। ऐसा करने से पौधों की वृद्धि अच्छी होने लगती है तथा बाद में शाखाओं की थिनिंग एवं बैन्डिंग की क्रिया अपनाकर फलों की अधिक मात्रा अच्छे आकार में प्राप्त की जा सकती है।

(ii) आम

आम के उद्यान में निम्न क्रियायें करके आर्थिक रूप से बेकार पौधों को लाभदायक बनाया जा सकता है।

1. उद्यान में अगर पौधे अधिक घने रूप में हों तो बीच–बीच से कुछ पौधों का निकाल देना चाहिये ताकि उनको बढ़ने के लिये पर्याप्त स्थान मिल सके तथा प्रकाश एवं हवा वृक्षों के अन्दर प्रवेश कर सकें।
2. खरपतवारों एवं जंगली झाड़ियों को समाप्त करने के उद्देश्य से उद्यान में दो बार गहरी जुताई की जानी चाहिये। इन जुताइयों को वर्षा ऋतु के पहिले तथा बाद में करना चाहिए।
3. वर्षा ऋतु में उद्यान के अन्दर हरी खाद या अच्छी सड़ी हुई गोबर का खाद पर्याप्त मात्रा में देना चाहिये। अगर फिर भी वृद्धि कम हुई है तो लगभग 2.5 से 5 कि.ग्रा. नत्रजन प्रदान करने वाले उर्वरक प्रति पौधा प्रयोग करने चाहिये।

चित्र 45.2 अमरूद–वृक्षों का जीर्णोद्धार

4. पौधों से रोगी, सूखी या मरी हुई तथा अधिक घनी शाखाओं को काटकर उनके कटे हुये सिरों को बोर्डो पेस्ट या ब्लाइटॉक्स–50 @ 4 ग्राम प्रति लीटर या कोलतार से लेप कर देना चाहिये।
5. जहाँ पर वर्षा अधिक या देर में होती है वहाँ पर अगस्त के महीने में आम की 7.5 से.मी. से 12.5 से.मी. व्यास वाली शाखाओं पर 1-1.5 से.मी. चौड़ाई में वलयन कर देना चाहिये।
6. रासायनिक दवाइयों को छिड़क कर कीड़ों एवं बीमारियों से पौधों को मुक्त कर देना चाहिये।
7. अगर आम के पौधे निम्न कोटि की जाति के हों तो शिखर रोपण की क्रिया द्वारा उनको उच्च कोटि की जाति में परिवर्तित कर देना चाहिये।

8. आम के पौधों के खोखले भागों एवं घावों इत्यादि को भर देना चाहिये तथा खराब तनों को ब्रिज रोपण की क्रिया द्वारा ठीक कर देना चाहिये।

चित्र 45.3 आम के उद्यान में आर्थिक रूप से बेकार वृक्षों को लाभदायक बनाना

बगीचे की देख–रेख में लगातार लापरवाही से बगीचे के वृक्ष समय से पहले ही जीर्ण हो जाते हैं एवं उनकी फलत काफी घट जाती है। जो बगीचा 60 वर्षों तक व्यावसायिक बना रहता है, वह 30-40 वर्षों के भीतर ही समाप्ति के कगार पर पहुँच जाता है। इससे बचाव के लिए यह जरूरी है कि बगीचे के प्रबन्धन पर समुचित ध्यान दिया जाय एवं वृक्षों को समय से खाद एवं सिंचाई दी जाय। साथ ही रोग व्याधि एवं कीड़ों से उनकी रक्षा की जाय। रोग या कीड़े के आक्रमण पर तुरंत उपचार करना आवश्यक है।

40-50 वर्ष पुराना आम का वृक्ष यदि बहुत कम फलता है या बिल्कुल नहीं फलता, तो उसका जीर्णोद्धार संभव है। इसके लिए जमीन की सतह से 4-5 मीटर की ऊँचाई पर सभी मोटी डालियों को दिसम्बर के महीने में काट दें एवं कटे स्थान पर बोर्डो पेस्ट लगा दें। कटाई का काम विद्युत चालित आरी से करें। बगीचे के सभी वृक्षों का, या एक कतार के अंतर पर पुराने वृक्षों का जीर्णोद्धार किया जाता है। अच्छा यह होता है कि सभी वृक्षों को एक साथ न लेकर एक कतार के बीच पर जीर्णोद्धार की क्रिया अपनायी जाय। एक कतार के वृक्षों के जीर्णोद्धार में 3-5 वर्ष का समय लगता है। वृक्षों का भाग खुला रखने हेतु कुछ शाखाओं को समूल निकाल दिया जाता है। फरवरी माह में छांटे गये वृक्षों में 1.25 किलो ग्राम यूरिया, 3.00 किलोग्राम सिंगल सुपर फास्फेट तथा 1.5 किलो ग्राम

म्यूरियेट ऑफ पोटाश प्रति वृक्ष की दर से वृक्ष के थाले की गुड़ाई कर मिलनी चाहिए। यूरिया की 2.5 किलोगाम मात्रा प्रतिवृक्ष जून में उपयोग किया जाता है। यह भी आवश्यक है कि वर्षा के आरंभ या जुलाई माह में 100 किलो ग्राम सड़ी गोबर की खाद (कम्पोस्ट) का उपयोग किया जाय। फरवरी–मार्च से सिंचाई करते रहने पर काफी संख्या में कल्ले निकलते हैं। इनमें से 4-5 शाखायें जो बाहर की तरफ बढ़ रही हैं को छोड़कर, शेष सभी को काटकर निकाल देते हैं।

गहरी कटाई वाले वृक्षों में तना भेदक कीट का अप्रैल से सितम्बर तक व्यापक संक्रमण होता है। इसकी पहचान वृक्ष से लटके बुरादे की लड़ी से की जा सकती है। नुवान कीटनाशी (0.1% घोले) की एक या दो बूँद प्लास्टिक सिरींज के द्वारा छेद में डालकर गीली मिट्टी की छोटी गोली से छेद को बंद कर देने से कीट का नियंत्रण हो जाता है। जुलाई–अगस्त में पत्ती खाने वाले कीट तथा एन्थ्रेक्नोज का प्रकोप होता है। इनके निदान हेतु सेविन (कार्बरिल) तथा कॉपर ऑक्सीक्लोराइट (ब्लाईटॉक्स) 3 ग्राम प्रति लीटर पानी में अलग–अलग घोल बनाकर छिड़काव करना चाहिए। ठीक से देखभाल करने पर तीसरे वर्ष से उच्च आकार एवं गुणवत्ता वाले फल आने लगते हैं। जब वृक्ष पुनर्जागृत हो जाय तब बगल वाली कतार के वृक्षों का जीर्णोद्धार किया जाना चाहिए। यदि इस कार्य में दक्षता हो तो एक बार में भी सभी वृक्षों का जीर्णोद्धार किया जा सकता है।

(iii) नींबू

नींबू प्रजाति के पौधों के उपेक्षित उद्यानों को निम्न तरह से सही हालत में लाया जा सकता है।

1. पौधों से सूखी या मरी हुई, रोग ग्रसित तथा अनावश्यक निकली व बढ़ी हुई शाखाओं को कैंची से काट देना चाहिये। साथ ही साथ मूलवृन्त से निकले हुये किल्लों को भी काटकर अलग कर देना चाहिये।
2. उद्यान में कम से कम वर्ष में दो जुताइयाँ उथले रूप में किसी मिट्टी पलटने वाले हल से कर देना चाहिये।
3. अगर सम्भव हो सकें तो वर्षा ऋतु में हरी खाद बोकर मिट्टी में दबा देना चाहिये।
4. नींबू प्रजाति के पौधों में फूल नई शाखाओं पर पैदा होते हैं इसलिये फूल आने के लगभग एक–डेढ़ महीने पहिले खाद को पर्याप्त मात्रा में देकर सिंचाई कर देना चाहिये। इसके लिये लगभग 2.5 किग्रा. अमोनियम सल्फेट 2.5 किग्रा. सुपर फास्फेट तथा 5 किग्रा. पोटैशियम सल्फेट प्रति पौधा प्रति वर्ष देना उचित समझा जाता है।
5. सिंचाई सीता विधि द्वारा करना चाहिये ताकि पानी तने के सम्पर्क में न पहुँच सकें।
6. नींबू प्रजाति के उद्यान बीमारियों एवं कीड़ों के प्रकोप से एवं गौण तत्वों की कमी से गिरी हुई अवस्था में हो जाते हैं। इसके लिये वर्ष में कम से कम दो बार बोर्डो मिश्रण छिड़कना चाहिये तथा गौण तत्वों को प्रदान करने वाले रासायनिकों को निश्चित मात्रा में घोलकर छिड़कना चाहिए। यह क्रिया कम से कम एक बार अवश्य दोहरानी चाहिए।

(iv) लीची

लीची के पौधे रोपण के 5-6 वर्ष के बाद फलन में आ जाते हैं लेकिन इनसे भरपूर उपज 10-30 वर्ष के मध्य प्राप्त होता है। लेकिन हाल के वर्षों में देखा जा रहा है कि बाग पहले ही अनुपयोगी होते जा रहे है क्योंकि बाग के उचित प्रबन्धन पर ध्यान नहीं दिया जाता है। लीची से अच्छी उपज के लिए आवश्यक है उच्च कोटि के बाग प्रबन्धन को ध्यान में रखा जाय। रोग एवं कीड़ों का समय पर उपचार किया जाय। पेड़ की आयु के अनुसार खाद एवं उर्वरकों की मात्रा का निर्धारण किया जाय। पेड़ की वृद्धि छाते के समान होनी चाहिए।

चित्र 45.4 लीची के पेड़ की वृद्धि छाते के समान होनी चाहिए

लेकिन देखा गया है कि बाग जब पुराना हो जाता है तो बाग घना हो जाता है, शाखाएँ लम्बी हो जाती है तथा आपस में टकराने लगती है, जिसकी वजह से प्रकाश संश्लेषण की क्रिया कम हो जाती है। पेड़ से कम फलन प्राप्त होता है तथा उत्पाद गुणवत्ता विहीन प्राप्त होता है। ऐसी स्थिति में जीर्णोद्धार का कार्यक्रम अमल में लाना चाहिए।

1. जमीन की सतह से 2.5-3 मीटर की ऊँचाई पर शाखाओं को कटाई हेतु चिन्हित करते हैं।
2. शाखाओं को काटने का कार्य तेज धार वाली आरी से या मशीन चालित 'प्रुनिंग सॉ' से करना चाहिए।

3. कटाई का कार्य वर्षात के उपरान्त माह अगस्त–सितम्बर में करना चाहिए।
4. कटाई के समय शाखाओं के फटने या छिलके के हटने से बचना चाहिए। यदि शाखा बहुत लम्बी हो तो ऊपर से दो–तीन भागों में काटकर ही चिन्हित स्थान पर कटाई करना चाहिए।
5. यदि बाग बहुत बड़ा हो तो आधे बाग की कटाई एक वर्ष तथा आधे की कटाई दूसरे वर्ष बाद करने से बागवान पर ज्यादा भार नहीं पड़ता है।
6. कटाई के तुरन्त बाद कापर आक्सीक्लोराइड (@ 4 ग्राम/लीटर पानी में घोलकर) या बोर्डो पेस्ट (@ 1 कि.ग्रा. चूना + 1 कि.ग्रा. तूतिया + 10 लीटर पानी) से पुताई कर देना चाहिए।
7. मुख्य तने से 1.5-2.5 मीटर की दूरी पर 1 से लेकर 1.5 फीट चौड़ी तथा इतने ही गहरी नाली बनाते हैं। इस नाली में संस्तुति मात्रा में खाद एवं उर्वरक (1 कि.ग्रा. यूरिया + 2 कि.ग्रा. सिंगल सुपर फास्फेट + 1 किग्रा. म्यूरेट ऑफ पोटाश + 250 ग्राम जिंक सल्फेट + 50 कि.ग्रा. सड़ी गोबर की खाद या कम्पोस्ट प्रति पौधा) देते हैं।
8. जीर्णोद्धार हेतु काटे गये पेड़ में नये कल्ले प्रजाति के अनुसार निकलते हैं जैसे, शाही में 30-40 दिनों बाद एवं चाइना प्रजाति में 50-60 दिनों के बाद।
9. ये नये कल्ले बहुत घने होते हैं जिनके विरलीकरण की आवश्यकता होती है अन्यथा जल एवं पोषक तत्वों के लिए ये आपस में संघर्ष करने लगेंगे। अतः आवश्यकतानुसार प्रत्येक डाली में ऊपर की ओर कोण बनाती हुई कुछ स्वस्थ कल्लों को छोड़कर बाकी सभी कल्लों को तेज चाकू या सिकेटियर से काट कर हटा देना चाहिए। बाग को छाता जैसा बनाया जाता है। ध्यान मे यह रखना आवश्यक है कि बाग से धूप व रोशनी का आवागमन होता रहें।
10. जीर्णोद्धार किये गये बाग में सिंचाई अत्यन्त आवश्यक है अन्यथा पेड़ में कल्ले निकलने की प्रक्रिया बुरी तरह से प्रभावित होगी। गर्मियों में सिंचाई 10-12 दिन पर एवं जाड़ों में 16-17 दिन पर सिंचाई करना चाहिए।
11. जीर्णोद्धार किये गये बगीचे में कम से कम दो वर्ष तक अन्तरवर्तीय फसलें जैसे, मूँग, उरद, मक्का, सब्जियाँ, राई, मटर, आलू की खेती की जा सकती है जिससे बागवान को अतिरिक्त लाभ प्राप्त होता है।
12. बाग मे रोग एवं कीड़ों के प्रबन्धन हेतु पौधा संरक्षण के उपायों को अपनाना चाहिए। वर्ष में दो बार बोर्डो पेस्ट का लेप मुख्य तने पर जमीन की सतह से 5-6 फीट तक करना चाहिए। पहला लेप अगस्त तथा दूसरा लेप फरवरी माह में लगाना चाहिए।
13. जीर्णोद्धार के तीसरे वर्ष औसतन 25-30 किग्रा. लीची प्रति पेड़ मिलने लगता है। जबकि इसके विपरीत जीर्णोद्धार के पूर्व न के बराबर फल प्राप्त होता है।
14. जीर्णोद्धार की लागत प्रति पेड़ 400-500 रूपया आता है जबकि बाग से अन्तरवर्तीय फसल तथा कटाई से प्राप्त लकड़ी का मूल्य नहीं घटाया गया है।

46

फल वृक्षों में फल एवं फलन संबंधी समस्याएँ एवं समाधान

डॉ. पी.के. राय एवं डॉ. एस.के. सिंह*

उद्यान विज्ञान विभाग, राजेन्द्र कृषि विश्वविद्यालय, पूसा, समस्तीपुर, बिहार
*पौधा रोग विभाग, राजेन्द्र कृषि विश्वविद्यालय, पूसा, समस्तीपुर, बिहार

फलों की खेती से जुड़े किसान फल वृक्षों में पाये जाने वाले कई तरह की फलन समस्याओं से परिचित होंगे। फल वृक्षों का न फलना या बहुत ही कम फलना, एक साल फलना तो दूसरे साल न फलना, बढ़ते फलों का अधिक संख्या में झड़ जाना, फलों का फटना, विकास के क्रम में फलों का कीड़े या बीमारियों से आक्रान्त होना, फलों का आकार छोटा होना और मिठास में कमी आना इत्यादि कुछ ऐसे दोष है जो बहुधा फल उत्पादकों को परेशान करते हैं।

हमारे यहाँ आम की खेती बहुत बड़े पैमाने पर होती है। फल उत्पादन के अन्तर्गत कुल क्षेत्र का आधा से अधिक भाग केवल इसी फल के अन्तर्गत है। आम में एक साल अधिक फलने एवं दूसरे साल बहुत–कम या बिल्कुल नहीं फलने की समस्या से आप सभी परिचित हैं। आम में इस तरह की समस्या मुख्यतया आनुवांशिक कारणों से है। कई बार बाग के रख–रखाव में निरन्तर लापरवाही के कारण दो फलन के बीच का अन्तर एक वर्ष न हो कर उससे अधिक हो जाता है। समय पर उचित मात्रा में वृक्षों को खाद या सिंचाई का न देना, कीड़े तथा बीमारियों से पौधे फूलों एवं फलों को न बचा पाना समय की इस अधिकता के लिए उत्तरदायी है। आम में फलन को सुनिश्चित करने के लिए तोड़ाई के उपरान्त जुलाई में वृक्षों की आवश्यकता के अनुसार खाद का व्यवहार करें। हाल के वर्षों में आम की प्रति वर्ष फलने वाली कई संकर किस्में विकसित की गयी है। इनमें प्रमुख हैं प्रभा संकर, महमूदबहार, आम्रपालि, मल्लिका, साबरी, रत्ना इत्यादि। बाग लगाते समय इन किस्मों को चुनने से प्रतिवर्ष फलन प्राप्त की जा सकती है।

फलों का झड़ना

आम में या अन्य फल वृक्षों में, विकसित हो रहे छोटे फलों का अधिक संख्या में झड़ने की समस्या एक आम बात है। आरंभिक अवस्था में फलों का गिरना एक स्वाभाविक

प्रक्रिया है। किसी भी हालत में इन्हें पूर्णतया रोक पाना संभव नहीं होता। फलों के गिरने के कई कारण उत्तरदायी होते हैं। जैसे – मादा फूलों का निषेचन न होना, कीड़े एवं बीमारियों का आक्रमण, वृक्षों की देखरेख में लापरवाही यानि खाद एवं सिंचाई देने में अनियमितता एवं कमी तेज हवा (आँधी) का प्रकोप, वृक्षों पर लगे फलों में पोषक तत्वों एवं जल की प्राप्ति के लिए आपसी प्रतिस्पर्धा इत्यादि। फलों का झड़ना रोकने के लिए बगीचे की उचित देख–रेख करें एवं समय पर कीट–व्याधियों का नियंत्रण करें। कई बार कीड़े बढ़ते फलों को भारी नुकसान पहुँचाते हैं। खासकर आम में मधुआ, दहिया एवं चूर्णी फफूँदी से फलों को प्रारंभिक अवस्था में बचाना अधिक आवश्यक होता है। मधुआ से बचाव के लिए बसंत ऋतु में मंजर निकलते समय पहली बार दवा का छिड़काव करें। दूसरी बार फूल खिलने से पहले एवं पुनः तीसरी बार फल लग जाने के उपरान्त कीटनाशी एवं फफूँदनाशी दवा का छिड़काव करें। कीटनाशी दवाओं में इण्डोसल्फान 1.5 मि.ली. प्रति लीटर पानी में या मालाथियान का 2 मि.ली. प्रति लीटर पानी में। नुवान का 1 मि.ली. प्रति दो लीटर पानी में घोल कर छिड़काव करें। चूर्णी फफूँदी से बचाव के लिए डाइनोकैप या ट्राइडेमार्फ नामक दवा का 1 मि.ली. प्रति लीटर पानी में घोलकर छिड़काव करें। मिट्टी में नमी की कमी के कारण छोटे फल गिरते हैं। अतः बगीचे को फल लगने के उपरान्त आवश्यकतानुसार सिंचाई करना आवश्यक है। प्लानोफिक्स नामक दवा का 1 मि.ली. 4.5 लीटर पानी में घोल कर 10 दिन के अन्तर पर दो छिड़काव करें। इससे फलों का गिरना काफी हद तक कम हो जाता है।

अफलन या कम फलन की समस्या

नीम्बू एवं आँवला के पौधों में न फलने या बहुत–कम फलने की समस्या यह इंगित करती है कि पौधा लगाते समय किस्म पर विशेष ध्यान नहीं दिया गया। यह भी संभव है कि आपको किसी अच्छी किस्म के बदले घटिया किस्म के पौधे दे दिये गये हों। ऐसे पौधों से वांछित फलन प्राप्त नहीं हो पाता। वृक्षों में फल नहीं लगने के अन्य कारण हैं पौधों की अत्यधिक वानस्पतिक वृद्धि जड़ क्षेत्र में पायी जाने वाली गम्भीर विषमतायें जैसे–मिट्टी में लवण की अधिकता, सूत्रकृमि का प्रकोप, आवश्यक तत्व की कमी, फूलों का आनुवांशिक कारण से निषेचित न होना, मौसम की प्रतिकूलता के कारण फलों का झड़ना, कीड़े एवं बीमारियों का प्रकोप, विषाणु रोग का आक्रमण आदि। जिन उद्यानों में अत्यधिक फैलाव या वानस्पतिक वृद्धि के कारण कम फलन की समस्या है वहाँ नाइट्रोजन का इस्तेमाल न करें। अत्यधिक वानस्पतिक वृद्धि को नियंत्रित करने के लिए शाखाओं एवं जड़ों की छँटाई करें। छँटाई का कार्य खाद देने के पूर्व करें। कीट एवं व्याधियों से सुरक्षा हेतु सामयिक उपचार अतिआवश्यक है। अधिक फैले वृक्षों से फल लेने के लिए मई महीने में तने के चारों ओर 2.5 फीट जगह छोड़ कर 1.5 फीट चौड़ी एवं 2-3 फीट गहरी गोलाकार खाई खोद दें और जड़ों को 15-20 दिनों तक ऐसे ही धूप लगने दें। 15-20 दिनों के बाद खोदी गई खाई की ऊपरी मिट्टी में 30-40 किलो कम्पोस्ट, 1 किलो अरण्डी की खल्ली मिलाकर भर दें एवं सिंचाई कर दें, ऐसा करने से सम्भव है बरसात में फूल लग जायें। मिट्टी की जाँच करायें। यदि सूक्ष्ममात्रिक तत्वों की कमी हो तो उनका व्यवहार करें। यदि आप का पौधा शुरू से ही विषाणु रोगों से आक्रान्त है तो इस अवस्था में उसे निरोग करना सम्भव नहीं है।

कटहल के वृक्षों में भी कम फल लगने की समस्या है। यह समस्या कटहल के वृक्षों में लगने वाले फूलों की लैंगिकता से सम्बन्धित है। कटहल के वृक्षों में नर और मादा फूल एक ही वृक्ष में अलग–अलग स्थानों पर निकलते हैं। फूलों का प्रारूप देखने में समान ही होता है अन्तर सिर्फ इतना होता है कि मादा फूल का सतह खुरदरा होता है जब कि नर फूल का ऊपरी सतह चिकना होता है कम फलने वाले वृक्षों में मादा फूल की संख्या बहुत कम रहती है। अधिक फल फलने वाले वृक्षों में इसके विपरीत मादा अधिक संख्या में आते हैं। यह आनुवांशिक कारणों से नियंत्रित होता है। अतः हमेशा कटहल के वृक्षों या किस्मों के पौधे लगाये जो अधिक फल देते हों। कटहल के कम फलने वाले वृक्षों की कुछ पतली टहनियों को जड़ से अक्टूबर महीने में छाँट दिया जाय और मोटे तने पर जगह–जगह लोहे के तेज दाब (गँडासा) से घाव कर दिया तो वृक्ष फलने की स्थिति में आ जाते हैं। यह उपचार कर देखें। ऐसा करने से अधिक फल पाने में सहायता मिलेगी।

फलों का फटना

फलों का किसी कारणवश फटना फलों का फटना कहलाता है। यह आम, खजूर, अंगूर, लीची, अनार तथा नारंगी आदि फलों में अधिकांशतः देखा जाता है, जिसके निम्नलिखित कारण है–

चित्र 46.1 फलों का फटना

1. **नमी**–यह दशा तब देखने को मिलती है जबकि तापक्रम अधिक ऊँचा रहता है तथा वर्षा बहुत दिनों के बाद होती हैं। मिट्टी में उपस्थिति नमी की अपेक्षाकृत फल के ऊपर अधिक पानी रहना फलों को फटने के लिये बाध्य कर देता है जब फलों द्वारा वर्षा का पानी अधिक मात्रा में सोख लिया जाता है, वह फल के अन्दर प्रविष्ट होकर रस की मात्रा बढ़ा देता है जिससे फल फट जाते हैं।

2. **तापक्रम**–प्रायः ऐसा देखा गया है कि अगर पौधों के पास की मिट्टी पानी की कमी से अधिक सूख जाती है और बाद में अगर पानी अधिक मात्रा में दे दिया जाता है तो फल फट जाते हैं। सूखे मौसम में जबकि तापक्रम अधिक रहता है तो नींबू तथा लैमन के फलों की बाहरी छाल सख्त पड़ जाती है और बाद में अधिक वर्षा के कारण फलों के अन्दर के भाग बढ़ते हैं तो फल फट जाते हैं। फल के फटने की क्रिया उस समय अधिक होती है, जबकि वे पकने लगते हैं।
3. **हवा**– लीची के फल अधिकतर तेज तथा गर्म हवाओं के कारण फट जाते हैं। यही कारण है कि उत्तर प्रदेश के मैदानी भागों में लीची का उत्पादन नहीं किया जाता है।
4. **परिपक्वता**–फलों के साथ उनके अन्दर की शक्कर तथा घुलनशील ठोस पदार्थ बढ़ते हैं, जिसके फलों के फटने की दशा देखने को मिलती है। फलों का फटना उनकी परिपक्वता के साथ बढ़ता जाता है।
5. **खाद्य पदार्थ**–फल बोरोन तथा नींबू प्रजाति के फल ताँबे की कमी के कारण फट जाते हैं।
6. **कीड़े तथा बीमारियाँ**–बहुत से कीड़े तथा बीमारियाँ फलों की छोटी अवस्था में ही आक्रमण कर देते हैं। जैसे–जैसे फल बढ़ता है उनका आक्रमण भी अधिक होता जाता है, जिससे फल फटने शुरू हो जाते हैं।
7. **यांत्रिक कारण** – यांत्रिक कारणों द्वारा भी बहुत से फल फट जाते हैं, जैसे कि नींबू प्रजाति के फल कम तापक्रम के साथ अधिक नम मौसम में फटने शुरू हो जाते हैं। ऐसा ज्ञात हुआ है कि फलों के अन्दर तथा बाहर से तेज रस निकलने लगता है जो कि फलों को काला बनाने तथा फटने के लिये बाध्य करता है।

नियंत्रण के उपाय

1. **निश्चित समय पर सिंचाई एवं निराई–गुड़ाई करना**–फल लगने से पकने तक अगर सिंचाई तथा निराई–गुड़ाई निश्चित समय पर की जाये तो इस परेशानी से छुटकारा मिल सकता है।
2. **रासायनिक पदार्थों का प्रयोग** – बहुत से रासायनिक पदार्थ जैसे बोर्डो–मिश्रण, कैल्सियम हाइड्रो–ऑक्साइड, कैल्सियम एसीटेट के प्रयोग से फलों के फटने को काफी हद तक दूर किया जा सकता है। 0.1 प्रतिशत कॉपर सल्फेट 2 प्रतिशत तथा 0.1 प्रतिशत कैल्सियम हाइड्रेट 16 प्रतिशत तक इस समस्या को हल कर सकता है।
3. **न्यासर्ग का प्रयोग**–40 पी.पी.एम. नैपथ्लीन एसिटिक एसिड अगर फल पकने के 10 दिन पहले छिड़का जाये तो 60 प्रतिशत फल फटने से बचाये जा सकते हैं।
4. **तेल का छिड़काव**–अगर अरैंज रिंड ऑयल का छिड़काव कम तापक्रम तथा अधिक आर्द्रता पर किया जाये, तो इस समस्या को दूर किया जा सकता है।
5. **फलों की जल्दी तोड़ाई**–अगर फलों को पूर्ण आकार ग्रहण करने के पश्चात पकने के कुछ समय पहले तोड़ लिया जाये तो वे फल फटने से बच जाते हैं।

6. **जिंक एवं बोरान का प्रयोग**–आम एवं लीची में फलों के फटने की अवस्था को रोकने के लिए 0.2% का जिंक सल्फेट एवं बोरेक्स का छिड़काव करना चाहिए। मृदा में 100 ग्राम जिंक सल्फेट एवं 60-70 ग्राम बोरेक्स प्रति वयस्क पेड़ में प्रयोग करने से फल कम फटता है।

अन्य नियंत्रण

अ. फल उद्यान के चारों तरफ तेज तथा गर्म हवाओं को रोकने के लिये वायु–वृत्ति लगाना चाहिये।

ब. बीमारियों तथा कीड़ों को नियंत्रित रखना चाहिये।

स. फलों की ऐसी किस्में प्रयोग करना जो इससे रहित हो।

द. यांत्रिक क्षति पौधों को नहीं पहुँचनी चाहिये।

य. रासायनिक एवं न्यासर्गों का प्रयोग बाग में करना चाहिये।

र. आम एवं लीची में अक्टूबर के बाद बाग में सिंचाई या किसी भी प्रकार की शस्य क्रिया नहीं करनी चाहिए। फूल के बाद उसमें पूरी तरह से फल लग जाने के पश्चात् हर 10 दिन पर हल्की सिंचाई करनी चाहिए। ऐसा करने से फल नहीं फटते हैं।

भारतवर्ष में फलों का फटना एक बहुत बड़ी समस्या है, जिससे फलों की उत्पति कम होने के साथ–साथ उनकी बाजार कीमत कम हो जाती है। उपर्युक्त उपायों में इस समस्या को काफी हद तक दूर किया जा सकता है। स्प्रिंकलर का उपयोग पेड़ों के ऊपर पानी छिड़काने के लिये किया जा सकता है। ऐसा करने से फलों के फटने में भारी कमी आती है।

47

बागवानी फसलों में जैव उर्वरकों की महत्ता एवं उपयोग

डॉ. एस.के. सिंह

पौधा रोग विभाग, राजेन्द्र कृषि विश्वविद्यालय, पूसा, समस्तीपुर, बिहार

पिछले दशकों में आत्मनिर्भरता की स्थिति तक कृषि की वृद्धि में उन्नत किस्म के बीजों, उर्वरकों, सिंचाई जल एवं पौध संरक्षण का उल्लेखनीय योगदान है। वर्तमान ऊर्जा संकट और निरंतर क्षीणता की ओर अग्रसर ऊर्जा स्रोतों के कारण रासायनिक उर्वरकों की कीमतें आसमान को छूने लगी हैं। फसलों द्वारा भूमि से लिए जाने वाले प्राथमिक मुख्य पोषक तत्वों–नत्रजन, स्फुर एवं पोटाश में से नत्रजन का सर्वाधिक अवशोषण होता है क्योंकि इस तत्व की सबसे अधिक आवश्यकता होती है। इतना ही नहीं, भूमि में डाले गये नत्रजन का 40-45% ही फसल उपयोग कर पाती हैं और शेष 55-60% भाग या तो पानी के साथ बह जाता है या वायुमंडल में डिनाइट्रीफिकेशन से मिल जाता है या जमीन में ही अस्थायी बन्धक हो जाते हैं। अन्य पोषक तत्वों की तुलना में भूमि में उपलब्ध नत्रजन की मात्रा सबसे न्यून स्तर की होती है। यदि प्रति किलो पोषक तत्व की कीमत की ओर ध्यान दें तो नत्रजन ही सबसे अधिक कीमती है। अतः नत्रजनधारी उर्वरक के एक–एक दाने का उपयोग मितव्ययता एवं सावधानी से करना आज की अनिवार्य आवश्यकता हो गई है।

भारत जैसे विकासशील देश में नत्रजन की इस बड़ी मात्रा की आपूर्ति केवल रासायनिक उर्वरकों से कर पाना छोटे और मध्यम श्रेणी के किसानों की क्षमता से परे है। अतः फसलों की नत्रजन आवश्यकता की पूर्ति के लिए पूर्ण रूप से रासायनिक उर्वरकों पर निर्भर रहना तर्कसंगत नहीं है। वर्तमान परिस्थितियों में नत्रजनधारी उर्वरकों के साथ–साथ नत्रजन के वैकल्पिक स्रोतों का उपयोग न केवल आर्थिक दृष्टि से महत्त्वपूर्ण है बल्कि मृदा की उर्वराशक्ति को अक्षुण्ण रखने के लिए भी आवश्यक है। ऐसी स्थिति में जैव उर्वरकों एवं सान्द्रिय पदार्थों के एकीकृत उपयोग की नत्रजन उर्वरक के रूप में करने की अनुशंसा की गई है।

जैव उर्वरक (जीवाणु खाद) क्या है ?

सभी प्रकार के पौधों की अच्छी वृद्धि के लिए मुख्यतः 16 तत्वों की आवश्यकता होती है, जिनमें नाइट्रोजन एवं फास्फोरस अति आवश्यक तत्व हैं। यह पौधों को तीन प्रकार से उपलब्ध होती है–

क. रासायनिक खाद द्वारा।

ख. गोबर की खाद द्वारा।

ग. नाइट्रोजन स्थिरीकरण एवं फास्फोरस घुलनशील जीवाणुओं द्वारा।

प्राकृतिक रूप से मिट्टी में कुछ ऐसे जीवाणु पाये जाते हैं, जो वायुमण्डलीय नत्रजन को अमोनिया में एवं स्थिर फास्फोरस को उपलब्ध अवस्था में बदल देते हैं। जीवाणु खाद ऐसे ही जीवाणुओं का उत्पाद है, जो पौधों को नत्रजन एवं फास्फोरस आदि की उपलब्धता बढ़ाता है। जीवाणु खाद निम्न प्रकार में उपलब्ध है–

1. राइजोबियम।
2. एजोटोबेक्टर।
3. एजोस्पाइरिलम।
4. फास्फोटिका।

1. राइजोबियम खाद

यह एक नम चारकोल एवं जीवाणु का मिश्रण है, जिसके प्रत्येक एक ग्राम भाग में 10 करोड़ से अधिक राइजोबियम जीवाणु होते हैं। यह खाद केवल दलहनी फसलों में ही प्रयोग किया जा सकता है तथा यह फसल विशिष्ट होता है, अर्थात् अलग–अलग फसल के लिए अलग–अलग प्रकार का राइजोबियम जीवाणु खाद का प्रयोग होता है। राइजोबियम जीवाणु खाद से बीज उपचार करने पर ये जीवाणु खाद बीज पर चिपक जाते हैं। बीज अंकुरण पर ये जीवाणु जड़ मूल द्वारा पौधों की जड़ों में प्रवेश कर जड़ों पर ग्रन्थियों का निर्माण करते हैं। ये ग्रन्थियाँ नत्रजन स्थिरीकरण इकाईयाँ है तथा पौधों की बढ़वार इनकी संख्या पर निर्भर करती है। अधिक ग्रन्थियों के होने पर पैदावार भी अधिक होती है।

चित्र 47.1 राइजोबियम जीवाणु की जड़ ग्रन्थियाँ

किन फसलों में प्रयोग किया जा सकता है?

अलग–अलग फसलों के लिए राइजोबियम जीवाणु खाद के अलग–अलग पैकेट उपलब्ध होते हैं तथा निम्न फसलों में प्रयोग किये जाते हैं जैसे चना, मटर एवं सभी प्रकार की बीन्स।

कैसे प्रयोग करें ?

एक पैकेट (200 ग्राम) राइजोबियम 10-12 किग्रा. बीज उपचारित कर सकते हैं। एक पैकेट को खोले तथा (200 ग्राम) राइजोबियम कल्चर तथा 200 ग्राम गुड़ लगभग 300-400 मि.ली. पानी में डालकर अच्छी प्रकार घोल बना लें। बीजों को किसी साफ सतह पर इकट्ठा कर जीवाणु खाद के घोल को बीजों पर धीरे–धीरे डालें और हाथ से तब तक उलटते पलटते जाय जब तक कि सभी बीजों पर जीवाणु खाद की समान परत न बन जाये। अब उपचारित बीजों की किसी छायादार स्थान पर फैलाकर 10-15 मिनट सुखा लें और तुरन्त बो दें।

राइजोबियम जीवाणु के प्रयोग से लाभ

1. इसके प्रयोग से 10 से 30 किग्रा. रासायनिक नत्रजन की बचत होती है।
2. इसके प्रयोग से फसल की उपज में 20 से 35 प्रतिशत की वृद्धि होती है।
3. राइजोबियम जीवाणु कुछ हारमोन एवं विटामिन भी बनाते हैं, जिससे पौधों की बढ़वार अच्छी होती है और जड़ों का विकास भी अच्छा होता है।
4. इन फसलों के बाद बोई जाने वाली फसलों में भी भूमि की उर्वरा शक्ति अधिक होने से पैदावार अधिक मिलती है।

एजोटोबेक्टर/एजोस्पाइरिलम जीवाणु खाद

यह जीवाणु खाद स्वतंत्रजीवी नत्रजन स्थिरीकरण एजोटोबेक्टर या एजोस्पाइरिलम जीवाणु का एक नम चूर्णरूप उत्पाद है। इसके एक ग्राम में लगभग 10 करोड़ जीवाणु होते हैं। यह जीवाणु खाद किसी भी फसल (फल, फूल, सब्जी, मसाला, औषधीय एवं सुगन्धित संबंधी) में प्रयोग किया जा सकता है।

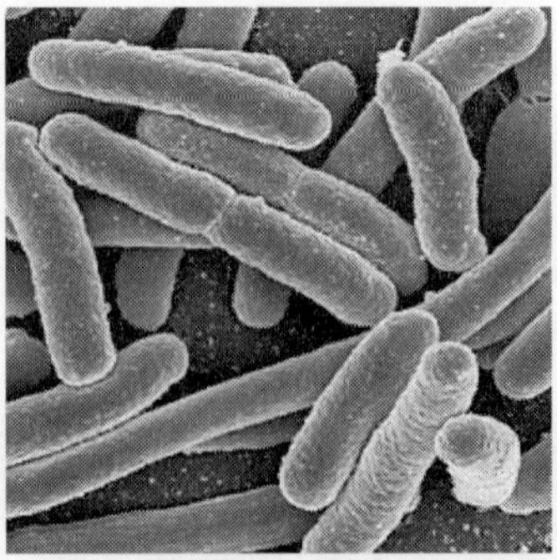

चित्र 47.2 एजोटोबेक्टर जीवाणु

एजोटोबेक्टर/एजोस्पाइरिलम जीवाणु खाद से लाभ

1. फसलों की 10 से 20 प्रतिशत तक पैदावार में बढ़ोत्तरी होती है तथा फलों एवं दानों का प्राकृतिक स्वाद बना रहता है।
2. इसके प्रयोग करने से 10 से 20 किग्रा. नत्रजन की बचत भी की जा सकती है।
3. इनके प्रयोग करने से अंकुरण शीघ्र और स्वस्थ होता है तथा जड़ों का विकास अधिक एवं शीघ्र होता है।
4. फसलें भूमि से फास्फोरस का अधिक प्रयोग कर लेती हैं जिससे किल्ले अधिक बनते हैं।
5. इन जैव उर्वरकों के जीवाणु बीमारी फैलाने वाले रोगाणुओं का दमन करते हैं। जिससे फसलों का बीमारियों से बचाव होता है तथा पौधों में रोगप्रतिरोधी क्षमता बढ़ती है।
6. ऐसे जैव उर्वरकों का प्रयोग करने से जड़ों एवं तना का अधिक विकास होता है, जिससे पौधों में तेज हवा, अधिक वर्षा एवं सूखे की स्थिति को सहने की क्षमता बढ़ जाती है।

फास्फोटिका जीवाणु खाद

फास्फोटिका जीवाणु खाद भी स्वतंत्रजीवी जीवाणु का एक नम चूर्ण रूप उत्पाद है। इसके भी एक ग्राम में लगभग 10 करोड़ जीवाणु होते हैं। यह जीवाणु खाद प्रयोग करने से मृदा में उपस्थित अघुलनशील फास्फोरस घुलनशील अवस्था में जीवाणुओं द्वारा बदल दी जाती है।

साधारणतया मृदा में भी उपरोक्त प्रकार के जीवाणु होते हैं, परन्तु यह आवश्यक नहीं है कि मृदा में भी उपस्थित जीवाणु सक्षम एवं असरकारक हो। अतः कल्चर के माध्यम से किसानों की असरकारक जीवित पदार्थ या जीवाणु उपलब्ध कराये जाते हैं।

फास्फोटिका जीवाणु खाद से लाभ

1. फास्फोटिका जीवाणु खाद के प्रयोग करने से 10 से 20 प्रतिशत पैदावार में बढ़ोत्तरी के साथ–साथ मिट्टी में उपलब्ध फास्फोरस की 30 से 50 प्रतिशत की बचत की जा सकती है।
2. जड़ों का विकास अधिक होता है, जिससे पौधा स्वस्थ बना रहता है।

सावधानियाँ

1. राइजोबियम जीवाणु फसल विशिष्ट होता है। अतः पैकेट पर लिखी फसल में ही प्रयोग करें।
2. जीवाणु खाद को धूप व गर्मी से दूर किसी सूखी एवं ठंडी जगह में रखें।
3. जीवाणु खाद या जीवाणु खाद उपचारित बीजों को किसी भी रसायन या रासायनिक खाद न मिलायें।
4. यदि बीजों पर फफूँदनाशी का प्रयोग करना हो तो बेविस्टीन का प्रयोग करें, यदि तांबा एवं पारायुक्त रसायन का प्रयोग करना हो तो बीजों को पहले फफूँदनाशी से उपचारित करें तथा फिर जीवाणु खाद की दुगुनी मात्रा से उपचारित करें।

5. जैव उर्वरकों का प्रयोग पैकेट पर लिखी अन्तिम तिथि से पहले ही कर लेना चाहिए।

ट्राइकोडरमा : यह एक फफूँद है जिसे विभिन्न मृदाजनित बिमारियों के नियंत्रण हेतु प्रयोग किया जाता है लेकिन आजकल इसे बीमारियों के नियंत्रण के अतिरिक्त पौधों को स्वस्थ रखने में भी प्रयोग किया जा रहा है। इसको प्रयोग करने से पौधों को वृद्धि नियामक की प्राप्ति होती है जिससे पौधों की वृद्धि अच्छी होती है तथा पौधे स्वस्थ रहते हैं। ट्राइकोडरमा का प्रयोग सड़ी हुई कम्पोस्ट खाद में मिलाकर किया जा रहा है (विस्तार से अध्याय 7 में देखें)।

माइकोराइजा : फफूँद का पौधा की जड़ों के साथ का सांनिध्य माइकोराइजा कहलाता है जो पौधों की वृद्धि हेतु अत्यावश्यक है, जैसे लीची की जड़ों में एक प्रकार का माइकोराइजा होता है जो लीची के पेड़ के वृद्धि के लिए आवश्यक है इसके अभाव में लीची के पेड़ की समुचित वृद्धि नहीं होगी तथा पेड़ से गुणवत्तायुक्त फल भी नहीं प्राप्त होगा।

तालिका 47.1. जैव उर्वरक की मात्रा एवं प्रयोग विधियाँ

प्रयोग विधि	फसल	जैव उर्वरक मात्रा/एकड़
1. बीजोपचार		
आवश्यकतानुसार जैव उर्वरक की मात्रा को 1 से 1.5 लीटर पानी प्रति एकड़ बीज के ढ़ेर पर धीरे–धीरे डालकर हाथों से तब तक मिलायें जब तक कि जैव उर्वरक बीजों पर समान रूप से परत न चढ़ जाये। उपचारित बीज को छाया में रखे अथवा तुरन्त बीजाई कर दें।	टमाटर, मिर्च, बैंगन, प्याज इत्यादि।	10-15 ग्राम/किग्रा. बीज की दर से।
2. पौध जड़ उपचार		
आवश्यकतानुसार जैव उर्वरक की मात्रा की 10-15 ग्राम/लीटर पानी में घोलकर किसी चौड़े मुँह वाले बर्तन में घोल बनाये, इस घोल में पौध की जड़ों को 10-15 मिनट तक डुबोकर पौध उपचार करें तथा फिर उपचारित पौध को छाया में सुखाने के बाद रोपाई करें।	मिर्च, टमाटर, गोभी, बैंगन, प्याज आदि।	500 ग्राम
3. कन्द उपचार		
आवश्यकतानुसार जैव उर्वरक की मात्रा को 15 ली. पानी प्रति 1 किग्रा. जैव उर्वरक के हिसाब से घोल बनाकर कन्द को 5 से 10 मिनट तक डुबोये रखें या जैव उर्वरक के घोल को कन्द पर समान रूप से छिड़काव करें तथा उपचारित कन्दों की तुरन्त बीजाई कर दें।	आलू एवं कम अवधि की फसलों के लिए (अर्थात् 6 माह से कम समय में पकने वाली)	2.0-2.5 किग्रा.
4. मृदा उपचार		
आवश्यकतानुसार जैव उर्वरक को 35 से 50 किग्रा. कम्पोस्ट खाद या भुरभुरी मिट्टी में मिश्रण बनाकर अन्तिम जुताई के समय अथवा फसल की पहली सिंचाई से पूर्व समान रूप से एक एकड़ खेत में छिड़क कर मिट्टी में मिला दें।	लम्बी अवधि वाली फसलों के लिये (अर्थात् 6 माह से अधिक समय में पकने वाली)	3.5 किग्रा.

48

जैविक खाद : उपलब्धता, गुणवत्ता एवं उपयोगिता

डॉ. एस.के. सिंह एवं डॉ. एम.के. मल्लिक*

पौधा रोग विभाग, राजेन्द्र कृषि विश्वविद्यालय, पूसा, समस्तीपुर, बिहार
* मृदा विज्ञान विभाग, टी.सी.ए. ढोली, मुजफ्फरपुर, बिहार

रासायनिक खेती के परिणामस्वरूप मृदा की उर्वराशक्ति निरन्तर घटती जा रही है। मृदा की उत्पादकता को बनाये रखने के लिये जैविक खाद को प्रयोग करना जरूरी है। इससे मृदा में कार्बनिक पदार्थों की मात्रा बढ़ती है तथा जीवाणुओं का विकास सही प्रकार से होता है। जीवाणुओं के विकास से पौधों के लिए पोषक तत्वों की उपलब्धता भी बढ़ती है।

जैविक खेती, जैविक खाद पर आधारित है। प्रकृति में अवस्थित जैविक पदार्थ जैसे कि देहात या शहर के कूड़ा–कचड़ा, पशु–पक्षियों के मलमूत्र, फसलों के अवशेष, कृषि उद्योगों से फेंकी गयी छीजन इत्यादि को अगर जीवाणुओं की उपस्थिति में सड़ने दिया जाय तो ये एक बादामी रंग के गंधरहित पदार्थ में बदल जाते हैं। इसे एक प्रकार की जैविक खाद कहते हैं। यह खाद अनेक प्रकार की होती हैं। इनमें गोबर की खाद, कम्पोस्ट, गोबर गैस स्लरी, वर्मी कम्पोस्ट, सरसों, महुआ, करंज, नीम आदि की खल्ली मुख्य रूप से प्रचलित है। ढैंचा, सनई, मूँग, बरसीम आदि फसलें हरी अवस्था में मिट्टी में मिलाकर सड़ने दिया जाय तो इसे हरी खाद कहते हैं। इनके अतिरिक्त अन्य कार्बनिक पदार्थ भी हैं, जिनका खाद के तौर पर प्रयोग किया जाता है। इनमें मानव मल, हड्डी चूर्ण, डावर व अवपंक, लकड़ी बुरादा और तालाब की मिट्टी प्रमुख है।

जैविक खाद बनाने की विधियाँ

कम्पोस्ट खाद : मिट्टी के अन्दर मौजूद सूक्ष्म जीवाणु व फफूँदी मिट्टी की सतह पर पड़े मृत कार्बनिक पदार्थों को भारी खनिज पदार्थों में परिवर्तित करते हैं। इस खनिज से भरपूर पदार्थ को ही कम्पोस्ट कहते हैं। इसे बनाने के लिये निम्नलिखित विधियाँ हैं।

गड्ढा विधि : इस विधि के द्वारा खाद बनाने के लिये उचित जगह का चुनाव आवश्यक है। जगह ऊँचाई पर स्थित हो और जिसमें वर्षा का पानी न ठहरें। गड्ढे की लम्बाई 8 मीटर, चौड़ाई 2 मीटर तथा गहराई 1 मीटर होनी चाहिए। इस गड्ढे में

फसलों के अवशेष, खरपतवार, खेत खलिहान व रसोई के बचे अवशेष अच्छी तरह मिलाये जाते हैं। इसके साथ 4.5 कि.ग्रा. मिट्टी में पशु–मूत्र मिले अवशेष मिलाये जाते हैं। या 4.5 कि.ग्रा. टीका जो 15 दिन पुराने कम्पोस्ट के गड्ढे से लिया गया हो उसकी गोबरी बनाकर उसे पहले डाली गई अवशेषों में मिलाया जाता है। इसी प्रकार सतह दर सतह भरने के बाद जब जमीन से आधा मीटर ऊचाँई तक आ जाय तब गड्ढे के मुंह को चिकनी मिट्टी व गोबर मिला कर 7-10 से.मी. लेप से बन्द कर दिया जाता हे। लगभग तीन से चार महीने में कम्पोस्ट खाद तैयार हो जाता है।

नादेप विधि

यह गड्ढा विधि का ही परिवर्तित रूप है। इस विधि में आयताकार छिद्रों वाला ईंटों का एक टैंक बनाया जाता है जिसकी लम्बाई 10 मी., चौड़ाई 6 मी. तथा गहराई 3 मी. होनी चाहिए। इसकी जमीनी सतह पर अच्छी किस्म की गोबर भर देनी चाहिए जिससे पानी की रिसाव न हो, इस टैंक में फसलों के अवशेषों, खरपतवार तथा अन्य वस्तुओं को गोबर की पर्त के साथ–साथ मिट्टी की पर्त को एक के ऊपर एक बिछा कर भर दिया जाता है। यह टैंक अपने अन्दर 1350 कि.ग्रा. फसलों के अवशेष, 90 कि.ग्रा. गाय का गोबर एवं मिट्टी तथा 1350 ली. पानी समा सकता है, हर सतह पर टीका का प्रयोग करना जरूरी है। गड्ढा ऊपर तक भरने के बाद उस पर चिकनी मिट्टी व गोबर मिश्रण से लेप लगाकर बन्द कर दिया जाता है। इस विधि से 100-120 दिन के अन्दर कम्पोस्ट खाद तैयार हो जाती है।

चित्र 48.1 नादेप विधि : कम्पोस्ट खाद तैयार करने की संशोधित विधि

बायोगैस स्लरी

बायोगैस प्लान्ट से बायोगैस (मिथेन + कार्बनडाई ऑक्साईड गैस) एवं स्लरी ये दो उत्पाद मिलते हैं। सौर ऊर्जा कार्बनिक पदार्थ के रूप में पेड़ पौधों में संरक्षित रहती है। ऑक्सीजन की अनुपस्थिति में इस कार्बनिक पदार्थ का विघटन मिथेन बैक्टीरिया द्वारा होने पर मिथेन गैस बनती है। मिथेन गैस के एक प्राकृतिक परिष्कृत ईंधन जिसे जलाने पर पर्यावरण प्रदूषण नहीं होता। बैक्टीरिया की क्रिया से स्लरी में पोषक तत्व की मात्रा कम्पोस्ट से अधिक हो जाती है। यह माना जाता है कि 13-14 टन कृषि छीजन जैसे कि

धान–गेहूँ इत्यादि के भूसा, गन्ने का पत्ता या सिठ्ठी, केला के खम्भे, खरपतवार – जलकुम्भी, पारथेनियम (गाजर घास), मिरचाईया, भांग को बायोगैस प्लान्ट में प्रयोग कर 2400 घनमीटर गैस और 25-28 टन जैविक खाद मिल सकती है। कृषि छीजन एवं खरपतवार के इस्तेमाल से स्लरी की गुणवत्ता भी बदलती है। गैस (2400 घनमीटर) में उपस्थित ऊर्जा 1500 लि. केरोसिन ऊर्जा के बराबर होती है। कम्पोस्ट बनाने पर यह ऊर्जा नष्ट हो जाती है साथ ही खाद भी निम्नमान का मिलता है। कृषि छीजन अथवा खरपतवार एवं गोबर 1 : 1 के अनुपात में बायोगैस प्लान्ट में इस्तेमाल किया जा सकता है।

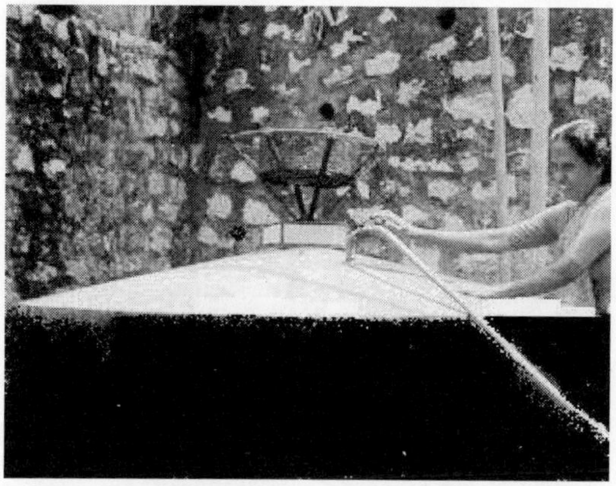

चित्र 48.2 बायोगैस प्लान्ट

खरपतवार का प्रयोग पौधों की नरम अवस्था में ही करना चाहिये। कृषि छीजन, खरपतवार की उपलब्धता तथा बायोगैस में प्रयोग से पहले एवं बाद में मिलने वाली नाइट्रोजन की मात्रा निम्न प्रकार है।

तालिका 48.1. छीजन/खरपतवार की उपलब्धता तथा बायोगैस में प्रयोग से पहले एवं बाद में मिलने वाली नाइट्रोजन की मात्रा

छीजन/खरतपवार	उपलब्धता	नाईट्रोजन (%)	
		बायोगैस में प्रयोग से पहले	बायो गैस में प्रयोग के बाद
केले का खम्ब	100 टन/हे.	0.99	1.34
भूसा (गेहूँ)	10-12 टन/हे.	0.43	0.54
भूसा (धान)	8-10 टन/हे.	0.63	0.80
ईख के सिठ्ठी या पत्ता	20-25 टन/हे.	0.37	0.48
जलकुम्भी	360-460 टन/हे.	1.29	1.68
पारथेनियम	12-14 कि.ग्रा./प्रतिदिन	2.01	2.67
मिरचाईया	0.3-0.4 टन/हे.	1.82	2.37
भांग	12-14 टन/हे. पड़ती जमीन अथवा 1.2 से 13 टन/हे. गेहूँ/दलहन के साथ	1.55	2.13
गोबर	20-22 कि.ग्रा./जानवर/प्रतिदिन	1.0-1.2	1.5

भारत में गाय–भैंस के गोबर 10 मिलियन टन और कृषि छीजन 100-115 मिलियन टन प्रतिवर्ष मिलता है। अगर इसकी 50 प्रतिशत भी बायो गैस बनाने में इस्तेमाल करें तो ईंधन की आपूर्ति के साथ–साथ उच्च गुणवत्ता का जैविक खाद भी मिल सकता है।

वर्मी कम्पोस्ट

केंचुए की मदद से कम्पोस्ट बनाने की विधि को वर्मी कम्पोस्ट कहते हैं। केंचुए फसलों के अवशेष, घास–फूस, कूड़ा–करकट, गोबर, बची हुई साग–सब्जियों, फल–फूल आदि खाकर उसे वर्मी कम्पोस्ट में परिवर्तित करते हैं। औसतन एक केंचुआ एक ग्राम वजन का होता है और 24 घंटे में एक ग्राम वीट निकालता है, एक वर्ग मीटर में बनी क्यारी में लगभग एक हजार केंचुए डालने पर प्रतिदिन एक कि.ग्रा. वर्मी कम्पोस्ट बनता है। इस प्रकार 80-90 दिनों के भीतर एक वर्ग मीटर का क्षेत्र कम्पोस्ट में परिवर्तित हो जाता है।

चित्र 48.3 वर्मी कम्पोस्ट : केंचुए की मदद से कम्पोस्ट बनाने की विधि

तालिका 48.2. कार्बनिक पदार्थ के इस्तेमाल से वर्मी कम्पोस्ट के पोषक तत्वों में परिवर्तन

कार्बनिक पदार्थ	नाइट्रोजन (%)	स्फुर (%)	पोटाश (%)
बकरी के लेढ़ी	2.38	0.54	1.60
गोबर	2.61	0.81	1.90
भैंस का गोबर	2.47	0.17	1.10
केले के खम्भ + गोबर (4 : 1)	2.99	0.28	3.80
जलकुम्भी + गोबर (4 : 1)	3.37	0.23	3.10
नरम पार्थेनियम + गोबर (4 : 1)	3.01	0.32	3.40

वर्मी कम्पोस्ट में पोषक तत्वों के अलावा एंजाइम, पौधा वृद्धि के लिये उपयोगी हारमोन की उपस्थिति के कारण इसे साधारण कम्पोस्ट से उन्नत माना जाता है।

अन्य जैविक खाद में पोषक तत्वों की मात्रा

अन्य जैविक खादों में खल्ली, हरी खाद का प्रयोग अधिक होता है। इसके अतिरिक्त मानव मल–मूत्र, शहर के कूड़ा–कचरा से बना कम्पोस्ट, स्लज (अवपंक) इत्यादि का भी प्रयोग कर सकते हैं। इनमें पोषक तत्व की मात्रा अलग अलग होती है।

तालिका 48.3. अन्य जैविक खाद में पोषक तत्वों की मात्रा

जैविक खाद नाम	नाइट्रोजन (%)	स्फुर (%)	पोटाश (%)
खल्ली	2.0-7.0	0.8-2.0	1.0-1.9
हरी खाद	0.6-0.75	0.12-0.15	0.5-0.6
मानव मल	5.5	4.0	2.0
शहरी कम्पोस्ट	1.0-2.0	1.0	1.5
स्लज	1.5-3.5	0.75-4.0	0.3-0.6

स्लज में सूक्ष्म पोषक तत्वों के साथ–साथ निकल, पारा, लेड इत्यादि की मात्रा अधिक होती है अतः इसका प्रयोग सोच समझकर करना चाहिए।

भूमि पर प्रभाव एवं उपयोगिता

कम्पोस्ट या गोबर की खाद 10 टन प्रति एकड़ या 30 से 40 टन प्रति हेक्टेयर की दर से प्रयोग की जाती है। खल्लियों को भी प्रायः सभी भूमि एवं फसलों में दिया जाता है। इसकी मात्रा एक एकड़ में 1 से 5 क्विंटल की दर से होती है। हरी खाद सिंचित क्षेत्र में 6000 कि.ग्रा. प्रति हेक्टेयर की दर से प्रयोग करना चाहिये। जैविक खाद का प्रयोग करने पर इसका प्रभाव भूमि के भौतिक, रासायनिक तथा जैविक गुणों पर पड़ता है। भौतिक प्रभाव के अन्तर्गत भूमि की संरचना में सुधार, जल धारण क्षमता, उष्मा शोषण क्षमता और पारगम्यता का बढ़ना तथा जल निकासी में सुधार होना प्रमुख है। क्षारीय

मिट्टी या ऊसर भूमि में जैविक खाद खासकर हरी खाद लगातार प्रयोग करने पर मिट्टी की भौतिक एवं रासायनिक दशा सुधरती है। इसके प्रयोग से जमीन में पहले से उपस्थित जीवाणुओं की क्रियाशीलता बढ़ती है। इन जीवाणुओं द्वारा नाइट्रीकरण, अमोनीकरण तथा नाइट्रोजन स्थिरीकरण में वृद्धि होती है। भूमि में धरण बढ़ने से पोषक तत्वों की उपलब्धता बढ़ने के साथ–साथ भविष्य के लिये पोषक तत्व संरक्षित भी रहते हैं। खल्लियों की प्रयोग करने पर सूत्रकृमि परजीवी से फसल को बचाया जा सकता है। खल्लियों की सड़न से जो गरमी निकलती है उससे कुछ कीट प्रभावित होते हैं। नीम की खल्ली यूरिया में मिलाकर प्रयोग करने पर नाइट्रीकरण प्रक्रिया धीमी होती है।

जैविक खाद का प्रयोग प्रत्येक फसल में करना जरूरी है। अगर खाद कम उपलब्ध हो तो चक्र तकनीक से खाद देना चाहिये। चक्र क्रम विधि या चक्र तकनीक द्वारा खेत के आधे या एक तिहाई हिस्से में क्रमवार प्रतिवर्ष उपलब्ध खाद की निश्चित मात्रा के आधार पर नियमित प्रबंध किया जाता है। जैविक खाद की उपयोगिता बढ़ाने के लिये निम्न बिंदुओं पर ध्यान रखना आवश्यक है।

- पूरी तरह से तैयार खाद ही खेत में प्रयोग करें।
- बोआई के लगभग 15 दिन पहले जैविक खाद खेत में डालें तथा जल्द से जल्द हल चलाकर मिट्टी में मिला दें।
- जैविक खाद के उपयोग के लिये सिंचाई प्रबन्ध होना जरूरी नहीं है। मगर हरी खाद का प्रयोग सिंचित क्षेत्र में ही किया जाता है।
- प्रयोगों के आधार पर यह स्पष्ट हो चुका है कि रासायनिक उर्वरक के साथ जैविक खाद का प्रयोग करने से फसल को जरूरी पोषक तत्व हमेशा मिलते हैं और मिट्टी पर रासायनिक खाद का हानिकारक प्रभाव कम होता है।
- जैविक खाद का प्रयोग हर साल हर फसल में करना अति आवश्यक है।

यह सच है कि रासायनिक उर्वरक से उपज बढ़ती है पर इसके असंतुलित उपयोग से मिट्टी पर बुरा प्रभाव पड़ता है और साल दर साल उत्पादकता घटती है। लगातार इस्तेमाल से भूमि बंजर हो जाती है। कृषि योग्य भूमि हमारे भविष्य की धरोहर है अतः इसका संरक्षण करना हमारा पुनीत कर्तव्य है। ताकि भविष्य में आनेवाले बच्चे यह न कह सकें कि उनके पूर्वजों ने उनके लिये कुछ नहीं छोड़ा।

49

वर्मी कम्पोस्ट : समृद्ध खेती का विकल्प

डॉ. शंकर झा

मृदा विज्ञान विभाग, राजेन्द्र कृषि विश्वविद्यालय, पूसा, समस्तीपुर, बिहार

पादप पोषण का सीधा संबंध मानव पोषण से है। मानव सभ्यता मुख्यतया अन्न आधारित आहार पर निर्भर है। विश्व की लगभग तीन अरब की जनसंख्या लोहा एवं जस्ता की समस्या से ग्रसित है। यह समस्या उन क्षेत्रों में अधिक परिलक्षित है जहाँ मुख्यतः अन्न आधारित भोजन प्रचलन में है। लगभग सभी अन्न वाली फसलों में लोहा एवं जस्ता तत्व उपज के छिल्कों में संग्रहित हो जाते हैं जिसका क्षरण अनाजों के मिलिंग एवं प्रोसेसिंग की प्रक्रियाओं में होती है।

भारतीय खेती में गोबर का उपयोग अति प्राचीन है। बदलते परिवेश में इनके उपयोग में कमी आयी है। इस कमी का मुख्य कारण गोबर के दूसरे उपयोग (जैसे, जलावन बनाना) के साथ साथ कृषि क्षेत्र एवं फसल चक्रों एवं क्रमों में परिवर्तन को माना जा सकता है। खेती के यांत्रिकीकरण ने पशुओं की संख्या को प्रभावित किया है। कृषि क्षेत्रों में बढ़ोत्तरी के तुलना में पशुओं की जनसंख्या में वृद्धि नहीं हुई है। अतएव प्रति एकड़ गोबर की खाद की उपलब्धि में कमी आयी है। सारी परिस्थितियाँ अन्य जैविक/कार्बनिक विकल्प तलाशने को मजबूर करती हैं।

एक तरफ भारत के गाँवों में, गाँव के कचरे, कृषि आधारित व्यर्थ पदार्थ, गोबर या तो जला दिए जाते हैं या अविवेकपूर्ण तरीके से निष्पादित किए जाते हैं, परिणामस्वरूप पर्यावरण अवांछित तरीके से प्रभावित होते हैं। दूसरी तरफ शहरों की बढ़ती आबादी शहर को कचरेदान में परिवर्तित करने पर उतारू है। कचरे का समुचित निष्पादन, उपयुक्त पर्यावरण मित्र तकनीकी का विकास आज के समय की माँग है।

इस संदर्भ में हम केंचुओं की गतिविधियों का वैज्ञानिक उपयोग कर न केवल समस्या का निदान कर सकते हैं अपितु उच्च गुणवत्ता वाली खाद (वर्मी कम्पोस्ट) भी पा सकते हैं। भारत में अन्नों की उत्पादन में बढ़ोतरी मुख्यतया उन्नत प्रभेद एवं रासायनिक खादों के अधिक उपयोग से संभव हुआ। असंतुलित एवं अनुचित रसायनों के उपयोग से बहुत सारे कुप्रभाव परिलक्षित हुए हैं। कुछ तत्वों के अत्यधिक उपयोग ने एक ओर उनकी जमावों को दर्शाया तो दूसरे तरफ कुछ–कुछ तत्वों के कम प्रयोग ने मृदा एवं मानव के

वातावरण को असंतुलित किया। अतः वर्तमान परिदृश्य में ऐसे उपायों को बढ़ावा देना होगा, जिससे उपज की गुणवत्ता भी सुधरे साथ ही पर्यावरण भी संरक्षित रहे। अतः कार्बनिक, रासायनिक एवं जैविक खाद का समन्वित उपयोग आज के समय की माँग है और इस समन्वय में वर्मी कम्पोस्ट का एक अहम् योगदान है।

कृषि अवशेषों तथा कार्बनिक पदार्थों को सड़ाकर एवं इसमें उत्तम प्रजाति के केंचुए के पालन से उत्तम वर्मी कम्पोस्ट प्राप्त किया जा सकता है। केंचुए द्वारा विसर्जित पदार्थ वर्मीकास्ट कहलाती है। वर्मीकम्पोस्ट में केंचुओं की कास्ट, उनके अवशेष, मल एवं अंडे, कोकून, लाभकारी सूक्ष्म जीवाणु, मुख्य एवं सूक्ष्म पोषक तत्व और अपचित जैविक पदार्थों का मिश्रण सम्मलित है, जो मृदा को लम्बे समय तक उपजाऊ एवं उपयोगी रखने की क्षमता रखता है। वैज्ञानिक तरीके से एक नियंत्रित स्थान पर केंचुए का प्रजनन पालन एवं संरक्षण करना वर्मीकल्चर कहलाता है एवं कार्बनिक पदार्थों या कृषि अवशेषों के विघटन में यदि इन केंचुओं का प्रयोग करके कम्पोस्ट बनाई जाये तो उसे वर्मीकम्पोस्टिंग कहते हैं।

यह तकनीकी कार्बनिक खाद, जन्तु प्रोटीन, कार्बनिक पदार्थों के संरक्षण, ऊर्जा स्रोत की आपूर्ति, पर्यावरण प्रदूषण रोकने में सहायक, दुर्गन्ध से बचाव तथा संबंधित लोगों को रोजगार उपलब्ध कराती हैं।

वर्मी कम्पोस्ट के लिए उपयुक्त केंचुए की प्रजातियाँ

विश्व में केंचुए 10 कुलों (फैमिली), 240 वंश (जेनेरा) तथा लगभग 4200 प्रजातियों (स्पेसीज) में वर्गीकृत किये गये हैं। अध्ययन व आवश्यकता की दृष्टि से इन्हें कई आधार पर वर्गीकृत किया गया है।

वातावरणीय घटकों (उपलब्ध नमी, ताप व पोषक स्रोत आदि) के अनुसार उनकी अनुकूलन व्यूह रचना के आधार पर केंचुओं को तीन श्रेणियों में बाँटा गया है :

(1) इपीजीइक (2) एण्डोजीइक (3) एनेसिक

इपीजीइक : ये केंचुआ मेन्योर वर्म्स अथवा कम्पोस्ट वर्म्स के नाम से जाने जाते हैं। वे कूड़ा– करकट के ढ़ेर अथवा भूमि की सतह पर सड़ते हुए किसी भी जैविक पदार्थ की परत तक सीमित रहते हैं। अपनी पोषकीय आवश्यकता विविध प्रकार के सड़ते हुए कार्बनिक यौगिक पर भक्षण कर पूरी करते हैं। इनका जीवन काल छोटा तथा प्रजनन दर अधिक होता है।

एण्डोजीइक : ये केंचुए भूमि के निचली खनिज युक्त परतों में रहते हैं। इनका भक्षण मिट्टी पर अधिक कार्बनिक पदार्थ पर कम होता है।

एनेसिक : ये केंचुए बहुत जटिल व गहरी सुरंग बनाकर रहते हैं। ये अपने भोजन के रूप में पत्तों को सतह से बिल में घसीटकर ले जाते हैं।

एण्डोजीइक एवं एनेसिक की बढ़वार क्षमता धीमी होती है। इपीजीइक केंचुए अपने भक्षण, प्रजनन एवं आवासीय विशेषताओं के कारण वर्मीकम्पोस्ट के लिए उपयोगी है। एण्डोजीइक एवं एनेसिक केंचुआ भूमि में नीचे रहने के कारण मृदा गुणों को सीधा प्रभावित करते हैं। वे भूमि में वायु संचार, कार्बनिक पदार्थों का वितरण, मिश्रण एवं मृदा

पुंज निर्माण की प्रक्रियाओं को बढ़ाते हैं तथा सामान्यतः फील्ड वर्म के नाम से जाने जाते हैं।

सभी सतही केंचुए (इपीजीइक) हर प्रकार के आर्गेनिक वेस्ट तथा हर परिस्थिति में वर्मी कम्पोस्टिंग के लिए उपयोगी नहीं हैं। उपयुक्त प्रजाति का उपयोग करने पर विघटन की अवधि को बहुत हद तक घटाया जा सकता है। महत्त्वपूर्ण उपयोगी सतही केंचुओं की प्रजातियाँ निम्न हैं:

(1) *आइसिनिया फेटिडा* (2) *यूड्रीलस यूजेनी* (3) *पैरियोनिक्स एक्सावेटस*

आइसिनिया फेटिडा : मल के ढ़ेर (सिवेज डम्प), स्लज, गंदे तालाब तथा नालियों में पाया जाना संभव है। इसे सिवेज वर्म भी कहा जाता है। शरीर का ऊपरी भाग गहरे रंग का होता है तथा निचला भाग हल्का पीला होता है। वयस्क केंचुए का भार 1.5 ग्राम तक हो सकता है। प्रजननशील केंचुए में क्लाइटेलम का फैलाव शरीर खंड 24, 25 अथवा 26 से 32 तक हो सकता है। विभिन्न प्रकार के सड़ने एवं गलने वाले कार्बनिक पदार्थों पर यह जाति जीवित रह सकती है, फलतः इसका कल्चर आसान है।

यूड्रिलस यूजेनी : यह रात्रि में रेंगने वाले केंचुए (नाइट क्राउलर) के नाम से जानी जाती है। शरीर का रंग भूरा लाल अथवा गहरा बैंगनी तथा किसी भी जीव के मांस के रंग का होता है। वयस्क केंचुआ 2-3.5 ग्राम तक का हो सकता है। वयस्क केंचुएँ में क्लाइटेलम का फैलाव 13 अथवा 14 शरीर खंडों से 18 वें शरीर खंड तक हो सकता है।

पैरियोनिक्स एक्सावेटस : इसका प्राकृतिक निवास गौशालाओं के पास कम्पोस्ट ढेर है। अधिक कार्बनिक पदार्थ वाली भूमि में भी ये गुच्छों में पाए जाते हैं। यह झुंड में रहने का आदी है एवं गुच्छों में पाया जाता है। शरीर का ऊपरी भाग गहरा लाल से गहरा बैंगनी तथा नीचे का भाग हल्के पीले रंग का हो सकता है। वयस्क केंचुआ सामान्तया औसतन 1.5 से 3.0 ग्राम तक हो सकता है। वयस्क केंचुआ में क्लाइटेलम का फैलाव शरीर के 13 से कम या 13 से 18 वें शरीर खंड तक हो सकता है।

प्राकृतिक दशा में केंचुआ जमीन में उपस्थित कार्बनिक स्रोतों से कम्पोस्ट बनाता है जो मात्रा उसकी अपनी आवश्यकता होती है परन्तु यदि इसे व्यावसायिक दृष्टि से अपनाया जाये तो निम्नलिखित साधनों को उपयोग में लाया जा सकता है –

1. **कृषि अवशेष** : धान का पुआल, गेहूँ का भूसा, चने का भूसा, सरसों का भूसा, फसलों के अवशेष जैसे डंठल, पत्तियाँ, दाने तथा फलियों के छिलके, खरपतवार, फल–सब्जियों के छिलके इत्यादि।
2. **वानिकी अवशेष** : सड़ी–गली लकड़ी, पत्तियाँ, छोटे पौधे के डंठल, लकड़ी के छिलके इत्यादि।
3. **पशुओं के अवशेष** : जानवरों के मल–मूत्र, बायोगैस स्लरी।
4. **घरों के अवशेष** : रसोईघर के अवशेष, घरेलू साफ सफाई से उत्पन्न शुष्क एवं अर्द्धशुष्क कूड़ा कचरा।
5. **शहरी अपविष्ट** : घरों तथा होटलों का किचन वेस्ट, सब्जी मण्डी, मंदिरों का अपविष्ट, डाइजेस्टेड स्लज इत्यादि।

6. **कृषि उद्योग** : कृषि पर आधारित खाद्य प्रसंस्करण वानस्पतिक तेल, चीनी मिल डिस्टलरिज, बीज प्रसंस्करण इकाई, औषधीय एवं सुगंधित तेल प्रसंस्करण इकाई, नारियल उद्योग इत्यादि से प्राप्त कार्बनिक अपविष्ट।

चित्र 49.1 केंचुओं की विभिन्न प्रजातियाँ

वर्मी कम्पोस्ट बनाने की विधि

(क) वांछित एवं अवांछित कचड़ों को अलग करना : कचड़ों के बायोडिग्रेडेबल पदार्थों को नन–बायोडिग्रेडेबल पदार्थों से अलग कर लेना चाहिए। यथासंभव कचड़े के ढ़ेर को कुचल कर, पीटकर या चोप कटर से कटवा कर बारीक कर लेना चाहिए। यह

क्रिया सतही क्षेत्रफल बढ़ाने के लिए किया जाता है जो सूक्ष्म जैविक एवं केंचुएं की क्रियाशीलता को बढ़ावा देती है।

(ख) अवशेषों का संमिश्रण : तैयार कम्पोस्ट की गुणवत्ता उपयोग किए आधारीय कार्बनिक अपविष्टों पर निर्भर करती है। अतः सभी प्रकार के कार्बनिक अपविष्टों की उपलब्धता पर केंचुएं के भोजन तैयार करते समय, वांछित वर्मी कम्पोस्ट प्राप्त करने के लिए अपविष्टों का समुचित तरीके से मिश्रण एक महत्वपूर्ण प्रक्रिया है। उदाहरण के लिए यदि कार्बनिक अपविष्ट कम नत्रजन वाला है (लकड़ी युक्त) तो इसमें हरी पत्तियाँ एवं गोबर मिलाना चाहिए। इसी प्रकार अधिक नत्रजन वाले कार्बनिक अपविष्टों में लकड़ी का बुरादा मिलाना चाहिए।

सामान्यतया गोबर एवं कार्बनिक अपविष्ट 1 : 2 अथवा गोबर, मिट्टी एवं कार्बनिक अपविष्ट 1: 2: 3 के अनुपात में मिलाकर ढेर किया जाता है, तत्पश्चात् मिश्रण में पानी छिड़काव कर मिलाया जाता है ताकि मिश्रण का नमी स्तर 60% (भार/भार) के लगभग रहे। यह मिश्रण 15-20 दिनों पश्चात् ही केचुएं के भोजन के लिए उपयोग करना चाहिए।

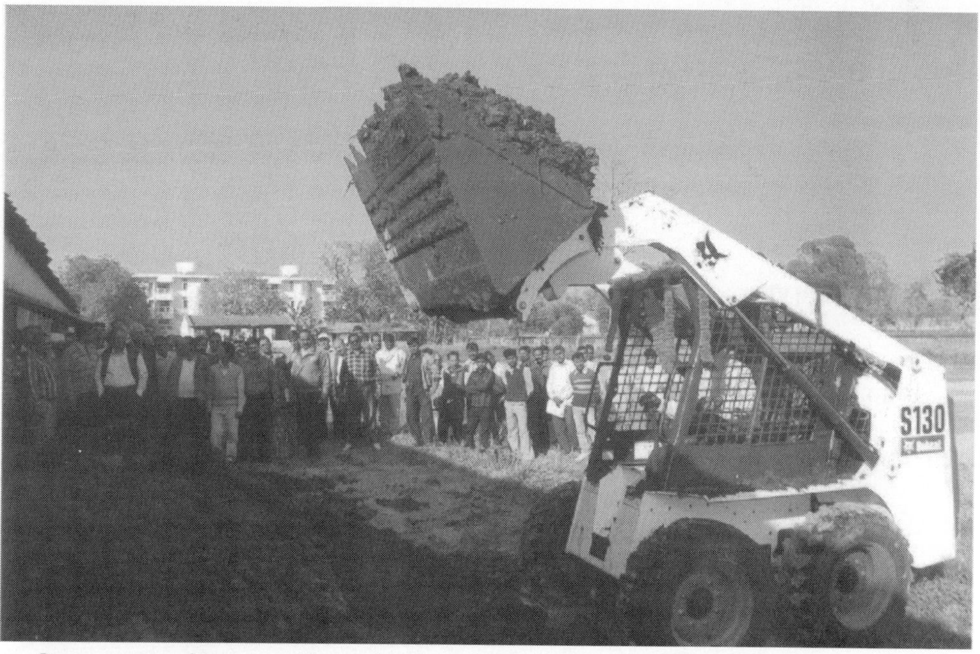

चित्र 49.2 कार्बनिक पदार्थों एवं गोबर का मिश्रण तैयार करने वाला यंत्र – बावकाट लोडर

चूँकि केंचुआ ताजे कार्बनिक अपविष्टों के भक्षण की क्षमता नहीं रखते हैं इसलिए अंशतया विघटित ढेरों में ही केंचुओं को छोड़ना चाहिए। इसके अन्य लाभ भी है। विघटन की प्रारंभिक प्रक्रिया में मिश्रण का तापक्रम 60-70° सेण्टीग्रेड तक पहुँच जाता है, जो केंचुए के लिए हानिकारक है क्योंकि अधिकांश केंचुए की प्रजातियों के उपयुक्त तापमान साधारणतया 20-30° सेण्टीग्रेड माना गया है।

(ग) वर्मी कम्पोस्टिंग की प्रक्रिया : वर्मी कम्पोस्ट, टैंक विधि, क्यारी विधि, ढ़ेर विधि इत्यादि कई विधियों से बनायी जा सकती है परन्तु व्यावसायिक दृष्टिकोण से एक

छतदार/छायादार पक्के फर्श पर वांछित ढेर लगाकर बनायी जा सकती है। सामान्यतयाः ऊपर वर्णित तरीके तैयार कार्बनिक अपविष्टों के मिश्रण को शंकुकार ढेरों/बेड जिसकी ऊँचाई सामान्यतया 2 फीट तथा अधिकतम 3 फीट की होती है लगाई जाती है तथा केंचुओं की उपयुक्त प्रजातियाँ (इसेनिया फेटिडा, यूड्रीलस यूजेनी एवं पेरियोनोक्स एक्सकेवेटस 1 (एक) किलोग्राम प्रति टन सामग्री के हिसाब से ढेरों के सतह पर एवं ढ़ेर के चारों तरफ नाली बनाकर छोड़ी जाती है। पर्याप्त नमी बनाए रखने के लिए गर्मियों में दो बार एवं जाड़े में एक बार जल का छिड़काव करना चाहिए। वर्मीकम्पोस्टिंग बेड को पूरी तरह से भींगे जूट के बोरे से ढ़कने पर नमी संरक्षण के साथ–साथ केंचुए की सक्रियता पर अच्छा प्रभाव पड़ता है।

सतही भक्षी होने के कारण केंचुए ऊपर से नीचे खाना प्रारंभ करते हैं और धीरे–धीरे नीचे जाते हैं, इस तरह ऊपर का व्यर्थ पदार्थ पहले वर्मीकम्पोस्ट में बदलता है। वर्मीकम्पोस्ट बनने पर यह दुर्गन्धरहित बारीक, दानेदार तथा गहरा लाल रंग लिये हुए चाय की पत्ती की तरह पड़ा प्रतीत होता है। तैयार वर्मीकम्पोस्ट को लकड़ी के पट्टे की सहायता से नीचे गिराकर जमा किया जाता है। इस तरह 70-75 दिनों में केंचुआ खाद तैयार हो जाती है।

वर्मी कम्पोस्ट की छनाई एवं पैकिंग

इकट्ठा की गयी वर्मी कम्पोस्ट 2 एम.एम. की चलनी द्वारा छान कर 20-25% नमी पर आवश्यकतानुसार विभिन्न इकाई के बैग उदाहरणार्थ, 1 कि.ग्रा., 2 कि.ग्रा., 5 कि.ग्रा., 25 कि.ग्रा. एवं 50 कि.ग्रा. भार में बाजार में विपणन हेतु भेजा जा सकता है।

वर्मी कम्पोस्ट के गुण

विभिन्न कार्बनिक अपविष्टों को भोजन के स्रोत के रूप में उपयोगोपरान्त प्राप्त वर्मीकम्पोस्ट में तत्वों का स्तर निम्नवत् पाया गया –

तालिका 49.1. वर्मीकम्पोस्ट के रासायनिक गुण

पोषक तत्व	मात्रा
ऑर्गेनिक कार्बन	25 – 28
कुल नत्रजन	1.42 - 2.8%
उपलब्ध स्फुर	1.02 - 1.92%
उपलब्ध पोटाश	1.72 - 2.4%
सूक्ष्म पोषक तत्व (मि.ग्रा./कि.ग्रा.)	
लोहा	2.3 – 21.2
जस्ता	2.0 – 12.7
तांबा	1.7 – 5.8
मैंगनीज	3.6 – 19.2

केंचुआ एवं वर्मी कम्पोस्ट का मृदा पर प्रभाव

जलधारण क्षमता : केंचुओं द्वारा छोड़ा गया लसलसा पदार्थ व कोकून मृदा में जलधारण क्षमता को बढ़ाता है जो नमी को लंबे समय तक बनाये रखता है।

मृदा वातायन : केंचुए की विभिन्न प्रजातियाँ जमीन में सूराख (छेद) बनाती हैं जिससे मृदा हल्की एवं भुरभुरी बनती है। फलस्वरूप मृदा वातायन, जलधारण तथा जलनिकास क्षमता में बढ़ोत्तरी तथा जड़ों की वृद्धि में सहायक बनती हैं। इसके अलावा चूहे, केंचुए की तलाश में जमीन में गहराई तक बिल बनाते हैं जो प्राकृतिक जलनिकास में सहायक होता है।

मृदा अपरदन से बचाव : केंचुओं द्वारा छोड़ा गया लसलसा पदार्थ पॉलीसेकेराइड, एक गोंद होता है जो कि ऊतकों के जीवाणुओं से बनता है। यह पॉलीसेकेराइड पदार्थ मृदा के जल स्थिर कण बनाकर अपरदन से बचाता है।

वाष्पण से बचाव : केंचुओं के ऊतकों से एक पेरिट्रोफिक झिल्ली निकलती है। यह वर्मी कास्ट को पारदर्शी कवच प्रदान करती है जो वाष्पन दर को कम करता है।

ह्यूमिफिकेशन को बढ़ावा : केंचुओं के अत्यधिक घूमने–फिरने एवं विभिन्न कार्बनिक पदार्थों को पचाने और उन्हें मल के रूप में बाहर निकालने से एक पॉलीसेकराइड निकलता है वह पॉलीसेकेराइड एंजाइम्स, जटिल और जैविक अणुओं को परिवर्तित कर देता है जो ह्यूमिफिकेशन को बढ़ाने में सहायक होता है।

सूक्ष्मजैविक क्रियाशीलता : केंचुओं के चारों तरफ का वातावरण सूक्ष्मजीवों के लिए बहुत ही अच्छा होता है क्योंकि केंचुए जो पदार्थ अपने शरीर से निकालते हैं, उस पर सूक्ष्म जीवों की वृद्धि शुरू हो जाती है और बाहर निकला पदार्थ एमाइलेस, लाइपेस, सेलुलेस, प्रोटीएस, काइटीनेस और अन्य एंजाइम्स धारण किये रहता है। यह कार्बनिक पदार्थों से भिन्न होता है। इसके अलावा केंचुए त्वरित नाइट्रोजन स्थिरीकरण जीवाणु, फॉस्फोरस घोलक, सेलूलोस अपघटक माइकोराइजा फफूँद आदि का एक अच्छा माध्यम भी है।

मृदा प्रदूषण पर प्रभाव : केंचुए जमीन से कार्बनिक पदार्थों को खाते समय कई जहरीले रासायनिक तत्वों के साथ–साथ कुछ फफूंद एवं नीमेटोड को भी ग्रहण कर लेते हैं जो उसके ऊतकों में जमा हो जाता है। केंचुओं का शरीर खुद ही एक एंटीबायोटिक होता है। अतः केंचुए मृदा प्रदूषण रोकने में भी सहायक हैं।

केंचुआ पालन के कुछ महत्वपूर्ण तथ्य

1. **केंचुओं का उपयोग** : मृदा गुणवत्ता बढ़ाने एवं फसलोत्पादन बढ़ाने में इनका उपयोग लाभदायक सिद्ध हो चुका है। केंचुआ पालन तकनीकी का प्रयोग शहरी कचरे के प्रशोधन, पशुपालन से निकलने वाले वाहित घोल के पुनः उपयोग, स्लज एवं सीवेज के प्रबंधन तथा औद्योगिक इकाइयों जैसे – कागज कारखाना, खाद्य सामग्री संसाधन, कपड़ा कारखाना आदि से वाहित किये जाने वाले कार्बनिक पदार्थों के विघटन में किया जा सकता है। एक तरह से केंचुए जैव–प्रौद्योगिकी के लिए स्थाई साधन है।

2. **अनुपयोगी जल का पुनः प्रयोग** : देश में लगभग 80% बिना उपचारित सीवेज जल नदियों, तालाबों एवं जल स्रोतों में बहाया जाता है। शहरी सीवेज को बिना उपचारित किये ही सुखाकर स्लज तैयार करते हैं, जो मृदा प्रदूषण की समस्या पैदा करता है। देश में कुल 360 गन्ना (चीनी) मिल्स और 214 डिस्टिलरी है जो भारी मात्रा में प्रदूषित जल बहा रही है। इसके अलावा छोटे दुग्ध कारखाने, पशुवध गृह, रंग एवं चमड़ा शोधन कारखानों, कागज कारखानों आदि के दूषित पानी का उपचार महंगी तकनीकी के कारण नहीं कर पाते हैं और पूर्व शोषित अनुपयोगी जल बहता रहता है जिसे नियंत्रित दशा में प्रथम एवं द्वितीय चरण के उपचार से प्रयोग में लाया जाये तो केंचुआ खाद अपने आप पुनः सम्मिश्रण द्वारा अपघटित होकर बन जाती है।

50

ऊतक संवर्धन द्वारा तैयार केला कठोरीकृत करने हेतु पौधों की तैयारी

डॉ. एस.के. सिंह

पौधा रोग विभाग, राजेंद्र कृषि विष्वविद्यालय, पूसा – 848125 (बिहार)

ऊतक संवर्धन द्वारा तैयार पौधों को बन्द, असंक्रमित, पुष्ट कृत्रिम माध्यम पर पूर्णतया नियंत्रित अवस्था में उत्पन्न किया जाता है। इस अवस्था में बने पौधों को असामान्य भोजन से सामान्य भोजन वाली अवस्था में स्थानान्तरित करते हैं, जहाँ पर पौधे विभिन्न अजीवित दबाव जैसे – कम आर्द्रता, उच्च प्रकाश, पानी का अभाव इत्यादि का सामना करता है। जब पौधों को पूर्णतया नियंत्रित वातावरण से बाहर निकालते है, उसे बाहर के वातावरण के अनुकूल अपने आप को बनाना पड़ता है, उसे बाहर के वातावरण के अनुकुल अपने आप को बनाना पड़ता है जैसे – प्रकाश के विभिन्न स्तर, बदलता हुआ तापक्रम, कम आर्द्रता, कम पोषण की उपलब्धता, रोग कारकों एवं कीड़ों का दबाव इत्यादि। उपरोक्त दबाव के वातावरण के अनुरूप बनाने के लिए पौधों को प्राथमिक नर्सरी में विशेष रूप से डिजाइन वातावरण में कठोरीकृत करते हैं।

कठोरीकृत की सम्पूर्ण प्रक्रिया दो चरणों में धीरे–धीरे सावधानीपूर्वक सम्पन्न होती है।

रखरखाव

यदि ऊतक संवर्धन द्वारा तैयार पौधे जालीदार बक्सों में फ्लास्क में प्राप्त हो, तब प्रयोगशाला के बाहर सफलतापूर्वक उनकी स्थापना हो जाय इसके लिए फ्लास्क की विशेष देखभाल की आवश्यकता पड़ती है। प्रयोगशाला से लेकर प्राथमिक नर्सरी तक पहुचने में कम से कम समय लगना चाहिए तथा बक्सों की इस प्रकार से देखभाल करनी चाहिए कि दबाव का भी यात्रा के दौरान कम से कम दबाव पड़े। यदि बक्से यात्रा के दौरान अधिक समय तक अंधेरे में रह गये तब भी पौध बहुत कमजोर हो जाते हैं, तथा उनका बचना मुश्किल हो जाता है। किसी भी अवस्था में बक्से 10^0 सेल्सियस से कम एवं 40^0 सेल्सियस से ज्यादा तापक्रम पर न रखे जाय। बक्सों को सीधे सूर्य की रोशनी से

भी बचाना चाहिए। बक्सों को हमेशा उचित दशा में रखा जाना चाहिए। यदि पौधों को 48 घंटे से ज्यादा यात्रा में रखा जाना हो तब कभी–कभी फ्लास्क को सूर्य की रोशनी दिखा देनी चाहिए, यदि सम्भव हों।

चित्र 50.1 प्रयोगशाला में ऊतक संवर्धन द्वारा तैयार केला के पौधे

ऊतक संवर्धन द्वारा तैयार पौध को गन्तव्य पर पहुंचते ही प्राथमिक नर्सरी में स्थानान्तरित कर देना चाहिए, यदि यह सम्भव न हो तब तुलनात्मक रूप से स्वच्छ कमरों में सीधे प्रकाश की रोशनी से बचाते हुए या कृत्रिम दूधिया प्रकाश में रखते हैं। कमरे का तापक्रम 20-35° सेल्सियस पर्याप्त होता है। ऐसे पौधे जो पॉलीबैग में स्थानान्तरित करने हो उन्हें जालीदार बक्सों में ही 2–3 सप्ताह तक रहने देना चाहिए। किसी भी प्रकार के सूक्ष्मजीवों के संक्रमण का निरीक्षण करते रहना चाहिए। संक्रमित पौध को तत्काल नष्ट कर देना चाहिए अन्यथा दूसरे स्वस्थ पौधों के भी संक्रमित होने के पर्याप्त अवसर रहते हैं। जब पौधे 7–10 सेमी लम्बे हो तथा उसके जड़ तन्त्र पूर्णतया विकसित हो गया हो तो ऐसे पौधों को प्राथमिक कठोरीकृत करने के पश्चात् विपणन हेतु भेजना अच्छा रहता है तथा ऐसे पौधे खरीदने वाले को भी सस्ते पौधे मिल जाते हैं।

प्राथमिक कठोरीकरण

प्रयोगशाला में उत्पन्न किये गये पौधे को अब असामान्य भोजन (कृत्रिम भोजन) की अवस्था से निकाल कर उसे सामान्य भोजन की (प्राकृतिक भोजन) अवस्था में ले जाते

हैं। इसलिए ऊतक संवर्धन में तैयार पौधों को धीरे–धीरे घटती आर्द्रता एवं बढ़ते प्रकाश के वातावरण में स्थानान्तरित करते हैं। प्रयोगशाला में उत्पन्न पौधे बहुत ही नाजुक, मुलायम जिनका बाहरी आवरण कम विकसित, स्टोमेटा कम सक्रिय मिजोफिल कम विकसित एवं कोशिकाओं में खाली हिस्से अत्यधिक होते हैं। अतः ग्रीन हाउस में ऐसे पौधों में धीरे–धीरे आकारिकी एवं दैहिक परिवर्तन होते है। संवर्धन कक्ष में फ्लास्क से पौधों को निकालकर 4–5 दिन तक छाया में रखते हैं। जिसकी वजह से आर्द्रता में कमी आती है। पौधे के बाहरी हिस्से पर बैक्स का बनना शुरू होता है, जिसकी वजह से पौध की सतह से हो रहे वाष्पोत्सर्जन में कमी आती है। रोपण के एक दिन पहले, संवर्धन फ्लास्क में 100 मि.ली. पानी डालते हैं और इन बोतलों को छाया में रखते हैं। ऐसा करने से पानी के प्रति पौधे रोपण के पश्चात् अपने आप को उसी अवस्था में बनाये रखेगें। रोपण वाले दिन फ्लास्क से पौधों को बाहर निकालते है तथा सावधानीपूर्वक धुलाई करते है जिससे पौधों की जड़ों के साथ चिपका हुआ अगर–अगर साफ हो जाय। यदि जड़ें 6–7 सेमी. से ज्यादा लम्बी हो गई हो तो काट कर छोटा कर लेना चाहिए तथा कार्बेन्डाजीम 0.1 प्रतिशत के घोल में डुबोने के पश्चात् प्लास्टिक ट्रे जिसमें कोकोपीट + स्वायलराइट (1:1) होता है, पौधों का रोपण करते हैं। प्रयोगशाला में पैदा किये गये पौधे सूक्ष्मजीवों से पूर्णतया मुक्त होते हैं। इसलिए ऐसे पौधों का शोधन फफूँदनाशक से रोपण पूर्व अत्यावश्यक है, जहाँ पर *इरविनिया* नामक जीवाणु का प्रकोप ज्यादा हो वहाँ पर गमले में भरा जाने वाला पदार्थ 0.1 प्रतिशत इमीशान से शोधित होना चाहिए। रोपण के तुरन्त बाद पौधों को साफ पानी से सिंचाई कर देना चाहिए, पानी संतृप्त होने तक देना चाहिए। बड़ी पत्तियों को काट कर पौधों से अलग करते रहना चाहिए तथा पौधों से युक्त ट्रे के उपर कम ऊँचाई पर पालीथीन का टेन्ट लगा देना चाहिए जिससे उच्च आर्द्रता एवं कम प्रकाश की अवस्था बरकरार रहती है, और कभी–कभी पानी की महीन फुहार केवल पत्तियों पर देते रहना चाहिए। यह अवस्था 4–5 दिन तक बरकरार रखना चाहिए। इस दौरान दिन में कुछ घन्टों के लिए पौधों के ऊपर से पॉलीथीन का टेन्ट हटा लेना चाहिए। इस अवधि को धीरे–धीरे बढ़ाते रहना चाहिए। लगभग 15 दिन के पश्चात पौधे द्वितीयक कठोरीकरण के लिए तैयार हो जाते हैं।

द्वितीयक कठोरीकरण

पौधों की अच्छी स्थापना के लिए यह आवश्यक है कि गमलों में भरी जाने वाली मिश्रण सामग्री अच्छी गुणवत्ता की हो। द्वितीयक कठोरीकरण हेतु विभिन्न मिश्रण प्रयोग में लिए जा सकते हैं।

(अ) उच्च जीवांशयुक्त मृदा + सड़ी हुई कम्पोस्ट खाद जो चूर्ण के रूप में हो तथा जिनका आपसी अनुपात 12 : 1 हो। (ब) बालू + मृदा + वर्मीकम्पोस्ट जिनका आपसी अनुपात 3 : 1 : 1 हो। (स) बालू + एफ. वाई.एम. + वर्मीकम्पोस्ट + लाल मिट्टी जिनका आपसी अनुपात 2 : 1 : 1 : 1 हो। उपरोक्त किसी भी एक मिश्रण को जिसको गमलों में भरना हो अच्छी प्रकार से छान लेते हैं, जिससे बड़ी साइज के कंकड़ पत्थर, घास, खरपतवार निकल जाय। कम्पोस्ट की जगह पर वर्मीकम्पोस्ट के प्रयोग करने से जीवाणु विल्ट की समस्या नहीं आती है। नीम की खल्ली @ 50 ग्राम/किलोग्राम मिश्रण प्रयोग करने से सूत्रकृमि की समस्या का सामना नहीं करना पड़ता है।

चित्र 50.2 प्राथमिक कठोरीकरण

गमलों को भरना

काली पालीथीन जो 150 गेज मोटी हो तथा जिसका व्यास 15 सेमी. ऊचाँई 30 सेमी. हो उसमें मिश्रण सामग्री को मुँह तक भरते हैं। यदि इस बैग के आकार को घटा दिया जाय तो द्वितीयक कठोरीकरण की प्रक्रिया में 45 दिन से ज्यादा समय लगेगा।

चित्र 50.3 द्वितीयक कठोरीकरण

पौध का प्रत्यारोपण

पौध का प्रत्यारोपण बैग में कभी भी सूर्य की सीधी रोशनी में नहीं करना चाहिए। यह कार्य आशिंक छाया में करना अच्छा रहता है। पौध को ट्रे से सावधानीपूर्वक निकालते हैं, जिससे उनकी जड़ें ज्यादा क्षतिग्रस्त न हो। कैंची/चाकू की सहायता से जालीदार बर्तनों को काटते हैं जिसमें नवजात पौध का प्रथम रोपण किया गया था। यह कार्य काले पालीथीन बैग में स्थानान्तरित करने के पूर्व करते हैं। बैग में रोपण पूर्व सिंचाई करते हैं। बैग में 5 सेमी गहरा एक छोटा सा छेद बनाते है। उस छेद में पौध को सीधी रखते हुए स्थानान्तरित करते हैं इसके बाद सावधानीपूर्वक अगल–बगल की मिट्टी से दबा देते हैं। उसी दिन रोपण किये गये पौधे की सिंचाई भी कर देते हैं। अगले दिन इमीसान–6 नामक फफूँदनाशक रसायन से बैग की मिट्टी को भिगो देते हैं जिससे उसमें फफूँद एवं जीवाणुजनित बीमारियाँ न लगें। सूत्रकृमि की समस्या से निजात हेतु कार्बोफ्यूरान–3 जी का भी प्रयोग करते हैं।

सिचाई

पौधों को पानी की इतनी आवश्यकता रहती है, जिससे बैग का मिश्रण तर (नमी) रहे। बैग में पौधों के लिए कम पानी एवं ज्यादा पानी की अवस्था में बहुत पतली लाइन का ही अन्तर होता है। पौधों की अच्छी वृद्धि के लिए तुलनात्मक रूप में अधिक आर्द्रता एवं आंशिक छाया की आवश्यकता होती है, क्योंकि ऊतक संवर्धन द्वारा तैयार पौधें अविकसित होते हैं, जो रोपण के कई दिन बाद भी जल के संतुलन को बरकरार नहीं रख पाते हैं। लगभग 50 प्रतिशत छाया एवं पानी की महीन फुहार की अवस्था बरकरार रखने से पौधों की वृद्धि हेतु आवश्यक वातावरण और कठोरीकरण दोनों हो जाता है। लगभग 90 प्रतिशत से ज्यादा आर्द्रता की अवस्था को एक सप्ताह तक आदर्श माना जाता है। जब पौधों में कई पत्तियाँ निकल आये तब दिन में दो बार सुबह एवं शाम पानी देना चाहिए।

नर्सरी में स्थापना

पौधों के साथ पालीथीन बैग को जोड़ा में पंक्ति में रखते हैं जिससे जगह की बचत होती है तथा दो पंक्तियों के गलियारे में पौध की पत्तियों का विकास होता है। प्रथम दो–तीन सप्ताह तक प्रतिदिन पानी देना चाहिए। कम ऊँचाई का स्प्रिंकलर लगाने से मजदूरी की बचत होती है। रोपण के पूर्व नर्सरी में पौधों को 40–60 दिन रखते हैं। नर्सरी में रखने की अवधि विभिन्न कारकों द्वारा निर्धारित होता है जैसे छाया, तापक्रम, बैग का आकार, बैग में भरा जाने वाला मिश्रण, नमी, आर्द्रता तथा प्रकाश। प्रकाश की मात्रा को नेट लगाकर निर्धारित किया जा सकता है। लगभग 50 प्रतिशत छाया नर्सरी के लिए संस्तुति किया जाता है। मुख्य खेत में रोपण के एक सप्ताह पूर्व पौधों को पूर्ण सूर्य के प्रकाश में रखना चाहिए।

पौधे जब 20–30 सेमी. तथा 3–5 चौड़ी पत्ती के हो जाय तब खेत में रोपण हेतु तैयार समझा जाता है। नर्सरी में मोटा बालू फैलाने से तापक्रम एवं आर्द्रता को नियंत्रित करने में आसानी होती है। नर्सरी में पौधों को नेट के अन्दर रखने से वे रोग संवाहक

कीटों के सम्पर्क में नहीं आ पाते हैं, जिससे कई प्रकार की विषाणुजनित बीमारियों से बच जाते हैं। ऐसा वहाँ करना और आवश्यक है जहाँ पर विषाणु रोग एक गम्भीर समस्या हों।

चित्र 50.4 पौध का प्रत्यारोपण

तापक्रम

सामान्यतः 15–25° सेल्सियस के मध्य तापक्रम बरकरार रखते है, लेकिन आदर्श अवस्था 23–25° सेल्सियस के मध्य होती हैं।

उर्वरकों का प्रयोग

पौधों के रोपण के 2–3 सप्ताह बाद ही किसी उर्वरक के प्रयोग करने के बारे सोचना चाहिए। तरल उर्वरकों के प्रयोग से पौधों के अन्दर किसी तत्व की कमी के लक्षण प्रदर्शित नहीं होते हैं। लगभग 0.5 ग्राम यूरिया तथा 1.0 ग्राम म्यूरेट आफ पोटाश को 100 मि.ली. में घोलकर प्रति पौधा देना चाहिए। पौधों में अच्छे जड़ तन्त्र के विकास के लिए उपरोक्त मिश्रण में 2.0 ग्राम सुपर फास्फेट मिला लेते हैं। तीन सप्ताह के बाद उपरोक्त उर्वरकों के खुराक को दुगुना कर देना चाहिए। छठवें सप्ताह में बाजार मे उपलब्ध सूक्ष्मतत्वों के घोल को छिड़कने से पौधे नर्सरी एवं खेत दोनों में ठीक से स्थापित होते हैं।

पौधा संरक्षण

पौधों को रोग एवं कीटों से बचाने के लिए उच्च स्तर की स्वच्छता की आवश्यकता होती है। कठोरीकरण की प्रक्रिया के दौरान निम्नलिखित रोग कारकों से अक्सर सामना करना पड़ता है।

जीवाणु गलन (*इरबीनिया कैरोटोवोरा*)

ऊतक संवर्धन द्वारा तैयार नवजात पौधा प्रायः इरवीनिया जीवाणु द्वारा आक्रान्त हो जाता है, जिससे प्रकन्द मुलायम होकर सड़ने लगता है। आक्रान्त पौधों में आगे पत्तियां निकलना बन्द हो जाती हैं तथा पौधों की बढ़वार रूक जाती है। मध्य की पत्ती या तो खुलती नही है या आंशिक रूप से खुलती है और धीरे–धीरे पीला होना शुरू होकर बाद में भूरा हो जाती हैं। रोग का लक्षण मध्य की पत्ती से शुरू होकर समीप की सभी पत्तियों तक पहुंच जाता है। जड़ों का बहुत ही कम विकास होता है और काली पड़ जाती हैं।

प्रकन्द को आर–पार काट कर देखने पर पीला भूरा मुलायम गलन देखने को मिलती है। कभी कभी यह जीवाणु पौधे को जमीन की सतह पर भी आक्रमण करता है।

चित्र 50.5 जीवाणु गलन (*इरबीनिया कैरोटोवोरा*)

इस रोग के प्रबन्धन के लिए मिट्टी को रोपण के दो सप्ताह बाद एवं 10 दिन पहले 50 मि.ली., 1 प्रतिशत मरक्यूरिक क्लोराइड या 50 मि.ली., 0.1 प्रतिशत इमीसान–6 के घोल से प्रत्येक पौधे की मिट्टी को भिगो देना चाहिए। स्ट्रेप्टोसाइक्लीन (0.025%) का छिड़काव 3 सप्ताह के पौध पर करने से भी यह रोग काफी हद तक नियंत्रित होता है।

पर्ण चित्ती रोग

नर्सरी का वातावरण बहुत से फफूँदजनित रोगों के लिए सहायक होता है, जो पर्ण चित्ती रोग उत्पन्न करते हैं। एक या दो छिड़काव 0.1 प्रतिशत कार्बेन्डाजीम या 0.25 प्रतिशत कापर आक्सीक्लोराइड या 0.1 प्रतिशत डोडीन का कर देने मात्र से अधिकांश पर्ण चित्ती रोग नियंत्रित हो जाता है।

सूत्रकृमि

ऊतक संवर्धन द्वारा तैयार पौधों की जड़ें विभिन्न सूत्रकृमियों के प्रति अधिक रोगग्राही होती हैं क्योंकि ये जड़ बहुत ही कोमल होती हैं। अतः यह आवश्यक है कि शुरूआत से ही सूत्रकृमिनाशक का प्रयोग किया जाय। 3 ग्राम कार्बोफ्यूरान 3 जी का उपयोग बैग में रोपण के समय, चौथे सप्ताह तथा मुख्य खेत में रोपण के 1 सप्ताह पूर्व प्रयोग करना चाहिए। ऐसा न करने पर सूत्रकृमि का आक्रमण तथा बहुगुणन बढ़ जाता है, जिससे पौधों के मरने में वृद्धि होती है। एक ग्राम एजोस्पाइरीलय और फास्फोबैक्टेरियम तथा 10 ग्राम माइकोराइजा (वैम) का प्रयोग करने से जड़ों का विकास अच्छा होता है तथा सूत्रकृमि की संख्या भी घटती है।

खेत में रोपण और शुरूआती प्रबन्धन

पौधों को नर्सरी में 40–60 दिन तक रखते हैं जब तक वे 20–30 से.मी. लम्बा एवं 3–5 चौड़ी पत्ती न आ जाय। कमजोर पौधों को छाँट कर अलग कर लेते हैं तथा उनकी उचित देखभाल करके उन्हें भी रोपण योग्य बनाते हैं। यदि पौधे नर्सरी में ही 1 मीटर के हो जाय तब बैग की सतह से 10–12 से.मी. ऊपर से पौधे को रोपण के 1–2 महीने पूर्व

काट देना चाहिए। खेत में रोपण सुबह करना चाहिए या दोपहर बाद अत्यधिक धूप में रोपण नहीं करना चाहिए। पौधों का अच्छे से पानी देते रहना चाहिए। रोपण के ठीक पहले बैग को लाते हैं तथा रोपण हेतु खोदे गये गड्ढों के पास रखते हैं। रोपण के दौरान जड़ों को नुकसान से बचाने के लिए सर्वप्रथम बैग के नीचे की पालीथीन को काटकर हटाते हैं। तत्पश्चात बैग को रोपण हेतु बनाये गये गड्ढे के पास ले जाकर आंशिक रूप से बैग को मिट्टी से दबा देते है जिससे उसे मजबूती मिले इसके बाद बैग के बगल की पालीथीन को भी हटा देते हैं तथा पौधे को गड्ढे में अच्छी प्रकार से लगाकर अगल–बगल की मिट्टी से दबा देते हैं। पहली नयी पत्ती खेत में रोपण के लगभग 2–4 सप्ताह में आती है। रोपण के तत्काल बाद पौधों को पानी देना जरूरी है, क्योंकि ऐसे पौधे गर्मी एवं शुष्क वातावरण को नही बर्दाश्त कर पाते हैं। खेत में रोपण के समय के 3 दिन के अन्दर पौधों के चारों तरफ 500 मि.ली. इमीसान–6 (0.5 प्रतिशत) के घोल से तर कर देने से जीवाणु गलन की समस्या कम हो जाती है, क्योंकि ऐसे पौधे इस बीमारी के प्रति अतिसंवेदनशील होते हैं।

चित्र 50.6 ऊतक संवर्धन द्वारा तैयार केला के पौधों से परिष्कृत ढ़ंग से की गई खेती

यह सत्य है कि ऊतक संवर्धन द्वारा तैयार पौधे खेत में रोपण के समय रोग एवं कीड़ों से मुक्त होते हैं लेकिन रोपण के कुछ समय बाद तक ये इनके प्रति बहुत ही ग्राही होते हैं। अतः यह आवश्यक है कि पौधा सुरक्षा के विभिन्न उपायों को प्रयोग में लाना चाहिए जिससे कि पौधे इनसे युक्त रह सकें तथा बेहतर वृद्धि एवं विकास कर सकें।

केला की परिष्कृत ढ़ंग से की गई खेती के अनुसार जिसमें सघन रोपण तथा टपक सिंचाई के साथ उर्वरकों का प्रयोग किया गया हो केला की उपज 120 टन/हे./वर्ष प्राप्त किया जा सकता है।

उन्नत वैज्ञानिक ढ़ंग से खेती करके केला की उपज को लगभग तीन–चार गुना किया जा सकता है।

51

विविध विषय

(1) प्लान्ट हेल्थ क्लीनिक (पौधा स्वास्थ्य चिकित्सालय)

डॉ. आर.सी. राय एवं डॉ. एम.एल. अग्रवाल*

पौधा रोग विभाग, * जन्तु एवं कीट विज्ञान विभाग, राजेन्द्र कृषि विश्वविद्यालय, पूसा (समस्तीपुर) बिहार

भारतीय अर्थव्यवस्था कृषि एवं कृषि आधारित उद्योगों पर टिकी हुई है। कृषि आधारित उद्योगों में मुख्य निवेश "कृषि उत्पाद" है। इन उद्योगों के समुचित विकास के लिए गुणवत्ता वाले कृषि उत्पादों की समुचित मात्रा में उपलब्धता अत्यन्त आवश्यक है। शहरों, कस्बों एवं गावों के विकास के कारण कृषि योग्य भूमि में निरंतर कमी आती जा रही है। जिसके फलस्वरूप बढ़ती जनसंख्या के पोषण के लिए अब आवश्यक हो गया है कि कम से कम भूमि में अधिक से अधिक उत्पादन लिया जाए। वैज्ञानिकों द्वारा विकसित नई–नई तकनीकों को अपनाकर किसान फसलोत्पादन में आशातीत वृद्धि करने में सफल हुए हैं। आज भी हम नई तकनीकों को अपना कर सघन खेती तथा उचित जल प्रबन्धन करके किसी भी फसल की क्षमता का केवल 70–75% ही प्राप्त कर पाते हैं। 25 से 30% जो कमी हो रही है इसके कई कारण हैं, जिसमें कीटों एवं रोगों का प्रकोप, पोषक तत्वों की कमी मुख्य है। ये क्षति कभी–कभी अधिक भी हो सकती है। कीटों, रोगों एवं पोषक तत्वों का उचित प्रबंधन करके 20 से 25% उत्पादन बढ़ाया जा सकता है तथा इनके प्रबंधन के लिए आवश्यक है कि कीटों तथा रोगों के प्रकोप को समय पर पहचाना जाए। इसी प्रकार किस पोषक तत्व की कमी है इसे जानना अत्यंत आवश्यक है, लेकिन कृषकों के लिए यह जानना अत्यंत मुश्किल हो जाता है कि फसल की असामान्य अवस्था का कारण क्या है। सही निवारण के लिए सही जानकारी का होना अत्यन्त आवश्यक है। प्रायः कृषक कृषि रसायनों के विक्रेताओं से सम्पर्क कर अपनी समस्याओं का हल ढूढने का प्रयास करते हैं जहाँ से प्रायः उचित सलाह नहीं मिल पाती है। कृषि विश्वविद्यालय भी अधिकांश कृषकों की पहुँच के बाहर है। कृषि के विकास में योगदान देने के लिए

राष्ट्र कृषि शिक्षा, अनुसंधान एवं प्रसार पर काफी धन राशि व्यय कर रहा है। आज देश में 63 कृषि विश्वविद्यालय, अन्य विश्वविद्यालय एवं केन्द्रीय संस्थानों में कृषि शिक्षा का कार्य हो रहा है तथा प्रतिवर्ष लगभग 25,000 स्नातक तथा 8000 स्नातकोत्तर छात्र तथा 2000 पीएच.डी. छात्र शिक्षा पूरी कर रहे हैं। एक सर्वेक्षण के अनुसार कृषि के स्नातक एवं स्नातकोत्तर 33 प्रतिशत छात्र सरकारी क्षेत्र में, 44 प्रतिशत छात्र निजी क्षेत्र में, 10 प्रतिशत छात्र वित्त के क्षेत्र में, अनुसंधान एवं शिक्षण के क्षेत्र में 4 प्रतिशत तथा 9 प्रतिशत छात्र अन्य क्षेत्रों में रोजगार पा रहे हैं। इनके लिए सरकारी एवं गैर सरकारी क्षेत्रों में रोजगार की सम्भावनाएँ दिन प्रति दिन क्षीण होती जा रही है। जहाँ एक तरफ कृषक अपनी कृषि संबंधी समस्याओं के निदान के लिए यहाँ से वहाँ भटकते हैं वहीं दूसरी तरफ कृषि स्नातक बेरोजगारी की समस्या से ग्रस्त हैं। इन्हीं बातों को ध्यान में रखकर भारत सरकार ने राष्ट्रीय कृषि नीति एवं राष्ट्रीय बागवानी मिशन के तहत कृषि चिकित्सालयों की स्थापना की योजना को स्वीकृति प्रदान की है। ये कृषि चिकित्सालय जहाँ एक तरफ कृषि तकनीकी के द्वारा किसानों की समस्याओं का निराकरण करेंगे वहीं दूसरी तरफ कृषि स्नातकों को स्वरोजगार उपलब्ध कराएंगे।

योजना—भारत सरकार के कृषि मंत्रालय ने कृषि प्रसार सेवाओं के प्रोत्साहन देने एवं कृषि स्नातकों को स्वरोजगार उपलब्ध कराने हेतु राष्ट्रीय कृषि एवं ग्रामीण विकास बैंक के सहयोग से आरम्भ किया गया है। कृषि चिकित्सालयों की स्थापना विभिन्न सामाजिक एवं आर्थिक उद्देश्यों को ध्यान में रखकर उद्यमिता विकास कार्यक्रम के अन्तर्गत सुनिश्चित की गई है। इस योजना के अंतर्गत कृषि स्नातकों को प्रशिक्षण एवं वित्तीय सहायता उपलब्ध कराई जायेगी। प्रशिक्षित कृषि स्नातक इन चिकित्सालयों की स्थापना कर कृषकों की समस्याओं का समाधान करने के साथ–साथ अपनी बेरोजगारी को भी दूर करने में सक्षम हो सकेंगे। इस योजना की विस्तृत जानकारी सभी कृषि विश्वविद्यालयों में उपलब्ध है तथा इसे राष्ट्रीय कृषि विस्तार प्रबंधन संस्थान से भी प्राप्त किया जा सकता है। इस योजना को एक राष्ट्रीय कार्यक्रम के अन्तर्गत लागू किया गया है। इस योजना से कृषि प्रसार सेवाओं के निजीकरण को भी प्रोत्साहन मिलेगा।

प्रशिक्षण—इस योजना के लिए चयनित स्नातकों को सर्वप्रथम गहन प्रशिक्षण प्राप्त करना जरूरी है। प्रशिक्षण सीधे तौर पर कृषि स्नातकों द्वारा प्रदान की जाने वाली सेवाओं से सम्बन्धित होगा तथा यह निःशुल्क एवं सामान्यतः दो माह का होगा। यह प्रशिक्षण उनके तकनीकी कौशल के विकास में सहायक होगा। प्रशिक्षण राष्ट्रीय कृषि विस्तार प्रबन्धन संस्थान के मार्गदर्शन एवं नियंत्रण में चुने हुए संस्थानों, कृषि विश्वविद्यालयों तथा गैर सरकारी संस्थानों में दिया जाता है।

वित्तीय सहायता—प्रशिक्षण के उपरांत स्नातक अकेले या समूह में एक विस्तृत योजना प्रतिवेदन जमा करेंगे, जिसका मूल्यांकन वित्तीय सहायता प्रदान करने वाली संस्था करेगी तथा ऋण की स्वीकृति योजना की उपयोगिता तथा आर्थिक सुदृढ़ता पर निर्भर करेगी। ऋण की सीमा एकल लाभार्थी के लिए 10 लाख तथा 5 के समूह के लिए 50 लाख है। इस राशि की 10% हिस्सेदारी लाभार्थी की होगी तथा सरकार 25% राशि अनुदान के रूप में देगी। ऋण ली गई राशि का भुगतान 5–10 वर्षों में करना होगा। वित्त प्रदान करने वाली संस्था वित्त भुगतान की अवधि तथा ब्याज दर का निर्धारण, भारतीय रिजर्व बैंक के नियमानुसार करेगी।

सेवाएँ—कृषि चिकित्सालय निम्न सेवाएँ प्रदान करेंगे।

- रोगों, कीटों, कुपोषण एवं अन्य समस्याओं को पहचानना।
- रोगों, कीटों एवं अन्य समस्याओं के निराकरण के लिए कृषकों को आवश्यक सलाह प्रदान करना।
- कृषकों को पौधा संरक्षण सम्बन्धी उपकरण किराए पर उपलब्ध कराना।
- कृषि रसायनों जैसे उर्वरकों, कीटनाशी, फफूँदनाशी, तृणनाशी दवाओं की बिक्री।

बाधाएँ–इस योजना के फलीभूत होने में कुछ व्यावहारिक बाधाएँ हैं जिनको दूर करना अत्यन्त आवश्यक है।

- कृषि स्नातकों का शहरी क्षेत्रों से लगाव।
- किसानों द्वारा इस प्रकार की सेवा प्राप्त करने हेतु व्यय करने में संकोच।
- प्रारम्भिक कठिनाइयों के कारण स्नातकों का हतोत्साहित होना।
- प्रारम्भ में कृषकों का इस योजना में रूचि न लेना क्योंकि पूर्व में कृषकों को परामर्शी सेवाएँ मुफ्त में मिल जाती थी।

(2) लॉन की देखभाल

डॉ. एस.के. सिंह

पौधा रोग विभाग, राजेन्द्र कृषि विश्वविद्यालय, पूसा, समस्तीपुर, बिहार

लॉन की घास की कटाई मशीन द्वारा भी की जाती है। इसका प्रयोग घास लगाने के 3–4 महीने उपरान्त करते हैं इसके द्वारा घास समान ऊँचाई से काटी जाती है तथा घास काटने में भी कम समय लगता है। लॉन काटने की मशीन निम्न तीन प्रकार के होती हैं –

(i) हस्त चालित, (ii) बैल चालित, (iii) पावर चालित

इनका प्रयोग क्षेत्र के हिसाब से किया जाता है। छोटे आकार के लॉन की कटाई हाथ वाले मोवर से, औसत आकार के लॉन की कटाई बैलों वाले मोवर से तथा बड़े क्षेत्र से घास की कटाई ट्रैक्टर द्वारा चलाये जाने वाले मोवर से करते है।

घास को काटने के उपरान्त हल्का बेलन चला देना चाहिये। घास की कटाई करने से घास गलीचे का रूप ले लेती है। गर्मी के दिनों में लॉन की कटाई लगभग पाँच बार तथा जाड़ों में तीन–चार बार की जाती है।

सिंचाई–अन्य क्रियाओं के साथ–साथ लॉन को नियमित रूप से सींचना परम आवश्यक होता है। पानी देने का अन्तर व मात्रा स्थान विशेष पर निर्भर करता है। लॉन के अन्दर बीजों को बोने के बाद पानी हजारे की सहायता से छोटी–छोटी बूँदों के रूप में दिया जाता है, जिससे बीज विचलित न हो सकें। इसके उपरान्त लॉन को नियमित रूप

से सींचना चाहिये। जाड़े के दिनों में 7–12 दिन तथा गर्मियों में 4–7 दिन के अन्तर में पानी देना चाहिये। छोटे आकार के लॉन की सिंचाई एक खास प्रकार की मशीन द्वारा, जिसको लॉन स्प्रिंकलर कहते हैं, से करना लाभदायक समझा जाता है। इस मशीन द्वारा सिंचाई करने में पानी छोटी–छोटी बूँदों के रूप में प्रतिदिन दिया जाता है। इस मशीन को रबर पाइप द्वारा नल से जोड़ देते हैं। पानी के दबाव से यह मशीन घूमने लगती है। एक स्थान के चारों तरफ जब घास सींच दी जाती है, तो इस मशीन को उठाकर दूसरे स्थान पर रख देते है। इस प्रकार से पूरे लान की सिंचाई इसके द्वारा कर दी जाती है।

खरपतवारों को निकालना–घास के मैदान में कांस व मौथा अधिकतर देखे जाते हैं। शुरू में मिट्टी को तैयार करते समय खरपतवारों को नष्ट करने में अधिक ध्यान देना चाहिये, जिससे बाद में यह समस्या उत्पन्न न हो सके, परन्तु फिर भी अगर खरपतवार लॉन में उग आवें तो इनको खास प्रकार की (अधिक लम्बी व संकरी) खुरपी द्वारा जड़ सहित उखाड़ कर नष्ट कर देना चाहिये। कभी–कभी खरपतवारों को नष्ट करने के लिये रासायनिक पदार्थों जैसे 2,4–डी का प्रयोग किया जाता है।

खाद देना–हरियाली की घास को हरा रखने व उससे अच्छे नतीजे प्राप्त करने के लिये रासायनिक खादों का देना आवश्यक होता है। 12 भाग अमोनियम सल्फेट, 3 भाग सुपर फास्फेट, 1 भाग पोटैशियम सल्फेट का मिश्रण बनाकर 3 किलोग्राम प्रति 100 वर्ग मी. के हिसाब से महीने में एक बार छिड़कना चाहिये। यह क्रिया दिसम्बर माह के बाद 4–5 बार की जाती है। इसके स्थान पर अमोनियम सल्फेट 2 कि.ग्रा. प्रति 100 वर्ग मी. के हिसाब से फरवरी माह के बाद 15 दिनों के अन्तर से 3–4 बार छिड़क देना चाहिये। उपर्युक्त मिश्रण या खाद की अनुपस्थिति में गोबर की तरल खाद का प्रयोग किया जा सकता है।

कीड़े तथा बीमारियाँ

केंचुएँ, घोंघे, ग्रब्स, चीटियाँ, वेब वार्म तथा फफूँदी की बीमारियाँ इत्यादि लॉन की घास को नुकसान पहुँचाती हैं। इसकी रोकथाम के लिये कीटनाशक व फफूँदीनाशक दवाइयों का प्रयोग करना चाहिये। वर्षा ऋतु में केंचुओं द्वारा हरियाली की नीचे की मिट्टी निकाल कर ऊपर जमा कर दी जाती हैं, जो कि बहुत ही भद्दा दृश्य उत्पन्न करती है। केंचुओं की रोकथाम के लिये अमोनियम कार्बोनेट के घोल का प्रयोग करना चाहिये।

पुनर्जीवन–लॉन को नव जीवन देने के उद्देश्य से वर्ष में एक बार मई के महीने में घास को बहुत ही नीचे से काट कर उसके ऊपर छनी हुई गोबर की खाद, सिल्ट व मिट्टी के बराबर मिश्रण की 6 मि.मी. ऊँची तह से ढ़ंक देना चाहिये। ऐसा करने से घास बहुत ही सुन्दर व तन्दुरूस्त निकलती है तथा लॉन को गद्दे का रूप देती है।

नूतन अवस्था–अधिक समय पश्चात् लॉन कमजोर व खराब हो जाते है। ऐसा भी देखा गया है कि जल निकास की सुविधा उपलब्ध न होने से पानी भरा रहता है, जिससे घास कमजोर हो जाती है या सड़ जाती है, ऐसी हालत में लॉन की मिट्टी को जुताई कर दोबारा से घास लगा देना चाहिये, तथा अन्य कर्षण क्रियाओं पर भी विशेष ध्यान देना चाहिये।

लॉन के प्रयोग

1. जिस स्थान पर लॉन लगाई जाती है, उस स्थान की सुन्दरता बढ़ जाती है। **2.** लॉन का प्रयोग बहुत से खेल कूद जैसे–टेनिस, बैडमिन्टन इत्यादि के लिये किया जाता है। **3.** शाम के समय लॉन में बैठकर अधिक सुख व आनन्द का अनुभव किया जा सकता है। **4.** लॉन का प्रयोग सभा, भाषण, त्यौहार, शादी आदि अनेक अवसरों पर एकत्रित होने के लिये किया जाता है।

(3) कीटनाशी दवाओं से मधुमक्खी एवं अन्य मित्र कीटों की सुरक्षा

डॉ. नीरज

कीट विज्ञान विभाग, राजेन्द्र कृषि विश्वविद्यालय, पूसा, समस्तीपुर, बिहार

विषैली कीटनाशक दवाओं से प्रभावित मधुमक्खियों में सामान्यतः निम्नलिखित लक्षण दिखाई देते हैं –

1. मौनगृह के सामने या अन्दर तलपट पर अधिक संख्या में मधुमक्खियाँ मरी हुई पायी जाती है।
2. मधुमक्खियाँ कांपती एवं फड़फड़ाती हुई, मूर्छित अवस्था में या लड़खड़ाती मौनालय के आसपास दिखाई देती है।
3. श्रमिक मधुमक्खियों की संख्या कम हो जाने के कारण उनके परिवार में भोजन की कमी हो जाती है जिससे परिवार क्षीण हो जाते हैं।
4. मधुमक्खियों द्वारा रसायनयुक्त भोजन खा लेने से विष उनके शरीर में प्रवेश करता है। इसके प्रभाव से पंख, पैरों और पाचन प्रणाली का कार्य प्रभावित हो जाता हैं। इस प्रकार न तो वे अपना भोजन खोज पाती है और न ही खा पाती है और अन्त में मर जाती है।
5. भोजन के साथ कीटनाशक दवा का असर मधुमक्खियों के शिशुओं पर भी पड़ता है जिससे वे भी मरने लगते हैं। जीवित मधुमक्खियाँ उन्हें मधुमक्खी गृह के सामने फेंक देती हैं।
6. मौनगृह के प्रवेश द्वार पर पुष्परस से लदी हुई मधुमक्खियों पर दूसरी मक्खियाँ आक्रमण करती है।
7. अनगिनत संख्या में मधुमक्खियाँ प्रवेश द्वार से बाहर निकलने लगती है।
8. रानी मधुमक्खी अण्डा देना या तो कम कर देती है या फिर बिल्कुल ही बन्द कर देती है। इससे परिवार में मधुमक्खियों की संख्या दिन–प्रतिदिन कम होती जाती है और मधुमक्खी वंश कमजोर हो जाता है।

मित्र कीट की सुरक्षा हेतु कीटनाशकों के प्रयोग में ध्यान देने योग्य बातें

1. कीटनाशक दवाओं के प्रयोग से कुछ दिन पहले उस क्षेत्र के अन्य मधुमक्खीपालकों को भी सूचित कर दें जिससे वह अपनी मधुमक्खियों की समुचित सुरक्षा कर सकें।
2. कीटनाशक दवाओं का प्रयोग फसलों की पुष्प अवस्था में उस समय करें जब मधुमक्खियाँ उन पर अपना कार्य न कर रही हों। सायंकाल में मधुमक्खियाँ लगभग अपना काम बन्द कर देती हैं। इसलिए इन रसायनों का प्रयोग या तो फूल खिलने से पहले या फूल बन्द होने के बाद अर्थात् सुबह या सायंकाल में करना चाहिए। सायंकाल में प्रयोग सुबह की अपेक्षा अधिक सुरक्षित होता है। पुष्प वाली अवस्था में कीटनाशक दवाओं का प्रयोग न करना ही सर्वोत्तम है।
3. दानेदार दवाओं का प्रयोग तरल दवाओं की अपेक्षा मधुमक्खियों के लिए अधिक सुरक्षित हैं। इन दानेदार दवाओं का प्रयोग उचित मात्रा में फसल बोते समय मिट्टी में करना चाहिए।
4. दवाओं की धूल का भुरकाव मधुमक्खियों के लिए छिड़काव की अपेक्षा अधिक हानिकारक होता है क्योंकि पौधों की सतह पर पड़ी दवा का चूर्ण मधुमक्खियों के शरीर पर आसानी से चिपक जाता है और उनको हानि पहुँचाता है।
5. तेज हवा में इन दवाओं का छिड़काव या भुरकाव न करें क्योंकि ऐसी दशा में कुछ विष हवा के साथ उड़कर आसपास की फसलों पर भी जा सकता हैं।
6. कीटनाशक दवा के प्रयोग में लाये गये सभी बर्तनों एवं औजारों को नाली या पानी के बहते हुए स्रोत में नहीं धोना चाहिए। उन्हें अलग से पानी निकाल कर साफ करना चाहिए जिससे मधुमक्खियों को दवाओं के जल प्रदूषण के प्रभाव से बचाया जा सकें।
7. जिस स्थान पर कीटनाशक दवाओं का छिड़काव करना हो, वहाँ से मधुमक्खी गृहों को हटा कर दूर रख देना चाहिए। यदि ऐसा सम्भव न हो सकें तो दवा के छिड़काव से पहले मौनगृह को ढ़ंक दें एवं प्रवेश द्वार को महीन जाली से 12–24 घंटे के लिए बन्द कर दें। यदि छिड़काव का कार्य गर्मी के मौसम में करना हो तो मौनगृह के अन्दर पहले से ही पानी का प्रबन्ध कर देना चाहिए।
8. ऐसी कीटनाशक दवाओं का चुनाव करना चाहिए तो शत्रु कीटों की रोकथाम भी कर सकें और मधुमक्खियों के लिए भी सुरक्षित हों। कीटनाशक दवाओं को मधुमक्खियों पर उनके विषैले प्रभाव के आधार पर तीन श्रेणियों में बाँटा गया है–

   (क) वे कीटनाशक दवाएँ जो मधुमक्खियों के लिए अत्यन्त हानिकारक है और जिनका प्रभाव यथाशीघ्र होता है जैसे एल्ड्रिन, हैप्टाक्लोर, लिण्डेन, मालाथियान, पेराथियान, फास्फोमिडन, डाईमेथोएट (रोगोर), डी.डी.वी.पी. (नुवान) आदि।

   (ख) वे कीटनाशक दवाएँ जो मधुमक्खियों के लिए हानिकारक है तथा जिनका असर कुछ समय तक मौजूद रहता है जैसे – मेटासिस्टाक्स, फोरेट (थीमेट), लाईम सल्फर आदि।

   (ग) वे कीटनाशक दवाएँ जो मधुमक्खियों के लिए सामान्य हानिकारक है जैसे – इण्डोसल्फान (थायोडान), मेनेजान, टोक्साफीन, डाईसिस्टान, डाईकोफाल

(कैलथेन), निकोटीन सल्फेट आदि। मधुमक्खियों पर जैविक कीटनाशक का कुप्रभाव बिल्कुल नहीं होता है।

वैज्ञानिकों द्वारा किये गये अनुसंधान के आधार पर इण्डोसल्फान एवं फोसेलान नामक कीटनाशक दवाऐं मधुमक्खियों के लिए कम विषैली तथा डाइमेथोएट (रोगर), डी. डी.वी.पी. (नुवान) एवं मालाथियान नामक दवाएँ अत्यन्त विषैली पायी जाती है। अतः सुरक्षित दवाओं के प्रयोग से मधुमक्खियों को विषैले रसायनों के प्रभाव से बचाया जा सकता है।

(4) जाल फसल

जाल फसल का भी कीट नियंत्रण में बहुत बड़ा योगदान होता हैं जो कि कीट को अपनी तरफ आकर्षित करके मुख्य फसल पर उनके आक्रमण को कम कर देती है जिससे कीटों का कम से कम आक्रमण रह जाता है जिससे फसलों को कीटों के नुकसान से बचाया जा सकता है। कतिपय जाल फसल जो कि इस प्रकार है :–

जाल फसल का प्रमुख फसलवार प्रयोग

क्र.स.	कीट	जाल फसल
1	फलीबेधक	गेंदा, धनिया
2	फल बेधक	भिण्डी, पटसन
3	तना छेदक	बाजरा
4	थ्रिप्स	लहसुन, प्याज
5	डी.बी.एम., गोभी की तितली की गिडार, एफिड, लीफ वेवर	सरसों, मूली
6	सफेद मक्खी	खीरा
7	गूलर एवं फल बेधक	भिण्डी, पटसन

(5) केला : पोषक तत्व प्रबन्धन

डॉ. एस. के. सिंह

पौधा रोग विभाग, राजेन्द्र कृषि विश्वविद्यालय, पूसा, समस्तीपुर, बिहार

केला भारी मात्रा में पोषक तत्वों का उपयोग करने वाला पौधा है तथा इन पोषक तत्वों के प्रति धनात्मक प्रभाव छोड़ता है। कुल फसल उत्पादन का लगभग 30–40

प्रतिशत लागत खाद एवं उर्वरक के रूप में खर्च होता है। उर्वरकों की मात्रा, प्रयोग का समय, प्रयोग की विधि मिट्टी की उर्वराशक्ति को प्रयोग की बारम्बारता, प्रजाति, खेती करने का ढ़ंग एवं स्थान विशेष की जलवायु द्वारा निर्धारित होती है।

केले में मुख्य/सूक्ष्म पोषक तत्वों की कमी के लक्षण

मुख्य/सूक्ष्म पोषक तत्वों का नाम	कमी के प्रमुख लक्षण
नत्रजन	पुरानी पत्तियों का पीला होना, पत्ती का छोटा होना, पौधा छोटा रह जाना।
फास्फोरस	पत्तियों के रंग का गहरा बैंगनी होना, पत्तियों के उत्पन्न होने की दर में कमी, किनारों का पीला होना।
सल्फर	नवजात पत्ती का पीला होना या गाढ़ा पीला होना।
पोटाश	वृद्धि में कमी आना, किनारों से जला हुआ दिखाई देना।
कैल्शियम	खेत में लक्षण अभी ज्ञात नहीं हैं।
मैग्नीशियम	पर्णवृन्त का बैंगनी रंग का हो जाना।
आयरन	नयी पत्तियों में नसों के मध्य पीला होना।
मैंग्नीज	किनारों में नसों का पीला होना।
ज़िंक	पत्तियों का पतला होना, पौधों का छोटा रह जाना।
कापर	पत्तियों का छात्ता के समान नीचे की तरफ झुक जाना।
बोरान	शीर्ष कलिकाएँ एवं अन्य कलिकाएँ बनने के पश्चात् खराब हो जाती हैं। तना एवं फलों के फटने के लक्षण दिखाई देते हैं। इसकी कमी से फलों के फटने के लक्षण सामान्यतः दिखाई देते हैं।
मॉलीब्डेनम	इसकी कमी के लक्षण नत्रजन की कमी जैसे ही दिखते हैं इसमें भी पत्तियाँ पीली पौधे बौने हो जाते हैं। पत्तियाँ पेपर जैसा पतली हो जाती हैं।

सूक्ष्म मात्रिक तत्वों का बेसल ड्रेसिंग/छिड़काव हेतु/हेक्टेयर दर

	सूक्ष्म मात्रिक तत्वों का नाम	भूमि में प्रयोग हेतु मात्रा/हेक्टेयर में	छिड़काव हेतु घोल का प्रतिशत
1.	लोहा	फेरस सल्फेट 10 कि.ग्रा.	0.4 प्रतिशत फेरस सल्फेट + 0.2 प्रतिशत चूना का घोल
2.	जस्ता	जिंक सल्फेट 10–40 कि.ग्रा.	0.5 प्रतिशत जिंक सल्फेट + 0.25 प्रतिशत चूना का घोल
3.	बोरान	बोरेक्स 5–20 कि.ग्रा.	0.2 प्रतिशत बोरेक्स (सुहागा) का घोल
4.	मैंग्नीज	मैंग्नीज सल्फेट 10–15 कि.ग्रा.	0.6 प्रतिशत मैंग्नीज सल्फेट + 0.3 प्रतिशत चूना का घोल
5.	ताँबा	कापर सल्फेट 5–10 कि.ग्रा.	0.2 प्रतिशत कॉपर सल्फेट 0.5 प्रतिशत चूना का घोल
6.	मालीब्डेनम	सोडियम मालीब्डेट 1 कि.ग्रा.	0.01 प्रतिशत – 0.02 प्रतिशत का घोल

(6) बागवानी में मधुमक्खीपालन की उपयोगिता

डॉ. नीरज

कीट विज्ञान विभाग, राजेन्द्र कृषि विश्वविद्यालय, पूसा, समस्तीपुर, बिहार

मधु उत्पादन में उन पौधों का बड़ा महत्व है जिन से मधुमक्खियाँ मधु एकत्र करती है। उद्यानिक फसलों जैसे–फल, सब्जियाँ, फूल आदि का महत्व मधु उत्पादन में विशेष महत्व है। वास्तव में मधुमक्खियाँ इन पौधों से मकरंद एवं पराग एकत्र करती है और बाद में इन से मधु का निर्माण करती है। यह मधु ही उनके भविष्य का भोजन होता है। इस मधु को वे उस समय व्यवहार में लाती हैं जबकि उनको प्रकृति में पर्याप्त भोजन यानि मकरंददायक फूल उपलब्ध नहीं होते। विभिन्न पौधों के फूलों में स्त्रावित होने वाले मकरंद के शक्कर का गाढ़ापन भी उस पुष्प विशेष या उस पौधे के लिए मधुमक्खी के आकर्षण को प्रभावित करता है। उदाहरण के तौर पर बरसीम के फूल के रस में 40 प्रतिशत शक्कर होती है और सैसबेनिया के फूल के रस में 55 प्रतिशत तक शक्कर होती है। इसी के अनुसार मधुमक्खियों का आकर्षण भी इन फूलों में अलग–अलग रहता है। लीची के फूलों से प्राप्त मकरंद में शर्करा की मात्रा 60–68 प्रतिशत तक होती है। केला के मकरंद में चीनी की मात्रा 25–30 प्रतिशत एवं जामुन के फूलों से प्राप्त मकरंद से 40–70 प्रतिशत शर्करा होती है। ये फल वृक्ष मधु उत्पादन के लिए बहुत उपयोगी है। मकरंद में शक्कर की मात्रा भी मधुमक्खियों को आकर्षित करने का एक प्रमुख कारण है।

शक्कर के अलावा दो अन्य मुख्य चीजें जो मधुमक्खियों को अपनी ओर आकर्षित करती है वे हैं फूलों की सुगंध तथा फूलों का रंग। फूलों का सुगंध ही उन्हें अपनी ओर आने के लिए विवश करता है और बिना पंखुड़ियों के रंग को देखे ही वे उस ओर आकृष्ट होने लगती है। एक साथ कई रंग के फूलों को देखकर वे अपनी इच्छानुसार सुगंध की पसंद के अनुरूप मकरन्द एकत्र करती है। मधुमक्खियाँ घुमावदार, कटे हुए किनारे वाली पंखुड़ीयुक्त फूलों को अधिक पसंद करती है। मधुमक्खियाँ एक समय में एक ही प्रकार के फूलों से मकरंद एवं पराग एकत्र करती है इसलिए शहद का वर्गीकरण पुष्प के नाम पर आधारित होता है।

मधुमक्खियाँ फूलों की ओर मकरंद एवं पराग के लिए ही आती है क्योंकि यही उनका भोजन होता है। मकरंद में तीनों प्रकार की शर्करा जैसे – ग्लुकोज, फ्रुक्टोज एवं सुक्रोज पायी जाती है। मधु में भी शर्करा की मात्रा अलग हो सकती है। किसी मधु में सुक्रोज की अधिकता रहती है तो किसी में फ्रुक्टोज एवं ग्लुकोज की। मधु में तीनों ग्लुकोज, फ्रुक्टोज, माल्टोज एवं सुक्रोज मौजूद रहते हैं। फूलों के मकरंद में पौधे का गुण रहने से शहद में भी इनका गुण आ जाता है तथा इसी कारण से शहद का प्रयोग औषधि के रूप में भी किया जात है।

फूल की बनावट, मकरंद संग्रहित करने की क्षमता, फल की आयु, वृक्ष या पौधे पर फूल का स्थान, वृक्ष की आयु आदि कई अन्य कारक हैं जो मकरंद के निर्माण को प्रभावित करते है। ऋतु के अनुसार मधुमक्खियों के भोजन के लिए उपलब्ध पौधों या वृक्षों की अपनी उपयोगिता है। यदि मधुमक्खियों के लिए उपयुक्त पौधों, वृक्षों, फसलों आदि पर दृष्टि डाली जाय तो पता चलता है कि आर्थिक, सामाजिक एवं पर्यावरण संतुलन के

महत्व वाले पौधे मौनचर भी होते है। उदाहरण के लिए शोभाकारी फूल, सब्जियाँ एवं फल जैसे–लीची, अमरूद, निम्बू, पपीता आदि सभी उत्तम फल, सभी दलहनी एवं तिलहनी फसलें, बरसीम एवं रिजका जैसे पौष्टिक चारे, नीम, जामुन, सहजन, शहतूत, रीठा, शीशम, खैर, आँवला, बहेड़ा, यूक्लिप्टस आदि व्यावसायिक, औषधीय पौधे अन्य उपयोग के अलावा मधुमक्खियाँ को भोजन प्रदान करने में भी सहायक होते है। मधु उत्पादन के लिए प्रमुख बागवानी पौधे जिनके पुष्प से अधिक मकरंद प्राप्त होता है तथा उनमें मधुमक्खी के बक्सों को रखा जाता है वे लीची, जामुन, नींबू तथा सहजन है।

उद्यानिक फसलों में मधुमक्खी के बक्सों के रखने से परागण के द्वारा उत्पादन में 25–30 प्रतिशत की वृद्धि हो जाती है तथा साथ ही साथ शहद के द्वारा अतिक्ति आय बागवानों को मिल जाती है। मधुमक्खी के परागण से फलों की गुणवत्ता में भी वृद्धि हो जाती है। मधुमक्खी बक्सों को परागण के लिए किराये पर भी उपलब्ध कराके अधिक आमदनी प्राप्त की जा सकती है।

परिशिष्ट

परिशिष्ट – 1

Major Fungicides used in Horticultural crops in India

Crop	Common name of the disease	Dosage per ha			Waiting period from last applic-ation to harvest (in days)
		a.i. (g)	Formulation (g/ml) / %	Dilution in water (L)	
Aureofungin 46.15% W.V. SP					
Grapes	Downy mildew Anthracnose	-	0.005% 0.005%	750 -750	15
Cumin	Blight Powdery mildew	-	0.02% 0.02%	750	30
Citrus	gummosis	-	1.0%	750 (soil drench)	30
Apple	Powdery mildew White root rot	-	0.005%- 0.2%	10 lit/tree 5-10 injection 2g/tree	-
Potato	Early blight	-	0.005%	750	30
Azoxystrobin 23% SC					
Grapes	Downy mildew Powdery mildew	125 g	500 g	500 - 750	7
Chillies	Fruit rot Powdery mildew	125 g	500 g	500 - 750	5
Mango	Anthracnose Powdery mildew	0.025%	0.1%	100 ml/100 L of water depending on the size of the tree canopy	5
Tomato	Early & Late blight	125 g	500 g	500	3
Benomyl 50 WP					
Grapes	Powdery mildew	150 g	300 g	625-700	-
	Anthracnose	150 g	300 g	625-700	7
Beans	Powdery mildew	100 g	200 g	600	-
	Anthracnose	100 g	200 g	600	-

Cucurbits	Powdery mildew	100 g	200 g	600	-
	Anthracnose	100 g	200 g	600	-
Chillies	Powdery mildew	100 g	200 g	600	-
	Fruit rot	100 g	200 g	600	-
	Leaf spot	100 g	200 g	600	-
Brinjal	Powdery mildew	100 g	200 g	600	-
Sugar beat	Leaf spot	100 g	200 g	600	21
Peas	Powdery mildew	100 g	200 g	600	2
Bitertanol 25% WP					
Apple	Scab	0.02%	0.075%	10/tree	30
Tea	Blister Blight	50 g	200 g	75	15
Carbendazim 50% WP					
Peas	Powdery mildew	125 g	250 g	600	-
Beans	Powdery mildew	175 g	350 g	750	-
Cucurbits	Powdery mildew	150 g	300 g	600	-
	Anthracnose	150 g	300 g	600	-
Brinjal	Leaf spot	150 g	300 g	600	-
	Fruit rot	150 g	300 g	600	-
Apples	Scab	1.25 g	2.5 g	10 per tree	-
Grapes	Anthracnose	150 g	300 g	600	-
Rose	Powdery mildew	0.5 g	1 g	2	-
Ber	Powdery mildew	5 g	10 g	10 per tree	-
Copper Oxychloride 50% WG					
Grape	Downy mildew	0.12% or 120 g/100 L. water	0.24% or 240 g/ 100 L. water	As required depending upon PP equipment	30
Mango	Anthracnose	-do-	-do-	-do-	10
Copper Sulphate 2.62% SC					
Tomato	Early blight	-	1.0 L	500	3 days
	Late blight	-	1.0 L	500	
Potato	Early blight	-	1.0 L	500	3 days
	Late blight	-	1.0 L	500	
Chilly	Fruit rot anthracnose	-	1.0 L	500	3 days
Grape	Downy mildew	-	1.0 L	500	3 days

Carbendazim 46.27%					
Grape	Powdery mildew	0.04 % or 46g/ 100 L. water	0.1% or 100 ml/ 100 li. Water	As required	30
Mango	Powdery mildew	0.046% or 46g/ 100 L water	0.1% or 100 ml/100 li. Water	As required	15
Captan 50% WG					
Chillies	Fruit rot (Anthracnose)	750 g	1500 g	500	5
Potato	Early blight & Late blight	750 g	1500 g	500	21
Captan 75% WP					
Apple*	Scab Fly speck Bitter rot	0.12%*	1667 g	15-20**	8
Cherry	Brown rot	0.12%**	1667 g	15-20**	NA
Grape	Downy mildew	1250 g	1667 g	1000	8
Cabbage/ Cauliflower Tomato Brinjal Chillies Beans Ornam-entals	Damping off (Nursery)	0.25%	2500 g	1000 Soil drench in the nursery	NA
Potato	Early blight	1250 g	1667 g	1000	8
	Late blight	1250 g	1667 g	1000	8
	Early blight	1250 g	1667 g	1000	6
	Late blight	1250 g	1667 g	1000	6
Chillies	Early blight	1250 g	1667 g	1000	8
	Fruit rot	1500 g	2000 g	1000	8
Citrus	Brown rot	0.25**	2500 g	15-20**	NA
	Scab	0.12**	1667 g	15-20**	NA
Rose	Black spot	1250 g	1667	1000	NA
Captan 75% WS					
Chillies (soil drench)	Damping off (soil drench)	15-25 g per Kg seed	20-30 g per Kg seed	1	
Cabbage	Damping off (soil drench)	15-25 g per Kg seed	20-30 g per Kg seed	1	
Tomato	Damping off (soil drench)	15-25 g per Kg seed	20-30 g per Kg seed	1	

Cymoxanil 50% WP					
Grapes	Downey mildew	0.12 %	0.24% or 240 g/ 100 L water	As required depending upon the crop stage and equipment used	15
Captan 50% WP					
Apple	Scab	1250 g	2.5 Kg	750-1000	-
Cherry	Brown rot	1250 g	-do-	750-1000	-
Grapes	Downey mildew	1250 g	-do-	750-1000	-
Potato	Early blight	1250 g	-do-	750-1000	-
	Late blight	1250 g	-do-	750-1000	-
Tomato	Early blight	1250 g	-do-	750-1000	-
	Late blight	1250 g	-do-	750-1000	-
Copper Hydroxide 77% WP					
Tea	Blister blight	175 g	350 g	750	
Chilly	Anthracnose	625 g	1250 g	500	
	Cercospora leaf spot	625 g	1250 g	500	
Chlorothalonil 75% WP					
Potato	Early & late blight	0.66-0.937 g	0.875-1.250 g	600-800	14
Apple	Scab	0.150% (or 150 g/ 100 L water)	0.200% or 200 g/100L water	10 L water per tree	45 days Recomme-nded for use imme-diately after dor-mancy upto green tip stage
Grape	Anthracnose	0.150% (or 150 g/ 10 L water)	0.2% or 200 g/ 100L water	100	60 days
	Downey mildew	-do-	-do-	-do-	-do-
Chillies	Fruit rot	600 g	800 g	750	10 days
Difenoconazole 25% EC					
Apple	Scab	0.004% or 4 g/100 L. water	0.015% or 15 ml/100 L. water	As required depending upon the size of the plant and plant projection equipment used.	14

Chillies	Die-back Fruit rot	0.0125% or 12.5g/100 L water	0.05% or 50 ml/100 L water	500	15
Dinocap 48% EC					
Okra	Powdery mildew	108 g	225 g	750	--
Chillies	Powdery mildew	108 g	225 g	750	--
Beans	Powdery mildew	108 g	225 g	750	--
Grapes	Powdery mildew	108 g	225 g	750	21
Peaches	Powdery mildew	1.44 g	3 g	10	45
Apple	Powdery mildew	1.44 g	3 g	10	21
Ber	Powdery mildew	1.44 g	3 g	10	30
Mango	Powdery mildew	2.4 g	5 g	10	-
Peas	Powdery mildew	144 g	300 g	750	-
Fanugreek (Only for Seed crop)	Powdery mildew	144 g	300 g	750	-
Cumin	Powdery mildew	144 g	300 g	750	-
Dodine 65% WP					
Apple	Scab	0.05%	0.075%	10	21
Dimethomorph 50% WP					
Grapes	Downy mildew	500 g	1000 g	750 L	25
Potato	Late blight	500 g	1000 g	750 L	16
Dithianon 75% WP					
Apple	Scab	1350 g	1800 g	2400 L	14-21
Fenarimol 12%EC					
Apple	Scab	0.005% (5g/100 L of water)	0.04ml% (40 ml/100 L of water)	10 L/ tree	30
Chillies	Powdery Mildew	0.005% (5g/ 100 L of water)	0.04ml % (40 ml/100 L of water)	As required depending on stage of crop	15
Pea	Powdery Mildew	0.005 % (5g/100 L of water)	0.04ml % (40 ml/100 L of water)	As required depending on stage of crop	15
Flusilazole 40% EC					
Grapes	Powdery Mildew	0.004%	0.01%	As required depending upon the stage of crop and type of plants protection equipment used	15

Apple	Scab	0.004%	0.01%	-	10
Chillies	Powdery Mildew	40-60g a.i/ ha	100-150 ml/ha	500 Ls/ha	5
Fosetyl-AL 80% WP					
Grapes	Downey Mildew	1120 1600g	1400-2000g	750-1000g	30
Cardamom	Damping off	1800-2400g	2250- 3000g	750-1000g	90
Hexaconazole 5% EC					
Apple	Scab	0.0025%	0.05%(50 ml/100 L)	As required	30
Mango	Powder ymildew	0.005% (5 g/100 L)	0.1%(100 ml/100 L)	As required	30
Tea	Blister blight	10 g	200 ml	70-90 with power sprayers 175-200 with knap sacks	7
Grapes	Powdery mildew	25-50 g	500-1000 g	500	14
Hexaconazole 2% SC					
Chillies	Powdery mildew & Fruit rot	60 g	3.0 L	500	7
Potato	Early blight & Late blight	60 g	3.0 L	500	21
Grapes	Powdery mildew	30-60 g	1.5-3.0 L	500-750 depending upon crop canopy	14
	Downey mildew	30-60 g	1.5-3.0 L	500-750 depending upon crop canopy	14
Hexaconazole 5% SC					
Mango	Powdery mildew	0.01% (10 g/100 L)	0.2% or (200 ml/100 L. water)	As required depending on size of tree and plant protection	27
Grapes	Powdery mildew	25-50 g	500-1000	500	14
Iprodione 50% WP					
Tomato	Early blight	0.75 Kg	1.5 Kg	500	15
Grapes	Anthracnose	0.5- 1.0 Kg	1.0 – 2.0 Kg	500	20
Kresoxim-methyl 44.3% SC					
Grapes	Powdery mildew	300-350 g	600-700 g	500	07
Tomato	Early blight	30 37.5% 0.030.037 %-	1000-1250 g	500-600	03
Chilly	Fruit rot/dieback	0.10% or 100 g in 100 L of water	0.20% or 200 ml in 200 L. of water	As required depending upon crop stage and plant protection equipment used	3

Tomato	Early blight	0.10% or 100 g in 100 L of water	0.20% or 200 ml in 200 L. of water	As required depending upon crop stage and plant protection equipment used	5
Potato	Early blight	0.10% or 100 g in 100 L of water	0.20% or 200 ml in 200 L. of water	As required depending upon crop stage and plant protection equipment used	48
Onion	Purple blotch	0.10% or 100 g in 100 L of water	0.20% or 200 ml in 200 L. of water	As required depending upon crop stage and plant protection equipment used	63
Pomegra-nate	Anthracnose	0.10% or 100 g in 100 L of water	0.20% or 200 ml in 200 L. of water	As required depending upon crop stage and plant	10
Patato	Late Blight	750 g	1000 g	500 L.	3-5
Metriam 70% WG					
Tomato	ALernaria blight	1750 g	2500 g	500-750 L	6
M.E.M.C. 6% FS					
Potato	Tuber	0.025 g/ Kg seed	0.415 g/ Kg seed	100 ml	3-5 mint
Mancozeb 35% SC					
Patato	Early blight & Late blight	0.175% or 175 g/100 L. water	0.5% or 500g/100 L. water	500 L water or as required depending upon crop stage and equipment used	35
Tomato	Early blight & Late blight	0.175% or 175 g/100 L. water	0.5% or 500 g/ 100 L. water	500 L water or as required depending upon crop stage and equipment used	10
Myclobutanil 10% WP					
Apple	Scab	0.004%	0.04%	10/ Tree L	21
Grape	Powdery mildew	0.004%	0.04%	500/ ha L	15
Chillies	Powdery mildew	0.004%	0.04%	500 L	03
	Leaf spot				
	Die back				
Mancozeb 75% WP					
Potato	Late blight	1.1-1.5 Kg	1.5-2 Kg	750 L	-
	Early blight	1.1-1.5 Kg	1.5-2 Kg	750 L	-
Tomato	Late blight	1.1-1.5 Kg	1.5-2 Kg	750 L	-
	Buck eye rot	1.1-1.5 Kg	1.5-2 Kg	750 L	-

	Leaf spot	1.1-1.5 Kg	1.5-2 Kg	750 L	-
Chillies	Damping off	2.25 g	3 g (soil drench)	1 L	-
	Fruit rot	1.1 Kg	1.5-2 Kg	750 L	-
	Ripe rot	1.1 Kg	1.5-2 Kg	750 L	-
	Leaf spot	1.1 Kg	1.5-2 Kg	750 L	-
Onion	Leaf blight	1.1 Kg	1.5-2 Kg	750 L	-
Ginger	Yellow disease	450 g	600 g	300 L (for 12-14 quintals)	-
Sugar beet	Leaf spot	1.1-1.5 Kg	1.5-2 Kg	750 L	-
Cauliflower	Collar rot	2.25 g	3 g	1 L	-
	Leaf spot	1.1 Kg	1.5-2 Kg	750 L	-
Grapes	Angular leaf spot	1.1 Kg	1.5-2 Kg	750 L	-
	Downy mildew	1.1 Kg	1.5-2 Kg	750 L	-
	Anthracnose	1.1 Kg	1.5-2 Kg	750 L	-
Guava	Fruit rot	15 g	20 g	10/tree L	-
Banana	Cigar end rot	1.1-1.5 Kg	1.5-2 Kg	1000 L	-
	Tip rot	1.1-1.5 Kg	1.5-2 Kg	1000 L	-
	Sigatoka leaf spot	1.1-1.5 Kg	1.5-2 Kg	1000 L	-
Apple	Scab & sooty blotch	22.5/tree	30 g/tree	10 L/tree	-
Cumin	Blight	1.1-1.5 Kg	1.5-2 Kg	500 L	-
Oxycarboxin 20% EC					
Coffee	Leaf rust	200-400g	1-2 L	1000-2000 L	21
Propineb 70% WP					
Apple	Scab	0.21% or 210 g/100 L. water	0.30% or 300 g/ 100 L. water	As required depending upon size of the tree and plant protection equipment used	30
Pomeg-ranate	Leaf and fruit spots	0.21% or 210 g/100 L. water	0.30% or 300 g/ 100 L. water	As required depending upon size of the tree and plant protection equipment used	10
Patato	Early & late Blight	0.21% or 210 g/100 L. water	0.30% or 300 g/ 100 L. water	As required depending upon crop stage and plant protection equipment used	15
Chillies	Dieback	0.35% or 350 g/100 L. water	0.5% or 500 g/ 100 L. water	As required depending upon crop stage and plant protection equipment used	10
Tomato	Buck eye rot	0.21% or 210 g/100 L. water	0.30% or 300 g/ 100 L. water	As required depending upon crop stage and plant protection equipment used	10
Grapes	Downy Mildew	0.21% or 210 g/100 L. water	0.30% or 300 g/ 100 L. water	As required depending upon crop stage and plant protection equipment used	40

Penconazole 10% EC					
Grapes	Powdery mildew	0.005% or 5 g/100 L. water	50 ml/100 L. water	Depending upon the requirement	30
Apple	Scab	0.005 or 5 g/100 L. water	50 ml/100 L. water	10 L. water per tree	30
Mango	Powdery mildew	0.005% or 5 g/100 L. water	50 ml/100 L. water	10 L. water per tree	30
Pyraclostrobin 20% WG					
Banana	Sigatoka leaf spot	0.025%	0.10%	500-1000	45
Tomato	Early blight blight	75-100g	375-500 g	500	3
Sulphur 55.16% SC					
Grapes	Powdery mildew	0.165% or 165 g/100 L. water	0.30% or 300 ml/ 100 L. water	As required	10
Mango	Powdery mildew	0.165% or 165 g/100 L. water	0.30% or 300 ml/ 100 L. water	As required	10
Sulphur 80% WP					
Apple	Powdery mildew	2-4 Kg	2.5-5.0 Kg	750-1000 L.	-
Grapes	Powdery mildew	2-4 Kg	2.5-5.0 Kg	750-1000L.	-
Pea	Rust	2.5 Kg	3.13 Kg	750-1000L.	-
Chillies & Okra	Powdery mildew	2.5 Kg	3.13 Kg	750-1000L.	-
Mango	Powdery mildew	2.5 Kg	3.13 Kg	750-1000L.	-
Citrus	Powdery mildew	2.5 Kg	3.13 Kg	750-1000L.	-
Tea	Red spider mite	0.8 Kg	1 Kg	200 L.	-
	Pink & Purple mite	0.8 Kg	1 Kg	200 L	-
Sulphur 80% WG					
Grapes	Powdery mildew	1.5-2.0 Kg	1.875-250 Kg	750-1000 L.	-
Cowpea	Powdery mildew	1.5-2.0 Kg	1.875-250 Kg	750-1000 L.	-
Guar	Powdery mildew	1.5-2.0 Kg	1.875-250 Kg	750-1000 L.	-
Pea	Powdery mildew	1.5-2.0 Kg	1.875-250 Kg	750-1000 L.	-
Cumin	Powdery mildew	1.5-2.0 Kg	1.875-250 Kg	750-1000 L.	-
Apple	Scab	1.5-2.0 Kg	1.875-250 Kg	750-1000 L.	-
Mango	Powdery mildew	1.5-2.0 Kg	1.875-250 Kg	750-1000 L.	-

Sulphur 40% WP					
Beans	Powdery mildew	2.2-3.0 Kg	5.65 Kg	750-1000 L.	-
Cumin	Powdery mildew	1.40 Kg	3.50 Kg	1000 L.	-
Grapes	Powdery mildew	1.22 Kg	3.00 Kg	1000 L.	-
Groundnut	Tikka Leaf spot	2.2-3.0 Kg	5.65 Kg	750-1000L.	-
Mango	Powdery mildew	1.5-2.0 Kg	3.75 Kg	1000 L.	-
Opium	Powdery mildew	1.16 Kg	3.00 Kg	1000 L.	-
Peas	Powdery mildew	2.2-3.0Kg	5.65 Kg	750-1000 L.	-
Roses	Powdery mildew & Red Spider Mite	1.5-2.0Kg	3.75 Kg	1000 L.	-
Tea	Pink & Purple Mites	1.0-2.0 Kg	2.50-5.00 Kg	750-1000 L.	-
Sulphur 52% SC					
Tea	Red Spider Mites	1.04 Kg	2.00 L.	400.00 L.	-
Pea	Powdery mildew	1.04 Kg	2.00 L.	400.00 L.	-
Chillies	Powdery mildew	1.04 Kg	2.00 L.	400.00 L.	-
Sulphur 85% DP					
Grape	Powdery mildew	12.7-17Kg	15-20 Kg	-	-
Beans	Powdery mildew	12.7-17Kg	15-20 Kg	-	-
(Cow pea,	Rust	12.7-17Kg	15-20 Kg	-	-
Pea	Rust	12.7-17Kg	15-20 Kg	-	-
	Powdery mildew	12.7-17Kg	15-20 Kg	-	-
Cumins & Coriander	Powdery mildew	12.7-17Kg	15-20 Kg	-	-

(Streptomycin Sulphate 9%+ Tetracylin Hydrocloride 1%) SP					
Apple	Fire blight	-	Spray Streptocycl ine 25 to 50 ppm solution at 20 to 30% bloom. It is advisable to spray trees every 3 to 4 days during blossom time	-	-
Beans	Halo blight	-	Spray Streptocycline 100 to 150 ppm solution thrice at interval of 7 days. For prevention apply first spray 10 days after emergence of leaf.	-	-
Citrus	Citrus canker	-	Spray Streptocycline 50 to 100 ppm solution repeatedly at an interval of 15-20	-	-

			days after the appearance of new growth. Cover the foliage & young fruits Fully		
Potato	Black leg and soft rot, bacterial brown wilt or ring or the bangle disease of potato	-	Seeds treatment: Prior to Painting soak potato seed tubers in Streptocycline 40 to 100 ppm solution for half an hour. Spray: Two to three sprays of 40 to 50 ppm solution at an interval of 20 days. First spray 30 days after planting.	-	-
Tomato/ Chillies	Bacterial leaf spot	-	Spray seedlings with Streptocycline 40 to 100 ppm solution in seed beds and fields After the appearance of first true leaves two sprays of Streptocycline, one before transplanting and another after are effective for controlling the disease.	-	-
Tea	Blister	-	It is fungal disease and can be controlled by spraying 40 g with 350 to 420 g copper oxychloride (50% wettable power) in 67 liters of water per ha with air blast sprayer, covering two rows on either side.	-	-
Triadimefon 25% WP					
Pea	Rust, Powdery mildew	0.025%	0.100%	750	25
Grapes	Powdery mildew	0.0025%	0.010%	750	25
Coffee	Coffee Rust	0.020%	0.080%	750-1000	25
Mango	Powdery mildew	0.01-0.025%	0.040- 0.100%	10-15 depending on tree	40
Chillies	Powdery mildew	38 g	0.150 Kg	750	15
Thiophanate Methyl 70% WP					
Papaya	Powdery mildew	500 g	715 g	750-1000	4-8
Apple	Scab	500 g	715 g	750-1000	3
Bottle gourd	Anthracnose	1000 g	1430 g	750-1000	1
Cucurbits	Powdery mildew	1000 g	1430 g	750-1000	1

Tebuconazole 25.9% m/m EC					
Chillies	Fruit rot Powdery mildew	0.125- 0.1875 Kg	0.50-0.75 Kg	500	5
Thiram 75% WS					
Potato	Scab	18.8-22.5 g	25-30 g	1	7-10
Ziram 80% WP					
Grape	Downy mildew Anthracnose	1.2-1.6 Kg 1.2-1.6 Kg	1.5-2.0 Kg 1.5- 2.0 Kg	750-1000 750-1000	-
Apple	scab	1.2-1.6 Kg	1.5-2.0 Kg	750-1000	21
Potato	Early blight	1.2-1.6 Kg	1.5-2.0 Kg	750-1000	3
Tomato	Early blight	1.2-1.6 Kg	1.5-2.0 Kg	750-1000	3
Zineb 75% WP					
Onion	Downy mildew	1.1- 1.5 Kg	1.5-2 Kg	750-1000 L	
	Blight	1.1- 1.5 Kg	1.5-2 Kg	750-1000L	
Potato	Early blight	1.1- 1.5 Kg	1.5-2 Kg	750-1000L	
	Late blight	1.1- 1.5 Kg	1.5-2 Kg	750-1000 L	
Tomato	Early blight	1.1- 1.5 Kg	1.5-2 Kg	750-1000 L	
	Late blight	1.1- 1.5 Kg	1.5-2 Kg	750-1000 L	
	Grey leaf mould	1.1- 1.5 Kg	1.5-2 Kg	750-1000 L	
Chillies	Fruit rot	1.1-1.5 Kg	1.5-2 Kg	750-1000L	
	Leaf spot	1.1-1.5 Kg	1.5-2 Kg	750-1000L	
Brinjal	Blight	1.1-1.5 Kg	1.5-2 Kg	750-1000L	
Cucurbits	Downy mildew	1.1-1.5 Kg	1.5-2 Kg	750-1000L	
	Anthracnose	1.1- 1.5 Kg	1.5-2 Kg	750-1000 L	
	Leaf spot	1.1-1.5 Kg	1.5-2 Kg	750-1000L	
Cauliflower	Leaf spot	1.1-1.5 Kg	1.5-2 Kg	750-1000L	
Cumin	Early blight	1.1-1.5 Kg	1.5-2 Kg	750-1000L	
Apple	Scab	1.1-1.5 Kg	1.5-2 Kg	750-1000L	
	Black rot	1.1-1.5 Kg	1.5-2 Kg	750-1000L	
Citrus	Greasy spot	1.1-1.5 Kg	1.5-2 Kg	750-1000L	
Cherries	Leaf spot	1.1-1.5 Kg	1.5-2 Kg	750-1000L	
Grapes	Downy mildew	1.1-1.5 Kg	1.5-2 Kg	750-1000L	
Guava	Fruit rot	1.1-1.5 Kg	1.5-2 Kg	750-1000L	

Combination fungicides

Crop	Common Name of the disease	Dosage per ha (a.i.)	Dosage/ha (Formulation)	Dilution	Waiting period
Carboxin 37.5% + Thiram 37.5% DS					
Potato	Black scurf	1.87g /Kg seed	2.5 g/Kg seed	0	About 3 months
Metalaxyl 8% + Mancozeb 64% WP					
Grapes	Downy mildew	2000 g or 0.4%	2500 g or 0.5%	500 L.	Not less than 7 weeks
Potato	Late blight	1800 g or 0.18%	2500 g or 0.25%	1000 L.	Not less than 7 weeks
Black Pepper	Phytophthora foot rot	1.8 g.a.i/ vine or 0.09%	2.5 g/ vine or 0.125%	2 L./vine (spraying) 5 L. / vine (soil drenching)	Not less than 21 weeks
Captan 70% + Hexaconazole 5% WP					
Chillies	Fruit rot (Anthracnose)	375-750 g	500-1000 g	500 L.	5 days
Potato	Early blight & Late blight	375-750 g	500-1000 g	500 L.	21 days
Fenamidone 4.44% + Fosetyl Al 66.7% WG					
Grape	Downy Mildew	88.8 +1334-111.0+1667.5 g	2000-2500 g	500-750L.	90 days
Cymoxanil 8% + Mancozeb 64% WP					
Grapes	Downy mildew	1080- 1440 g	1500 – 2000 g	500-1000L.	10 days
Potato	Late blight of potato	1080 g	1500 g	500-750L.	10 days
Tomato	Late blight of tomato	1080 g	1500 g	500-750L.	10 days
Cucumber	Downy mildew	1080 g	1500 g	500-600L.	10 days
Metalaxyl M 4% + Mancozeb 64% WP					
Grapes	Downy mildew	0.17 %	0.25%	500-1000L.	8 days
Potato	Late blight	0.17 % or 1700g	0.25% or 2500g	500-1000 L.	24 days
Black pepper	Phytophthora foot rot	0.17 % or 1700g	0.25% or 2500g	2 L./vine as foliar spray or 3 L./vine as soil drench	21 days

Famoxadone 16.6% + Cymoxanil 22.1% SC					
Grapes	Downy mildew	210 g	500 ml	500-750L.	27
Potato	Late blight	210 g	500 ml	500 L.	40
Fenamidone 10% + Mancozeb 50% WDG					
Potato	Late blight	125+625-150+750g	1250-1500 g	500 L.	30
Grapes	Downy mildew	150+750g	1500 g	500 -750 L.	85

** In case of fruit trees the values given pertain to the concentration of a.i. in spray solution and volume of spray solution required per tree.

परिशिष्ट – 2

MAJOR INSECTICIDES USED IN HORTICULTURAL CROPS IN INDIA

Azadirachtin 1% Min. E.C. Neem based

Crop	Common name of the pest	Dosage / ha			Waiting Period (days)
		a.i (g)	Formulation (g/ml)	Dilution in Water (L)	
Tea	Thrips	-	4000-5000	450	1
	Red Spider mites		4000-5000	600	1
Azadirachtin 1% (10000 ppm) Min. Neem Based E.C. Containing					
Tomato	Fruit borer (*Heli-coverpa armigera*)	-	1000-1500	500	3
Brinjal	Fruit and Shoot borer (*Leucinodes orbonalis*)	-	1000-1500	500	3
Azadirachtin 0.03% (300 ppm) Neem Oil Based WSP Containing					
Okra	Fruit borer, White flies Leaf Hopper		2500-5000	500-1000	7
Brinjal	Shoot & Fruit borer, beetles		2500-5000	500-1000	7
Cabbage	Aphids, DBM, Cabbage worm, Cabbage looper		2500-5000	500-1000	7
Azadirachtin 5% w/w Min. Neem Extract Concentrate Containing					
Tea	Caterpillar		200	400	5
	Pink mite		200	400	5
	Red Spider mites		200	400	5
	Thrips		200	400	5
	Aphids		375	750	5
Cauli-flower	Spodoptera		200	400	5
	Diamond back moth		200	400	5
	Aphids		200	400	5
Bhindi	Leafhopper, Whitefly,		200	400	5
	Aphid Pod Borer		200	400	5
Tomato	Aphids, Whitefly, Fruit borer		200	400	5

Bacillus thuringiensis Serovar Kurstaki (3a, 3b, 3c) 5% WP

Cabbage	Diamond back moth	25.00-50.00	500-1000	500-1000	-

Barium carbonate

Places	Name of the pest	Dose a.i.
Godowns Residential Premises Public halls	Rats, Mice & Field rodents	10-20% Technical material to be mixed with bait

Bifenazate 50% WP

Rose	Two Spotted Mite (Tetranychusurticae)	375	750	3000	Not applicable

Buprofezin 25% SC

Chilies	Yellow Mite	75-150	300-600	500-750	5
Mango	Hoppers	0.025% to 0.05%	1-2 ml/L of water	5-15 L per tree	20
Grapes	Mealy bugs	250-375	1000-1500	500-1000	7

Carbaryl 5% D.P.

Bhindi	Jassid	1000	20000		8
Cabbage	Cabbage borer	600	20000		8
Cauliflower	Cabbage borer	600	12000		8

Carbaryl 10% D.P.

Bhindi	Fruit borer Jassids	2500	25000	-	-
Cabbage	Diamond back moth Army worm	2500	25000	-	-

Carbofuran 3% CG

French bean	White grub	700	23300
Potato	Aphid	500	16600
Tomato	Jassids	1000	33300
	White fly	1200	40000
Apple	Woolly aphid	5/tree	166/tree
Citrus	Nematode	360	12000
Bhindi	Aphid	1000	33300
Chillies	Thrips	1000	33300
Cabbage	Nematode	1000	50000
Brinjal	Root knot nematode	2000	66600
	Reniform nematode	2000	66600
Banana	Rhizome weevil	1 g per suckers	33/g suckers
	Aphid	50/suckers	166/g suckers
	Nematode	1.5/suckers	50g/suckers
Peach	Leaf curl aphid	1000	33300

Mandarins	Soft greens scale	0.4/plant	13.3g/plant		
French bean	White grubs	750	23300		
Pea	Shoot fly & Aphid	1000	33.10g/plant		
Tea	Cock chafer grub	0.3/plant			
Sweet Pepper	Thrips	500	16600		
Carbosulfan 25% EC					
Chillies	Leaf folder	200-250	800-1000	500-1000	14
	White aphid	200-250	800-1000	500-1000	8
Chlorantraniliprole 18.5% SC					
Cabbage	Diamond back moth	10	50	500	3
Chlorfenapyr 10% SC					
Cabbage	Diamond back moth	75-100	750-1000	500	7
Chillieses	Mites	75-100	750-1000	500	5
Chlorpyrifos 20% EC					
Beans	Pod borer	600	3000	500-1000	
	Black bug	600	3000	500-1000	
Brinjal	Shoot & fruit borer	200	1000	500-1000	
Cabbage	Diamond back moth	400	2000	500-1000	
Onion	Root grub	1000	5000	500-1000	
Apple	Aphid	0.05%	3750-5000	1500-2000	
Ber	Leaf hopper	0.03%	2250-3000	1500-2000	
Citrus	Black citrus, Aphid	0.02%	1500-2000	1500-2000	
Coumatetralyl 0.75% w/w					
Indoor or outdoor	Rats	1 mg per spot	2.5 per spot		
Indoor	Mice	1	2.5		
Coumatetralyl 0.0375% bait					
Indoor or outdoor	Rats	1 mg per spot	2.5 per spot		
Indoor	Mice	1	2.5		
Cypermethrin 0.25% DP					
Brinjal	Fruit & shoot borer	50-60	20000-24000		3
Cypermethrin 10% EC					
Cabbage	Diamond black moth	60-70	650-760	100-400	7
Okra	Fruit borer	50-70	550-760	150-400	3
Brinjal	Fruit & shoot borer	50-70	550-760	150-400	3
Cypermethrin 25% EC					
Bhindi	Shoot & fruit borer	37-50	150-200	500	3

	Jassids	37-50	150-200	500	3
Brinjal	Shoot & fruit borer	37-50	150-200	500	1
	Jassids				
	Epilachna grub	37-50	150-200	500	1
Dazomet Technical					
Tomato nursery	Root-knot nematode	30-40	30-40		
Floriculture (Carnation & Gerbera)	Root-knot nematode	30-40	30-40		
Deltamethrin 2.8% EC					
Tea	Thrips	3-4	120-150	400-600	3
	Caterpillar				
	Leaf roller	10	400	400-600	3
	Lopper	2.5-3.75	100-150	400-600	3
Bhindi	Shoot & fruit borer	10-15	400-600	400-600	1
	Jassid	10	400	400-600	1
Mango	Hoppers	0.03-0.05%	0.33to0.5ml/ L	As per spray fluid requirement	1
Chillieses	Fruit borer	10-12.5	400-500	400-600	5
Dichlorvos 76% EC					
Cucurbit	Red pumpkin beetle	500	627	500-1000	
Dicofol 18.5% EC					
Tea	Red spider mite	230	1250	250	15-20
	Scarlet mite	230	1250	250	15-20
	Pink mite	230	1250	250	15-20
	Purple mite	230	1250	250	15-20
	Yellow mite	230	1250	250	15-20
Okra	Red Spider mite	250-500	1350-2700	500-1000	15-20
Citrus	Red Spider mite	0.05%	2700-4050	1000-5000	15-20
Lchi	Red Spider mite	0.05%	2700-4050	1000-5000	15-20
Brinjal	Red Spider mite	250-500	1350-2700	500-1000	15-20
Bottle & Bitter gourd	Red Spider mite	250-500	1350-2700	500-1000	15-20
Diafenthiuron 50%WP					
Cabbage	Diamond Back Moth	300	600	500-750	7
Chillieses	Mites	300	600	500-750	3
Brinjal	Whitefly	300	600	500-750	3
Cardamom	Thrips Capsule borer	400	800	1000	7
Dimethoate 30% EC					
Bhindi	Aphid	700	2310	500-1000	

	Leaf hopper	600	1980	500-1000	
Brinjal	Jassid	600	1980	500-1000	
	Shoot borer	200	660	500-1000	
Cabbage & Cauliflower	Aphid	200	660	500-1000	
	Painted bug	200	660	500-1000	
	Mustard aphid	200	660	500-1000	
Chillies	Mite	300	990	500-1000	
	Thrips	200	660	500-1000	
Onion	Thrips	200	660	500-1000	
Potato	Aphids	200	660	500-1000	
Tomato	White fly	300	990	500-1000	
Apple	Stem borer	0.03%	1485-1980	1500-2000	
Apricot	Aphid	0.03%	1485-1980	1500-2000	
Banana	Aphid	0.03%	1485-1980	1500-2000	
	Lace wing bug	0.03%	1485-1980	1500-2000	
Citrus	Black citrus aphid	0.03%	1485-1980	1500-2000	
Fig	Fig jassid	0.03%	1485-1980	1500-2000	
Mango	Mealy bug	0.05%	2475-3300	1500-2000	
	hopper		2475-3300	1500-2000	
Rose	Scale	750	2475	500-1000	
	Thrips	400	1320	500-1000	
Emamectin Benzoate 5% SG					
Okra	Fruit & Shoot Borer	6.75-8.5	135-170	500	5
Cabbage	DBM	7.5-10	150-200	500	3
Chillieses	Fruit borer, Thrips & Mites	10	200	500	3
Brinjal	Fruit and Shoot borer	10	200	500	3
Endosulfan 2% DP					
Bhindi	Fruit & shoot borer	500	25000		4
Brinjal	Fruit & shoot borer	500	25000		7
Endosulfan 35% EC					
Bhindi	Aphid	140	400	500-1000	21
Chillies	Aphid	140	400	500-1000	21
Tea	Aphid	288-350	750-1000	375-500	7
	Catterpillars	288-350	750-1000	375-500	7
	Helopeltis	288-350	750-1000	375-500	7
	Mealybugs	288-350	750-1000	375-500	7
	Scale insects	288-350	750-1000	375-500	7
	Thrips	288-350	750-1000	375-500	7
Endosulfan 4% DP					
Bhindi	Aphids / Jassids	140-175	3500-4400		21

Onion	Aphids / Jassids	140-175	3500-4400		21
Chillies	Aphids /Jassids	140-175	3500-4400		21
Potatoes	Aphids / Jassids	140-175	3500-4400		21
Ethion 50% EC					
Tea	Red spider mites, purple mites & yellow mite, thrips & scale	250	500	500-1000	03
Chillieses	Mites & thrips	750-1000	1500-2000	500-1000	05
Fenazaquin 10% EC					
Tea	Red spider mite	100	1000	400-600	7
	Pink mite	100	1000	400-600	7
	Purple mite	100	1000	400-600	7
	Scarlet mite	125	1250	400-600	7
Chillieses	Yellow mite	125	1250	400-600	10
Apple	Red spider mite and two spotted mite	40	400	1000	30
Fenpropathrin 30% EC					
Chillieses	Thrips, Whitefly Mites	75-100	250-340	750-1000	7
Brinjal	Whitefly, Shoot and Fruit borer, Mites	75-100	250-340	750-1000	10
Okra	Whitefly, Shoot and Fruit borer, Mites	75-100	250-340	750-1000	7
Tea	Mites	50-60	165-200	400-500	7
Fenpyroximate 5% EC					
Tea	Red spider mite	15-30	300-600	400-500	7
	Pink mite	15-30	300-600	400-500	
	Purple mite	15-30	300-600	400-500	
Chillies	Yellow mite	15-30	300-600	300-500	7
Coconut	Eriophyde mite	0.5g./tree (root feeding) 0.056 –0.075g/ tree	10ml/L. 0.75 – 1ml/ L.	As required	
Fenvalerate 20% EC					
Cauliflower	Diamond back moth	60-75	300-375	600-750	7
	American boll worm	60-75	300-375	600-750	7
	Aphids	60-75	300-375	600-750	7
	Jassids	60-75	300-375	600-750	7
Brinjal	Shoot & fruit borer	75-100	375-500	600-800	5
	Aphids	75-100	375-500	600-800	5
Okra	Shoot & fruit borer	60-75	300-375	600-750	7
	Jassids	60-75	300-375	600-750	7
Fipronil 5% SC					
Cabbage	Diamond back moth	40-50	800-1000	500	7
Chillies	Thrips, Aphids, fruit borers	40-50	800-1000	500	7

Flufenoxuron 10% DC

Cabbage	Diamond back moth	40	400	500-1000	7
Rose	Mites	50	500	500-1000	6

Flumite 20% SC / Flufenzine 20% SC

Brinjal	Mite	80-100	400-500	500-1000	5
Tea	Pink mite Purple mite	80-100	400-500	500-1000	7
	Red spider	100-120	500-600	500-1000	7

Hexythiazox 5.45% w/w EC

Tea	Scarlet mite Red spider mite	15-25	300-500	400/ha	5
Chillies	Yellow mites	15-25	300-500	625/ha	3

Imidaclopride 70% WG

Okra	Jassids, Aphids, Thrips	21 - 24.5	30 - 35	375 - 500	3

Imidacloprid 48% FS Per 100 kg seed

Okra	Jassid, Aphid	300 – 540	500– 900		

Imidacloprid 70% WS Per 100 kg seed

Okra	Jassid, Aphid	350 – 700	500 – 1000		
Chillies	Jassid, Aphid Thrips	700 – 1050	1000 – 1500		

Imidacloprid 17.8% SL

Chillies	Jassid, Aphid, Thrips	25 - 50	125-250	500-700	40
Mango	Hopper	0.4 - 0.8 g/ tree	2-4 ml/ tree	10 L	45
Okra	Aphid, Jassid, Thrips	20	100	500	3
Citrus	Leaf miner, psylla	10	50	Depending on size of tree & Protection equipment used	15

Indoxacarb 14.5% SC

Cabbage	Diamond back moth	30-40	200-266	400-750	7
Chillies	Fruit borer	50-60	333-400	300-600	5
Tomato	Fruit borer	60-75	400-500	300-600	5

Indoxacarb 15.8% EC

Cabbage	Diamond back moth	40	266	500-1000	5

Lambda-Cyhalothrin 5% EC

Brinjal	Shoot & fruit borer	15	300	400-600	4
Tomato	Fruit borer	15	300	400-600	4
Chillies	Thrips, mite, pod borer	15	300	400-600	5
Pigeon pea	Pod borer, pod fly	20-25	400-500	400-600	15

Onion	Thrips	**15**	300	300-400	5
Bhindi	Jassids, shoot borer	**15**	300	300-400	4
Mango	Hoppers	**0.0025-0.005%**	0.5-1.0 ml/l of water		7

Lufenuron 5.4% EC

Cabbage	Diamond back moth	**30**	600	500	14
Cauliflower	Diamond back moth	**30**	600	500	5

Malathion 50% EC

Pea	Pod borer	**750**	1500	500-1000	
	White fly	**500**	1000	500-1000	
Bhindi	Aphid	**500**	1000	500-1000	
	Jassids Spotted boll	**625**	1250	500-1000	
	Worm	**750**	1500	500-1000	
Brinjal	Mites	**750**	1500	500-1000	
Cabbage	Mustard aphid	**750**	1500	500-1000	
Cauliflower	Head borer	**750**	1500	500-1000	
Radish	Stem borer	**750**	1500	500-1000	
Turnip	Tobacco caterpillar	**600**	1200	500-1000	
Tomato	White fly	**750**	1500	500-1000	
Apple	Sanjose scale	**0.05%**	1500-2000	1500-2000	
	Wooly aphid	**0.05%**	1500-2000	1500-2000	
Mango	Mealy scale	**0.075%**	2250-3000	1500-2000	
	Mango hooper	**0.075%**	2250-3000	1500-2000	
Grape	Beetle	**500**	1000	1500-2000	

Metaflumizone 22% SC

Cabbage	Diamond back moth	**165-220**	750-1000	500	3

Metaldehyde

Crop	Name of pests	Dose
Citrus, Tea, Vegetables	Snails, Slugs, **Giant African** Snails	Available in ready to use 2.5% Dust.

Methomyl 40% SP

Pea	Bollworm	**300-450**	750-1125	500-1000	10
	Pod borers	**300-450**	750-1125	500-1000	7
Tomato	Pod borers	**300-450**	750-1125	500-1000	5/6
Chillies	Pod borers & Thrips	**300-400**	750-1125	500-1000	5/6
Grapes	Mealy bug	**500**	1250	500-1000	10

Milbemectin 1% EC

Rose	Two spotted spider mite	**4.5**	450	1000	5
Chillies	Yellow /white mite	**3.25**	325	500	7

Monocrotophos 36% SL

Pea	Leaf minor	400	1000	500-1000	
Citrus	Black aphids	0.040%	1500-2000	500-2000	10 L./trees
	Mite	0.025%	937-1250	500-2000	10 L./trees
Mango	Bug mite	0.040%	1500-2000	500-2000	10 L./trees
	Gall maker	0.04%	1500-2000	500-2000	20 L./trees
	Hopper	0.04%	1500-2000	500-2000	20 L./trees
	Mealy bug	0.04%	1500-2000	500-2000	20 L./trees
	Shoot borer	0.04%	1500-2000	500-2000	20 L./trees
Coconut	Black headed Caterpillar	3.5 -7g per tree	8.75-17.5ml per tree	Lower dose to be applied on plants below 9 years & higher on more than 9 years of age.	
Coffee	Green bug	625	1562	500-1000	
Cardamom	Thrips	375	937	500-1000	

Novaluron 10% EC

Cabbage	Diamond back moth	75	750	500-1000	5
Tomato	Fruit borer	75	750	500-1000	1-3
Chillies	Fruit borer Tobacco, Caterpillar	33.5	375	500	3

Nuclear Polyhedrosis Virus of Helicoverpa armigera 0.43% AS

Tomato	Helicoverpa armigera		1500	400-600	-

NPV of Helicoverpa armigera 2.0% AS

Tomato	Fruit borer		250-500	500	-

Oxydemeton – methyl 25% EC

Bhindi	White fly	250	1000	500-1000	
	Jassid/ Leaf beetle	400	1600	500-1000	
Chillies	Aphid	400	1600	500-1000	
	Mites	500	2000	500-1000	
	Thrips	250	1000	500-1000	
Onion	Thrips	300	1200	500-1000	
Tomato	White fly	250	1000	500-1000	
Potato	Aphids	250	1000	500-1000	
Apple	Sanjose scale	0.07%	4200-5600	1500-2000	
	Wooly Aphid	0.025%	1500-2000	1500-2000	
Banana	Tingyi bug	0.025%	1500-2000	1500-2000	
	Aphids	0.05%	3000-4000	1500-2000	
Citrus	Black citrus aphids	0.02%	1200-1600	1500-2000	

	Psylla/ White fly	0.025%	1500-2000	1500-2000	
Mango	Hoppers	0.025%	1500-2000	1500-2000	
Peaches	Leaf curl aphids	0.025%	1500-2000	1500-2000	
Coffee	Green bug	625	2500	500-1000	
	Leaf minor	1000	4000	500-1000	
Permethrin 25% EC					
Okra	Fruit borer	100-125	400-500	750-1000	
	Aphid	100-125	400-500	750-1000	
	Jassids	100-125	400-500	750-1000	
Cauliflower	Diamond black moth	50-125	200-500	750-1000	
Citrus	Leaf miner	100-150	0.01% -0.015% 400-600	1000	
Phenthoate 50% EC					
Cardamom	Thrips	250	500	500-1000	-
Phorate 10% CG					
Brinjal	Aphid	1500	15000		
	Jassids	1500	15000		
	Lace wing bug	1500	15000		
	Red spider mite	1500	15000		
	Thrips	1000	10000		
Cauliflower	Aphid	2000	20000		
Chillies	Aphid	1000	10000		
	Mite	1000	10000		
	Thrips	1000	10000		
Potato	Aphid	1000	10000		
Tomato	White fly	1500	15000		
Apple	Woolly aphid	10-15/ plant	100-150g/ plant		
Banana	Aphid	2.5/plant -1.25/plant	25g/plant -12.5/ plant		
Citrus	Leaf minor	1500	15000		
Phosalone 35% EC					
Bhindi	Fruit borer	525	1500	500-1000	
Brinjal	Fruit borer	500	1428	500-1000	
Cabbage	Aphid	500	1428	500-1000	
Chillies	Aphid	700	2000	500-1000	
	Mite	450	1285	500-1000	
	Thrips	700	2000	500-1000	
Tomato	Fruit borer	450	1285	500-1000	
Tea	Aphid	360	1028	500-1000	
	Pink mite	360	1028	500-1000	
	Purple mite				

Phosphamidon 40% SL

Brinjal	Jassid	250-300	625-750	500	
	Aphid	250-300	625-750	500	
	White fly	250-300	625-750	500	10

Profenofos 50% EC

Tea	Red spider mite, Pink mite, Tea mosquito bug Looper caterpillar Thrips, Jassid	400-500	800-1000	400	7

Propargite 57% EC

Tea	Red spider mite Pink mite Purple mite Scarlet mite	430-612	750-1250	400	7
Chillies	Mite	850	1500	500-625	7
Apple	European red mite Two spotted mite	2.85-5.7/tree	5-10 ml/tree	10 L/tree	9

Pyridalyl 10% EC

Okra	Fruit & shoot borer	50-75	500-750	500-750	3
Cabbage	Diamond back moth	50-75	500-750	500-750	3

Quinalphos 25% Gel

Chillies	Aphid	250	1000	500-1000	
Paddy	Brown plant	250	1000	500-1000	
	hopper Leaf roller	250	1000	500-1000	
	Stem borer	250	1000	500-1000	
	Hispa	250	1000	500-1000	

Quinalphos 20% AF

Okra	Shoot/Fruit borer	250-300	1250-1500	750-1000	7
Brinjal	Shoot/Fruit borer, Jassids, Epilachne beetle	300-350	1500-1750	750-1000	7
Tomato	Fruit borer	300-350	1500-1750	750-1000	7
Tea	Hopper caterpillar	0.05%	1000	400	7
Bhindi	Fruit borer	200	800	500-1000	
	Leaf hopper	250	1000	500-1000	
	Mite	250	1000	500-1000	
Brinjal	Leaf hopper	250	1000	500-1000	
	Shoot/Fruit borer	375	1500	500-1000	
Cabbage	Aphid	250	1000	500-1000	
	Stem borer	500	2000	500-1000	
Cauliflower	Stem borer	500	2000	500-1000	
Chillies	Aphid	250	1000	500-1000	
	Mite	375	1500	500-1000	

Onion	Thrips	300	1200	500-1000	
Tomato	Fruit borer	250	1000	500-1000	
Apple	Wooly Aphid	0.05%	3000-4000	500-1000	
Banana	Tingid bug	0.05%	3000-4000	500-1000	
Citrus	Scale	0.07%	4200-5600	500-1000	
	Citrus butterfly	0.025%	1500-2000	500-1000	
Mango	Mango bud mite	0.05%	3000-4000	500-1000	
Pomegranate	Scales	0.08%	4800-6400	500-1000	
Cardamom	Thrips	0.03%	600-1200	500-1000	30
Coffee	Green bug	625	2500	500-1000	
Tea	Thrips	190	760	500-1000	7

Quinalphos 1.5% DP

French bean	Stem fly	300	20000
Safflower	Aphid	300	20000
Chillies	Aphid	300	20000

Sodium Cyanide

Places	Name of pest	Dose
Agriculture land and Grain storage	Rats, & Soil insects	-

Spinosad 45.0% SC

Chillies	Fruit borer, Thrips	73	160	500	3

Spinosad 2.5% SC

Cabbage & Cauliflower	Diamond back moth	15.0-17.5	600-700	500	3

Spiromesifen 22.9% SC

Brinjal	Red spider mite	96	400	500	5

Apple	European Red Mite & Red Spider mite	72(0.03%)	300	1000	30
Chillieses	Chillieses Yellow Mite	96	400	500 -750	7
Tea	Red Spider mite	96	400	400	7

Thiacloprid 21.7% SC

Chillieses	Thrips	54-72	225-300	500	5

Thiodicarb 75% WP

Cabbage	Diamond back moth	750 to 1000	1000 to 1330	500	7
Brinjal	Shoot & Fruit borer	470 to 750	625 to 1000	500	6
Chillieses	Fruit borer	470 to 750	626 to 1000	500	6

Thiamethoxam 70% WS

Okra	Aphids Jassids	200	286		-

Thiamethoxam 25% WG

Okra	Jassid, Aphid White flies	25	100	500-1000	5
Mango	Hoppers	25	100	1000	30
Wheat	Aphid	12.5	50	500	21
Mustard	Aphid	12.5-25.0	50-100	500-1000	21
Tomato	White flies	50	200	500	5
Brinjal	White flies	50	200	500	3
Tea	Mosquito bug	25	100	400-500	7
Potato foliar application	Aphids	25	100	500	77
Soil drench	Aphids	50	200	400-500	77
Citrus	Psylla	25	100	1000	20

Thiometon 25% EC

Brinjal	Aphid & Jassid Fruit and Shoot borer	250	1000	750-1000	-

Trichlorofon 5% Gr

Crop	Common Name of the Pest	(Dosage per hectare) Active ingredient (g%)
Vegetables (Brinjal, cabbage, cauliflower, cucurbits, tomato)	Fruit and shoot borer	500 g.
	Diamond back moth	500 g.
	Tobacco caterpillar	750 g.
	Red pumpkin beetle	500 g.

Trichlorofon 5% Dust

Vegetables (Brinjal, cabbage, cauliflower, cucurbits, tomato)	Fruit and shoot borer Diamond back moth Tobacco caterpillar Red pumpkin beetle	500 g

Trichlorofon 50% EC

Vegetables (Brinjal, cabbage, cauliflower, cucurbits, tomato)	Fruit and shoot borer	500 g.
	Diamond back moth	500 g.
	Tobacco caterpillar	750 g.
	Red pumpkin beetle	500 g.

Triazophos 40% EC

Brinjal	Shoot & Fruit borer, Epilachna beetle	500	1250	500	5

Zinc phosphide

Crop	Dosage
For field rodent control	-
In residential premises to be used under the supervision of trained personal	1.5-2.5% active ingredient in bait

COMBINATION PRODUCT

Crop	Common name of the pest	Dosage per hectare			Waiting period in days
		a.i. (g)	Formu-lation (ml)	Dilution (L)	
Deltamethrin 1% + Trizophos 35%EC					
Brinjal	Shoot & Fruit borer Jassids Aphid Epilachna beetle	10 + 350-12.5 + 450	1000 - 1250	500	3
Indoxacarb 14.5% + Acetamiprid 7.7% w/w SC					
Chillies	Thrips, & Fruit borer	88.8 - 111	400 - 500	500	5

परिशिष्ट – 3

MAJOR HERBICIDE USED IN HORTICULTURAL CROPS IN INDIA

Herbicide name & approved Crops	Weed species	Dosage /ha		Dilution In Water (L)	Waiting period / PHI between last application & harvest (days)
		a.i. (Kg/g)	Formulation in (L / Kg/ml/g)		
2,4-D Dimethyl Amine salt 58% WSC					
Potato	*Chenopodium album, Asphodelus tenuifolius , Anagalis arvensis, Convolvulus arvensis, Cyperus iria , Portulaca oleracea.*	0.5 kg	2.6 L	400-500	50-60
2,4-D Sodium salt Technical (80% minimum) (Ear lier Registered as 80%WP)					
Citrus	*Euphorbia spp. Convolvulus arvensis Coronopus didymus Amaranthus viridis Oxalis corniculata Tribulus terrestris Fumaria parviflora Sonchus arvensis*	1.00-2.5 kg	1.25-2.05 kg	600	>6month s
Grapes	*Convolvulus spp. Tridax procumbens*	2.0	2.5	500	> 90 days
Diuron 80% WP					
Banana	*Cyperus iria, Commelina benghalensis, Digitaria sp, Amaranthus spp, Dactyloctenium, Chloris barbata, Eragrostis zeylenica*	1.60 kg	2 kg.	625	
Citrus	*Cyperus iria, Tribulus Terristris, Digera arvensis, Commelina nudiflora, Cocumis trigonus.*	2-4.0 kg	2.5-5.0kg	600	-
Grapes	*Cleome viscose, Chenopodium album. Cyperus iria, Euphorbia hirta, Alternanthera echinata,*	1.6kg	2.0 kg.	625	-

	Amaranthus spp, Argemone maxicana, Ipomoea spp, Xanthium strumerium, Furmeria parviflora, Asphodelus tenuifolius, Medicago denticulata, Eleusine aegyptia.				
Gulfosinate Ammonium 13.5% SL (15% w/v)					
Tea	*Panicum repens, Borreria hispida, Imperata cylindrical, Digitaria sanguinalis, Commelina benghalensis, Ageratum conyzoides, Eleusine indica, Paspalum conjugatum portulacasturm, Eragrostis pilosa*	0.375-0.500	2.5-3.3	375-500	15
Linuron 50% WP					
Pea	*Anagallis arvensis, Chenopodium album, Chenopodium murale, Portulaca oleracea, Mielilotus indica, Melilotus alba, Medicago denticulata Fumeria parviflora, Echinochloa crusgalli, Poa annua.*	0.625-1.0 kg	1.25-2.0	500	80-90
Oxyflourfon 23.5% E					
Tea	*Digiteria, Imperata, Paspalum, Borreria hispida,*	150-250 g	650-1000	500-750	15 days
Onion	*Chenopodium album, Amaranthus viridis,*	100-200 g	425-850 g	500-750	-
Potato	*Chenopodium, Coronpus Trianthema, Cyperus, Heliotropium*	100-200 g	425-850 g.	500-750	-
Oxadiargyl 6%EC					
Cumin	*Chenopodium album Remex* sp., *Melilotus indica, Asphodelus tenuifolius*	60-75g	1.0-1.25 L.	500	87
Chillies	*Echinochloa* spp, *Eleusine indica,*	1.0-1.25	2.5-4.16	500-700	15
Onion	*Chenopodium album, Melilotus* spp., *Digitaria sanguinalis., Portulaca oleracea, Anagallis arvensis, Echinochloa* spp	0.75-1.0	2.5-3.3	500-700	15

Paraquat dichloride 24% SL					
Tea	*Imperata cylendrica Setaria* sp., *Commelina benghalensis, Boerhavia hispida, Paspalum-conjugatum, Clerodendron infortunetum, Arundinella benghalensis Eupatorium spp, Erechithites vaberianaefolia*	0.2-1.0 kg	1.0-5.0 L	200-400	90-120
Potato	*Chenopodium sp. Angallis arvensis Trianthema monogyna Cyperus rotundus*	0.5kg	2.5 L	500	40-60
Grape	*Cyperus rotundus Cynodon dactylon Convolvulus sp. Portulaca sp. Tridax sp.*	0.5 kg.	2.5 L.	500	20-30
Apple	*Rosa moschata Rosa eglanteria Rubus ellipticus*	0.75 kg	3.75 Ls	700-1000	60-90

परिशिष्ट – 4

PLANT GROWTH REGULATORS (PGR) USED IN HORTICULTURAL CROPS

Name of PGR & approved Crops	Time of application / purpose	Dosage /ha		Dilution in Water (L) / Preparation of solution	Waiting period / PHI between last application & harvest (days)
		a.i. (ppm/ gm/%)	Formulation (ml/gm/ L/kg/%)		
Alpha Naphthyl Acetic Acid 4.5% SL (Na salt)					
Tomato	At the time of flowering two spray.	45ppm		-	-
Chillies	Ist spray during flowering & 2nd spray 20 -30 days later	10ppm	-	-	-
Mango	I[st] spray when tender fruits one of pea size. 2nd spray when fruits one of marble size(about 2 cm diameter)	20ppm	-	2 ml in 4.5 litre.	-
	To control Mango malformulation- Before fruit bud differentiations approx. 3 months before flowering	200ppm	-	20 ml in 4.5 L.	-
Grapes	(a) To increase size & weight of barries. - Ist sprays at pruning time. - 2nd spray when flowering shoot appear	10ppm	-	2 ml in 49 L.	-
	(b) To control berry drop (spray on matured grape bunches 10-15 days before harvesting)	100ppm	-	20 ml. in 49 L.	-
Pineapple	(a) To induce flowering and uniform growth	10ppm (In dry eather half strength solution i.e.5 ppm may be used)	-	1 ml in 4.5 L (pour 30-50 ml of solution in to the head of each plant	-

	(b) To increase fruit size.	199ppm	-	10 ml in 4.5 L. (spray to wet the whole plant)	-
	(c) To delay maturity - Two weeks before harvest.	100ppm	-	10 ml in 4.5 L. (Wet the whole fruit 2 weeks before harvest.)	-
Chlormequat Chloride 50% SL					
Brinjal	Before sowing, seed soaking for 24 hours	50ppm	-	-	-
Grapes	pre-bloom stage	600-1000ppm	-	600-1000 L.	-
Potato	Dipping of cut pieces for 10 minutes	100 ppm	-	-	-
Ethephon 39% SL					
Mango	(a) for breaking alternate bearing and to increase yiled Total 5 sprays, Ist spray in mid October or early November & Subsequent sprays at fortnightly interval	200ppm	-	-	-
	(b) for flower induction in juvenile mango Total 5 sprays at weekly interval commencing from early November.	1000 ppm	-	-	-
	(c) Post harvest treatment for uniform ripening Single dip treatment or spraying on physiologically matured fruits.	500ppm	-	-	-
Pineapple	For flower induction One spray when their 30-37 leaves on the plant 10-12 months (approx.)	100ppm	-	-	-
Tomato	For uniform ripening post harvest dip treatment on fruits	2500pp			
Forchlorfenuron 0.1% L (w/v)					
Grapes	Two dipping applications. 1st When size of berry is 3-4 mm diameter and	2ppm.	1 L.	500	60 days
	2nd When size of berry is 6-7 mm diameter				

Gibberellic Acid Technical					
Grape fruit	(a) At full bloom (for fruit set)-single spray (b) Ist week of May (for June fruit drop) –single spray (c) Ist week of October (For pre -harvest drop)- single spray	500-1000 ppm	-	-	-
Sweet cherry	When more than 60% buds opened fully.	40-80ppm	-	-	-
Grapes	Two directed spray Ist at full bloom and 2nd at fruit set stages.	100ppm.	-	-	-
Grape (Seedless)	Two blanket spray at Ist full bloom and 2nd at post bloom stage.	15-60ppm	-	-	-
Brinjal	(a) seed treatment (dipping)	10ppm	-	-	-
	(b) When 4 weeks old - weekly spray	50ppm	-	-	-
Banana	(a) First spray 3rd month (b) Second spray 5th month (c) Third spray at the time of fruit formation	0.027gm	270 ml.	450-500	-
Tomato / Potato / Cabbage / Cauliflower	(a) First spray 45 DAS (b) Second spray 65 DAS	0.018gm	180 ml.	450-500	-
Grapes	(a) First spray 30-35 days after pruning (b) Second during the match head stage	0.018gm	180 ml.	450-500	-
Brinjal, Bhindi	(a) First spray 34 DAP (b) Second spray 70 DAP (c) Third spary 105 DAP	0.045 gm	450 ml.	450-500	-
Tea	Five spray at monthly interval.	-	270ml	450-500	-
Hydrogen Cynamide 50% SL (Import)					
Grapes	For breaking bud dormancy Single application as spray Just after pruning	1-1.5%	2-3%	375-500	90-120 days
Hydrogen Cynamide 50% SL (Indigenous manufacture)					
Grapes	For breaking dormancy of fruiting buds Just after pruning, single application by swabbing.	1.5%	1.5 L.	Mix with 200-300 ml. of product in 10 litres of water.	120 days

Hydrogen Cyanamide 49% AS (Import)					
Grapes	For breaking bud dormancy One directed spray, just after pruning.	1.0-1.5%	2-3%	50 L.	110 days
Mepiquat chloride 5% AS					
Potato	One spray 45 DAP To restrict the excessive vegetative growth of potato and increasing its yield	62.5-75gm	1.25-1.5 Ltr	Mix 200 - 300 ml of products in 10 L of water.	60-90 days
Paclobutrazol 23% SC (W/W) (25% W/V)					
To reduce the inter node length of new shoots and earlier formation of terminal bud. Favourably, influence the fruit bud production, fruit colour and harvest yield					
Mango	7-15yrs old	-	5-10 ltr. Per tree	500	-
	16-25 yrs.old	-	5-10 ltr. Per tree	500	-
	>25 yrs old Application after the harvest of fruits (Any time from July to Oct)	-	20 ltr. Per tree	500	-
Triacontanol 0.05% EC to increase the yield					
Tomato	Three sprays at 25, 45 and 65 days after planting	0.125gm	0.25 L.	400-500	
Triacontanol 0.05%w/w min. GR To increase the yield					
Chilli	Broadcast & mix the desired quantity of granules in soil 2-3 days before sowing.	12.5 gm	25 kg.		-
Tomato	Broadcast & mix the desired quantity of granules in soil 2-3 days before sowing.	12.5 gm	25 kg.	-	-
Triacontanol 0.1% EW. to increase the yield					
Chilli	Three sprays at 25, 45 and 65 days after planting	025 gm	0.25 Ltr.	400-500	-
Tomato	Three sprays at 25, 45 and 65 days after planting	025 gm	0.25 Ltr.	400-500	-